"十二五"普通高等教育本科国家级规划教材

工厂电气与PLC控制技术

第5版

张振国　编
方承远　审

机 械 工 业 出 版 社

本书以传统继电器接触器控制器件为基础，详细地介绍了传统继电器接触器控制器件的组成结构、工作原理、用途及使用方法；控制电路的组成原理、电路分析和系统设计的基本方法；PLC 的内部结构、工作过程、编程软件和 I/O 接口、特殊功能 I/O 模块及其应用、编程语言及编程方法、指令系统和网络与通信技术及控制系统的设计方法等内容。同时结合作者多年来在 PLC 技术应用开发中取得的经验与成果，用应用举例进一步说明上述内容的应用方法。

本书的特色是以基本电器元件为基础，介绍电气控制的工作原理和方法。以三菱公司及西门子公司小型 PLC 为例介绍不同类型 PLC 的编程方法。通过举一反三可以容易地扩展和很快适应各种类型 PLC 的学习和应用。

本书为普通高等工科院校自动化、电气工程及其自动化、电子信息工程、机械设计制造及其自动化、机电一体化及与控制相关专业的教材，并可作为电气技术人员的培训教材和参考书。

图书在版编目（CIP）数据

工厂电气与 PLC 控制技术/张振国编. —5 版. —北京：机械工业出版社，2016.12（2025.1 重印）

"十二五"普通高等教育本科国家级规划教材

ISBN 978-7-111-55179-9

Ⅰ.①工… Ⅱ.①张… Ⅲ.①工厂-电气控制-高等学校-教材②plc 技术-高等学校-教材 Ⅳ.①TM571

中国版本图书馆 CIP 数据核字（2016）第 248089 号

机械工业出版社（北京市百万庄大街 22 号 邮政编码 100037）
策划编辑：贡克勤 责任编辑：贡克勤 王 康
责任校对：刘 岚 封面设计：马精明
责任印制：刘 媛
涿州市般润文化传播有限公司印刷
2025 年 1 月第 5 版第 10 次印刷
184mm×260mm · 21.75 印张 · 530 千字
标准书号：ISBN 978-7-111-55179-9
定价：55.00 元

电话服务	网络服务
客服电话：010-88361066	机 工 官 网：www.cmpbook.com
010-88379833	机 工 官 博：weibo.com/cmp1952
010-68326294	金 书 网：www.golden-book.com
封底无防伪标均为盗版	机工教育服务网：www.cmpedu.com

前　　言

本书前四版自出版至今，在多所高校教师和广大读者的关心和支持下，有幸被评为“十二五”普通高等教育本科国家级规划教材。为适应电气控制新技术的发展，特别是可编程序控制器（PLC）及其网络应用技术迅速发展的需要，编者结合近十几年的应用成果和教学经验对原书进行修订。内容进行了较大幅度的修改、充实和更新，进一步增强PLC新网络技术理论和应用知识的介绍。为使读者通过本书的学习而提高各种PLC应用能力，书中以FX_{2N}系列PLC作为主线介绍了其全部指令应用方法。同时介绍了西门子S7－200型PLC的指令应用，以便于读者对不同系列PLC的相同点和区别加以区分及理解，为学习各种类型的PLC技术打下良好基础。修订中继续保持精选内容，力求结合生产实际，突出应用和通俗易懂及便于自学的特点。

全书共分九章，前两章简要介绍了常用控制电器、电气控制基本电路、电气系统图的标准及其阅读分析方法，电气控制装置系统设计方法，包含设计的原则、内容、方法、步骤和设计程序、电气保护类型、实现方法及主要参数计算。为学习PLC和各种电气自动控制技术建立基础。第三章至第九章系统地介绍了可编程序控制器（PLC）的基本组成、工作原理与应用技术，并以三菱公司、西门子公司小型PLC为例，深入介绍了PLC的由来与发展、组成与工作原理、编程软器件与I/O系统、特殊功能转换及其应用、编程语言与指令系统、编程方法与编程工具、PLC的网络与通信技术、电气控制装置及PLC控制系统的设计方法与应用等内容。本书理论教学建议为48学时左右，不同专业根据教学需要可适当增减。

本书有相应的多媒体CAI教学课件，欢迎使用。

限于编者水平，书中难免存在错误和不妥之处，敬请读者批评指正。

编　者

目　　录

绪　论

一、“工厂电气与 PLC 控制技术”课程的性质和任务

“工厂电气与 PLC 控制技术”是一门理论与实践结合较强的专业课。电气控制技术遍及生产过程、科学研究及其他广泛领域的应用。本课程主要内容是以电动机或其他执行电器为控制对象，介绍电气控制的基本原理、电路、编程及控制装置的设计方法。电气控制技术涉及面很广，各种电气控制设备种类繁多，功能各异，但就其控制原理、基本电路、设计基础而言是类似的。本课程从应用角度出发，以方法论为手段，讲授上述几方面内容，以培养学生对电气控制系统的分析和设计的基本能力。

现代化生产的水平、产品质量和经济效益等各项指标在很大程度上取决于生产设备的先进性和电气自动化程度。随着大规模集成电路及微型计算机技术的发展，使电气控制技术与可编程序控制器（PLC）的结合，为控制技术的发展开辟了新的前景。PLC 将计算机的编程灵活、功能齐全、应用面广等优点与继电器系统的控制简单、使用方便、抗干扰力强、价格便宜等优点结合起来，而其本身又具有体积小、重量轻、耗电少、编程及修改程序灵活等特点，因此在工业生产过程及各种控制领域中的应用越来越广泛。作为一名电气技术人员必须掌握 PLC 的基本原理与应用技术。

本课程的基本任务是：

1）熟练掌握常用控制电器、电气控制基本电路的构成、原理与用途，具备一般电气控制电路的独立分析和设计的能力。

2）掌握可编程序控制器（PLC）的基本构成、工作原理、特点及其应用发展情况。

3）掌握小型 PLC 的硬件构成、编程语言、指令系统、网络构成与设计方法。

4）掌握 PLC 电气控制系统的设计方法，包括电气与 PLC 组成系统的设计过程与步骤、PLC 及其模块选用方法、应用程序设计与调试方法等。

二、电气控制与 PLC 控制技术的发展概况

电气控制技术是随着科学技术的不断发展，对生产工艺不断提出新的要求而迅速发展的。在控制方法上主要是从手动控制到自动控制；在控制功能上从简单到复杂；在操作方式上由笨重到轻巧；从控制原理上，由单一的有触点硬接线继电器接触器控制系统转向以微处理器为中心的软件控制系统；在控制系统组成上，由单机控制系统转向总线网络主从控制系统。随着新的控制理论和新型电器及电子器件的出现，将不断推动电气控制技术的继续发展。

生产机械电力拖动的初期，常以一台电动机拖动多台设备，或使一台机床的多个动作由同一台电动机拖动，称为集中拖动，相应的电气控制电路比较简单。随着生产机械功能增多和自动化程度的提高，其机械传动系统也就更加复杂。为了简化传动机构而出现分散拖动形式，即各个运动机构分别由不同电动机拖动，使电气控制电路复杂化。此外，在生产过程

中，对影响产品质量的各种参数都要求能自动调整（例如温度、压力、时间、流量、速度、转矩、功率等的自动调节），促使电气自动控制技术迅速向前发展，控制系统日趋完善。

在实际生产中，由于存在大量的用开关量控制的简单的程序控制过程，且实际生产工艺和流程又经常变化，因而传统的继电接触控制系统已不能满足这种要求。采用 PLC 控制技术，提高了电气控制的灵活性和通用性，其控制功能和控制精度都得到很大提高。专用的 PLC 完全能够适应恶劣的工业环境。它兼备了计算机控制和继电器接触器控制系统两方面的优点，目前在世界各国已作为一种标准化和不可缺少的通用设备普遍应用于工业控制。

为了解决占机械加工总量 80% 左右的单件和小批生产的自动化，以提高劳动生产率，提高产品质量和降低劳动强度，在 20 世纪 50 年代就出现了数控机床。它是一种具有广泛通用性的高效率自动化机床，它综合应用了电子技术、检测技术、计算机技术、自动控制和机床结构设计等各个技术领域的最新技术成就。目前仍然广泛应用，并且在一般数控机床的基础上发展成为附带自动换刀，自适应等功能的复杂数控系列产品，称为加工中心。它能对多道工序的工件进行连续加工，节省了夹具，缩短了装夹定位、对刀等辅助时间，提高了工效和产品质量，成功地取代了以往依靠模板、凸轮、专用夹具、刀具和定程挡块来实现顺序加工的自动机床、组合机床及专用机床。

PLC 采用微处理器来实现对不同控制对象或机床的控制，其控制核心实质是一台专用微处理器。用软件方法来增加或改变控制系统的功能，具有很大的灵活性和柔性。PLC 控制系统程序中还设置了各种诊断程序，进行故障预检及自动查找，提高了设备可靠性并便于维修。

目前，全世界 PLC 生产厂家有 200 多家，生产 300 多种产品。国内 PLC 市场仍以国外产品为主，如 SIEMENS、MODICON、A－B、OMRON、三菱、GE 的产品。国内 PLC 生产厂家约有三十家。其中台达公司生产的 ES/EX/SS 系列 PLC 占有国内较大市场。我国在 PLC 技术的应用、研制和生产也有 50 多年的历史，通过技术、设备的引进、消化、吸收、应用推广逐步走向独立研制与开发。同时要加强专门人才的培养，不断提高 PLC 的应用水平，扩大应用范围，以便迅速跟上世界潮流。

第一章　继电器—接触器逻辑控制基础

传统的继电器、接触器控制技术是近代先进电气控制的基础，且仍被广泛应用。本章将从应用方面介绍常用低压电器的用途、基本结构、工作原理、主要技术参数和选用方法，并介绍由这些器件组成的电气控制基本电路的组成与工作原理。在此基础上，举例说明电气控制电路的阅读分析方法。本章内容是正确选择和合理使用电器与培养电气控制电路分析与设计基本能力的基础。

第一节　电器的基本知识

一、电器的定义及分类

（一）电器的定义

凡是自动（根据外部信号）或手动接通和断开电路，以及能实现对电路或非电对象切换、控制、保护、检测、变换和调节目的电气元件统称为电器。

（二）电器的分类

电器的用途广泛，功能多样，种类繁多，构造各异，其分类方法很多。从使用角度常分为：

1. 按工作电压等级分类

（1）低压电器　工作电压在交流 1200V 或直流 1500V 以下的各种电器。例如接触器、继电器、刀开关、按钮等。

（2）高压电器　工作电压高于交流 1200V 或直流 1500V 以上的各种电器。例如高压熔断器、高压隔离开关、高压断路器等。

2. 按用途分类

（1）控制电器　用于各种控制电路和控制系统的电器。例如接触器、各类继电器、起动器等。

（2）主令电器　用于自动控制系统中发送控制指令的电器。如控制按钮、主令开关、行程开关等。

（3）保护电器　用于保护电路及电气设备的电器。如熔断器、热继电器、断路器、避雷器等。

（4）配电电器　用于电能的输送和分配的电器。如各类刀开关、断路器等。

（5）执行电器　用于完成某种动作或传动功能的电器。如电磁铁、电磁阀、电磁离合器等。

3. 按工作原理分类

（1）电磁式电器　依据电磁感应原理来工作的电器。如交直流接触器、各种电磁式继电器、电磁阀等。

（2）非电量控制电器 这类电器是靠外力或某种非电物理量的变化而动作的。如行程开关、按钮、压力继电器、温度继电器等。

二、电磁式电器的工作原理与结构特点

电磁式电器在电气自动化控制电路中使用最多，类型也很多，其工作原理和构造基本相同。就其结构而言，大都由电磁机构和触头系统两个主要部分组成。

（一）电磁机构

电磁机构是电磁式电器的信号检测部分。它的主要作用是将电磁能量转换为机械能量并带动触头动作，从而完成电路的接通或分断。

电磁机构由吸引线圈、铁心、衔铁等几部分组成。

1. 常用的磁路结构 常用的磁路结构可分三种形式，如图 1-1 所示。

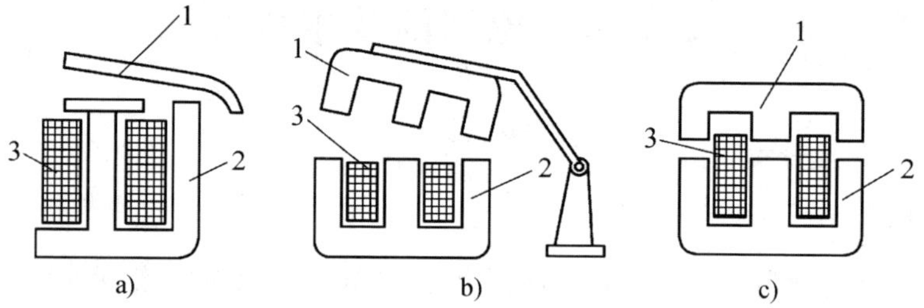

图 1-1 常用的磁路结构
1—衔铁 2—铁心 3—吸引线圈

1）衔铁沿棱角转动的拍合式铁心，如图 1-1a 所示。这种形式广泛应用于直流电器中。

2）衔铁沿轴转动的拍合式铁心，如图 1-1b 所示。其铁心形状有 E 形和 U 形两种。此种结构多用于触头容量较大的交流电器中。

3）衔铁直线运动的双 E 形直动式铁心，如图 1-1c 所示，多用于交流接触器、继电器中。

电磁式电器分为直流与交流两大类，都是利用电磁铁的原理制成。通常直流电磁铁的铁心是用整块钢材或工程纯铁制成，而交流电磁铁的铁心则用硅钢片叠铆而成。

2. 吸引线圈 吸引线圈的作用是将电能转换成磁场能量。按通入电流种类不同，可分为直流线圈和交流线圈。

在磁场中磁路的欧姆定律磁通密度 Φ 的大小为：

$$\Phi = \frac{IN}{R_m} \tag{1-1}$$

式中，Φ 为铁心中的磁通密度（Wb）；I 为线圈中的电流（A）；N 为线圈圈数（圈）；R_m 为磁阻（1/H）。

直流线圈其稳态电流为

$$I = \frac{U}{R} \tag{1-2}$$

式中，U 为线圈中的电压（V）；R 为线圈中的电阻（Ω）。

交流线圈其稳态电流为

$$i=\frac{u}{z}=\frac{u}{\sqrt{R^2+(X_L)^2}} \tag{1-3}$$

式中，i 为线圈中的电流（A）；u 为线圈中的电压（V）；z 为线圈中的阻抗（Ω）；R 为电阻（Ω）；X_L 为感抗（Ω）。

为保证电磁铁正常工作，在其通电工作过程中应避免电流产生的热效应烧毁线圈。考虑在直流和交流电磁铁中热量产生的不同方式。因而对于直流电磁铁，因其铁心不发热，只有线圈发热，所以直流电磁铁的吸引线圈做成高而薄的瘦长形且不设线圈骨架，使线圈与铁心直接接触，易于散热。

对于交流电磁铁，由于其铁心存在磁滞和涡流损耗，这样线圈和铁心都发热，所以交流电磁铁的吸引线圈有骨架，使铁心与线圈隔离并将线圈制成短而厚的矮胖形，这样有利于铁心和线圈的散热。

（二）电磁吸力与吸力特性

电磁式电器采用交直流电磁铁的基本原理，电磁吸力是影响其可靠工作的一个重要参数。

在磁铁中磁通量为

$$\boldsymbol{\Phi}=\boldsymbol{B}\cdot\boldsymbol{S} \tag{1-4}$$

式中，$\boldsymbol{B}$ 为气隙中磁感应强度（T）；$\boldsymbol{S}$ 为磁极截面积（m^2）。电磁铁的吸力大小可按下式求得：

$$F_{at}=\frac{10^7}{8\pi}B^2S \tag{1-5}$$

式中，F_{at}为电磁吸力（N）；B 为气隙中的磁感应强度（T）；S 为磁极截面积（m^2）。

在固定铁心与衔铁之间的气隙值 δ 及外加电压值 U 一定时，对于直流电磁铁，电磁吸力是一个恒定值。但对于交流电磁铁，由于外加正弦交流电压，其气隙磁感应强度亦按正弦规律变化，即

$$\boldsymbol{B}=\boldsymbol{B}_m\sin\omega t \tag{1-6}$$

将式（1-6）代入式（1-5）整理得电磁吸力 F_{at}大小为

$$F_{at}=\frac{F_{atm}}{2}-\frac{F_{atm}}{2}\cos2\omega t=F_0-F_0\cos2\omega t \tag{1-7}$$

式中，F_{atm}为电磁吸力最大值，$F_{atm}=\frac{10^7}{8\pi}B_m^2S$；$F_0$ 为电磁吸力平均值，$F_0=\frac{F_{atm}}{2}$。

因此交流电磁铁的电磁吸力是随时间变化而变化的。

另一方面，交直流电磁铁在吸动或释放过程中，由于气隙 δ 值是变化的，因此电磁吸力又随 δ 值变化而变化。通常交流电磁铁的吸力是指它的平均吸力。所谓吸力特性，是指吸动过程中电磁吸力 F_{at}随衔铁与铁心间气隙 δ 变化的关系曲线。不同的电磁机构有不同的吸力特性。

直流电磁机构的吸力特性见图 1-2。交流电磁机构的吸力特性见图 1-3。电磁铁的吸力特性见图 1-4。

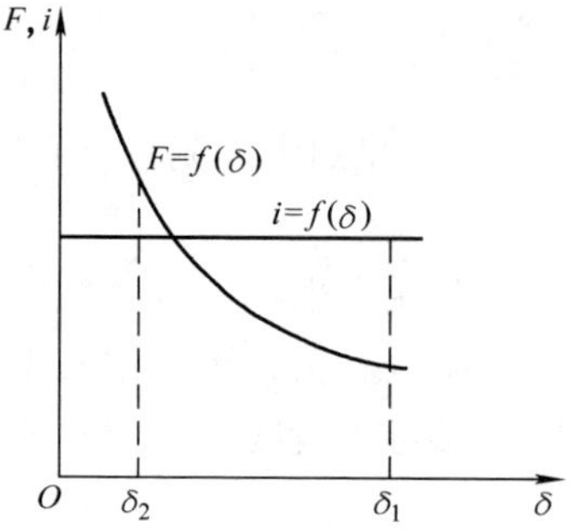

图 1-2 直流电磁机构的吸力特性

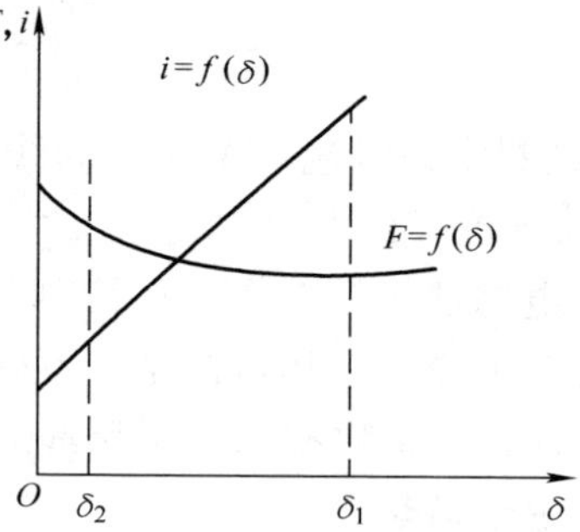

图 1-3 交流电磁机构的吸力特性

对于直流电磁铁，其励磁电流的大小与气隙无关。动作过程中为恒磁动势工作，其吸力随气隙的减小而增大，所以吸力特性曲线比较陡峭，如图 1-4 中的 1 所示。而交流电磁铁的励磁电流与气隙成正比。动作过程中为近似恒磁通工作，其吸力随气隙的减小略有增大，所以吸力特性比较平坦，如图 1-4 中的 2 所示。

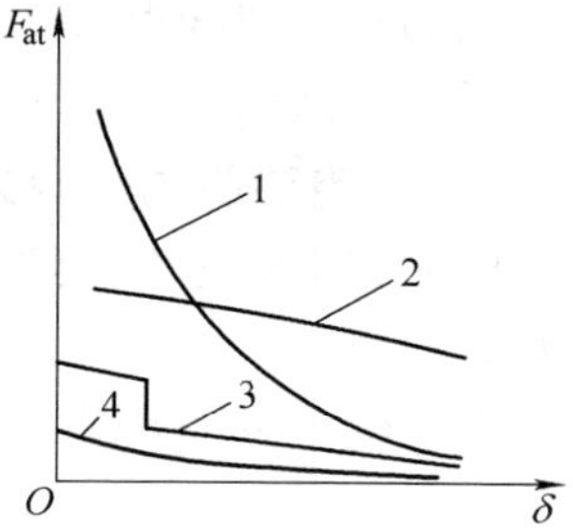

图 1-4 电磁铁的吸力特性

1—直流电磁铁吸力特性

2—交流电磁铁吸力特性

3—反力特性

4—释放过程中静态吸力特性

图 1-4 中的 3 表示电磁机构中的弹簧及触点的簧片反力特性曲线。电磁铁在释放过程中的静态吸力特性曲线位于反力特性曲线的下方，如图 1-4 中的 4 所示。

（三）反力特性和返回系数

所谓反力特性是指吸动过程中反作用力 F_r 与气隙 δ 的关系曲线，如图 1-4 中的 3 所示。

为了使电磁机构能正常工作，其吸力特性与反力特性配合必须得当。在衔铁吸合过程中，其吸力特性必须始终处于反力特性上方，即吸力要大于反力。反之衔铁释放时，吸力特性必须位于反力特性下方，即反力要大于吸力。

返回系数是指释放电压 U_{re}（或电流 I_{re}）与吸合电压 U_{at}（或电流 I_{at}）的比值。用 β 表示，即

$$\beta_U = \frac{U_{re}}{U_{at}} \quad 或 \quad \beta_I = \frac{I_{re}}{I_{at}} \tag{1-8}$$

返回系数是反映电磁式电器动作灵敏度的一个参数，对电器工作的控制要求、保护特性和可靠性有一定影响。

（四）交流电磁机构上短路环的作用

根据交流电磁吸力公式可知，交流电磁机构的电磁吸力是一个两倍电源频率的周期性变量。它有两个分量：一个是恒定分量 F_0，其值为最大吸力值的一半；另一个是交变分量 $F_{\sim}$，$F_{\sim} = F_0\cos2\omega t$，其幅值为最大吸力值的一半，并以两倍电源频率变化，总的电磁吸力 F_{at} 在 $0 \sim F_{atm}$ 的范围内变化，其吸力曲线如图 1-5 所示。

电磁机构在工作中，衔铁始终受到反作用弹簧、触头弹簧等反作用力 F_r 的作用。尽管电磁吸力的平均值 F_0 大于 F_r，但在某些时候 F_{at} 仍将小于 F_r（见图 1-5 中画有斜线部分）。当 $F_{at} < F_r$ 时，衔铁开始释放；当 $F_{at} > F_r$ 时衔铁又被吸合。如此周而复始从而使衔铁产生振动发出噪声。为此必须采取有效措施，消除振动和噪声。

具体办法是在铁心端部开一个槽，槽内嵌入称为短路环（或称阻尼环）的铜环，如图

1-6 所示。短路环把铁心中的磁通分为两部分：即不穿过短路环的 Φ_1 和穿过短路环的 Φ_2，且 Φ_2 滞后于 Φ_1 的相位角为 θ，使合成吸力始终大于反作用力，从而消除了振动和噪声。

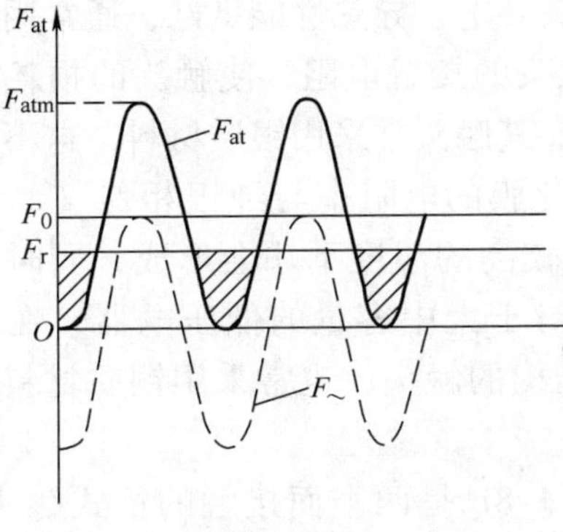

图 1-5　交流电磁机构实际吸力曲线

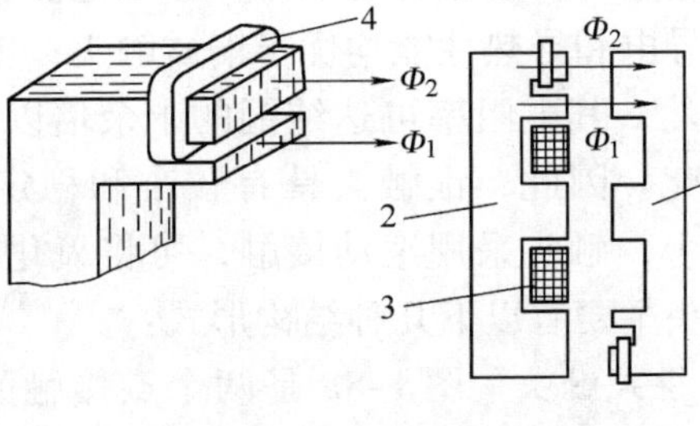

图 1-6　交流电磁铁的短路环

1—衔铁　2—铁心　3—线圈　4—短路环

短路环通常包围 2/3 的铁心截面，一般用铜、锰白铜（亦称康铜）或镍铬合金等材料制成。加短路环后实际吸力及磁通变化曲线如图 1-7 所示。

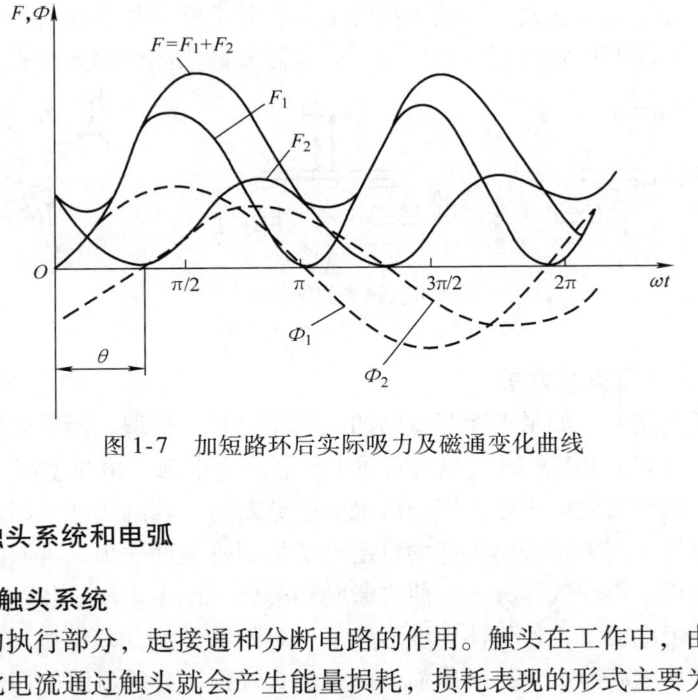

图 1-7　加短路环后实际吸力及磁通变化曲线

三、电器的触头系统和电弧

（一）电器的触头系统

触头是电器的执行部分，起接通和分断电路的作用。触头在工作中，由于通以电流其本身存在电阻，因此电流通过触头就会产生能量损耗，损耗表现的形式主要为电阻损耗或称焦耳损耗，在交直流系统中这个损耗均存在。其量值为：

$$P = K_f I^2 R \tag{1-9}$$

式中，P 为损耗功率；K_f 为交流附加损耗系数；I 为触头通过的电流；R 为触头导体与接触电阻。

触头损耗功率对触头材料表现的是热量，其热量关系为：

$$Q \propto I^2 R t \tag{1-10}$$

式中，Q 为热量；t 为通电时间。

当触头产生的热量大于绝缘体燃烧温度或大于触头的熔化温度后，就会产生燃烧或烧毁触头系统。

因此，为了使触头系统正常工作和避免过热，要求触头导电、导热性能良好，通常用铜制成。但铜的表面容易氧化而生成一层氧化铜，将增大触头的接触电阻，使触头的损耗增大，温度上升。所以有些电器，如继电器和小容量的电器，其触头常采用银质材料，这不仅在于其导电和导热性能均优于铜质触头，更主要的是其氧化膜的电阻率与纯银相似（氧化铜则不然，其电阻率可达纯铜的十余倍以上），而且要在较高的温度下才会形成，同时又容易粉化。因此，银触头具有较小和稳定的接触电阻。对于大中容量的低压电器，在结构设计上，触头采用滚动接触，可将氧化膜去掉，这种结构的触头，也常采用铜质材料。

触头主要有以下几种结构形式：

1. 桥式触头　图 1-8a 是两个点接触的桥式触头，图 1-8b 是两个面接触的桥式触头，两个触头串于同一条电路中，电路的接通与断开由两个触头共同完成。点接触形式适用于电流不大且触头压力小的场合；面接触形式适用于大电流的场合。

2. 指形触头　图 1-8c 所示为指形触头，其接触面为一直线，触头接通或分断时产生滚动摩擦，以利于去掉氧化膜。此种形式适用于通电次数多、电流大的场合。

为了使触头接触得更加紧密，以减小接触电阻，并消除开始接触时产生的振动，在触头上装有接触弹簧，在刚刚接触时产生初压力，并且随着触头闭合增大触头压力。

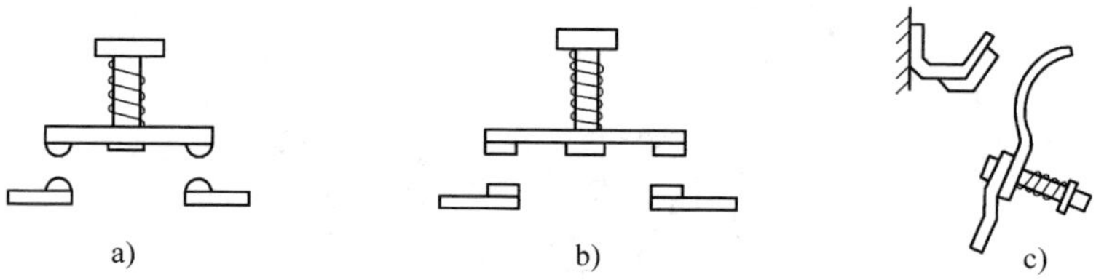

图 1-8　触头的结构形式

（二）电弧的产生及灭弧方法

在大气中断开电路时，如果被断开电路的电流超过某一数值，断开后加在触头间隙两端电压超过某一数值（12 ~ 20V）时，触头间隙中就会产生电弧。电弧实际上是触头间气体在强电场作用下产生的电离放电现象，即当两触头刚分断时，两触头间距离极小，电场强度极大，在高热和强电场作用下，金属内部的自由电子从阴极表面逸出，奔向阳极，这些自由电子在电场中运动时撞击中性气体分子，使之激励和游离，产生正离子和电子。因此，在触头间隙中产生大量的带电粒子，使气体导电形成了炽热的电子流，即电弧。

电弧产生后，伴随高温产生并发出强光，将触头烧损，并使电路的切断时间延长，严重时还会引起火灾或其他事故。因此，在电器中应采取适当措施熄灭电弧。

常用的灭弧方法有以下几种：

1. 电动力灭弧　如图 1-9 所示，它是一种桥式结构双断口触头。当触头打开时，在断口中产生电弧，在电动力 F 的作用下，使电弧向外运动并拉长，加快冷却并熄灭。这种灭弧方法一般用于交流接触器中。

2. 磁吹灭弧　其原理示意图如图 1-10 所示。在触头电路中串入一个磁吹线圈，负载电流产生的磁场方向如图 1-10 所示。当触头开断产生电弧后，同样原理在电动力作用下，电弧被拉长并吹入灭弧罩6中使电弧冷却熄灭。

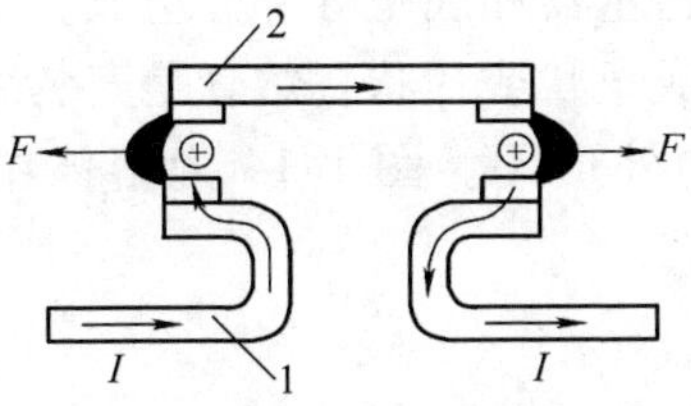

图1-9　电动力灭弧示意图

1—静触头　2—动触头

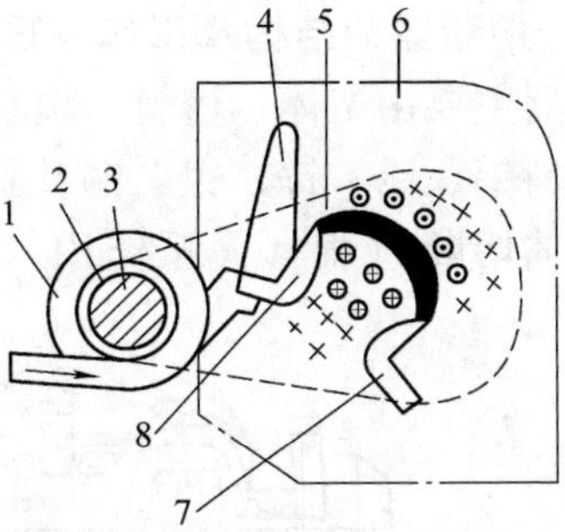

图1-10　磁吹灭弧原理示意图

1—磁吹线圈　2—绝缘套　3—铁心　4—引弧角　5—导磁夹板　6—灭弧罩　7—动触头　8—静触头

这种灭弧装置是利用电弧电流灭弧，电流越大，吹弧能力越强。它广泛应用于直流接触器中。

3. *窄缝灭弧*　这种灭弧方法是利用灭弧罩的窄缝来实现的。灭弧罩内只有一个纵缝，缝的下部宽些上部窄些，如图1-11所示。当触头断开时，电弧在电动力作用下进入缝内，窄缝可将电弧弧柱直径压缩，使电弧同缝壁紧密接触，加强冷却和消电离作用，使电弧熄灭加快。窄缝灭弧常用于交流和直流接触器上。

4. *栅片灭弧*　图1-12为栅片灭弧示意图。灭弧栅由多片镀铜薄钢片（称为栅片）组成，它们安放在电器触头上方的灭弧栅内，彼此之间互相绝缘。当电弧产生时，在电动力作用下，电弧被拉入灭弧栅而被分割成数段串联的短弧，增强消电离能力并使电弧迅速冷却而很快熄灭。栅片灭弧常用于大电流的刀开关与大容量交流接触器中。

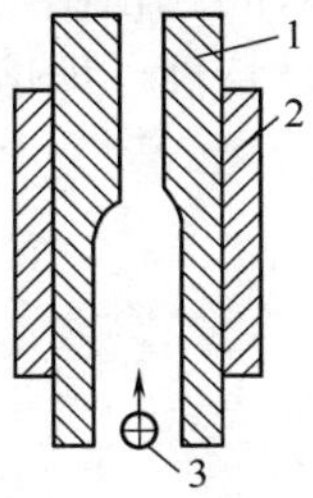

图1-11　窄缝灭弧装置

1—灭弧栅片　2—铜夹片　3—电弧

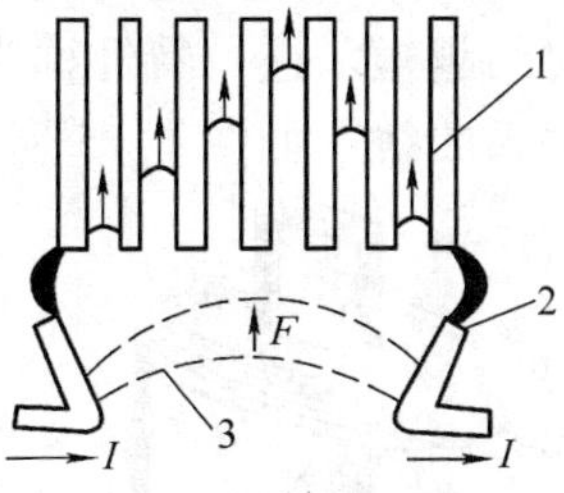

图1-12　栅片灭弧示意图

1—灭弧栅片　2—触头　3—电弧

第二节　常用低压电器

常用低压电器主要有开关电器、熔断器、主令电器、接触器和各类继电器等。下面就这些电器的用途、基本结构、主要类型与产品型号、图形符号和文字符号以及使用和选用的注意事项做简要介绍。

一、熔断器

（一）熔断器的用途

熔断器是用于配电线路的严重过载和短路保护。由于结构简单、体积小、使用维护方便并具有较高的分断能力和良好的限流性能等优点，因而获得广泛的应用。

（二）熔断器的结构及工作原理

熔断器主要由熔体、熔管、填料、盖板、接线端、指示器和底座等部分组成。熔体由易熔金属材料铝、锡、锌、银、铜及其合金制成，通常制成丝状或片状。熔管是安装熔体的外壳，在熔体熔断时兼有灭弧作用。图 1-13 为熔断器的外形图。图 1-14 为熔体结构的示意图。

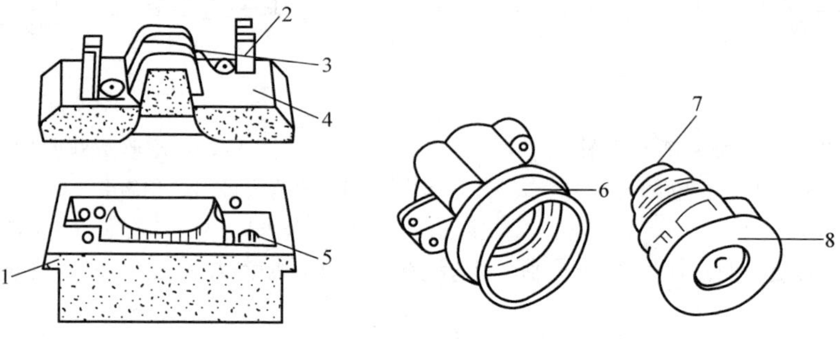

a)　　　　b)

图 1-13　熔断器的外形图

a）RCI 型　b）RLI 型

1—瓷底座　2—动触头　3—熔体　4—瓷插件　5—静触头　6—底座　7—熔体　8—瓷帽

熔断器串接在被保护的电路中，当电路正常工作时，熔断器允许通过一定大小的电流其熔体不熔化，主电路发生短路或严重过载时，熔体中流过很大的故障电流，当电流产生的热量达到熔体的熔点时，熔体熔化，电路自动切断，从而达到保护的目的。

电流通过熔体时产生的热量与电流的二次方和电流通过的时间成正比。因此，电流越大则熔体熔断的时间越短。这一特性称为熔断器的保护特性或安秒特性，即熔断器的熔断时间与熔断电流的关系曲线，如图 1-15 所示。

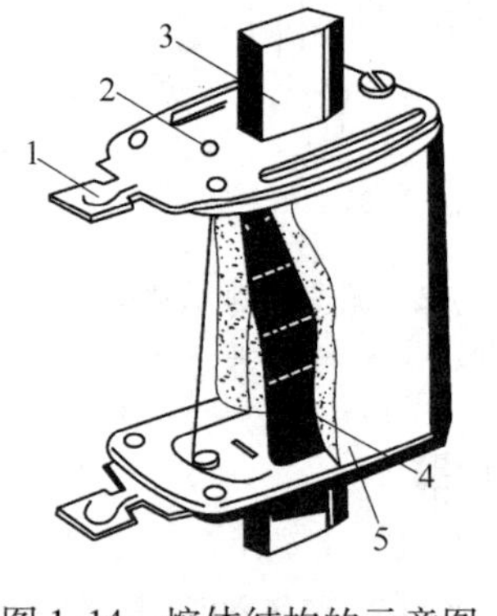

图 1-14　熔体结构的示意图

1—盖板　2—指示器　3—触角　4—熔体　5—熔管

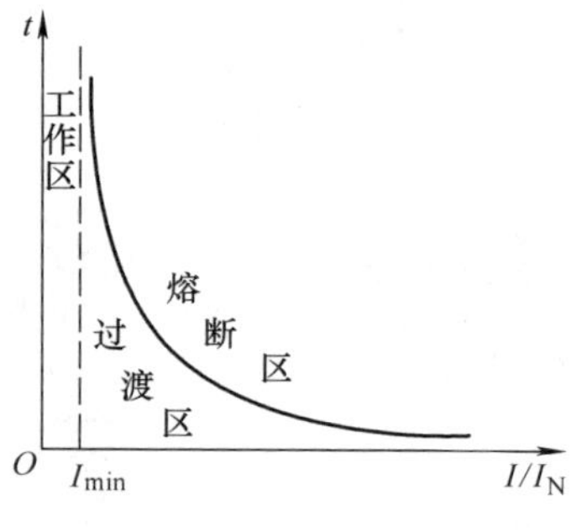

图 1-15　熔断器的安秒特性曲线

图中 I_{min} 为最小熔化电流，即通过熔断器电流小于此电流时不会熔断。所以选择的熔体额定电流 I_N 应小于 I_{min}，$I_{min}/I_N=1.5\sim2$ 称为熔化系数，它反映过载时的保护特性。熔断器安秒特性数值关系见表 1-1。

表 1-1　熔断器安秒特性数值关系

熔断电流	(1.25～1.30) I_N	1.6I_N	2I_N	2.5I_N	3I_N	4I_N
熔断时间	∞	1h	40s	8s	4.5s	2.5s

(三) 熔断器的类型与技术参数

熔断器的类型及常用系列产品有：

1. 插入式熔断器　常用产品有 RC1A 系列，主要用于低压分支电路的短路保护。由于其分断能力较小，故一般多用于民用和工业的照明电路中。

2. 螺旋式熔断器　常用产品有 RL6、RL7、RLS2 等系列，该系列产品的熔管内装有石英砂，用于熄灭电弧，具有较高的分断能力，并带熔断指示器，当熔体熔断时指示器自动弹出。其中 RL6、RL7 多用于机床配线电路中，RLS2 为快速熔断器，主要用于保护硅整流元件和晶闸管等半导体元件。

3. 封闭管式熔断器　该种熔断器分为无填料、有填料和快速三种。RM10 系列为无填料的，在低压电力网络成套配电设备中用作短路保护和连续过载保护。其特点是可拆卸，当熔体熔断后，用户可按要求自行拆开，重新装入新的熔体。RT12、RT14、RT15 系列为有填料的熔断器，技术参数符合国际电工低压熔断器标准，与国外同类产品的外形、安装尺寸相同，具有较大的分断能力，用于较大短路电流的电力输配电系统中，还可以用于熔断器式隔离器、开关熔断器等开关电器中。RS3 系列为快速熔断器，主要用于保护半导体元件。

4. 新型熔断器

(1) 自复式熔断器　自复式熔断器是一种新型熔断器，它利用金属钠做熔体，在常温下，钠的电阻很小，允许通过正常工作电流，当电路发生短路时，短路电流产生高温使钠迅速汽化，气态钠电阻变得很高，从而限制了短路电流。当故障消除后，温度下降，金属钠重新固化，恢复其良好的导电性能。其优点是能重复使用，不必更换熔体，但在线路中只能限制故障电流，而不能切断故障电路，一般与断路器配合使用。常用产品有 RZ1 系列。

(2) 高分断能力熔断器　随着电网供电容量的不断增加，对熔断器的性能指标也提出了更高的要求，如根据德国 AEG 公司制造技术标准生产的 NT 型系列产品为低压高分断能力熔断器，额定电压至 660V，额定电流至 1000A，分断能力可达 120kA，适用于工业电气装置、配电设备的过载和短路保护。NT 型熔断器符合国际电工标准和我国新制定的低压熔断器标准，并且与国外同类产品具有通用性和互换性。NT 型熔断器规格齐全，具有功率损耗低、保护特性稳定、限流性能好、体积小等特点。同时，NT 型熔断器也可作为导线的过载和短路保护。另外引进该公司制造技术还生产了 NGT 型熔断器，该系列为快速熔断器，作为半导体器件保护之用。表 1-2 为 NT 型熔断器的主要技术参数。

(四) 熔断器的选择

熔断器的选择主要考虑以下几方面因素：

1. 熔断器类型　应根据电路要求、使用场合、安装条件和各类熔断器的适用范围来确定。

2. 熔断器额定电压　应大于或等于电路的工作电压。

3. 熔体的额定电流　与负载的大小及性质有关，其选择方法是：

表 1-2　NT 型熔断器的主要技术参数

额定电压/V	额定电流/A	熔体额定电流/A	额定分断能力
500	160	4，6，10，16，20，25，32，35，40，50，63，80，100，125，160	500V 120kA
	250	80，100，125，160，200，224，250	
	400	125，160，200，224，250，300，315，355，400	
	630	315，355，400，425，500，630	
380	1000	800，1000	380V 100kA

1）对于阻性负载的短路电流保护应使熔断器的熔体电流等于或略大于电路的工作电流。

2）对于电动机负载，应考虑冲击电流的影响三相交流异步电动机的起动电流为其额定电流的4～7倍及以上。随着电动机起动过程的完成，则电动机电流逐渐减小至额定电流值。因此电流应按下式计算：

单台电动机：

$$I_{fu} \geqslant (1.5 \sim 2.5) I_N \tag{1-11}$$

式中，I_N 为电动机的额定电流。

多台电动机：

$$I_{fu} \geqslant (1.5 \sim 2.5) I_{Nmax} + \Sigma I_N \tag{1-12}$$

式中，I_{Nmax}为容量最大的一台电动机的额定电流；ΣI_N 为其他电动机额定电流的总和。

3）在电容器设备中，电容器电流是经常变化的，因此在这种设备中熔断器只作为短路保护。一般情况，熔体的额定电流应大于电容器额定电流的1.6倍。

4. *额定分断能力*　必须大于电路中可能出现的最大故障电流。

5. *选择性保护特性*　在电路系统中，电器之间的选择性保护特性非常重要，它能把故障产生的影响限制在最小范围内，即要求电路中某一支路发生短路或过载故障时，只有距离故障点最近的熔断器动作，而主回路的熔断器或断路器不动作，这种合理的选配称为选择性配合。根据系统的具体条件可分为熔断器之间上一级和下一级的选择性配合以及断路器与熔断器的选择性配合等。具体选择可参考各电路的保护特性。

熔断器的图形及文字符号如图1-16所示。

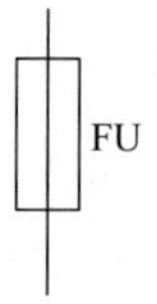

图 1-16　熔断器的图形及文字符号

二、开关电器

开关电器广泛应用于配电线路作电源的隔离、通断控制以及电源与负载的保护。

常用开关电器有以下几种类型：

（一）刀开关

刀开关是结构最简单、应用最广泛的一种手动电器。在低压电路中作不频繁接通和分断电路或用于电路与电源的隔离。

刀开关由操作手柄、触刀、静插座和绝缘底板组成。依靠手动来实现触刀插入插座或脱离插座，完成电接通与分断控制。

刀开关的主要技术参数有额定电压、额定电流、通断能力、动稳定电流、热稳定电流等。

刀开关的主要类型有：大电流隔离开关、负荷开关、熔断器式刀开关。

刀开关型号含义：

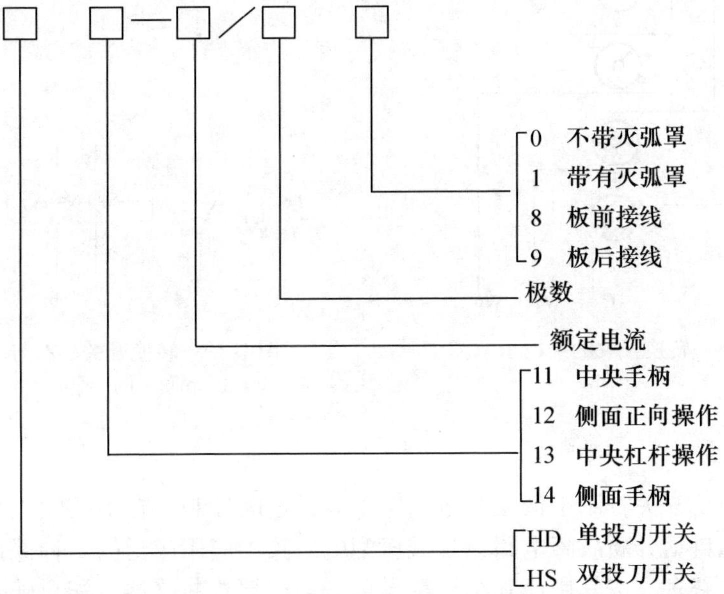

刀开关的符号如图 1-17 所示。

使用刀开关时应注意：安装时应使手柄向上，不得倒装或平装，避免由于重力自动下落引起的误动作合闸。接线时应将电源线接在上端，负载线接在下端，这样在拉闸后刀片与电源隔离，可防止意外事故。

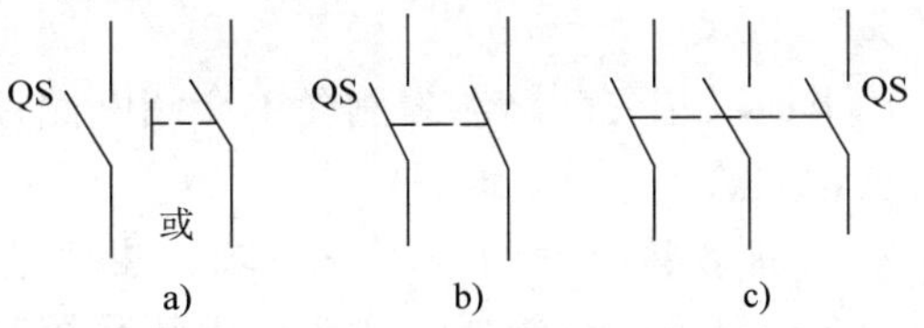

图 1-17　刀开关的符号

a）单极　b）双极　c）三极

（二）转换开关

转换开关又称组合开关，一般用于电气设备中非频繁地通断电路、换接电源和负载、测量三相电压以及直接控制小容量异步电动机的运行状态。

转换开关由动触头（动触片）、静触头（静触片）、转轴、手柄、定位机构及外壳等部分组成。其动静触头分别叠装于数层绝缘壳内，其结构如图 1-18 所示。当转动手柄时，每层的动触片随方形转轴一起转动。

转换开关有单极、双极和多极之分。普通类型的转换开关各极是同时通断的，特殊类型的转换开关各极交替通断（一个操作位置其触头一部分接通，另一部分断开），以满足不同的控制要求。其表示方法类似于万能转换开关。

转换开关的符号如图 1-19 所示。

刀开关与转换开关选用时主要考虑以下几方面：

1）根据使用场合选择合适的产品型号和操作方式。

2）应使其额定电压等于或大于电路的额定电压，其额定电流应等于或大于电路的额定电流。

3）安装方式、外形尺寸与定位尺寸。

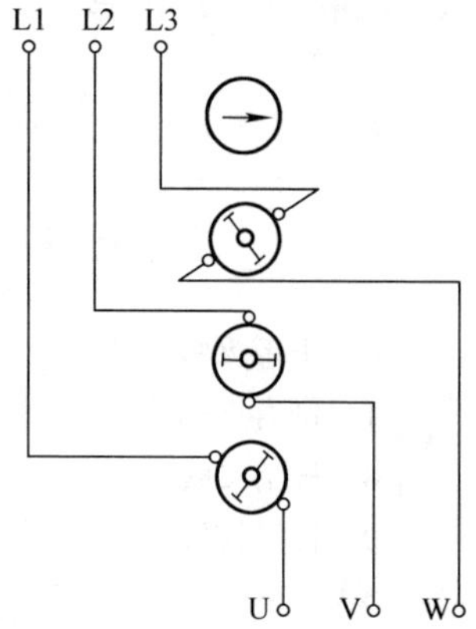

图 1-18 转换开关的结构示意图

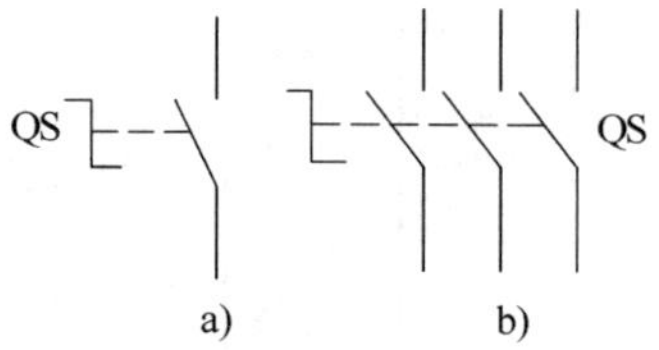

图 1-19 转换开关的符号

a）单极 b）三极

（三）断路器

断路器俗称自动开关，用于低压配电电路不频繁通断控制，在电路发生短路、过载或欠电压等故障时，能自动分断故障电路，是低压配电线路中应用广泛的一种保护电器。

断路器的种类繁多，按其用途和结构特点可分为框架式断路器、塑料外壳式断路器、直流快速断路器和限流式断路器等。框架式断路器主要用作配电网络的保护开关，而塑料外壳式断路器除可用作配电网络的保护开关外还可用作电动机、照明电路及电热电路的控制开关。

下面以塑壳断路器为例简单介绍断路器的结构、工作原理、图形符号与文字符号、使用与选用方法。

1. 断路器的结构和工作原理 断路器主要由 3 个基本部分组成：触头、灭弧系统和各种脱扣器，包括过电流脱扣器、欠电压（失压）脱扣器、热脱扣器、分励脱扣器和自由脱扣器。

图 1-20 是断路器工作原理示意图。开关是靠操作机构手动或电动合闸的，触头闭合后自由脱扣机构将触头锁在合闸位置上。当电路发生上述故障时，通过各自的脱扣器使自由脱扣机构动作，自动跳闸实现保护作用。分励脱扣器则作为远距离控制分断电路之用。

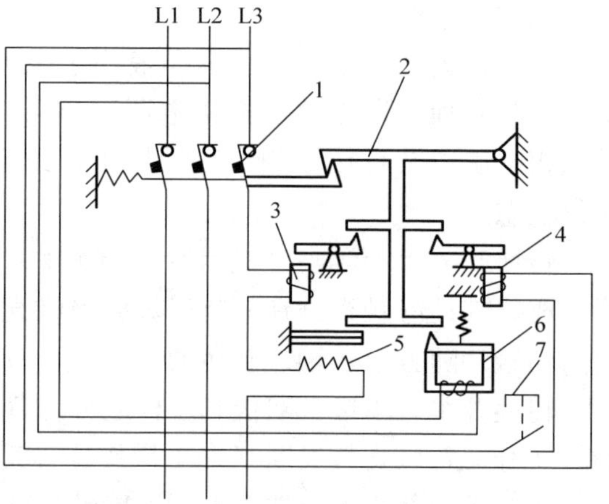

图 1-20 断路器工作原理示意图

1—主触头 2—自由脱扣机构 3—过电流脱扣器 4—分励脱扣器 5—热脱扣器 6—欠电压脱扣器 7—按钮

2. 断路器的主要技术参数和系列产品 断路器的主要技术参数有：额定电压、额定电流、极数、脱扣器类型及其整定电流范围、分断能力及动作时间等。

表 1-3 列出了 DZ_{20}的技术参数。同时 DZ_{20}的附件较多，除具有欠电压脱扣器、分励脱

扣器外还具有报警触头和两组辅助触头，使用更加方便。DZ_{X19}系列为限流型断路器，可利用短路电流所产生的电动力使触头约在 8～10ms 内迅速断开，限制了电网上可能出现的最大的短路电流，适用于要求分断能力较高的场合。

表 1-3　DZ_{20}系列塑料外壳式断路器主要技术参数

型号	额定电流 /A	机械寿命 /次	电气寿命 /次	过电流脱扣器范围 /A	短路通断能力			
					交流		直流	
					电压 /V	电流 /kA	电压 /V	电流 /kA
DZ_{20Y}-100	100	8000	4000	16,20,32,40,50,63,80,100	380	18	220	10
DZ_{20Y}-200	200	8000	2000	100,125,160,180,200	380	25	220	25
DZ_{20Y}-400	400	5000	1000	200,225,315,350,400	380	30	380	25
DZ_{20Y}-630	630	5000	1000	500,630	380	30	380	25
DZ_{20Y}-800	800	3000	500	500,600,700,800	380	42	380	25
DZ_{20Y}-1250	1250	3000	500	800,1000,1250	380	50	380	30

注：表中 Y 为一般型。

3. 断路器的选用及调整

（1）断路器的选用

1）额定电压大于或等于电路或设备的额定工作电压，对配电电路来说应注意区别电源端保护还是负载端保护。

2）额定电流应大于或等于负载工作电流，若使用环境温度高应适当增大选用额定电流。

3）断路器的通断能力大于或等于电路的最大短路电流。

4）断路器的类型应根据使用场合和保护要求来选用。例如额定电流 630A，短路电流不太大的可选用 DE 系列塑料外壳式断路器。短路电流相当大可选用限流式断路器。额定电流比较大或有选择性保护要求时，应选择 DW 系列框架式断路器。对控制和保护含半导体器件的直流电路应选择直流快速断路器等。

（2）断路器的调整

1）过载脱扣器整定电流应与所控制的电动机的额定电流一致，通过 1.05 倍脱扣整定电流，2h 内不动作；通过 1.20 倍脱扣整定电流时，2h 内动作。

2）对电流脱扣器整定电流应大于负载正常工作时的尖峰电流，对电动机负载来说，通常按起动电流的 1.7 倍整定。

3）欠电压脱扣器的额定电压等于主电路的额定电压。

4）级间保护的配合应满足配电系统选择性保护的要求，以避免越级跳闸，扩大事故范围。

5）根据线路或设备保护要求，定期复校各脱扣器整定动作值（每年 1～2 次）。

断路器的图形及文字符号如图 1-21 所示。断路器动作（安秒）特性曲线如图 1-22 所示。

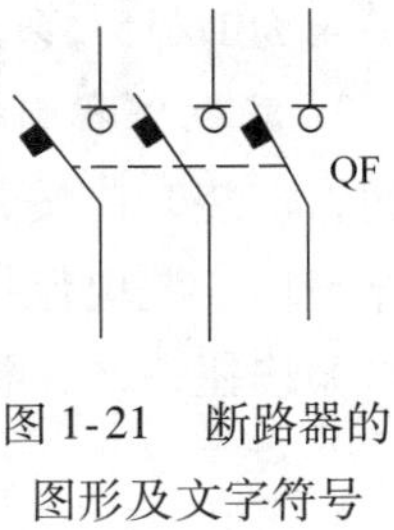

图 1-21　断路器的图形及文字符号

（四）漏电保护断路器

漏电保护断路器是一种安全保护电器，在电路中作为触电和漏电保护之用。在电路或设备出现对地漏电或人身触电时，能迅速自动断开电路，有效地保证人身和线路安全。

1. 漏电保护断路器的结构与工作原理

（1）结构　电流动作型漏电保护断路器主要由电子电路、零序电路互感器、漏电脱扣器、触头、试验按钮、操作机构及外壳等组成。

（2）工作原理　DZL18-20 型漏电保护断路器的工作原理如图 1-23 所示。

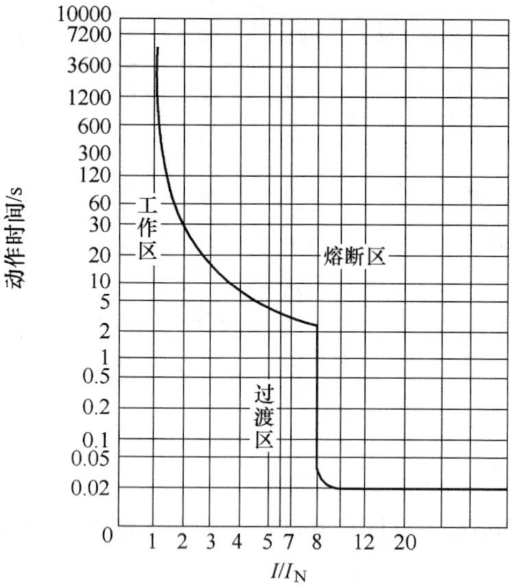

图 1-22　断路器动作（安秒）特性曲线

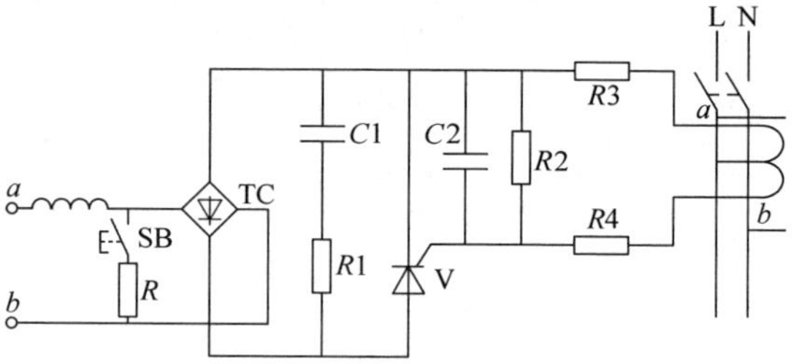

图 1-23　DZL18-20 型漏电保护断路器的工作原理

在电路正常工作时，零序电路互感器二次绕组无输出信号，保护断路器不动作。当电路发生漏电和触电事故时，只要漏电或触电电流达到漏电保护断路器的动作电流值时，零序电路互感器二次绕组输出一个信号，使电子电路中的晶闸管触发导通，整流桥 TC 直流侧经晶闸管短接，使漏电脱扣器线圈中流过一个较大的电流，脱扣器动作，自动断开电路，起到保护作用。

2. 漏电保护断路器的型号及技术数据　漏电保护断路器有单相式和三相式等形式。单相式主要产品有 DZL18-20 型；三相式有 DZ15L、DZ47L、DS250M 等，其中 DS250M 采用德国 ABB 公司的技术生产的，可取代同类进口产品。

漏电保护断路器的额定漏电动作电流为 30 ~ 100mA，漏电脱扣器动作时间小于 0.1s。表 1-4 为 DZ15L 系列漏电保护开关的技术数据。

3. 漏电保护断路器的使用方法　漏电保护断路器接入电路时，应接在电能表和熔断器后面，安装时应按开关规定的标志接线。接线完毕后应按动试验按钮，检查保护断路器是否可靠动作。漏电保护断路器投入正常运行后，应定期校验，一般每月需在合闸通电状态下按动试验按钮一次，检查漏电保护断路器是否正常工作，以确保其安全性。

表 1-4 DZ15L 系列漏电保护开关的技术数据

额定电压/V	额定频率/Hz	额定电流/A	极数	过电流脱扣器额定电流/mA	额定漏电动作电流/mA	额定漏电不动作电流/mA	额定漏电动作时间/s
380	50～60	40	3	6，10，16，20，25，40	30	15	<0.1
					50	25	
					75	40	
			4	40	50	25	
					75	40	
					100	50	
		63（100）	3	10，16，25，32，40，50，63，80，100	50	25	
					75	40	
					100	50	
			4	16，20，25，32，40，50，63，80，100	50	25	
					70	40	
					100	50	

三、主令电器

主令电器是自动控制系统中专用于发布控制指令的电器。主令电器的种类很多，按用途可分为控制按钮、位置开关、万能转换开关和主令控制器等。

（一）控制按钮

控制按钮是一种结构简单、应用广泛的主令电器。在低压控制电路中，用于发布手动控制指令。

控制按钮是由按钮帽、复位弹簧、桥式触点和外壳等组成，其结构如图 1-24 所示。按钮在外力作用下，首先断开常闭触点，然后再接通常开触点。复位时，常开触点先断开，常闭触点后闭合。

控制按钮的选用要考虑其使用场合，对于控制直流负载，因直流电弧熄灭比交流困难，故在同样的工作电压下直流工作电流应小于交流工作电流，并根据具体控制方式和要求选择控制按钮的结构形式、触点数目及按钮的颜色等。一般以红色表示停止按钮，绿色表示起动按钮。

控制按钮的图形及文字符号如图 1-25 所示。

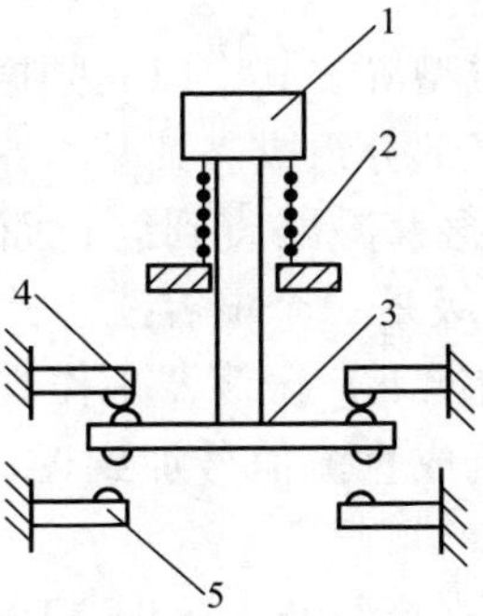

图 1-24 按钮结构示意图

1—按钮帽 2—复位弹簧 3—动触点

4—常闭静触点 5—常开静触点

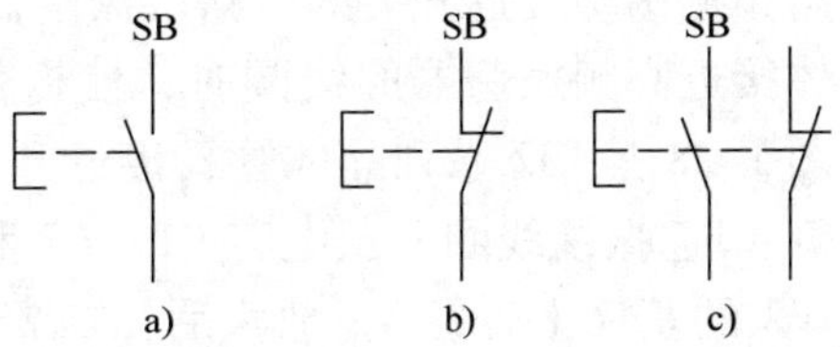

图 1-25 按钮的图形及文字符号

a）常开触点 b）常闭触点 c）复式触点

(二) 位置开关

位置开关在电气控制系统中，用以实现顺序控制、定位控制和位置状态的检测。在位置开关中，以机械行程直接接触驱动作为输入信号的有行程开关和微动开关，以电磁信号（非接触式）输入动作信号的有接近开关。

1. 行程开关　行程开关是一种利用生产机械的某些运动部件的碰撞来发出控制指令的主令电器，用于控制机械的运动方向、行程大小和位置保护等。当行程开关用于位置保护时，亦称为限位开关。

从结构上来看，行程开关可分为三部分：操作机构、触点系统和外壳。图 1-26 为 LX19 系列行程开关外形图。

行程开关在选用时，应根据不同的使用场合，满足额定电压、额定电流、复位方式和触点数量等方面要求。

行程开关的图形及文字符号如图 1-27 所示。

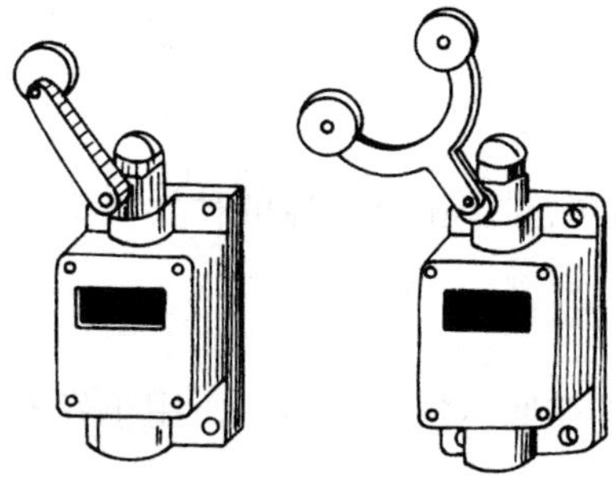

图 1-26　LX19 系列行程开关外形图
a）单轮旋转式　b）双轮旋转式

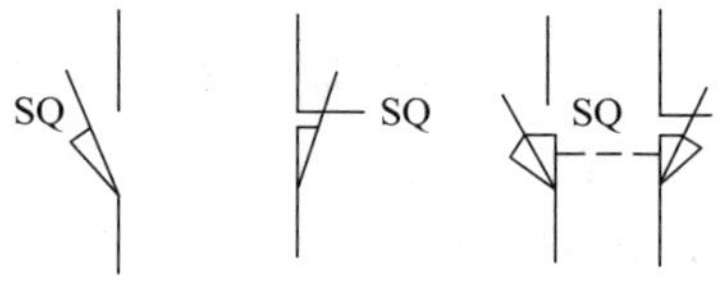

图 1-27　行程开关的图形及文字符号
a）常开触点　b）常闭触点　c）复式触点

2. 接近开关　接近开关又称无触点行程开关，是以不直接接触方式进行控制的一种位置开关。它不仅能代替有触点行程开关来完成行程控制和限位保护等，还可用于高速计数、测速、检测零件尺寸等。由于它具有工作稳定可靠、寿命长、重复定位精度高以及能适应恶劣的工作环境等特点，所以在工业生产方面获得了广泛应用。

接近开关按其工作原理分为高频振荡型、电容型、永磁型等。其中以高频振荡型最为常用。高频振荡型接近开关的电路由振荡器、放大器和输出三部分组成。其基本原理是当有金属物体接近高频振荡器的线圈时，使振荡回路参数变化，振荡减弱直到终止而输出控制信号。图 1-28 是 LJ2 系列晶体管式接近开关的原理图。第一级是一个电容三点式振荡器，由晶体管 V1、振荡线圈 L 及电容 $C1$、$C2$ 和 $C3$ 组成。一般情况下，振荡器工作其输出加到晶体管 V2 的基极上，经 V2 放大后由二极管 VD1、VD2 整流成直流信号加到 V3 的基极，使 V3 导通 V4 截止，进而使 V5 导通 V6 截止，而无输出信号。

当金属物体靠近开关感辨头时，使振荡器的振荡减弱直至终止，这时 VD1、VD2 整流电路无输出电压，则 V3 截止 V4 导通，V5 截止 V6 导通，有信号输出。

接近开关的主要技术参数有：工作电压、输出电流、动作距离、重复精度及工作响应频率等。

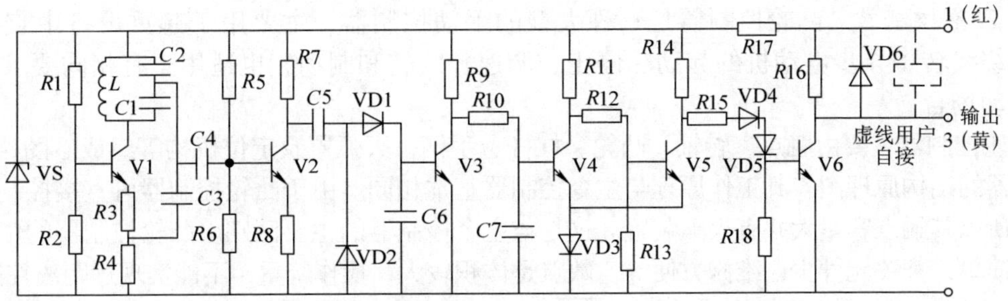

图 1-28　LJ2 系列晶体管式接近开关的电路原理图

接近开关在使用时应注意：所加的电源电压不应超过其额定工作电压，负载电压与接近开关的输出电压相符，负载电流不能超过其输出能力。在用作计数和测速时，其计数频率应小于接近开关的工作响应频率，否则会出现计数误差。

接近开关的文字符号与行程开关相同，其图形及文字符号如图 1-29 所示。

（三）万能转换开关

万能转换开关实际是一种多档位、控制多回路的组合开关，用于控制电路发布控制指令或用于远距离控制。也可作为电压表、电流表的换相开关，或作为小容量电动机的起动、调速和换向控制。由于其换接电路多，用途广泛，故又称为万能转换开关。

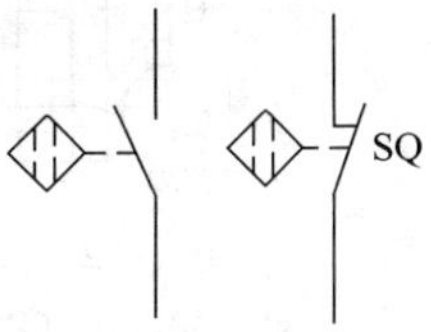

图 1-29　接近开关的图形及文字符号

万能转换开关各档位电路通断状况表示有两种方法：一种是图形表示法；另一种是列表表示法。图 1-30 为万能转换开关结构原理示意图。万能转换开关的图形及文字符号如图 1-31 所示。在零位时 1、3 两路接通，在左位时仅 1 路接通，在右位时仅 2 路接通。

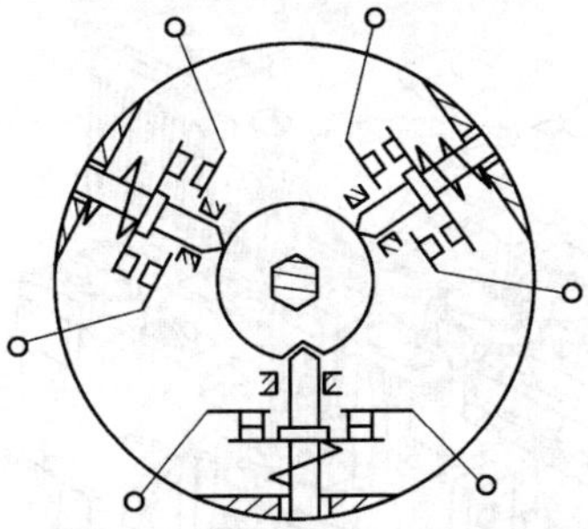

图 1-30　万能转换开关结构原理示意图

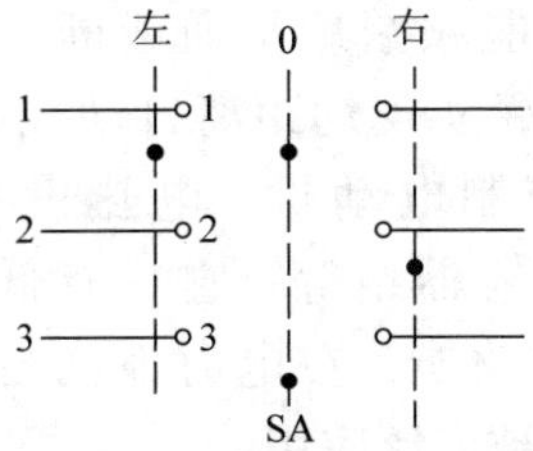

图 1-31　万能转换开关的图形及文字符号

（四）主令控制器与凸轮控制器

1. 主令控制器　主令控制器用来频繁地按预定顺序切换多个控制电路，它与磁力控制盘配合，可实现对起重机、轧钢机、卷扬机及其他生产机械的远距离控制。

图 1-32 是主令控制器结构示意图。其中 1 为固定于方轴上的凸轮块，2 为接线柱，3 是固定静触点，4 是固定于绕转动轴 6 转动支杆 5 上的动触点。当转动方轴时，凸轮块随之转动，当凸轮块的凸起部分转到与小轮 7 接触时，则推动支杆 5 向外张开，使动触点 4 离开固定静触点 3，将被控回路断开。当凸轮块的凹陷部分与小轮 7 接触时，支杆 5 在反力弹簧作用下复位，使动触点闭合，从而接通被控回路。这样安装一串不同形状的凸轮块，可使触点按一定顺序闭合与断开，以获得按一定顺序进行控制的电路。

2. 凸轮控制器　凸轮控制器是一种大型的手动控制器。主要用于起重设备中直接控制中小型绕线转子异步电动机的起动、停止、调速、反转和制动，也适用于有相同要求的其他电力拖动场合。

凸轮控制器主要由触点、转轴、凸轮、杠杆、手柄、灭弧罩及定位机构等组成。图1-33为凸轮控制器的结构原理图。其工作原理与主令控制器基本相同。由于凸轮控制器可直接控制电动机工作，所以其触点容量大并有灭弧装置。这是与主令控制器的主要区别。凸轮控制器的优点是控制电路简单，开关元件少，维修方便等。缺点是体积较大，操作笨重，不能实现远距离控制。

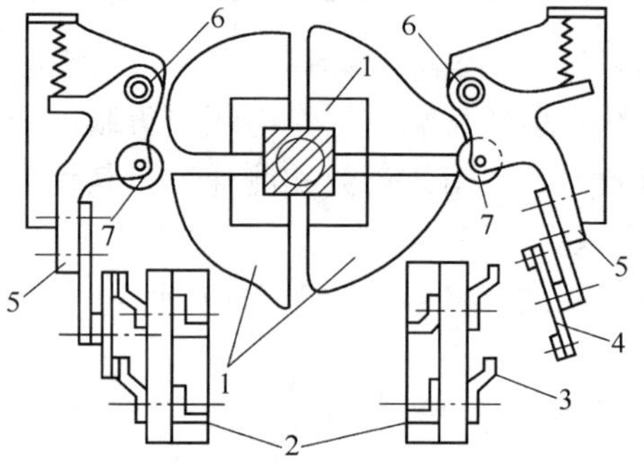

图 1-32　主令控制器的结构示意图

1—凸轮块　2—接线柱　3—固定静触点　4—动触点　5—支杆　6—转动轴　7—小轮

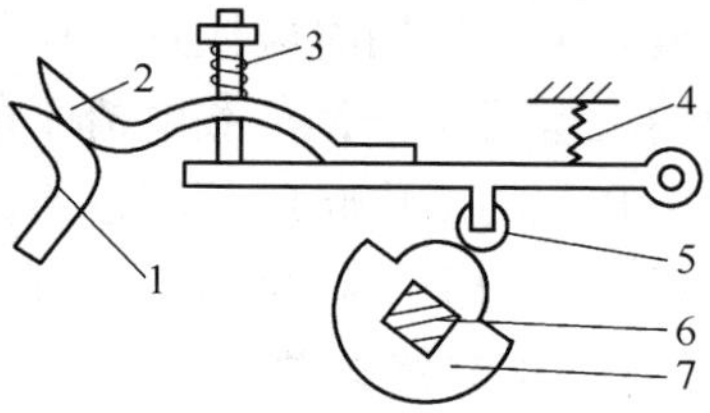

图 1-33　凸轮控制器的结构原理图

1—固定触点　2—动触点　3—触点弹簧　4—返回弹簧　5—导轮　6—转轴　7—凸轮

主令控制器与凸轮控制器的图形符号及触点在各档位通断状态的表示方法与万能转换开关类似，文字标号也用 SA 表示。

四、接触器

接触器能频繁地接通或断开交直流主电路，实现远距离自动控制。主要用于控制电动机、电热设备、电焊机、电容器组等。它具有低电压释放保护功能。在电力拖动自动控制电路中被广泛应用。

接触器有交流接触器和直流接触器两大类型。

（一）交流接触器

图 1-34 为 CJ10—20 型交流接触器的外形与结构示意图。它由以下 4 部分组成：

1. 电磁机构　电磁机构由线圈、动铁心（衔铁）和静铁心组成。

2. 触点系统　交流接触器的触点系统包括主触点和辅助触点。主触点用于通断主电路，有 3 对或 4 对

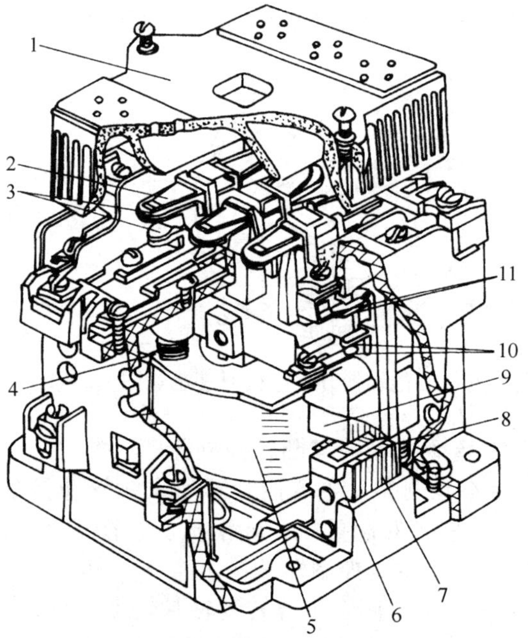

图 1-34　CJ10—20 型交流接触器的外形与结构示意图

1—灭弧罩　2—触点压力弹簧片　3—主触点　4—反作用弹簧　5—线圈　6—短路环　7—静铁心　8—弹簧　9—动铁心　10—辅助常开触点　11—辅助常闭触点

常开触点并带有灭弧罩。辅助触点用于控制电路，起电气联锁或控制作用，通常有两对常开常闭触点，分布在主触点两侧，无灭弧装置。

3. 灭弧装置　容量在 10A 以上的接触器都有灭弧装置，对于小容量的接触器，常采用双断口桥形触点与陶土灭弧罩。对于大容量的接触器常采用纵缝灭弧罩或栅片灭弧结构。

4. 其他部件　包括反作用弹簧、缓冲弹簧、触点压力弹簧、传动机构及外壳等。

（二）直流接触器

直流接触器的结构和工作原理基本与交流接触器相同。在结构上也是由电磁机构、触点系统和灭弧装置等部分组成。它与交流接触器的主要区别在铁心结构、线圈形状、触点形状与数量、灭弧方式以及吸力特性及故障形式等方面。

（三）接触器的主要技术参数和类型

接触器的主要技术参数有：

1. 额定电压　接触器的额定电压是指主触点的额定电压。交流有 220V、380V 和 660V，在特殊场合应用的其额定电压高达 1140V，直流主要有 110V、220V 和 440V。

2. 额定电流　接触器的额定电流是指主触点的额定工作电流。它是在一定的条件（额定电压、使用类别和操作频率等）下规定的，目前常用的电流等级为 10 ~ 800A。

3. 吸引线圈的额定电压和频率　交流电压有 36V、127V、220V 和 380V，频率有 50Hz 和 60Hz。直流电压有 24V、48V、220V 和 440V。

4. 机械寿命和电气寿命　接触器是频繁操作电器，应有较高的机械和电气寿命，该指标是产品质量重要指标之一。

5. 额定操作频率　接触器的额定操作频率是指每小时允许的操作次数，一般为 300 次/h、600 次/h 和 1200 次/h。

6. 动作值　动作值是指接触器的吸合电压和释放电压。规定接触器的吸合电压大于线圈额定电压的 85% 时应可靠吸合，释放电压不高于线圈额定电压的 70%。

接触器的常用产品有：

常用的交流接触器有 CJ10、CJ12、CJ10X、CJ20、CJX1、CJX2、3TB、3TD 和 LC1-D 等系列。

CJ10、CJ12 系列为早期全国统一设计的系列产品，目前仍在广泛地使用。

CJ10X 系列为消弧接触器，是近年发展起来的新产品。

CJ20 系列为全国统一设计的新型接触器，其主要技术参数见表 1-5。

常用的直流接触器有 CZ0、CZ18 等系列，其中 CZ18 系列为 CZ0 系列的换代产品。表 1-6为 CZ18 系列直流接触器的主要技术数据。

交流接触器的型号含义：

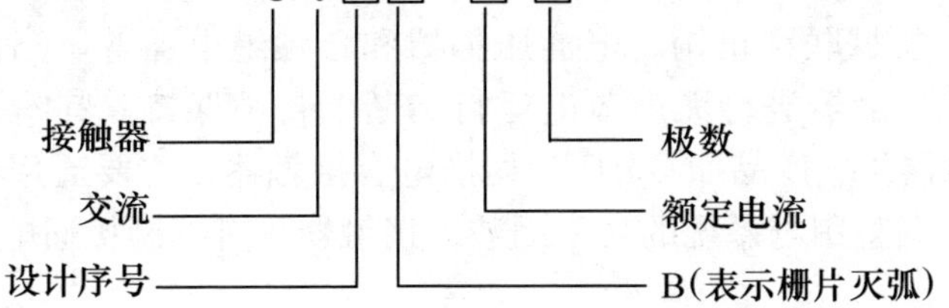

表 1-5 CJ20 系列交流接触器的主要技术数据

<table>
<tr><th rowspan="2">型 号</th><th rowspan="2">额定电压/V</th><th rowspan="2">额定电流/A</th><th rowspan="2">可控制电动机最大功率/kW</th><th rowspan="2">最大操作频率/次·h^{-1}</th><th colspan="2">吸引线圈消耗功率</th><th rowspan="2">机械寿命/万次</th><th rowspan="2">电气寿命/万次</th></tr>
<tr><th>起动功率/V·A</th><th>吸持功率/V·A</th></tr>
<tr><td>CJ20-10</td><td rowspan="8">380</td><td>10</td><td>2.2</td><td rowspan="4">1200</td><td>65</td><td>8.3</td><td>1000</td><td>100</td></tr>
<tr><td>CJ20-25</td><td>25</td><td>11</td><td>93.1</td><td>13.9</td><td>1000</td><td>100</td></tr>
<tr><td>CJ20-40</td><td>40</td><td>22</td><td>175</td><td>19</td><td>1000</td><td>200</td></tr>
<tr><td>CJ20-63</td><td>63</td><td>30</td><td>480</td><td>57</td><td>1000</td><td>200</td></tr>
<tr><td>CJ20-100</td><td>100</td><td>50</td><td rowspan="4">600</td><td>570</td><td>61</td><td>1000</td><td>200</td></tr>
<tr><td>CJ20-160</td><td>160</td><td>85</td><td>855</td><td>82</td><td>1000</td><td>200</td></tr>
<tr><td>CJ20-400</td><td>400</td><td>200</td><td>3578</td><td>250</td><td>600</td><td>120</td></tr>
<tr><td>CJ20-630</td><td>630</td><td>300</td><td>3578</td><td>250</td><td>600</td><td>120</td></tr>
</table>

表 1-6 CZ18 系列直流接触器的主要技术数据

<table>
<tr><th>型 号</th><th>额定电压/V</th><th>额定电流/A</th><th>辅助触点数目</th><th>额定操作频率/次</th><th>吸引线圈电压值/V</th><th>线圈消耗功率/W</th><th>机械寿命/万次</th><th>电气寿命/万次</th></tr>
<tr><td>CZ18-40</td><td rowspan="5">440</td><td>40</td><td rowspan="5">两常开
两常闭</td><td>1200</td><td rowspan="5">24，48，
110，220，
440</td><td>22</td><td rowspan="4">500</td><td rowspan="4">50</td></tr>
<tr><td>CZ18-80</td><td>80</td><td>1200</td><td>30</td></tr>
<tr><td>CZ18-160</td><td>160</td><td>600</td><td>40</td></tr>
<tr><td>CZ18-315</td><td>315</td><td>600</td><td>43</td></tr>
<tr><td>CZ18-630</td><td>630</td><td>600</td><td>50</td><td>300</td><td>30</td></tr>
</table>

直流接触器型号含义：

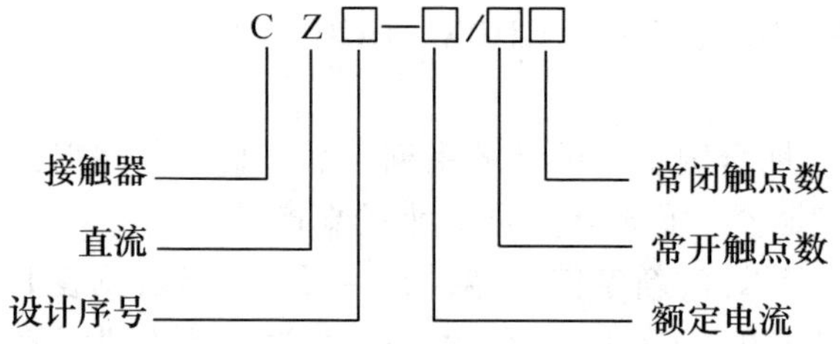

B 系列接触器优化了结构设计，采用“倒装”式结构，即主触点系统在后面，磁系统在前面，其优点是：安装简便、更换线圈方便。由于主接线端靠近安装面，使接线距离缩短，且不用考虑飞弧距离，便于安装多种附件，如附加辅助触点组、位置锁紧器、定时器（气囊式和电子式）、机械联锁机构、电涌压抑器和自锁继电器等。当接触器配有 WB30 自锁继电器时，可以使接触器进行无声节电运行和断电自锁保持。其附件通用性好，容易卡装。B 系列交流接触器派生产品如 B75C 为切换电容接触器，主要适用可补偿回路中接通和分断电力电容器，以调整用电系统的功率因数，接触器具有抑制接通电容时出现的冲击电流的功能。

除了上述交流接触器外，还有应用特殊场合的由晶闸管和交流接触器组合而成的混合式交流接触器和真空接触器等。混合式交流接触器能使交流接触器在无弧的情况下通断负载。

接触器的选择主要依据以下几方面：

1）根据负载性质选择接触器的类型。

2）额定电压应大于或等于主电路工作电压。

3）额定电流应大于或等于被控电路的额定电流。对于电动机负载还应根据其运行方式适当增大或减小。

4）吸引线圈的额定电压与频率要与所在控制电路的选用电压和频率相一致。

（四）接触器常见故障分析

接触器是频繁通断负载的电器，其可靠性直接影响电气系统的性能。掌握接触器的故障分析及其排除方法可缩短电气设备维修的时间。接触器的常见故障及处理方法见表1-7。

表1-7　接触器的常用故障及排除方法

故障现象	产生故障的原因	排除方法
吸力不足	1. 电源电压过低或波动太大 2. 线圈的额定电压高于控制回路电压 3. 其可动部分被卡阻，铁心歪斜等 4. 反作用弹簧压力过大	1. 调整电源电压 2. 更换线圈，使其符合要求 3. 调整可动部分 4. 调整反作用压力弹簧
线圈过热或烧毁	1. 线圈匝间短路 2. 衔铁与铁心间隙过大 3. 操作频率过高 4. 电源电压过高或过低	1. 更换线圈 2. 修理铁心或更换 3. 按条件使用接触器 4. 调整电源电压
衔铁振动或噪声	1. 短路环损坏或脱落 2. 衔铁歪斜或铁心端面有锈蚀、油污、灰尘等 3. 可动部分卡阻 4. 电源电压偏低	1. 更换铁心或短路环 2. 调整或清理铁心端面 3. 调整可动部分 4. 提高电源电压
触点不能复位	1. 触点熔焊在一起 2. 铁心剩磁太大 3. 铁心端面有油污 4. 可动部分被卡阻	1. 修理或更换触点 2. 消除剩磁或更换铁心 3. 清理铁心端面 4. 拆除机械卡阻现象
触点过热	1. 触点接触压力不足 2. 触点表面接触不良 3. 触点表面被电弧灼伤烧毁 4. 负载电流过大	1. 调整触点压力 2. 调整触点使其接触良好 3. 修整触点或更换 4. 减小负载或调换接触器

接触器的图形及文字符号如图 1-35 所示。

五、继电器

继电器是根据某种输入信号接通或断开小电流控制电路，实现远距离自动控制和保护的自动控制电器。其输入量可以是电流、电压等电量，也可以是温度、时间、速度、压力等非电量，而输出则是触点的动作或电路参数的变化。

继电器的种类繁多，按输入信号的性质分为电压式继电器、电流式继电器、时间继电器、温度继电器、速度继电器、压力继电器等。按工作原理可分为电磁式继电器、感应式继电器、电动式继电器、热继电器和电子式继电器等。按输出形式可分为有触点和无触点两类。按用途可分为控制用与保护用继电器等。

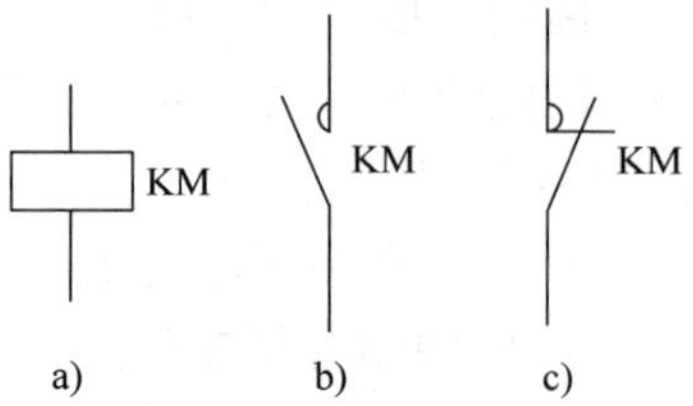

图 1-35　接触器的图形及文字符号
a）线圈　b）动合（常开）触点
c）动分（常闭）触点

（一）电磁式继电器

电磁式继电器有直流和交流两大类。由于结构简单、价格低廉、使用维护方便，因而广泛地应用于控制系统中。

电磁式继电器的结构及工作原理与接触器类似，由电磁机构和触点系统等组成。主要区别在于：继电器可对多种输入量的变化做出反应，而接触器只有在一定的电压信号下动作；继电器是用于切换小电流的控制电路和保护电路，而接触器是用来控制大电流电路；继电器没有灭弧装置也无主副触点之分等。

1. 电磁式继电器的类型

（1）电流继电器　电流继电器的线圈与被测量电路串联，以反映电路电流的变化，其线圈匝数少，导线粗，线圈阻抗小。

电流继电器又有欠电流和过电流继电器之分。欠电流继电器的吸引电流为线圈额定电流的 30% ~65%。释放电流为额定电流的 10% ~20%。用于欠电流保护和控制。在正常工作时，衔铁是吸合的，只有当电流降低到某一整定值时，继电器才释放且输出信号。过电流继电器在电路正常工作时不动作，当电流超过某一整定值时才动作，整定范围为 1.1 ~4.0 倍额定电流。

（2）电压继电器　根据动作电压值不同，电压继电器有过电压、欠电压和零电压继电器之分。过电压继电器在电压为额定电压的 105% ~120% 以上时动作（根据使用者需求可按电压等级调整为 105% ~120% 动作范围的最小取值）；欠电压继电器在电压为额定电压的 40% ~70% 时动作；零电压继电器当电压降低至额定电压的 5% ~25% 时动作，它们分别用作过电压、欠电压和零电压保护。

（3）中间继电器　中间继电器实质是一种电压继电器，触点对数多，触点容量大（额定电流 5 ~10A），动作灵敏度高。其主要用途为：当其他继电器的触点对数或触点容量不够时，可借助中间继电器来扩展它们的触点数或触点容量，起到信号中继作用。

2. 电磁式继电器的整定　继电器的吸动值和释放值可以根据保护要求在一定范围内调整，现以图 1-36 所示 JT3 系列直流电磁式继电器为例予以说明。

（1）调整弹簧的松紧程度　弹簧收紧，反作用力增大，则吸引电流（电压）和释放电流（电压）也越大，反之就越小。

（2）改变非磁性垫片的厚度　非磁性垫片越厚，衔铁吸合后磁路的气隙和磁阻越大，释放电流（电压）也越大，反之越小，而吸引值不变。

（3）改变初始气隙的大小　在反作用弹簧力和非磁性垫片厚度一定时，初始气隙越大，吸引电流（电压）越大，反之就越小，而释放值不变。

3. 电磁式继电器常用型号　常用电磁式继电器有：JL14、JL18、JT18、JZ15、3TH80、3TH82及JZC2等系列。其中JL14系列为交直流电流继电器，JL18系列为交直流过电流继电器，JT18系列为直流通用继电器，JZ15为中间继电器，3TH80、3TH82为接触器式继电器与JZC2系列类似。

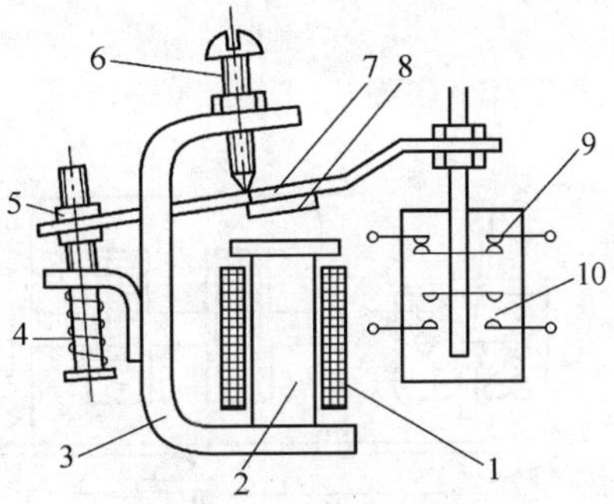

图1-36　JT3系列直流电磁式继电器结构示意图
1—线圈　2—铁心　3—磁轭　4—弹簧　5—调节螺母　6—调节螺钉　7—衔铁　8—非磁性垫片　9—常闭触点　10—常开触点

电磁式继电器的图形及文字符号如图1-37所示。

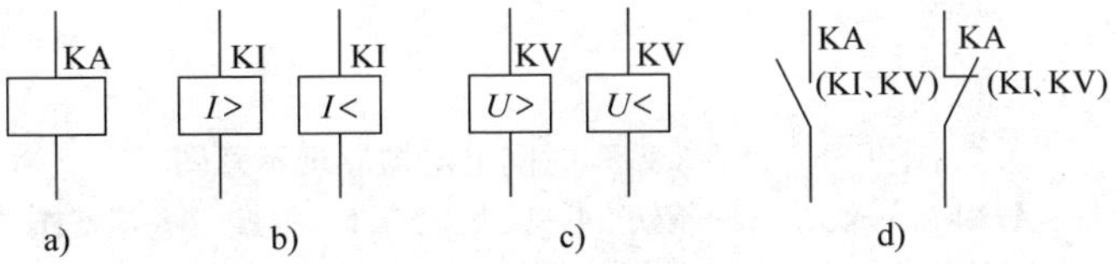

图1-37　电磁式继电器的图形及文字符号
a）线圈一般符号　b）电流继电器线圈　c）电压继电器线圈　d）触点

（二）时间继电器

时间继电器是一种利用电磁原理或机械动作原理实现触点延时接通和断开的自动控制电器。其种类很多，按其动作原理可分为电磁式、空气阻尼式、电动式和电子式。按延时方式可分为通电延时型和断电延时型。

1. 直流电磁式时间继电器　在直流电磁式电压继电器的铁心上增加一个阻尼铜套，即可构成时间继电器。当线圈通电时，由于衔铁处于释放位置，气隙大，磁通小，铜套阻尼作用相对也小，因此衔铁吸合时延时不显著（一般忽略不计）。而当线圈断电时，磁通变化量大，铜套阻尼作用也大，使衔铁延时释放而起到延时作用。因此这种继电器仅用作断电延时。

电磁式直流时间继电器结构简单、可靠性高、寿命长。其缺点是：仅能获得断电延时、延时精度不高且延时时间短，最长不超过5s。常用产品有JT3和JT18系列。

2. 空气阻尼式时间继电器　空气阻尼式时间继电器是利用空气阻尼原理获得延时。它由电磁机构、延时机构和触点系统三部分组成。电磁机构为直动式双E形铁心，触点系统是借用LX5型微动开关，延时机构采用气囊式阻尼器。

空气阻尼式时间继电器可以做成通电延时型，如图 1-38a 所示，也可做成断电延时型，如图 1-38b 所示。电磁机构可以是直流的，也可以是交流的。现以通电延时型时间继电器为例介绍其工作原理。

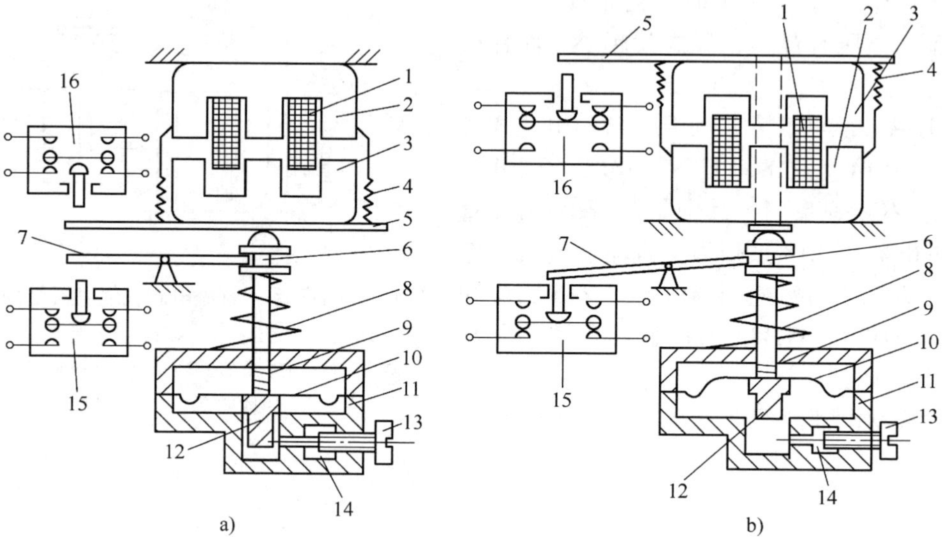

图 1-38 JS7-A 系列时间继电器原理示意图

1—线圈 2—铁心 3—衔铁 4—反力弹簧 5—推板 6—活塞杆 7—杠杆 8—塔形弹簧 9—弱弹簧 10—橡皮膜 11—空气室壁 12—活塞 13—调节螺杆 14—进气孔 15、16—微动开关

当线圈 1 通电后，衔铁 3 吸合，微动开关 16 受压其触点动作无延时。活塞杆 6 在塔形弹簧 8 的作用下，带动活塞 12 及橡皮膜 10 向上移动，但由于橡皮膜下方气室的空气稀薄，形成负压，因此活塞杆 6 只能缓慢地向上移动，其移动的速度视进气孔的大小而定，可通过调节螺杆 13 进行调整。经过一定的延时后，活塞杆才能移动到最上端。这时通过杠杆 7 压动微动开关 15，使其常闭触点断开，常开触点闭合，起到通电延时作用。

当线圈 1 断电时，电磁吸力消失，衔铁 3 在反力弹簧 4 的作用下释放，并通过活塞杆 6 将活塞 12 推向下端，这时橡皮膜 10 下方气室内的空气通过橡皮膜 10、弱弹簧 9 和活塞 12 的肩部所形成的单向阀，迅速地从橡皮膜上方的气室缝隙中排掉，微动开关 15、16 能迅速复位，无延时。

空气阻尼式时间继电器的优点是：结构简单、延时范围大、寿命长、价格低廉且不受电源电压及频率波动的影响。其缺点是：延时误差大、无调节刻度指示。一般适用延时精度要求不高的场合。

3. 电子式时间继电器 电子式时间继电器具有延时长、调节范围宽、体积小、延时精度高和使用寿命长等特点。按延时原理有阻容充电延时型和数字电路型。按输出形式分为有触点式和无触点式。图 1-39 是 JS20 系列场效应晶体管时间继电器电气原理图。

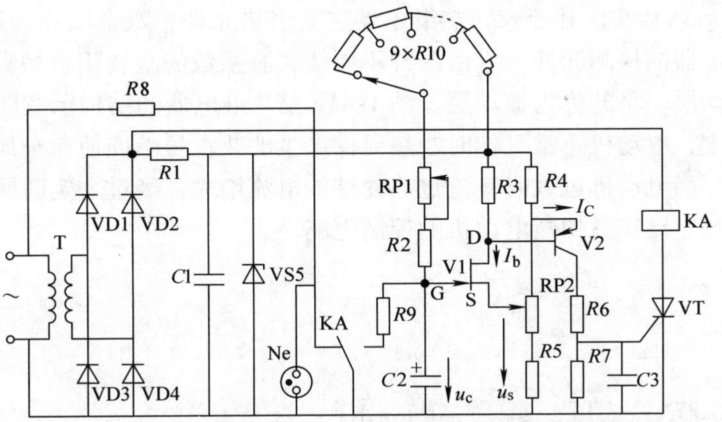

图 1-39　JS20 系列场效应晶体管时间继电器电气原理图

电路工作原理是：接通电源，通过电阻 $R10$、RP1、$R2$ 对电容 $C2$ 充电，电压按指数规律上升，此时场效应晶体管 V1 的负栅偏压值逐渐减小，但只要 u_{GS} 的绝对值还大于场效应晶体管的阻断电压 u_P 的绝对值，即 $|u_C - u_S| > |u_P|$，则场效应晶体管 V1 就不会导通，直到 u_c 上升到 $|u_c - u_s| < |u_P|$ 时，V1 开始导通产生 I_b，D 点电位下降使 V2 趋于导通，并使场效应晶体管 u_s 降低，使负栅偏压越来越小，晶体管 V2 迅速由截止变为导通，并触发晶闸管 VT 使其导通，同时 KA 动作。此过程所需要的时间即为时间继电器的通电延时时间。KA 动作后，$C2$ 经 KA 常开触点对电阻 $R9$ 放电，同时氖泡 Ne 发光，并使 V1、V2 截止，为下次延时做好准备。

时间继电器的图形及文字符号如图 1-40 所示。

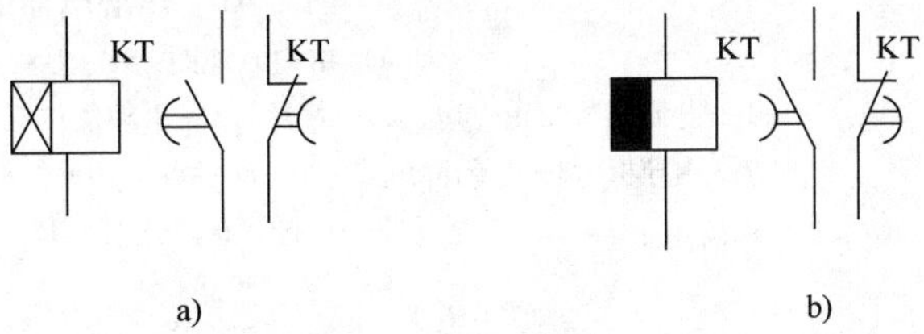

图 1-40　时间继电器的图形及文字符号
a）通电延时　b）断电延时

（三）热继电器

热继电器是利用电流的热效应原理实现电动机的过载保护。电动机在实际运行中发生过载，只要电动机绕组不超过允许温升，这种过载是允许的。但过载时间过长，绕组温升超过了允许值时，将会加剧绕组绝缘老化，严重时甚至使电动机绕组烧毁。因此，电动机在长期运行中，需要对其过载提供保护装置。热继电器具有反时限保护特性，其保护特性见表 1-8。

表 1-8　热继电器的保护特性

项　号	整定电流倍数	动　作　时　间	试　验　条　件
1	1.05	>2h	冷态
2	1.2	<2h	热态
3	1.6	<2min	热态
4	6	>5s	冷态

1. *热继电器的结构及工作原理*　热继电器主要由热元件、双金属片、触点系统等组成。双金属片是热继电器的检测元件，它由两种不同线膨胀系数的金属用机械辗压而成。线膨胀系数大的称为主动层，小的称为被动层。图 1-41a 是热继电器的结构示意图。热元件串接在电动机定子绕组中，电动机正常工作时，热元件产生的热量虽然能使双金属片弯曲，但还不能使继电器动作。当电动机过载时，流过热元件的电流增大，经过一定时间后，双金属片推动导板使继电器触点动作，切断电动机的控制电路。

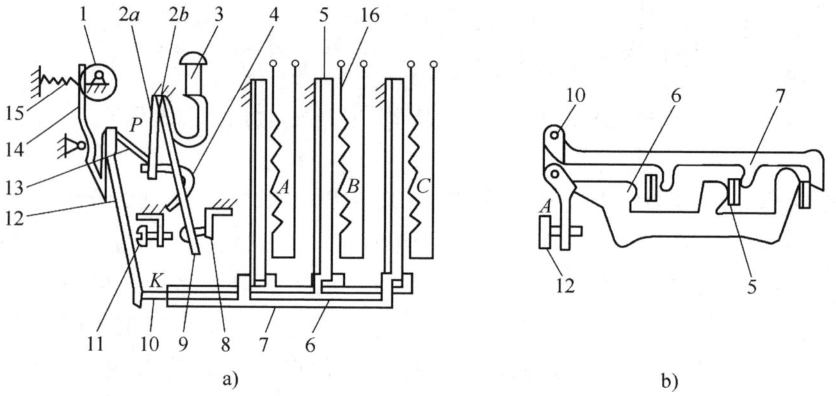

图 1-41　热继电器的结构示意图

a）结构原理图　b）差动式断相保护示意图

1—电流调节凸轮　2a、2b—簧片　3—手动复位机构　4—弹簧　5—主双金属片　6—外导板　7—内导板　8—常闭静触点　9—动触点　10—杠杆　11—复位调节螺钉　12—补偿双金属片　13—推杆　14—连杆　15—压簧　16—热元件

电动机断相运行是电动机烧毁的主要原因之一，因此要求热继电器还应具备断相保护功能，如图 1-41b 所示，热继电器的导板采用差动机构，在断相工作时，其中两相电流增大，一相逐渐冷却，这样可使热继电器的动作时间缩短，从而更有效地保护电动机。

2. *热继电器的主要技术参数及常用产品*　热继电器的主要技术参数有额定电压、整定电流、相数、热元件编号及整定电流调节范围等。

热继电器的整定电流是指热继电器的热元件允许长期通过又不致引起继电器动作的电流值。对于某一热元件，可通过调节其电流调节旋钮，在一定范围内调节其整定电流。

常用的产品有 JR16、JR20、JRS1、T 系列，3UP、LR1-D 等系列。JR20、JRS1 系列具有断相保护、温度补偿、整定电流可调、手动复位功能。安装方式上除有分立结构外，还增设了组合结构，可通过导电杆与挂钩直接插接在接触器上（JR20 可与 CJ20 相接）。

德国 ABB 公司技术标准生产的新型 T 系列热继电器的规格齐全，其整定电流可达 500A，另外作为 T 系列的派生产品 T-DU 系列其整定电流最大可达 850A，是与新型接触器 EB 系列、EH 系列的配套产品。T 系列热继电器符合 IEC、VDE 等国际标准，可取代同类产品。表 1-9 列出了该系列产品的主要技术指标。

表 1-9　T 系列热继电器的主要技术参数

型号	电压相数	额定电流/A	热元件		挡数	复位方式	操作次数/次·h^{-1}	电气寿命/次	断相保护温度补偿
			最小规格/A	最大规格/A					
T16	三相 660V	16	0.11～0.16	12～17.6	22	手动	15	5000	均有断相保护功能 温度补偿 -20～+50℃
T25		25	0.10～0.25	24～32	18	手动和自动			
TSA45		45	0.28～0.40	30～45	21				
T105		105	27～42	80～115	6				
T170		170	90～130	140～200	3				
T250		250	100～160	250～400	3				
T370		370	100～160	310～500	4				

3. 热继电器的选用　热继电器选用时，主要是根据电动机的使用场合和额定电流来确定热继电器的型号及热元件的额定电流等级。对于三角形联结的电动机，应选择带断相保护功能的热继电器。热继电器的整定电流应与电动机的额定电流相等。

对于电动机长期过载保护，除采用热继电器外，还可采用温度继电器。用埋入电动机绕组的热敏电阻来检测电动机绕组的温升并实现过载保护，其基本原理是将变化的热敏电阻转换成电信号，经电子线路比较放大，驱动继电器动作，达到保护目的。PTC 热敏电阻埋入式温度继电器还可用于电动机的断相、通风散热不良和机械故障等保护。

热继电器的图形及文字符号如图 1-42 所示。热继电器动作（安秒）特性曲线如图 1-43 所示。

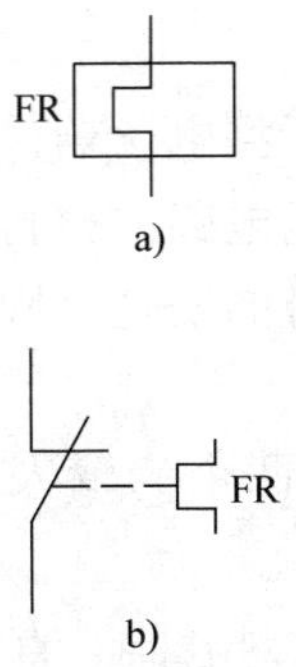

图 1-42　热继电器的图形及文字符号
a）热元件　b）动分（常闭）触点

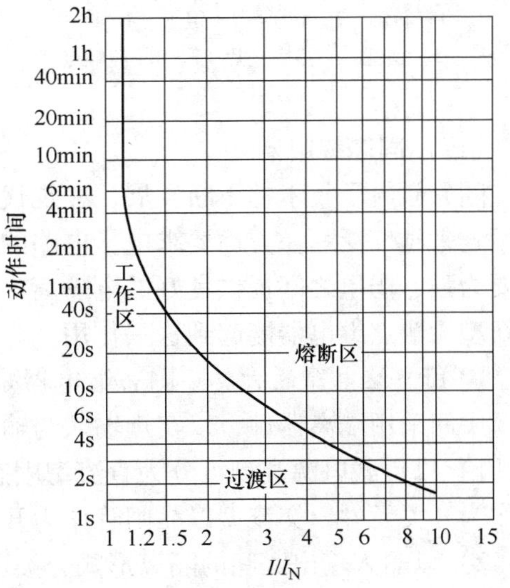

图 1-43　热继电器动作（安秒）特性曲线

（四）速度继电器

速度继电器主要用作笼型异步电动机的反接制动控制，故又称为反接制动继电器。主要由转子、定子和触点三部分组成。转子是一个圆柱形永久磁铁。定子是一个笼型空心圆环，由硅钢片叠成，并装有笼型绕组。

图 1-44 为速度继电器的原理示意图。其转子的轴与被控制电动机的轴相连接，当电动机转动时，速度继电器的转子随之转动。达到一定转速，定子在感应电流和力矩的作用下跟随转动，到一定角度时，装在定子轴上的摆锤推动簧片（动触片）动作，使动分（常闭）触点分断，动合（常开）触点闭合。本书均用常开、常闭表示。当电动机转速低于某一数值时，定子产生的转矩减小，触点在簧片作用下复位。

常用的速度继电器有 YJ1 型和 JF20 型。通常速度继电器的动作转速为 120r/min 以上，复位转速在 100r/min 以下，转速在 3000～6000r/min 之间能可靠动作。

速度继电器的图形及文字符号如图 1-45 所示。

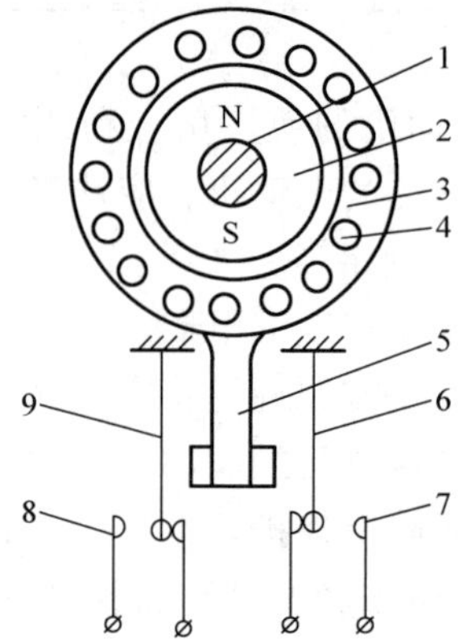

图 1-44 速度继电器的原理示意图
1—转轴 2—转子 3—定子 4—绕组
5—摆锤 6、9—簧片 7、8—静触点

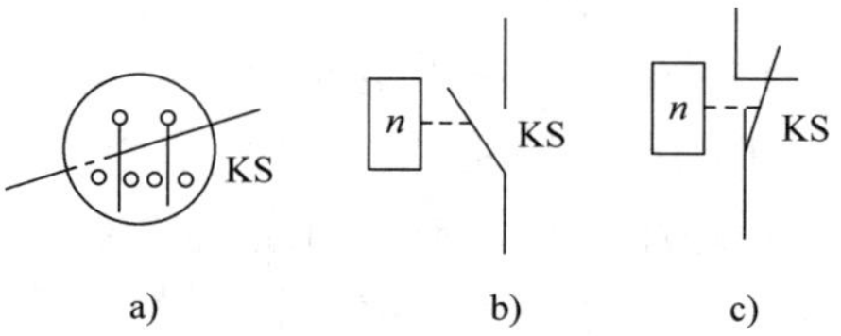

图 1-45 速度继电器的图形及文字符号
a）转子 b）动合（常开）触点 c）动分（常闭）触点

（五）固态继电器

随着微电子技术的不断发展，在现代自动化控制设备中，新型电子器件以弱控强技术的应用越来越广泛。一方面要求电子电路的输出信号能够控制强电电路的执行元件，另一方面又要为强、弱电之间提供良好的电隔离，以保护电子电路和人身的安全。固态继电器作为一种新型无触点继电器能起到这一作用。

1. 固态继电器的种类 固态继电器是一个 4 端器件。其中两个为输入端，两个为输出端，中间采用隔离器件，以实现输入与输出之间的电隔离。

1）以负载电源类型可分为直流型固态继电器和交流型固态继电器。直流型以功率晶体管作为开关元件，交流型以晶闸管作为开关元件。

2）以输入输出之间的隔离形式分类可分为光耦合隔离和磁耦合隔离两种。

3）以控制触发信号可分为过零型和非过零型，有源触发型和无源触发型。

2. 固态继电器的工作原理 图 1-46 为光电耦合式固态继电器的工作原理图。

工作原理：当无输入信号时，光敏二极管 VD2 截止，V1 导通，VT1 门极被钳制在低电位而关断。当有输入信号时，光敏二极管 VD2 导通，V1 截止。当电源电压大于过零电压（约 ±25V），A 点电压大于 V2 的 V_{be5}，V2 导通，VT1 由于门极处于低电压而截止，输出端因 VT2 门极无触发信号而关断。当电源电压小于过零电压时，A 点电压小于 V2 的 V_{be5}，V2 截止，VT1 门极通过 $R5$、$R6$ 分压获得触发信号，VT1 导通，这样在 VT2 门极获得从 $R8$→VD5→VT1→V9→$R9$ 和 $R9$→V8→VT1→VD4→$R8$ 正反两个方向的触发脉冲，使 VT2 导通，即输出端 B、C 两点导通，接通负载电路。当输入信号取消后，V1 导通，VT1 关断，而 VT2 仍保持导通状态，直到负载电流随电源电压的减小到双向晶闸管维持电流以下而关断，切断负载电路。

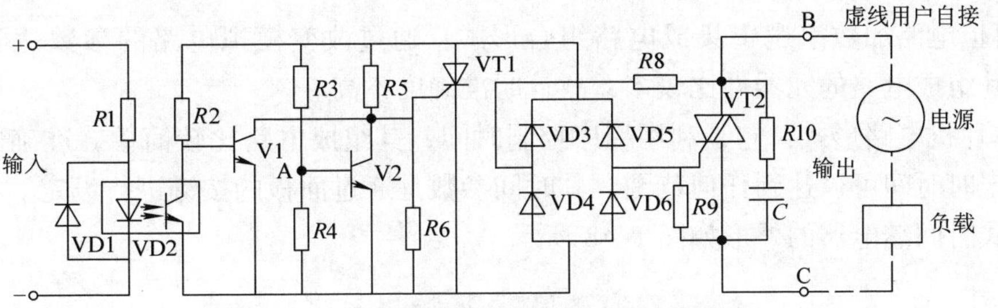

图 1-46　光电耦合式固态继电器的工作原理图

输入端仅需一定量的电压和电流就能切换几安培甚至上百安培的大电流，且与晶体管、TTL、CMOS 电子电路有较好的兼容性，可直接与弱电控制回路（如计算机接口电路）连接。

常用的产品有 DJ 型系列固态继电器，是利用脉冲控制技术研制的新型固态电子继电器，采用无源触发方式。其主要技术参数见表 1-10。

表 1-10　DJ 型固态电子继电器的主要技术参数

额定电压	额定电流	输出高电压	输出低电压	门限值 R_{IR}
~220V，50(1±10%) Hz	1A，3A，5A，10A	≥95%电源电压	≤5%电源电压	0.5~10kΩ
环境温度	开启时间	关闭时间	绝缘电阻	击穿电压
−10~+40℃	≤1ms	≤10ms	≥100MΩ（输入与输出之间）	≥~2500V

3. 固态电子继电器使用的注意事项

1）固态继电器的选择应根据负载类型（阻性、感性）来确定，并要采用有效的过电压吸收保护。

2）输出端要采用 RC 浪涌吸收回路或加非线性压敏电阻吸收瞬变电压。

3）过电流保护应采用专门保护半导体器件的熔断器或用动作时间小于 10ms 的熔断器。

4）安装时采用散热器，要求接触良好，且对地绝缘。

5）应避免负载侧两端短路。

固态继电器的图形及文字符号如图 1-47 所示。

图 1-47　固态继电器的图形及文字符号

（六）数字式时间继电器

传统的时间继电器有机械的气囊式、弹簧阻尼、短路环式、电动式和电子式等，它们的定时精确度差，且存在受环境温度影响而参数产生变化等缺陷。先进的数字式时间继电器采用了电子时钟定时，若脉冲发生器一秒一个脉冲，则计数器计 10 个脉冲就是 10s。毫无疑问，这种方法定时准确，甚至可以同时设定多个定时，具有编程性。当然，数字式时间继电器都是集成电路来处理定时，最终推动一个普通的继电器完成定时功能。

数字式时间继电器主要有两种电路形式：

1）模拟电路加数字逻辑集成电路组合形式：通过改变模拟电路的参数达到计时的目的，由于其组成电路的元器件比较多，故计时准确度不高。

2）单片机电路形式：它是利用程序控制时间，其组成电路比较简单，准确度可以做得非常高，定时时间可以达到任何范围。其时间参数是通过面板的按键进行设定。

数字式时间继电器的外形如图 1-48 所示。

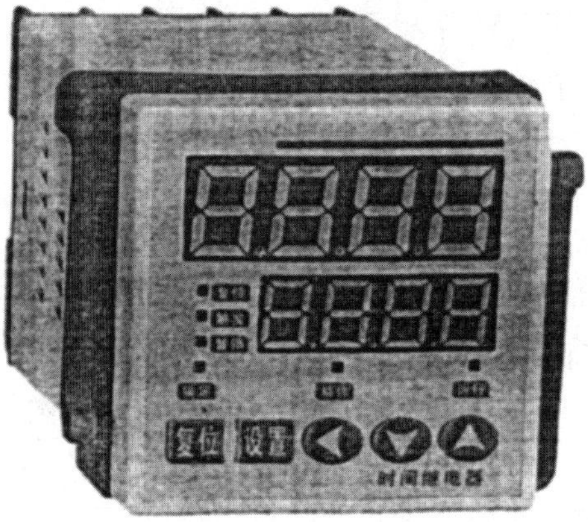

图 1-48 数字式时间继电器的外形

（七）智能电器

随着计算机技术的发展，智能化技术用到了低压电器中，这种智能型低压电器控制的核心是具有单片计算机功能的微处理器，其功能不但覆盖了全部相应的传统电器和电子电器的功能，而且还扩充了测量、显示、控制、参数设定、报警、数据记忆及通信等功能。随着技术的发展，智能电器在性能上更是大大优于传统电器和电子电器。除了通用的单片计算机外，各种专用的集成电路如漏电保护等专用集成电路、专用运算电路等的采用，减轻了单片机的工作负荷，提高了系统运行的相应速度。另外，系统集成化技术、新型的智能化和集成化传感器的采用，使智能化电气产品的整体性提高一个档次。尤其是可通信智能电器产品的使用，适应了网络化及工业总线的需要，有良好的发展前景。

1. 智能化接触器 智能化接触器的主要特征是装有智能化电磁系统，并具有与数据总线及与其他设备之间相互通信的功能，其本身还具有对运行工况自动识别、控制和执行的能力。

智能化接触器一般由基本的电磁接触器及附件构成。附件包括智能控制模块、辅助触头组、机械联锁机构、报警模块、测量显示模块和通信接口模块等，所有智能化功能都集成在一块以微处理器或单片机为核心的控制板上。

（1）智能化电磁系统　智能化接触器的核心是具有智能化控制的电磁系统，对接触器的电磁系统进行动态控制。由接触器的工作原理可见，其工作过程可分为吸合过程、保持过程和分断过程三部分，是一个变化规律十分复杂的动态过程。电磁系统的动作质量依赖于控制电源电压，阻尼机构和反力弹簧等，并不可避免地存在不同程度的动、静铁心的“撞击”、“弹跳”等现象，甚至造成“触头熔焊”和“线圈烧损”等，即传统的电磁接触器的动作具有被动的“不确定”性。智能化接触器是对接触器的整个动态工作过程进行实时控制，根据动作过程中检测到的电磁系统的参数，如线圈电流、电磁吸力、运动位移、速度和加速度、正常吸合门槛电压和释放电压等参数，进行实时数据处理，并依此选取事先存储在控制芯片中相应控制方案以实现“确定”的动作，从而同步吸合、保持和分断三个过程，保证触头开断过程的电弧量最小，实现三过程的最佳实时控制。检测元件主要是采用了高精度的电压互感器和电流互感器，但这种互感器与传统的互感器有所区别，如电流互感器是通过测量一次电流周围产生的磁通量并使之转化为二次侧的开路电压，依此确定一次电流，再通过计算得出 I^2 及 I^2t 值，从而获取与控制对象相匹配的保护特性，并具有记忆、判断功能，能够自动调整、优化保护特性。经过对被控制电路的电压和电流信号的检测、判别和变换过程，实现对接触器电磁线圈的智能化控制，并可实现过载、断相或三相不平衡、短路、接地故障等保护功能。

（2）双向通信与控制接口　智能化接触器能够通过通信接口直接与自动控制系统的通信网络相连，通过数据总线可输出工作状态参数、负载数据和报警信息等，另一方面可接受上位控制计算机及可编程序控制器（PLC）的控制指令，其通信接口可以与当前工业上应用的大多数低压电器数据通信规约兼容。

2. 智能型断路器　智能型断路器是指具有智能化控制单元的低压断路器。智能型断路器与普通断路器一样，也有基本框架（绝缘外壳）、触头系统和操作机构。所不同的是普通断路器上的脱扣器现在换成了具有一定人工智能的控制单元，或者叫智能型脱扣器。这种智能型控制单元的核心是具有单片机功能的微处理器，其功能不但覆盖了全部脱扣器的保护功能（如短路保护、过电流过热保护、漏电保护、缺相保护等），而且还能够显示电路中的各种参数（电流、电压、功率、功率因数等）。各种保护功能的动作参数也可以显示、设定和修改。保护电路动作时的故障参数，可以存储在非易失存储器中以便查询。还扩充了测量、控制、报警、数据记忆及传输、通信等功能，其性能大大优于传统的断路器产品。

随着集成电路技术的不断提高，微处理器和单片机的功能越来越强大，成为智能型可通信断路器的核心控制技术。专用集成电路和漏电保护、缺相保护专用集成电路、专用运算电路等的采用，不仅能减轻 CPU 的工作负荷，而且能够提高系统的相应速度。另外，断路器要完成上述的保护功能，就要有相应的各种传感器。要求传感器要有较高的精度、较宽的动态范围，同时又要求体积小，输出信号还要便于与智能控制电路接口。故新型的智能化、集成化传感器的采用可使智能化电气开关的整体性能提高一个档次。智能化断路器是以微处理器为核心的机电一体化产品，使用了系统集成化技术。它包括供电部分（常规供电、电池供电、电流互感器自供电）、传感器、控制部分、调整部分以及开关本体。各个部分之间相互关联又相互影响。如何协调与处理好各组成部分之间的关系，使其既满足所有的功能，又不超出现有技术条件所允许的范围（体积、功耗、可靠性、电磁兼容性等），就是系统集成技术的主要内容。

智能化断路器原理框图如图 1-49 所示。单片机对各路电压和电流信号进行规定的检测。当电压过高或过低时发出缺相脱扣信号。当缺相功能有效时，若三相电流不平衡超过设定值，发出缺相脱扣信号，同时对各相电流进行检测，根据设定的参数实施三段式（瞬动、短延时、长延时）电流热模拟保护。

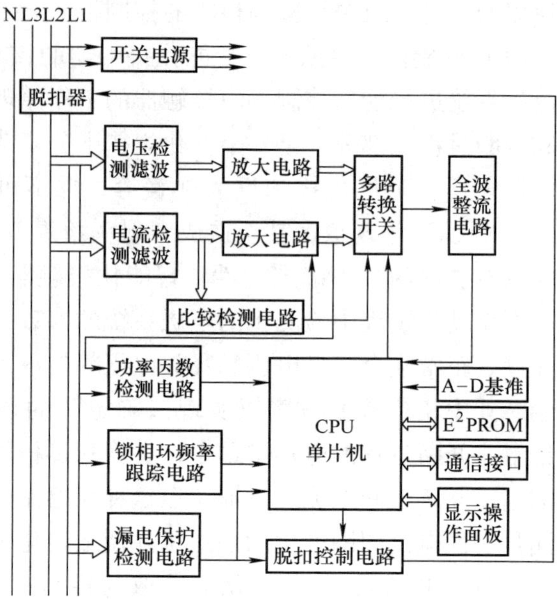

图 1-49 智能化断路器原理框图

第三节 电气控制系统图的类型及有关规定

电气控制系统是由许多电器元件按照一定要求连接而成的。为了表达生产机械电气控制系统的结构、原理等设计意图，同时也为了便于电气系统的安装、调整、使用和维修需要将电气控制系统中各电器元件的组成、布置及其连接方式用工程图形式表达出来，这种图就是电气控制系统图。

电气控制系统图一般有三种类型即：电气原理图、电器布置图、电气安装接线图。在图上用不同的图形符号表示各种电器元件，用不同的文字符号表示电器元件的名称、序号和电气设备或电路的功能、状况和特征，还要标上表示导线的线号与接点编号等。各种图样有其不同的用途和规定的画法。下面简要加以说明。

一、电气控制系统图中的图形符号和文字符号

电气控制系统图中，电器元件的图形符号和文字符号必须符合统一的国家标准。我国在 1990 年以前采用国家科委 1964 年颁布的“电工系统图图形符号”的国家标准（即 GB312—1964）和“电工设备文字符号编制统则”（GB315—1964）的规定。本书贯彻 GB/T 4728.2—2005 中的“电气图”、GB6988“电气制图”和 GB5094“电气技术中的项目代号”等新标准。各种电气图的绘制必须符合新的国家标准。表 1-11 为常用电气图形符号及文字符号表。

表 1-11 常用电气图形符号及文字符号表

名称		图形符号	文字符号
三相电源开关			QK
按钮	启动		SB
	停止		
	复合触点		
接触器	线圈		KM
	主触点		
	常开辅助触点		
	常闭辅助触点		
熔断器			FU
直流电动机			M
三相鼠笼型异步电动机			M
低压断路器			QF
位置（行程）开关	常开触点		SQ
	常闭触点		
	复合触点		
热断电器	热元件		FR
	常闭触点		
速度继电器	常开触点		KS
	常闭触点		
旋动开关			SA
交流电动机			M

名称		图形符号	文字符号
三相绕线型异步电动机			M
桥式整流装置			VC
时间继电器	线圈	或	KT
	延时闭合动合（常开）触点	或	
	延时打开动断（常闭）触点	或	
	延时打开动合（常开）触点	或	
	延时闭合动断（常闭）触点	或	
电抗器			L
中间断开的双向触头			Q
电磁离合器			YC
信号灯			HL
继电器	中间继电器		KA
	欠电压继电器		KV
	欠（过）电流继电器		KI
	常开触点		相应符号
	常闭触点		
电阻			R
半导体二极管			P
保护接地			PE
电流表			
导线连接			
电压表			
导线不连接			

二、电气系统图类型

（一）电气原理图

为便于阅读与分析，电气原理图是根据简单、清晰的原则，采用电器元件展开的形式绘制而成。它只表示电器元件的导电部件之间的接线关系，并不反映电器元件的实际位置、形状、大小和安装方式。

现以 C650 卧式车床电气原理图为例，说明电气原理图的绘制原则和有关规定。

1. 绘制电气原理图时应遵循的基本原则

1）图面布置分主电路和辅助电路两部分，主电路就是从电源到电动机的电流通路。辅助电路包括控制回路、照明电路、信号电路及保护电路等部分。两部分之间通常采用左右布置，也可以用上下布置。

2）各电器元件采用规定的图形符号并标上规定的文字符号。

3）电器元件的各部件根据需要可以不画在一起，但文字符号要相同。

4）所有电器的触点都按没有通电和没有外力作用时的初始开闭状态画出。

5）主电路或辅助电路中各电器元件一般按动作顺序从上到下或从左到右依次排列。

6）有接线关系的十字交叉线要用黑圆点表示。无接线关系的十字交叉点不画黑圆点。

2. 图面区域的划分与电路功能标注　图样上方的 1、2、3、…数字是图区编号，它是为了便于检索电气电路，方便阅读分析，避免遗漏而设置的。图区编号也可以设置在图的下方。

图区编号下方或上方可按一定图区范围内注明电路的功能。

3. 符号位置的索引　为表示接触器或继电器线圈及常开常闭触点各部分之间的控制关系而标有图区索引号。图 1-75 中在 KM1、KA 的下方标有：

KM1

2	7	13
2	×	×
2		

KA

7	11
9	×
11	×
×	×

其中左栏索引数字 2、2、2 表示 KM1 三对主触点所在图区号，中栏 7 表示有一对常开触点在 7 区，右栏 13 表示其一对常闭触点在 13 区。而所有 × 表示触点闲置未使用。在图区 2 中，KM1 主触点标号下方标注 7 表示其通断状态受 7 区中 KM1 线圈控制。

对于继电器触点图区号索引采用类似方式，区别在于没有主副之分，如 KA 下方只有左右两栏，其中左栏 7、9、11 表示 KA 的常开触点所在图区号，右栏中 11 表示其常闭触点所在图区号，所有 × 表示未使用触点。

4. 技术数据的标注　电器元件技术数据通常用小号字体注在电器符号下面，如图 1-50 中标出热继电器动作电流值范围和它的整定值。

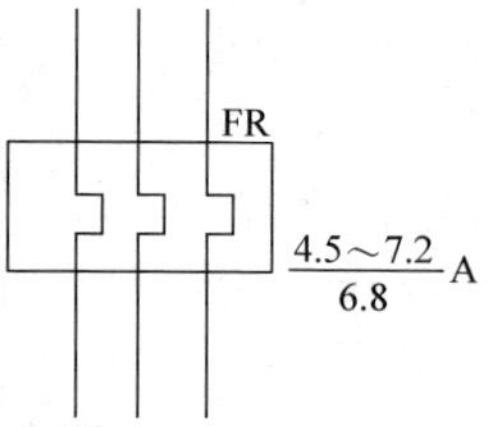

图 1-50　热继电器技术数据标注

（二）电器元件布置图

电器元件布置图主要是用来表明电气设备上所有电机、电器的实际位置，为电气控制设备的制造、安装、维修提供必要的资料。有机床电气设备布置图、控制柜及控制板电器布置图、操纵台及悬挂操纵箱电器布置图等几种。图中机床轮廓、控制板、控制箱等外形用细实线或点画线表示，能见到的电气设备或电器元件则用粗实线绘制出简单的外形轮廓。

（三）电气安装接线图

电气安装接线图是为电气设备和电器元件进行配线、安装和检修服务的。它表示机床电气设备各个单元之间的接线关系，并标注出外部接线所需的数据，实际工作中接线图常与电气原理图结合起来使用。

第四节　电气控制的基本电路

电力拖动控制电路通常都是由若干单一功能的基本电路组合而成。人们在长期生产实践中已将这些功能块电路精炼成最基本的控制单元，供电路设计选用和组合。熟练掌握这些单元电路的组成、工作原理将对电气控制电路的阅读分析和控制电路设计提供很大帮助。

一、笼型三相异步电动机全压起动控制电路

为简化控制电路，小功率电动机（如10kW）宜采用全压起动方式，其基本电路有以下几种：

1. *单向连续运行控制电路*　其控制电路如图1-51所示。

主电路中转换开关QS用于手动控制电源通断，熔断器FU1作短路保护，接触器KM的主触点控制电动机的运行状态，热继电器FR作过载保护。控制电路中FU2为短路保护，热继电器FR常闭触点实现过载保护，SB1、SB2分别为停止和起动控制按钮。

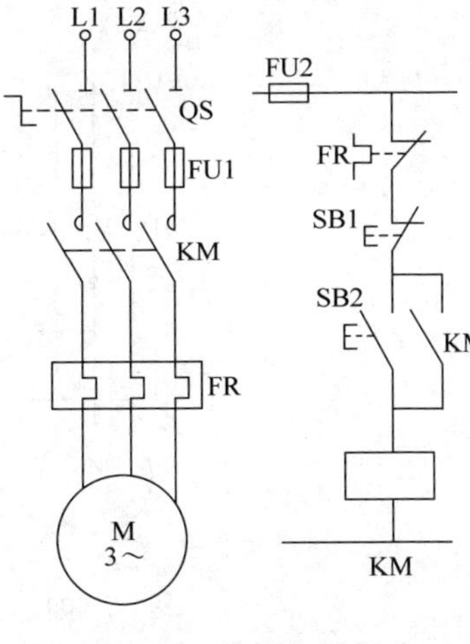

图1-51　单向全压起动控制电路

电路的工作过程是：

起动运行：QS^+（合电源）→$SB2^{\pm}$（按下起动按钮，电动机运行后松开）→KM^+（接触器得电吸合）→$n\uparrow n_0$（自锁运行）。

电动机运行后，松开SB2，依靠接触器KM自身常开触点自动保持运行，称为自锁或自保。

停止运行：$SB1^{\pm}$→KM^-（接触器失电释放）→$n_0\downarrow 0$停止运行。

这种电路除具备短路、过载保护外，由于采用按钮与自保控制方式，还具有欠电压与失电压保护功能。所谓失电压保护（又称零电压保护）是指电源电压过低或突然消失时，电动机自动停止运行，在电源恢复正常时电动机不会自行起动。

2. *具有点动的控制电路*　将上述连续运行控制电路中的自锁部分解除就成为点动控制方式。图1-52是实现点动的几种控制电路。

3. *正、反向运行控制电路*　三相异步电动机正、反转控制电路如图1-53所示。主电路

的特点是由KM1、KM2实现三相电源任意两相的调换，以实现两个方向的稳定运行。但要求KM1、KM2不能同时动作以避免电源相间短路。其特点是由两个单向运行控制部分组成，两部分之间互锁是通过将各自的常闭触点串接在对方的工作电路中来实现的。

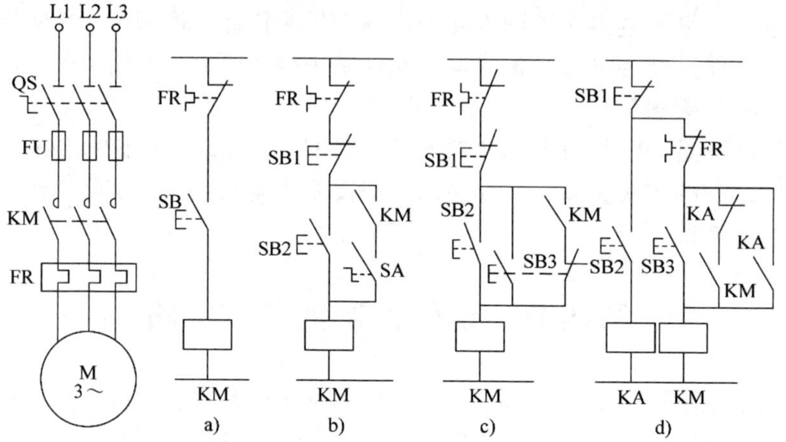

图1-52 实现点动的几种控制电路

图1-53a为“正—停—反”控制，图1-53b为“正—反—停”控制。该电路同时具备接触器和按钮的双重互锁，进一步保证电路的安全、可靠。

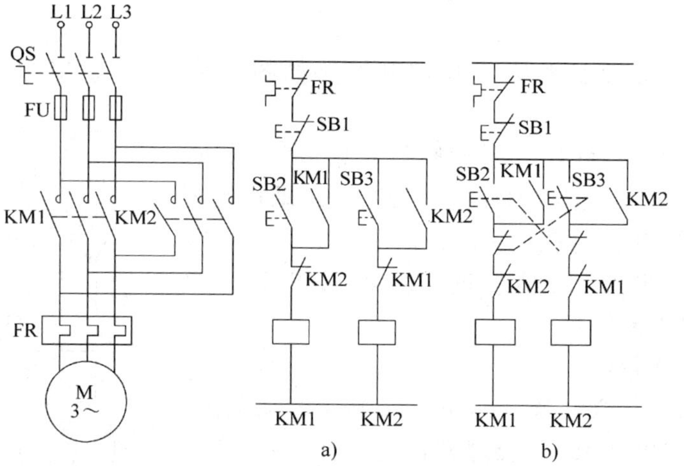

图1-53 三相异步电动机正、反转控制电路

4. *自动往复行程控制电路* 在正、反向运行控制电路中适当加入行程开关，并以此作为电动机的换向指令，便可以得到如图1-54所示的自动往复循环控制电路。

行程开关SQ1、SQ2分别安装在机身的左右或前后两端。机械挡铁安装在往复运动部件上。调整SQ1、SQ2距离便能调节往复行程大小。

二、笼型三相异步电动机的减压起动控制电路

当电动机功率较大（10kW以上），为限制起动电流引起的过大冲击，一般都采用减压起动方式。减压程度首先要保证能起动，也就是减压后的起动转矩必须大于负载转矩，并要

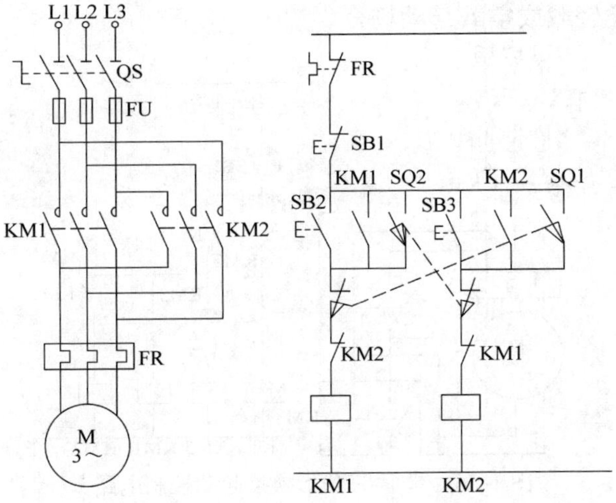

图 1-54　自动往复循环控制电路

根据不同的负载特性兼顾起动过程的平稳性、快速性等技术指标。

减压起动的基本方法是起动时适当降低定子绕组电压，起动后待转速升高到一定值（通常为 $0.75n_N$），再将绕组电压提高至额定值。常见的减压起动控制电路有：定子串电阻或电抗、星形－三角形换接、自耦变压器和延边三角形换接等几种。

1. 定子串电阻或电抗起动控制电路　定子串电阻起动控制电路如图 1-55 所示。

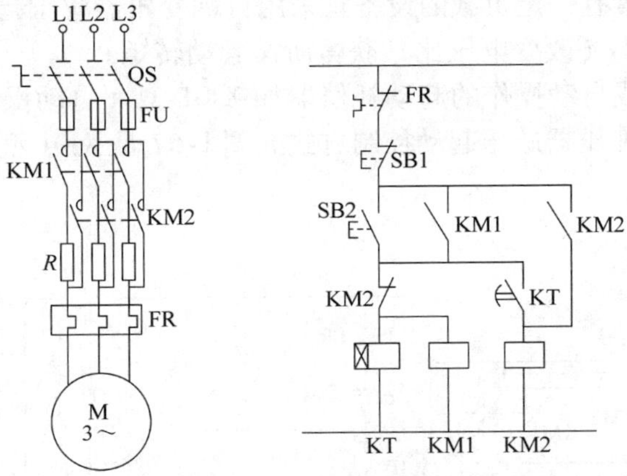

图 1-55　定子串电阻起动控制电路

电路的起动工作过程是：

$$QS^{+}\longrightarrow SB2^{\pm}\longrightarrow\begin{matrix}KM1^{+}\\KT^{+}\end{matrix}\xrightarrow{\text{串}R\text{起动}}n\uparrow\xrightarrow[\text{KT 延时到}]{n\approx0.75n_N}KM2^{+}\xrightarrow{\text{短接 R}}\begin{matrix}KM1^{-}\\KT^{-}\\n\nearrow n_N\end{matrix}$$

该电路适用于中小型机械。其优点是设备简单，不受电动机接线方式限制。缺点是电阻板能耗大，某些场合如大功率电动机的起动可采用电抗器取代电阻。

2. 星形-三角形换接的起动控制电路　星形-三角形换接起动控制电路如图 1-56 所示。这种电路仅适用于正常运行时定子绕组接成三角形（Y系列功率在 4kW 以上均采用三角形联结），并且定子绕组有 6 个头尾端的电动机。由于起动时定子绕组为星形联结，绕组相电压由额定 380V 降为 220V，起动转矩只有全压起动时的 1/3，所以这种起动控制电路只适用于像金属切削机床一类轻载或空载起动场合。

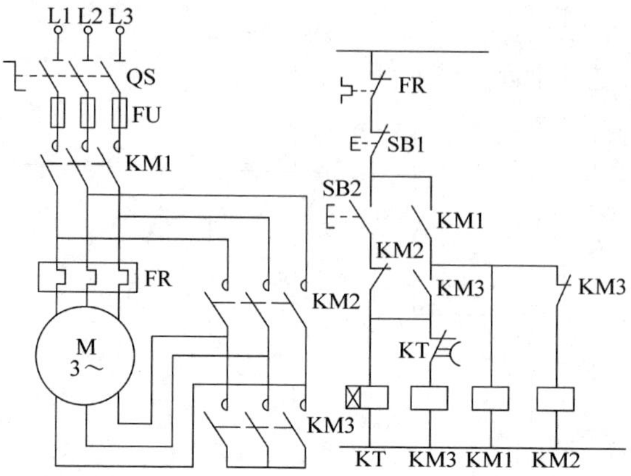

图 1-56 星形-三角形换接起动控制电路

该电路的起动工作过程是：

$$QS^{+}\longrightarrow SB2^{\pm}\longrightarrow \begin{matrix}KM3^{+}\\ KT^{+}\end{matrix}\xrightarrow{\text{星形}}KM1^{+}\xrightarrow[\text{起动}]{\text{星形联结}}n\uparrow\xrightarrow[\text{KT 延时到}]{n\approx 0.75n_{N}}KM3^{-}\longrightarrow$$

$$KM2^{+}\xrightarrow[\text{全额运行}]{\text{三角形联结}}\begin{matrix}n\nearrow n_{N}\\ KT^{-}\end{matrix}$$

3. 自耦变压器减压起动控制电路 星形-三角形换接控制电路的主要缺点是起动转矩小，对于像油压机一类带有一定负载的设备宜采用自耦变压器减压起动控制方式，可以通过改变变压器二次电压大小（改变电压比）获得所需起动转矩。

大功率电动机手动或自动操作的起动补偿器如 XJ01 型（自动操作），QJ3、QJ5 型（手动操作）等均采用自耦变压器减压起动控制方式。图 1-57 是 XJ01 型补偿减压起动器控制电路（适用于 14～28kW）。

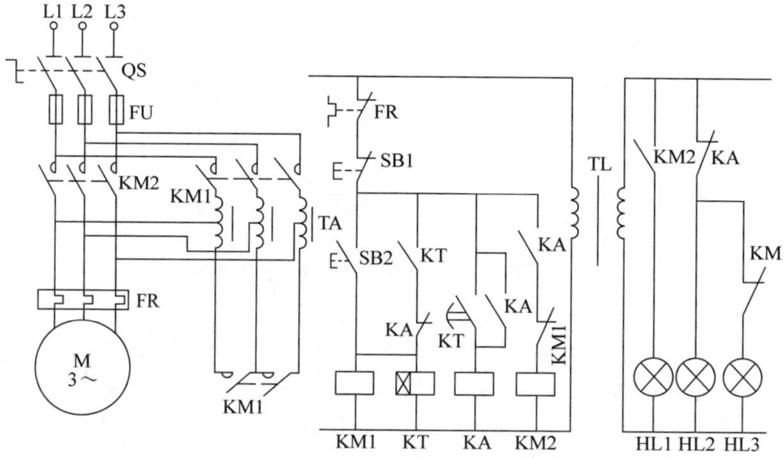

图 1-57 XJ01 型补偿器减压起动控制电路

电路自动工作过程是：

$$QS^{+}\longrightarrow SB2^{\pm}\longrightarrow \begin{matrix}KM1^{+}\\ KT^{+}\end{matrix}\xrightarrow{\text{串 TA 起动}}n\uparrow\xrightarrow[\text{KT 延时到}]{n\approx 0.75n_{N}}KA^{+}\longrightarrow \begin{matrix}KM^{-}\\ KT^{-}\end{matrix}\longrightarrow KM2^{+}$$

$$\xrightarrow{\text{全额运行}} n\nearrow n_{N}$$

4. 延边三角形换接减压起动控制电路　延边三角形换接减压方式是一种既不增加起动设备又能获得较高起动转矩的起动方式。适用于定子绕组特别设计的大容量异步电动机，如空压机一类起动转矩较大的设备。这种电动机的定子绕组有 9 个或 12 个出线头，图 1-58 所示为延边三角形起动电动机定子绕组抽头接线方式。

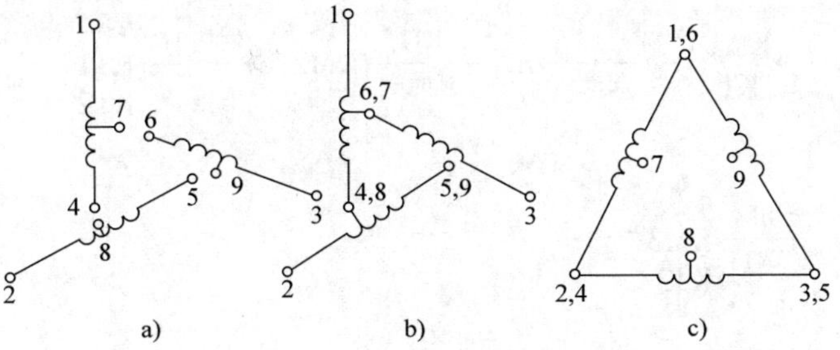

图 1-58　延边三角形起动电动机定子绕组抽头接线方式

a）原始状态　b）起动状态　c）运行状态

根据起动控制的接线要求设计的延边三角形减压起动控制电路如图 1-59 所示。

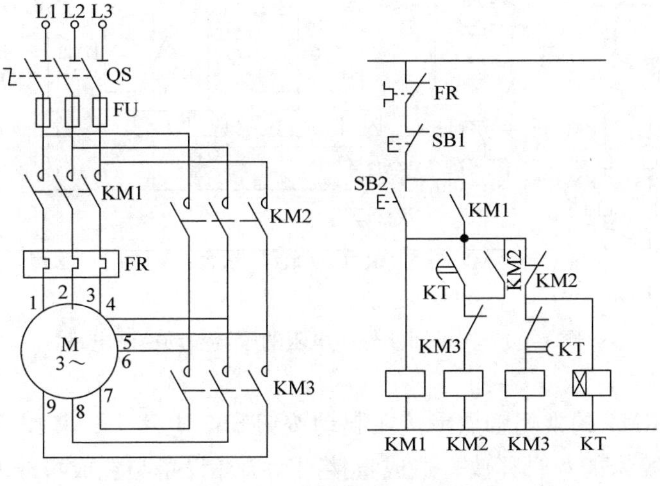

图 1-59　延边三角形减压起动控制电路

电路工作过程是：

$$QS^{+} \longrightarrow SB2^{\pm} \longrightarrow \begin{matrix} KM1^{+} \\ KM3^{+} \\ KT^{+} \end{matrix} \xrightarrow[\text{起动}]{\text{延边三角形接法}} n\uparrow \xrightarrow[\text{KT 延时到}]{n\approx 0.75n_N} KM3^{-} \longrightarrow KM2^{+} \xrightarrow[\text{全额运行}]{\text{三角形接法}} n \nearrow n_N$$

三、三相绕线型异步电动机限流起动控制电路

绕线转子异步电动机具有较好的调速性能，并可以通过集电环外串电阻来限制起动电流和提高功率因数与起动转矩。在起动转矩要求较高和具有良好调速功能的场合得到

广泛应用。

1. 转子回路外串电阻限流起动控制电路　图 1-60 是采用时间继电器实现分级短接转子回路外串电阻的限流起动控制电路。

电路的自动工作过程是：

$$QS^{+}\longrightarrow SB2^{\pm}\longrightarrow\begin{matrix}KM1^{+}\\KT^{+}\end{matrix}\xrightarrow[\text{起动}]{\text{串全部}R}n\uparrow\xrightarrow[\text{延时到}]{KT1}KM2^{+}\xrightarrow{\text{短接}1R}\begin{matrix}n\uparrow\uparrow\\KT1^{-}\\KT2^{+}\end{matrix}\xrightarrow[\text{延时到}]{KT2}KM3^{+}\xrightarrow{\text{切除}2R}$$

$$\begin{matrix}n\uparrow\uparrow\uparrow\\KM2^{-}\\KT2^{-}\\KT3^{+}\end{matrix}\xrightarrow[\text{延时到}]{KT3}KM4^{+}\xrightarrow[(3R)]{\text{全切除}}\begin{matrix}n\nearrow n_{N}\\KM3^{-}\\KT3^{-}\end{matrix}$$

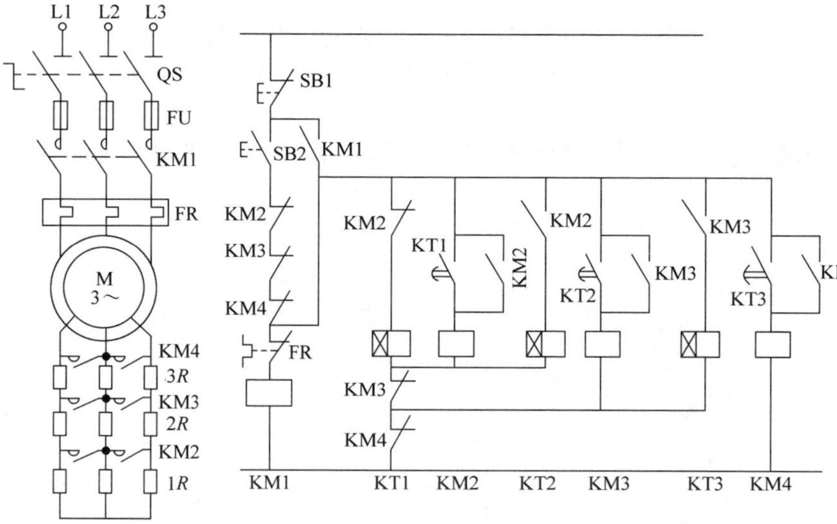

图 1-60　转子回路外串电阻的限流起动控制电路

其中 KM2、KM3、KM4 的常闭触点串接在起动按钮 SB2 电路中，其作用是防止因接触器主触头烧结或机械故障未能及时释放，造成直接起动损坏设备与造成事故的可能。

2. 转子回路串频敏变阻器限流起动控制电路　转子外串电阻限流起动控制方式，起动过程中由于电流与转矩突变而存在机械冲击，而且串接电阻比较笨重，功耗大。大功率绕线转子异步电动机采用外串频敏变阻器的限流起动不仅使控制电路简化，而且能获得近似恒转矩的起动特性。转子回路串频敏变阻器的控制电路如图 1-61 所示。

电路的工作过程是：

自动方式：$QS^{+}\longrightarrow SB2^{\pm}\longrightarrow\begin{matrix}KM1^{+}\\KT^{+}\end{matrix}\xrightarrow[\text{起动}]{\text{串 }RF}n\uparrow\xrightarrow[KT\text{ 延时到}]{n\approx0.75n_{N}}KA^{+}\longrightarrow KM2^{+}\xrightarrow[RF]{\text{切除}}\begin{matrix}n\nearrow n_{N}\\KT^{-}\end{matrix}$

手动方式：$QS^{+}\longrightarrow SB2^{\pm}\longrightarrow KM1^{+}\xrightarrow[\text{起动}]{\text{串 }RF}n\uparrow\xrightarrow{n\approx0.75n_{N}}SB3^{\pm}\longrightarrow KA^{+}\longrightarrow KM_{2}^{+}\xrightarrow[RF]{\text{切除}}$
$n\nearrow n_{N}$

由于电动机功率大，起动过程比较缓慢，为避免由于起动过程长引起热继电器的误动作，采用中间继电器 KA 常闭触点短接 FR。待起动过程结束进入稳定运行时才接入 FR。

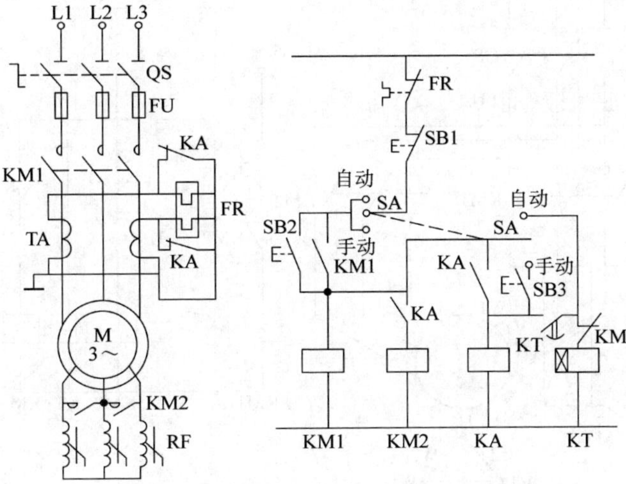

图 1-61　转子回路串频敏变阻器的控制电路

四、三相异步电动机的变极调速控制电路

异步电动机调速常用来改善机床的调速性能和简化机械变速装置。根据异步电动机转速公式

$$n=\frac{(1-s)\times 60f}{p} \tag{1-13}$$

式中，s 为转差率；f 为电源频率；p 为定子极对数。

由式（1-13）可知，三相异步电动机的调速可通过改变定子电压频率 f、定子极对数 p 和转差率 s 来实现。具体归纳为变极调速、变频调速、变转差率调速、调压调速、转子串电阻调速、串级调速和电磁调速等调速方法。

1. 变极调速　通常变更绕组极对数的调速方法简称为变极调速。变极调速是通过改变电动机定子绕组的外部接线来改变电动机的极对数。笼型异步电动机转子绕组本身没有固定的极数，改变笼型异步电动机定子绕组的极数以后，转子绕组的级数能够随之变化；绕线转子异步电动机的定子绕组极数改变以后，它的转子绕组必须重新组合，往往无法实现。所以，变更绕组极对数的调速方法一般仅适用于笼型异步电动机。

笼型异步电动机的变极调速由于控制电路简单、经济，在机床拖动系统中应用较广，与机械变速器相配合可以获得更宽的调速范围。

图 1-62 是一台 2/4 极双速电动机的高、低速运行控制电路。当三相绕组 U1、V1、W1 端子接三相电源，而 U2、V2、W2 端子悬空时，绕组成三角形联结，以 4 极低速运行。当 U2、V2、W2 端子接三相电源，而 U1、V1、W1 端子连在一起则绕组呈双星形联结，电动机两极高速运行。

图中指令开关 SA 选择低速档，则 KM1 得电，绕组三角形联结，呈 4 极低速运行。SA 选择高速档，通电后时间继电器首先得电，紧接着 KM1 得电，电动机低速起动。经过一定延时，KT 延时触点动作，KM1 先释放，然后 KM2 与 KM3 相继接通，定子绕组由三角形联结换成双星形联结进入高速运行。

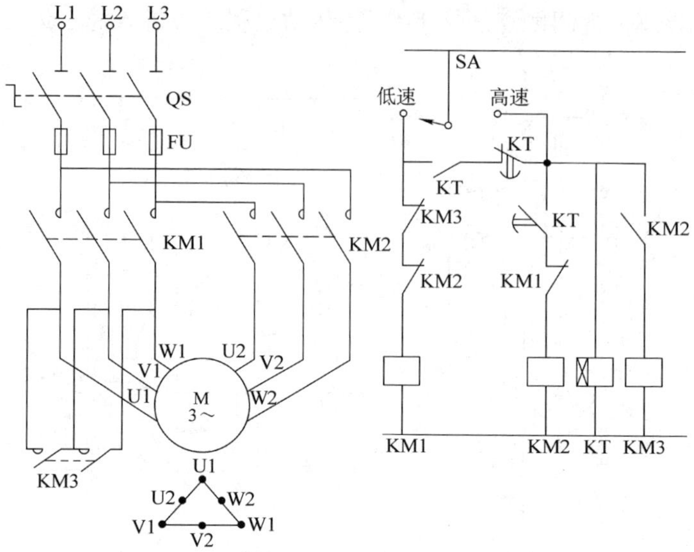

图 1-62　双速电动机的高、低速运行控制电路

双速电动机△/YY接法的三相定子绕组接线如图 1-63 所示。

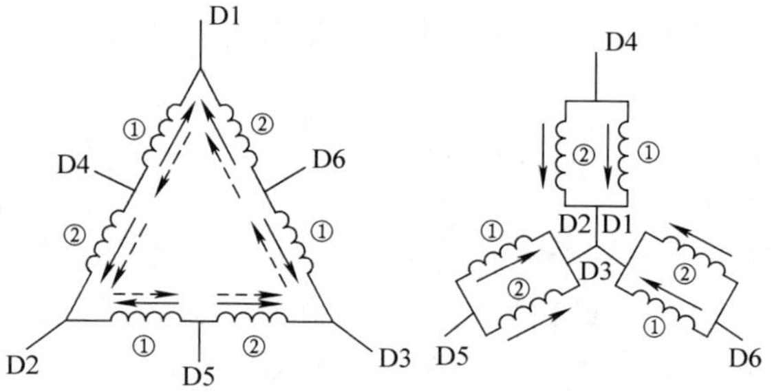

图 1-63　双速电动机△/YY接法的三相定子绕组接线

图中为△/YY接线的变换，电机极数为 4 极/2 极。当定子绕组 D1、D2、D3 的接线端接电源，D4、D5、D6 接线端悬空时，三相定子绕组接成了△，对应低速，此时每相绕组中的线圈 1、线圈 2 相互串联，其电流方向如图中虚箭头所示，每相绕组具有 4 个极。若将定子绕组的 D4、D5、D6 三个接线端接电源，D1、D2、D3 接线端短接，则把原来的三角形接线改变为YY接线，对应高速，每相绕组中的线圈 1 与线圈 2 并联，电流方向如图中实线箭头所示，每相绕组具有两个极。应当强调指出，当把电动机定子绕组的△接线变更为YY接线时，接线的电源相序必须反相，从而保证电动机由低速变为高速时旋转方向一致。△/YY接线属于恒功率调速。

2. 变频调速

变频调速就是改变异步电动机的供电频率 f，利用电动机的同步转速随频率变化的特性进行调速。在交流异步电动机的诸多调速方法中，变频调速的性能最好，调速范围大，稳定性好，运行效率高。采用通用变频器对笼型异步电动机进行调速控制，由于使用方便、可靠性高并且经济效益显著，所以逐步得到推广应用。

3. 变转差率调速

变转差率调速包括调压调速、转子串电阻调速、串级调速和电磁调速等调速方法。

调压调速是异步电机调速系统中比较简便的一种，就是改变定子外加电压来改变电机在一定输出转矩下的转速。调压调速目前主要通过调整晶闸管的触发角来改变异步电动机端电压进行调速。这种调速方式仅用于小容量电动机。

转子串电阻调速是在绕线转子异步电动机转子外电路上接可变电阻，通过对可变电阻的调节来改变电动机机械特性斜率实现调速。电动机转速可以有级调速，也可以无级调速，其结构简单，价格便宜，但转差功率损耗在电阻上，效率随转差率增加等比下降，故这种方法目前一般不被采用。

电磁转差离合器调速是在笼型异步电动机和负载之间串接电磁转差离合器（电磁耦合器），通过调节电磁转差离合器的励磁来改变转差率进行调速。这种调速系统结构适用于调速性能要求不高的小容量传动控制场合。

串级调速就是在绕线转子异步电动机的转子侧引入控制变量，如附加电动势来改变电动机的转速进行调速。基本原理是在绕线转子异步电动机转子侧通过二极管或晶闸管整流桥，将转差频率交流电变为直流电，再经可控逆变器获得可调的直流电压作为调速所需的附加直流电动势，将转差功率变换为机械能加以利用或使其反馈回电源而进行调速。

五、固态减压起动器

前述传统异步电动机起动方式的共同特点是控制电路简单，但起动转矩固定不可调，起动过程中存在较大的冲击电流，使被拖动负载受到较大的机械冲击；停机时都采用瞬间停电，也将会造成剧烈的电网电压波动和机械冲击；且易受电网电压波动的影响，一旦出现电网电压波动，会造成起动困难甚至使电动机堵转。为克服上述缺点，而采用固态减压起动器，固态减压起动器（Soft Starter）是一种集电动机软起动、软停车、轻载节能和多种保护功能于一体的新颖电机控制装置。

1. 固态减压起动器的工作原理　固态减压起动器由电动机的起停控制装置和软起动控制器组成，其核心部件是软起动控制器，它是由过零检测元件、过零触发电路、功率半导体器件和其他电子元器件组成的。软起动控制器是利用电力电子技术与自动控制技术将强弱电结合，其主要结构是一组串接于电源与被控电动机之间的三相反并联晶闸管及其电子控制电路，利用晶闸管移相控制三相反并联晶闸管的导通角，使被控电机的输入电压按不同的要求而变化，从而实现不同的起动功能。起动时，使晶闸管的导通角从0开始，逐渐前移，电机的端电压从零开始，按预设函数关系逐渐上升，直至达到满足起动转矩而使电动机顺利起动，这就是软起动控制器的工作原理。软起动控制器的主电路原理如图1-64所示。软起动控制器一般并联接触器来实现软起动和软停车。在软起动控制器两端并联接触器KM，当电动机软起动结束后，KM合上，运行电流将通过KM送至电动机。若要求电动机软停车，一旦发出停车信号，先将KM分断，然后再由软起动器对电动机进行软停车。该电路有如下优点：在电动机运行时可以避免软起动器产生的谐波；软起动器仅在起动、停车时工作，可以避免长期运行使晶闸管发热，延长了使用寿命；一旦软启动器发生故障，可由并联的接触器作为应急备用。

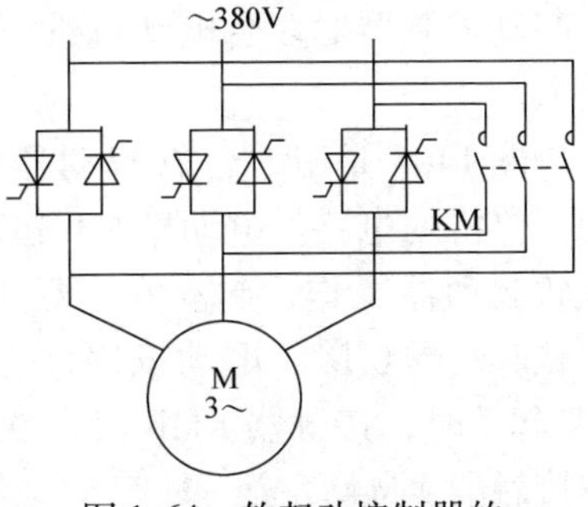

图1-64　软起动控制器的主电路原理

2. 软起动控制器的工作特性

（1）起动特性　异步电动机在软起动过程中，软起动控制器是通过控制加到电动机上的平均电压来控制电动机的起动电流和转矩的，起动转矩逐渐增加，转速也逐渐增加。一般软起动控制器可以通过设定得到不同的起动特性，以满足不同负载特性的要求。

（2）减速软停控制　传统的控制方式都是通过瞬间停电完成的，但有许多应用场合不允许电动机瞬间关机。例如：高层建筑、楼宇的水泵系统，如果瞬间停机，会产生巨大的“水锤”效应，使管道甚至水泵遭到损坏。软起动控制可以实现电动机逐渐停机，当电动机需要停机时，不是立即切断电动机的电源，而是通过调节晶闸管的导通角，从全导通状态逐渐地减小，从而使电动机的端电压逐渐降低而切断电源的，这一过程时间较长故称为减速软停控制。停车的时间根据实际需要可在 0～120s 范围内调整。

（3）节能特性　软起动控制器可以根据电动机功率因数的高低，自动判断电动机的负载率，当电动机处于空载或负载率很低时，通过相位控制使晶闸管的导通角发生变化，从而改变输入电动机的功率，以达到节能的目的。

（4）制动特性　当电动机需要快速停机时，软起动控制器具有能耗制动功能。能耗制动功能即当接到制动命令后，软起动控制器改变晶闸管的触发方式，使交流电转变为直流电，然后在关闭主电路后，立即将直流电压加到电动机定子绕组上，利用转子感应电流与静止磁场的作用达到制动的目的。

3. *固态减压起动器的应用*　在工业自动化程度要求比较高的场合，为了便于控制和应用，往往将软起动控制器、断路器和控制电路组成一个较完整的电动机控制中心（MCC）以实现电动机的软起动、软停车、故障保护、报警、自动控制等功能。同时具有运行和故障状态监测、接触器操作次数、电动机运行时间和触点弹跳监视、试验等辅助功能。另外还可以附加通信单元、图形显示操作单元和编程器单元等并可直接与通信总线联网。

一些工厂有多台电动机需要起动，可以使用一台软起动控制器对多台电动机进行软起动，以节约资金投入。

图 1-65 是用一台软起动器控制两台电动机的起动、停机的电路。电动机 M1 起动时，接触器 KM1 闭合软起动器工作，起动完毕后 KM2 断开，KM3 闭合将软起动器切除，电动机 M1 正常运行；同样电动机 M2 起动时，接触器 KM2 闭合软起动器工作，起动完毕接触器 KM4 闭合，软起动控制器切除。但是，M1 和 M2 不能同时起动或停机，只能一台台分别起动、停机。

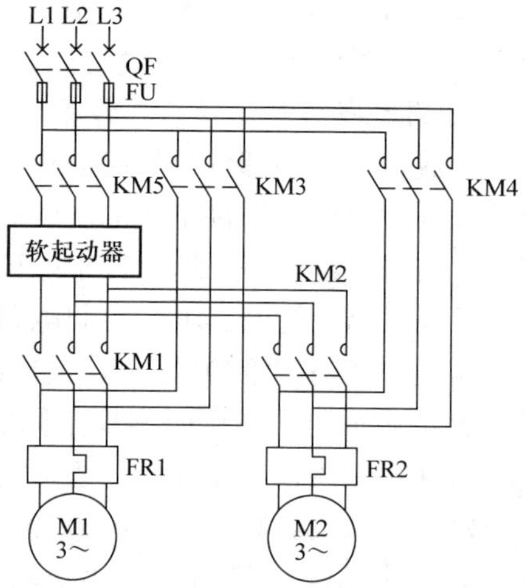

图 1-65　一台软起动器控制两台电动机起动、停机

六、三相异步电动机的制动控制电路

为保障安全、精确定位、提高效率等需要，电力拖动系统往往要求电动机在停车时带制动控制。常用的电气制动控制电路有如下两种：

1. *反接制动控制电路*　反接制动的原理是利用改变电源相序，使定子绕组产生一个反方向的旋转磁场，从而产生一个反向制动转矩，使电动机迅速停转。

反接制动的特点是制动快但冲击大。为限制过大冲击，要求在制动阶段主电路串电阻限流，另一个要求是当电动机在停止转动前要及时切除反相序电源以防反向再起动。

（1）单向反接制动控制电路　单向反接制动控制电路如图1-66所示，图中KS为速度继电器。

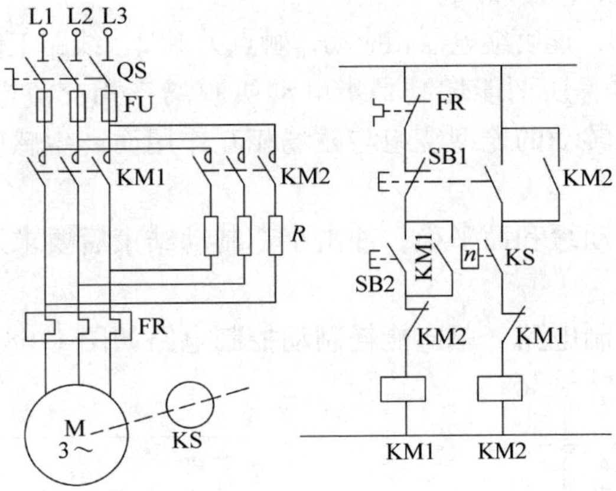

图1-66　单向反接制动控制电路

线路工作过程是：

起动运行：$QS^{+} \longrightarrow SB2^{\pm} \longrightarrow KM1^{+} \xrightarrow{n \geqslant 120\text{r/min}} KS^{+} \longrightarrow n \nearrow n_{N}$

停车制行：$SB1^{\pm} \longrightarrow KM1^{-} \longrightarrow KM2^{+} \xrightarrow[\text{反接制动}]{\text{串}R} n\downarrow\downarrow \xrightarrow{n<100\text{r/min}} KS^{-} \longrightarrow KM2^{-} \longrightarrow n \searrow 0$

（2）可逆运行的反接制动控制电路　可逆运行的反接制动控制电路如图1-67所示。

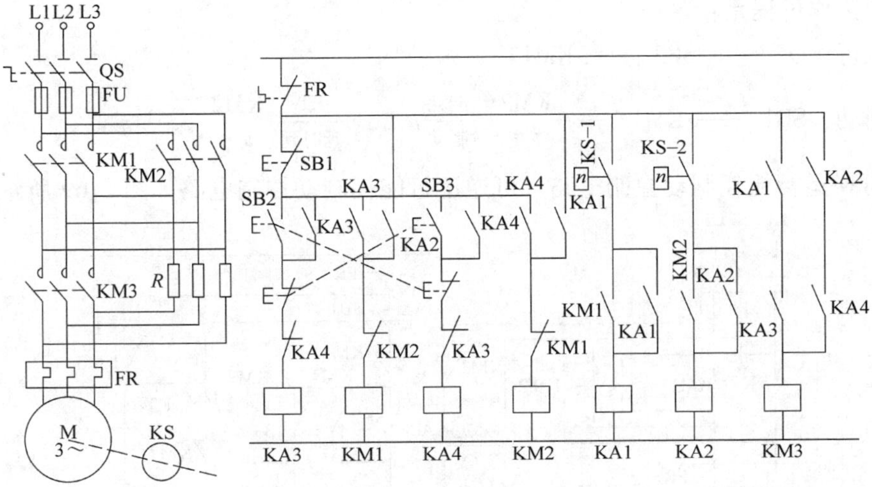

图1-67　可逆运行的反接制动控制电路

以一个方向为例，电路的自动工作过程是：

正向起动运行：$QS^{+} \longrightarrow \underset{(\text{正向})}{SB2^{\pm}} \longrightarrow KA3^{+} \longrightarrow KM1^{+} \xrightarrow[\text{起动}]{\text{串}R} n\uparrow \xrightarrow{n \geqslant 120\text{r/min}} \underset{(\text{正向})}{KS\text{-}1^{+}} \longrightarrow$

$$KA1^{+} \longrightarrow KM3^{+} \xrightarrow{\text{切除}R} n \nearrow n_N$$

正向停车制动：$SB1^{\pm} \longrightarrow \begin{matrix} KA3^{-} \\ KM1^{-} \end{matrix} \longrightarrow \begin{matrix} KM3^{-} \\ KM2^{+} \end{matrix} \xrightarrow[\text{反接制动}]{\text{串}R} n\downarrow\downarrow \xrightarrow{n<100\text{r/min}} KS\text{-}1^{-} \longrightarrow KA1^{-} \longrightarrow KM2^{-} \longrightarrow n \searrow 0$

同理，反向起动运行按 SB3，速度继电器相应动作触点为 KS2，线路工作过程可自行分析。

2. 能耗制动控制电路　所谓能耗制是指电动机脱离三相交流电源后，定子绕组通入直流电形成固定磁场，高速转动的笼型绕组与磁场相互作用而产生感应电流并以热能形式消耗在转子回路中。

能耗制动的特点是制动缓和而平稳，冲击小。制动结束后要求及时切除直流电源，以免因过热损坏定子绕组。

（1）单向能耗制动控制电路　单向能耗制动控制电路如图 1-68 所示。

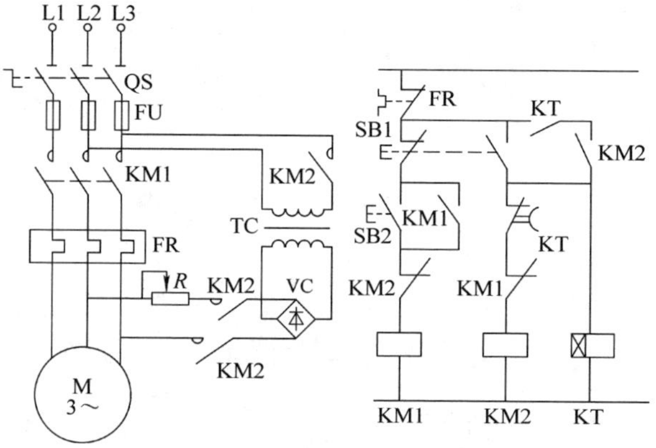

图 1-68　单向能耗制动控制电路

线路的工作过程是：

起动运行：$QS^{+} \longrightarrow SB2^{\pm} \longrightarrow KM1^{+} \longrightarrow n \nearrow n_N$

停车制动：$SB1^{\pm} \longrightarrow KM1^{-} \longrightarrow \begin{matrix} KM2^{+} \\ KT^{+} \end{matrix} \xrightarrow[\text{制动}]{\text{能耗}} n\downarrow\downarrow \xrightarrow[\text{延时到}]{KT} \begin{matrix} KM2^{-} \\ KT^{-} \end{matrix} \longrightarrow n \searrow 0$

（2）可逆运行能耗制动控制电路　可逆运行能耗制动控制电路如图 1-69 所示。

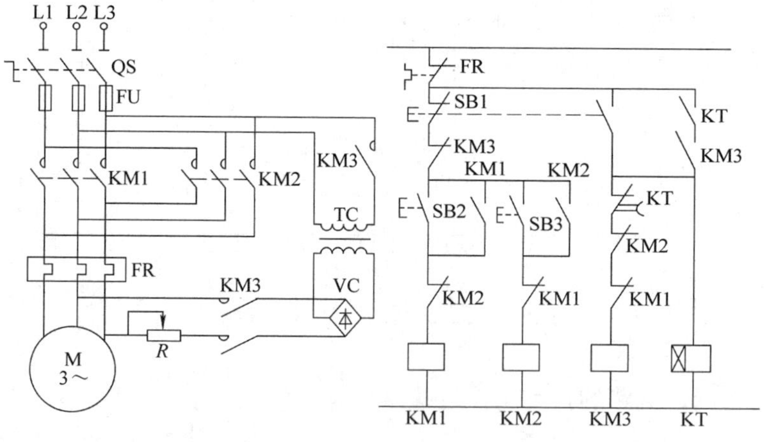

图 1-69　可逆运行能耗制动控制电路

线路的工作过程是：

正向起动运行：$QS^{+} \longrightarrow SB2^{\pm} \longrightarrow KM1^{+} \longrightarrow n \nearrow n_{N}$

正向停车制动：$SB1^{\pm} \longrightarrow KM1^{-} \longrightarrow \begin{matrix} KM3^{+} \\ KT^{+} \end{matrix} \xrightarrow[\text{制动}]{\text{能耗}} n\downarrow\downarrow \xrightarrow[\text{延时到}]{KT} \begin{matrix} KM3^{-} \\ KT^{-} \end{matrix} \longrightarrow n \searrow 0$

在能耗制动过程中，采用 KT 无延时瞬动触点与 KM3 触点串联共同构成自锁回路，是为防止 KT 因线圈开路或其他机械故障失效而不致长期通以直流电流。

上述能耗制动电路采用时间原则控制，适用于负载转速和传动系统惯量比较稳定的生产机械。对于那些转速和系统惯量变化较大的生产机械则宜采用速度继电器进行控制，其控制电路读者可尝试自行设计。

七、直流电动机控制电路

与交流电动机相比，尽管直流电动机结构复杂、成本高，但由于具有较硬的机械特性、良好的调速性能，故在许多场合仍然应用。尤其在大功率晶闸管可控整流装置中，直流电动机应用更为广泛。

直流电动机的起动、正反向、调速以及制动等控制有其自身特点，例如全压起动时电流大（$10 \sim 20I_{N}$）、在接通电枢电源之前或同时必须通入额定励磁电流（励磁电流 = $(2 \sim 5)\% \times I_{N}$）等，所以在控制电路分析和设计中都应予以充分考虑。

直流电动机转速 n 为：

$$n = (U - R_{a}I_{a})/(K_{E}\phi) \tag{1-14}$$

式中，U 为电枢电压；R_{a} 为电枢电阻；I_{a} 为电枢电流；K_{E} 为电动机常数；ϕ 为励磁磁通。

为避免空载飞车，应先接励磁电流后接电枢电源，防止 ϕ 为 0 时 n 就为 ∞。

1. 单向运行电枢串电阻起动与调速控制电路　电枢串电阻起动与调速控制电路如图 1-70所示。其特点是：采用 QF1、QF2 断路器作电源控制，具有短路与过载保护；采用主令开关 SA 实现起动、调速和停车控制方式，必须设置零压继电器实现零压和零位保护；采用电流继电器 KI1、KI2 实现主电路的过电流和励磁电路的弱磁保护等。

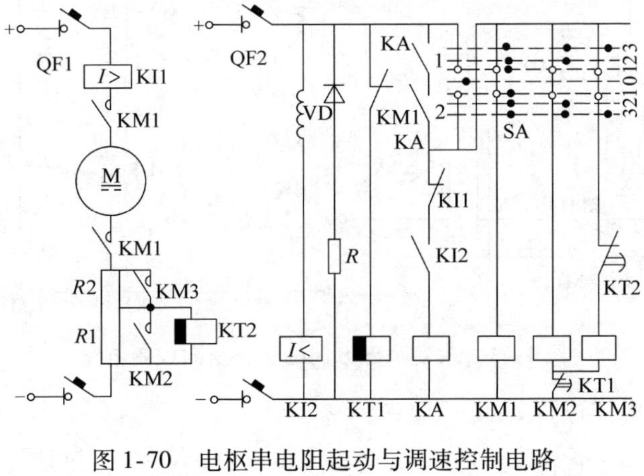

图 1-70　电枢串电阻起动与调速控制电路

主令开关 SA 各档位的作用与电路工作过程是：

（1）SA 在“0”位为起动准备

$\begin{matrix}QF1^{+}\\QF2^{+}\end{matrix}\longrightarrow\begin{matrix}KI2^{+}\\KT1^{+}\end{matrix}\longrightarrow KA^{+}$通入额定励磁电流，接通转速控制各档电源。同时为保证减小调速过程中的冲击由 KT1 断电延时常闭触点切断中、高速控制通路，保证低速起动功能。

（2）SA 在“1”位获得低速（n_1）运行

“0”位$\longrightarrow$“1”位$\longrightarrow KM1^{+}\xrightarrow[\text{起动}]{\text{串 }R1R2}\begin{matrix}n\uparrow\\KT1^{-}\\KT2^{+}\end{matrix}\xrightarrow[\text{延时到}]{KT1}n\nearrow^{n_1}$低速运行，由 KT1、KT2 延时触点接通中速控制通路，切除高速控制通路。

KT1 为断电延时，其整定值为转速从 $0\rightarrow n_1$ 所需时间。

（3）SA 在“2”位获得中速（n_2）运行

“1”位$\longrightarrow$“2”位$\xrightarrow[\text{延时到}]{KT1}KM2^{+}\xrightarrow{\text{短接 }R1}\begin{matrix}n_1\uparrow\\KT2^{-}\end{matrix}\xrightarrow[\text{延时到}]{KT2}n\nearrow^{n_2}$中速运行，由 KT2 延时触点接通高速档控制电路。KT2 为断电延时，其整定值为 $n_1\rightarrow n_2$ 所需时间。

（4）SA 在“3”位获得高速（n_3）运行

“2”位$\longrightarrow$“3”位$\xrightarrow[\text{延时到}]{KT2}KM3^{+}\xrightarrow{\text{切除 }R2}n_2\nearrow^{n_3}$高速运行。

该电路可以在 SA 任一档位实现三种速度的调控。其中励磁绕组两端并接电阻 R 与二极管 V 构成续流回路，起过电压保护作用。

2. *改变励磁电流方向的正、反向控制电路* MM52125A 型导轨磨床中直流电动机的改变励磁方向的正、反向控制电路如图 1-71 所示。由于可逆运行换接过程中未采用制动措施，故采用 KT 延时以保证在直流电动机停转后才能反向起动。

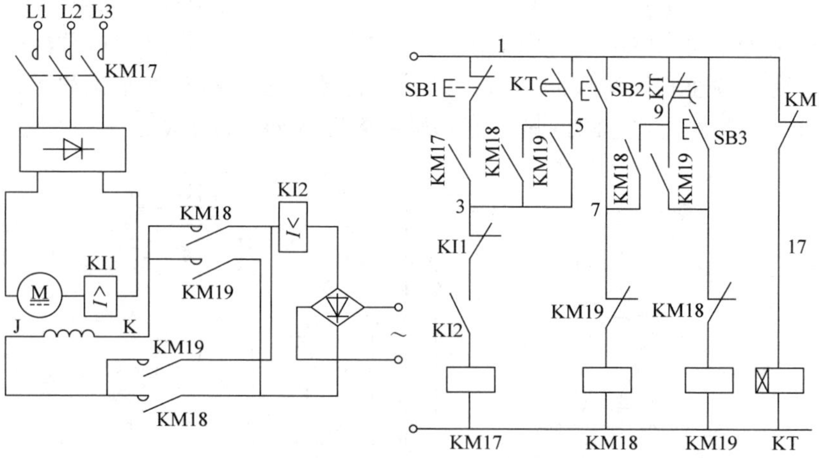

图 1-71 改变励磁方向的正、反向控制电路

通电后，电路的工作过程是：

正向起动运行：接通电源 $KT^{+}\longrightarrow SB2^{\pm}\longrightarrow KM18^{+}\xrightarrow[\text{磁 J}\rightarrow\text{K}]{\text{正向励}}KI2^{+}\xrightarrow[\text{延时到}]{KT}KM17^{+}$
$\xrightarrow{KT^{-}}$正向运行 n_N

正向停车：$SB1^{\pm} \longrightarrow KM17^{-} \longrightarrow \begin{matrix} KT^{+} \\ n\downarrow \end{matrix} \xrightarrow[\text{延时到}]{KT} KM18^{-} \longrightarrow \begin{matrix} KI2^{-} \\ n \searrow 0 \end{matrix}$

同理，反向运行按 SB3，停车按 SB1。

3. *停车带有能耗制动的正、反向调速控制电路*　该控制电路是利用改变电枢电流方向实现正、反向运行控制，带有能耗制动的正、反向控制电路如图 1-72 所示。

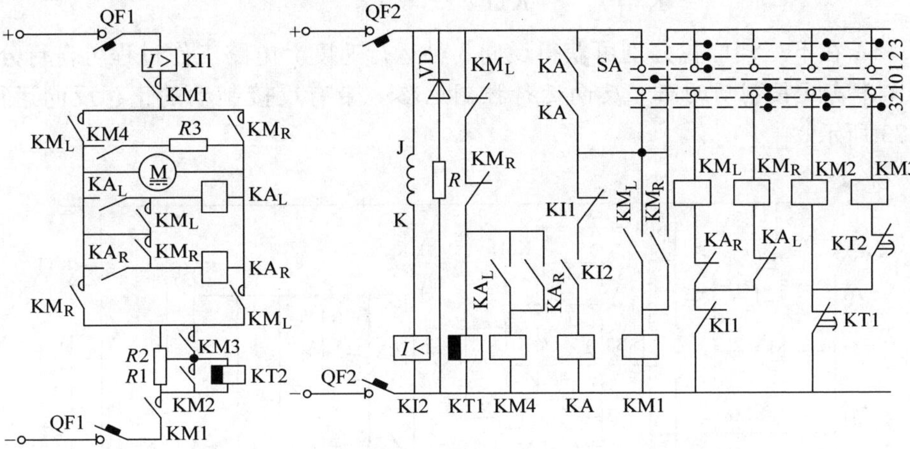

图 1-72　带有能耗制动的正、反向控制电路

图中 $R3$ 为能耗制动电阻，其制动原理与三相交流电动机类似。在电动机停转时电枢脱离直流电源，电机由电动机状态变为发电机状态，并通过 KM4 常开触头将制动电阻 $R3$ 并接在电动机电枢两端，使转子的惯性动能以发热形式消耗在 $R3$ 电阻上。中间继电器 KA_L 与 KA_R 作用相当于速度继电器，当转速达到 KA_L、KA_R 吸合电压值（$U_M \approx E_M = C_e \phi n$）时并接在电动机电枢两端（并自保），当转速低于其释放电压相应值，KA_L、KA_R 释放，能耗制动结束（KM_4 释放）。

以一个方向为例，电路的工作过程是：

（1）主令开关 SA 在“0”为起动准备

电源接通$\begin{matrix} QF1^{+} \\ QF2^{+} \end{matrix} \longrightarrow \begin{matrix} KI2^{+} \\ KT1^{+} \end{matrix} \longrightarrow KA^{+}$通入额定励磁电流，接通转速控制各档电源。同时 KT1 触点切除中、高速控制电路，保证低速起动。

（2）SA 在上“1”档，获得正向低速（n_1）运行

“0”位$\longrightarrow$“1”位$\longrightarrow KM_L^{+} \longrightarrow \begin{matrix} KM1^{+} \\ KT1^{-} \end{matrix} \xrightarrow[\text{起动}]{\text{串 } R1+R2} \begin{matrix} n\uparrow \\ KT2^{+} \end{matrix} \xrightarrow[\text{吸动值}]{U_M \text{ 达到 } KA_L} KA_L^{+} \xrightarrow[\text{延时到}]{KT1} n \nearrow^{n_1}$

低速运行并由 KT1 延时触点接通中速档控制电路，KT2 延时触点切除高速档控制电路。

（3）SA 在上“2”档，获得正向中速（n_2）运行

“1”档$\longrightarrow$“2”档$\xrightarrow[\text{延时到}]{KT1} KM2^{+} \xrightarrow{\text{切除 } R1} \begin{matrix} n_1\uparrow \\ KT2^{-} \end{matrix} \xrightarrow[\text{延时到}]{KT2} n_1 \nearrow^{n_2}$中速运行并由 KT2 延时触点接通高速档控制电路。

（4）SA 在上“3”档，获得正向高速运行（n_3）：

$$\text{“2”档}\longrightarrow\text{“3”档}\xrightarrow[\text{延时到}]{\text{KT2}}\text{KM3}^{+}\xrightarrow{\text{切除}R2}n_2\nearrow^{n_3}\text{高速运行。}$$

（5）停车能耗制动

$$\text{“3”档}\longrightarrow\text{“0”档}\longrightarrow\begin{matrix}\text{KM2}^{-}\\ \text{KM3}^{-}\\ \text{KM}_L^{-}\end{matrix}\longrightarrow\begin{matrix}\text{KM1}^{-}\\ \text{KM4}^{+}\\ \text{KT1}^{+}\end{matrix}\xrightarrow[\text{能耗制动}]{\text{电枢并接}R3}n_3\downarrow\downarrow\xrightarrow[\text{KA}_L\text{释放值}]{n\text{达到}}\text{KA}_L^{-}\longrightarrow\begin{matrix}\text{KM4}^{-}\\ n\searrow_0\end{matrix}$$

同理，SA 在下三档位置分别可获得反向 3 种运行速度。电路工作过程可自行分析。

4. *停车带有反接制动的正、反向运行控制电路* 带有反接制动的正、反向运行控制电路如图 1-73 所示。

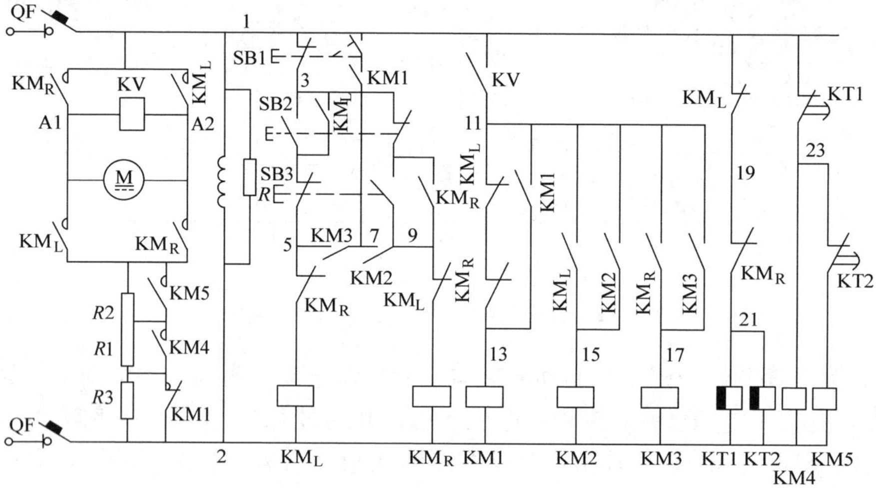

图 1-73 带有反接制动的正、反向运行控制电路

以一个方向为例，电路的工作过程是：

$$\text{正向起动运行：QF}^{+}\xrightarrow[\text{定励磁}]{\text{通入额}}\begin{matrix}\text{KT1}^{+}\\ \text{KT2}^{+}\end{matrix}\longrightarrow\text{SB2}^{\pm}\longrightarrow\text{KM}_L^{+}\xrightarrow{\text{正向串（}R1+R2\text{）起动}}n\uparrow$$

$$\xrightarrow[\text{KV 吸合值}]{n\text{达到}}\text{KV}^{+}\longrightarrow\text{KM2}^{+}\xrightarrow[\text{延时到}]{\text{KT1}}\text{KM4}^{+}\xrightarrow{\text{切除}R1}n\uparrow\uparrow\xrightarrow[\text{延时到}]{\text{KT2}}\text{KM5}^{+}\xrightarrow{\text{切除}R2}n\nearrow^{n_N}\text{正向运行。}$$

停车反接制动：

$$\text{SB1}^{\pm}\longrightarrow\text{KM}_L^{-}\longrightarrow\begin{matrix}\text{KM1}^{+}\\ \text{KT1}^{+}\\ \text{KT2}^{+}\end{matrix}\longrightarrow\begin{matrix}\text{KM}_R^{+}\\ \text{KM4}^{-}\\ \text{KM5}^{-}\end{matrix}\xrightarrow[\text{反接制动}]{\text{串（}R1+R2+R3\text{）}}\begin{matrix}n\downarrow\\ \text{KT1}^{-}\\ \text{KT2}^{-}\end{matrix}\xrightarrow[\text{延时到}]{\text{KT1}}\text{KM4}^{+}\xrightarrow{\text{切除}R1}n\downarrow\downarrow$$

$$\xrightarrow[\text{延时到}]{\text{KT2}}\text{KM5}^{+}\xrightarrow{\text{切除}R2}n\downarrow\downarrow\downarrow\xrightarrow[\text{KV 释放值}]{n\text{降至}}\text{KV}^{-}\longrightarrow\begin{matrix}\text{KM1}^{-}\\ \text{KM2}^{-}\end{matrix}\longrightarrow\begin{matrix}\text{KM}_R^{-}\\ n\searrow_0\end{matrix}\longrightarrow\begin{matrix}\text{KT1}^{+}\\ \text{KT2}^{+}\end{matrix}\longrightarrow\begin{matrix}\text{KM4}^{-}\\ \text{KM5}^{-}\end{matrix}\text{电路恢}$$

复初态。

同理，反向起动运行按 SB3，停车反接制动按 SB1。电路工作过程可自行分析。

第五节　电气控制电路分析基础

具备电气控制电路阅读分析能力，是电气工程技术人员应有的基本素质，也是本课程的基本任务。为此首先要掌握电气技术资料和电路分析的基本内容、方法与步骤。

一、电气控制分析的内容与要求

通过对各种技术资料的分析，掌握电气控制电路的工作原理、技术指标、使用方法、调试维护要求等。分析的具体内容和要求主要包括以下方面：

1. 设备说明书　设备说明书由机械（包括液压部分）与电气两部分组成。在分析时首先要阅读这两部分说明书，重点掌握以下内容：

1）设备的构造，主要技术指标，机械、液压、气动部分的传动方式与工作原理。

2）电气传动方式，电动机及执行电器的数目、规格型号、安装位置、用途与控制要求。

3）了解设备的使用方法，各操作手柄、开关、旋钮、指示装置的布置以及在控制电路中的作用。

4）必须清楚地了解与机械、液压部分直接关联的电器（行程开关、电磁阀、电磁离合器、传感器等）的位置、工作状态及与机械、液压部分的关系，以及在控制中的作用等。

2. 电气控制原理图　这是控制电路分析的中心内容。电气控制原理图由主电路、控制电路、辅助电路、保护、联锁环节以及特殊控制电路等部分组成。

在分析电气原理图时，必须与阅读其他技术资料结合起来。例如，各种电动机及执行元件的控制方式、位置及作用，各种与机械有关的位置开关，主令电器的状态等，只有通过阅读说明书才能了解。

在原理图分析中还可以通过所选用的电器元件的技术参数，分析出控制电路的主要参数和技术指标，估计出各部分的电流、电压值，以便在调试或检修中合理地使用仪表。

3. 电气设备的总装接线图　阅读分析总装接线图，可以了解系统的组成分布状况，各部分的连接方式，主要电气部件的布置、安装要求，导线和穿线管的规格型号等。这是安装设备不可缺少的资料。

阅读分析总装接线图要与阅读分析说明书、电气原理图结合起来。

4. 电器元件布置图与接线图　这是制造、安装、调试和维护电气设备必需的技术资料。在调试、检修中可通过布置图和接线图方便地找到各种电器元件和测试点，进行必要的检测、调试和维修保养。

二、电气原理图的阅读分析方法

从说明书中已了解生产设备的构成、运动方式、相互关系以及各电动机和执行电器的用途和控制要求，电气原理图就是根据这些要求设计而成。原理电路图阅读分析的基本原则是：化整为零、顺藤摸瓜、先主后辅、集零为整、安全保护、全面检查。

最常用的方法是查线分析法。即采用化整为零的原则以某一电动机或电器元件（如接触器或继电器线圈）为对象，从电源开始，自上而下，自左而右，逐一分析其接通断开关系（逻辑条件），并区分出主令信号、联锁条件、保护要求。根据图区坐标标注的检索和控制流程的方法可以方便地分析出各控制条件与输出结果之间的因果关系。

1. 电气原理图的分析方法与步骤

（1）分析主电路 无论电路设计还是电路分析都是先从主电路入手。主电路的作用是保证整机拖动要求的实现。从主电路的构成可分析出电动机或执行电器的类型、工作方式，起动、转向、调速、制动等控制要求与保护要求等内容。

（2）分析控制电路 主电路各控制要求是由控制电路来实现的，运用“化整为零”、“顺藤摸瓜”的原则，将控制电路按功能划分为若干个局部控制电路，从电源和主令信号开始，经过逻辑判断，写出控制流程，以简便明了的方式表达出电路的自动工作过程。

（3）分析辅助电路 辅助电路包括执行元件的工作状态显示、电源显示、参数测定、照明和故障报警等。这部分电路具有相对独立性，起辅助作用但又不影响主要功能。辅助电路中很多部分是受控制电路中的元件来控制的。

（4）分析联锁与保护环节 生产机械对于安全性、可靠性有很高的要求，实现这些要求，除了合理地选择拖动、控制方案外，在控制线路中还设置了一系列电气保护和必要的电气联锁。在电气控制原理图的分析过程中，电气联锁与电气保护环节是一个重要内容，不能遗漏。

（5）分析特殊控制环节 在某些控制电路中，还设置了一些与主电路、控制电路关系不密切，相对独立的某些特殊环节。如产品计数装置、自动检测系统、晶闸管触发电路、自动调温装置等。这些部分往往自成一个小系统，其读图分析的方法可参照上述分析过程，并灵活运用所学过的电子技术、变流技术、自控原理、检测与转换等知识逐一分析。

（6）总体检查 经过“化整为零”，逐步分析了每一局部电路的工作原理以及各部分之间的控制关系之后，还必须用“集零为整”的方法检查整个控制电路，看是否有遗漏。特别要从整体角度去进一步检查和理解各控制环节之间的联系，以达到正确理解原理图中每一个电气元器件的作用、工作过程及主要参数。

2. 分析举例 现以C650卧式车床为例，说明生产机械电气原理图的分析过程。

卧式车床是一种应用极为广泛的金属切削机床，能够车削外圆、内圆、端面、螺纹和定型表面，并可以通过尾架进行钻孔、铰孔、攻螺纹等加工。

（1）主要结构和运动形式 C650卧式车床属中型车床，加工工件回转直径最大可达1020mm，长度可达3000mm。其结构主要由床身、主轴变速箱、进给箱、溜板箱、刀架、尾架、丝杠和光杠等部分组成，如图1-74所示。

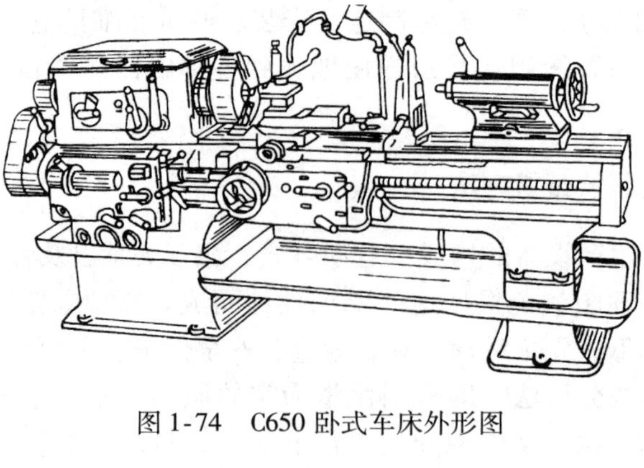

图1-74 C650卧式车床外形图

车床有两种主要运动：一是轴卡盘带动工件的旋转运动，称为主运动（切削运动）；另一种是溜板刀架或尾架顶针带动刀具的直线运动，称为进给运动。两种运动由同一台电动机带动并通过各自的变速箱调节主轴转速或进给速度。此外，为提高效率、减轻劳动强度、便于对刀和减小辅助工时，C650 车床的刀架还能快速移动，称为辅助运动。

（2）拖动方式与控制要求 C650 车床由三台三相笼型异步电动机拖动，即主电动机 M1、冷却电动机 M2 和刀架快速移动电动机 M3。

从车削工艺要求出发，对各电动机的控制要求主要是：

1）主电动机 M1（30kW） 由它完成主运动的驱动。要求：直接起动连续运行方式并有点动功能以便调整；能正反转以满足螺纹加工需要；由于加工工件转动惯量大，停车时带有电气制动，此外，还要显示电动机的工作电流以监视切削状况。

2）冷却电动机 M2 用以加工时提供冷却液，采用直接起动、单向运行、连续工作方式。

3）快速移动电动机 M3 单向点动、短时工作方式。

4）要求有局部照明和必要的电气保护与联锁。

（3）电气控制电路分析 根据上述控制要求设计的 C650 电气原理如图 1-75 所示，其电路分析步骤如下：

1）主电路分析

电源：整机电源由隔离开关 QS 控制。从主电路的构成并运用所学知识，可以确定各电动机的类型（电动机符号）、工作方式（有无过载保护）、起动方式、转向、停车制动方式、控制要求和保护要求等。例如，主电动机 M1 是采用直接起动、连续工作（有 FR 保护）、正、反向运行（KM1、KM3 得电为正转，KM2、KM3 得电为反转）；正、反向停车都带有反接制动控制（由 KS，*R* 和 KM3 等器件实现）；起动完成进入加工状态，由电流表 A 指示 M1 电流值；冷却电动机 M2 由 KM4 控制为单向连续运行工作方式；快速电动机由 KM5 控制为单向点动、短时工作方式（无 FR 保护）。

2）控制电路分析

电源：由控制变压器 TC（380V/110V，36V）的接线和参数标注可知各接触器、继电器线圈电压等级为 ~110V，而照明为交流 36V 安全电压由主令开关 SA 控制。

主电动机 M1 控制：

正向点动：$QS^{+} \longrightarrow SB2^{+} \longrightarrow KM1^{+}$（无自保）$\longrightarrow$ M1 串 *R* 正向点动（$SB2^{+}$ 表示按 SB2 并保持）。

正向起动：$SB3^{\pm} \longrightarrow \begin{matrix} KM3^{+} \\ KT^{+} \end{matrix} \longrightarrow \begin{matrix} \text{短接}R \\ KA^{+} \end{matrix} \longrightarrow KM1^{+}$（自保）$\longrightarrow$ M1 全压正向起动

$\xrightarrow{n \geq 120\text{r/min}} \text{KS-1}^{+} \xrightarrow[\text{起动完成}]{\text{KT 延时到}} \begin{matrix} \text{转速达 } n_N \\ \text{电流表 A 接入} \end{matrix}$（$SB3^{\pm}$ 表示按 SB3，KM1 得电保持后松开 SB3）。

正向停止制动：$SB1^{\pm} \longrightarrow \begin{matrix} KM1^{-} \\ KM3^{-} \\ KT^{-} \\ KA^{-} \end{matrix} \xrightarrow[(\text{KS-1}^{+})]{} KM2^{+} \longrightarrow \begin{matrix} \text{M1 串 } R \\ \text{反接制动} \end{matrix} n \downarrow \xrightarrow{n < 100\text{r/min}} \text{KS-1}^{-}$

$\longrightarrow KM2^{-}$。

反向起动：（按 SB4）与停车制动（KS-2^{+}）过程与正向类似。

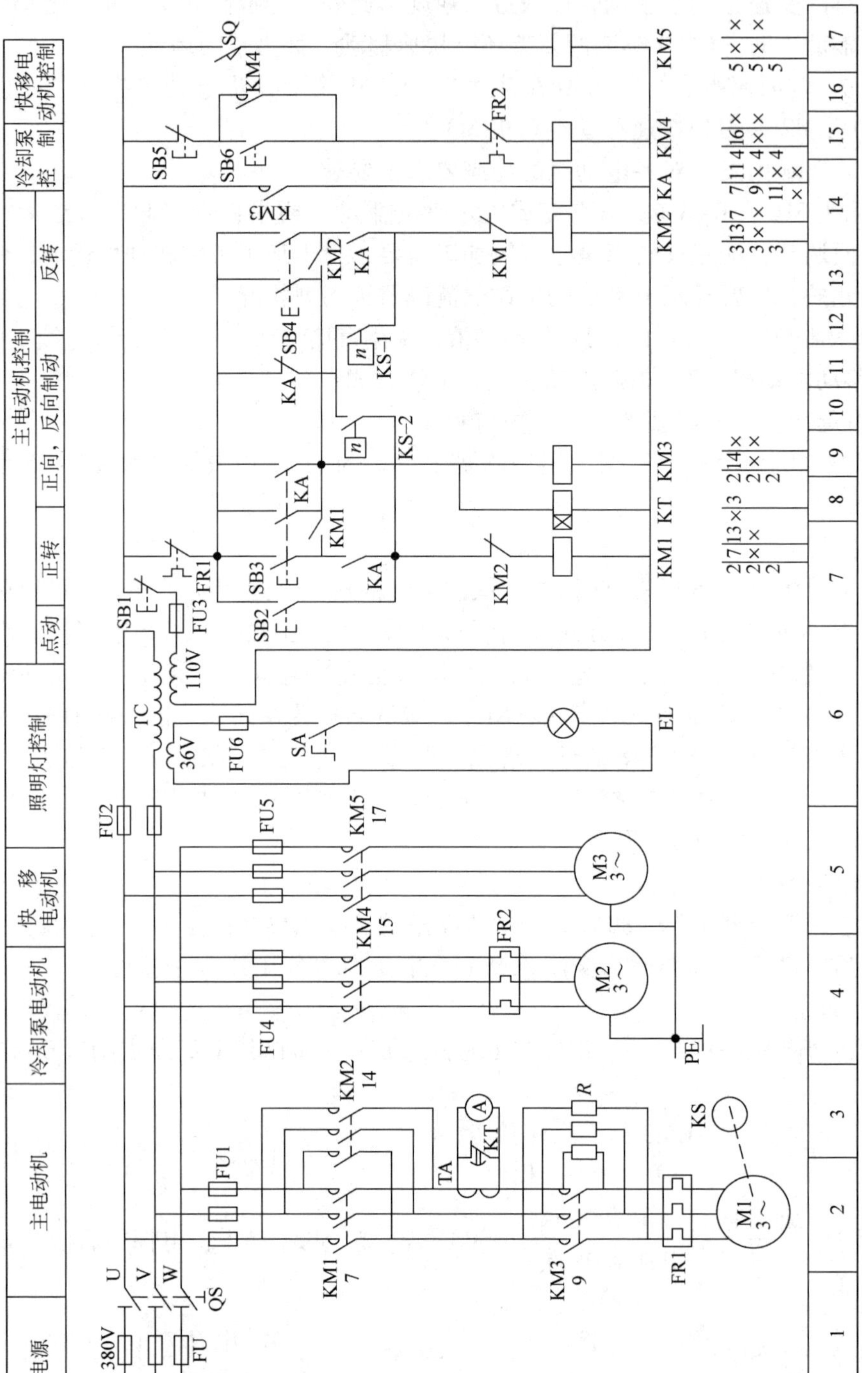

图 1-75　C650 卧式车床电气原理图

采用控制流程来表达电路的自动工作过程具有简单、一目了然的优点。其基本步骤是：

接通电源⟶发主令信号⟶写出同时得电的线圈⟶按逻辑关系，自上而下，自左而右写出各自受控触点动作后出现的控制结果（利用坐标标注检索可避免遗漏）。

冷却泵电动机　$SB6^{\pm}$⟶$KM4^{+}$（自保）⟶M2 起动。

快速电动机　SQ^{+}（刀架手柄压动）⟶$KM5^{+}$⟶M3 起动。

3）整机电路联锁与保护：由 KM1 与 KM2 各自的常闭触点串接于对方工作电路以实现正、反转运行互锁。由 FU 及 FU1～FU6 实现短路保护。由 FR1 与 FR2 实现 M1 与 M2 的过载保护（根据 M1 与 M2 额定电流分别整定）。KM1～KM4 等接触器采用按钮与自保控制方式，因此使 M1 与 M2 具有欠电压与零电压保护。

小　结

低压电器种类繁多，应用范围十分广泛。本章主要介绍电气控制电路中最常用的低压电器的用途、基本结构、工作原理及其主要技术参数、系列产品、图形符号和文字符号。这些内容是电气控制电路阅读、分析与电路设计必备的基本知识，要求熟练掌握。随着电气技术的迅速发展，各种新型电器，尤其是电子电器不断涌现，为提高电气控制系统工作先进性、可靠性，应尽可能选用先进的新型电器。为此掌握电器技术发展动态是改进和优化系统设计的基础。

掌握电气控制系统的分析方法，具备对一般电气设备控制电路的阅读分析能力是本课程的基本任务之一，也是一个电气工程师必备的基本能力。为此我们强调三个方面内容，其一是要掌握电气控制系统分析的基本内容，基本分析方法与步骤；其二是要掌握电气系统图的最新标准和有关规定；其三是要熟练掌握电气控制基本电路的组成、工作原理和分析方法，并做到不断总结与积累，进而为电气控制系统设计打下扎实的基础。

思考题与练习题

1-1　何谓电磁式电器的吸力特性与反力特性？吸力特性与反力特性之间应满足怎样的配合关系？

1-2　常用的灭弧方法有哪些？

1-3　熔断器的额定电流、熔体的额定电流和熔体的极限分断电流三者有何区别？

1-4　单向交流电磁铁短路环断裂或脱落后，工作中会出现什么故障？为什么？

1-5　触头设计成双断口桥式结构原因是什么？

1-6　交流接触器在衔铁吸合瞬间线圈中为什么会产生很大的冲击电流？

1-7　从结构、性能及故障形式等方面说明交流接触器与直流接触器的主要区别。

1-8　额定电压相同，交流电磁线圈误接入直流电源或直流线圈误接入交流电源会发生什么现象？为什么？

1-9　电压和电流继电器在电路中各起什么作用？它们的线圈和触点各接于什么电路中？

1-10　热继电器与熔断器的作用有何不同？

1-11　热继电器在电路中的作用是什么？带断相保护和不带断相保护的三相式热继电器各用在什么场合？

1-12　时间继电器和中间继电器在电路中各起什么作用？

1-13　中间继电器与接触器有什么区别？

1-14　某机床上一台型号为 Y132-S-4 交流电动机，额定功率 5.5kW，电压 380V，电流为 11.6A，起动电流为额定电流的 7 倍。试为其起、停控制电路选择其电源开关、熔断器、热继电器、按钮、接触器等电器元件的型号与规格。

1-15　电动机起动电流远大于热继电器整定电流，起动时热继电器会不会动作？为什么？如何防止可能发生的误动作？

1-16　既然在电动机控制主电路中装有熔断器，为什么还要装热继电器？

1-17　能否用过电流继电器取代热继电器进行过载保护？为什么？

1-18　何谓失压保护？在控制电路中通常采用哪些方式实现这种保护？

1-19　为什么固态继电器使用中要设置瞬间过电压保护？控制线路中通常采用什么方法实现？

1-20　电气原理图图区划分和区号检索有什么规定？对电路分析有什么帮助？

1-21　画出星形-三角形换接起动控制电路，并说明该电路的优缺点及适用的场合。

1-22　何谓反接制动、能耗制动？各有什么特点？控制电路各有什么要求？交直流电动机的能耗制动控制电路有什么区别？

1-23　有一台 4 级带式运输机，分别由 M1 ~ M4 4 台小功率交流电动机拖动，起动时要求按 M1 ⟶ M2 ⟶ M3 ⟶ M4 顺序依次间隔起动，停车时按相反顺序依次间隔停车。试设计电气控制电路，并设置必要的电气保护。

1-24　某码头有一台装卸小车由一台小功率三相笼型异步电动机拖动，其动作顺序与控制的要求是：

1）小车由原位起动前进到 1 位自动停留 t_1(s)时间，装第一种料。

2）1 位装料完毕，自动返回原位，并停留 t_2(s)时间，卸第一种料。

3）卸料完毕，自动前进经 1 位不停留直到 2 位停 t_3(s)时间装第二种料。

4）2 位装料完毕，自动返回至原位，停留 t_4(s)时间卸第二种料。

5）至此一个循环结束。此后按上述过程自动循环，直至完成装卸任务，例如循环 n 次后自动停机。若中途按下停止按钮，则待本循环结束后停止运行。

试设计电气控制原理电路，并设置必要的电气保护。

1-25　某机床由两台三相笼型异步电动机 M1、M2 拖动，其控制要求是：

1）M1 功率较大，要求采用星形-三角形换接起动，停车带有能耗制动。

2）M1 与 M2 的起/停控制顺序是：先开 M1，经 1min 后方允许 M2 起动，停车顺序相反，只有在 M2 停车后才允许 M1 停车。

3）M1、M2 的起停控制均可以两处操作。试设计电气控制原理电路，并设置必要的电气保护。

1-26　某机床电力拖动要求工作台往复一次，其主轴电动机转向改变一次。试以行程控制原则设计该部分控制的电气原理图。

1-27　电气控制系统分析的任务是什么？分析哪些内容？应达到什么要求？

1-28　在电气控制电路分析中，主要涉及哪些资料的技术文件？说明电气原理图阅读分析的基本方法与步骤。

第二章　电气控制装置系统设计方法

任何生产机械电气控制装置的设计，都包含两个基本方面：一个是满足生产机械和工艺的各种控制要求；另一个是满足电气控制装置本身的制造、使用以及维修的需要。因此，电气控制装置设计包括原理与工艺设计两个方面。前者决定一台设备的技术指标、使用效能和自动化程度，即决定着生产机械设备的先进性、合理性。而后者决定工艺设计的合理性、先进性决定电气控制设备的生产可行性、经济性、造型美观和使用、维修方便与否，它同样也是重要的。

生产机械的种类繁多，其电气控制装置也各不相同，但电气控制系统的设计原则和设计方法基本相同。作为一个电气工程技术人员，必须掌握电气控制装置设计的基本原则、设计内容和一般设计方法，以便根据生产机械的拖动要求及工艺需要去设计各类图样和必要的技术资料。

本章主要讨论电气控制系统的设计过程及设计中的一般共性问题，有些内容可以与课程设计与电气工程实践结合起来讨论。

第一节　电气控制装置设计的一般原则、内容、方法、步骤和设计程序

正确的设计思想和工程观点是高质量完成设计任务的保证。

一、电气控制设计的一般原则

在电气控制系统的设计过程中，通常应遵循以下几个原则：

1）最大限度满足生产机械和工艺对电气控制的要求。生产机械和工艺对电气控制系统的要求是电气设计的主要依据，这些要求常常以工作循环图、执行元件动作节拍表、检测元件状态表等形式提供，对于有调速要求的场合，还应给出调速技术指标。其他如起动、转向、制动、照明、保护等要求，应根据生产需要充分考虑。

2）在满足控制要求的前提下，设计方案应力求简单、经济、不宜盲目追求自动化和高指标。

3）妥善处理机械与电气的关系。很多生产机械是采用机电结合控制方式来实现控制要求的，要从工艺要求、制造成本、结构复杂性、使用维护方便等方面协调处理好二者关系。

4）正确合理地选用电器元件。

5）确保使用安全、可靠。

6）造型美观、使用维护方便。

二、电气控制设计的基本任务与内容

电气设计的基本任务是根据控制要求设计和编制出设备制造和使用维修过程中所必需的图样、资料，包括电气原理图、电气系统的组件划分与元器件布置图、安装接线图、电气箱图、控制面板及电器元件安装底板、非标准紧固件加工图等，编制外购件目录、单台材料消耗清单、设备说明书等资料。

由此可见，电气控制设计包含原理设计与工艺设计两个基本部分，以电力拖动控制设备为例，两方面的设计内容分述如下：

（一）原理设计内容

电气控制系统原理设计内容主要包括：

1）拟订电气设计任务书。

2）选择拖动方案与控制方式。

3）确定电动机的类型、容量、转速，并选择具体型号。

4）设计电气控制原理框图，确定各部分之间的关系，拟订各部分技术要求。

5）设计并绘制电气原理图，计算主要技术参数。

6）选择电器元件，制定元器件目录清单。

7）编写设计说明书。

电气原理图是整个设计的中心环节，因为它是工艺设计和制定其他技术资料的依据。

（二）工艺设计内容

工艺设计的主要目的是便于组织电气控制装置的制造，实现原理设计要求的各项技术指标，为设备的调试、维护、使用提供必要的图样资料。工艺设计主要内容是：

1）根据设计的原理图及选定的电器元件，设计电气设备的总体配置，绘制电气控制系统的总装配图及总接线图。

2）按照原理框图或划分的组件，对总原理图进行编号，绘制各组件原理电路图，列出各部分的元件目录表，并根据总图编号统计出各组件的进出线号。

3）根据组件原理电路及选定的元件目录表，设计组件装配图（电器元件布置与安装图）、接线图，图中应反映各电器元件的安装方式与接线方式。这些资料是组件装配和生产管理的依据。

4）根据组件装配要求，绘制电器安装板和非标准的电器安装零件图样，标明技术要求。这些图样是机械加工和外协作加工所必需的技术资料。

5）设计电气箱。根据组件尺寸及安装要求确定电气箱结构与外形尺寸，设置安装支架，标明安装尺寸、面板安装方式、各组件的连接方式、通风散热以及开门方式。在电气箱设计中，应注意操作维护方便与造型美观。

6）根据总原理图、总装配图及各组件原理图等资料，进行汇总，分别列出外购件清单，标准件清单以及主要材料消耗定额。

7）编写使用维护说明书。

三、电气控制设计的一般程序

以电力拖动控制设计项目为例，通常电气系统的设计程序是按以下步骤进行的。

1. 拟订设计任务书　设计任务书是整个系统设计的依据，同时又是今后设备竣工验收的依据。设计任务书中，除简要说明所设计设备的型号、用途、工艺过程、动作要求、传动参数、工作条件外还应说明以下主要技术指标及要求：

1）控制精度、生产效率要求。

2）电气传动基本特性如运动部件数量、用途、动作顺序、负载特性、调速指标、起动、制动要求等。

3）自动化程度要求。

4）稳定性及抗干扰要求。

5）联锁条件及保护要求。

6）电源种类、电压等级、频率及容量等要求。

7）目标成本与经费限额。

8）验收标准及验收方式。

9）其他要求如设备布局、安装要求、操作台布置、照明、信号指示、报警方式等。

2. 选择拖动方案与控制方式　电力拖动方案是指根据零件加工精度、加工效率要求、生产机械的结构、运动部件的数量、运动要求、负载性质、调速要求以及投资额等条件去确定电动机的类型、数量、传动方式以及拟订电动机起动、运行、调速、转向、制动等控制要求，作为电气控制原理图设计及电器元件选择的依据。

例如，在研制某些高效率专用加工机床时，可以采用交流拖动也可以采用直流拖动，可以采用集中拖动也可以采用分散拖动，要根据以上各方面因素综合考虑、比较做出选择。

3. 选择电动机　拖动方案决定以后，就可以进一步选择电动机的类型、数量、结构形式以及容量、额定电压与额定转速等要求。

电动机选择的基本原则是：

1）电动机的机械特性应满足生产机械提出的要求，要与负载特性相适应，以保证加工过程中运行稳定并具有一定的调速范围与良好的起动、制动性能。

2）工作过程中电动机容量能得到充分利用，即温升尽可能达到或接近额定温升值。

3）电动机的结构形式应满足机械设计提出的安装要求，并能适应周围环境工作条件。

应该强调，在满足设计要求前提下优先考虑采用结构简单，价格便宜，使用维护方便的三相交流异步电动机。

电动机容量计算的基本步骤是：首先根据生产机械提供的功率负载图 $P=f(t)$ 或转矩负载图 $M_L=f(t)$ 预选一台电动机，然后根据负载进行发热校验，将校验结果与预选电动机参数进行比较，若发现预选电动机的额定容量太大或太小，再重新选择，直到电动机容量得到充分利用（电动机的稳定温升接近其额定温升），最后再校验其过载能力与起动转矩是否满足拖动要求。

4. 选择控制方式　拖动方案确定之后，拖动电动机的类型、数量及其控制要求就已基本确定，采用什么方法去实现这些控制要求就是控制方式的选择问题。

5. 设计电气控制原理电路图并合理选用元器件，编制元器件目录清单。

6. 设计电气设备制造、安装、调试所必需的各种施工图样并以此为根据编制各种材料定额清单。

7. 编写说明书。

四、电气原理图设计的基本步骤

原理电路设计是原理设计的核心内容。在总体方案确定之后具体设计是从电气原理图开始，如上所述，各项设计指标是通过控制原理图来实现的，同时它又是工艺设计和编制各种技术资料的依据。

原理电路设计的基本步骤是：

1）根据选定的拖动方案及控制方式设计系统的原理框图，拟订出各部分的主要技术要求和主要技术参数。

2）根据各部分的要求，设计出原理框图中各个部分的具体电路。对于每一部分的设计总是按主电路→控制电路→辅助电路→联锁与保护→总体检查反复修改与完善的步骤进行。

3）绘制总原理图。按系统框图结构将各部分连成一个整体。

4）正确选用原理电路中每一个电器元件，并制定元器件目录清单。

五、电气原理图的设计方法及设计实例

电气原理设计的方法主要有分析设计法和逻辑设计法两种，现分别介绍如下：

（一）分析设计法

所谓分析设计法是根据生产工艺的要求去选择适当的基本控制环节（单元电路）或经过考验的成熟电路按各部分的连锁条件组合起来并加以补充和修改，综合成满足控制要求的完整电路。当找不到现成的典型环节时，可根据控制要求边分析边设计，将主令信号经过适当的组合与变换，在一定条件下得到执行元件所需要的工作信号。设计过程中，要随时增减元器件和改变触点的组合方式，以满足拖动系统的工作条件和控制要求，经过反复修改得到理想的控制电路。由于这种设计方法是以熟练掌握各种电气控制电路的基本环节和具备一定的阅读分析电气控制电路的经验为基础，所以又称为经验设计法。

分析设计法的特点是无固定的设计程序，设计方法简单，容易为初学者所掌握，对于具有一定工作经验的电气人员来说，也能较快地完成设计任务，因此在电气设计中被普遍采用，其缺点是设计方案不一定是最佳方案，当经验不足或考虑不周时会影响电路工作的可靠性。

下面通过 C534J1 立式车床横梁升降电气控制原理电路的设计实例，进一步说明分析设计法的设计过程。这种机构无论在机械传动或电力传动控制的设计中都有普遍意义，在立式车床、摇臂钻床、龙门刨床等设备中均采用类似的结构和控制方法。

1. 电力拖动方式及其控制要求　为适应不同高度工件加工时对刀的需要，要求安装有左、右立刀架的横梁能通过丝杠传动快速作上升下降的调整运动。丝杠的正反转由一台三相交流异步电动机 M1 拖动，为了保证零件的加工精密，当横梁点动到需要的高度后应立即通

过夹紧机构（这种机构与龙门刨床中的夹紧机构类似）将横梁夹紧在立柱上。每次移动前要先放松夹紧装置，因此设置另一台三相交流异步电动机 M2 拖动夹紧放松机构，以实现横梁移动前的放松和到位后的夹紧动作。在夹紧、放松机构中设置两个行程开关 SQ1 与 SQ2（见图 2-1）分别检测已放松与已夹紧信号。

横梁升降控制要求是：

1）采用短时工作的点动控制。

2）横梁上升控制动作过程：按上升按钮→横梁放松（夹紧电动机反转）→压下放松位置开关→停止放松→横梁自动上升（升/降电动机正转）→到位放开上升按钮→横梁停止上升→横梁自动夹紧（夹紧电动机正转）→已放松位置开关松开，达到一定夹紧紧度已夹紧位置开关压下→上升过程结束。

3）横梁下降控制动作过程：按下降按钮→横梁放松→压下已放松位置开关→停止放松，横梁自动下降→到位放开下降按钮→横梁停止下降并自动短时回升（升/降电动机短时正转）→横梁自动夹紧→已放松位置开关松开，并夹紧至一定紧度已夹紧位置开关压下→下降过程结束。

可见下降与上升控制的区别在于到位后多了一个自动的短时回升动作，其目的在于消除移动螺母上端面与丝杠的间隙，以防止加工过程中因横梁倾斜造成的误差，而上升过程中移动螺母上端面与丝杠之间不存在间隙。

4）横梁升降动作应设置上、下极限位置保护。

2. 设计过程

（1）根据拖动要求设计主电路　由于升、降电动机 M1 与夹紧放松电动机 M2 都要求正反转，所以采用 KM1、KM2 及 KM3、KM4 接触器主触头变换相序控制。

考虑到横梁夹紧时有一定的紧度要求，故在 M2 正转即 KM3 动作时，其中一相串过电流继电器 KI 检测电流信号，当 M2 处于堵转状态，电流增长至动作值时，过电流继电器 KI 动作，使夹紧动作结束，以保证每次夹紧紧度相同。由于 M1、M2 均为短时工作，因而不设置过载保护。据此便可设计出如图 2-1 所示的主电路。

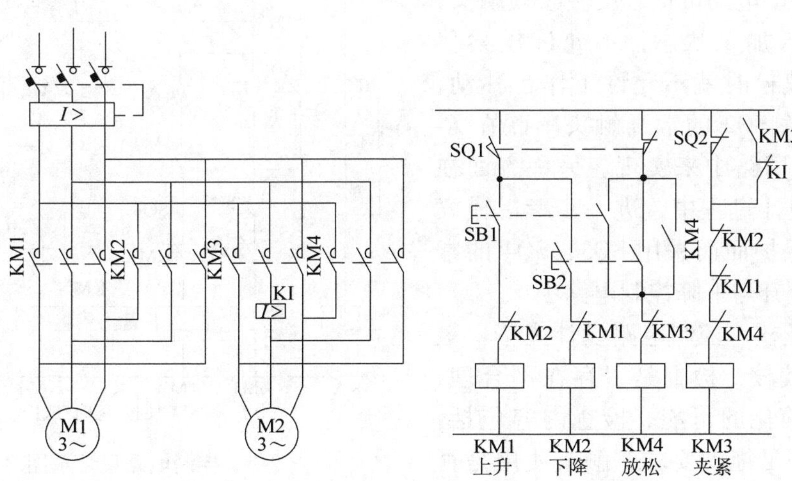

图 2-1　主电路与控制电路设计草图之一

（2）设计控制电路草图 如果暂不考虑横梁下降控制的短时回升，则上升与下降控制过程完全相同，当发出“上升”或“下降”指令时，首先是夹紧放松电动机 M2 反转（KM4 吸合），由于平时横梁总是处于夹紧状态，行程开关 SQ1（检测已放松信号）不受压，SQ2 处于受压状态（检测已夹紧信号），将 SQ1 常开触头串在横梁升降控制回路中，常闭触头串于放松控制回路中（SQ2 常开触头串在立车工作台转动控制回路中，用于连锁控制），因此在发出上升或下降指令时（按 SB1 或 SB2），必然是先放松（SQ2 立即复位，夹紧解除），当放松动作完成 SQ1 受压，KM4 释放，KM1（或 KM2）自动吸合实现横梁自动上升（或下降）。上升（或下降）到位，放开 SB1（或 SB2）停止上升，由于此时 SQ1 受压，SQ2 不受压，所以 KM3 自动吸合，夹紧动作自动发出直到 SQ2 压下，再通过 KI 常闭触头与 KM3 的常开触头串联的自保回路继续夹紧至过电流继电器动作（达到一定的夹紧紧度），控制过程自动结束。按此思路设计的草图如图 2-1 所示。

（3）完善设计草图 图 2-1 设计草图功能不完善，主要是未考虑下降的短时回升。下降到位的短时自动回升，是满足一定条件下的结果，此条件与上升指令是“或”的逻辑关系，因此它应与 SB1 并联，应该是下降动作结束即用 KM2 常闭触头与一个短时延时断开的时间继电器 KT 触头的串联组成，回升时间由时间继电器控制。于是便可设计出如图 2-2 所示的设计草图之二。

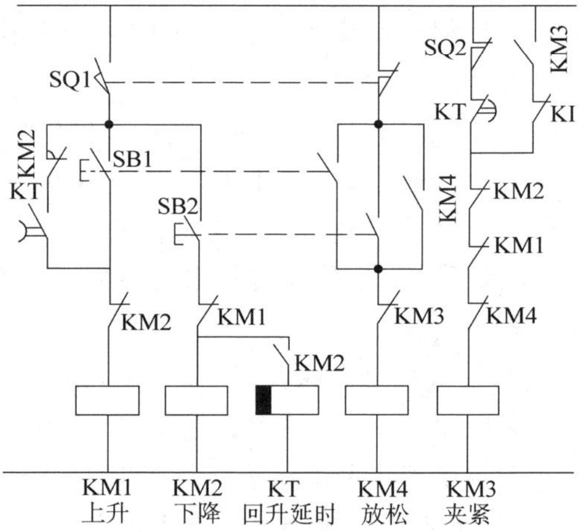

图 2-2 控制电路设计草图之二

（4）检查并改进设计草图 图 2-2 在控制功能上已达到上述控制要求，但仔细检查会发现 KM2 的副触头使用已超出接触器拥有数量，同时考虑到一般情况下不采用二常开二常闭的复式按钮，因此可采用中间继电器 KA 来完善设计。如图 2-3 所示，其中 *R-M*、*L-M* 为工作台驱动电动机正、反转联锁触头，以保证机床进入加工状态，不允许横梁移动。反之横梁放松时就不允许工作台移动，是通过行程开关 SQ2 的常开触头串联在 *R-M*、*L-M* 的控制回路中来实现。另一方面在完善控制电路设计过程中，进一步考虑横梁上下极限位置保护面而采用 SQ3、SQ4 的常闭触头串接在上升与下降控制电路中。

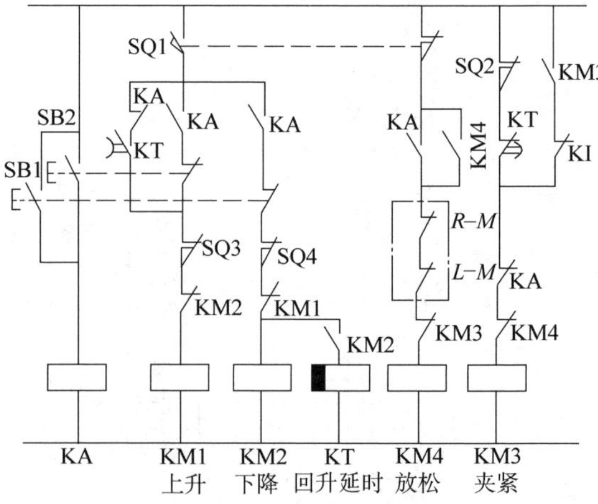

图 2-3 控制电路设计草图之三

（5）总体校核 控制电路设计完毕，最后需进行总体校核，检查是否存在不合理、遗漏或进一步简化的可能。检查内容包括：控制电路是否满足拖动要求，触头使用是否超出允许范围，必要的联锁与保护，电路工作的可靠性，照明显示及其他辅助控制要求以及进一步简化的可能性。

（二）逻辑设计法

逻辑设计法是利用逻辑代数这一数学工具来进行电路设计，即根据生产机械的拖动要求及工艺要求，将执行元件需要的工作信号以及主令电器的接通与断开状态看成逻辑变量，并根据控制要求将它们之间的关系用逻辑函数关系式来表达，然后再运用逻辑函数基本公式和运算规律进行简化，使之成为需要的最简“与或”关系式，根据最简式画出相应的电路结构图，最后再作进一步的检查和完善，即能获得需要的控制电路。

采用逻辑设计法能获得理想、经济的方案，所用元件数量少，各元件能充分发挥作用，当给定条件变化时，能指出电路相应变化的内在规律，在设计复杂控制电路时，更能显示出它的优点。

任何控制电路，控制对象与控制条件之间都可以用逻辑函数式来表示，所以逻辑法不仅能用于电路设计，也可以用于电路简化和读图分析。逻辑代数读图法的优点是各控制元件的关系能一目了然，不会读错和遗漏。

例如，前设计所得控制电路图 2-3 中，横梁上升与下降动作发生条件与电路动作可以用下面的逻辑函数式来表示：

$$\begin{cases} \mathrm{KA}=\mathrm{SB1}+\mathrm{SB2} \\ \mathrm{KM4}=\overline{\mathrm{SQ1}}\cdot(\mathrm{KA}+\mathrm{KM4})\cdot\overline{\mathrm{RM}}\cdot\overline{\mathrm{LM}}\cdot\overline{\mathrm{KM3}} \end{cases}$$

动作之初横梁总处夹紧状态，SQ1 为“0”（不受压）SQ2 为“1”（受压），因此在 *R-M*、*L-M*、KM3 均为“0”情况下，只要发出“上升”或“下降”指令 KM4 得电放松（夹紧解除 SQ2 由“1”→“0”）直到 SQ1 受压（状态由“0”→“1”），放松动作才结束。

$$\begin{cases} \mathrm{KM1}=\mathrm{SQ1}\cdot(\overline{\mathrm{SB2}}\cdot\mathrm{KA}+\overline{\mathrm{KA}}\cdot\overline{\mathrm{KT}})\cdot\overline{\mathrm{KM2}}\cdot\overline{\mathrm{SQ3}} \\ \mathrm{KM2}=\mathrm{SQ1}\cdot\overline{\mathrm{SB1}}\cdot\overline{\mathrm{SQ4}}\cdot\mathrm{KA}\cdot\overline{\mathrm{KM1}} \\ \mathrm{KM3}=\overline{\mathrm{KA}}\cdot\overline{\mathrm{KM4}}\,(\overline{\mathrm{SQ2}}\cdot\overline{\mathrm{KT}}+\mathrm{KM3}\cdot\overline{\mathrm{KI}}) \end{cases}$$

可见，上升与下降动作只有在完全放松即 SQ1 受压情况下才能发生，当发出“上升”指令（SB1 为“1”）只可能 KM1 为“1”，发出下降指令只可能 KM2 为“1”。放松结束后实现自动上升或下降之目的。达到预期高度，解除“上升”，KA 为“0”，上升动作立即停止。KM3 得电自动进入夹紧状态直至恢复原始状态，即 SQ1 不受压，SQ2 受压，自动停止夹紧动作。

若解除的是“下降”指令，KA 为“0”，下降动作立即停止，但由于 KT 失电时其触头延时动作，在延时范围内 KM1 短时得电使横梁回升，KT 触头延时动作后，回升结束，KM3 得电自动进入夹紧，直至过电流继电器动作，夹紧结束，又恢复原始状态。

逻辑电路有两种基本类型，对应其设计方法也各不相同。一种是执行元件的输出状态，只与同一时刻控制元件的状态相关。输入、输出呈单方向关系，即输出量对输入量无影响。这类电路称为组合逻辑电路，其设计方法比较简单，可以作为经验设计法的辅助和补充，用于简单控制电路的设计，或对某些局部电路进行简化，进一步节省并合理使用电器元件与触头。举例说明如下：

设计要求：某电动机只有在继电器 KA1、KA2、KA3 中任何一个或两个动作时才能运转，而在其他条件下都不运转，试设计其控制电路。

设计步骤：

1）列出控制元件与执行元件的动作状态表，见表 2-1。

2）根据表 2-1 写出 KM 的逻辑代数式：

$$KM = \overline{KA1} \cdot \overline{KA2} \cdot KA3 + \overline{KA1} \cdot KA2 \cdot KA3 + KA1 \cdot \overline{KA2} \cdot KA3 + KA1 \cdot \overline{KA2} \cdot \overline{KA3} + KA1 \cdot KA2 \cdot \overline{KA3} + \overline{KA1} \cdot KA2 \cdot \overline{KA3}$$

3）利用逻辑代数基本公式化简至最简“与或”式：

$$\begin{aligned} KM &= \overline{KA1}(\overline{KA2} \cdot KA3 + KA2 \cdot \overline{KA3} + KA2 \cdot KA3) + KA1(\overline{KA2} \cdot \overline{KA3} + \overline{KA2} \cdot KA3 + KA2 \cdot \overline{KA3}) \\ &= \overline{KA1}[KA3(\overline{KA2} + KA2) + KA2 \cdot \overline{KA3}] + KA1[\overline{KA3} \cdot (\overline{KA2} + KA2) + \overline{KA2} \cdot KA3] \\ &= \overline{KA1}(KA3 + KA2 \cdot \overline{KA3}) + KA1(\overline{KA3} + \overline{KA2} \cdot KA3) \\ &= \overline{KA1}(KA2 + KA3) + KA1(\overline{KA3} + \overline{KA2}) \end{aligned}$$

4）根据简化了的逻辑式绘制控制电路，控制电路如图 2-4 所示。

表 2-1 状态表

KA1	KA2	KA3	KM
0	0	0	0
0	0	1	1
0	1	0	1
0	1	1	1
1	0	0	1
1	0	1	1
1	1	0	1
1	1	1	0

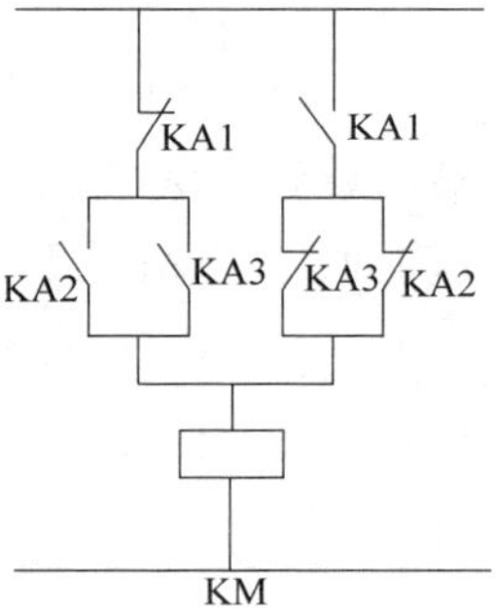

图 2-4 控制电路

另一种逻辑电路被称为时序逻辑电路，其特点是，输出状态不仅与同一时刻的输入状态有关，而且还与输出量的原有状态及其组合顺序有关，即输出量通过反馈作用，对输入状态产生影响。这种逻辑电路设计要设置中间记忆元件（如中间继电器等），记忆输入信号的变化，以达到各程序两两区分的目的。其设计过程比较复杂，基本步骤如下：

1）根据拖动要求，先设计主电路，明确各电动机及执行元件的控制要求，并选择产生控制信号（包括主令信号与检测信号）的主令元件（如按钮、控制开关、主令控制器等）和检测元件（如行程开关、压力继电器、速度继电器、过电流继电器等）。

2）根据工艺要求画出工作循环图，并列出主令元件、检测元件以及执行元件的状态表，写出各状态的特征码（一个以二进制数表示一组状态的代码）。

3）为区分所有状态（重复特征码）而增设必要的中间记忆元件（中间继电器）。

4）根据已区分的各种状态的特征码，写出各执行元件（输出）与中间继电器、主令元件及检测元件（逻辑变量）间的逻辑关系式。

5）化简逻辑式，据此绘出相应控制电路。

6）检查并完善设计电路。

由于这种方法设计难度较大，整个设计过程较复杂，还要涉及一些新概念，因此，在一般常规设计中，很少单独采用。其具体设计过程可参阅专门论述资料，这里不再做进一步介绍。

六、原理图设计中应注意的问题

电气控制设计中应重视设计、使用和维修人员在长期实践中总结出来的许多经验，使设计电路简单、正确、安全、可靠、结构合理、使用维修方便。通常应注意以下问题：

（1）尽量减少控制电路中电流、电压的种类　控制电压等级应符合标准等级，在控制电路比较简单的情况下，可直接采用电网电压，即交流220V、380V供电。电气控制电路常用的电压等级见表2-2。

表2-2　常用控制电压等级

控制电路类型	常用的电压值/V		电 源 设 备
交流电力传动的控制电路较简单	交流	380、220	不用控制电源变压器
交流电力传动的控制电路较复杂		110（127）、48	采用控制电源变压器
照明及信号指示路线		48、24、6	采用控制电源变压器
直流电力传动的控制电路	直流	220、110	整流器或者直流发电机
直流电磁铁及电磁离合器的控制电路		48、24、12	整流器

（2）尽量减少电器元件的品种、规格与数量　在电器元件选用中，尽可能选用性能优良，价格便宜的新型器件，同一用途尽可能选用相同型号。

（3）尽可能减少通电电器的数量　正常工作中以利节能，延长电器元件寿命以及减少故障。

（4）合理使用电器触头　在复杂的继电接触控制电路中，各类接触器、继电器数量较多，使用的触头也多，电路设计应注意：

1）主触头与副触头的使用量不能超过限定对数，因为各类接触器、继电器的主触头与副触头数量是一定的。设计时应注意尽可能减少其使用量，如图2-5b比图2-5a就节省一对触头。因控制需要触头数量不够时，可以采用逻辑设计化简方法，改变触头的组合方式以减少触头使用数量或增加中间继电器来解决。

2）检查触头、容量是否满足控制要求，避免使用不当而出现触头烧坏、黏滞和释放不了的故障。要合理安排接触器主触头与副触头的位置，避免用小容量继电器触头去切断大容量负载。总之，要计算触头断流容量是否满足被控制负载的要求，以保证触头工作寿命和可靠性。

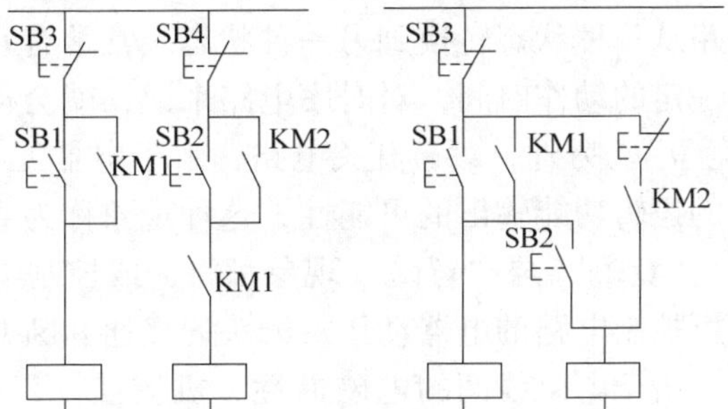

图2-5　减少触头使用量

a）不合理　b）合理

（5）做到正确连线　具体应注意以下几方面：

1）正确连接电器线圈　电压线圈通常不串联使用，即使是两个同型号电压线圈也不能采用串联施加额定电压之和，以免电压分配不匀引起工作不可靠，如图 2-6 所示。

2）合理安排电器元件及触头位置　对一个串联回路，各电器元件或触头位置互换，并不影响其工作原理，但从实际连线上却影响到安全、节省导线等方面的问题。如图 2-7 两种接法所示，两者工作原理相同，但是采用图 2-7a 接法既不安全而且浪费导线。因为限位开关 SQ 的常开、常闭触头靠得很近，在触头断开时，由于电弧可能造成电源短路，很不安全，而且这种接法电气箱到现场要引出 4 种线，很不合理，图 2-7b 所示的接法较合理。

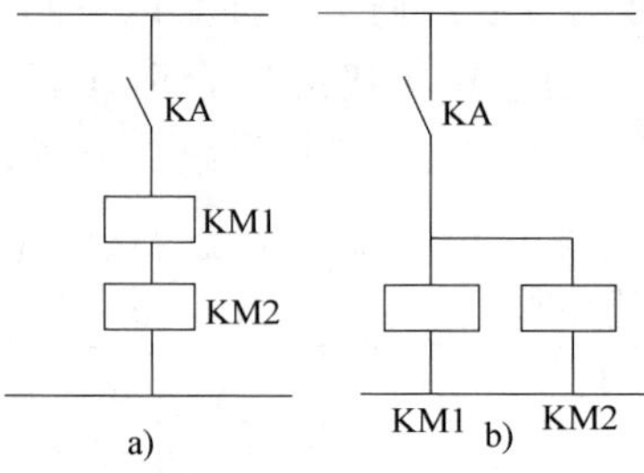

图 2-6　线圈连接

a）不正确　b）正确

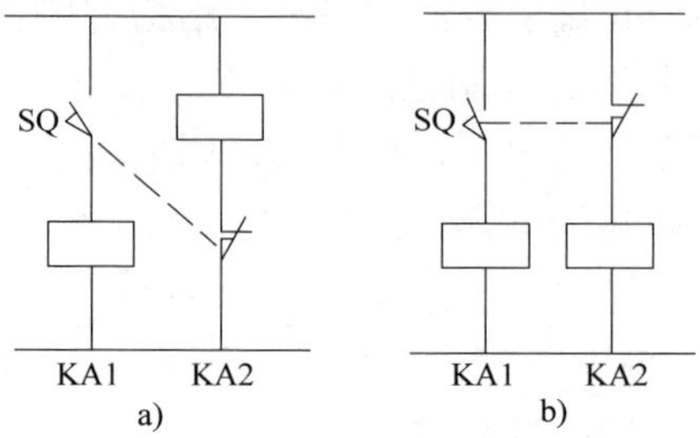

图 2-7　合理安排触头位置

a）不合理　b）合理

3）注意避免出现寄生回路　在控制电路的动作过程中，如果出现不是由于误操作而产生的意外接通的电路，称为寄生回路。图 2-8 所示为电动机可逆运行控制电路，FR 为热继电器保护触头。为了节省触头，显示电动机工作状态的指示灯 HL_R 和 HL_L 采用图中所示的接法，正常情况下线路能完成起动、正反转及停止操作。但在运行中电动机过载，FR 触头断开就会出现如图中虚线所示的寄生回路，使接触器不能可靠释放而得不到过载保护。如果将 FR 触头位置移接到 SB1 上端就可避免产生寄生回路。

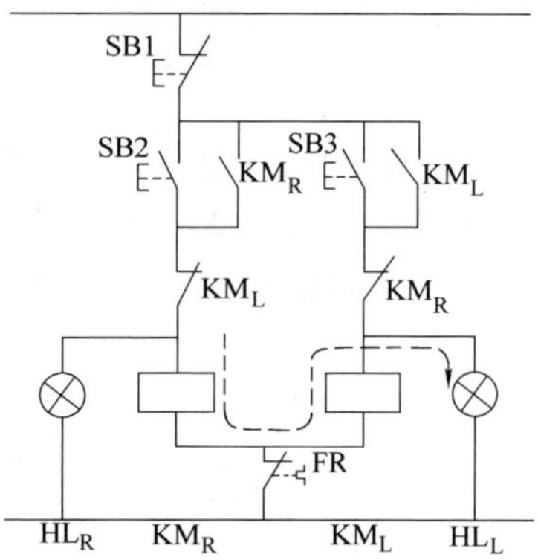

图 2-8　寄生回路

（6）尽可能提高电路工作的可靠性、安全性　设计中应考虑以下几点：

1）电器元件动作时间配合不良引起竞争　复杂控制电路中，在某一控制信号作用下，电路从一种状态转换到另一种状态，常常有几个电器元件的状态同时变化，考虑电器元件总有一定的动作时间，对时序电路来说，就会得到几个不同的输出状态。这种现象称为电路的“竞争”。另外，对于开关电路，由于电器元件的释放延时作用，也会出现开关元件不按要求的逻辑功能输出的可能性，这种现象称为“冒险”。

“竞争”与“冒险”现象都将造成控制电路不能按要求动作，引起控制失灵。通常我们分析控制电路的电器动作及触头的接通和断开，都是静态分析，没有考虑其动作时间。实际上，由于电磁线圈的电磁惯性、机械惯性、机械位移量等因素，通断之间存在一定的时间（几十到几百毫秒），是电器元件固有因素，它不同于因控制需要人为设置的延时，前者的延时通常是不可调的，而后者的延时是可调的。当电气元件的动作时间可能影响到控制电路的动作程序时，就需要用能精确反映元件动作时间及它们之间互相配合的方法。例如用时间图来分析执行元件的动作可靠性。

继电器或接触器线圈从通电到触头的闭合或打开，这段时间称为吸引时间（t_1）。如图2-9所示，用点1到点2的斜线表示线圈是通电的，但其触头要到点2才闭合。而线圈断电到触头打开这段时间称为释放时间（t_2），以斜线3-4表示。在这段时间线圈已断电，但触头仍闭合，到点4时刻触头才断开。图中点1到点3的阴影部分为线圈通电时间，点2到点4为触头闭合时间，只有水平线2-3为线圈通电而触头也闭合时间。这种电器动作过程与时间关系图称为时间图。

现用时间图来分析图2-10a所示的绕线转子异步电动机按电流原则起动控制电路的动作顺序。

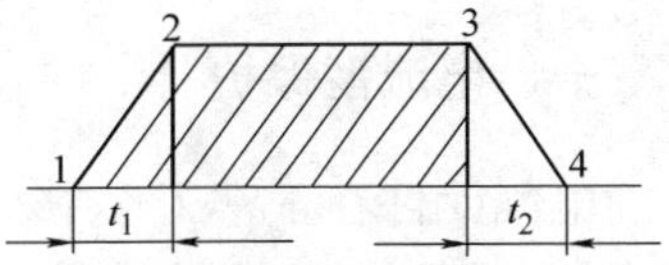

图2-9　时间图

在图2-10b、c中用垂直箭头表示元件动作作用的传递，水平线表示时间。由图2-10a线路的静态分析来看，电路控制作用似乎不存在什么问题。但是据图2-10b时间图来看，由于接触器KM1、KM2的动作时间小于电流继电器KI1、KI2的动作时间，从而使KM1、KM2触头在KI1、KI2触头之前动作，使电流继电器失去控制作用，R_1、R_2不能起到限制起动电流的目的。只有图2-10c时间图中所示，在$t_2 < t_3$条件下，才能使KI1先于KM1动作，这样才能实现按电流原则，逐级切除起动电阻，达到限制起动电流的目的。

2）误操作可能带来的危害　特别是一些重要设备应仔细考虑每一控制程序之间必要的联锁，即使发生误操作也不会造成设备事故。

3）应考虑到故障状态下，设备的自动保护作用　例如第一章中图1-61中KM2、KM3、KM4常闭触头串联后接在KM1线圈电路中，就是一种故障保护方式。

4）应根据设备特点及使用情况设置必要的电气保护。

（7）电路设计要考虑操作、使用、调试与维修的方便。

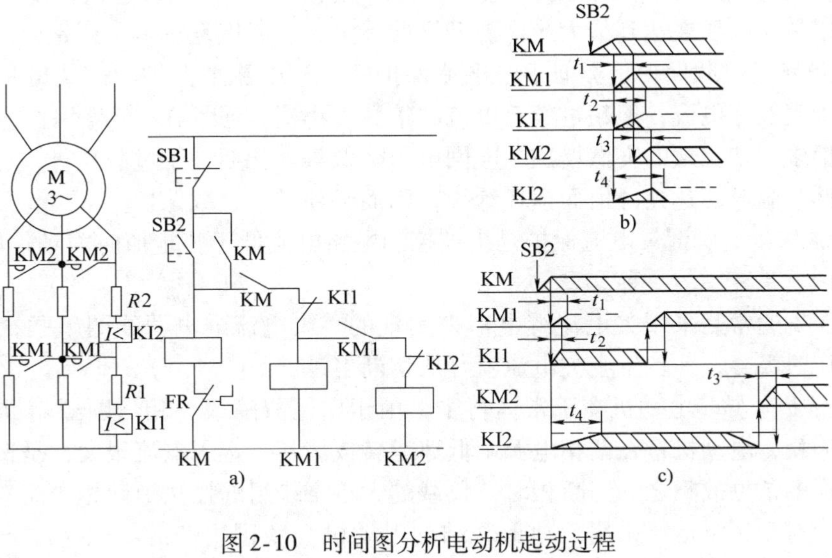

图2-10　时间图分析电动机起动过程

a）起动控制电路　b）动作时间配合不好　c）动作时间配合好

（8）原理图绘制应符合国家有关标准规定　包括器件图形符号应符合国家标准规定。

第二节　电气保护类型、实现方法及主要参数计算

电气保护是电气线路设计中必须考虑的一个重要问题，在第一章中已介绍了一些常用的保护。下面从电气设计角度讨论电气故障的类型、产生原因、保护方法以供设计中选用参考。

一、电流型保护

电气元件在正常工作中，通过的电流一般在额定电流以内。短时间内，只要温升不超过允许值，超过额定电流也是允许的，这就是各种电器设备或电气元件根据其绝缘情况和散热条件的不同，具有不同的过载能力的原因。电气元件由于电流过大引起损坏的根本原因是发热引起的温升超过绝缘材料的承受能力。在散热条件一定的情况下，温升决定于发热量，而发热量不仅决定于电流大小，而且与通电时间密切相关。因此，在谈到电流保护时，总是要与通电时间这一因素紧密联系在一起的。电流型保护的基本原理是：通过保护电器检测电流信号，经过变换或放大后去控制被保护对象，当电流达到整定值时保护电器动作。属于电流型保护主要有以下几种：

1. *短路保护*　绝缘损坏、负载短接、接线错误等故障，都可能产生短路现象。短路时产生的瞬时故障电流可达到额定电流的几倍到几十倍，使电气设备或配电线路因产生过热、电动力而损坏，甚至因电弧而引起火灾。短路保护要求在很短时间内迅速切断电源。

2. *过电流保护*　过电流保护是区别于短路保护的另一种电流型保护。所谓过电流是指电动机或电器元件超过其额定电流的运行状态，时间长了同样会过热损坏绝缘，需要采取保护。这种保护的特点是电流值比短路时小，一般不超过 $2.5I_N$，在过电流情况下，电器元件并不是马上损坏，只要在达到最大允许温升之前，电流值能恢复正常，还是允许的。

3. *过载保护*　过载保护是类似于过电流保护的一种电流型保护。过载也是指电动机的运行电流大于其额定电流，但超过额定电流的倍数更小些，通常在 $1.5I_N$ 以内。引起电动机过载的原因很多，如负载的突然增加，电网电压降低等。长期处于过载运行，也将引起电动机的过热，使其温升超过允许值而损坏绝缘，因而必须进行过载保护。

4. *欠电流保护*　所谓欠电流保护是指被控制电路电流低于整定值时需动作的一种保护。例如弱磁保护就是其中的一种。

欠电流保护通常是采用欠电流继电器来实现的。欠电流继电器线圈串联在被保护电路中，正常工作时吸合，一旦发生欠电流就释放切断电源。

5. *断相保护*　异步电动机在正常运行中，由于电网故障或一相熔断器熔断引起对称三相电压缺少一相，电动机将在两相电源中低速运转或堵转，定子电流很大，是造成电动机绝缘及绕组烧损的常见故障之一。断相时，负载的大小，绕组的接法引起相电流与线电流的变化差异较大。对于正常运行采用三角形联结的电动机（我国生产的三相笼型异步电动机在 3kW 以上均采用三角形联结），如负载在 53% ~67% 之间，发生断相故障，会出现故障相的线电流小于对称性负载保护电流动作值，但相绕组最大一相电流却已超过其额定值。由于热继电器热元件是串接在三相电流进线中，采用普通三相式热电器起不到保护作用。

断相保护可以采用专门为断相运行而设计的断相保护热继电器，也可以在三相电路上跨

接两只电压继电器，当发生缺相时，电压继电器动作带动控制元件去切断电源。

二、电压型保护

电动机或电器元件都是在一定的额定电压下正常工作，电压过高、过低或者工作过程中非人为因素的突然断电，都可能造成生产机械的损坏或人身事故，因此在电气控制电路设计中，应根据要求设置失电压保护、过电压保护及欠电压保护。

1. *失电压保护*　电动机正常工作时，如果因为电源电压的消失而停转，那么在电源电压恢复时，就可能自行起动，电动机的自行起动将可能造成人身事故或机械设备损坏。对电网来说，许多电动机同时起动，也会引起不允许的过电流和过大的电压降，而电热类电器则可能引起火灾。为防止电压恢复时电动机的自行起动或电器元件的自行投入工作而设置的保护，称为失电压保护。

采用接触器及按钮控制电动机的起停，具有失电压保护作用，因为如果正常工作中，电网电压消失，接触器就释放而切断电动机电源，当电网恢复正常时，由于接触器自锁电路已断开，不会自行起动，但如果不是采用按钮，而是用不能自动复位的手动开关、行程开关等控制接触器，必须采用专门的零压继电器。对于多位开关，要采用零位保护来实现失压保护，即电路控制必须先接通零压继电器。工作过程中，一旦失电，零压继电器释放，其自锁也释放，当电网恢复正常时，就不会自行投入工作。

2. *欠电压保护*　电动机或电器元件在正常运行中，电网电压降低到 U_N 的60%～80%（U_N 为其额定电压）时，就要求能自动切除电源而停止工作，这种保护称为欠电压保护。因为电动机在电网电压降低时，其电磁转矩转速都将降低甚至堵转。在负载一定情况下，电动机电流将增加，不仅影响产品加工质量，还影响设备正常工作，使机械设备损坏，以致出现人身事故。另一方面，由于电网电压的降低，如降到 U_N 的60%，控制电路中的各类交流接触器，继电器即不释放又不能可靠吸合，处于抖动状态（有很大噪声），线圈电流增大，甚至过热造成电器元件和电动机的烧毁。

3. *过电压保护*　为防止电网电压过高引起电流增大或绝缘击穿而损坏电气设备的保护措施称为过电压保护，通常用过电压继电器实现。

4. *浪涌电压吸收保护*　电磁铁、电磁吸盘等类电感量较大负载，在切断电源时会产生很高的浪涌电压，为此需采用适当的保护。常用的保护方法是在线圈两端并接电阻、电阻电容串联或二极管等方式（示电源类型而定），以构成续流回路。图2-11所示磨床电磁吸盘的吸收保护。

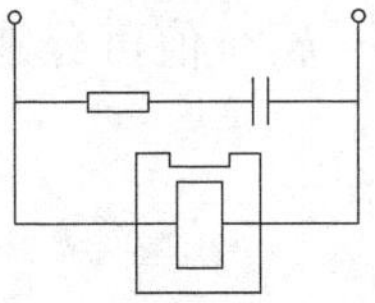

图2-11　电磁吸盘的吸收保护

三、位置保护

位置保护可以采用限位开关、干簧继电器、接近开关等类电器，当运动部件到达调定位置，使限位开关或继电器动作，其常闭触点串联在接触器控制电路中，因常闭触头打开而使接触器释放，于是，运动部件停止运动。

四、温度、压力、流量、转速等保护

在电气控制电路设计中，常提出对生产机械某一部分的温度，液压或气压系统的压力和流量，运动速度等的保护要求，即要求以上各物理量限制在一定范围以内，例如对于冰箱、空调压缩机拖动电动机，因散热条件差，为保证绕组温升不超过允许温升，而直接将测温装置预埋在绕组中，来控制其运行状态，以保护电动机不至因过热而烧毁。

大功率中频逆变电源，各类自动焊机电源的晶闸管、变压器采用水冷，当水压流量不足时将损坏器件，可以采用水压开关或流量继电器进行保护。

五、异步电动机有关起动、制动电阻计算

（一）三相绕线转子异步电动机起动电阻计算

为了减小起动电流，增加起动转矩并获得一定的调速要求，常常采用绕线转子异步电动机转子绕组串接外加电阻的方法来实现。为此要确定外加电阻的级数，以及各级电阻的大小。电阻的级数越多，起动或调速时转矩波动就越小，但控制电路也就越复杂。通常电阻级数可以根据表 2-3 来选取。

表 2-3 电阻级数及选择

电动机容量/kW	起动电阻的级数			
	半负荷起动		全负荷起动	
	平衡短接法	不平衡短接法	平衡短接法	不平衡短接法
100 以下	2～3	4 级以上	3～4	4 级以上
100～400	3～4	4 级以上	4～5	5 级以上
400～600	4～5	5 级以上	5～6	6 级以上

起动电阻级数确定以后，对于平衡短接法，转子绕组中每相串联的各级电阻值，可以用下面公式计算：

$$R_n = k^{m-n} r \tag{2-1}$$

式中，m 为起动电阻级数；n 为各级起动电阻的序号，$n=1$ 表示第一级，即最先被接的电阻；k 为常数；r 为最后被短接的那一级电阻值。

k、r 值可分别由下列两个公式计算：

$$k = \sqrt[m]{\frac{1}{s}} \tag{2-2}$$

$$r = \frac{E_2(1-s)}{\sqrt{3} I_2} \frac{k-1}{k^m - 1} \tag{2-3}$$

式中，s 为电动机额定转差率；E_2 为正常工作中电动机转子电压（V）；I_2 为正常工作时电动机转子电流（A）。

每相起动电阻的功率为

$$P = \left(\frac{1}{2} \sim \frac{1}{3}\right) I_{2s}^2 R \tag{2-4}$$

式中，I_{2s} 为转子起动电流（A），取 $I_{2s}=1.5I_2$；R 为每相串联电阻（Ω）。

（二）笼型异步电动机反接制动电阻的计算

反接制动时，三相定子回路中各相串联的限流电阻 R 可按下面经验公式近似计算：

$$R \approx k\frac{U_{\varphi}}{I_s} \tag{2-5}$$

式中，U_{φ} 为电动机定子绕组相电压（V）；I_s 为全压起动电流（A）；k 为系数，当要求最大反接制动电流 $I_m < I_s$ 时，$k = 0.13$，当要求 $I_m < \frac{1}{2}I_s$ 时，$k = 1.5$。

若在反接制动时，仅在两相定子绕组中串接电阻，选用电阻值应为上述计算值的 1.5 倍，而制动电阻的功率为

$$P = \left(\frac{1}{2} \sim \frac{1}{4}\right)I_N^2 R \tag{2-6}$$

式中，I_N 为电动机额定电流；R 为每一相串接的限流电阻值。

根据制动频繁程度适当选取前面系数。

六、笼型异步电动机能耗制动参数计算

图 2-12 为能耗制动整流装置的原理图。

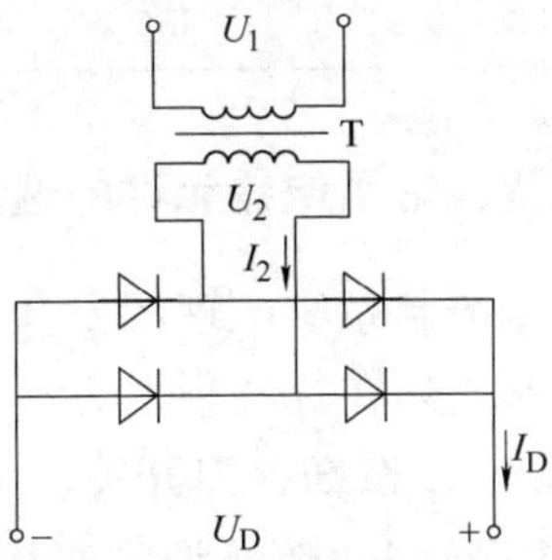

图 2-12　能耗制动整流装置的原理图

（一）能耗制动直流电流与电压的计算

从制动效果来看，希望直流电流大些，但是过大的电流会引起绕组发热，耗能增加，而且当磁路饱和后对制动力矩的提高也不明显，通常制动直流电流按下式选取：

$$I_D = (2 \sim 4)I_0 \text{ 或 } I_D = (1 \sim 2)I_N \tag{2-7}$$

式中，I_0 为电动机空载电流；I_N 为电动机额定电流。

制动时，直流电压为

$$U_D = I_D R \tag{2-8}$$

式中，R 为两相串联定子绕组的冷电阻。

（二）整流变压器参数计算

对单相桥式整流电路：

1）变压器二次交流电压为：$U_2 = U_D/0.9$。

2）变压器容量计算。由于变压器仅在能耗制动时工作，故容量允许比长期工作小。根据制动频繁程度，取计算容量的 1/2 ~ 1/4。

七、控制变压器容量计算

当控制电路比较复杂，控制电压种类较多时，需要采用控制变压器进行电压变换，以提高工作的可靠性和安全性。

控制变压器的容量可以根据由它供电的控制线路在最大工作负载时所需要的功率来考虑，并留有一定的余量。即

$$S_T = k_T \sum S_C \tag{2-9}$$

式中，S_T 为控制变压器容量（V · A）；$\sum S_C$ 为控制电路在最大负载时所有吸持电器消耗功率的总和（V · A），对于交流电磁式电器，S_C 应取其吸持视在功率（V · A）；k_T 为变压器

容量储备系数，一般取 1.1～1.25。

常用交流电磁式电器的起动与吸持功率（均为视在功率）列于表 2-4 中。

表 2-4 起动与吸持功率

电器型号	起动功率 S_s/V·A	吸持功率 S_C/V·A	电器型号	起动功率 S_s/V·A	吸持功率 S_C/V·A
JZ7	75	12	CJ0-40	280	33
CJ10—5	35	6	MQ1—5101	≈450	50
CJ10—10	65	11	MQ1—5111	≈1000	80
CJ10—20	140	22	MQ1—5121	≈1700	95
CJ10—40	230	32	MQ1—5131	≈2200	130
CJ0—10	77	14	MQ1—5141	≈100000	480
CJ0—20	156	33			

八、常用电器元件的选择

在控制系统原理图设计完成之后，就可根据电路要求，选择各种控制电器，并以元件目录表形式列在标题栏上方。

（一）按钮、刀开关、组合开关、限位开关及断路的选择

1. *按钮* 按钮通常是用来短时接通或断开小电流控制电路的一种主令电器。其选用依据主要是根据需要的触点对数、动作要求、是否需要带指示灯，使用场合以及颜色等要求。

2. *刀开关* 刀开关又称为闸刀，主要用于接通和切断长期工作设备的电源及不经常起动及制动、容量小于 7.5kW 的异步电动机。刀开关选用时，主要是根据电源种类、电压等级、断流容量及需要极数。当用刀开关来控制电动机时，其额定电流要大于电动机额定电流的 3 倍。

3. *组合开关* 组合开关主要用于电源的引入，所以又叫电源隔离开关。其选用依据是电源种类、电压等级、触头数量以及断流容量。当采用组合开关来控制 5kW 以下小容量异步电动机时，其额定电流一般为(1.5～2.5)I_N，接通次数小于(15～20)次/h，常用的组合开关为 HZ10 系列。

4. *限位开关* 限位开关主要用于位置控制或有位置保护要求的场合。

5. *断路器* 由于断路器具有很好的保护作用，故在电气设计的应用中越来越多。断路器的类型较多，有框架式、塑料外壳式、限流式、手动操作式和电动操作式。在选用时，主要从保护特性要求（几段保护）、分断能力、电网电压类型、电压等级、长期工作负载的平均电流、操作频繁程度等几方面去确定它的型号。

（二）接触器的选择

接触器分直流和交流接触器两大类，交流接触器主要有 CJ0 及 CJ10 系列。

在一般情况下，交流接触器的选用主要依据是接触器主触头的额定电压、电流要求，辅助触点的种类、数量及其额定电流，控制线圈电源种类、频率与额定电压，操作频繁程度负载类型等因素。具体选用方法是：

1）主触头额定电流 I_N 的选择。主触头的额定电流应大于、等于负载电流，对于电动机负载可按下面经验公式计算主触头电流 I_N：

$$I_N = \frac{P_N \times 10^3}{kU_N} \tag{2-10}$$

式中，P_N 为被控制电动机额定功率（kW）；U_N 为电动机额定线电压（V）；k 为经验系数，取1～1.4。

选用接触器额定电流应大于计算值，也可以参照表2-5，按被控制电动机的容量进行选取。

对于频繁起动，制动与频繁正反转工作情况，为了防止主触头的烧蚀和过早损坏，应将接触器的额定电流降低一个等级使用，或将表2-5中的控制容量减半选用。

表2-5　接触器额定电流的选取

型　号	额定电流/A	可控制的笼型异步电动机的最大容量/kW		
		220V	380V	500V
CJ10-5	5	1.2	2.2	2.2
CJ10-10	10	2.2	4.0	4.0
CJ10-20	20	5.5	10.0	10.0
CJ10-40	40	11	20.0	20.0
CJ10-60	60	17	30.0	30.0
CJ10-100	100	30	50	50
CJ10-150	150	43	75	75

2）主触头额定电压 U_N 应大于控制电的额定电压。

3）接触器副触头数量、种类应满足控制需要，当辅助触头的对数不能满足要求时，可用增设中间继电器方法来解决。

4）接触器控制线圈的电压种类与电压等级应根据控制电路要求选用。简单控制电路可直接选用交流380V、220V。线路复杂，使用电器较多时，应选用127V。110V或更低的控制电压。

直流接触器主要有CZ0系列，选用方法与交流接触器基本相同。

（三）继电器的选择

1. 电磁式继电器的选用　中间继电器、电流继电器、电压继电器等都属于这一类型。选用的依据主要是：被控制或被保护对象的特性、触点的种类、数量、控制电路的电压、电流、负载性质等因素。线圈电压、电流应满足控制线路的要求。如果控制电流超过继电器触点额定电流，可将触点并联使用，也可以采用触点串联使用方法来提高触点的分断能力。

2. 时间继电器的选用　选用时应考虑延时方式（通电延时或断电延时）、延时范围、延时精度要求、外形尺寸、安装方式、价格等因素。

3. 热继电器的选用　对于工作时间较短，停歇时间长的电动机，如机床的刀架或工作台的快速移动，横梁升降、夹紧、放松等运动，以及虽长期工作但过载可能性很小的电动机，如排风扇等，可以不设过载保护，除此以外一般电动机都应考虑过载保护。

热继电器有两相式、三相式及三相带断相保护等形式。对于星形接法的电动机及电源对称性较好的情况可采用两相结构的热继电器。对于三角形接法的电动机或电源对称性不够好的情况则应选用三相结构或带断相保护的三相结构热继电器。而在重要场合或容量较大的电动机，可选用半导体温度继电器来进行过载保护。热继电器发热元件额定电流，原则上按被控制电动机的额定电流选取，并依此去选择发热元件编号和一定的调节范围。

（四）熔断器选择

熔断器选择的主要内容是其类型、额定电压、熔断器额定电流等级与熔体额定电流。根据负载保护特性、短路电流大小、各类熔断器的适用范围来选用熔断器的类型。额定电压是根据被保护电路的电压来选择的。

熔体额定电流是选择熔断器的关键，它与负载大小、负载性质密切相关。对于负载平稳、无冲击电流，如照明、信号、电热电路可直接按负载额定电流选取。而对于像电动机一类有冲击电流负载，熔体额定电流可按下式计算值选取：

单台电动机长期工作

$$I_R = (1.5 \sim 2.5) I_N \tag{2-11}$$

多台电动机长期共用一个熔断器保护

$$I_R \geqslant (1.5 \sim 2.5) I_{Nmax} + \sum I_N \tag{2-12}$$

式中，I_{Nmax}为容量最大一台电动机的额定电流；$\sum I_N$ 是除容量最大的电动机之外，其余电动机额定电流之和。

轻载及起动时间短时，系数取 1.5，起动负载较重及起动时间长，起动次数又较多的情况，则取 2.5。

熔体额定电流的选择还要照顾到上下级保护的配合，以满足选择性保护要求，使下一级熔断器的分断时间较上一级熔断器熔体的分断时间要小，否则将会发生越级动作，扩大停电范围。

第三节　电气控制装置工艺设计

工艺设计的目的是为了满足电气控制设备的制造和使用要求。工艺设计必须在原理设计完成之后进行，前面已谈到工艺设计的主要内容、设计程序以及各种图样、资料的用途。在完成电器原理设计及电器元件选择之后，就可以进行电气控制设备总体配置，即总装配图、总接线图设计，然后再设计各部分的电器装配图与接线图，并列出各部分的元件目录、进出线号以及主要材料清单等技术资料，最后编写使用说明书。

一、电气设备总体配置设计

各种电动机及各类电器元件根据各自的作用，都有一定的装配位置，例如拖动电动机与各种执行元件（电磁铁、电磁阀、电磁离合器、电磁吸盘等）以及各种检测元件（限位开关、传感器、温度、压力、速度继电器等）必须安装在生产机械的相应部分。各种控制电器（各种接触器、继电器、电阻、断路器、控制变压器、放大器等），保护电器（熔断器，电流、电压保护继电器等）可以安放在单独的电器箱内，而各种控制按钮、控制开关、各种指示灯、指示仪表、需经常调节的电位器等，则必须安装在控制台面板上。由于各种电器元件安装位置不同，在构成一个完整的自动控制系统时，必须划分组件，同时要解决组件之间，电气箱之间以及电气箱与被控制装置之间的连线问题。

划分组件的原则是：

1）功能类似的元件组合在一起：例如用于操作的各类按钮、开关、键盘、指示检测、调节等元件集中为控制面板组件；各种继电器、接触器、熔断器、照明变压器等控制电器集中为电气板组件；各类控制电源、整流、滤波元件集中为电源组件等。

2）尽可能减少组件之间的连线数量：接线关系密切的控制电器置于同一组件中。

3）强弱电控制器分离：以减少干扰。

4）力求整齐美观：外形尺寸、重量相近的电器组合在一起。

5）便于检查与调试：需经常调节、维护和易损元件组合在一起。

总体配置设计是以电气系统的总装配图与总接线图形式来表达的，图中应以示意形式反映出各部分主要组件的位置及各部分接线关系、走线方式及使用管线要求等。

二、元件布置图的设计与绘制

电器元件布置图是某些电器元件按一定规则的组合。例如：电气控制箱中的电器板、控制面板、放大器等。电器元件布置图的设计依据是部件原理图（总原理图的一部分）。同一组件中电器元件的布置应注意：

1）体积大和较重的电器元件应安装在电器板的下面，而发热元件应安装在电器板的上面。

2）强电弱电分开并注意屏蔽，防止外界干扰。

3）需要经常维护、检修、调整的电器元件安装位置不宜过高或过低。

4）电器元件的布置应考虑整齐、美观、对称。外形尺寸与结构类似的电器安放在一起，以利加工、安装和配线。

5）电器元件布置不宜过密，要留有一定的间距，若采用板前走线槽配线方式，应适当加大各排电器间距，以利布线和维护。

三、电器部件接线图的绘制

电器部件接线图是根据部件电气原理及电器元件布置图绘制的。它是表示成套装置的连接关系，是电气安装与查线的依据。接线图应按国家标准要求绘制。

四、电气箱及非标准零件图的设计

在电气控制比较简单时，控制电器可以附在生产机械内部，而在控制系统比较复杂或生产环境及操作的需要时，都带有单独的电气控制箱，以利制造、使用和维护。

非标准的电器安装零件，如开关支架、电气安装底板（胶木板或镀锌铁板）、控制箱的有机玻璃面板、扶手、装饰零件等，应根据机械零件设计要求，绘制其零件图，凡配合尺寸应注明公差要求并说明加工要求如镀锌、油漆、刻字等。

五、各类元器件及材料清单的汇总

在电气控制系统原理设计及工艺设计结束后，应根据各种图样，对本设备需要的各种零件及材料进行综合统计，列出外购件清单表，标准件清单表，主要材料消耗定额表及辅助材料消耗定额表，以便采购人员，生产管理部门按设备制造需要备料，做好生产准备工作。这些资料也是成本核算的依据。特别是对于生产批量较大的产品，此项工作尤要仔细做好。

六、编写设计说明书及使用说明书

新型生产设备的设计制造中，电气控制系统的投资占有很大比重。同时，控制系统对生产机械运行可靠性、稳定性起着重要的作用。因此，控制系统设计方案完成后，在投入生产前应经过严格的审定，为了确保生产设备达到设计指标，设备制造完成后，又要经过仔细的调试，使设备运行处在最佳状态。设计说明及使用说明是设计审定及调试、使用、维护过程中必不可少的技术资料。

设计及使用说明书应包含以下主要内容：

1）拖动方案选择依据及本设计的主要特点。

2）主要参数的计算过程。

3）设计任务书中要求各项技术指标的核算与评价。

4）设备调试要求与调试方法。

5）使用、维护要求及注意事项。

小　　结

各种电气控制装置设计的基本要求、内容、设计方法及设计程序是类似的。电气控制设计的主要原则是在最大限度满足生产机械和工艺要求的基础上，力求可靠、安全、简单、经济。电气设计的主要任务是，选择拖动方案及控制方式，在此基础上，进行原理图设计和一系列工艺图样资料的设计工作。电气控制原理设计的任务是保证生产机械拖动要求、控制要求和系统主要技术指标的实现。而工艺设计的内容则是电气设备制造、装配、调试、使用、维护以及生产管理所必需的各种技术资料，包括绘制电气设备总装配图、总接线图、各主要部件的布置图与接线图、设计电气箱和各种非标准结构件以及汇总制定生产准备所必需的各种清单、目录。

生产机械电力拖动方案应根据生产机械的传动要求和调速性能指标确定，由此去选择相应的拖动电动机类型、容量和数量，确定控制要求。一般情况下，尽可能选用三相笼型异步电动机，只有在调整性能要求较高时，才考虑选用直流电动机，或采用其他更先进的调速系统。

控制方式选择的根据是生产机械对自动化程度的要求。随着电气技术、计算机应用技术的迅速发展，可供选择的控制方式越来越多，应根据设计要求，并充分考虑制造部门和使用部门的具体情况，去选择简单、经济、安全、可靠的控制方式。

电气原理图设计方法有两种，即分析设计法和逻辑设计法。前者是以熟练掌握电气控制线路基本环节和一定经验为基础，后者是依据逻辑代数。分析设计法是电气设计中最常用的方法，而逻辑设计可以作为它的补充，用以进一步优化设计。原理设计步骤是根据拖动要求先设计主电路，然后根据控制要求，去设计各控制环节，最后从保证系统安全、可靠工作角度出发，设置必要的联锁、保护环节和照明、指示、报警等辅助电路。电气原理图设计完成后的一项重要工作是正确、合理地选择电器元件，它是电气线路安全可靠工作的保证，并直接影响到电气设备性能和经济效益。

思考题与练习题

2-1　电气控制设计中应遵循的原则是什么？设计内容包括哪些主要方面？

2-2　如何根据设计要求去选择拖动方案与控制方式？列举出你所知道的电气控制方式，说明其控制原理与使用场合。

2-3　在电力拖动中拖动电动机的选用包含哪些内容？选用依据是什么？

2-4　正确选用电动机容量有什么意义？如何根据拖动要求正确选择电动机容量？

2-5　电气控制原理设计的主要内容有哪些？原理设计的主要任务是什么？

2-6　电气原理图设计方法有几种？常用什么方法？绘制原理图的要求有哪些？

2-7　设计一个符合下列条件的室内照明控制电路。房间入口处装有开关 A，室内两张床头分别有开关 B、C，晚上进入房间时，拉动 A，灯亮，上床后拉动 B 或 C，灯灭，以后再拉动 A、B、C 中的任何一个灯亮。

用 3 个触点 a、b、c 控制一个电器 L，逻辑关系如下表所示，试设计该控制电路。

a	b	c	L	a	b	c	L
0	0	0	1	1	0	0	1
0	0	1	0	1	0	1	0
0	1	0	1	1	1	0	1
0	1	1	0	1	1	1	0

2-8　简化图 2-13 所示控制电路。

2-9　电气控制电路中，常用的保护环节有哪些类型？各种保护的作用是什么？常用什么电器来实现其保护要求？

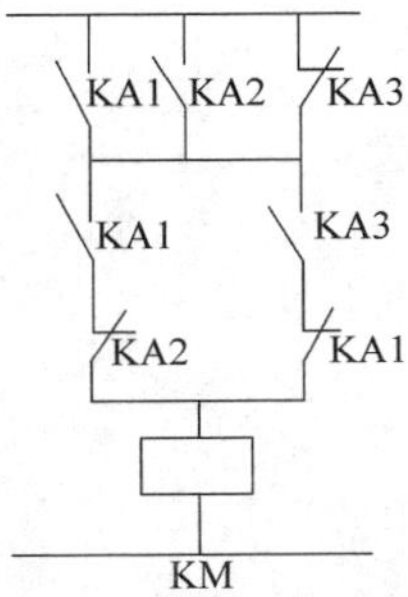

图 2-13　题 2-8 图

第三章　可编程序控制器的组成与工作原理

可编程序控制器，简称 PLC。它是 20 世纪 70 年代以来，在集成电路、计算机技术基础上发展起来的一种新型工业控制设备，已广泛应用于自动化控制的各个领域，并已成为实现工业生产自动化的支柱产品。作为一名电气工程技术人员，必须掌握 PLC 及其控制系统的基本原理与应用技术，以适应当前电气控制技术的发展需要。

第一节　PLC　概　述

一、PLC 的由来与定义

1. *PLC 的由来*　20 世纪 60 年代，计算机技术已开始应用于工业控制，但由于计算机技术本身的复杂性，编程难度高，难以适应恶劣的工业环境以及价格昂贵等原因而未能广泛用于工业控制。1968 年美国最大的汽车制造商——通用汽车公司，为适应汽车型号的不断翻新，想寻找一种方法，在汽车改型时以尽可能减少重新设计和更换继电器控制系统、降低成本、缩短时间。设想把计算机的完备功能、灵活性与通用性等优点和继电器控制系统的简单易懂、操作方便、价格便宜等优点结合起来，做成一种能适应工业环境的通用控制装置。并把计算机的编程方法和程序输入方式加以简化，用面向控制过程、面向问题的“自然语句”进行编程，使得不熟悉计算机的人也能方便地使用。装置的要求充分体现在提出的招标指标中，即

1）编程简单，可在现场修改程序。

2）维护方便，最好是插件式。

3）可靠性高于继电器控制柜。

4）体积小于继电器控制柜。

5）可将数据直接送入管理计算机。

6）在成本上可与继电器控制柜竞争。

7）输入可以是交流 115V。

8）在扩展时，原有系统只需做很小变更。

9）输出为交流 115V、2A 以上，能直接驱动电磁阀。

10）用户程序存储器容量至少能扩展到 4KB。

根据招标要求，一年之后，美国数字设备公司（DEC）率先研制出第一台可编程序控制器，并在通用汽车公司的自动装配线上试用，获得成功，从而开创了工业控制的新局面。从此，这一新技术就很快发展起来。

2. *PLC 的定义*　1987 年 2 月，国际电工委员会（IEC）颁布了可编程序控制器标准草案第三稿。该草案中对可编程序控制器的定义是：“可编程序控制器是一种数字运算操作的电子系统，专为在工业环境下应用而设计，它采用了可编程序的存储器，用来在其内部存储

执行逻辑运算、顺序控制、定时、计数和算术运算等操作的指令，并通过数字式和模拟式的输入和输出，控制各种类型机械或生产过程。可编程序控制器及其有关外围设备，都按易于与工业系统联成一个整体，易于扩充其功能的原则设计”。

二、PLC 的特点

PLC 一经出现就受到普遍重视，其应用发展也十分迅速。原因在于与现有的各种工业自动化控制方式相比，它有一系列受用户欢迎的特点。主要是：

1. *可靠性高，抗干扰能力强*　在恶劣的工业环境下，工业生产对控制设备的可靠性提出很高的要求，PLC 是专为工业控制而设计制造的，由于在产品设计和制造工艺方面采用了一系列措施，使 PLC 的平均无故障间隔时间（Mean Time Between Failuree，MTBF）长达几十万小时，远远超过传统继电器控制和现代计算机控制系统。

保证 PLC 工作可靠性高、抗干扰能力强的主要措施是：

（1）工作原理方面　采用循环扫描、集中输入与集中输出的特殊工作方式。

（2）硬件设计方面　采用模块式结构并在 I/O 通道增加隔离、滤波、屏蔽与联锁等一系列先进的抗干扰措施；增加输出联锁、环境控制和故障诊断与处理等电路；采用双 CPU 构成冗余系统或由三 CPU 构成表决式系统；采用性能优良的开关电源等。

（3）软件设计方面　系统程序中设置实时监控、自诊断、信息保护与恢复等程序与硬件电路相配合，实现各种故障的诊断、处理、报警显示等功能。

（4）制造工艺方面　采用超大规模集成电路芯片、扁平封装电路和表面安装技术，对电子器件进行严格的筛选和老化处理。

2. *编程简单，易于掌握*　这是 PLC 优于微型计算机的另一个特点。梯形图编程方式是 PLC 最常用的编程语言，它与继电器控制原理图类似，具有直观、清晰、修改方便、易掌握等优点，即使未掌握专门计算机知识的人也能很快熟悉掌握，因而受到广大现场技术人员和操作者的欢迎。

3. *组合灵活，使用方便*　尽管 PLC 是一台专用计算机，但由于它采用标准化的通用模块结构，其 I/O 电路设计又采用一系列抗干扰措施，因而用户无须进行硬件的二次开发，能灵活方便地组合成各种不同规模、不同功能的控制系统。控制系统接线简单，工作量小，使用、维护都很方便。

4. *功能强，通用性好*　现代 PLC 运用了计算机、电子技术和集成工艺的最新技术，在硬件和软件两方面不断发展，使其具备很强的信息处理能力和输出控制能力。

5. *开发周期短，成功率高*　大多数工业控制装置的开发研制包括机械、液压、气动和电气控制等部分，需要一定的研制时间，也包含着各种困难与风险。大量实践证明采用以 PLC 为核心的控制方式具有开发周期短、风险小和成功率高的优点。

6. *体积小，重量轻，功耗低*　由于 PLC 采用了半导体集成电路，其体积小、重量轻、结构紧凑、功耗低，因而是机电一体化的理想控制器。

7. *安装简单，维修方便*　PLC 采用模块结构，安装时只需将相应 I/O 端口相连接便可构成 PLC 控制系统。而且各种模块上均设有运行和故障指示与软件配合，方便用户了解运行情况和故障判断。

三、PLC产品分类

通常各类PLC产品可按结构形式、I/O点数以及具备的功能三方面进行分类：

1. *按结构形式分类* 可分为整体式和模块式两类。

（1）整体式PLC 又称单元式或箱体式PLC。将电源、CPU、存储器及I/O等各个功能部分集成在一个机壳内，通常将它称为PLC主机或基本单元。其特点是结构紧凑、体积小、价格低，小型PLC多采用这种结构。

整体式PLC一般还配备有扩展单元、各种特殊功能模块，使其功能得到扩大。

（2）模块式PLC 又称积木式PLC。它是将构成PLC的各个部分按功能做成独立模块，如电源模块、CPU模块、I/O模块、各种功能模块等，然后安装到同一底板或框架上。其特点是配置灵活、装配维护方便，一般大、中型PLC多采用这种结构形式。

此外也有将整体式与模块式结合起来称之为叠装式PLC，其配置更为灵活。

2. *按I/O点数和存储容量分类* 一般处理I/O点数比较多时，控制关系就比较复杂，用户程序存储器容量设置相应也较大，要求PLC的指令及其他功能比较多，指令执行速度相应较快，按此要求通常PLC可分为小、中、大三个等级。

（1）小型PLC I/O点数在256点以下，储存器容量2~8K“步”，可用于逻辑控制、定时、计数、顺序控制等场合。部分小型PLC还带有模拟量处理、数据通信处理和算术运算功能，其应用范围更广。

（2）中型PLC I/O点数在256~2048点之间，存储容量达8~32K“步”。具有逻辑运算、算术运算、数据传送、中断、数据通信、模拟量处理等功能。用于开关量、数字量与模拟量混合控制的较复杂控制系统。

（3）大型PLC I/O点数在2048点以上，存储容量达32K步以上。具有数据运算、模拟调节、联网通信、监视记录、打印等功能，能进行中断、智能控制、远程控制。可用于大规模过程控制，也可构成分布式或控制网络以及整个工厂自动化网络控制。

还有将I/O点数在64点以下的PLC称为超小型或微型PLC，当然，上述点数划分并无严格界限。

3. *按功能划分* PLC的应用范围很广，其功能、价格、复杂程度差异很大。按此可分为低档、中档和高档机三大类。

（1）低档机 具备微型、小型PLC功能，主要用于逻辑控制、顺序控制或少量模拟量控制的单机控制系统。

（2）中档机 除具有低档机功能外，还有较强的模拟量处理、数值运算、数据处理、远程I/O及联网通信等功能。有些还增设中断控制、PID控制等功能，适用于复杂控制系统。

（3）高档机 除具有中档机功能外，还增设有带符号算术运算、矩阵运算、位逻辑运算、平方根运算以及其他特殊功能运算和制表、表格传送等功能。高档机具有更强的通信联网能力，可用于大规模过程控制或构成分布式网络控制系统，实现工厂自动化。

四、PLC的应用范围

自20世纪60年代首台PLC诞生以来，经过近50多年的工业运行，上述PLC的特点已被更多的科技人员认识和接受，其产品也日趋完善。PLC 的应用范围几乎遍及工业控制的各个领域，概括分析 PLC 的应用大致有以下几个方面：

1. *用于开关量逻辑控制*　开关量逻辑控制是 PLC 最基本的功能，利用 PLC 取代常规的继电器逻辑控制的应用已十分广泛，如用于组合机床、电机控制中心及自动生产线等控制。也可灵活地用于复杂的逻辑控制、顺序控制，如高炉的上下料、自动电梯升降、港口码头的货物存取、采矿业的皮带运输等控制。

2. *用于定时、计数控制*　定时、计数控制是 PLC 的基本功能，通常 PLC 为用户提供几十个甚至几千个计时器与计数器，计时精度高，计数范围宽。其计时时间值、计数方式和计数范围既可由用户程序设定，也可以由操作人员在工业现场通过人机对话装置实时地读出设定或修改。

3. *用于闭环过程控制*　PLC 的 PID 调节控制已广泛用于锅炉、冷冻、酿造、反应堆、水处理以及位置、速度等方面的闭环控制。大中型 PLC 都具有 PID 控制功能，有的 PLC 产品将 PID 控制功能独立出来，开发出各种类型的 PID 模块供用户选用。

4. *用于数据处理、数字控制*　PLC 是一台专用计算机，其指令系统具备很强的数据处理能力。近代 PLC 还能进行函数运算、浮点运算。PLC 能和机械加工中的数字控制（NC）及计算机数控（CNC）装置组成一体来实现数字控制。从发展趋势看，CNC 系统将变成以 PLC 为主体的控制和管理系统。

5. *用于数字通信与联网控制*　各种现代 PLC 产品都具有很强的数字通信功能和通过专用模块实现 PLC 之间、PLC 与上位计算机之间的联网能力。既能实现对远程 I/O 控制，又能构成分布式、总线式、工业以太网式的网络控制系统，实现以计算机为中心的集中管理和分散控制（DCS）。

6. *用于各种特殊要求的控制*　PLC 及其有关外围设备都是专为工业控制而设计，只要用户提出要求，制造商就能根据这些特殊要求去研发相应的特殊功能模块，例如，定位控制模块、高速计数模块、人机界面模块、CRT 模块等实现各种特殊要求的控制需要。

五、PLC 的发展方向

随着应用领域日益扩大，PLC 技术及其产品仍在继续发展，其结构不断改进，功能日益增强，性能价格比越来越高。在性能指标与产品类型方面 PLC 的发展方向是：

1. *PLC 在功能和技术指标方面发展方向*

（1）向高速、大容量方向发展　随着复杂系统控制要求越来越高和微处理器与微型计算机技术的不断发展，可编程序控制器的信息处理与响应速度要求更高，用户存储容量也越来越大，例如有的 PLC 产品扫描速度达 0.1μs/步，用户程序存储容量最大达几十兆步。

（2）加强联网和通信能力　网络控制是当前控制系统和 PLC 技术发展的潮流。PLC 与 PLC 之间的联网通信、PLC 与上位计算机的联网通信已得到广泛应用。

（3）致力于开发新型智能 I/O 功能模块　智能 I/O 模块是以微处理器为核心的功能部件，是一种多 CPU 系统，它与主机 CPU 并行工作，占用主 CPU 的时间很少，有利于提高 PLC 系统的运行速度、信息处理速度和控制功能。专用的 I/O 功能模块还能满足某些特定控制对象的特殊控制需求。

（4）增强外部故障的检测与处理能力　根据统计分析，在 PLC 控制系统的故障中，CPU 占 5%，I/O 通道占 15%，传感器占 45%，执行器件占 30%，线路占 5%。前两项共 20%的故障属 PLC 本身原因，它可以通过 CPU 本身的硬、软件检测、处理，而其余 80%故障属外部故障，无法通过自诊断检测处理。

（5）编程语言的多样化与标准化　多种编程语言的并存、互补与发展是 PLC 软件进步的一种趋势。梯形图语言虽然方便、直观、易学易懂，但主要适用于逻辑控制领域。为适应各种控制需要，目前已出现许多编程语言，如面向顺序控制的步进顺控语句、面向过程控制的流程图语言、与计算机兼容的高级语言（汇编、BASIC、C 语言等），还有布尔逻辑语言等。

其中 IEC61131-8 与 IEC61131-3 称为 PLC 语言实施导则是 2001 年颁布实施。IEC61131-3 是 PLC 编程语言国际标准，该标准将现代软件工程的机制与传统的 PLC 编程语言成功地结合起来。

（6）软件 PLC 的出现　软件 PLC 是一种基于 PC 开发结构的控制系统，具有硬件 PLC 的功能和特点，利用软件技术将标准的工业 PC 转化成全功能的 PLC 过程控制器。

2. *在经济指标与产品制造方面发展方向*

1）研制大型 PLC，其特点是系统庞大，技术完善，功能强，价格昂贵，需求量小。

2）大力发展简易、经济的超小型（微型）PLC 以适应单机及小型自动控制的需要，其特点是品种规格多，应用面广，需求量大，价格便宜。

3）采用先进制造工艺和安装技术。

4）致力提高功能价格比，以提高竞争力。

第二节　PLC 的基本组成

PLC 是一种专用于工业控制的计算机，尽管其产品种类繁多，结构形式、规模大小以及所具备的功能差异很大，但其基本组成与微型计算机是相同的，都是以微处理器为核心的电子系统，各种功能的实现都是由硬件和软件共同来完成。

另一方面，由于 PLC 直接用于工业控制，在 PLC 定义中强调 PLC 及其有关外围设备都按易于与工业系统连成一个整体，易于扩充其功能的原则而设计。所以在硬件、软件结构上，特别是在 I/O 通道、系统软件、系统 RAM 和模块化划分等方面又具自身特点，与微型计算机有着明显的差异。

一、PLC 主机的硬件组成及各部分作用

为使 PLC 具备更大的灵活性，便于经济地组合成各种规模的控制系统，中小型 PLC 往往将必须具备的各个功能部件按一定规模组合成一个整体，称为基本单元或主机。而将其他特需部分以扩展单元或功能模块形式视需要通过接口组成 PLC 控制系统，其结构如图 3-1 所示。

PLC 主机主要由 4 个部分组成，各部分的作用分别说明如下：

1. *中央处理单元（CPU）*

（1）CPU 的作用　CPU 是 PLC 的控制中枢。根据系统程序赋予功能，由它完成以下

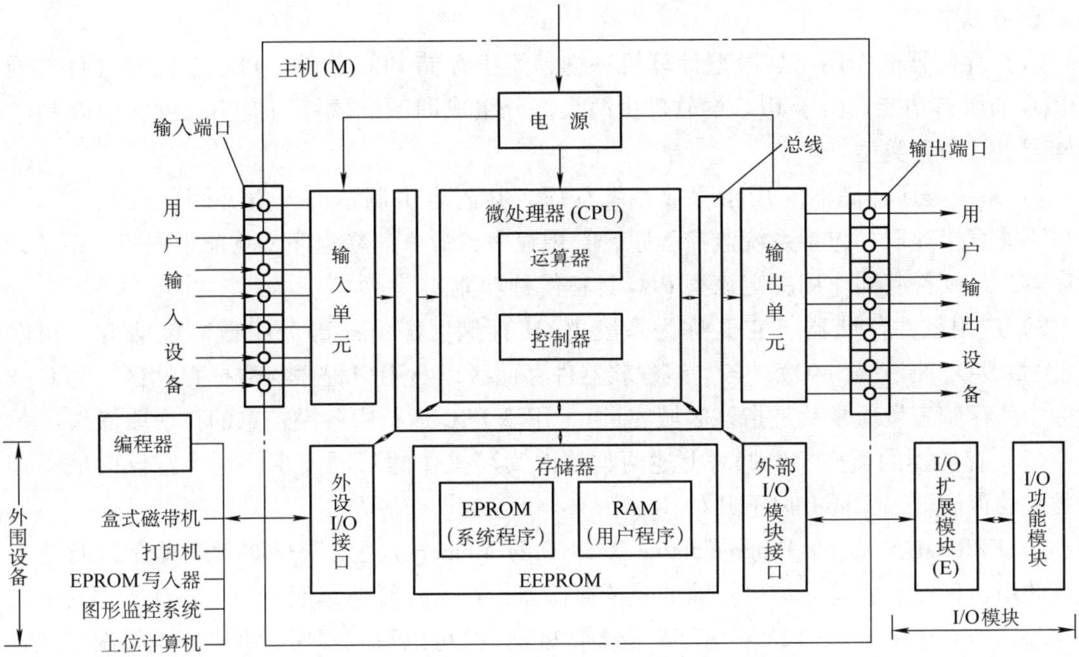

图3-1　PLC主机硬件结构示意框图

工作：

1）接受并存储从编程设备、上位机或其他外围设备输入的用户程序、数据等信息。

2）自诊断，即自行检查电源、存储器、I/O和警戒定时器的状态以及用户程序中存在的语法错误。

3）PLC投入运行后，以扫描方式接受现场各输入装置的状态和数据等信息，并分别存入I/O映像区，然后从用户程序存储器中逐条读取用户程序，经命令解释后按指令的规定执行逻辑或算术运算等任务，并将结果送入I/O映像区或数据寄存器中。待所有用户程序执行完毕最后将输出寄存器的位状态或数据寄存器的数据传送到相应的输出装置。如此循环运行，实现输出控制、制表打印、显示或数据通信等外部功能。

（2）CPU的类型　CPU芯片的性能直接决定PLC的功能档次，也是PLC更新换代的一个重要因素，因此各个时期PLC、各种不同类型PLC和CPU芯片的功能、扫描速度、用户RAM容量、I/O点数等方面差异很大。PLC常用的CPU芯片有以下几种类型：

1）单片机芯片　用于小型PLC，如日本三菱公司F系列采用Intel8039，F1、F2系列采用Intel8031。

2）通用微处理器芯片　用于中型PLC。如三菱公司的FX2系列、A系列PLC采用Intel8086、A3H型PLC采用Intel80286。

3）双极型位片式微处理器芯片　用于中大型PLC。如德国西门子公司的S5-105U，美国AB公司的PLC-3型，西屋公司的HPPC-1500型PLC均采用AMD-2900位片式高速芯片。

4）专用微处理器芯片　是近几年开发的一种体积小、可靠性高、功能更强的、专用于中大型PLC的微处理芯片。如三菱公司的A2A、A3A型PLC采用该公司自行研制的MSP（Mitsubishi Sequential Processor）专用芯片。

2. 存储器

（1）存储器的作用　与微型计算机一样，用于存储 PLC 软件。PLC 软件与硬件共同完成 PLC 的所有功能。由于 PLC 的软件由两大部分组成即系统软件与应用软件，所以 PLC 的存储器也有两种类型。

1）系统程序存储器　用于存放系统程序，其内容由制造商开发并固化在 EPROM 中，用户不能直接存取。包括系统监控程序、管理程序、命令解释程序、功能子程序、系统诊断程序等，与硬件共同作用决定该型 PLC 具备何种功能。

2）应用软件存储器　它又称为系统 RAM 存储区。由三部分组成，包括 I/O 映像区（开关量 I/O、模拟量 I/O）、各类编程软器件存储区以及用户程序与数据存储区（PLC 技术指标中的存储容量通常就是指该区域容量），用于 PLC 运行中各类信息的存、取操作。

（2）存储器的类型　根据对上述两类软件读写操作的不同要求，两个存储区域采用不同类型的存储器。主要有以下几种：

1）EPROM（Erasable Progremmable Read Only Memory）　用于存储系统程序以及需永久保存的用户程序。它是一种可擦除的只读存储器，在紫外线连续照射 20min 后能将其中的内容擦除，加高电平（DC 12V、DC 5V 或 DC 24V）又可以写入程序，并在断电情况下能永久保持内容不变化、不丢失。

2）RAM（Randem Access Memory）　用于存放用户程序或数据、保存工业现场输入的开关量或模拟量信息以及存放 PLC 运行中系统软器件的位状态或数据。它是一种读/写存储器，又称为随机存储器，读写操作方便，存取速度快。当 PLC 内部配置一锂电池支持时，其内容具有保持功能。

3）EEPROM（Electrical Erasable Programmable Read Only Memory）　它被称为电可擦除只读存储器，兼有 EPROM 和 RAM 的优点。使用编程器就能容易地对其存储内容进行修改。因此在上述两种存储空间中均可使用。其主要缺点是读写操作次数有限（约 1 万次），并且只有在先擦除原有内容后才能写入新内容。

3. 输入、输出单元（I/O 通道）　PLC 在程序执行过程中要调用 I/O 映像区中各种输入的开关量或数字量信号，当程序全部执行完毕又要将 I/O 映像寄存器中各输出状态或数据传送到相应的输出装置，I/O 映像寄存器所有信息的进出都要通过 I/O 通道。输入、输出接口电路是 PLC 内部硬件的一个重要组成部分，也是它与微型计算机在结构上的重要区别。PLC 专用于工业控制，要求能与工业现场的各类设备直接相连接，I/O 接口电路是必不可少的。其电路组成与 PLC 内部 I/O 映像区的关系等内容下面将做更详细地介绍。

4. 电源单元　PLC 是一种执行逻辑运算与算术运算的电子系统，为保证系统高可靠性，其内部电子电路工作需要一个高质量直流电源。但在工业现场通常 PLC 是由交流直接供电（电网电压允许在 +10% ~ -15% 范围内波动），因此 PLC 内部一般都配置有一个高质量的开关电源（DC12V、DC24V）除供内部电路工作外还可提供一定容量给外部传感器等输入装置使用。当交流电网波动过大或附近存在强干扰源时，PLC 控制系统要求外加交流稳压器、电源隔离措施和正确合理的接地方式。此外，当外部 I/O 模块或输入设备较多超出 PLC 内部直流电源容量时，控制系统要求外配直流电源。

二、PLC 控制系统的组成

在被控制对象的控制要求比较简单，系统规模不大的情况下，一台 PLC 主机足以满足控制要求。对于控制系统规模较大或带有模拟量信号处理、数字通信与联网控制以及有其他特别功能要求的场合，可以通过选用如图 3-1 所示的带 I/O 扩展功能或具有某种特殊功能的外部 I/O 模块形式组合成 PLC 控制系统。为便于用户程序编辑、调试、修改与检测，系统还需配置编程器等外围设备。这些组成单元通过对应的接口与 PLC 主机总线相连。

因此要构成一定规模的 PLC 控制系统还应包括：

1. I/O 扩展模块和扩展单元　用于增加 I/O 点数。模块或单元内包含输入接口电路（输入扩展）、输出接口电路（输出扩展）或兼具输入、输出接口电路（输入、输出扩展）。扩展模块内部电子电路是通过 I/O 模块接口由主机电源供电，而当输入扩展点数较多内部配有电源时称为扩展单元。主机及扩展模块的 I/O 点数按一定规模组合，例如表 3-1、表 3-2 及表 3-3 列出了三菱公司 FX_{2N}系列 PLC 基本单元（主机）、I/O 扩展单元及 I/O 扩展模块的型号规格。

表 3-1　基本单元型号规格

型号		输入点数（DC 24V）	输出点数	扩展模块最大 I/O 点数
继电器输出	晶体管输出			
FX_{2N}-16MR	FX_{2N}-16MT	8	8	16
FX_{2N}-24MR	FX_{2N}-24MT	12	12	16
FX_{2N}-32MR	FX_{2N}-32MT	16	16	16
FX_{2N}-48MR	FX_{2N}-48MT	24	24	32
FX_{2N}-64MR	FX_{2N}-64MT	32	32	32
FX_{2N}-80MR	FX_{2N}-80MT	40	40	32
FX_{2N}-128MR	FX_{2N}-128MT	64	64	

表 3-2　扩展单元型号规格

型号	输入点数(DC 24V)	输出点数	扩展模块最大 I/O 点数
FX_{2N}-32ER	16	16(继电器)	16
FX_{2N}-48ER	24	24(继电器)	32
FX_{2N}-48ET	24	24(晶体管)	32

2. I/O 特殊功能模块　用于模拟量的输入输出处理、数字通信、联网以满足特殊控制要求需要。通过外部 I/O 接口与主机联成一体，详细内容在第五章中将进一步介绍。

3. 编程器及其他外围设备　如图 3-1 所示，通过外设 I/O 接口可与编程器、打印机、图形监视器等外围设备相连，用以应用程序的输入、读出、修改、故障诊断，或用户程序的储存、输出打印，也可以与上位计算机连成一体构成 DCS 控制系统。

表 3-3 扩展模块型号规格

型　号	输入点数(DC 24V)	输出点数	型　号	输入点数(DC 24V)	输出点数
FX_{2N}-8EX	8	—	FX_{2N}-16EYR	—	16(继电器)
FX_{2N}-16EX	16	—	FX_{2N}-16EYT	—	16(晶体管)
FX_{2N}-8EYR	—	8(继电器)	FX_{2N}-16EYS	—	16(晶闸管)
FX_{2N}-8EYT	—	8(晶体管)	FX_{2N}-8ER	4	4(继电器)
FX_{2N}-8EYS	—	8(晶闸管)			

三、PLC 的编程软器件

继电器系统是通过硬件线路实现其控制功能，而 PLC 则是通过程序实现外部控制功能。前者在电路设计中要用到各种继电器、接触器、时间继电器等一系列有特定功能的逻辑器件。同样在 PLC 梯形图程序设计中也需要有各种逻辑器件和运算器件，称为编程器件，以完成程序所赋予的逻辑运算、算术运算、定时、计数等功能。这些器件有着与硬件继电器等类似的功能，为便于区别称 PLC 编程器件为软器件。从编程角度看，可以不管这些器件的物理实现，只注重它们的功能，统一称为“元件”或“器件”。按每种元件的功能给一个名称，如输入继电器、输出继电器、定时器、计数器等。同类元件有多个时，每个元件给一个编号，以便区分。编程器件实质上是由 PLC 内部的电子电路和用户存储区中一个个存储单元构成的，存储单元地址与它们的编号相对应。

鉴于上述原因，我们在介绍 PLC 工作原理和程序设计之前，必须对其内部供编程使用的各类软器件有所了解。下面以 FX_{2N}系列 PLC 为例，介绍 PLC 常用的编程器件的名称、代号、用途、数量、编号和使用方法。

1. 输入继电器 X0 ~ X267（八进制）共 184 点　由于 PLC 投入运行后只是在输入采样阶段才依次读入各输入状态和数据，在输出刷新阶段才将输出的状态和数据送到相应的外设。因而需要有一定数量的读/写存储单元（RAM）以供存放 I/O 的状态和数据，并将这些存储单元称为 I/O 映像区。

输入继电器 X0 ~ X267 是一种位元件（状态量），每个输入状态与开关量 I/O 映像区中 8 个 16 位寄存器的一位的位状态相对应。专用于接收和存储外部开关量信号，能提供无数对常开、常闭触点用于内部编程。每一个输入继电器线圈通过输入接口与一个输入端子相连。图 3-2 是输入、输出继电器的等效电路图。

输入继电器有两个特点即：其状态只能由外部信号驱动，无法用程序驱动。因此在梯形图中只见其触点而不会出现其线圈符号；其二是输入继电器触点只能用于内部编程，无法驱动外部负载。其输入响应时间为 10ms。

2. 输出继电器 Y0 ~ Y267（八进制）共 184 点　它也是位元件，其输出状态与 I/O 映像区中 8 个 16 位寄存器每一位的位状态相对应。输出继电器有两个作用：一是能提供无数对常开、常闭触点用于内部编程；二是如图 3-2 所示能提供一对常开触点驱动外部负载，其输出响应时间为 10ms。输出继电器状态只能程序驱动，外部信号无法直接改变其状态。

3. 辅助继电器 M0 ~ M3071，M8000 ~ M8255（十进制）共 3328 点　它是一种位元件，

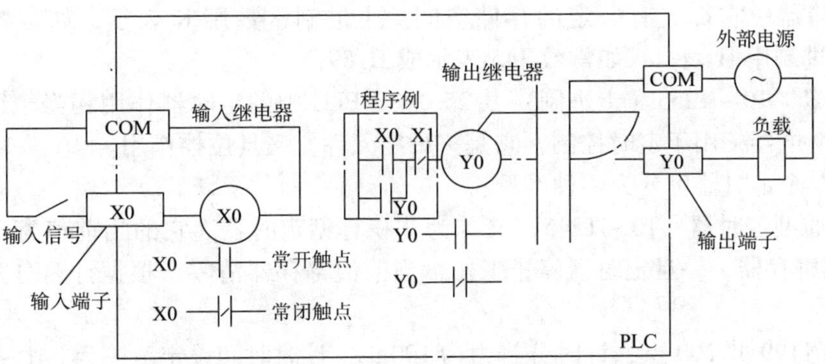

图 3-2　输入、输出继电器的等效电路图

每个辅助继电器状态与系统 RAM 的软器件存储区中 80 个 16 位寄存器每一位的位状态相对应。其作用相当于继电器控制系统的中间继电器，用于信号中继、中间量寄存、建立标志等，并能提供无数对常开、常闭触点用于内部编程。和输出继电器一样其状态只能由程序驱动，但不能驱动外部负载。

上述 3328 个辅助继电器可分为三种类型：

（1）普通型　M0 ~ M3071 共 2572 点。其特点是一旦 PLC 停止运行或失电，其状态无法保持，一律呈断开状态。

（2）保持型　M500 ~ M1023 共 524 点。在锂电池支持下能实现失电保持功能，一旦失电或 PLC 停止运行能保持该瞬间持有状态。

（3）特殊用途型　M8000 ~ M8255 共 256 点。这 256 个辅助继电器可分为两类：

1）PLC 运行中一类特殊型 M 的通断状态由系统程序驱动，在编制用户程序时，只能调用其触点状态，而不得使用其逻辑线圈。例如 M8000 在 PLC 投入运行立即自动接通，可用于 PLC 运行显示；M8002 仅在程序运行的第一个周期产生一个脉冲输出，用于初始化处理；M8012 用于产生 100ms 时钟脉冲；M8030 在锂电池电压低于一定值时动作，可用于锂电池更换提示等。

2）另一类特殊型 M 的通断状态是由用户程序驱动，当其线圈被接通时，由其触点动作来实现某一特殊功能。例如 M8033 在满足一定条件下，当 PLC 停止运行时可使输出状态保持不变；M8034 当发生某些情况如电源故障、压力或温度过高等其状态可使 PLC 输出全部禁止。

4. 状态器 S0 ~ S999（十进制）共 1000 点　状态器是 SFC 编程语言的专用编程器件，用于步进指令和顺序控制。它提供无数对常开常闭触点用于内部编程，当不用于步进指令时也可当作一般辅助继电器来使用。它也是一种位元件，只能由程序驱动。

上述 1000 个状态器可分为 5 种类型：

1）初始状态器 S0 ~ S9 共 10 点。

2）回零状态器 S10 ~ S19 共 10 点。

3）普通状态器 S20 ~ S499 共 480 点。

4）保持状态器 S500 ~ S899 共 400 点。

5）故障诊断和报警状态器 S900 ~ S999 共 100 点（具有失电保持功能）。

5. 常数 K/H　常数也作为一种软器件处理，而且是一种字元件，因为无论在程序中或

PLC 内部存储器中它都占有一定的存储空间。十进制常数用 K 表示，如常数 345 表示成 K345，十六进制用 H 表示，如常数 345 表示成 H159。

6. 定时器 T0 ~ T255（十进制）共 256 点 PLC 中的定时器作用相当于继电器控制系统中的时间继电器，用于定时控制，它是一种字元件，又具位控作用。

上述 256 个定时器可分为两种类型：

（1）普通型定时器 T0 ~ T245，又称为非积算型定时器。它的当前值寄存器采用普通型 16 位数据寄存器，一旦定时器停止工作，当前值寄存器清零。根据计时分辨率不同，又分为两种：

1）T0 ~ T199 共 200 点，计时分辨力为 100ms，计时时间设定范围为 0.1 ~ 3276.7s。

2）T200 ~ T245 共 46 点，计时分辨力为 10ms，计时时间设定范围为 0.01 ~ 327.67s。

这类定时器的工作原理与动作时序分别如图 3-3 所示。图中，当 X0 接通时，非积算定时器 T200 线圈被驱动，T200 的当前值计数器对 10ms 脉冲进行累积（加法）计数，该值与设定值 K123 不断进行比较，当两值相等时，输出触点接通，也即定时线圈得电后，其触点延时 1.23s 后动作。在 X0 断开或使线圈复位以及失电情况下，计数器立即复位，输出触点也立即复位。

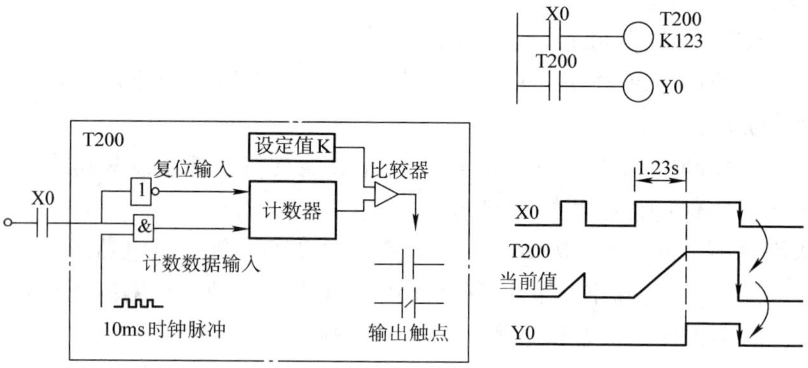

图 3-3 普通型定时器的工作原理与动作时序

a）工作原理 b）动作时序

（2）保持型定时器 T246 ~ T255，又称为积算型定时器。其当前值寄存器采用保持型 16 位数据寄存器。当定时器计时条件满足，计时位置“1”定时器开始计时，若未达到设定计时值前定时器停止工作，其当前值能保持，在该定时器再次恢复工作时，当前值寄存器在原有数值基础上累积计时。根据计时分辨率也可分为两种：

1）T246 ~ T249 共 4 点。计时分辨率为 1ms，计时时间设定范围为 0.001 ~ 32.767s。

2）T250 ~ T255 共 6 点。计时分辨率为 100ms，计时时间设定范围为 0.1 ~ 3276.7s。

这类定时器的工作原理和动作时序分别如图 3-4 所示。

图中当 X1 接通时，积算定时器 T250 线圈被驱动，当前值计数器开始对 100ms 脉冲累积计数，该值不断与设定值 K345 进行比较，两值相等时，T250 触点动作接通。计时中途即使 X1 断开或断电，T250 线圈失电，当前值能保持。输入 X1 再次接通或复电时，计时继续进行，直至累计延时 34.5s，T250 触点才输出动作。任何时刻只要复位信号 X2 接通，计时器与输出触点立即复位。

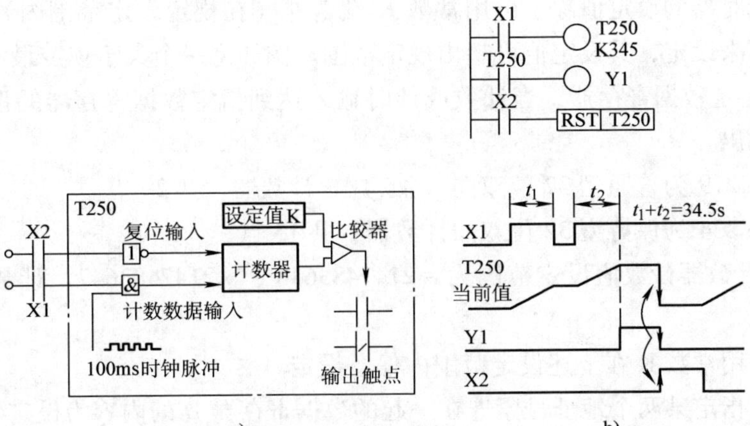

a)　　　　　　　　　　b)

图 3-4　保持型定时器的工作原理与动作时序

a）工作原理　b）动作时序

在程序设计中，使用定时器时应注意其定时时间设定范围，计时分辨率不同其定时时间范围也不同。同时注意在定时器输出线圈后紧跟设定值 K。K 值等于定时时间值（单位为 s）除以该定时器的计时分辨力。有关定时器的组成、工作方式、特点及其计时误差等内容本章第五节中将进一步介绍。

7. 计数器 C0 ~ C255（十进制）共 256 点　计数器主要用于计数控制。

上述 256 个计数器可分为两大类：

（1）内部信号计数器　在执行扫描操作时，对内部软器件（X、Y、M、S、T、C）的位信号（通/断）进行计数的计数器。为保证计数准确，要求位信号的接通与断开时间要大于一个扫描周期。这类计数器有 C0 ~ C234 共 235 点，有 4 种不同类型：

1）C0 ~ C99 为普通型 16 位加计数器，共 100 点。

2）C100 ~ C199 为保持型 16 位加计数器，共 100 点。

这两种计数器设定值都在 K1 ~ K32767 范围内，其中 K0 与 K1 含义相同，即在第一次计数时，其输出触点动作。图 3-5 表示加计数器的动作过程。X11 为计数输入信号，每接通一次，计数器当前值加 1，达到设定值时，计数器输出触点动作。此时即使 X11 再接通，计数器当前值保持不变。当复位输入 X10 接通（ON），执行 RST 指令，计数器复位，当前值变为 0，其输出触点也断开（OFF 复位）。

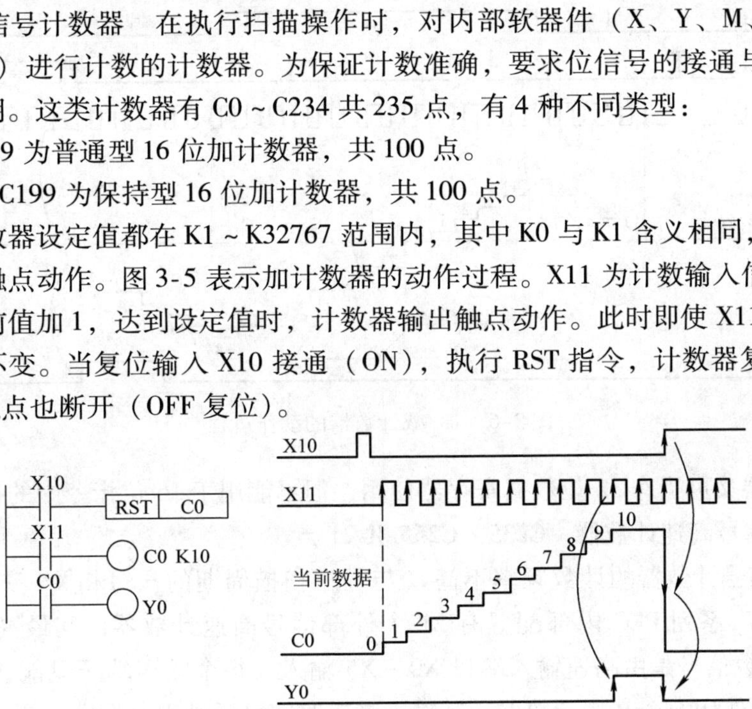

图 3-5　加计数器的动作过程

计数器与定时器的设定值除了可用常数 K 设定外（在规定设定范围内）也可间接通过指定数据寄存器来设定，其设定值可超出规定范围。例如将一个大于规定最大设定值的数用 MOV 指令送入指定数据寄存器，当计数或计时输入达到指定数据寄存器的设定值时，逻辑线圈置位产生输出。

3）C200～C219 为普通型 32 位双向（加/减）计数器，共 20 点。

4）C220～C234 为保持型 32 位双向计数器，共 15 点。

以上 35 个计数器计数值设定范围为 －2147483648 ～ ＋2147483647。计数值也有两种设定方法：

直接设定：用常数 K 在上述设定范围内任意设定。

间接设定：指定某两个地址号紧连在一起的数据寄存器 D 的内容为设定值。

图 3-6 表示加/减计数器的动作过程，其中 M8200 为计数方向标志，X12 为计数方向设定信号，X13 为计数复位信号，X14 为计数输入信号。若计数器从 ＋2147483647 起再进行加计数，当前值就变成 －2147483648，同样从 －2147483648 再减，当前值就变成 ＋2147483647，称为循环计数。

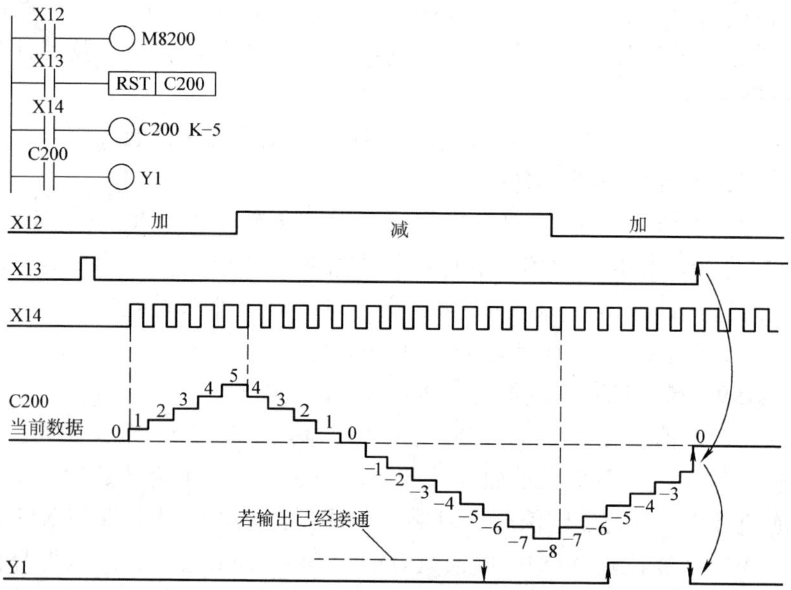

图 3-6 加/减计数器的动作过程

32 位计数器又可当作 32 位数据寄存器使用，但不能用于 16 位指令中的操作元件。

（2）外部信号高速计数器 C235～C255 共 21 点。

由于内部信号计数器的计数频率不高（与程序扫描周期的长短相关，一般为几十到几百赫），因此 FX_{2N}系列 PLC 内部配置有 21 个外部信号高速计数器，其最高计数频率可达 10kHz。外部计数信号是由高速输入端口 X0～X5 输入。每个输入端子只能接一个信号，因此最多只能同时使用 6 个高速计数器。其输入响应时间可通过程序设定（最小 50μs）。

以上 21 个高速计数器可分为 4 种类型：

1）无启动与复位输入的单相高速计数器 C235 ~ C240 共 6 点。

2）具有启动与复位输入的单相高速计数器 C241 ~ C245 共 5 点。

3）双向计数高速计数器 C246 ~ C250 共 5 点。

4）A ~ B 相高速计数器 C251 ~ C256 共 5 点。

有关计数器的组成、工作方式、特点及计数频率等内容在本章第四节中将进一步介绍。

8. 数据寄存器 D0 ~ D7999、D8000 ~ D8255 共 8256 点　数据寄存器是一种字元件，用以存储各种数据，每个数据寄存器在系统 RAM 区中占用一个存储单元（16 位），也可用两个地址相邻的字元件串联使用，构成 32 位数据寄存器。

以上 8256 个数据寄存器可分为以下 4 种类型：

（1）普通型数据寄存器 D0 ~ D199 共 200 点　它无失电保持功能。但在特殊辅助继电器 M8033 置 1 情况下，PLC 停止运行时能保持其中数据。

（2）保持型数据寄存器 D200 ~ D999 共 800 点　它具有失电保持功能。无论电源是否接通或 PLC 运行与否，其储存内容不会改变。

（3）文件寄存器 D1000 ~ D7999 共 7000 点　它占用户程序 RAM 区，用以存放用户专用数据以生成用户数据区。例如存放采集数据、统计计算数据、多组控制数据（如多种原料配方）等。以 500 点为一组，可用编程器进行数据的设置或修改，也可用编程软件进行读、写操作。在 PLC 运行中，不能改写其内容但可用 BMOV 指令将其内容送到指定的普通数据寄存器中。

（4）特殊用途数据寄存器 D8000 ~ 8255 共 256 点　这些数据寄存器内的数据具有特定含义，在 PLC 运行中有专门用途。与特殊用途辅助继电器类似，可分为以下两类：

1）一类特殊用途数据寄存器的内容是由系统程序写入，用户只能视作源操作数使用，只能读取而不能改写。例如 D8061 ~ D8067 在 PLC 运行中用于存放出错代码供用户读取，以了解 PLC 的故障原因。

2）另一类特殊用途数据寄存器的内容是由用户程序写入。在编制用户程序时，用户不得将它视作源操作数使用，只能视作目的操作数使用，例如 D8039 内数据表示恒定扫描周期长短，该值是由用户程序写入（利用 MOV 指令），当 M8039 状态位 1 时 PLC 就自动将该数据作为恒定扫描周期来扫描用户程序。

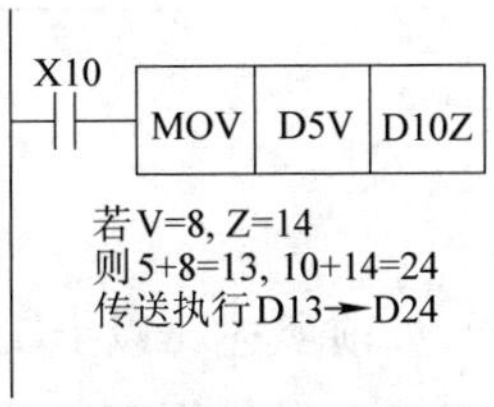

图 3-7　变址寻址方式数据传送指令

9. 变址寄存器 V/Z　实际上它是一种 16 位特殊用途数据寄存器。用于用户程序采用变址寻址方式时存放地址修正量（与 Z80 中的 IX、IY 作用类似）V、Z 数据寄存器可以串联使用，以构成 32 位数据寄存器，V 为高 16 位，Z 为低 16 位。图 3-7 所示为变址寻址方式数据传送指令。

10. 地址指针寄存器 P/I　P 指针与 I 指针的用途是：

1）P0 ~ P127 共 128 点　作为一种标号用于跳转指令 CJ 或子程序调用指令 CALL 的跳转或调用的地址指针。P63 作为结束跳转用。

2）I0□□ ~ I8□□共 15 点　用于中断服务子程序的地址指针。采用中断技术的用户程序，在开中（EI 指令后 DI 指令前）期间，一旦中断响应就停止执行主程序，转去执行由 I

指针指定的中断服务子程序，直至遇到IRET指令再回到原主程序继续执行下去。FX_{2N}系列PLC提供两类中断源：一类是外部请求信号的中断源，I00□～I50□共6点，是这6个外部中断源的中断指针标号。中断请求信号由高速输入端X0～X5输入并要求信号脉冲宽度大于200μs，同时由CPU将X0～X7的输入滤波时间自动设置在50μs。另一类是以一定时间间隔产生的内部中断信号的中断源。I6□□～I8□□共3点，是这3个中断源的中断指针标号。I010～I060共6点作为计数器中断用。

例如在用户程序中，两个中断标号的填写格式表示如下：

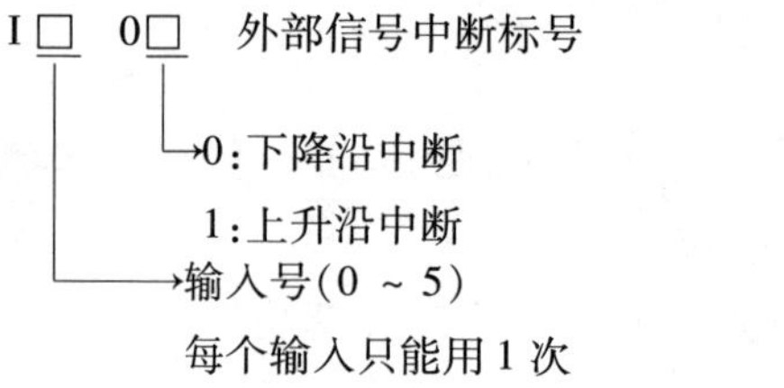

例如，I001为输入X0从OFF→ON变化时，执行由该指针作为标号后面的中断服务子程序，并根据IRET指令返回。

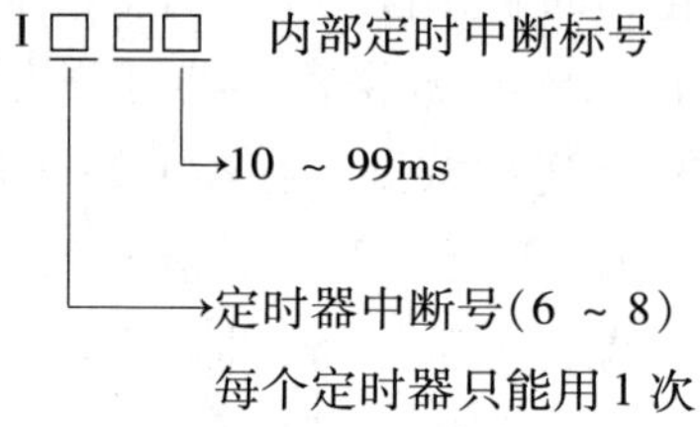

例如，I610即为每隔10ms就执行标号为I610后面的中断服务子程序，并根据IRET指令返回。

图3-8所示为中断服务子程序指针标号的应用。其中M0与M6为中断响应标志。

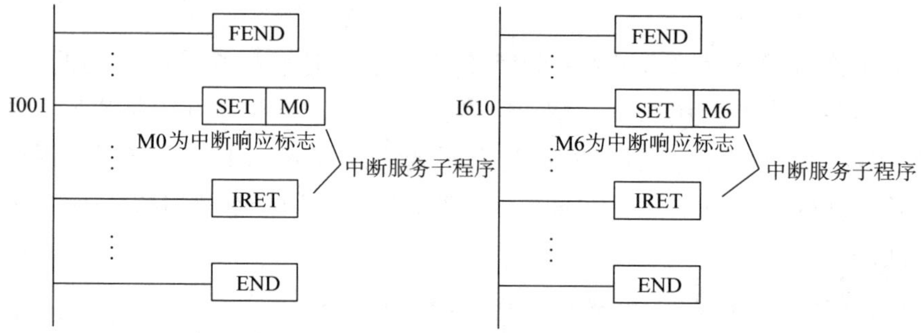

图3-8 中断服务子程序指针标号的应用

如前所述，以上10种编程器件实质上都是PLC内系统RAM区中指定功能的某一单元。对于状态量是用存储单元某一位的状态（0或1）表示，故称为位元件。对于数字量（如数据、地址或指令代码）则用一个或两个16位数据寄存器表示，称为字元件，因均由软件构成故统称为软器件。图3-9所示为FX_{2N}系列PLC系统RAM区各存储空间的存储器类型及其地址分配，其中标号A为保持型，具备失电保持功能。C为普通型（无失电保持功能），B为特殊型。标有（B/V）的存储区由锂电池支持。计数器标有（U）表示加计数，标有（U/D）表示加减双向计数。

表3-4、表3-5分别表示电源（ON/OFF）及PLC（RUN/STOP）对各存储器的影响及FX_{2N}系列PLC元件编号一览表。

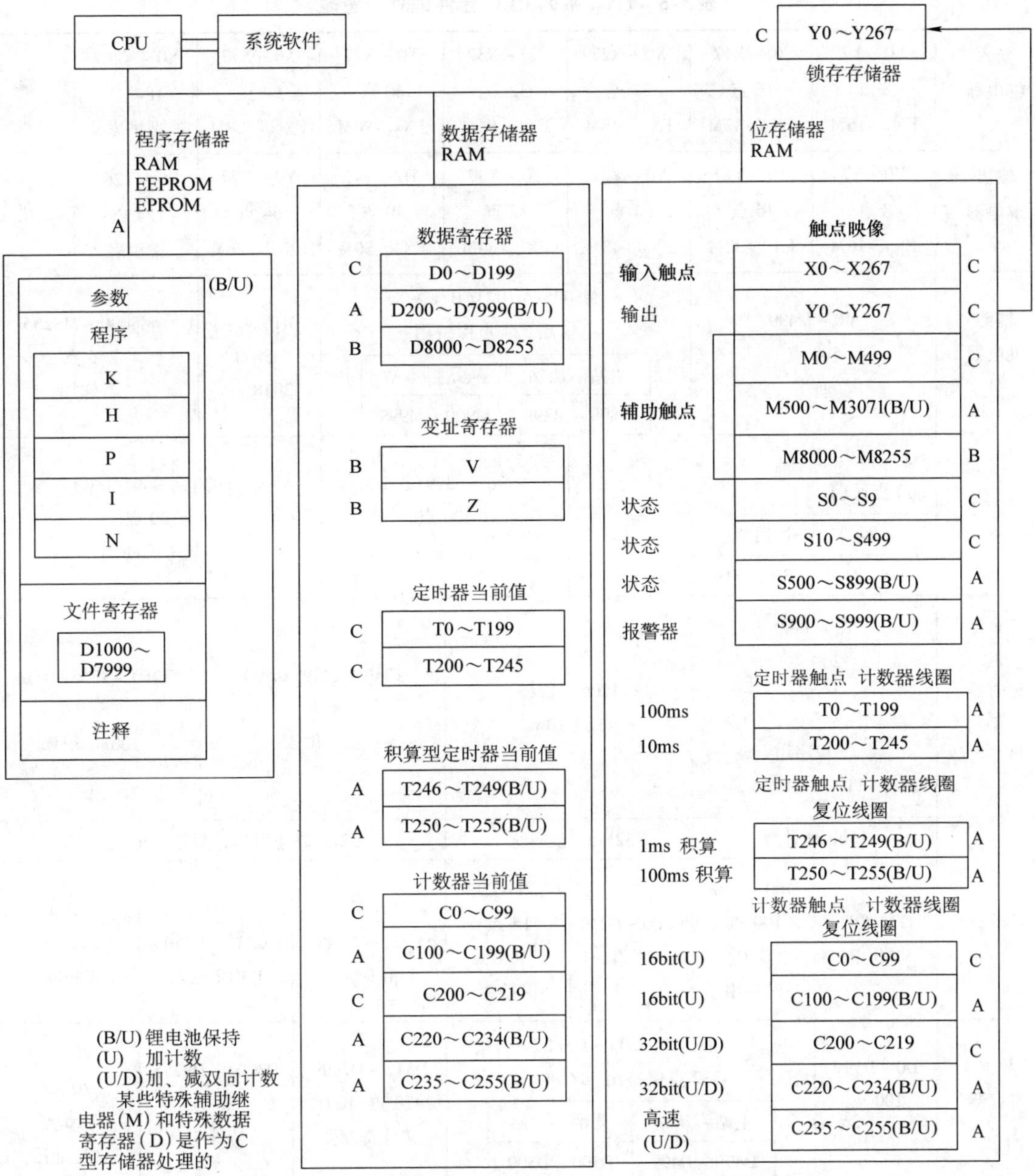

图 3-9 FX_{2N}系列 PLC 系统 RAM 存储器分配

表 3-4 电源 ON/OFF 及 PLC（RUN/STOP）对各存储器的影响

<table>
<tr><th rowspan="2">存储器类型</th><th rowspan="2">电源 OFF</th><th rowspan="2">电源
OFF→ON</th><th rowspan="2">STOP→RUN</th><th rowspan="2">RUN→STOP</th></tr>
<tr></tr>
<tr><td>A 有电池后备的存储器</td><td colspan="4">不变</td></tr>
<tr><td>B 特殊辅助继电器，特殊数据寄存器，变址寄存器</td><td>清 0</td><td>初始化值置</td><td colspan="2">不变</td></tr>
<tr><td rowspan="2">C 其他无电池后备的存储器</td><td colspan="2" rowspan="2">清 0</td><td>不变</td><td>清 0</td></tr>
<tr><td colspan="2">M8033 接通时不变</td></tr>
</table>

表 3-5 FX_{2N}系列 PLC 元件编号一览表

输入 继电器 X	X0 ~ X7 8 点 FX_{2N}-16M	X0 ~ X17 16 点 FX_{2N}-32M	X0 ~ X27 24 点 FX_{2N}-48M	X0 ~ X37 32 点 FX_{2N}-64M	X0 ~ X47 40 点 FX_{2N}-80M	X0 ~ X77 64 点 FX_{2N}-128M	X0 ~ X267 184 点 带扩展	输入输出合计256点
输出 继电器 Y	Y0 ~ Y7 8 点 FX_{2N}-16M	Y0 ~ Y17 16 点 FX_{2N}-32M	Y0 ~ Y27 24 点 FX_{2N}-48M	Y0 ~ Y37 32 点 FX_{2N}-64M	Y0 ~ Y47 40 点 FX_{2N}-80M	Y0 ~ Y77 64 点 FX_{2N}-128M	Y0 ~ Y267 184 点 带扩展	
辅助 继电器 M	M0 ~ M499 500 点 通用	M500 ~ M1023(B/U) 通信用 524 点保持用 主站→从站 M800 ~ M899 从站→主站 M900 ~ M999	M1024 ~ M3071 2048 点	M8000 ~ M8255 256 点 特殊用				
状态 S	S0 ~ S499 500 点通用 初始 S0 ~ S9 返回原点 S10 ~ S19	S500 ~ S899(B/U) 400 点 保持用	S900 ~ S999(B/U) 100 点 故障诊断用					
定时器 T	T0 ~ T199 200 点 100ms 子程序用 T192 ~ T199	T200 ~ T245 46 点 10ms	T246 ~ T249(B/U) 4 点 1ms 积算	T250 ~ T255(B/U) 6 点 100ms 积算				
计数器	16bit 加计数		32bit 可逆计数		32bit 高速可逆计数器 最大 6 点			
	C0 ~ C99 100 点	C100 ~ C199 100 点 (B/U) 保持用	C200 ~ C219 20 点	C220 ~ C234 15 点 (B/U) 保持用	(B/U) C235 ~ C245 1 相 1 输入	(B/U) C246 ~ C250 1 相 2 输入	(B/U) C251 ~ C255 2 相输入	
数据 寄存器 D,V,Z	D0 ~ D199 200 点 通用	通信用 D200 ~ D511 312 点保持用(B/U) 主站→从站 D490 ~ D499 从站→主站 D500 ~ D509	D512 ~ D7999 7488 点(B/U) 文件寄存器	D8000 ~ D8255 256 点 特殊用	V0 ~ V7 Z0 ~ Z7 16 点 变址用			
嵌套 指针	N0 ~ N7 8 点 主控用	P0 ~ P127 128 点 跳转,子程序用 分支指针	I00□ ~ I50□ 6 点 输入中断指针	I6□□ ~ I8□□ 3 点 时钟中断指针	I010 ~ I060 6 点 计数器中断用指针			
常数 K	16bit: -32768 ~ 32767	32bit: -2147483648 ~ 2147483647						
常数 H	16bit:0 ~ FFFFH	32bit:0 ~ FFFFFFFFH						

注：1. 标有（B/U）标志的元件是由锂电池保持的。

2. T、C 在不作为定时器、计数器使用时可用作数据寄存器，这样使用时 C200 ~ C255 间的各点对应于 32bit 寄存器。

第三节　PLC 的基本工作原理

一、PLC 的基本控制原理与工作方式

早期 PLC 主要用于替代由继电器接触器组成的控制装置，它们的外部功能与控制过程基本相同。如图 3-10 所示，控制装置根据输入的各种信号进行逻辑运算，并将运算结果送到输出部分，实现实时控制。继电器控制框图如图 3-10a 所示，PLC 装置控制框图如图 3-10b所示。但两者的内部组成、控制手段、运行方式是截然不同的。如前所述，继电器接触器控制装置是由一个个电器元件按一定方式接线，实现固定逻辑控制，采用并行工作方式。即某一继电器得电或失电该继电器分布在各图区中所有触点（常开或常闭）同时动作。PLC 是一种电子信息处理系统，通过预先编制的用户程序实现各种控制，并采用顺序逐条扫描的串行工作方式，当某一逻辑线圈被接通或断开，该线圈编程使用的所有触点不会立即动作，要扫描到该触点时才动作。由于 CPU 运算处理速度快，PLC 扫描周期一般均小于 100ms，而继电器控制装置各类电器元件触点动作时间均在 100ms 以上，因此对于 I/O 响应速度要求不高的场合，其 I/O 的处理结果是没有什么区别的。

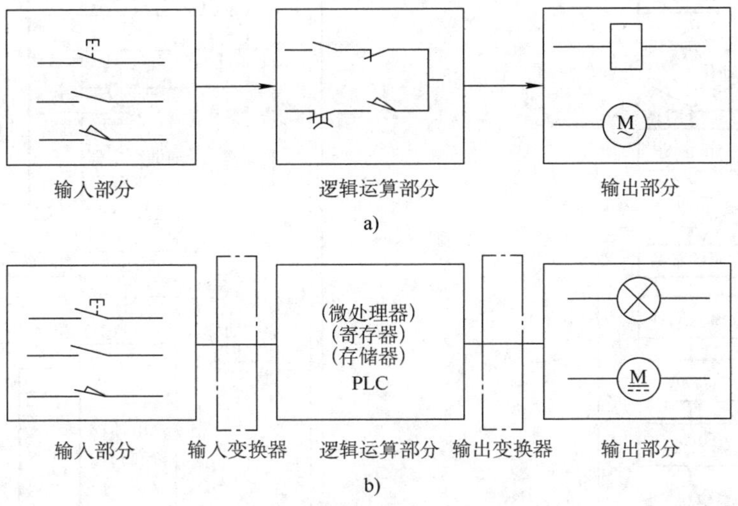

图 3-10　继电器与 PLC 装置控制框图

1. PLC 的工作方式　简言之，PLC 采用周期循环扫描、集中输入与集中输出的工作方式。图 3-11 是 PLC 控制流程框图，上电后 CPU 在系统程序的监督控制下先进行内部处理，包括硬件初始化、I/O 模块配置检查、停电保持范围设定及其他初始化处理。在用户程序执行之前还应完成自诊断和一些带微处理器的智能模块以及远程 I/O 等其他外设的数据接收与发送等工作。一旦进入正常运行状态就采用周期循环方式执行用户程序，如图 3-12 所示。通常一个扫描周期分三个阶段进行，即输入采样、用户程序执行和输出刷新，三个阶段周期

重复循环执行。各阶段的工作内容与特点如下：

（1）输入采样阶段　PLC 以扫描方式依次读入所有输入状态和数据，并将它们存入 I/O 映像区中相应的存储单元内。此时输入映像寄存器内容被刷新，此后关闭输入通道，紧接转入用户程序执行阶段。必须注意的是只有在输入采样阶段输入映像寄存器内容才被刷新，在此后的两个阶段中，即使输入状态或数据发生变化，输入映像寄存器相应单元的状态和数据也不会改变，直至下一个扫描周期的采样阶段才会改变。此外，如果输入是脉冲信号，则该脉冲有效电平宽度必须大于一个扫描周期才能保证在任何情况下读入该脉冲信号。

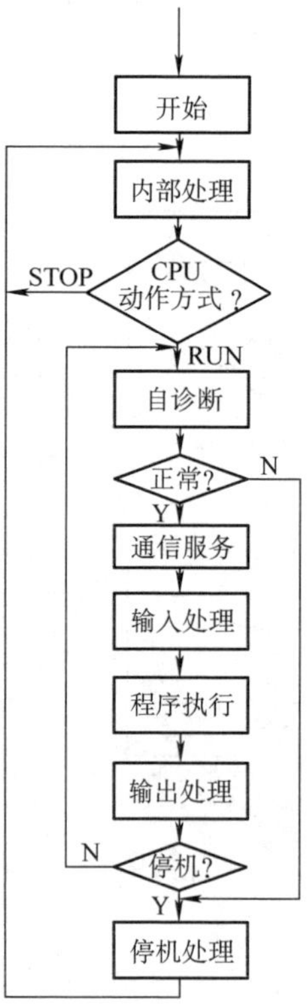

图 3-11　PLC 控制流程框图

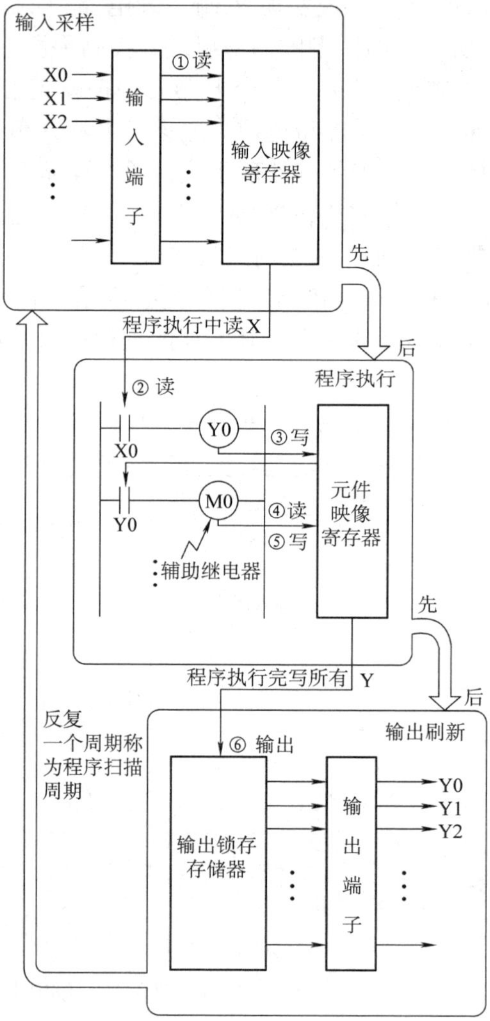

图 3-12　PLC 用户程序扫描工作过程

（2）用户程序执行阶段　CPU 按自上而下，自左而右顺序扫描用户程序，逐句执行各条指令或者根据控制线路的逻辑运算结果确定某些特殊功能指令执行与否，如算术运算、数据处理、数据的传送等。在程序执行过程中，随时要从输入映像寄存器或内部元件映像寄存器读取相应状态或数据，并要随时将程序执行结果如逻辑线圈状态、数据运算或处理结果存入内部元件映像寄存器。因此在程序执行过程中，只有输入的开关量（X）触点状态和输入的数据始终不变，并且与所在程序位置无关。但内部元件映像寄存器内容不断被刷新，对该区域存储单元的操作既有写又有读，对应的内部器件的状态（触点）或数据也随之变化，并且与其在程序中的位置有关，如图3-13梯形图和波形图所示，排在梯形图上面器件的状态和数据在本周期会对排在其下面器件的状态或数据产生影响，而下面被刷新器件的状态或数据只有在下一个扫描周期才会对排在上面的器件产生影响。由此可见，内容相同的若干条梯形图如果上下排列顺序不同，程序的执行结果也不同。在用户程序设计中，应注意地址相同的输出线圈不能重复使用，否则其状态仅取于排列在最后的那条梯形图的逻辑运算结果。

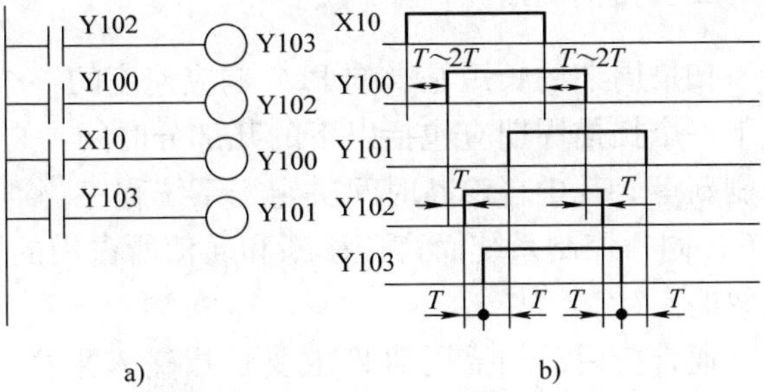

图3-13　梯形图和波形图

a）梯形图　b）波形图

（3）输出刷新阶段　所有程序执行完毕CPU将I/O映像区内所有需输出的状态和数据一次传送到输出锁存电路，再经隔离、功率放大电路去驱动外部负载。

针对工业控制的特点，PLC采用周期循环扫描、集中输入与集中输出工作方式的优点主要是：在用户程序执行过程中PLC关闭I/O通道与外界无信息交换，使系统可靠性和抗干扰性能明显提高；串行工作方式可避免逻辑竞争与时序失配；简化程序设计；通过定时扫描监视诊断CPU内部故障，避免程序异常运行的不良后果。扫描工作方式的主要缺点是响应滞后、速度慢。对一般机械设备或I/O响应速度要求不高的场合这种滞后是允许的。但对于要求I/O快速处理与响应的控制场合，就必须在硬件和软件两方面采取必要措施以提高响应速度。

2. PLC的I/O信息处理规则　由上述工作方式，可知PLC在I/O信息处理中是遵循以下规则：

1）输入映像寄存器各开关量状态和数据取决于各输入端口在输入采样阶段的状态和采样数据。

2）程序执行结果取决于用户程序结构和输入寄存器及内部元件寄存器的内容，在程序执行过程中，I/O映像区的输入寄存器内容不变但元件映像寄存器内容在不断刷新。

3）I/O映像区中输出寄存器内容取决于所有输出指令的执行结果。

4）输出锁存器内容取决于上一次输出刷新阶段输出映像寄存器的内容。

5）所有输出端口的状态和数据由输出锁存器决定。

3. PLC与MC（Micro-Computer）的主要区别　从上述工作原理已了解到PLC控制和传统的继电器接触器控制技术的主要区别。PLC作为一种工业控制的专用计算机与微型计算机控制技术的主要区别是：

1）用途：从应用范围看，MC是通用机，PLC是专用机。现代科学计算、科学管理、工业控制等各个领域无处不用到MC，而PLC则专为工业控制而设计制造。但从工业控制领域来看MC是专用机而PLC则是通用机。如果采用MC作为某设备的控制器，在硬件、软件二次开发设计后就成为一台专用机，而PLC在工业控制领域是一种通用的控制器。

2）工作方式：MC采用中断处理方式，PLC采用循环扫描方式。

3）可靠性：MC比PLC差。

4）环境适应与抗干扰能力：PLC 比 MC 强。

5）信息处理与响应速度：MC 的信息处理能力比 PLC 更强，处理速度与响应速度更快。

6）系统开发工作量与难度：在硬件和软件的二次开发工作量和难度上 MC 比 PLC 大。

7）安装使用维护：PLC 比 MC 容易、方便。

8）系统成本：PLC 比 MC 高。

二、扫描周期

扫描周期的长短是影响 PLC 响应速度的一个重要因素。由图 3-11 可知，在正常工作情况下一个扫描周期应包括以下的几部分时间：自诊断、外部通信、采样输入、程序执行、输出刷新等。其中自诊断时间决定于系统程序，通信时间决定于连接外设的多少。对于同一台 PLC，同一控制系统而言自诊断和通信所占用的是一个固定不变、相对较小的时间，通常可以忽略不计。

通常所说的扫描周期 T 主要是指输入采样、程序执行和输出刷新三部分时间之和。输入采样和输出刷新时间决定于输入滤波时间常数和 I/O 点数。程序执行时间是扫描周期 T 的最大组成部分，是一个随机变量，每个扫描周期长短不一，它决定于程序的长短、复杂程度、扫描速度以及每一个扫描周期不同的执行情况。特别是在用户程序中包含有较多特殊功能指令块时，其执行情况不同占用时间长短差异悬殊更大。所以扫描周期 T 是一个无法准确计算的随机变量，在实际运行中，PLC 的每一个扫描周期 T 值是不同的。

由于扫描周期 T 是 PLC 运行中的一个重要参数，为了程序设计和程序运行监视的需要，现代 PLC 在系统程序中往往采取某些措施，例如 FX_{2N}系列 PLC 在投入运行后 CPU 分别将当前扫描周期 T、最小扫描周期 T_{min}和最大扫描周期 T_{max}存入专用数据寄存器 D8010、D8011 和 D8012 中作为源操作数供用户编程使用。这 3 个专用数据寄存器的计时单位均为 0.1ms。此外为便于程序运行监视，该系列 PLC 还提供一种恒定扫描周期的运行方式。在用户程序编制中用 T_{max}再留一些余量作为恒定扫描周期值，并用 MOV 指令将它存入专用数据寄存器 D8039 中（其计时单位为 1ms），当专用辅助继电器 M8039 被接通时，CPU 便以该值作为恒定扫描周期去扫描用户程序，同时将专用的警戒定时器 WDT 的设定值稍大于恒定扫描周期值，便能实现程序运行的监视和自诊断功能，因为一旦程序运行出现故障，警戒定时器就会发出超时报警信号。

三、PLC 的 I/O 响应时间和提高 I/O 响应速度的措施

1. *PLC 的 I/O 响应时间* 由于 PLC 采用扫描工作方式并考虑到输入、输出接口电路存在的滤波时间常数（一般为 10～20ms），因此 PLC 的 I/O 响应速度要比微型计算机控制系统慢得多。由图 3-14 的波形图可知 PLC 的 I/O 响应最小时间是一个扫描周期 T 再加输入、输出滤波时间常数。设图中 t_1 为输入采样时间，t_2 为程序执行时间，t_3 为输出刷新时间。在扫描该梯形图时，如果 X10 信号在输入阶段正好被采入，则 Y0 的响应最快，一般情况下，响应时间均比该值大得多。

2. *提高 I/O 响应速度的主要措施* 为扩大 PLC 的应用范围，现代 PLC 在硬件和软件两方面均采取一系列措施以减小 I/O 响应时间，尽可能提高 I/O 响应速度，以适应要求快速响应的工业控制系统。

硬件方面的主要措施有：

（1）提高扫描速度　如三菱公司的FX_{2N}型 PLC 处理一条基本指令仅 0.08μs，处理一条功能指令最少只有 1.52μs；欧姆龙公司推出的 CV1000 型 PLC，处理一条基本指令仅 0.125 ~0.375μs，处理一条功能指令仅 0.5 ~8.25μs。

（2）提供高速输入端口以减小输入滤波时间　如FX_{2N}系列 PLC 一般 I/O 端口的输入滤波时间为 10ms，而它提供的 8 个高速输入端口 X0 ~ X7 采用数字滤波，与软件配合它的最小输入时间仅 50μs。

（3）提供高速处理的特殊功能模块供用户选择使用，在第五章将做进一步介绍。

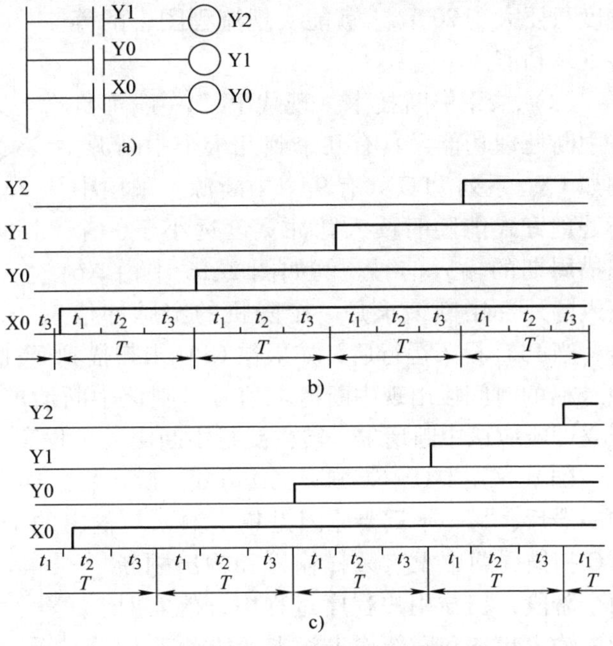

图 3-14　PLC 的 I/O 响应时间
a）梯形图　b）最小响应时间波形　c）一般情况响应波形

软件方面的措施主要有：

（1）采用 I/O 立即刷新指令　通常情况下，PLC 只有在输入采样阶段才读入信号，输出刷新阶段才能实现真正的输出控制。而在相当长的用户程序执行过程中，既不读入又不能输出。如果在用户不同位置插入 I/O 立即刷新指令，例如FX_{2N}系列 PLC 的 REF 指令就将该指令所指定的输入状态立即读入 I/O 映像区，并将指定的输出按 I/O 映像区内状态刷新相应输出锁存电路，使 I/O 响应时间小于一个扫描周期。如果略去输入滤波时间常数影响，则 I/O 响应时间缩小为两条 I/O 立即刷新指令之间 t_τ 的时间间隔，如图 3-15 所示。

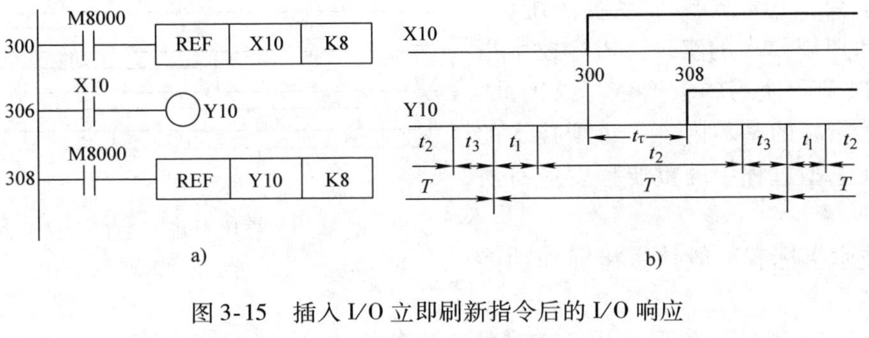

图 3-15　插入 I/O 立即刷新指令后的 I/O 响应
a）梯形图　b）波形图

（2）采用修改滤波时间常数指令　为进一步减小输入滤波时间常数（10 ~20ms）对 I/O 响应时间的影响，现代 PLC 一般都设置有高速输入端口，如FX_{2N}系列 PLC 的 X0 ~ X7 八个输入端。在硬件设计上，这些输入端采用时间很小的 R-C 滤波器，再加上可通过指令修改其滤波时间常数的数字滤波器。如 FX_{2N} 系列 PLC 的 REFF 指令，最小滤波时间为 50μs。只要输入脉冲信号宽度大于 50μs 就能被 PLC 读入，从而使 I/O 响应时间大为提高。图 3-16 是一个等待程序，扫描该部分梯形图所需时间约为 150μs，因此 X6 端所接的输入脉冲信号宽度只要大于 200μs，就能实现流程图中的等待处理功能。

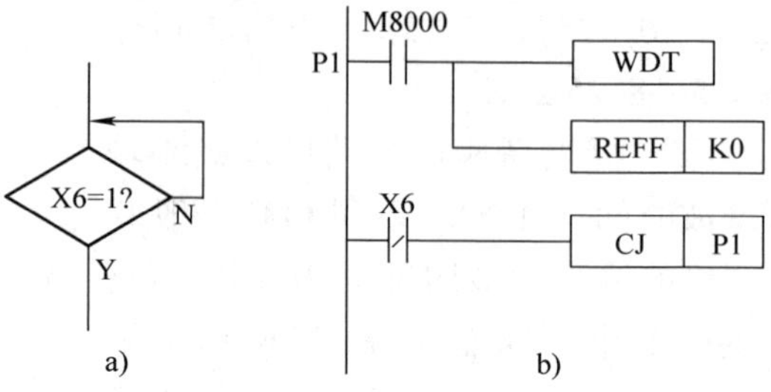

图 3-16　PLC 处理等待状态

（3）采用中断技术　现代 PLC 一般都具备中断处理功能，具有几个到几十个中断源。例如 FX_{2N} 系列 PLC 共有 9 个中断源。采用中断处理方式能随时读入脉冲宽度远小于一个扫描周期的输入信号。例如图 3-16 中由 X6 输入的外部中断请求是一个随机的窄脉冲信号，当 PLC 投入运行后，如果在 CPU 未扫描到 EI 指令（开中）前，或扫描在 DI 指令（关中）后的时间段出现中断请求信号，则该中断请求信号被锁存起来，一旦扫描进入开中区域立即响应该中断请求，转去执行中断服务子程序，使 PLC 的响应更为迅速、及时。

（4）采用 I/O 直接刷新工作方式　除了输入输出电路的 R-C 滤波时间常数引起 PLC I/O 响应滞后，另一个重要原因是集中输入与输出的工作方式。采用 I/O 直接刷新运行方式的 PLC 扫描周期中没有采样输入和输出刷新两个阶段，扫描用户程序过程中，能实时读入输入状态和刷新输出状态。如图 3-17 所示，在相同条件下，其响应时间可减小一个扫描周期。

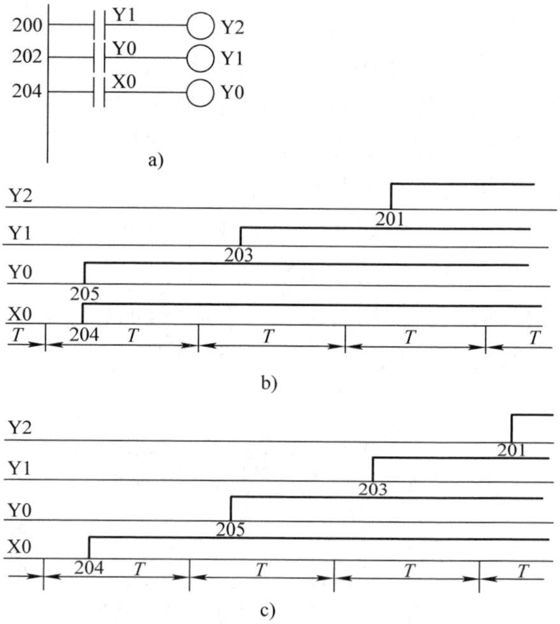

图 3-17　直接刷新方式下的 I/O 响应

a）梯形图　b）响应时间最短　c）响应时间最长

四、PLC 的技术指标

采用以 PLC 为核心的控制装置在系统设计中，PLC 选型与应用程序设计是其中两个关键所在。正确、合理地选用一台 PLC 尤为重要，它涉及整个系统的配置、程序设计和控制要求的实现。PLC 技术指标是 PLC 选型和使用的重要依据。因此，我们对技术指标的基本内容、每项技术的含义及其在选型过程中的重要程度应有所了解。

PLC 技术指标有一般技术指标和功能技术指标两类。

1. 一般技术指标　主要指 PLC 产品的工作条件与对一般工业环境的适应程度。PLC 是专为工业控制而设计，充分考虑了工业环境种种恶劣因素，其产品设计与考核应符合有关标准，各种 PLC 差异不大。在 PLC 安装使用中应予注意，而在选型中考虑较少。

表 3-6 列出 FX_{2N} 系列小型 PLC 的一般技术指标。

表 3-6 一般技术指标

环境温度	0～55°C	
环境湿度	35%～85% RH（不结露）	
抗振	JIS C0911 标准 10～55Hz 0.5mm（最大 2*g*） 3 轴方向各 2h	
抗冲击	JIS C0912 标准 10*g* 3 轴方向各 3 次	
抗噪声干扰	用噪声仿真器产生电压（峰峰值）为 1000V，噪声脉冲宽度为 1μs，频率为 30～100Hz 的噪声，在此噪声干扰下 PLC 工作正常	
耐压	AC 1500V 1min	各端子与接地端之间
绝缘电压	5MΩ 以上，DC 500V	
接地	第 3 种接地，不能接地时，亦可浮空	
使用环境	禁止腐蚀性气体，严禁尘埃	

2. 性能技术指标　标志某种 PLC 在硬件和软件方面所具功能。不同机型差异较大，在 PLC 选型时要逐一考虑该项技术指标能否满足要求。

PLC 的性能技术指标又包括：输入指标、输出指标、电源指标和功能指标等 4 个方面。FX_{2N}系列 PLC 的这些技术指标见表 3-7、表 3-8、表 3-9 和表 3-10。

表 3-7 输入技术指标

输入电压	DC 24V	隔　离	光电耦合
输入电流	7mA	响应时间	10ms①

① 输入端 X0～X7 的响应时间可由程序调整为 0～60ms。

表 3-8 输出技术指标

项　目		继电器输出	SSR 输出	晶体管输出
外部电源		AC 250V, DC 30V 以下	AC 85～242V	DC 5～30V
最大负载	电阻负载	2A/1 点	0.3A/1 点, 0.8A/4 点	0.5A/1 点, 0.8A/4 点
	感性负载	80V·A	AC 15V·A/100V AC 30V·A/240V	DC 12W/24V
	灯负载	100W	30W	DC 1.5W/24V
开路漏电流		—	AC 1mA/100V AC 2.4mA/240V	DC 0.1mA/30V
最小负载		—	AC 0.4V·A/100V AC 2.3V·A/240V	—
响应时间	OFF→ON	约 10ms	1ms 以下	0.2ms 以下
	ON→OFF	约 10ms	最大 10ms	0.2ms 以下
隔离方式		继电器隔离	光电晶闸管隔离	光耦合器隔离

表 3-9　电源技术指标

项　目	FX_{2N}-16M	FX_{2N}-32M	FX_{2N}-48M	FX_{2N}-64M	FX_{2N}-80M	FX_{2N}-128M
电源电压	AC(100 ~ 240V) $^{+10\%}_{-15\%}$ 50/60Hz(120/240V 电源系统)					
瞬间断电允许时间	对于 10ms 以下的瞬间断电控制动作不受影响					
电源熔丝	250V 2A, ϕ5mm × 20mm			250V 5A, ϕ5mm × 20mm		
电力消耗/V · A	30	40	50	60	70	80
传感器无扩展模块 电源有扩展模块	DC 24V 250mA 以下 DC 24V 100mA 以下(扩展 16 点时)			DC 24V 400mA 以下 DC 24V 150mA(扩展 32 点时)		

在此基础上，三菱公司最近又推出一种超高速、超大容量强功能 PLC，其型号为 FX_{3U}。

表 3-10　FX_{2N}基本性能

项　目			性能指标	
运算控制方式			存储程序　反复运算方式(专用 LSI)	
输入输出控制方式			批处理方式(在执行 END 指令时),但有输入输出刷新指令	
演算处理速度	基本命令		0.08μs 指令每条	
	应用命令		1.52 ~ 100μs 指令每条	
程序言语			继电器符号语言 + 步进方式(可用 SFC 表示)	
程序容量　存储器形式			内附 8K 步 RAM,最大可加至 16K 步 RAM (可装 RAM、EEPROM、EPROM 存储卡盒)	
指令数	基本、步进指令		基本(顺控)指令 27 条,步进指令 2 条	
	应用指令		128 种　298 条	
输入继电器			184 点 X0 ~ X267	总共 256 点
输出继电器			184 点 X0 ~ X267	
辅助继电器	一般用	※	500 点 M0 ~ M499	
	锁存用	○※	2572 点 M500 ~ M3071(注)	
	特殊用		256 点 M8000 ~ M8255	
状态继电器	初始化用		10 点 S0 ~ S9	
	一般用	※	490 点 S10 ~ S499	
	锁存用	○※	400 点 S500 ~ S899	
	报警用	○	100 点 S900 ~ S999	
定时器	100ms		200 点 T0 ~ T199	
	10ms		46 点 T200 ~ T245	

（续）

项目				性能指标
定时器	1ms（积算）		○	4 点 T246 ~ T249
	100ms（积算）		○	6 点 T250 ~ T255
	时计机能		○	1 点
计数器	增计数	一般用	※	100 点（16 位）C0 ~ C99
		锁存用	○※	100 点（16 位）C100 ~ C199
	加/减用	一般用	※	20 点（32 位）C200 ~ C219
		锁存用	○※	15 点（32 位）C220 ~ C234
	高速用		○	1 相 60kHz 2 点，10kHz 4 点　C235 ~ C250 2 相 30kHz 1 点，5kHz 1 点　C251 ~ C255
数据寄存器	通用数据寄存器	一般用	※	200 点（16 位）D0 ~ D199
		锁存用	○※	7800 点（16 位）D200 ~ D7999（注）
	特殊用			256 点（16 位）D8000 ~ D8255
	变址用			16 点（16 位）V0 ~ V7，Z0 ~ Z7
	文件寄存器		○	文件寄存器可由 D1000 开始设定，而每一次设定为 500 个
指针跳步	跳步转移用			128 点 P0 ~ P127
	中继用			15 点 I0□□ ~ I8□□
频率				8 点 N0 ~ N7
常数	十进制 K			16 位：-32,768 ~ +32,767　32 位：-2,147,483,648 ~ +2,147,483,647
	十六进制 H			16 位：0 ~ FFFF（H）　32 位：FFFFFFFF（H）

注：○由后备用锂电池保持；※由后备锂电池保持，但参数可变。

第四节　PLC 的 I/O 系统

PLC 的 I/O 系统是工业现场各种设备与 PLC 之间传输信息的通道，是 PLC 能与工业控制系统直接相连的重要保证。

一、I/O 寻址方式

确定工业现场各 I/O 端口与 PLC 内部 I/O 映像区之间的对应地址关系所采用的方式称为 I/O 寻址方式。

PLC I/O 寻址方式通常有以下几种：

1. 固定的 I/O 寻址方式　整体式结构的小型 PLC 多采用这种寻址方式。例 FX_{2N} 系列 PLC 其主机的每一个 I/O 端子都有一个固定不变的地址，并与内部开关量 I/O 映像区有一一对应关系。由于 FX_{2N} 系列 PLC 最多可外接 8 个特殊功能模块其编号为 0 ~ 7，外接扩展模块或扩展单元不占编号，因此扩展模块或扩展单元的端口地址与其所在位置有关，一旦位置确定，按连续编址原则，其端口地址也就固定了。例如一个由 FX_{2N}-80MR 和一个扩展单元 FX-32ER，一个扩展模块 FX_{2N}16EX 和两个特殊功能模块 FX_{2N}-4AD 与 FX_{2N}-4DA 共同构成的 PLC 控制系统，各单元 I/O 端口地址如图 3-18 所示。如果 FX_{2N}-32MR 与 FX_{2N}-16EX 位置对换，则 I/O 端口地址也随之变化，FX_{2N}-16EX 为 X50 ~ X67，FX_{2N}-32MR 为 X70 ~ X107 Y50-67。

2. *开关设定的 I/O 寻址方式* 有些模块式结构的 PLC 采用这种寻址方式，例如美国的西屋公司的 PC-700 型 PLC，有开关量 I/O 输入和输出各 256 点，模拟量输入和输出各 32 个，输入，输出都是标准化模块。用户根据需要选用合适模块以构成适量的输入和输出，输入、输出模块插入该公司的 NLRH-7089 型标准机架，并由机架左右侧的 4 位设定开关和每个模块背面的 5 位设定开关共同确定各输入、输出端口与 PLC 内部 I/O 映像区的对应地址关系。

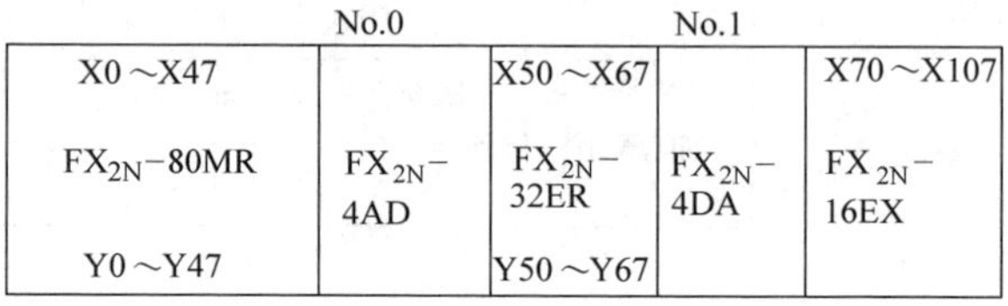

图 3-18 包含有特殊功能模块和扩展单元的 I/O 端口地址分配

3. *用编程器设定的 I/O 寻址方式* 应用编程软件的计算机编程方式，用户可以通过编制 I/O 地址分配表方式来确定各 I/O 端口与 PLC 内部 I/O 映像区的对应地址关系。例如三菱公司的 A 系列 PLC 就采用这种 I/O 寻址方式，用个人计算机并配合该公司提供的编程软件包"MEDOC"和 SWOPC-FXGP/WIN-C 作为编程器，在程序编辑（EDIT）状态下可编制 I/O 地址分配表。

二、开关量 I/O 系统

开关量 I/O 系统是 PLC 内部 I/O 映像区状态信号存储单元与输入、输出的开关量信号之间的接口电路。输入开关量或数字量信号是按钮、主令开关、行程开关、接近开关、继电器触点或拨码盘等，开关量输出所驱动的负载是照明灯、指示灯、电热器、电磁阀或接触器与继电器线圈等。输入、输出电路根据信号源和所驱动负载的不同要求可以是直流电源也可以是交流电源。电压高低、容量大小也是由负载决定。

1. *开关量或数字量输入接口电路* PLC 通常有三种输入方式：

（1）直流输入方式 输入电路如图 3-19 所示，由光隔离、滤波、发光二极管指示（LED）等几部分组成。外接信号是无源触点如按钮、主令开关、拨码盘，NPN 型集电极开路输出方式的传感器（如接近开关）等开关量信号，并由 PLC 内置 DC24V 电源供电（当超出内部电源容量允许值时则要求提供外部直流电源）。

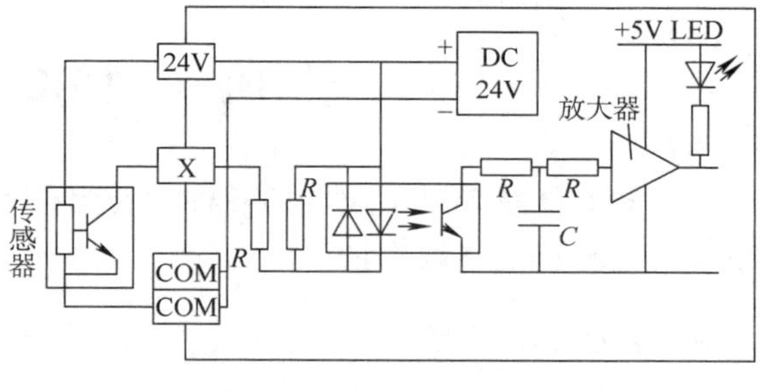

图 3-19 直流输入电路

图 3-20 是一个带有扩展模块的输入侧的接线图。

（2）交流输入方式 交流输入电路如图 3-21 所示，由整流、光隔离、滤波和发光二极管指示等几部分组成，由外接交流电源供电。

（3）交直流输入方式 交直流输入电路如图 3-22 所示，由整流、光隔离、滤波和发光二极管指示等几部分组成，由外接交流或直流电源供电。

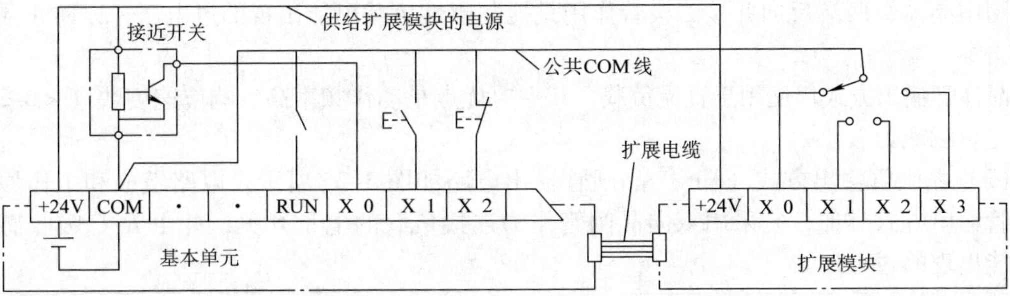

图 3-20　带有扩展模块的输入侧的接线图

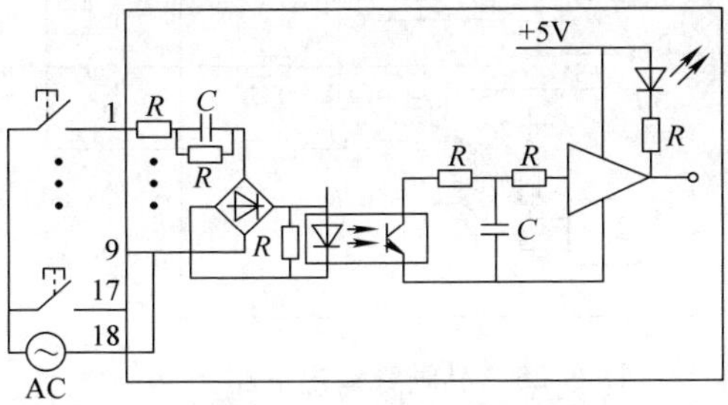

图 3-21　交流输入电路

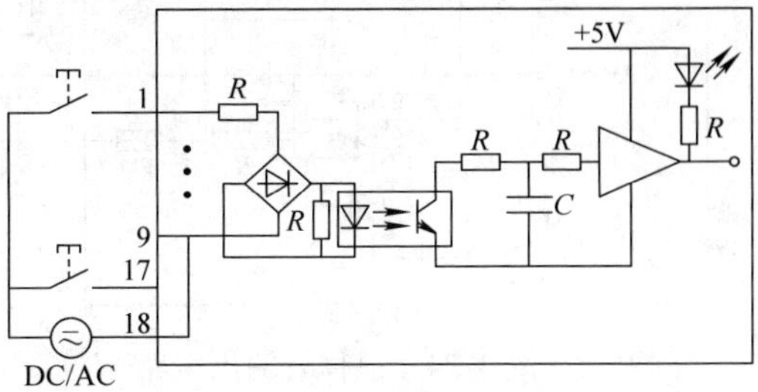

图 3-22　交直流输入电路

上述三种输入电路均采用 *R-C* 滤波电路，因此 PLC 通常均有 10～20ms 的输入响应延迟时间。

2. 开关量输出接口电路　同样 PLC 提供三种输出方式供用户选择：

（1）继电器输出方式(*R*)　继电器输出电路如图 3-23 所示，由指示、光隔离、放大和继电器等几部分组成。

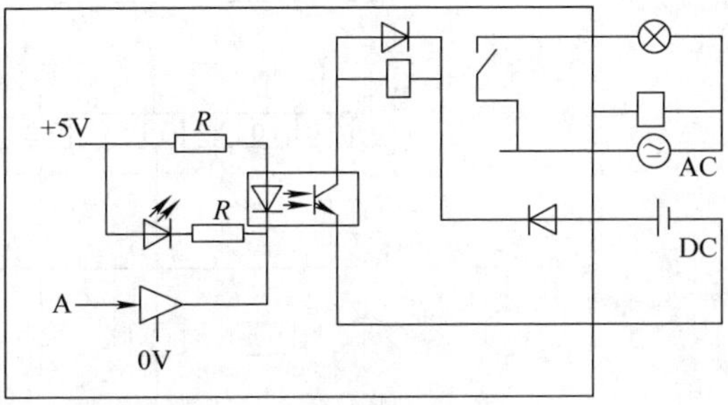

图 3-23　继电器输出电路

图中 A 信号来自输出锁存电路，在输出刷新阶段 CPU 将 I/O 映像区中所有输出状态送到各输出锁存电路。当 A 点为低电平（即某个输出继电器 Y 状态为 0）经反相器输出为高电平，光耦合器无电流通过，LED 不亮，输出继电器不动作，其常开触点断开而无输出。当 A 为高电平（对应 Y 为 1 状态），经反相器输出为低电平，LED 点亮，继电器动作，其常开触点接负载电路。

继电器输出方式的特点是，负载能力、抗干扰能力都比较强，适用于交直流负载。其主要缺点是动作频率低（＜3600 次/h），响应速度慢（≥10ms），触点寿命低。

（2）晶体管输出方式(*T*)　晶体管输出电路如图 3-24 所示，由指示、光电隔离、放大、二极管吸收保护、检测与故障指示等几部分组成。A 点为锁存电路输出，其输出控制原理与继电器输出控制类似。为避免输出电流过大或输出电路短路故障而损坏晶体管，采用熔断器 FU 保护，并由检测电路和故障指示反映外接电源和熔断器正常与否。当熔断器开路或外接电源断电时，故障指示二极管点亮，检测电路输出 B 点向 CPU 提供信号表示外接电源或熔断器出现故障。

图中晶体管两端反向并接二极管作用是扼制感性负载可能出现的过电压，以防止晶体管反向击穿。

晶体管输出方式仅适用于直流负载，其主要优点是动作频率高、响应速度快（<0.2ms），缺点是负载能力较小。

（3）晶闸管输出方式（S）　晶闸管输出电路如图 3-25 所示，电路组成和工作原理与晶体管输出方式类似，它采用双向晶闸管作为连接负载的电子开关，并由 R-C 吸收感性负载可能出现的过电压。

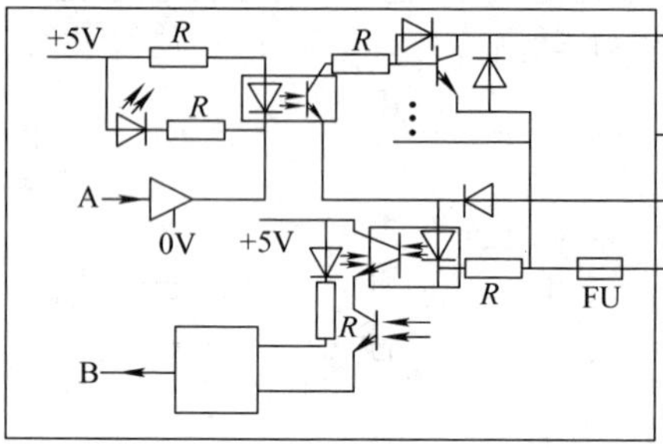

图 3-24　晶体管输出电路

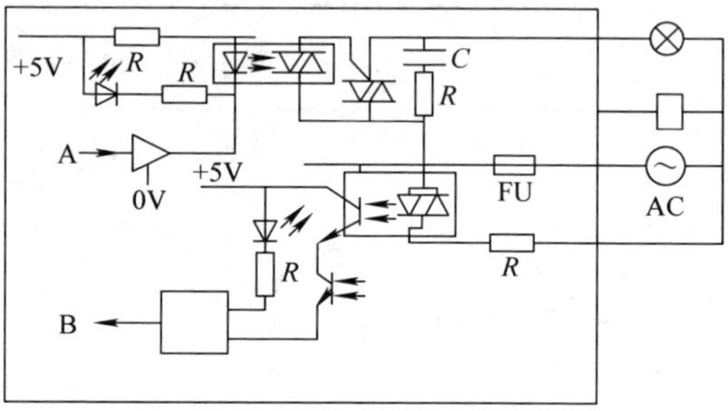

图 3-25　晶闸管输出电路

晶闸管输出方式仅适用于交流负载，负载能力较强且响应速度快（<1ms）。

与输入电路不同，PLC 输出端公共端子 COM 有两种设置方式。一种是分隔式，如图 3-26所示，即输出端各自独立无公端。另一种是分组式，如图 3-27 所示，即每 4 点或每 8 点一组，每组共一个 COM 端，其编号为 COM1、COM2、COM3、…各 COM 之间相互隔离。同一性质、同一电压等级负载安排在同一组，共用一个电源，不够时可几组并联使用，但几组的 COM 端子必须相连，接到电源的一端。

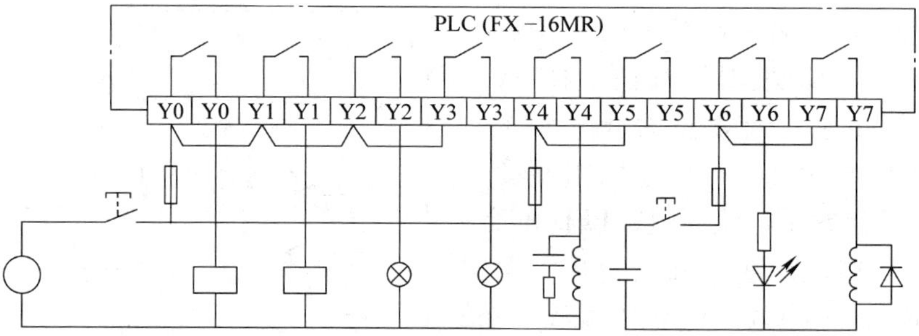

图 3-26　分隔式输出接线方式

虽然 PLC 具有可靠性高的优点，但在输出电路设计时要注意不同类型负载的外部保护。例如直流感性负载二端应并联续流二极管；交流感性负载两端应并联 RC（0.1μF、100～120Ω）吸收电路以保护 PLC 内输出触点和减少噪声发生。此外，接通正反转接触器等负载，除了在 PLC 内进行程序联锁外，外部电路也要实施联锁。

三、模拟量 I/O 系统

当 PLC 应用于模拟量如温度、压力、速度、流量等信号的处理与控制时，也必须建立模拟量 I/O 映像区。由于模拟量 I/O 映像区存放的是数字量，因此首先要采用各种类型的传

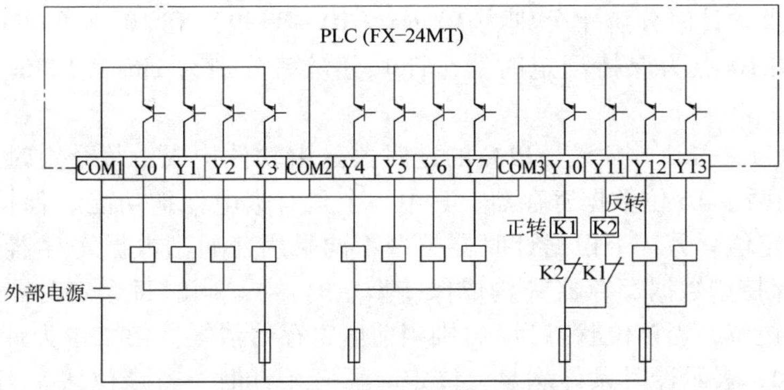

图 3-27 分组式输出接线方式

感器将这连续变化的物理量转换成标准的电压或电流信号（通常电压范围为 1 ~ 5V 或 -10 ~ +10V，电流信号为 4 ~ 20mA 或 -20 ~ +20mA），然后通过模数转换模块（A-D 转换输入模块）将标准电信号转换成数字量输入到 PLC 中。或者在输出刷新阶段将 I/O 映像区中的数字量通过数模转换模块（D-A 转换输出模块）转换成电流或电压信号输出驱动外部负载。

有些 PLC 产品内设置有专门的模拟量 I/O 映像区（I/O 数据区），例如西屋公司 PC-700 型 PLC 的输入输出各有 32 个数据寄存器。在输入采样阶段 CPU 读入经 A-D 转换模块转换的数字量（最多为 32 个），或者在输出刷新阶段 CPU 将 I/O 映像区中的数字量传送到相应的 D-A 转换模块中的数据缓冲区，再经数模转换成电流或电压信号输出。

也有一些 PLC 产品不设置专门模拟量 I/O 映像，例三菱公司的 FX_{2N} 系列 PLC，经 A-D 转换后的输入数量就存放在 A-D 模块内的缓冲数据寄存器中（例如 FX_{2N}-4AD 内有 32 个缓冲数据寄存器）。在用户程序执行过程中，需要进行模拟量处理时，可使用外部通信的 FROM 指令（读模块指令）将缓冲数据寄存器的数据读入 PLC 的通用数据寄存器中。同样，程序执行模拟量处理过程中得到的各种需要输出控制的数字量，通过外部通信的 TO 指令（写模块指令）写到 D-A 模块（如 FX_{2N}-4DA 内有 32 个缓冲数据寄存器）内有关缓冲数据寄存器中，再经 D-A 转换成电流或电压信号输出。虽然模拟量输入、输出模块也占用一定数量的开关量 I/O 点数，但这些点不是用于存放经转换后的数字量，而只是用于存放一些状态控制信息，这些信息是 PLC 与模块通信所必需的。

第五节 PLC 的定时器与计数器

定时与计数控制是 PLC 的基本功能，为此近代 PLC 一般都提供几百个乃至几千个不同类型的定时器与计数器，以满足各种要求的定时控制与计数控制。

在用户程序设计中，必须掌握选定型号 PLC 所提供的定时器、计时器的数量、类型、基本组成、工作原理、特点及其使用方法。下面以 FX_{2N} 系列 PLC 为例，对它提供的定时器与计数器做简要介绍。

一、PLC 的定时器

如前所述，FX_{2N} 系列 PLC 内部提供两种类型的定时器共 256 点，其中 T0 ~ T245 共 246

点为普通型定时器，计时分辨率分别为 100ms（T0 ~ T199）和 10ms（T200 ~ T245），另一类 T246 ~ T255 共 10 点为保持型定时器，计时分辨率分别为 1ms（T246 ~ 249）和 100ms（T250 ~ T255）。

1. 定时器的组成与计时方式 PLC 的定时器是由软件构成，每个定时器在系统软器件 RAM 区中，占用两个 16 位数据寄存器，其中一个具有失电保护功能（保持型数据寄存器）用于存放计时设定值。另一个根据计时器类型不同采用普通型数据寄存器（构成普通型定时器），或采用保持型数据寄存器（构成保持型定时器）。同时每个定时器还要占用 3 个位元件，一个为复位位，当该位状态为 1，则当前值寄存器清零。第二位为计时位，若该位为 1 同时复位位为 0，表示计时条件满足，该定时器开始计时，若该位状态为 0，则表示计时条件不满足，定时器不工作。第三位是定时器线圈的逻辑状态位，该位为 0 表示定时时间未到，该位为 1 则表示定时时间到，在用户程序中可调用该位状态去实现计时控制功能。

采用 16 位保持型数据寄存器来存放设定值时，K 值设定范围是 1 ~ 32767。K 值计算方法是：

$$K = 定时值(s)/计时分辨率(s)$$

所以同样定时要求，采用不同计时分辨率的定时器，它们设定值大小是不相同的。例如要求定时 10s，采用 T0 计时 K = 100，而采用 T246 计时，则 K = 10000。也可以采用两个保持型数据寄存器串联构成 32 位寄存器来存放计时设定值，程序中可先用 MOV 指令得 K 值送入 32 位数据寄存器。

2. 定时器当前值和线圈逻辑状态位的刷新方式 由于 PLC 的定时器是由软件构成，而且每一计时单位仅提供一个硬件计数器，该计数器的时钟频率为（1/计时单位）Hz。因此，PLC 中各定时器当前计时值的刷新方式与微型计算机中硬件计时器计时值的刷新方式是不同的，微机硬件计时器计时值是实时刷新方式，而 PLC 的定时器当前值只有扫描到 END 或 FEND 指令时才被刷新。

当 PLC 投入运行后，不同计时单位的硬件计数器便开始对本扫描周期进行计数，并将计数值存入相应的数据寄存器。当 CPU 扫描到 END 或 FEND 指令时，各硬件计数器当前值清零，同时将相应的各数据寄存器内的数依次累加到对应计时单位并满足计时条件的各定时器的当前值寄存器中，完成一次定时器当前值刷新工作。

由于 PLC 内定时器的当前值采用上述刷新方式，造成计时时间已到而线圈逻辑状态位不会同时由 0 变成 1，而要等到下一个扫描周期扫描到该计时器线圈时才能将其线圈接通，逻辑状态位由 0 变为 1。

3. 定时器的计时误差 定时控制的计时时间应该是从计时条件满足开始计时到定时器线圈逻辑状态位由 0 变为 1 之间的时间，但 PLC 的实际定时控制时间存在一定误差。产生误差的原因主要是扫描工作方式和定时器当前值与线圈逻辑状态位的刷新方式引起的延迟，如果计时信号由 PLC 外部输入还要考虑输入延迟时间。

定时器的计时误差大小与计时控制方式相关。当计时信号由内部的辅助继电器或输出继电器等触点的逻辑组合产生时，误差值一般为 $T \sim 2T$，当计时信号来自外部输入，则计时误差为$(2 \sim 3)T$ 再加输入滤波时间。

二、PLC 的计数器

FX_{2N}系列 PLC 内同样提供 C0 ~ C255 共 256 点计数器，分两种类型：一类是内部信号计数器；其中 C0～C199 16 位加计数共 200 点，C200～C234 为 32 位双向（加/减）计数共 35 点。这两种计数器的频率不高且均有普通型和保持型之分，其计数信号由一般输入端子输入。另一类是外部信号高速计数器 C235～C255 共 21 点均为 32 位保持型，外部计数信号由高速输入端子 X0～X5 输入。

1. 计数器的组成与计数方式　与定时器类似，PLC 的计数器也是由软件组成，每个计数器在系统软器件 RAM 区中占用两个或 4 个 16 位数据寄存器（16 位计数器占用两个字元件，32 位计数器占用 4 个字元件），一个（或两个）字元件为保持型用以存放计数设定值，另一个（或两个）用以存放计数当前值。

对于普通型计数器后者用普通型数据寄存器，对于保持型计数器则全部要用保持型数据寄存器。与定时器不同的是计数器还要占用 4 个位元件，比定时器多占 1 位。除复位位和计数器线圈的逻辑状态位外，还占用两个计数位，即计数位 1 和计数位 2。其中计数位 1 用于存放上一个扫描周期中计数器计数条件满足与否，计数位 2 用于存放本扫描周期计数器的计数条件满足与否。在一般情况下，被测计数信号是以脉冲形式输入，并在脉冲上升沿时刻计数。所以计数位 1 和计数位 2 均为 0 或 1，以及计数位 1 为 1、计数位 2 为 0 情况下该计数器均不计数。只有在计数位 1 为 0、计数位 2 为 1 情况下该计数器才进入计数状态，加计数器当前值加 1，减计数器当前值减 1，完成一次计数工作。在扫描到 END 或 FEND 指令时，CPU 分别将正在计数的各计数器计数位 2 的状态赋予计数位 1。当计数器当前值达到其设定值时，该计数器的逻辑线圈位置 1，在用户程序中可调用该位状态去实现计数控制功能。

和定时器一样，计数器的设定值可以是常数 K，也可以是某一个或两个数据寄存器。前者不能改变（除非在编程状态下重新设定），后者可以通过 MOV 指令进行修改。在任何情况下只要复位位置 1 其当前值就被清零。

35 个 32 位双向（加/减）循环计数器的设定值可以是正数也可以是负数。K 值设定范围为 -2147483648～+2147483647。若计数器设定值为正数，其工作方式与加计数器情况相同，当前值等于设定值时线圈逻辑位置 1。当前值达到 +2147483647 时，如果再加 1 则当前值变为 -2147483648。如果计数器处于减计数工作方式，当前值达到 -2147483648 再减 1，则当前值就变为 +2147483647。加/减计数方式由对应 35 个特殊用途辅助继电器 M8200～M8234 的状态决定。如图 3-28 所示，当 M8230 为 0 状态时，C30 为递加计数，当 M8230 为 1 状态时则 C230 为递减计数。

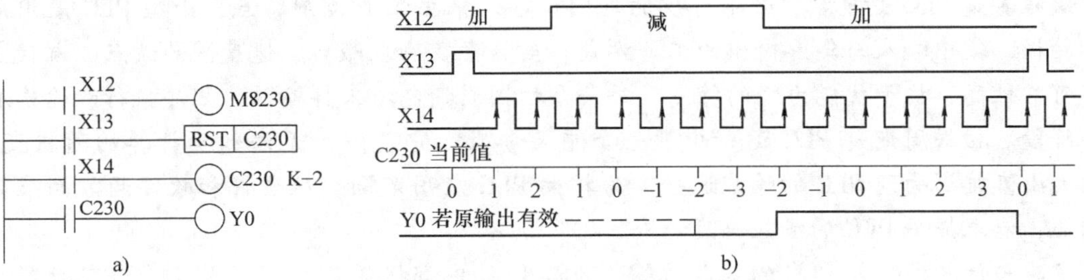

图 3-28　加/减计数器工作情况

a）梯形图　b）波形图

2. 内部信号计数器的计数频率

（1）内部信号计数器 C0～C234 的计数频率　从上述计数器的工作方式和当前值刷新方

式分析中可知内部信号计数器只有在复位位为 0、计数位 1 为 0 和计数位 2 为 1 的情况下才完成一次计数过程。而计数位 1 和计数位 2 的状态由两次扫描结果获得，也即某个计数器的最高计数频率为 $f_{max}=1/(2T)$。考虑 PLC 的输入滤波时间常数和扫描程序的延迟影响，实际允许计数频率只能取 $1/2f_{max}$。例如：设扫描周期 $T=10ms$，则 $f_{max}=1/(2T)=50Hz$，实际计数频率只能取 25Hz。

（2）外部信号高速计数器的计数频率　由于内部信号计数器的允许计数频率不高，无法满足某些情况下的计数控制要求，所以 FX_{2N} 系列 PLC 又提供了 C235 ~ C255 共 21 个高速计数器，由于这些计数器在硬件和软件设计中采取一系列措施，例如这些计数器采用了开关速度更高的电子器件，计数信号从高速输入端 X0 ~ X5 输入并与软件相配合（采用 REF 和 REFF 指令）使输入响应更快，计数工作一律采用中断处理方式等，使这些高速计数器的最高计数频率可达 10kHz。

尽管如此，FX_{2N} 系列 PLC 内部高速计数的最高计数频率还是受到两方面因素的限制，一是受到高速输入和计数器电子电路的硬件条件限制，如高速输入端 X0、X2、X3 的最高计数频率为 10kHz，而 X1、X4、X5 为 7kHz，仅用一个计数器时单相高速计数器的最高计数频率为 10kHz，双向高速计数器为 7kHz，而 A—B 相高速计数器仅 2kHz。另一个限制因素是采用中断方式进行计数，所用计数器越多（最多只能用 6 个），计数频率就越低。

为适应工业控制中计数信号频率更高的场合的控制要求，FX_{2N} 系列 PLC 又提供具有特殊功能的高速计数模块 FX_{2N}-1HC 其最高计数频率可达 50kHz。有关内容将在第五章中进一步介绍。

小　　结

本章主要介绍了 PLC 的由来、特点、基本原理及其应用发展情况。并以小型 PLC 为例进一步介绍了它的硬件与软件的基本组成和工作原理。PLC 采用模块化结构形式，其基本单元（主机）是由 CPU、存储器、I/O 单元与电源等几部分组成。为扩展其规模与功能，进一步扩大 PLC 应用范围，各类 PLC 产品还提供一定点数的扩展模块、扩展单元以及具备各种特殊功能的专用模块供用户选用，以组成各种控制规模大小不等、功能不同的 PLC 控制系统。编程器是 PLC 最重要、必不可少的外围设备。根据工业控制特点，小型 PLC 采用周期循环扫描、集中输入与集中输出的工作方式，虽然存在响应滞后、速度慢的缺点，却使 PLC 具备可靠性高、抗干扰能力强的特点。每一个扫描周期包括采样输入、程序执行和输出刷新三个阶段。扫描周期是 PLC 运行中的一个重要参数，它是一个无法精确计算的随机变量，其值大小直接影响到 PLC 的响应速度。为扩大 PLC 应用范围，从硬件和软件两方面采取各种措施，以求提高 PLC 的响应速度。

定时与计数控制是 PLC 的基本功能，为此 PLC 内部提供有几百乃至几千个定时器与计数器。为了在用户程序设计中使用好这些定时器与计数器，必须掌握定时器与计数器的组成、工作方式，还要了解不同类型定时器与计数器的计时器分辨率、计时范围、设定值的设定范围与设定方法，以及进一步了解各类定时器的计时误差和不同类型计数器的最高计数频率。

思考题与练习题

3-1　什么是可编程序控制器（PLC）？与继电器控制和微型计算机控制相比它的主要优点是什么？

3-2　各发展阶段的PLC产品在其内部构成（CPU、存储器等）、功能以及应用领域等方面有什么区别？

3-3　PLC具有可靠性高、抗干扰能力强的主要原因何在？

3-4　PLC基本单元（主机）有哪几部分组成？各部分的作用是什么？

3-5　PLC内部存储空间可分为哪几部分？各部分的存储内容是什么？

3-6　FX_{2N}系列PLC内部供编程使用的软器件有哪几种？各有什么用途？

3-7　特殊用途的辅助继电器、数据寄存器有几种类型？各有什么特点？

3-8　FX_{2N}系列PLC提供几种中断源？其中断指针标号（I□□□）是如何表示的？

3-9　PLC采用什么工作方式？其特点是什么？

3-10　开关量输入信号的脉冲宽度有什么限制？通常PLC开关量的输入响应延迟为多少？

3-11　PLC扫描周期应包含哪几部分时间？PLC最少响应时间是多少？影响I/O响应滞后的主要因素有哪些？提高I/O响应速度的主要措施有哪些？

3-12　何谓I/O寻址方式？PLC的I/O寻址方式有几种？

3-13　PLC的开关量输入与输出方式有哪几种？输入、输出电路包含哪些基本部分？构成模拟量I/O映像区的方式有哪几种？

3-14　PLC的定时器是如何组成的？采用何种计时方式？当前值和线圈逻辑状态是如何刷新的？产生计时误差的原因是什么？

3-15　FX_{2N}系列PLC内部提供哪些类型的定时器？各类定时器的计时分辨率和计时范围是多少？设定值K如何计算？

3-16　PLC的计数器是如何组成的？FX_{2N}系列PLC内部提供有哪些类型的计数器？采用何种计数工作方式？各类计数器的最高计数频率如何确定？

第四章　PLC 的编程语言与指令系统

根据系统配置和控制要求编制用户程序是 PLC 应用于工业控制的一个重要环节。编程简单、易于掌握是 PLC 的一个重要特点。早期 PLC 主要用于替代继电器控制装置，为使广大工程技术人员能很快掌握 PLC 的编程方法，有利于推广这一新型工业控制装置，PLC 不采用微型计算机的编程语言而是吸收电气技术人员最为熟悉的继电器电路图的特点，系统软件为用户创立一套易学易懂、应用简便的编程语言——梯形图，作为最早、使用最普遍的编程语言一直沿用至今。

第一节　PLC 的编程语言

所谓编程语言是指用户程序的表达方式。随着 PLC 技术的深入发展，其编程语言呈现多样化并成为 PLC 软件发展的一个重要方向。

现代 PLC 常用的编程语言主要有以下几种：

一、梯形图及其格式

梯形图（Ladder Diagram）是目前应用最为广泛、最受电气技术人员欢迎的一种编程语言，具有简单、直观、易学易懂的特点。它采用常开触点、常闭触点构成组合逻辑电路驱动各类软器件线圈或功能指令块实现一定的逻辑运算、算术运算或数据的传送、变换与外部输出等功能。其表达形式类似于继电器电路图。如图 4-1a 所示为接触器的起、停控制电路，图 4-1b 为 PLC 输出的起、停控制梯形图。图 4-2 是 PLC 的 I/O 外部接线图。图中 SB1、SB2 分别为硬件起动按钮与停止按钮。X0 与 X1 为 I/O 映像区中的软器件输入继电器，它们的状态决定 X0、X1 端子外接的起动按钮与停止按钮（外接常开触点）在输入采样阶段的状态。可见两种图形结构类似并采用类似的图形符号。继电器电路图与梯形图有两个重要区别，其一是继电器电路图为并行工作方式而梯形图为串行工作方式；另一个重要区别是在继电器线路图中受硬件条件限制，各类器件如图中按钮与接触器的常开、常闭触点的数量是有限的，而梯形图中各类软器件用于内部编程的常开、常闭触点使用次数不受限制。这是因为

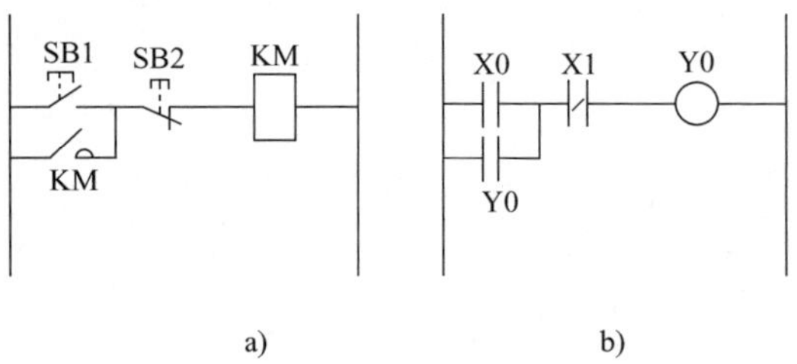

图 4-1　继电器电路图与梯形图

a）继电器电路图　b）梯形图

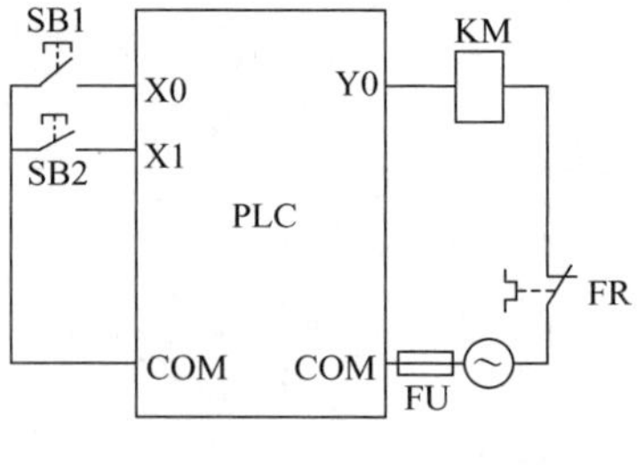

图 4-2　PLC 的 I/O 端口接线

PLC 内部调用的常开、常闭触点实质是位元件的电平信号，而内部电子电路采用的 COMS RAM 电子电路功耗极小，从而在有限的用户程序容量内其使用次数不受限制。

在梯形图左右两侧的直线称为左右母线，它相当于继电器电路图中的左右电源线。与左母线相连的控制电路通常是一个由常开、常闭触点组成的逻辑电路，与右母线相连接的是输出线圈、其他各类软器件的逻辑线圈或功能指令块。在梯形图中右母线有时也可以省略。

二、指令语句表及其格式

指令语句表（Instruction List）简称为语句表，它是梯形图的一种派生语言，类似于汇编语言，但更简单。它采用助记符形式的各类指令语句来描述梯形图的逻辑运算、算术运算、数据传送与处理或程序执行中的某些特定功能，与梯形图之间有着严格的一一对应关系。语句表编程语言的最大特点是便于用户程序的输入、读出与修改，采用没有大屏幕显示，无梯形图编程功能的携带式简易编程器就能方便地完成用户程序的输入。

语句表的基本格式是：操作码 + 操作数。操作码表示某条指令执行何种操作。为便于识别和记忆，采用助记符形式。操作数表示该指令的操作对象，通常以软器件的地址或数据内容等形式出现。例如图 4-1 中的梯形图可以用下述几条语句来描述：

序号	操作码	操作数	程序步数	指令功能
0	LD	X0	1	从母线开始取用 X0 的常开触点
1	OR	Y0	1	并联 Y0 常开触点（“或”运算）
2	ANI	X1	1	串联 X1 的常闭触点（“与”运算）
3	OUT	Y0	1	Y0 线圈输出

又如图 4-3 是一个带有功能指令块的 FX_{2N} 系列 PLC 的梯形图，表 4-1 列出了与其对应的指令语句表。

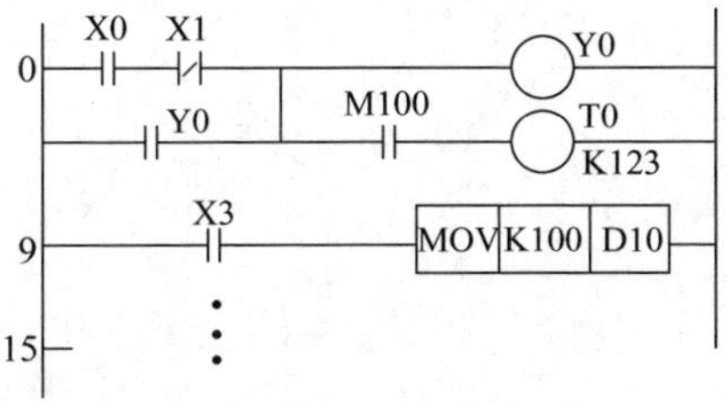

图 4-3　PLC 梯形图

表 4-1　指令语句表

步序	操作码（助记符）	操作数（操作件号）	指令功能
1	LD	X0	从母线开始取 X0 常开触点
2	ANI	X1	串联 X1 常闭触点
3	OR	Y0	并联 Y0 常开触点
4	OUT	Y0	驱动 Y0 线圈
5	AND	M100	串联 M100 常开触点
6	OUT	T0	连续驱动 T0 线圈（3 步）
	K	123	设定定时器延时值为 12.3s
9	LD	X3	从母线开始取 X3 常开触点
10	FNC（MOV）	12	16 位数据传送（功能号 12，为 5 步指令）
		K100	十进制常数 100 为源数据
15		D10	地址编号为 10 的 16 位数据寄存器为目标数
⋮	⋮	⋮	

本书将以 FX_{2N} 系列 PLC 为例进一步说明 PLC 的基本指令、步进指令和功能指令系统。

三、顺序功能图及其格式

顺序功能图（Sequential Function Chart，SFC）编程语言，是近年来国际电工协会

(IEC) 大力推广并为之建立的新的编程标准。各国的一些主要 PLC 生产厂家（如日本三菱公司、德国西门子公司、美国 AB 公司等）生产的 PLC 产品都具备顺序功能图编程功能。

顺序功能图又称为功能表图或状态转移图。它是将一个完整的控制过程分解为若干个阶段（状态），各阶段有不同的动作或其他各种控制内容，阶段之间有一定的转换条件，一旦条件满足就实现状态的自动转移，上一阶段结束，下一阶段动作开始直至完成整个过程的控制要求。这种编程语言特别适用于复杂的顺序控制过程。状态器是实现 SFC 编程功能的专用编程软器件。

图 4-4 是一个由 PLC 控制的机械手自动方式下的状态转移图，在自动方式下只要满足一定条件就置初态 S2 为 1，从下降开始直到左移回到原位，自动完成整个控制过程。

顺序功能图与梯形图和指令语句之间有一一对应关系，能够相互转换。

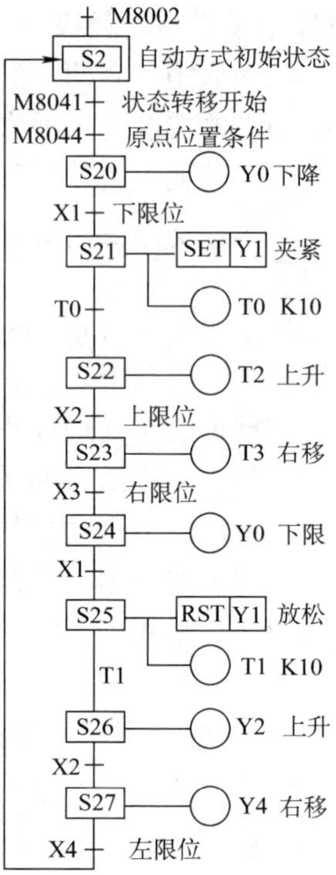

图 4-4 机械手自动方式下状态转移图

四、级式编程语言

级式编程语言（Stage）是类似功能图的图形编程语言，如图 4-5 所示。它沿用了梯形图编程方法，并在 PLC 内部开发了供编程使用的通用与专用编程元件和指令（状态元件、级式指令），我国华光公司 PLC 产品采用级式编程语言。

五、逻辑图编程语言

逻辑图（Logic Chart）编程语言也是一种图形编程语言。采用逻辑电路规定的“与”“或”“非”等逻辑图符号，依控制顺序组合而成，是国际电工协会（IEC）颁布的 PLC 编程语言之一。图 4-6 就是用此语言编制的一段 PLC 程序。

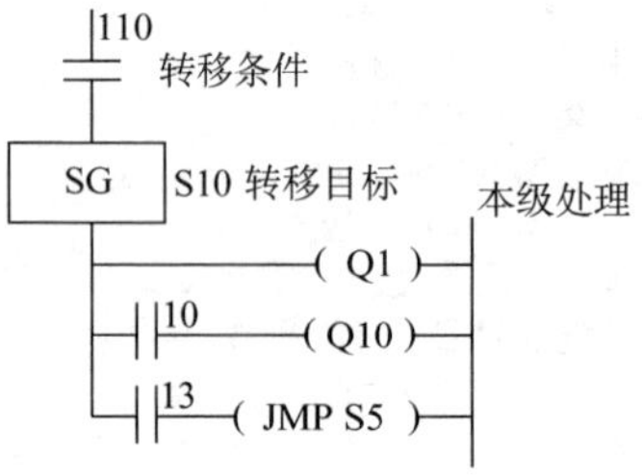


```
21  SG    S10  （ 级S10登记 ）
22  OUT   Q1   （ 无条件输出 ）
23  LD    10   }（ 条件输出 ）
24  OUT   Q10  }
25  LD    13   （ 级转移条件 ）
26  JMP   S5   （  转移目标  ）
```

图 4-5 级式语言图与语句表程序

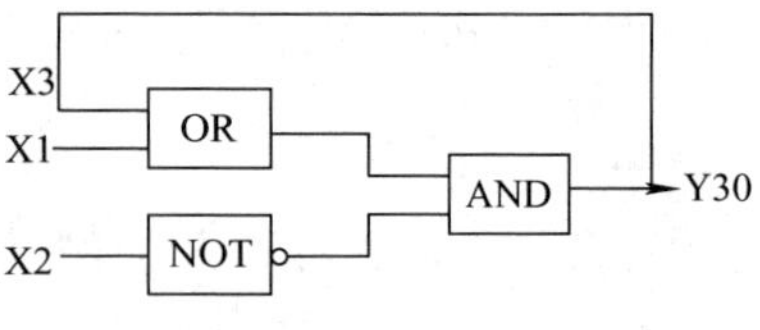

图 4-6 逻辑符号图程序

六、高级编程语言

随着软件技术的发展，为增强 PLC 的运算功能和数据处理能力并方便用户使用，许多中、大型 PLC 已采用如类似 BASIC、FORTRAN、PASCAL、C 语言等高级语言的 PLC 专用编程语言，实现程序的自动编译。

第二节 PLC 的基本指令及其编程应用

FX_{2N}系列 PLC 的指令系统分三种类型共 227 条，其中基本指令 27 条，步进指令 2 条，功能指令 198 条。

一、PLC 的基本指令

基本指令是实现 PLC 基本功能即逻辑运算、顺序控制、定时与计数控制的指令系统。FX_{2N}系列 PLC 的 27 条基本指令可分为 4 种类型，各类指令的基本格式是：操作码 + 操作数。现将各类指令的助记符（操作码）、指令功能、操作数选用范围以及占用程序步数分别介绍如下：

1. 触点取用与线圈输出指令　LD、LDI、OUT、LDP、LDF 共 5 条。表 4-2 列出了这 5 条指令的指令助记符、功能、操作数的范围及其占用程序步数。

表 4-2　触点取用与线圈输出指令

指令助记符	指令功能	操作数	程序步数
LD（Load）	从公共母线开始取用常开触点（取）	X、Y、M、S、T、C	1
LDI（Load Inverse）	从公共母线开始取用常闭触点（取反）	X、Y、M、S、T、C	1
OUT	线圈驱动（输出）线圈并联可连续使用	Y、M、S、T、C（T、C 后紧跟常数）	Y、M 1 S 特殊 M 2 T 3 C 3～5
LDP	取脉冲上升沿执行一个扫描周期	X、Y、M、S、T、C	2
LDF	取脉冲下降沿执行一个扫描周期	X、Y、M、S、T、C	2

其中 LD、LDI 是从公共母线开始取用常开、常闭触点指令，OUT 是线圈逻辑状态位输出指令，但不适用于输入继电器 X。图 4-7 梯形图表示上述三条指令的应用。

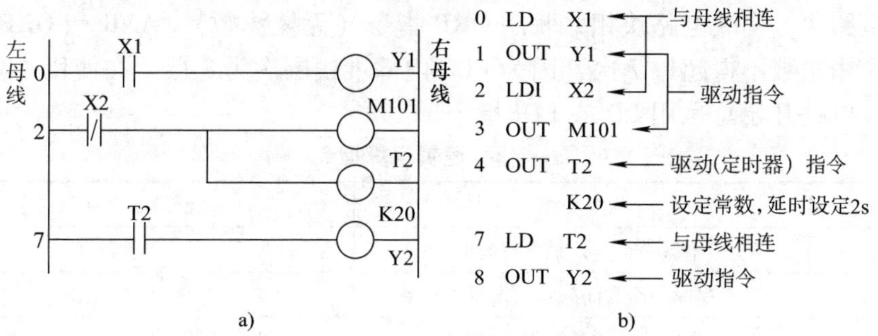

图 4-7　LD、LDI、OUT 指令的应用
a）梯形图　b）语句表

其中LDP、LDF从公共母线开始取脉冲上升沿和下降触点指令执行的梯形图如图4-8所示。

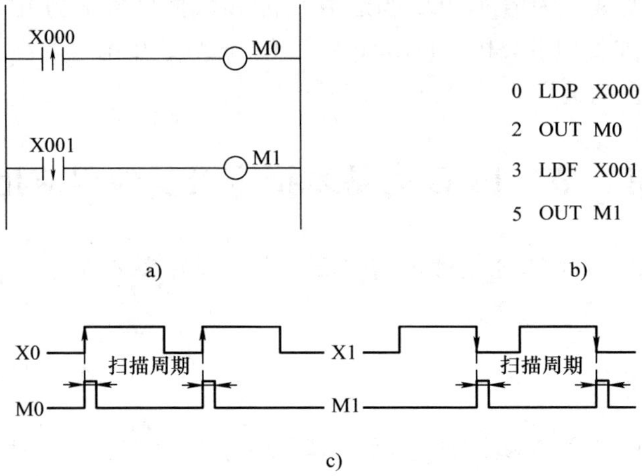

图4-8 LDP、LDF指令的应用
a）梯形图 b）语句表 c）时序图

图4-8中，X000由ON→OFF时或由OFF→ON变化时，M0或M1仅有一个扫描周期接通。

当用于定时器T与计数器C时必须紧接设置常数K。图4-9说明地址相同的输出线圈Y3重复使用时的输出结果是后面线圈的动作有效。

2. 逻辑运算指令 AND、ANI、OR、ORI、ANB、ORB、ANDP、ANDF、ORP、ORF共10条。

表4-3列出了这10条指令的助记符、功能、操作数与占用程序步数。

AND、ANI为单个触点"与"运算指令，OR、ORI为单个触点"或"运算指令。

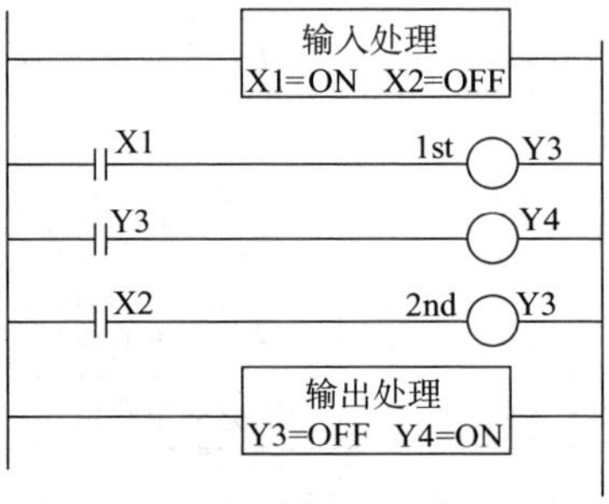

图4-9 输出线圈重复使用的程序执行

两个或两个以上（个数不限）触点相并联连接电路称并联电路块，并联电路块相串联用ANB指令（无操作数）。两个或两个以上（个数不限）触点相串联电路称串联电路块，串联电路块相并联用ORB指令（无操作数）。ANB和ORB指令可以连续使用，但使用次数不得超过7次，因为PLC内部堆栈层次为8层。在使用ANB与ORB指令时，每个块电路开始总是用LD或LDI指令。

表4-3 逻辑运算指令

指令助记符	指令功能	操作数	程序步数
AND	串联一个常开触点（与）	X、Y、M、S、T、C	1
ANI	串联一个常闭触点（与非）	X、Y、M、S、T、C	1
OR	并联一个常开触点（或）	X、Y、M、S、T、C	1
ORI	并联一个常闭触点（或非）	X、Y、M、S、T、C	1

（续）

指令助记符	指令功能	操作数	程序步数
ANB（And Block）	两块电路串联（块与）	无	1
ORB（Or Block）	两块电路并联（块或）	无	1
ANDP	脉冲上升沿串联执行一个扫描周期	X、Y、M、S、T、C	2
ANDF	脉冲下降沿串联执行一个扫描周期	X、Y、M、S、T、C	2
ORP	脉冲上升沿并联执行一个扫描周期	X、Y、M、S、T、C	2
ORF	脉冲下降沿并联执行一个扫描周期	X、Y、M、S、T、C	2

图 4-10 ~ 图 4-14 表示上述 10 条指令的应用。

图 4-10 中步序 6 为线圈连续输出纵接串联指令，只要沿扫描顺序纵接连续输出次数不受限制。但由于受图形编程器和打印机的限制，一行不能超过 10 个触点和一个线圈，连续输出总共不超过 24 行。

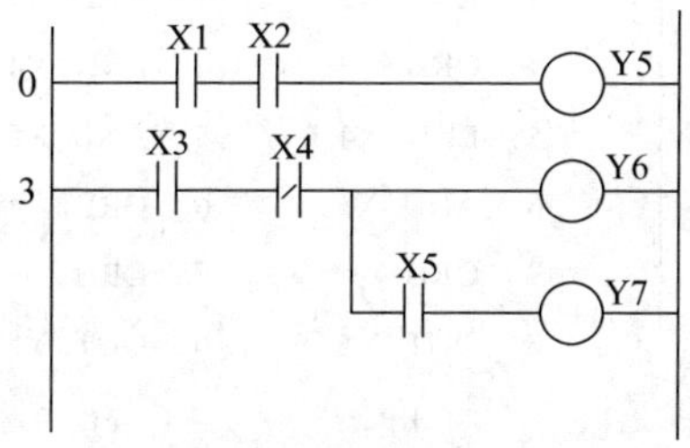


```
0  LD   X1
1  AND  X2 ← 串联常开触点
2  OUT  Y5
3  LD   X3
4  ANI  X4 ← 串联常闭触点
5  OUT  Y6
6  AND  X5
7  OUT  Y7
```

a)　　b)

图 4-10　AND、ANI 指令的应用

a）梯形图　b）语句表

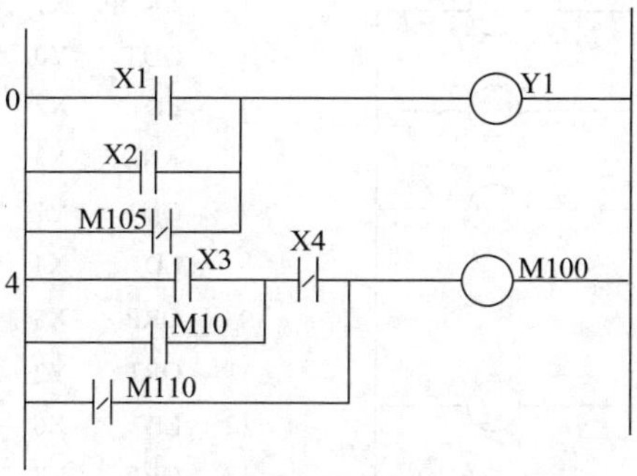


```
0  LD   X1
1  OR   X2      并联触点
2  ORI  M105
3  OUT  Y1
4  LD   X3
5  OR   M100
6  ANI  X4      并联触点
7  ORI  M110
8  OUT  M100
```

a)　　b)

图 4-11　OR、ORI 指令的应用

a）梯形图　b）语句表

3. 内部信息与器件状态处理指令　MPS、MRD、MPP、PLS、PLF、SET、RST 共 7 条。表 4-4 列出了这 7 条指令的助记符、功能、操作数及与占用程序步数。

其中 MPS、MRD、MPP 称为多重输出指令，用于多重输出电路。可以用 MPS 指令将触

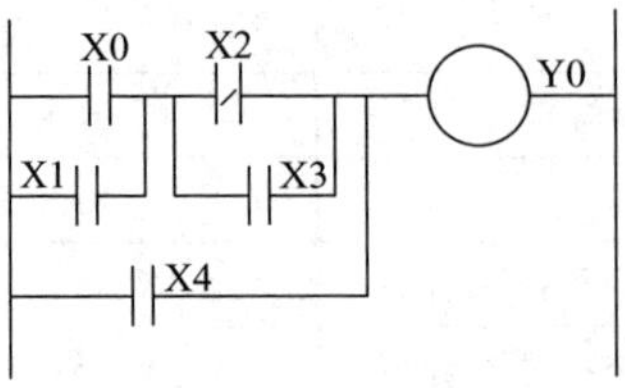

a)

0	LD	X0
1	OR	X1
2	LDI	X2
3	OR	X3
4	ANB	
5	OR	X4
6	OUT	Y0

b)

图 4-12 ANB 指令的应用

a）梯形图 b）语句表

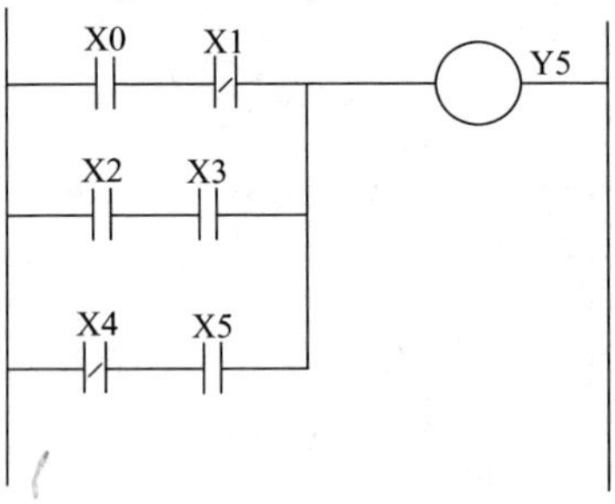

a)

推荐程序

0	LD	X0
1	ANI	X1
2	LD	X2
3	AND	X3
4	ORB ←	
5	LDI	X4
6	AND	X5
7	ORB ←	
8	OUT	Y5

b)

不推荐程序

0	LD	X0
1	ANI	X1
2	LD	X2
3	AND	X3
4	LDI	X4
5	AND	X5
6	ORB ←	
7	ORB ←	
8	OUT	Y5

c)

图 4-13 ORB 指令的应用

a）梯形图 b）、c）语句表

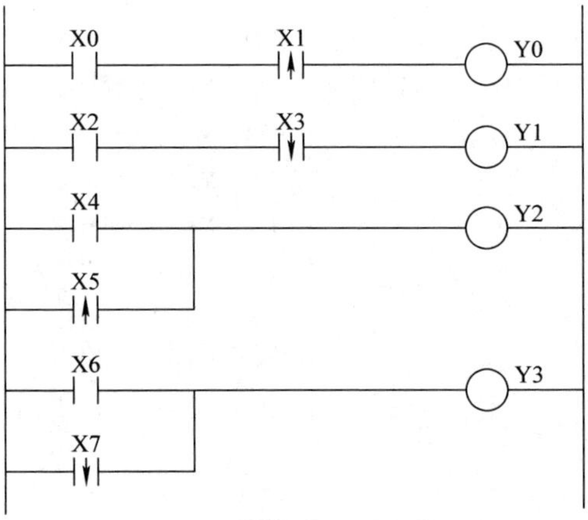

a)

0	LD	X0
1	ANDP	X1
3	OUT	Y0
4	LD	X2
5	ANDF	X3
7	OUT	Y1
8	LD	X4
9	ORP	X5
11	ORT	Y2
12	LD	X6
13	ORF	X7
14	OUT	Y3

b)

图 4-14 ANDP、ANDF、ORP、ORF 指令的应用

a）梯形图 b）语句表

点状态储存起来（进栈），需要时可以用 MRD 或 MPP 指令读出。对于同一个触点状态 MRD 指令可以多次使用，读出后栈内容不变，各层内容也不移动。而 MPP 指令只能使用一次，

读出后栈内容消失（全零）。3 条指令中 MPS 与 MPP 必须成对使用且连续使用应少于 11 次。因为 FX_{2N}系列 PLC 中只有 11 个栈寄存器。当使用 MPS 指令进栈时当时的运算结果压入栈的第一层，则栈中原有内容依次下移。在使用 MPP 指令弹出第一层内容时各层内容依次上移。图 4-15 ~ 图 4-18 为这组指令的使用说明。

表 4-4　信息与器件状态处理指令

指令助记符	指令功能	操　作　数	程序步数
MPS（Push）	进栈	无	1
MRD（Read）	读栈	无	1
MPP（Pop）	出栈	无	1
PLS	信号上升沿微分输出（一个扫描周期）	Y、M（特殊 M 除外）	2
PLF	信号下降沿微分输出（一个扫描周期）	Y、M（特殊 M 除外）	2
SET	被操作元件置位并保持	Y、M、S	Y、M　1 S、特殊 M　2
RST（Reset）	被操作元件复位并保持或清零	Y、M、S D、V、Z、T、C	Y、M　1 S、T、C、特殊 M　2 D、V、Z、特殊 D　3

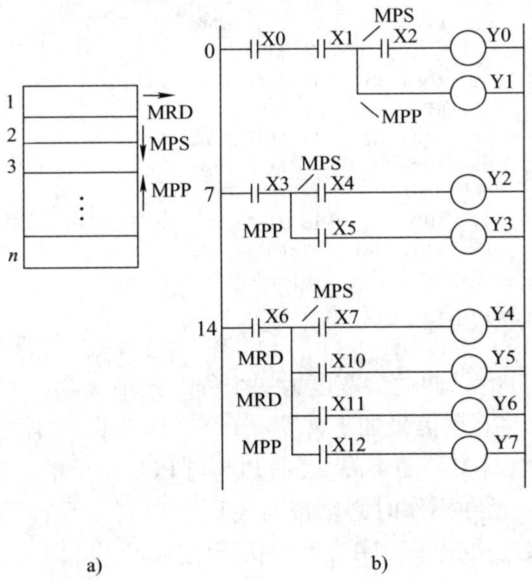


```
0  LD   X0              14 LD   X6
1  AND  X1              15 MPS
2  MPS  (状态入栈)       16 AND  X7
3  AND  X2              17 OUT  Y4
4  OUT  Y0              18 MRD  (读取15状态)
5  MPP  (状态出栈)       19 AMD  X10
6  OUT  Y1              20 OUT  Y5
7  LD   X3              21 MRD
8  MPS                  22 AND  X11
9  AND  X4              23 OUT  Y6
10 OUT  Y2              24 MPP
11 MPP                  25 AND  X12
12 AND  X5              26 OUT  Y7
13 OUT  Y3
```

c)

图 4-15　栈存储器与多重输出指令的应用

a）栈存储器　b）多重输出梯形图　c）语句表

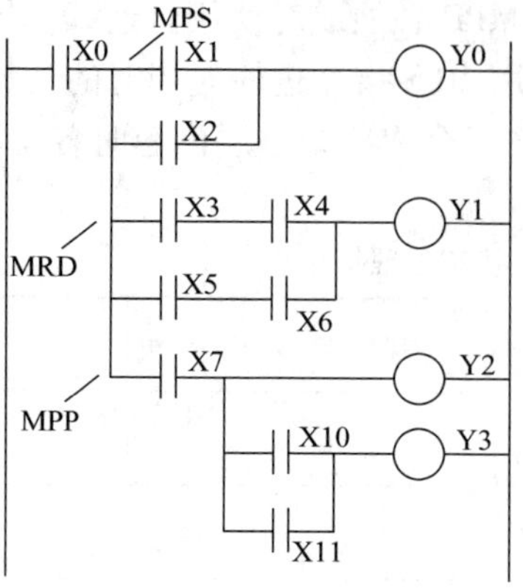

0	LD	X0	12	ANB	
1	MPS		13	OUT	Y1
2	LD	X1	14	MPP	
3	OR	X2	15	AND	X7
4	ANB		16	OUT	Y2
5	OUT	Y0	17	LD	X10
6	MRD		18	OR	X11
7	LD	X3	19	ANB	
8	AND	X4	20	OUT	Y3
9	LD	X5			
10	AND	X6			
11	ORB				

图4-16 一层栈电路

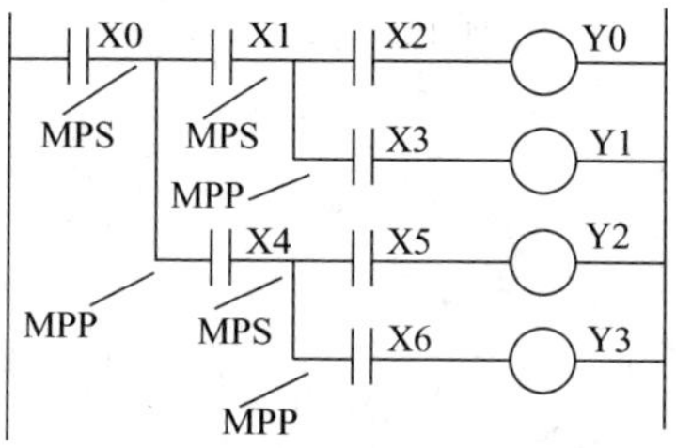

0	LD	X0	9	MPP	
1	MPS		10	AND	X4
2	AND	X1	11	MPS	
3	MPS		12	AND	X5
4	AND	X2	13	OUT	Y2
5	OUT	Y0	14	MPP	
6	MPP		15	AND	X6
7	AND	X3	16	OUT	Y3
8	OUT	Y1			

图4-17 二层栈电路

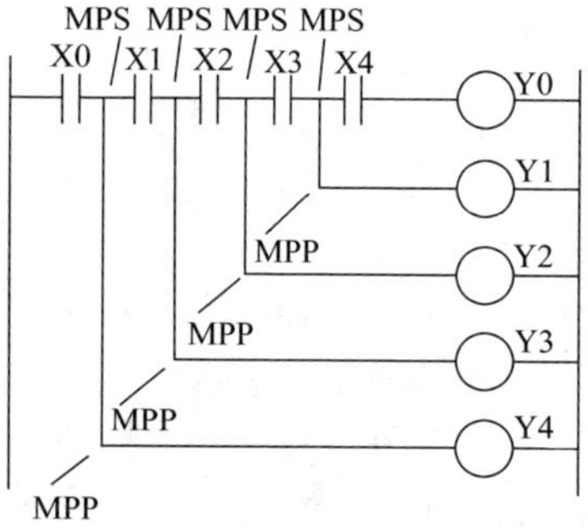

0	LD	X0	9	OUT	Y0
1	MPS		10	MPP	
2	AND	X1	11	OUT	Y1
3	MPS		12	MPP	
4	AND	X2	13	OUT	Y2
5	MPS		14	MPP	
6	AND	X3	15	OUT	Y3
7	MPS		16	MPP	
8	AND	X4	17	OUT	Y4

图4-18 四层栈电路

PLS与PLF称为脉冲输出指令，被操作元件的脉冲输出宽度为一个程序扫描周期。其中PLS是在信号的上升沿输出，而PLF的输出是发生在信号的下降沿。PLS、PLF指令不能应用于输入继电器X、状态器S和特殊型辅助继电器M。图4-19表示PLS与PLF指令的应用。

SET、RST称为强迫置位与复位指令，对位元件操作时必须成对使用，对同一元件可以多次使用SET与RST指令，顺序可任意，其状态决定于程序最后的执行结果。

图4-20所示为SET、RST指令应用于位元件。

RST指令也可单独应用于T、C、D、V、Z等字元件的清零，如图4-21所示。当X0接通时T246复位，当前值清零，其触点复位。X1接通期间T246对1ms时钟脉冲计数，累积计数到1234时Y0动作。32位双向计数器C200根据M8200状态对X4端子输入脉冲进行加计数（M8200状态为0）或减计数（X2接通M8200置1），当计数值达到D1、D0所存的设定值时C200线圈置位，Y1置1，当X3接通C200复位，当前值清零，Y1值0。

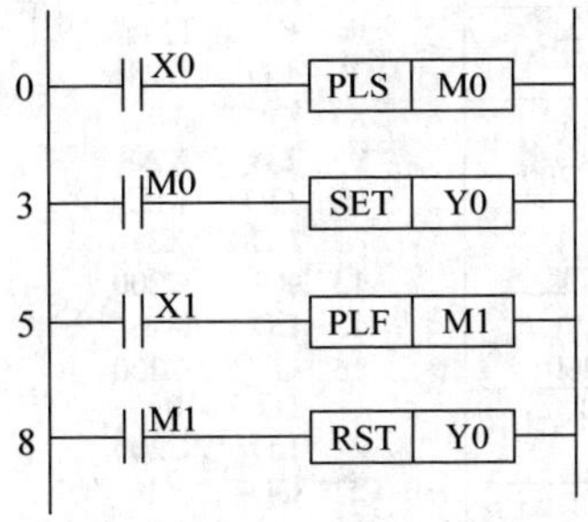

a)

0	LD	X0	
1	PLS	M0	2步指令
3	LD	M0	
4	SET	Y0	
5	LD	X1	
6	PLF	M1	2步指令
8	LD	M1	
9	RST	Y0	

b)

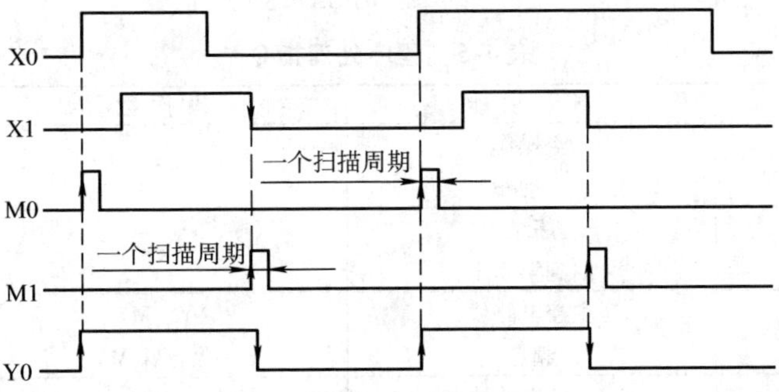

c)

图4-19　PLS与PLF指令的应用

a）梯形图　b）语句表　c）时序图

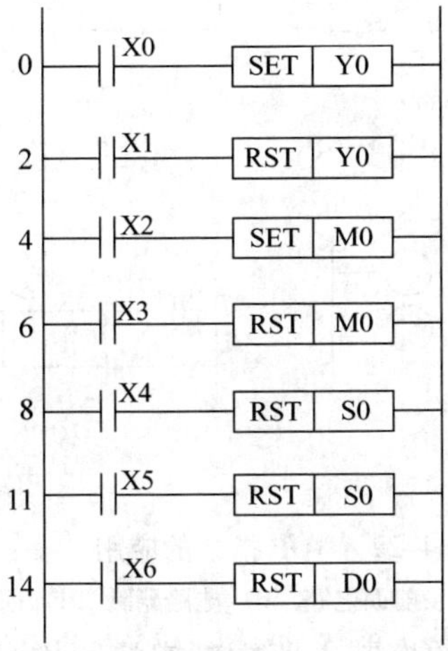

a)

0	LD	X0
1	SET	Y0
2	LD	X1
3	RST	Y0
4	LD	X2
5	SET	M0
6	LD	X3
7	RST	M0
8	LD	X4
9	SET	S0
11	LD	X5
12	RST	S0
14	LD	X6
15	RST	D0

b)

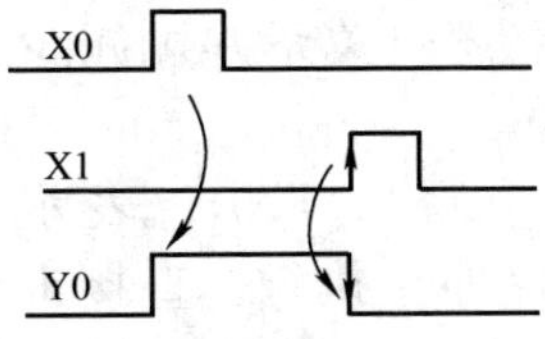

c)

图4-20　SET、RST指令应用于位元件

a）梯形图　b）语句表　c）时序图

4. 程序处理指令　NOP、END、MC、MCR、INV共5条。

表4-5列出了这5条指令的助记符、功能、操作数及占用程序步数。

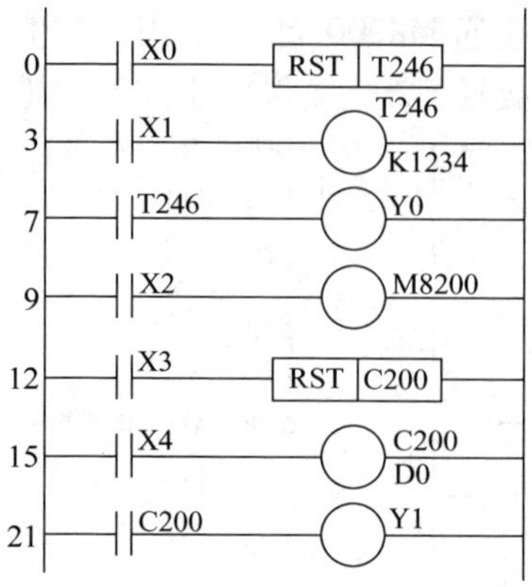


```
0   LD    X0
1   RST   T246
3   LD    X1
4   OUT   T246
    K     1234
7   LD    T246
8   OUT   T0
9   LD    X2
10  OUT   M8200
12  LD    X3
13  RST   C200
15  LD    X4
16  OUT   C200
    D     0
21  LD    C200
22  OUT   Y1
```

b)

图 4-21 RST 指令应用于 T、C、D、V、Z

a）梯形图 b）语句表

表 4-5 程序处理指令

指令助记符	指 令 功 能	操 作 数	程 序 步 数
NOP	空操作 无动作	无	1
END	程序结束 回到第 0 步	无	1
MC N 级号 (Master Control)	主控电路块 起点	Y、M (除特殊 M)	3
MCR N 级号 (Master Control Reset)	主控电路块 终点	N (嵌块级号)	2
INV	前序指令结果反转	无	1

图 4-22 所示为 NOP 指令的应用。用 NOP 指令替换已写入指令可以改变电路逻辑关系并可减少步序号的变更。

在程序中写入 END，表示 END 以后程序停止执行，直接进行输出处理（同时刷新监视时钟）。在程序调试或软件故障分析中可以用 END 指令分阶段调试与分析，然后分段清除 END 指令。

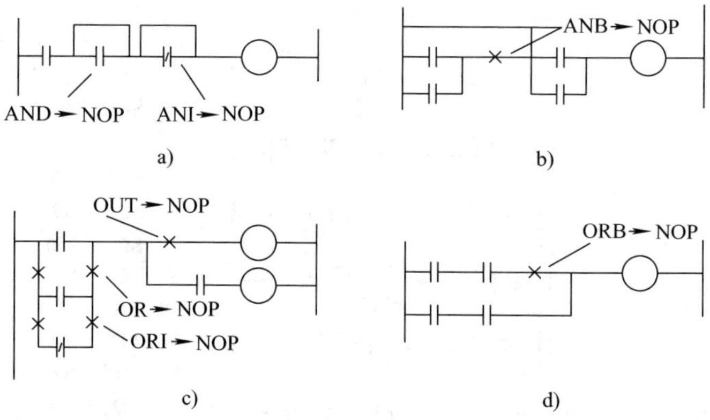

图 4-22 NOP 指令的应用

a）触点短接 b）短接前面电路 c）电路删除 d）前面电路删除

MC 指令用于公共串联触点的连接。在编程时，经常会遇到多个线圈同时受一个或一组触点控制。如果在每个线圈的控制电路中都串接同样触点，则多占存储单元，程序就长，此时若使用 MC 指令更为合理。MCR 为主控复位指令，即 MC 的复位指令，MC 与 MCR 指令必须成对使用。在梯形图中，主控指令 MC 触点与母线相连，并与其他触点垂直。图 4-23 所示为 MC 与 MCR 指令的使用。

图 4-23 中若 M100 = ON 则执行 N0 号 MC 指令，公共母线移至 MC 触点之后，执行串联触点以后程序，直至 MCRN0 指令，MC 复位，公共母线恢复至 MC 触点之前。当 M100 =

OFF，不执行 MC 与 MCR 之间程序，这部分程序中的非积算定时器、用 OUT 指令驱动的元件复位，积算定时器、计数器及用 SET/RST 指令驱动的元件保持当前的状态。MC 指令可以嵌套使用，嵌套级 N 的编号按 0 ~ 7 顺次增大，返回时用 MCR 指令从 N 大到小逐级解除。特殊用途辅助继电器不能用作 MC 指令的操作元件。

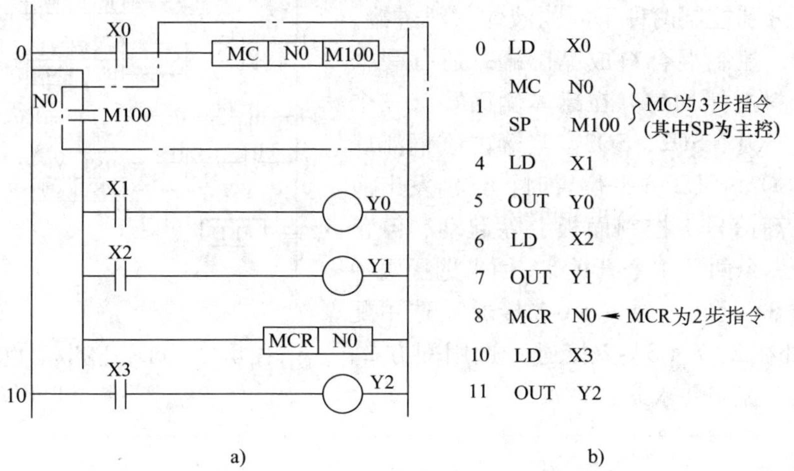

图 4-23 MC 与 MCR 指令的应用

a）梯形图 b）语句表

图 4-24 所示为 INV 指令的应用。

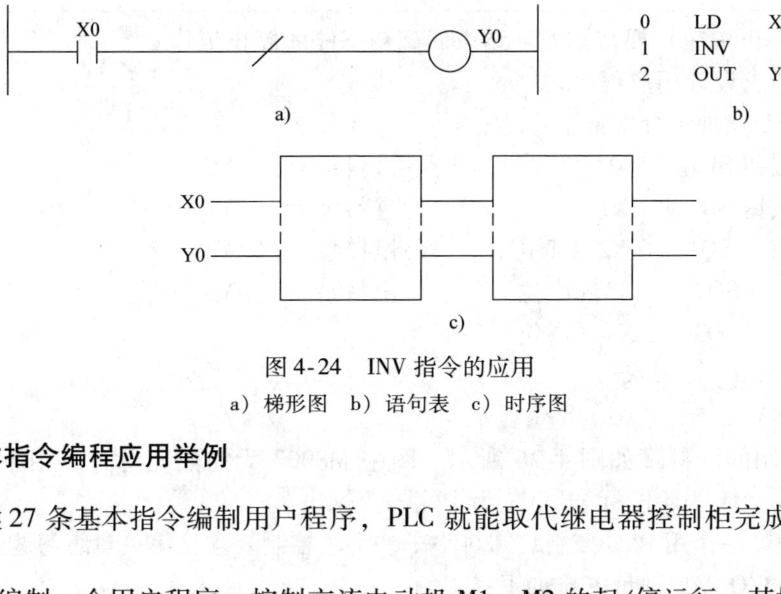

图 4-24 INV 指令的应用

a）梯形图 b）语句表 c）时序图

二、基本指令编程应用举例

应用上述 27 条基本指令编制用户程序，PLC 就能取代继电器控制柜完成各种开关量的逻辑控制。

例 4-1 编制一个用户程序，控制交流电动机 M1、M2 的起/停运行。其控制要求是：

1）M1 起动 40s 后方允许 M2 起动；

2）M2 停止运行 30s 后，方允许 M1 停止运行。

解 1）设 I/O 端口安排如下：

M1：起动按钮 SB1 接 X0 起/停控制接触器 KM1 接 Y0 停止按钮 SB2 接 X1。

M2：起动按钮 SB3 接 X2 起/停控制接触器 KM2 接 Y1，停止按钮 SB4 接 X3。

2）如图 4-25 所示，图中辅助继电器 M0 和 M1 分别为两台电动机的起动与停止标志信号，用于定时控制。在完成第二台电动机起动和第一台电动机停止后应及时复位。可见程序中所有 SET 和 RST 指令都是成对出现的。

例 4-2　有一种试剂由混料罐配制。混料罐有两个进料泵分别控制两种不同的液体材料进罐，有一个出料泵，控制混合料成品出罐，还有一个搅拌泵将混合料搅拌均匀。在罐体侧面装有三个液位控制开关 SQ1、SQ2、SQ3。当罐内磁钢浮球到达与 SQ1、SQ2、SQ3 齐平位置时，分别发出液位的低、中、高信号。控制面板上除起动、停止按钮外，还有一个两位主令开关 SA 用来选择两种不同配方，当 SA 处在 1 位（SA-1 接通）选用配方 1，当 SA 处在 2 位（SA-2 接通）选用配方 2。配料工艺过程与控制要求是：

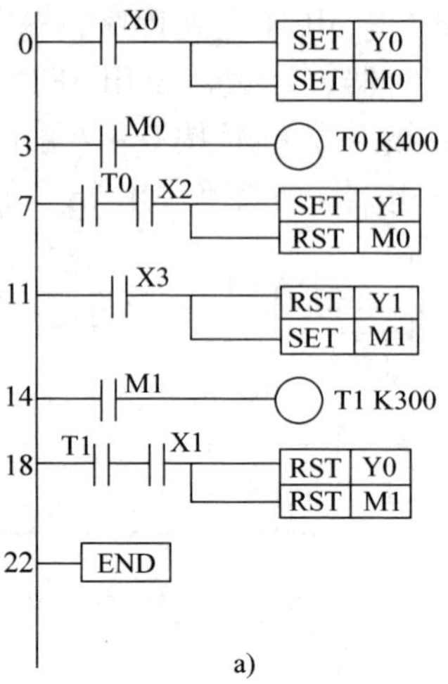

a)

```
0   LD    X0
1   SET   Y0
2   SET   M0
3   LD    M0
4   OUT   T0
    K     400
7   LD    T0
8   AND   X2
9   SET   Y1
10  RST   M0
11  LD    X3
12  RST   Y1
13  SET   M1
14  LD    M1
15  OUT   T1
    K     300
18  LD    T1
19  AND   X1
20  RST   Y0
21  RST   M1
22  END
```

b)

图 4-25　PLC 控制两台电动机运行

a）梯形图　b）语句表

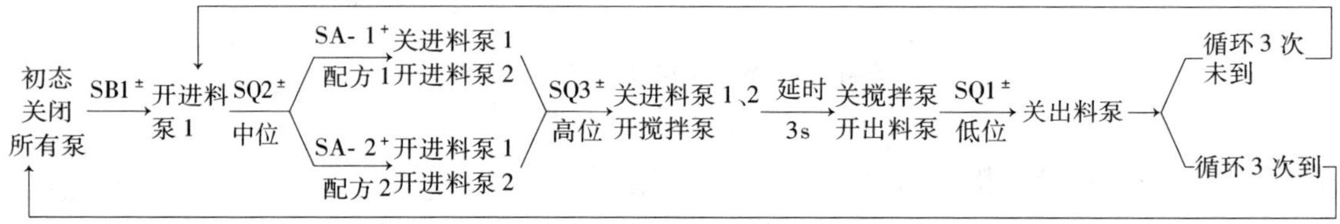

中途停止（按停止按钮）要待本循环结束回到初态停才停止工作。

试按上述控制要求设计用户程序。

解　1）令 I/O 地址分配如下：

起动按钮 SB1	X0	进料泵 1	Y0
停止按钮 SB2	X1	进料泵 2	Y1
液位信号 SQ1	X2（低位）	搅拌泵 2	Y2
SQ2	X3（中位）	出料泵	Y3
SQ3	X4（高位）		
配方 SA-1	X5		
SA-2	X6		

2）PLC 控制的混料罐如图 4-26 所示。图中 M8002 为初始化脉冲，用于初始化处理。M0 为循环标志，M1 为阶段标志，M2 为中途停止标志。

例 4-3　设计一个用 PLC 控制装卸料小车，小车控制要求见第一章练习题 1-24。

解　1）令 I/O 端口地址安排如下：

起动按钮 SB2	X0	小车运行电动机前进	KM1	Y0
停止按钮 SB1	X1	小车运行电动机后退	KM2	Y1
原位开关 SQ1	X2	1 位装料	KM3	Y2
1 位开关 SQ2	X3	2 位装料	KM4	Y3
2 位开关 SQ3	X4	原位卸料	KM5	Y4

2）PLC 控制的装卸小车如图 4-27 所示。其中 M0 为小车运行循环标志，M1、M2、

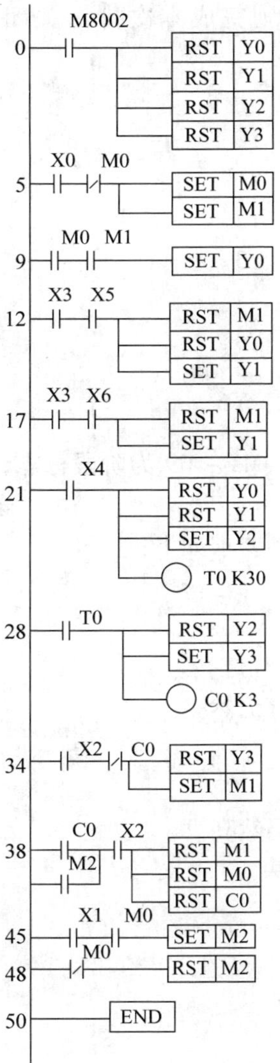

0	LD	M8002
1	RST	Y0
2	RST	Y1
3	RST	Y2
4	RST	Y3
5	LD	X0
6	ANI	M0
7	SET	M0
8	SET	M1
9	LD	M0
10	AND	M1
11	SET	Y0
12	LD	X3
13	AND	X5
14	RST	M1
15	RST	Y0
16	SET	Y1
17	LD	X3
18	AND	X6
19	RST	M1
20	SET	Y1
21	LD	X4
22	RST	Y0
23	RST	Y1
24	SET	Y2
25	OUT	T0
	K	30
28	LD	T0
29	RST	Y2
30	SET	Y3
31	OUT	C0
	K	3
34	LD	X2
35	ANI	C0
36	RST	Y3
37	SET	M1
38	LD	C0
39	OR	M2
40	AND	X2
41	RST	M1
42	RST	M0
43	RST	C0
45	LD	X1
46	AND	M0
47	SET	M2
48	LDI	M0
49	RST	M2
50	END	

b)

图 4-26　PLC 控制的混料罐

a）梯形图　b）语句表

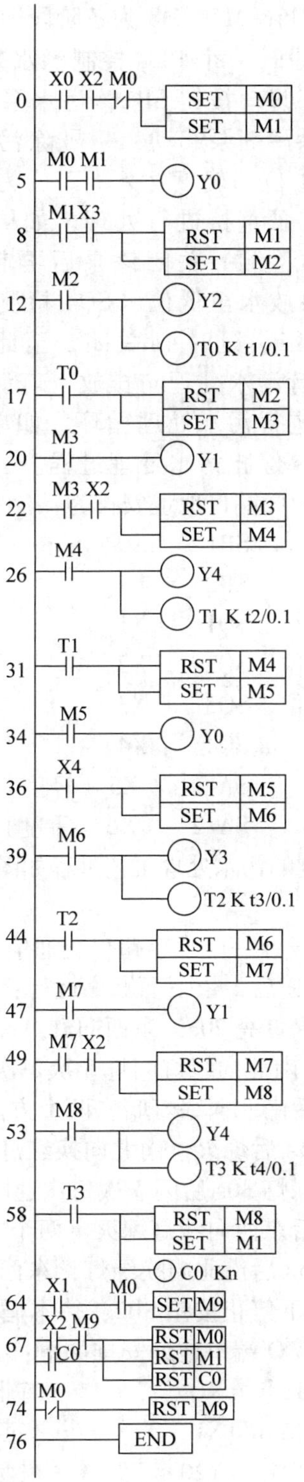

0	LD	X0
1	AND	X2
2	ANI	M0
3	SET	M0
4	SET	M1
5	LD	M0
6	AND	M1
7	OUT	Y0
8	LD	M1
9	AND	X3
10	RST	M1
11	SET	M2
12	LD	M2
13	OUT	Y2
14	OUT	T0
	K	t1/0.1
17	LD	T0
18	RST	M2
19	SET	M3
20	LD	M3
21	OUT	Y1
22	LD	M3
23	AND	X2
24	RST	M3
25	SET	M4
26	LD	M4
27	OUT	Y4
28	OUT	T1
	K	t2/0.1
31	LD	T1
32	RST	M4
33	SET	M5
34	LD	M5
35	OUT	Y0
36	LD	X4
37	RST	M5
38	SET	M6
39	LD	M6
40	OUT	Y3
41	OUT	T2
	K	t3/0.1
44	LD	T2
45	RST	M6
46	SET	M7
47	LD	M7
48	OUT	Y1
49	LD	M7
50	AND	X2
51	RST	M7
52	SET	M8
53	LD	M8
54	OUT	Y4
55	OUT	T3
	K	t4/0.1
58	LD	T3
59	RST	M3
60	SET	M1
61	OUT	C0
	K	n
64	LD	X1
65	AND	M0
66	SET	M9
67	LD	X2
68	AND	M9
69	OR	C0
70	RST	M0
71	RST	M1
72	RST	C0
74	LDI	M0
75	RST	M9
76	END	

b)

图 4-27　PLC 控制的装卸小车

a）梯形图　b）语句表

M3、M4、M5、M6、M7、M8 为各阶段运行标志，M9 为停车标志。

例 4-4 试设计一个 PLC 控制污水处理的工艺过程的用户程序。污水处理工艺和控制过程是：按下起动按钮 SB1，污水泵起动，污水到位后（由位置开关 SQ1 控制）污水泵停，一号除污剂泵起动，一号除污剂到位（SQ2 控制）关闭。根据污水程度选择主令开关 SA（1 位为轻度污水，2 位为重度污水）决定除污剂添加方法。如果是轻度污水则起动搅拌泵直接进行处理。如果是重度污水则先起动二号除污剂泵，待二号除污剂到位（SQ3 检测）关闭该泵后再起动搅拌泵进行处理。搅拌泵运行 10s 后关闭，然后起动放水泵放水至低位（SQ4 检测）关闭放水泵延时 1s，罐底打开，污物自动落下，计数器累加 1，延时 4s 关闭，至此排污工艺一个循环结束。当计数器值不到 5 则延时 2s 继续进行污水处理与排放，若计数器达到 5 次，则延时 2s 后起动污物小车，再延时 6s 后继续进行污水处理循环。如果中途按下停止按钮 SB2，则完成本次排污关闭罐底门后延时 2s 停止污水处理过程。

解 1）设 I/O 端口地址安排为：

起动按钮	SB1	X0	污水泵	KM0	Y0
停止按钮	SB2	X7	一号除污剂泵	KM1	Y1
污水位	SQ1	X1	二号除污剂泵	KM2	Y2
一号除污剂位	SQ2	X2	搅拌泵	KM3	Y3
二号除污剂位	SQ3	X3	放水泵	KM4	Y4
放水位	SQ4	X4	罐底门	KM5	Y5
主令开关	SA-1	X5（轻度）	小车	KM6	Y6
	SA-2	X6（重度）			

2）PLC 控制的污水处理工艺过程如图 4-28 所示。M0 为循环标志，M1 ~ M9 为阶段标志，M10 为停止标志。

例 4-5 试设计一个十字路口交通信号灯动作的用户程序，其控制要求如下：

按下起动按钮后，依下面顺序运行：

1）南北向绿灯亮 20s，东西向红灯亮。

2）20s 后，南北向绿灯闪烁 5 次每次通断各 0.5s，此期间东西向红灯亮。

3）闪 5 次后南北向绿灯暗，两个方向黄灯同时亮 5s，东西向红灯仍然亮。

4）黄灯亮 5s 后熄灭，南北向换红灯，东西向换绿灯亮 30s。

5）东西向绿灯 30s 后闪 5 次每次通断各 0.5s，南北向红灯亮。

6）闪 5 次后东西向绿灯熄灭，两个方向黄灯亮 5s，南北向红灯仍然亮。

7）黄灯亮 5s 后南北向换绿灯，东西向换红灯，至此一个循环结束。

如此循环按下停止按钮 SB2，待本循环结束系统停止工作。

解 1）设 I/O 端口地址安排如下：

起动按钮 SB1	X0	南北绿灯	Y22
停止按钮 SB2	X1	东西红灯	Y23
南北红灯	Y20	东西黄灯	Y24
南北黄灯	Y21	东西绿灯	Y25

2）交通信号灯用户程序 如图 4-29 所示。其中 M0 为循环标志，M1 ~ M6 为阶段标志，M7 为停止标志。

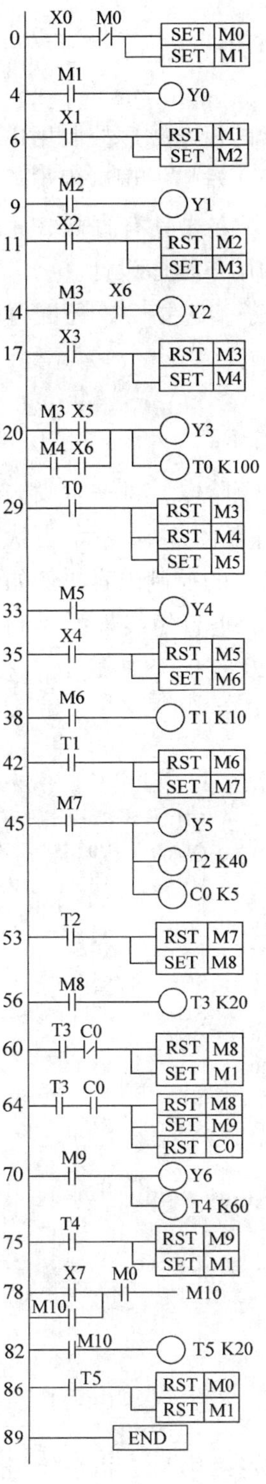

a)

```
0  LD   X0
1  ANI  M0
2  SET  M0
3  SET  M1
4  LD   M1
5  OUT  Y0
6  LD   X1
7  RST  M1
8  SET  M2
9  LD   M2
10 OUT  Y1
11 LD   X2
12 RST  M2
13 SET  M3
14 LD   M3
15 AND  X6
16 OUT  Y2
17 LD   X3
18 RST  M3
19 SET  M4
20 LD   M3
21 AND  X5
22 LD   M4
23 AND  X6
24 ORB
25 OUT  Y3
26 OUT  T0
   K    100
29 LD   T0
30 RST  M3
31 RST  M4
32 SET  M5
33 LD   M5
34 OUT  Y4
35 LD   X4
36 RST  M5
37 SET  M6
38 LD   M6
39 OUT  T1
   K    10
42 LD   T1
43 RST  M6
44 SET  M7
45 LD   M7
46 OUT  Y5
47 OUT  T2
   K    40
50 OUT  C0
   K    5
53 LD   T2
54 RST  M7
55 SET  M8
56 LD   M8
57 OUT  T3
   K    20
60 LD   T3
61 ANI  C0
62 RST  M8
63 SET  M1
64 LD   T3
65 AND  C0
66 RST  M8
67 SET  M9
68 RST  C0
70 LD   M9
71 OUT  Y6
72 OUT  T4
   K    60
75 LD   T4
76 RST  M9
77 SET  M1
78 LD   X7
79 OR   M10
80 AND  M0
81 OUT  M10
82 LD   M10
83 OUT  T5
   K    20
86 LD   T5
87 RST  M0
88 RST  M1
89 END
```

b)

图 4-28　PLC 控制的污水处理工艺过程

a）梯形图　b）语句表

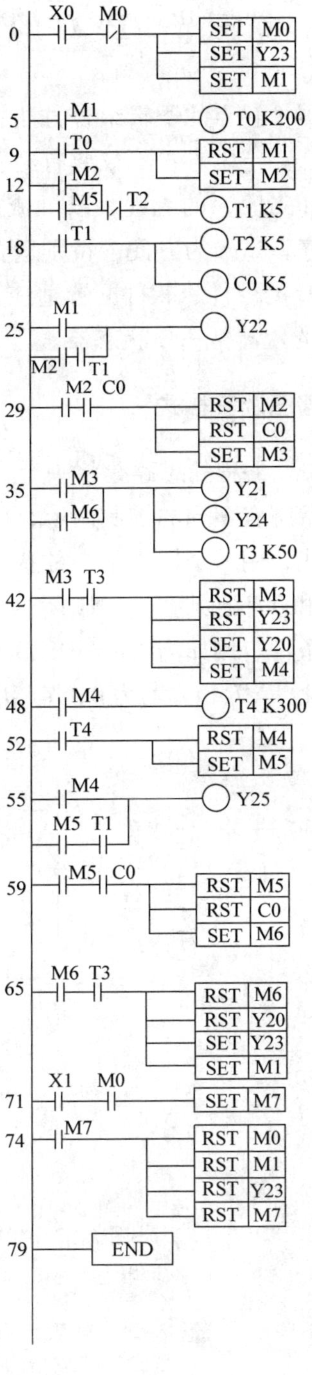

a)

```
0  LD   X0
1  ANI  M0
2  SET  M0
3  SET  Y23
4  SET  M1
5  LD   M1
6  OUT  T0
   K    200
9  LD   T0
10 RST  M1
11 SET  M2
12 LD   M2
13 CR   M5
14 ANI  T2
15 OUT  T1
   K    5
18 LD   T1
19 OUT  T2
   K    5
22 OUT  C0
   K    5
25 LD   M2
26 AND  T1
27 OR   M1
28 OUT  Y22
29 LD   M2
30 AND  C0
31 RST  M2
32 RST  C0
34 SET  M3
35 LD   M3
36 OR   M6
37 OUT  Y21
38 OUT  Y24
39 OUT  T3
   K    50
42 LD   M3
43 AND  T3
44 RST  M3
45 RST  Y23
46 SET  Y20
47 SET  M4
48 LD   M4
49 OUT  T4
   K    300
52 LD   T4
53 RST  M4
54 RST  M5
55 LD   M5
56 AND  T1
57 OR   M4
58 OUT  Y25
59 LD   M5
60 AND  C0
61 RST  M5
62 RST  C0
64 SET  M6
65 LD   M6
66 AND  T3
67 RST  M6
68 RST  Y20
69 SET  Y23
70 SET  M1
71 LD   X1
72 AND  M0
73 SET  M7
74 LD   M7
75 RST  M0
76 RST  M1
77 RST  Y23
78 RST  M7
79 END
```

b)

图 4-29　交通信号灯用户程序

a）梯形图　b）语句表

第三节 PLC 的步进指令及其编程应用

采用编程软器件触点的逻辑组合方法去完成一个多条件、多因素的复杂顺序控制用户程序的设计往往存在一定困难，不仅要有经验而且所设计的梯形图难画、难懂、调试困难。而 SFC 图基于状态（工序）的流程，以机械控制的流程来表示。其编程方式具有直观、简易的特点，而且程序调试极为方便，特别适合于复杂的顺序控制系统的用户程序设计。

FX_{2N}系列 PLC 的硬件、软件配置适应 SFC 编程方式，它具有两条步进指令，还配置较多用于 SFC 编程的软器件——状态器。

一、状态转移图及其格式

如前所述，SFC 编程的思路是将一个完整的控制过程分解为若干个阶段，每一阶段构成一种状态，各个状态有不同的控制内容，状态之间有一定的转换条件。图 4-30 所示为状态转移图的基本格式，用一个框表示一种状态，框右侧梯形图表示该状态的控制内容，例如当 S20 置位时，Y0 和 Y2 分别置 1，M1 闭合时 Y1 也为 1。各状态之间的垂直短线上的控制电路表示状态转移条件。例如当 X1 = 1 时 S20 状态就转移到 S21，即 S20 置 0、S21 置 1，此时控制内容随之变化，Y0、Y2 均为 0，Y1 仍为 1，Y3 为 1。

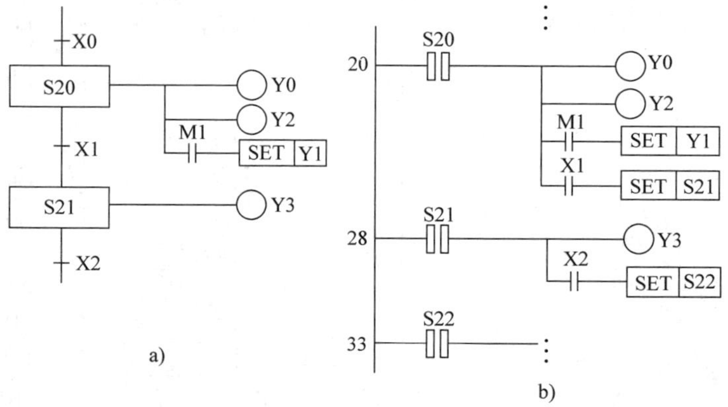

⋮		
20	STL	S20
21	OUT	Y0
22	OUT	Y2
23	LD	M1
24	SET	Y1
25	LD	X1
26	SET	S21
28	STL	S21
29	OUT	Y3
30	LD	X2
31	SET	S22
33	STL	S22
⋮		

c)

图 4-30 状态转移图的基本格式

a）状态转移图 b）等效梯形图 c）语句表

二、步进指令

FX_{2N}系列 PLC 有两条步进指令：

1. STL 步进开始指令　其操作元件是状态器 S，占用 1 步。在梯形图中 STL 指令使用时状态器触点符号是—□□—，它的一端与左母线相连，另一端与该状态的控制线路相连。当使用 STL 指令后，左母线自动移至该状态器触点右侧，其后用 LD、LDI 或 OUT、SET 等指令，直至发生状态转移母线恢复原位。在图 4-30 中画出了状态转移图的等效梯形图及对应的程序语句表，在步进过程中发生的状态转移一律用转移条件与 SET 指令。

2. *RET 步进结束返回指令*　该指令无操作元件，指令占用 1 步。在一系列 STL 指令后必须使用 RET 指令，以表示步进动作结束，母线恢复至原位。图 4-31 所示为 STL 与 RET 指令的应用，应注意在梯形图中步进结束回复至原位 S0 以及状态重复、跳转等情况下，其状态转移不用 SET 指令而是用 OUT 指令。

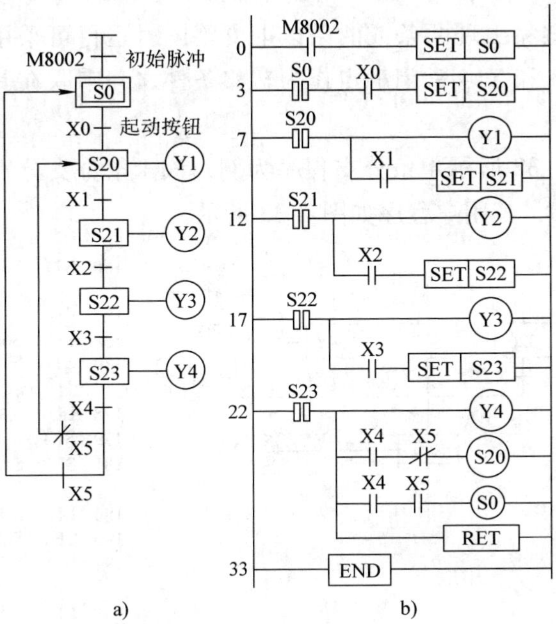

a)　　b)

```
0   LD    M8002  ← 使用SET
1   SET   S0       初始脉冲的初始驱动
3   STL   S0
5   LD    X0       状态 S0
7   SET   S20
8   STL   S20
9   OUT   Y1
10  LD    X1       状态 S20
11  SET   S21
12  STL   S21
13  OUT   Y2
14  LD    X2
15  SET   S22      状态 S21
17  STL   S22
18  OUT   Y3
19  LD    X3
20  SET   S23      状态 S22
22  STL   S23
23  OUT   Y4
24  LD    X4
25  ANI   X5       状态 S23
26  OUT   S20
28  LD    X4     ← 使用OUT
29  AND   X5
30  OUT   S0
32  RET
33  END            在一系列STL指令后使用RET指令
```

c)

图 4-31　STL 与 RET 指令的应用

a）状态转移图　b）等效梯形图　c）语句表

三、SFC 编程方法

根据被控制对象的不同控制要求，SFC 编程方法主要有以下几种：

1. *单回路 SFC 的编程方法*　图 4-31 所示为一个 PLC 控制机械手在自动方式的单回路 SFC 程序。适用单流程顺序控制。图中初始状态通常采用 S0 ~ S9 中的某一个状态器，例如图中 S0 为初始状态，在起动运行之初先用初始化脉冲或其他条件使 S0 置 1，然后采用从 S20 开始的一系列状态器并逐一使用 STL 指令进入步进控制状态，最后使用 RET 使控制过程进入自动循环或者使状态回复到初态而停止运行。如图中未按停止按钮（X5 为 0）则 S23 状态转移至 S20 而自动循环，若按下停止按钮（X5 置 1）则 S23 状态转移至 S0 设备停止运行，再次运行需按下起动按钮使 X0 置 1，S0 状态转移至 S20 再次进入步进控制状态。

2. 选择性分支与汇合SFC的编程方法

（1）选择性分支SFC的编程方法　当某一状态有多个转移条件且这些条件又不会同时出现，例如某自动生产线的PLC程序要求有手动、步进、单循环及自动等不同运行方式时，可通过控制面板上的一个多档位主令开关SA视需要进行选择。其编程方法可采用图4-32所示状态转移图方式。

图中当S20状态为1时，输出线圈Y0为1，此时X11、X12、X13或X14（对应手动、单步、循环和自动方式输入）中的任一个为1，就将S20和Y0置0，而S21、S31、S41或S51中对应输入为1的那个状态器就置1。为避免出现两条或两条以上支路同时运行可采用转移条件之间的互锁，即将各X11、X12、X13和X14常闭触点作为转移条件之一串联在其他支路中。

（2）各分支汇合SFC的编程方法　以图4-32所示4条分支程序为例，该4条分支分别编制到S26、S37、S48、S59并同时汇合到S60，其用户程序如图4-33所示。

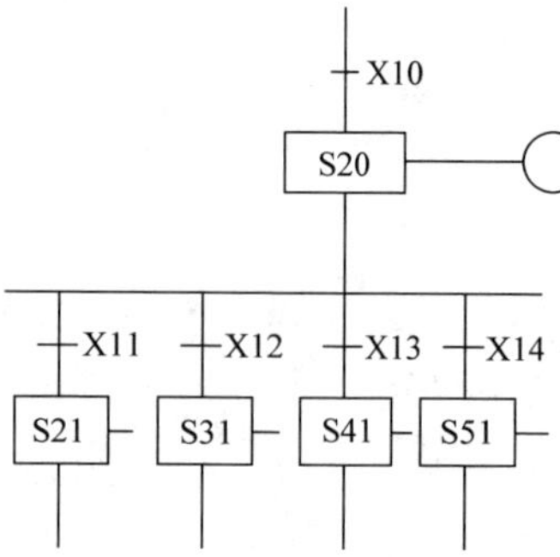

a)

```
⋮
100 LD   X10
101 SET  S20
103 STL  S20
104 OUT  Y0
105 LD   X11
106 SET  S21
108 LD   X12
109 SET  S31
111 LD   X13
112 SET  S41
114 LD   X14
115 SET  S51
117 STL  S21
⋮
127 STL  S31
⋮
137 STL  S41
⋮
147 STL  S51
⋮
```

b)

图4-32　选择分支的用户程序

a）状态转移图　b）语句表

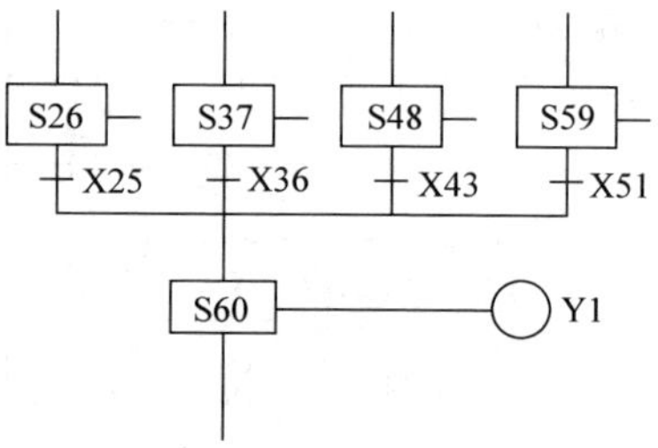

a)

```
160 STL  S26
⋮
167 LD   X25
168 SET  S60
170 STL  S37
⋮
178 LD   X36
179 SET  S60
181 STL  S48
⋮
189 LD   X43
190 SET  S60
192 STL  S59
⋮
203 LD   X51
204 SET  S60
206 STL  S60
207 OUT  Y1
⋮
```

b)

图4-33　各分支汇合SFC的用户程序

a）状态转移图　b）语句表

3. 并行分支与汇合SFC的编程方法

（1）并行分支SFC的编程方法　如果某一状态器转移条件满足时，需要将该状态同时转移到若干个相独立的分支使这些分支程序同时运行。例如一条沥青混凝土拌和自动生产线在各种拌和材料（如各种规格的石料、沥青、石粉按一定比例搅和）的称量过程，为提高效率，几种材料可以同时称量，然后按一定顺序放料同时搅和。此时可采用图4-34所示的并行分支程序，图中当S20为1时，Y0置1，当转移条件X11为1时，S20和Y0都由1变成0，S20的1状态同时转移至S21、S31和S41（同时为1），三条并联支路程序同时运行。

（2）并行分支汇合的SFC编程　若上述三条并行分支的程序分别编制到S27、S38、S49，各分支程序运行结束需汇合到S50，其SFC的编程方法如图4-35所示。其转移条件应该是在S27、S38、S49的状态都为1且三者相与才能将S27、S38、S49置0，S50

置 1 完成汇合的状态转移。由于各分支程序的执行时间不同就存在某些分支等待现象，如果 S27、S38 或 S49 在完成该状态动作后需立即置 0，不允许拖延则可以在其后增加一个不带输出控制的等待状态器。

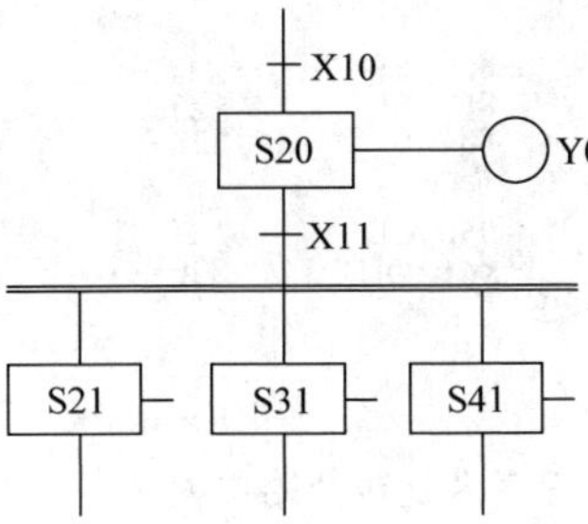

a)

```
         ⋮
100  LD    X10
101  SET   S20
103  STL   S20
104  OUT   Y0
105  LD    X11
106  SET   S21
108  SET   S31
110  SET   S41
112  STL   S21
         ⋮
200  STL   S31
         ⋮
300  STL   S41
         ⋮
```

b)

图 4-34　并行分支的用户程序

a）状态转移图　b）语句表

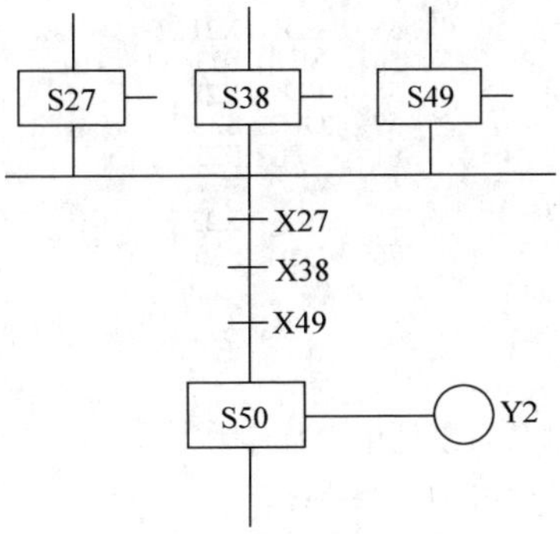

a)

```
100  STL   S27
         ⋮
150  STL   S38
         ⋮
200  STL   S49
         ⋮
250  STL   S27
251  STL   S38
252  STL   S49
253  LD    X27
254  AND   X38
255  AND   X49
256  SET   S50
258  STL   S50
259  OUT   Y2
         ⋮
```

b)

图 4-35　并行分支汇合的用户程序

a）状态转移图　b）语句表

4. *跳转与重复 SFC 的编程方法*　分支程序在执行过程中需要重复或者跳转甚至从一条分支程序跳转至另一条分支程序，可以采用下述方法之一编程。如前所述，此时状态转移不用条件加 SET 指令而是用 OUT 指令。

（1）部分重复的编程方法　同一分支内某些程序需要重复执行，此时可采用部分重复的编程方法。部分重复的用户程序如图 4-36 所示。图中当 S22 为 1 时如果重复执行条件满足，即 X22 为 1、X21 为 0，则 S22 状态转移至 S21，S21 与 S22 所驱动程序重复执行一次，同时需要注意的是状态转移要用 OUT 指令而不用 SET 指令。

（2）同一分支程序内跳转的编程方法　当满足一定条件需要跳过某些程序继续执行下面程序时，可采用图 4-37 所示的编程方法。图中当转移条件满足，即 X11 为 0、X13 为 1 则 S20 状态转移至 S22，跳过 S21 直接执行 S22 所驱动的程序。

（3）分支程序之间跳转的编程方法　在某些情况下需要从一条分支程序的某一状态跳转到另一条分支程序的某一状态时可采用图 4-38 所示的编程方法，图中当 S21 状态为 1 且跳转条件满足，即 X12 为 0、X13 为 1，则 S21 状态就转移至 S32，继续执行驱动程序及其以下部分。

5. *复位处理的编程方法*　处在运行状态的分支程序若需要使处在某一状态时停止运行，即使状态由 1 变为 0 使程序停止运行，可采用图 4-39 所示的编程方法。图中当 S22 为 1 时，若停止运行信号 X14 为 1，则 S22 置 0，该支路就停止运行。

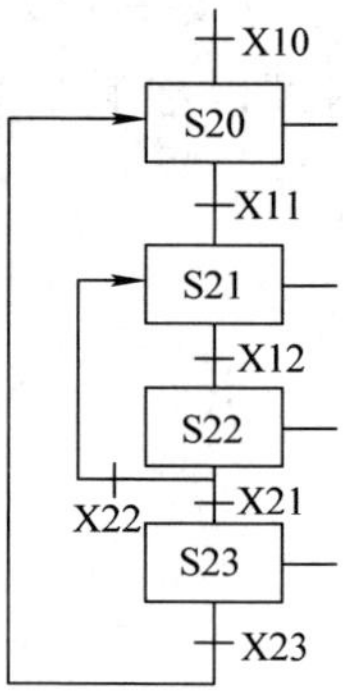

a)

```
⋮
20  LD   X10
21  SET  S20
23  STL  S20
⋮
30  LD   X11
31  SET  S21
33  STL  S21
⋮
40  LD   X12
41  SET  S22
43  STL  S22
⋮
55  LD   X21
56  SET  S23
58  LD   X22
59  OUT  S21
61  STL  S23
⋮
75  LD   X23
76  OUT  S20
⋮
```

b)

图 4-36　部分重复的用户程序

a）状态转移图　b）语句表

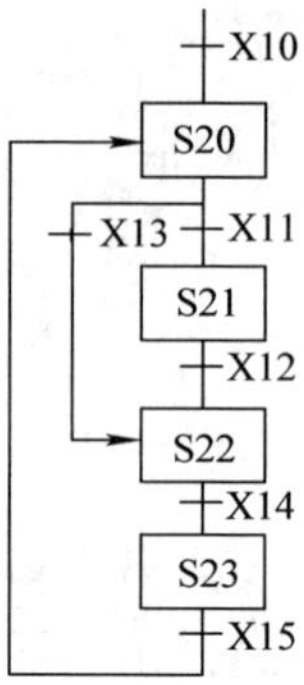

a)

```
⋮
40  LD   X10
41  SET  S20
43  STL  S20
⋮
55  LD   X11
56  SET  S21
58  LD   X13
59  OUT  S22
61  STL  S21
⋮
70  LD   X12
71  SET  S22
73  STL  S22
⋮
85  LD   X14
86  SET  S23
88  STL  S23
⋮
95  LD   X15
96  OUT  S20
⋮
```

b)

图 4-37　同一分支程序内跳转的用户程序

a）状态转移图　b）语句表

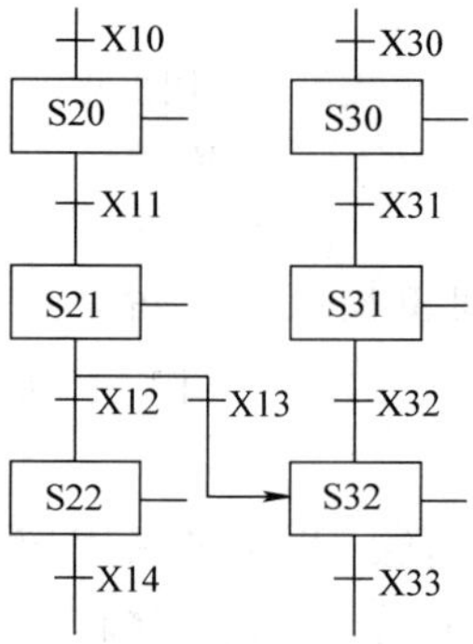

a)

```
100  LD   X10
101  SET  S20
103  STL  S20
⋮
110  LD   X11
111  SET  S21
113  STL  S21
⋮
120  LD   X12
121  SET  S22
123  LD   X13
124  OUT  S32
126  STL  S22
⋮
135  LD   X14
⋮
200  LD   X30
201  SET  S30
```

b)

图 4-38　分支程序之间跳转的用户程序

a）状态转移图　b）语句表

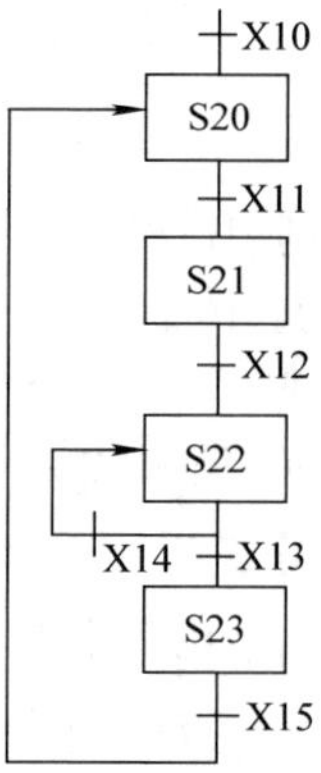

a)

```
100  LD   X10
101  SET  S20
103  STL  S20
⋮
110  LD   X11
111  SET  S21
113  STL  S21
⋮
120  LD   X12
121  SET  S22
123  STL  S22
⋮
130  LD   X13
131  SET  S23
133  LD   X14
134  RST  S22
136  STL  S23
⋮
150  LD   X15
151  OUT  S20
⋮
```

b)

图 4-39　复位处理的用户程序

a）状态转移图　b）语句表

对于复杂程序控制中可能面临的各种情况，除可以采用上述方法来编制用户程序外，还可以充分利用 PLC 内部提供的软件资源，采用功能指令如 IST（FNC 60 置初始状态）、ANS（FNC46 报警器置位）、ANR（FNC47 报警器复位）等指令对状态器进行编程，这样可以使用户程序编制更简便。为有效地编写 SFC 图，还应采用一些特殊辅助继电器如 M8040（禁止转移）、M8046（STL 动作）、M8047（STL 监视有效）等。

四、步进指令编程应用举例

采用状态转移图和两条步进指令能完成各种顺序控制系统的用户程序编制。

例 4-6　某组合机床加工的工艺流程如图 4-40a 所示，各段行程的时间单位为 s。从原始A点开始（原位SQ受压）按下起动按钮后按前进→下行→上行→前进→下行→上行→前进→返回原点顺序加工，自动循环1000次后自动停止加工。如果中途按下停止按钮则待本循环结束后停止加工。试用SFC语言编制用户程序。

解 1）设I/O端口地址安排为

起动按钮SB1	X0	前进	Y0
停止按钮SB2	X2	后退	Y1
		上行	Y2
原位开关SQ	X1	下行	Y3

2）按工艺流程和控制要求可画出状态转移图如图4-40b所示。图中M8002为初始化脉冲，M0为中途停止标志。语句表如图4-40c所示。

例4-7 PLC控制自动包装线，其控制要求是：按下起动按钮SB1传送带1运动并带动产品移动，到达传送带2时进行计数包装。包装分两类由两位主令开关SA选择，SA在1位为小包装，每包6只产品。SA在2位为大包装，每包12只产品。计数信号由光电开关ST采样输入，达到计数值传送带1停止运动，传送带2自动起动。3s后传送带1起动、传送带2停止，开始第二个循环。大、小包装达1000包生产线自动停止运行。若中途按下停止按钮SB2则待本循环结束停止运行。试用SFC语言设计用户程序。

解 1）设I/O端口地址安排如下：

起动按钮	SB1	X0	传送带1	Y0
光电开关信号	ST	X1	传送带2	Y1
大小包装信号	SA－1	X2（大包装）		
	SA－2	X3（小包装）		
停止按钮	SB2	X4		

2）按控制要求可画出如图4-41a所示状态转移图，图中M0为中途停止标志。语句表如图4-41b所示。

例4-8 试用SFC语言设计全自动洗衣机的用户程序。洗衣机工作流程如图4-42a所示。各动作说明如下：

1）进水、排水分别由电磁阀YV1、YV2执行。

2）洗涤正、反转由KM0、KM1控制。

3）脱水时接通电磁离合器YC并由电动机正转（KM0吸合）实现。

4）清洗完成由蜂鸣器HA报警。

5）高低水位由位置开关SQ1、SQ2测取信号。

解 1）设I/O端口地址安排如下：

起动按钮	SB	X0	进水阀	YV1	Y2
高水位	SQ1	X1	排水阀	YV2	Y3
低水位	SQ2	X2			
正转	KM0	Y0	脱水离合器	YC	Y4
反转	KM1	Y1	蜂鸣器	HA	Y5

2）按要求设计状态转移图如图4-42b所示。语句表如图4-42c所示。

例4-9 按例4-4要求采用SFC语言设计用户程序。

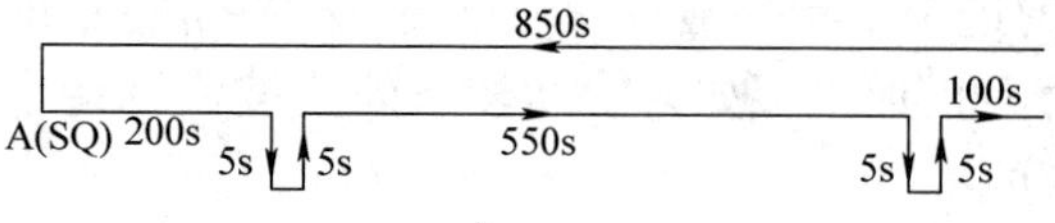

a)

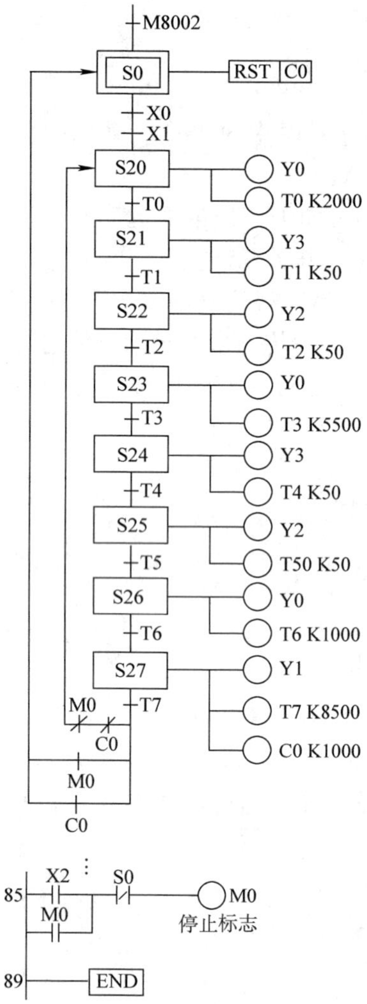

b)

```
0   LD    M800
1   SET   S0
3   STL   S0
4   RST   C0
6   LD    X0
7   AND   X1
8   SET   S20
10  STL   S20
11  OUT   Y0
12  OUT   T0
    K     2000
15  LD    T0
16  SET   S21
18  STL   S21
19  OUT   Y3
20  OUT   T1
    K     50
23  LD    T1
24  SET   S22
26  STL   S22
27  OUT   Y2
28  OUT   T2
    K     50
31  LD    T2
32  SET   S23
34  STL   S23
35  OUT   Y0
36  OUT   T3
    K     5500
39  LD    T3
40  SET   S24
42  STL   S24
43  OUT   Y3
44  OUT   T4
    K     50
47  LD    T4
48  SET   S25
50  STL   S25
51  OUT   Y2
52  OUT   T5
    K     50
55  LD    T5
56  SET   S26
58  STL   S26
59  OUT   Y0
60  OUT   T6
    K     1000
63  LD    T6
64  SET   S27
66  STL   S27
67  OUT   Y1
68  OUT   T7
    K     8500
71  OUT   C0
    K     1000
74  LD    T7
75  ANI   C0
76  ANI   M0
77  OUT   S20
79  LD    C0
80  OR    M0
81  AND   T7
82  OUT   S0
84  RET
85  LD    X2
86  OR    M0
87  ANI   S0
88  OUT   M0
89  END
```

c)

图 4-40 某组合机床加工用户程序

a）工艺流程 b）状态转移图 c）语句表

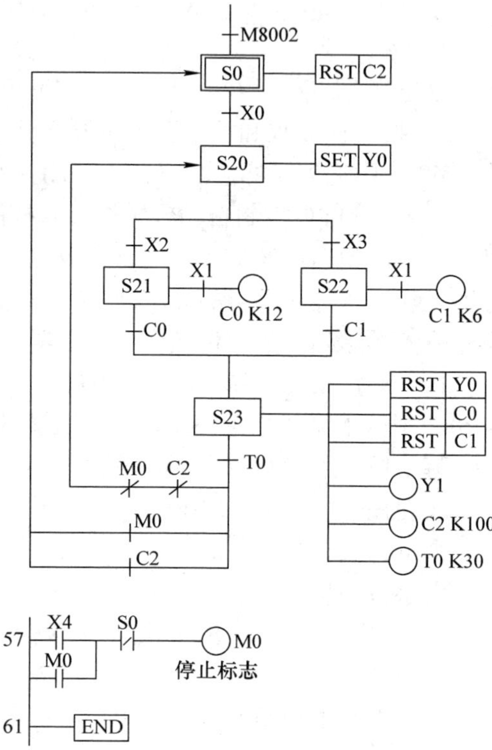

a)

```
0   LD    M8002
1   SET   S0
3   STL   S0
4   RST   C2
6   LD    X0
7   SET   S20
9   STL   S20
10  SET   Y0
11  LD    X2
12  SET   S21
14  LD    X3
15  SET   S22
17  STL   S21
18  LD    X1
19  OUT   C0
    K     12
22  LD    C0
23  SET   S23
25  STL   S22
26  LD    X1
27  OUT   C1
    K     6
30  LD    C1
31  SET   S23
33  STL   S23
34  RST   Y0
35  RST   C0
37  RST   C1
39  OUT   Y1
40  OUT   C2
    K     1000
43  OUT   T0
    K     30
46  LD    T0
47  ANI   C2
48  ANI   M0
49  OUT   S20
51  LD    M0
52  OR    C2
53  AND   T0
54  OUT   S0
56  RET
57  LD    X4
58  OR    M0
59  ANI   S0
60  OUT   M0
61  END
```

b)

图 4-41 自动包装线用户程序

a）状态转移图 b）语句表

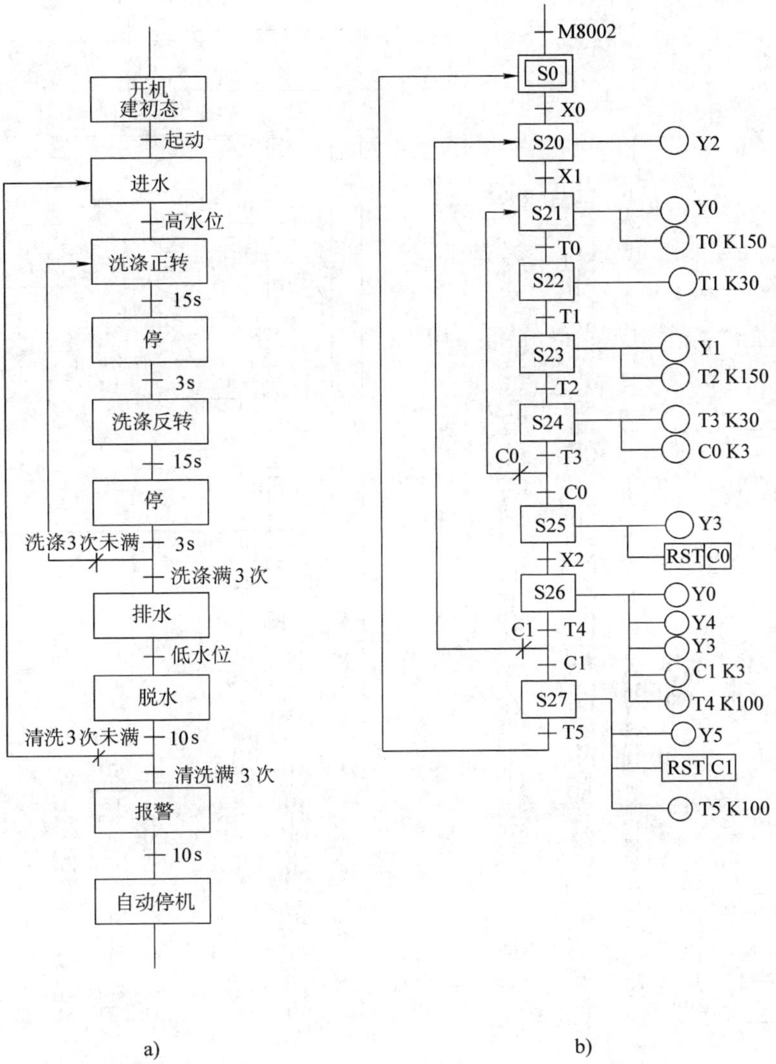


```
0   LD   M8002
1   SET  S0
3   STL  S0
4   LD   X0
5   SET  S20
7   STL  S20
8   OUT  Y2
9   LD   X1
10  SET  S21
12  STL  S21
13  OUT  Y0
14  OUT  T0
    K    150
17  LD   T0
18  SET  S22
20  STL  S22
21  OUT  T1
    K    30
24  LD   T1
25  SET  S23
27  STL  S23
28  OUT  Y1
29  OUT  T2
    K    150
32  LD   T2
33  SET  S24
35  STL  S24
36  OUT  T3
    K    30
39  OUT  C0
    K    3
42  LD   T3
43  ANI  C0
44  OUT  S21
46  LD   T3
47  AND  C0
48  SET  S25
50  STL  S25
51  OUT  Y3
52  RST  C0
54  LD   X2
55  SET  S26
57  STL  S26
58  OUT  Y0
59  OUT  Y4
60  OUT  Y3
61  OUT  C1
    K    3
64  OUT  T4
    K    100
67  LD   T4
68  ANI  C1
69  OUT  S20
71  LD   T4
72  AND  C1
73  SET  S27
75  STL  S27
76  OUT  Y5
77  RST  C1
79  OUT  T5
    K    100
82  LD   T5
83  OUT  S0
85  RET
86  END
```

c)

图 4-42　全自动洗衣机用户程序

a）工作流程　b）状态转移图　c）语句表

解　1）I/O 端口地址安排与例题 4-4 相同。

2）设计的状态转移图如图 4-43a 所示，图中 M0 为中途停止标志。语句表如图 4-43b 所示。

例 4-10　按例 4-5 要求采用 SFC 语言设计用户程序。

解　1）设 I/O 端口地址安排与例题 4-5 相同。

2）设计的状态转移图如图 4-44a 所示。图中 M0 为停止标志，S1 为虚设状态，以便程序循环执行过程中一旦状态转移条件满足，通过 S1 直接将 S24、S34 的 1 状态转移给 S20、S30。如果东西、南北向人行道也用 PLC 控制，可在此基础上增加以 S40、S50 为首址的两条并联分支程序，并采用同时运行方式。图 4-44b 所示为语句表。

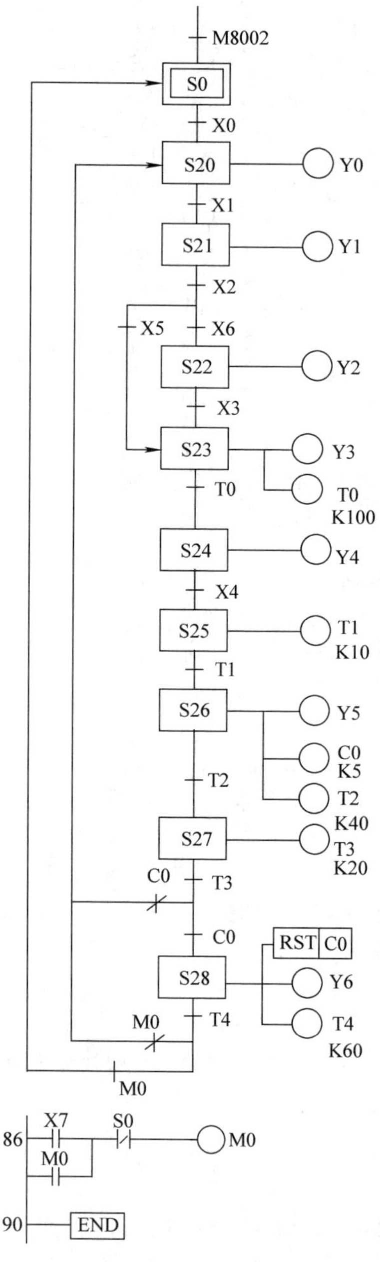

a)

```
0    LD    M8002
1    SET   S0
3    STL   S0
4    LD    X0
5    SET   S20
7    STL   S20
8    OUT   Y0
9    LD    X1
10   SET   S21
12   STL   S21
13   OUT   Y1
14   LD    X2
15   AND   X5
16   SET   S23
18   LD    X2
19   AND   X6
20   SET   S22
22   STL   S22
23   OUT   Y2
24   LD    X3
25   SET   S23
27   STL   S23
28   OUT   Y3
29   OUT   T0
     K     100
32   LD    T0
33   SET   S24
35   STL   S24
36   OUT   Y4
37   LD    X4
38   SET   S25
40   STL   S25
41   OUT   T1
     K     10
44   LD    T1
45   SET   S26
47   STL   S26
48   OUT   Y5
49   OUT   C0
     K     5
52   CUT   T2
     K     40
55   LD    T2
56   SET   S27
58   STL   S27
59   OUT   T3
     K     20
62   LD    T3
63   ANI   C0
64   OUT   S20
66   LD    T3
67   AND   C0
68   SET   S28
70   STL   S28
71   RST   C0
73   OUT   Y6
74   OUT   T4
     K     60
77   LD    T4
78   ANI   M0
79   OUT   S20
81   LD    T4
82   AND   M0
83   OUT   S0
85   RET
86   LD    X7
87   OR    M0
88   ANI   S0
89   OUT   M0
90   END
```

b)

图 4-43　污水处理工艺过程用户程序

a）状态转移图　b）语句表

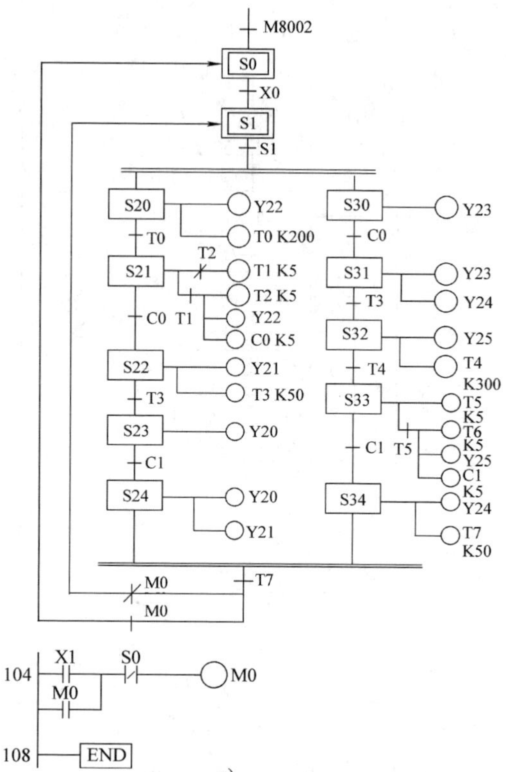

a)

```
0    LD    M8002        52   STL   S30
1    SET   S0           53   OUT   Y23
3    STL   S0           54   LD    CO
4    LD    X0           55   SET   S31
5    SET   S1           57   STL   S31
7    STL   S1           58   OUT   Y23
8    LD    S1           59   OUT   Y24
9    SET   S20          60   LD    T3
11   SET   S30          61   SET   S32
13   STL   S20          63   STL   S32
14   OUT   Y22          64   OUT   Y25
15   OUT   T0           65   OUT   T4
     K     200               K     300
18   LD    T0           68   LD    T4
19   SET   S21          69   SET   S33
21   STL   S21          71   STL   S33
     LDI   T2
     K     5
22   OUT   T1           72   OUT   T5
     K     5                 K     5
25   LD    T1           75   LD    T5
26   OUT   T2           76   OUT   T6
     K     5                 K     5
29   OUT   Y22          79   OUT   Y25
30   OUT   C0           80   OUT   C1
     K     5                 K     5
33   LD    C0           83   LD    C1
34   SET   S22          84   SET   S34
36   STL   S22          86   STL   S34
37   OUT   Y21          87   OUT   Y24
38   OUT   T3           88   OUT   T7
     K     50                K     50
41   LD    T3           91   STL   S24
42   SET   S23          92   STL   S34
44   STL   S23          93   LD    T7
45   OUT   Y20          94   ANI   M0
46   LD    C1           95   OUT   S1
47   SET   S24          97   LD    T7
49   STL   S24          98   AND   M0
50   OUT   Y20          99   OUT   S0
51   OUT   Y21          101  RET
                        102  LD    X1
                        103  OR    M0
                        104  ANI   S0
                        105  OUT   M0
                        106  END
```

b)

图 4-44　PLC 控制交通信号灯用户程序

a）状态转移图　b）语句表

第四节　PLC的功能指令及其编程应用

一、功能指令的用途与分类

随着PLC应用范围的进一步扩大，特别是涉及模拟量、数字量信号处理、通信联网等应用，不仅在硬件构成上促进PLC产品不断更新，PLC的运算速度也更快，存储容量也更大，使各种特殊功能模块不断涌现。而且由于程序有大量的数据传送、数据处理、数据运算和数字通信等内容，应用程序结构越来越复杂，越来越庞大，要求PLC的系统程序功能更强，各种专用的功能子程序更丰富。因此，FX_{2N}系列PLC的指令系统除具有27条基本指令、两条步进指令外，还有丰富的功能指令，实际上是调用一个个功能不同的子程序，既简化用户程序设计、监控容易，又能完成复杂的数据处理、数值运算和数字通信实现高难度控制。

FX_{2N}系列PLC部分功能指令一览表见表4-6。由表可见，功能指令可分为程序流向控制、数据传送与比较、算术运算与逻辑运算、循环与移位、数据处理、高速处理、方便控制、外部设备通信、外围设备SER、浮点数运算、高低位交换、时钟运算、格雷码转换和触点比较等14种类型128个功能共198条，其功能编号为FNC00～FNC89、FNC110～FNC246等。

表4-6　FX_{2N}系列PLC部分功能指令一览表

<table>
<tr><th>指令类别</th><th>指令名称</th><th>功能编号</th><th>指令助记符</th><th colspan="2">操作元件</th><th>程序步（步）</th><th>指令功能</th></tr>
<tr><td rowspan="10">程序流向控制</td><td>条件跳步</td><td>00</td><td>CJ、CJ（P）</td><td colspan="2">标号P0～P127
（P63即END）</td><td rowspan="2">16位操作
指令　3
标号P××　1</td><td>使程序转移到指针所标位置</td></tr>
<tr><td>子程序调用</td><td>01</td><td>CALL、CALL（P）</td><td colspan="2">标号P0～P127
嵌套5级</td><td>调用执行子程序</td></tr>
<tr><td>子程序返回</td><td>02</td><td>SRET</td><td colspan="2" rowspan="6">无</td><td rowspan="6">16位操作指令　1
（中断指针）
1×××占1步</td><td>从子程序返回执行</td></tr>
<tr><td>中断返回</td><td>03</td><td>IRET</td><td>从中间子程序返回运行</td></tr>
<tr><td>开中断</td><td>04</td><td>EI</td><td>允许中断</td></tr>
<tr><td>关中断</td><td>05</td><td>DI</td><td>禁止中断</td></tr>
<tr><td>主程序结束</td><td>06</td><td>FEND</td><td>主程序结束</td></tr>
<tr><td>警戒时钟刷新</td><td>07</td><td>WDT、WDT（P）</td><td>警戒时钟刷新</td></tr>
<tr><td>循环开始</td><td>08</td><td>FOR</td><td colspan="2">[S·] K_nM、K_nS
T、C、D、K、H、K_nM
K_nX、K_nY、V、Z、K_nS</td><td>16位操作　3
嵌套5级</td><td>循环开始</td></tr>
<tr><td>循环结束</td><td>09</td><td>NEXT</td><td colspan="2">无</td><td>16位操作　1</td><td>循环结束</td></tr>
<tr><td rowspan="2">数据传送与比较</td><td rowspan="2">数据比较</td><td rowspan="2">10</td><td rowspan="2">CMP、CMP（P）
（D）CMP
（D）CMP（P）</td><td>[S1·][S2·]</td><td>[D·]</td><td rowspan="2">16位操作　7
32位操作　13</td><td rowspan="2">将源[S1·]与[S2·]内数据进行比较，结果送到目标元件（三个连续元件）中，以判断二数大小，或相等否</td></tr>
<tr><td>K、H、K_nX
K_nY、K_nM、K_nS
T、C、D、V、Z</td><td>Y、S、M
三个连
续元件</td></tr>
</table>

（续）

指令类别	指令名称	功能编号	指令助记符	操作元件	程序步（步）	指令功能
数据传送与比较	数据区间比较	11	ZCP、ZCP（P） （D）ZCP （D）ZCP（P）	[S1·][S2·][S·]：K、H、K_nX K_nY、K_nM、K_nS T、C、D、V、Z [D·]：Y、M、S 三个连续元件	16 位操作 9 32 位操作 17	将源数据［S·］与数据区间［S1·］与［S2·］进行比较、结果送目标元件（三个连续元件）中
	数据传送	12	MOV、MOV（P） （D）MOV （D）MOV（P）	[S·]：K、H K_nX、K_nY K_nM、K_nS、T C、D、V、Z （RAM） 文件寄存器 [D·]：K_nY K_nM K_nS、T C、D V、Z n：K、H	16 位操作 5 32 位操作 9	将源数据传送到指定目标
	位传送	13	SMOV SMOV（P）	（同上）	16 位操作 11	将源［S·］中的二进制数转换成 BCD 码、然后移位传送
	按位取反传送	14	CML、CML（P） （D）CML （D）CML（P）	（同上）	16 位操作 5 32 位操作 9	将源数据逐位取反并传送到指定目标［D·］中
	数据块传送	15	BMOV BMOV（P）	（同上）	16 位操作 7	从源操作数指定元件开始的几个数据传送到指定目标
	多点数据传送	16	FMOV FMOV（P） （D）FMOV （D）FMOV（P）	[S·]：K、H、K_nX、K_nY K_nM、K_nS、T C、D、V、Z [D·]：K_nY、K_nM K_nS、T、C D、V、Z n：K H	16 位操作 7 32 位操作 13	将源元件中的数据传送到指定目标开始的几个元件中去
	数据交换	17	XCH、XCH（P） （D）XCH （D）XCH（P）	[D1·][D2·]： K_nY、K_nM、K_nS、T、C、D、V、Z	16 位操作 5 32 位操作 9	将数据在指定元件中交换
	BCD 变换	18	BCD、BCD（P） （D）BCD （D）BCD（P）	[S·]：K、H、K_nX K_nY、K_nM K_nS、T、C D、V、Z [D·]：K_nY K_nM K_nS、T C、D V、Z	16 位操作 5 32 位操作 9	将源元件中的二进制数转换成 BCD 码传送到目标元件中去
	BIN 变换	19	BIN、BIN（P） （D）BIN （D）BIN（P）	（同上）	16 位操作 5 32 位操作 9	将源元件中的 BCD 码转换成二进制并传送到目标元件中去
算术运算与逻辑运算	加法	20	ADD、ADD（P） （D）ADD （D）ADD（P）	[S1·][S2·]：K、H、K_nX K_nY、K_nM K_nS、T、C D、V、Z [D·]：K_nY、K_nM K_nS、T C、D、V、Z （V、Z 不能用于 32 位乘、除法）	16 位操作 7 32 位操作 13	将指定源元件中的二进制数代数相加，结果存放到指定目标元件中
	减法	21	SUB、SUB（P） （D）SUB （D）SUB（P）	（同上）	16 位操作 7 32 位操作 13	指定元件［S1·］中的数减去［S2·］中数，差值送到指定目标元件中
	乘法	22	MUL、MUL（P） （D）MUL （D）MUL（P）	（同上）	16 位操作 7 32 位操作 13	将指定二个源元件中的 16 位或 32 位数相乘，结果送目标元件中
	除法	23	DIV、DIV（P） （D）DIV （D）DIV（P）	（同上）	16 位操作 7 32 位操作 13	［S1·］为指定被除数，［S2·］为指定除数商送到指定目标元件中，余数存［D·］的下一个元件

（续）

指令类别	指令名称	功能编号	指令助记符	操作元件	程序步（步）	指令功能
算术运算与逻辑运算	加 1	24	INC、INC（P） （D）INC （D）INC（P）	[D·]：K_nY、K_nM、K_nS、T、C、D、V、Z	16 位操作　3 32 位操作　5	目标元件当前值加 1
	减 1	25	DEC、DEC（P） （D）DEC （D）DEC（P）	[D·]：K_nY、K_nM、K_nS、T、C、D、V、Z	16 位操作　3 32 位操作　5	目标元件当前值减 1
	逻辑与	26	WAND、WAND（P） （D）AND （D）AND（P）	[S1·][S2·]：K、H、K_nX、K_nY、K_nM、K_nS、T、C、D、V、Z [D·]：K_nY、K_nM、K_nS、T、C、D、V、Z	16 位操作　7 32 位操作　13	源元件参数以位为单位作“与”运算，结果存目标元件
	逻辑或	27	WOR、WOR（P） （D）OR （D）OR（P）	[S1·][S2·]：K、H、K_nX、K_nY、K_nM、K_nS、T、C、D、V、Z [D·]：K_nY、K_nM、K_nS、T、C、D、V、Z	16 位操作　7 32 位操作　13	源元件参数以位为单位作“或”运算，结果存目标元件
	逻辑异或	28	WXOR、WXOR（P） （D）XOR （D）XOR（P）	[S1·][S2·]：K、H、K_nX、K_nY、K_nM、K_nS、T、C、D、V、Z [D·]：K_nY、K_nM、K_nS、T、C、D、V、Z	16 位操作　7 32 位操作　13	两个源数以位为单位作“异或”运算结果存目标元件
	求补	29	NEG、NEG（P） （D）NEG （D）NEG（P）	[D·]：K_nY、K_nM、K_nS、T、C、D、V、Z	16 位操作　3 32 位操作　5	将指定操作元件 [D·] 中的数每位取反后再加 1，结果存同一元件（目标元件补码）
循环与移位	右循环	30	ROR、ROR（P） （D）ROR （D）ROR（P）	[D·]：K_nY、K_nM、K_nS、T、C、D、V、Z 移位量 n≤16（16 位指令）n≤32（32 位指令） n：K、H	16 位操作　5 32 位操作　9 标志 M8022 （存最后移出位）	使操作元件 [D·] 中数据循环右移 n 位
	左循环	31	ROL、ROL（P） （D）ROL （D）ROL（P）	[D·]：K_nY、K_nM、K_nS、T、C、D、V、Z 移位量 n≤16（16 位指令）n≤32（32 位指令） n：K、H	16 位操作　5 32 位操作　9 标志 M8022 （存最后移出位）	使操作元件 [D·] 中数据循环左移 n 位
	带进位右循环	32	RCR、RCR（P） （D）RCR （D）RCR（P）	[D·]：K_nY、K_nM、K_nS、T、C、D、V、Z 移位量 n≤16（16 位）≤32（32 位） n：K、H K_n =4（16 位） K_n =8（32 位）	16 位操作　5 32 位操作　9 标志 M8022 （存最后移出位）	使操作元件 [D·] 中数带进位一起右移 n 位
	带进位左循环	33	RCL、RCL（P） （D）RCL （D）RCL（P）	[D·]：K_nY、K_nM、K_nS、T、C、D、V、Z 移位量 n≤16（16 位）≤32（32 位） n：K、H K_n =4（16 位） K_n =8（32 位）	16 位操作　5 32 位操作　9 标志 M8022 （存最后移出位）	使操作元件 [D·] 中数带进位一起左移 n 位
	位右移	34	SFTR SFTR（P）	[S·]：X、Y、M、S [D·]：Y、M、S n_1、n_2：K、H　$n_2 \le n_1 \le 1024$	16 位操作　9	将源元件 S 为首址的 n_2 位位元件状态存到长度为 n_1 的位栈中，位栈右移 n_2 位
	位左移	35	SFTL SFTL（P）	[S·]：X、Y、M、S [D·]：Y、M、S n_1、n_2：K、H　$n_2 \le n_1 \le 1024$	16 位操作　9	将源元件 S 为首址的 n_2 位位元件内容存到长度为 n_1 的位栈中，位栈左移 n_2 位

（续）

指令类别	指令名称	功能编号	指令助记符	操作元件			程序步（步）	指 令 功 能
循环与移位	字右移	36	WSFR WSFR（P）	[S·] K_nX K_nM K_nS	[D·] K_nY K_nM K_nS T、C	n_1、n_2 K、H $n_2 \leq n_1$ ≤512	16 位操作　9	将源元件 S 为首址的 n_2 位字元件内容存到长度为 n_1 的字栈中，字栈右移 n_2 位
循环与移位	字左移	37	WSFL WSFL（P）	[S·] K_nX K_nM K_nS	[D·] K_nY K_nM K_nS T、C	n_1、n_2 K、H $n_2 \leq n_1$ ≤512	16 位操作　9	将源元件 S 为首址的 n_2 位字元件内容存到长度为 n_1 的字栈中，字栈左移 n_2 位
循环与移位	FIFO 写入 （First-in/ Fisrst-out）	38	SFWR SFWR（P）	[S·] K、H、K_nX K_nY、K_nM K_nS、T、C D、V、Z	[D·] K_nY K_nM K_nS T、C、D	n_1、n_2 K、H 2≤n≤512	16 位操作　7	将源元件 S 的内容写到以目标元件 D 为首址的堆栈中（长度为 n 位）
循环与移位	FIFO 读出	39	SFRD SFRD（P）	K_nY、K_nM K_nS、T C、D	K_nY、K_nM K_nS、T、C D、V、Z	K、H 2≤n≤512	16 位操作　7	将以源元件 S 为首址、长度为 n 位的堆栈内容读到目标元件 D 中
数据处理	区间复位	40	ZRST ZRST（P）	[D1·][D2·] Y、M、S、T、C、D D1 号≤D2 号			16 位操作　5	将指定目标同一类型元件复位（数据元件，当前值为 0；位元件状态置 OFF）
数据处理	译码	41	DECO DECO（P）	[S·] K、H、X Y、M、S T、C D、V、Z	[D·] Y、M、S T、C、D n=0 不操作	n D=Y、M、S n=1~8 D=T、C、D n=1~4	16 位操作　7	将目标元件的某一位置“1”，其他位置“0”置“1”位位置由源数 S 为首址的 n 位连续位元件或数据寄存器所示的十进制码决定
数据处理	编码	42	ENCO ENCO（P）	[S·] X、Y、M S、T、C D、V、Z	[D·] T、C、D V、Z n=0 不操作	n K、H D= X、Y、M、S 则 n=1~8 ·D=T C、D、V、Z 则 n=1~4	16 位操作　7	把源数为“1”的最高位的位置存放到目标寄存器 D 中
数据处理	ON 位总数	43	SUM、SUM（P） （D）SUM （D）SUM（P）	[S·] K、H、K_nX K_nY、K_nM、K_nS T、C、D、V、Z	[D·] K_nY、K_nM K_nS、T、C、D V、Z 标志： M8020（0）		16 位操作　5 32 位操作　9	统计源数置 ON 位的总和，结果存放到目标元件中
数据处理	位判别	44	BON、BON（P） （D）BON （D）BON（P）	[S·] K、H、K_nX K_nY、K_nM K_nS、T、C D、V、Z	[D·] Y、 M、 S	n K、H、16 位 操作 n=0~15 32 位操作 n=0~31	16 位操作　7 32 位操作　13	判断源元件数第 n 位的状态，结果存放到目标元件中。n 表示相对源元件首址的偏移量，如 n=0 判断第 1 位，n=15 则判断第 16 位

（续）

指令类别	指令名称	功能编号	指令助记符	操作元件	程序步（步）	指令功能
数据处理	平均值	45	MEAN MEAN（P） （D）MEAN （D）MEAN（P）	[S·]：K_nX、K_nY、K_nM、K_nS、T、C、D、V、Z [D·]：K_nY、K_nM、K_nS、T、C、D、V、Z n：K、H　n = 1 ~ 64	16 位操作　7 32 位操作　13	计算 n 个源数据的平均值，结果送到指定目标，余数略去
数据处理	报警器置位	46	ANS	[S·]：T0 ~ T199（100ms 单位） [D·]：S900 ~ S999 n：K、H　n = 1 ~ 32767（100ms 单位）	16 位操作　7	起动定时器，时间到（n × 100ms）指定目标状态元件置 ON
数据处理	报警器复位	47	ANR ANR（P）	无	16 位操作　1	将 S900 ~ S999 之间被置 ON 的报警器依次复位
数据处理	求二次方根	48	SQR、SQR（P） （D）SQR （D）SQR（P）	[S·]：K、H、D [D·]：D　标志：M8020（0）	16 位操作　5 32 位操作　9	计算源数的算术平方根，结果存目标元件计算结果四舍五入为整数
数据处理	浮点转换	49	FLT、FLT（P） （D）FLT （D）FLT（P）	[S·]：K、H、D [D·]：D	16 位操作　5 32 位操作　9	M8023 = 1 浮点数转换成十进制数 M8023 = 0 十进制数转换成浮点数
高速处理	立即刷新	50	REF REF（P）	[D]：最低位为 0 的 X、Y n：K、H　8 的倍数	16 位操作　5	将以目标元件为首址的连续 n 个元件刷新（目标元件首址为 10 的倍数、n 为 8 的倍数）
高速处理	修改数字滤波时间常数	51	REFF REFF（P）	n：0 ~ 60ms（n = 0 为 50μs）	16 位操作　3	刷新输入 X0 ~ X7，修改滤波时间常数。（由 50 ~ 60μs）
高速处理	矩阵输入	52	MTR	[S]：最低位为 0 的 X [D1]：最低位为 0 的 Y [D2]：最低位为 0 的 Y、M、S n：2 ~ 8	16 位操作　9 标志：M8029（完成）	将连续排列的 8 点输入与 n 点输出组成 8 列 × n 行的输入矩阵并把处理结果存放到以 D2 为首址的矩阵表中
高速处理	高速计数置位	53	（D）HSCS	[S1·]：K、H、K_nX、K_nY、K_nS、T、C、D、V、Z [S2·]：C235 ~ C255 [D·]：Y、M、S	32 位操作　13	将指定计数器当前值与源数［S1·］相比较，若相等则将目标元件[D·]置 ON
高速处理	高速计数复位	54	（D）HSCR	[S1·]：K、H、K_nX、K_nY、K_nS、T、C、D、V、Z [S2·]：C235 ~ C255 [D·]：Y、M、S	32 位操作　13	将指定计数器的当前与源数［S1·］相比较若相等，将目标元件［D·］置 OFF
高速处理	高速计数区间比较	55	（D）HSZ	[S1·][S2·]：K、H、K_nX、K_nY、K_nM、K_nS、T、C、D、V、Z [S·]：C235 ~ C255 [D·]：Y、M、S	32 位操作　17	将指定计数器的当前值与指定数据区间比较，结果驱动以目标元件［D·］为首址的连续三个元件。其工作方式与 ZCP（FNC11）指令相同

（续）

指令类别	指令名称	功能编号	指令助记符	操作元件	程序步（步）	指令功能
高速处理	速度检测	56	SPD	［S1·］：X0～X5 ［S2·］：K_nX、K_nY、K_nM、K_nS、T、C、D、V、Z ［D·］：T、C、D、V、Z 三个连续元件	16位操作 7	在［S2·］设定的时间内（ms），对［S1］输入脉冲计数，计数当前值存D+1，终值存D，当前计数剩余时间存D+2
	脉冲输出	57	PLSY （D）PLSY	［S1·］［S2·］：K、H、K_nX、K_nY、K_nM、K_nS、T、C、D、V、Z ［D·］：Y	16位操作 7 32位操作 13	将S2设定的脉冲数量，以S1设定的频率从目标元件D输出
	脉宽调制输出	58	PWM	［S1·］［S2·］：K、H、K_nX、K_nY、K_nM、K_nS、T、C、D、V、Z ［D·］：Y	16位操作 7	将S2设定的脉冲周期（ms），S1设定的脉冲宽度（ms）的脉冲序列从目标元件输出
	加减速脉冲输出	59	PLSR （D）PLSR	［S1·］［S2·］［S3·］：K、H、K_nX、K_nY、K_nM、K_nS、T、C、D、V、Z ［D·］：晶体管输出Y000或Y001	16位操作 9 32位操作 17	对S1指定最高频率，S2内存放的总输出脉冲数在S3指定时间内由目标D指定元件输出
方便控制	设置初始状态	60	IST	［S·］：X、Y、M、S 8个连续元件 ［D1·］［D2·］：S20～S899 D1＜D2	16位操作 7	自动设置STL指令的多种运行模式，如手动、自动等
	数据查找	61	SER SER（P） （D）SER （D）SER（P）	［S1·］：K_nX K_nY K_nM K_nS T、C、D ［S2·］：K_nX K_nY K_nM K_nS T、C D、K H、V、Z ［D·］：K_nX、K_nY K_nM、K_nS T、C、D 连续占用5个 n：D 16位操作 1～256 32位操作 1～128	16位操作 9 32位操作 17	从数据栈（首址为S1，栈长为n）中查找S2指定的数据，结果存放到以D为首址的5个连续软元件中
	绝对值式凸轮控制	62	ABSD	［S1·］：K_nX、K_nY K_nM、K_nS 8个一组 T、C、D ［S2·］：2个连续计数器 ［D·］：Y、M S、n个连续元件 n：K、H n≤64	16位操作 9	根据计数值输出一组波形
	增量式凸轮顺序控制	63	INCD	［S1·］：K_nX、K_nY K_nM、K_nS 8个一组 T、C、D ［S2·］：2个连续计数器 ［D·］：Y、M S、n个连续元件 n：K、H n≤64	16位操作 9	根据S2、S2+1的当前值，顺序输出n个波形
	示教定时器	64	TTMR	［D·］：D二个连续元件 n：K n=0～2	16位操作 5	监视输入信号作用时间，将结果存放到数据寄存器
	特殊定时器	65	STMR	［S·］：T0～T199（100ms） ［D·］：Y、M、S 4个连续元件 n：K、H n=1～32767	16位操作 7	产生延时断开定时器，脉冲定时器、闪烁定时器
	交替输出	66	ALT、ALT（P）	［D·］：Y、M、S	16位操作 3	对输出元件状态取反

（续）

指令类别	指令名称	功能编号	指令助记符	操作元件	程序步（步）	指令功能
方便控制	斜波信号	67	RAMP	[S1·] [S2·] [D·]：D两个连续数据寄存器 n：K、H n=1~32767	16位操作 9	在两个数值之间按斜率产生数值
方便控制	旋转工作台控制	68	ROTC	[S·]：D 3个连续元件 [D·]：Y、M、S 8个连续元件 m1 m2：K、H m1=2~32767 m2=0~32767	16位操作 9	把旋转工作台移动到指定的位置
方便控制	列表数据排序	69	SORT	[S·]：D m1 m2：K、H m1=1~32 m2=1~6 D：D n：K、H、D n=1~m2	16位操作 11	在保持记录完整前提下，在所定义表格中的数据按选定栏排序
外部I/O设备通信	十键输入	70	TKY、(D) TKY	[S·]：X、Y、M S10个连续元件 S+0~S+9 [D1·]：K_nY、K_nM K_nS、T C、D、V Z32位操作连续2个元件 [D2·]：Y、M、S 11个连续元件 D2+0~D2+10	16位操作 7 32位操作 13 只允许使用一次	读连续的10个软元件（S+0~S+9），并将输入的数据存放到D1中。D2用来表明一个键被按下
外部I/O设备通信	十六键输入	71	HKY (D) HKY	[S·]：X 4个连续元件 [D1·]：Y 4个连续元件 [D2·]：T、C、D、V Z 32位操作2个连续元件 [D3·]：Y、M、S 8个连续元件	16位操作 9 32位操作 17	从16键键盘读入BCD码数据并以二进制数存放在目标D2中，字母输入D3对应位置1
外部I/O设备通信	BCD码输入	72	DSW	X n=1 4个 n=2 8个 Y 连续4个 T、C、D V、Z 1个或2个 K、H，n=1或2	16位操作 9	用来读入1或2个4位数字开关的设置值
外部I/O设备通信	七段码译码	73	SEGD、SEGD (P)	[S·]：K、H、K_nX、K_nY K_nM、K_nS、T、C D、V、Z 使用低4位 [D·]：K_nY、K_nM、K_nS T、C、D、V、Z 高8位保持不变	16位操作 5	十六进制数被译为可驱动七段显示的格式
外部I/O设备通信	带锁存BCD码输出	74	SEGL	[S·]：K、H、K_nX K_nY、K_nM K_nS、T、C D、V、Z [D·]：Y 1组用8个 2组用12个 n：K、H n=0~3，1组 n=4~7，2组	16位操作 7	写数到扫描式数字显示每组4位最大2组，用于控制1~2组7段显示
外部I/O设备通信	方向开关	75	ARWS	[S·]：X、Y、M S 4个连续元件 [D1·]：T、C、D V、Z 十进制存储 [D2·]：Y 8个连续元件 n：K、H n=0~3	16位操作 9	设立用户自定义（4键）数值输入面板

（续）

指令类别	指令名称	功能编号	指令助记符	操作元件	程序步（步）	指 令 功 能
外部 I/O 设备通信	ASCⅡ码转换	76	ASC	[S·] 0～9，A－Z a－z 一次仅转换 8 个字符 [D·] T、C、D 4 个连续元件	16 位操作　7	将字母数字转换成相应的 ASCⅡ码
	ASCⅡ码打印	77	PR	[S·] T、C、D [D·] Y	16 位操作　5	将 ASCⅡ数据输出到显示单元
	读特殊功能模块	78	FROM、FROM(P) (D) FROM (D) FROM (P)	m1: K、H 0～7 m2: K、H 0～31 [·D]: K_nY、K_nM K_nS、T、C D、V、Z n: K、H 1～32（16 位操作）1～16（32 位操作）	16 位操作　9 32 位操作　17	读特殊功能模块数据缓冲区中的数据
	写特殊功能模块	79	TO、TO (P) (D) TO (D) TO (P)	（同上）	（同上）	将数据写到特殊功能模块的数据缓冲存储区
外围设备 SER	串行通信	80	RS	[S·]: D m: K、H D [D·]: D n: K、H	16 位操作　9	用于 PLC 的串行通信
	并行传输	81	PRUN、PRUN(P) (D) PRUN (D) PRUN (P)	[S·]: K_nX、K_nM [D·]: K_nM、K_nY n＝1～8 位元件首址为 10 的倍数，如 X10、M100、Y30	16 位操作　5 32 位操作　9	利用并联适配器 FX2-40AW/AP 把源数传送到指定位元件区域，由专用标志 M8070、M8071 控制数据传送
	十六进制数转换	82	ASCⅠ、ASCⅠ(P)	[S·]: K、H、K_nX K_nY K_nM K_nS、T、C D、V、Z [D·]: K_nY K_nM K_nS、T、C、D n: K、H n＝1～256	16 位操作　7	将十六进制数转换成 ASCⅡ码存目标 D 中
	ASCⅡ数值转换	83	HEX、HEX (P)	[S·]: K、H、K_nX K_nY、K_nM K_nS、T、C、D [D·]: K_nM、K_nY K_nS、T、C D、V、Z n: K、H n＝1～256	（同上）	将一个 ASCⅡ数值转换成十六进制数存入目标元件中
	校验	84	CCD、CCD (P)	[S·]: K_nX、K_nY K_nM、K_nS T、C、D [D·]: K_nY、K_nM K_nS、T C、D n: K、H、D n＝1～256	（同上）	对数据堆栈中的“竖”校验进行检查
	模拟量读入	85	VRRD、VRRD(P)	[S·]: K、H s＝0～7 [D·]: K_nY、K_nM、K_nS T、C、D、V、Z	16 位操作　5	从 FX-8AV 的 8 个输入中读入一个模拟量
	模拟量开关设定	86	VRSC、VRSC (P)	（同上）	（同上）	从 FX-8AV 的 8 个输入中读入开关设定位置 0～10
	空置不用	87				
	PID 控制回路运算	88	PID	[S1·] [S2·]: D 各用一个数据寄存器 [S3·]: D 用 25 个地址连续 D [D·]: D 用一个独立数据寄存器	16 位操作　9	接受一个输入数据后，根据 PID 控制的设定值计算出一个调节值
	空置不用	89				

（续）

指令类别	指令名称	功能编号	指令助记符	操作元件		程序步（步）	指令功能
浮点数运算	二进制浮点数比较	110	（D）ECMP （D）ECMP（P）	[S1·] [S2·] K、H、D	[D·] Y、S、M 三个连续元件	32 位操作 13	将源［S1·］与［S2·］内二进制浮点数值进行比较结果送到目标［D·］三个连续元件，以判断二数大小或相等否
	二进制浮点数区间比较	111	（D）EZCP （D）EZCP（P）	[S1·][S2·][S·] K、H、D	[D·] Y、S、M 三个连续元件	32 位操作 17	将源二进制浮点数[S·]与区间［S1·］和［S2·］二进制浮点数进行比较，结果送目标［D·］三个连续元件中
	二进制浮点数转换为十进制浮点数	118	（D）EBCD （D）EBCD（P）	[S·] D	[D·] D	32 位操作 9	将源［S·］内二进制浮点数转换为十进制浮点数，存入［D·］中
	十进制浮点数转换为二进制浮点数	119	（D）EBIN （D）EBIN（P）	[S·] D	[D·] D	32 位操作 9	将源［S·］内十进制浮点数转换为二进制浮点数，存入［D·］中
	二进制浮点数加法	120	（D）EADD （D）EADD（P）	[S1·] [S2·] K、H、D	[D·] D	32 位操作 13	将源［S1·］［S2·］内的二进制浮点数相加存入到［D·］中
	二进制浮点数减法	121	（D）ESUB （D）ESUB（P）	K、H、D	D	32 位操作 13	将源［S1·］［S2·］内的二进制浮点数相减存入到［D·］中
	二进制浮点数乘法	122	（D）EMUL （D）EMUL（P）	K、H、D	D	32 位操作 13	将源［S1·］［S2·］内的二进制浮点数相乘的积存入到［D·］中
	二进制浮点数除法	123	（D）EDIN （D）EDIN（P）	K、H、D	D	32 位操作 13	将源［S1·］内的二进制浮点数除以［S2·］内的二进制浮点数，结果存入到［D·］中

（续）

<table>
<tr><th>指令类别</th><th>指令名称</th><th>功能编号</th><th>指令助记符</th><th colspan="3">操作元件</th><th>程序步（步）</th><th>指 令 功 能</th></tr>
<tr><td rowspan="7">浮点数运算</td><td rowspan="2">二进制浮点数开平方</td><td rowspan="2">127</td><td rowspan="2">（D） ESOR
（D） ESOR （P）</td><td colspan="2">[S·]</td><td>[D·]</td><td rowspan="2">32 位操作 9</td><td rowspan="2">将源 [S·] 内的二进制浮点数开平方，结果存入到 [D·] 中</td></tr>
<tr><td colspan="2">K、H、D</td><td>D</td></tr>
<tr><td rowspan="2">二进制浮点数转换为 BIN 整数</td><td rowspan="2">129</td><td rowspan="2">INT、INT （P）
（D） INT
（D） INT （P）</td><td colspan="2">[S·]</td><td>[D·]</td><td rowspan="2">16 位操作 5
32 位操作 9</td><td rowspan="2">将源 [S·] 内的二进制浮点数转换为 BIN 整数存入到 [D·] 中</td></tr>
<tr><td colspan="3" rowspan="4">D</td></tr>
<tr><td>二进制浮点数转换为 sin 角度</td><td>130</td><td>（D） SIN
（D） SIN （P）</td><td>32 位操作 9</td><td>将源 [S·] 内的二进制浮点数转换为 SIN 角度值存入到 [D·] 中</td></tr>
<tr><td>二进制浮点数转换为 cos 角度</td><td>131</td><td>（D） COS
（D） COS （P）</td><td>32 位操作 9</td><td>将源 [S·] 内的二进制浮点数转换为 COS 角度值存入到 [D·] 中</td></tr>
<tr><td>二进制浮点数转换为 tan 角度</td><td>132</td><td>（D） TAN
（D） TAN （P）</td><td>32 位操作 9</td><td>将源 [S·] 内的二进制浮点数转换为 TAN 角度值存入到 [D·] 中</td></tr>
<tr><td rowspan="2">高低位交换</td><td rowspan="2">高低位交换</td><td rowspan="2">147</td><td rowspan="2">SWAP、SWAP （P）
（D） SWAP
（D） SWAP （P）</td><td colspan="3">[S·]</td><td rowspan="2">16 位操作 3
32 位操作 5</td><td rowspan="2">将源 [S·] 内的数据高位与底位交换</td></tr>
<tr><td colspan="3">K_nY、K_nM、K_nS、T、C、D、V、Z</td></tr>
<tr><td rowspan="6">时钟运算</td><td rowspan="2">时钟数据比较</td><td rowspan="2">160</td><td rowspan="2">TCMP
TCMP （P）</td><td>[S1·][S2·][S3·]</td><td>[S·]</td><td>[D·]</td><td rowspan="2">16 位操作 11</td><td rowspan="2">将源 [S1·] [S2·] [S3·] 的时间数据与 [S·]起始的 3 点时间数据比较，结果存入到[D·]起始的三个连续单元</td></tr>
<tr><td>K、H、K_nX、K_nY、K_nM、K_nS、T、C、D、V、Z</td><td>T、C、D</td><td>Y、M、S</td></tr>
<tr><td rowspan="2">时钟数据区间比较</td><td rowspan="2">161</td><td rowspan="2">TZCP
TZCP （P）</td><td>[S1·][S2·][S·]</td><td colspan="2">[D·]</td><td rowspan="2">16 位操作 9</td><td rowspan="2">将源 [S·] 起始的 3 点时钟数据同上、下区间 [S1·] [S2·] 时钟数据比较结果送到 [D·] 三个连续元件中</td></tr>
<tr><td>T、C、D</td><td colspan="2">Y、M、S</td></tr>
<tr><td rowspan="2">时钟数据加法运算</td><td rowspan="2">162</td><td rowspan="2">TADD
TADD （P）</td><td>[S1·] [S2·]</td><td colspan="2">[D·]</td><td rowspan="2">16 位操作 7</td><td rowspan="2">将源 [S1·] 起始的 3 点内时钟数据同 [S2·] 起始的 3 点内时钟数据相加，结果存入 [D·] 起始的 3 点元件内</td></tr>
<tr><td colspan="3">T、C、D</td></tr>
</table>

（续）

指令类别	指令名称	功能编号	指令助记符	操作元件	程序步（步）	指令功能
时钟运算	时钟数据减法运算	163	TSUB TSUB（P）	[S1·] [S2·]　[D·] T、C、D	16位操作7	将源[S1·]起始的3点内时钟数据用[S2·]起始的3点内时钟数据相减，结果存入[D·]起始的3点元件中
	时钟数据读出	166	TRD TRD（P）	[D·] T、C、D	16位操作3	将PLC实时时钟数据读入[D·]起始的7点数据寄存器中
	时钟数据写入	167	TWR TWR（P）	[S·] T、C、D		将源[S·]起始的7点数据寄存器中的时钟数据写入到PLC实时时钟中
格雷码变换	格雷码变换	170	GRY GRY（D） （D）GRY （D）GRY（P）	[S·]：K、H、K_nX、K_nY、K_nM、K_nS、T、C、D、V、Z [D·]：K_nY、K_nM、K_nS、T、C、D、V、Z		将源[S·]中的BIN数据变换为GRY数据存入到[D·]中
	格雷码逆变换	171	GBIN GBIN（P） （D）GBIN （D）GBIN（P）			将源[S·]中的GRY数据变换为BIN数据存入到[D·]中
触点比较	触点比较	224	LD （D）LD =	[S1·] [S2·] K、H、K_nX、K_nY、K_nM、K_nS、T、C、D、V、Z		将源[S1·]与[S2·]中触点比较，结果有效 [S1·] = [S2·]
		225	>			[S1·] > [S2·]
		226	<		16位操作5 32位操作9	[S1·] < [S2·]
		228	< >			[S1·] ≠ [S2·]
		229	≤			[S1·] ≤ [S2·]
		230	≥			[S1·] ≥ [S2·]
	触点"与"比较	232	AND （D）AND =			[S1·] = [S2·]
		233	>			[S1·] > [S2·]
		234	<			[S1·] < [S2·]
		236	< >			[S1·] ≠ [S2·]
		237	≤			[S1·] ≤ [S2·]
		238	≥			[S1·] ≥ [S2·]
	触点"或"比较	240	OR （D）OR =	[S1·] [S2·] K、H、K_nX、K_nY、K_nM、K_nS、T、C、D、V、Z	16位操作5 32位操作9	[S1·] = [S2·]
		241	>			[S1·] > [S2·]
		242	<			[S1·] < [S2·]
		244	< >			[S1·] ≠ [S2·]
		245	≤			[S1·] ≤ [S2·]
		246	≥			[S1·] ≥ [S2·]

二、功能指令的表示方法与梯形图格式

FX_{2N}系列PLC的功能指令采用梯形图和指令助记符（或功能号）相结合的表达方式，具有简单易懂的特点，稍具计算机和PLC基本知识的人都能迅速识别。例如下面是一条求平均值指令的表示方法、梯形图格式及其应用举例。

FNC45 MEAN 求平均值	操作数	连续执行	脉冲执行	占用程序步
	16位操作	MEAN	MEAN（P）	7步
	32位操作	（D）MEAN	（D）MEAN（P）	13步
可用元件 （操作数范围）	字元件	〔S·〕：K、H　K_nX　K_nY　K_nM　K_nS　T　C　D　V　Z 〔D·〕：K_nY　K_nM　K_nS　T　C　D　V　Z n：K、H		
	位元件	X　Y　M　S		

梯形图形式：

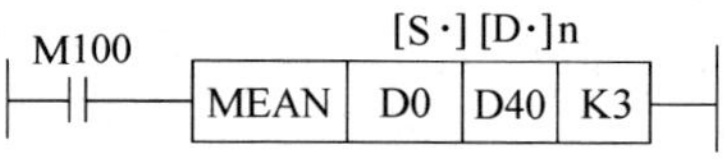

指令功能：$\frac{(D0)+(D1)+(D2)}{3}\rightarrow(D40)$

语句表：		
0.	LD	M100
1.	FNC（MEAN）	45
		D0
		D40
	K	3
8.	⋮	

上述梯形图是功能指令FNC45求平均值的具体应用，它是一条16位数操作连续执行，求取以源操作数D0为首址的3个地址连续数据寄存器所存数据的算术平均值，即计算[(D0)+(D1)+(D2)]/3，并将结果存放在D40中。

16位和32位操作数表示数据范围与排序如下所示：

一个数据寄存器（16位）处理的数值范围为－16384～＋16383。

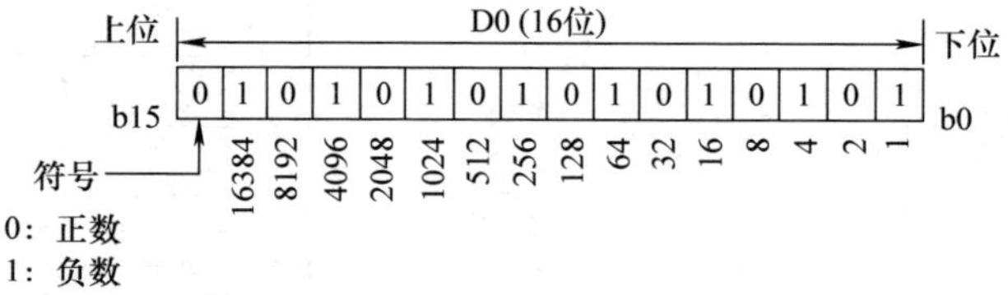

以两个相邻的数据寄存器表现32位的数据。（高位为大的号码，低位为小的号码。在变址寄存器中，V为高位，Z为低位）。

因此，可处理－1073741824～＋1073741823的数值。

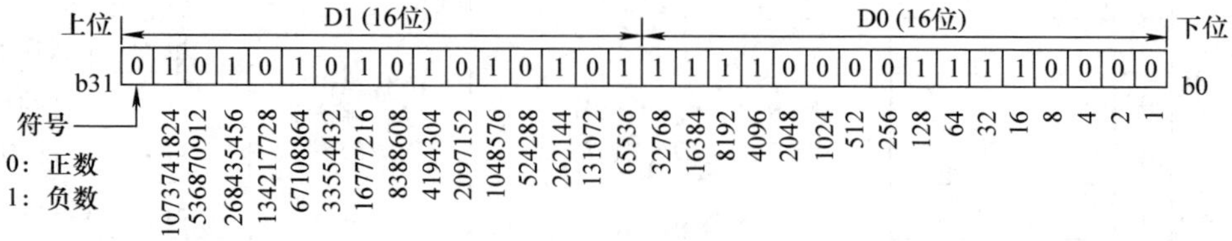

在指定32位时，如果指定了低位（例如：D0），则高位为继其之后的编号（例如：

D1）被自动占有。低位可用奇数或偶数的任意一种软元件编号指定，考虑到外围设备的监视功能，建议低位采用偶数软元件编号。

1. *功能指令的表达内容*　从上例可知每一条功能指令表达内容有：它的名称（求平均值）、助记符（MEAN）及与其对应的功能编号（FNC45）、该指令的执行方式及操作数类型（有连续执行、脉冲方式及 16 位数和 32 位数两种类型），指令使用元件的范围（即操作数范围、源操作数［S］范围是所有字元件，目标数［D］是除了常数 K、H 和由位元件 X 成组构成数据寄存器外的所有字元件，常数 n 是 K、H，但不涉及位元件。）以及该指令占用的程序步数（16 位操作 7 步，32 位操作是 13 步）。

2. *功能指令的梯形图格式*　和基本指令类似，基本格式仍然是操作码 + 操作数，当使用便携式编程器输入指令时，采用对应功能号取代助记符。与某些基本指令一样有些功能只有操作码而没有操作数如 EI、DI、IRT、FEND 等。和基本指令的主要区别是操作码有多种形式，操作数有不同类型，数量也不只一个。

3. *功能指令的执行方式*　从功能指令操作码可以看出它的不同执行方式，它在基本助记符基础加注标号来区别。如上述例子中 MEAN 表示对 16 位数据连续执行求平均值操作。MEAN（P）表示脉冲执行方式，即在满足该指令执行条件的第一个扫描周期执行一次，以后都不执行。（D）MEAN 表示对 32 位数连续求取平均值，而用（D）MEAN（P）表示脉冲执行方式求 32 位数据的算术平均值。该指令涉及的操作数（可用元件）的范围分别由源数［S·］、目标数［D·］和常数 n 带箭头范围所示。

4. *功能指令中操作数的类型与构成方式*　功能指令中操作数有以下 5 种类型：

［S］　表示源操作数，在指令执行过程中其内容不会改变。

［S·］　表示允许变址寻址的源操作数。

［D］　表示目标操作数，指令执行中会改变。

［D·］　允许变址寻址的目标操作数。

m、n 表示指定常数 K、H 的操作数，当同类操作数有多个时，用 m_1、m_2、…或 n_1、n_2、…表示。此时指令中的源数与目标数为首址。

无论是 16 位操作数还是 32 位操作数，源数还是目标数都有两种形式出现。一种是由字元件组成，例如 D、V、Z 存放值与 T、C 的设定值与当前值，如果是 32 位则由两个地址连续的字元件构成。另一种是由位元件成组构成，每 4 位一组。16 位数取 1 ~ 4 组（用 K1 ~ K4）表示，32 位数取 1 ~ 8 组（用 K1 ~ K8 表示）。例如：

K3X20　表示由 X20 ~ X33 构成的数

K4Y10　表示由 Y10 ~ Y27 构成的数

K8M0　表示由 M0 ~ M31 构成的数

对于 16 位数若 $K_n < 4$ 或 32 位数 $K_n < 8$ 其不足的高位部分一律被看作 0，因此是将其作为正数处理（数据的最高位是符号位，0 为正数，1 为负数）。

5. *操作数的寻址方式*　可以是直接寻址也可以采用变址寻址方式。当采用变址寻址方式时，操作数的实际地址是现地址加上变址寄存器内所存地址。例如下列数据传送指令采用变址寻址方式：

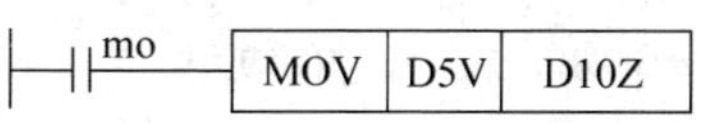

若 V = 8，Z = 14 则 5 + 8 = 13，10 + 14 = 24

实际执行（D13）→（D24）传送

6. 功能指令占用程序步数计算 通常是采用操作码占 1 步，每种 16 位操作数占 2 步，每种 32 位操作数占 4 步的原则来计算功能指令块的程序占用步数。图 4-45 表示 3 条分支程序占用程序步数。

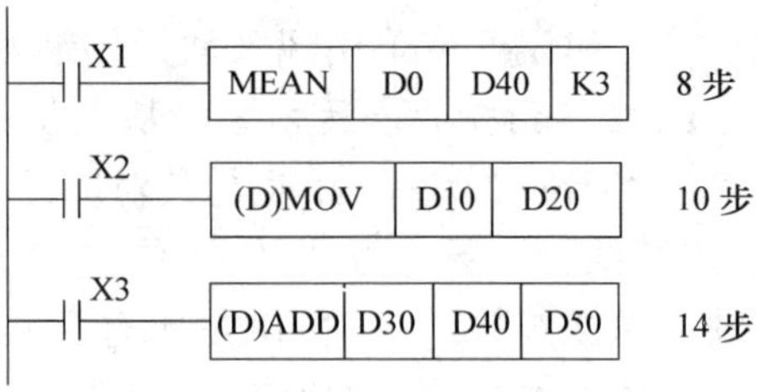

图 4-45 程序步计算

三、标志位及特殊数据处理与应用

在基本指令编程中某些编程器件的使用曾涉及一些用作标志的特殊辅助继电器的处理，例如可逆计数器的计数方向（增或减计数）是由与之对应的特殊辅助继电器的状态来决定。同样在功能指令编程、指令功能扩展、出错处理等过程中也涉及某些标志位（特殊 M 状态）和特殊数据（存专用 D 内）的处理与应用。举例说明如下：

1. 一般标志的应用 如零标志 M8020、借位标志 M8021、进位标志 M8022、功能指令结束标志 M8029 等在每次执行各种指令时接通或断开，指令不执行时状态不变。影响这些标志状态的指令很多，接通断开情况也各不相同，编程时务必注意。例如在执行二进制加法 ADD 指令时将两个源数相加结果存目标元件过程中，若运算结果为 0 标志 M8020 置 0，16 位运算结果超过 32767 或 32 位运算结果超过 3247483647 进位标志 8022 动作，运算结果未满 -32768（16 位运算）或 -2147483648（32 位运算）时，借位标志 8021 动作。图 4-46 所示为指令执行结束标志 M8029 的一种使用。图中采用一组拨码盘 BCD 码数据输入指令 DSW（FNC72）可以完成多组数据的输入或修改。

2. 出错标志的应用 在用户程序设计中，如出现功能指令中可用软元件及其地址号等方面有错误，在指令执行中出错标志 M8067 置位，并自动将出错代码编号存入 D8067，发生错误的步地址存入 D8069。若在其后其他步序又发生新的错误，就依次将该指令的出错代码与步地址依次更新。在错误消除时，标志复位，出错码与步地址清除。可以通过读取这些特殊数据来诊断应用程序。

3. 指令功能扩展标志的应用 有些功能指令与功能扩展标志结合应用时，可扩展该指令功能。例如图 4-47 所示的数据交换指令 XCH（FNC17）在一般情况下功能扩展标志 M8160 状态为 0 时，执行两个不同地址的目标元件间进行数据交换。若在指令执行前先将 M8160 置位，则在相同元件进行高 8 位与低 8 位的交换。

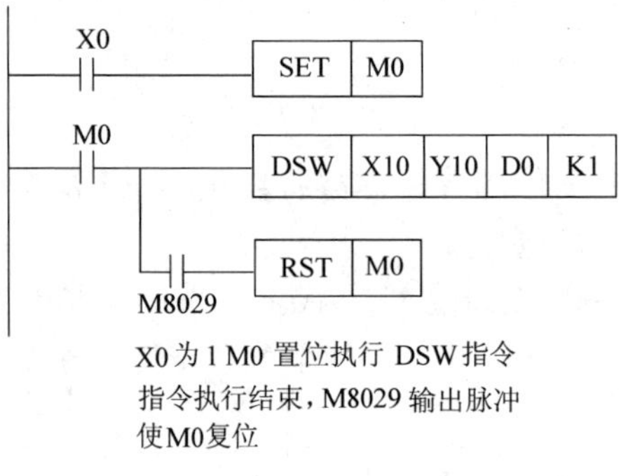

图 4-46 指令执行结束标志应用

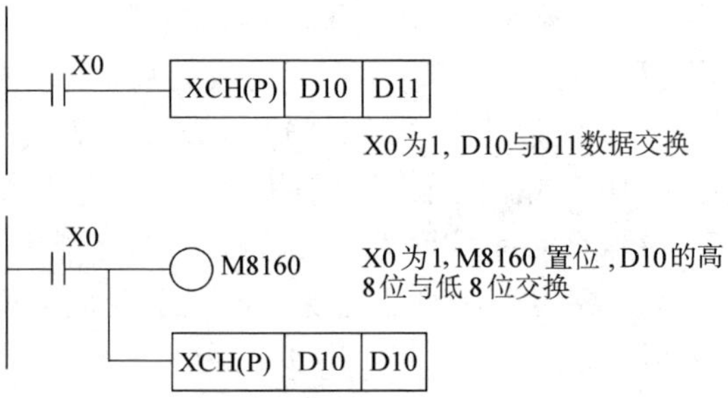

图 4-47 指令功能扩展标志的应用

四、功能指令介绍

（一）程序流向控制类指令 FNC00 ~ FNC09

1. 条件跳转指令　FNC00 CJ 16 位操作 3 步、标号 P××占　1 步

CJ（Conditional Jump）与 CJ（P）指令的作用是满足一定条件使程序跳转到指针 P×× 所标位置继续执行。由于被跳过梯形图不再被扫描，所以缩短了扫描周期。其梯形图如图 4-48 所示。n 为跳转指针，其范围为 P0 ~ P63（P63 = END 无须标号）。

图 4-48a 中当 X20 接通，程序跳到标号 P10 处，被跳过部分不执行，各输出保持原状态。当 X20 断开，跳转不执行，程序按原顺序执行。图 4-48b 在程序中两个条件不同的跳转指令使用相同标号，当 X20 接通，X21 断开时，第一条跳转指令生效。若 X20 断开，X21 接通则第二条跳转指令生效，程序跳至同一目标。在程序中，一个标号只允许出现一次，否则程序会出错。若采用 M8000 作为跳转条件，则称其为无条件跳转，因为 PLC 运行中 M8000 一直接通。

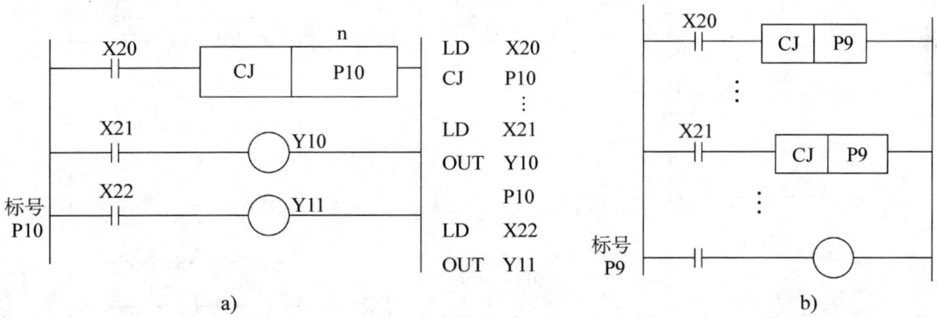

图 4-48　CJ 指令应用

CJ 指令可转移到主程序的任何地方或 FEND 指令后的任何地方。可向前跳转如图 4-48 所示，也可以向后跳转，如跳转到 0 步开始执行，但此时必须注意程序执行时间不能超过警戒定时器的设定时间（存 D8000），否则警戒定时器会发出超时报警。例如图 4-49a 所示是一个等待程序，辅助继电器 M20 为设定的中断标志，在未响应中断信号之前其状态为 0，响应中断信号之后状态为 1。当该中断信号未到时，由于 M20 为 0 而重复扫描这段梯形图，主程序处于等待状态。由于跳转指针 P10 在 CJ 指令后面且等待时间又比较长，因此在每一循环开始必须加入警戒定时器刷新 WDT 指令以免超时报警。当中断信号出现时 M20 为 1，其常闭触点打开而不执行跳转指令，继续扫描跳转指令下面梯形图。但是等待程序不能采用图 4-49b 所示梯形图，否则将出现死循环，其原因如前所述定时器 T0 当前值须在扫描 END 或 FEND 指令时才能被刷新，而扫描该梯形图时由于定时器 T0 当前值不会被刷新，始终为 0 其逻辑线圈不可能接通而造成死循环。

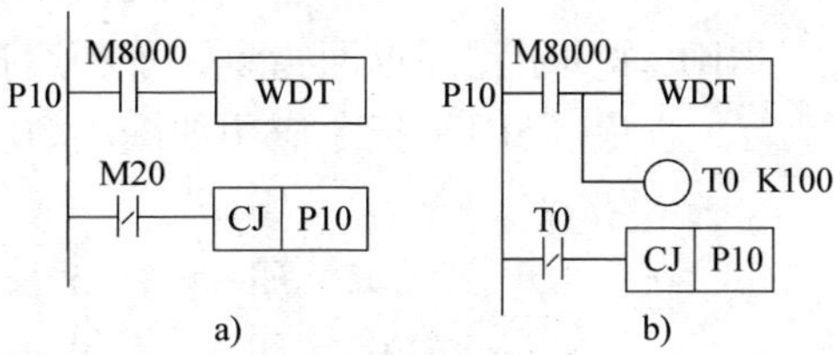

图 4-49　等待梯形图

a）等待程序　b）死循环

2. 子程序调用与返回指令　FNC01　CALL　16 位数操作　3 步

FNC02　SRET　无操作数　1 步

CALL（Subroutine CALL）与 CALL（P）是子程序调用指令。

SRET（Sub-routine Return）是子程序返回指令。当 CALL 指令被驱动时程序执行转移到由 P××指针标号的子程序。通常子程序（包括中断服务子程序）位置总是处在 FEND 与 END 指令之间，因此 CALL 指令必须和 FEND 及 SRET 指令一起使用。子程序执行到 SRET 指令后立即返回到 CALL 指令的下条指令，继续执行主程序。同样要注意子程序执行时间不能超过警戒定时器设定时间。图 4-50 所示为 CALL 与 SRET 指令的应用。

图 4-50a 中，当 X0 接通时，CALL 使程序跳至标号 P10 处，子程序被执行，子程序执行完毕回到原程序执行时间点 104（子程序调用后一条指令）继续执行主程序。子程序标号要写在主程序结束指令 FEND 之后，而且同一标号只能出现一次，CALL 指令与 CJ 指令指针标号不得相同。图 4-50b 中 CALL(P) 与 CALL 的区别在于子程序 P11 仅在 X1 由 OFF→ON 变化时执行一次。在执行 P11 子程序时，若 CALL P12 指令被执行，则程序跳到子程序 P12，在 SRET(2)指令执行后程序返回到子程序 P11 中的 CALL P12 指令的下一步，在 SRET(1)指令执行后再返回主程序。因此，在子程序中，可以形成子程序嵌套，总数可有 5 级嵌套。

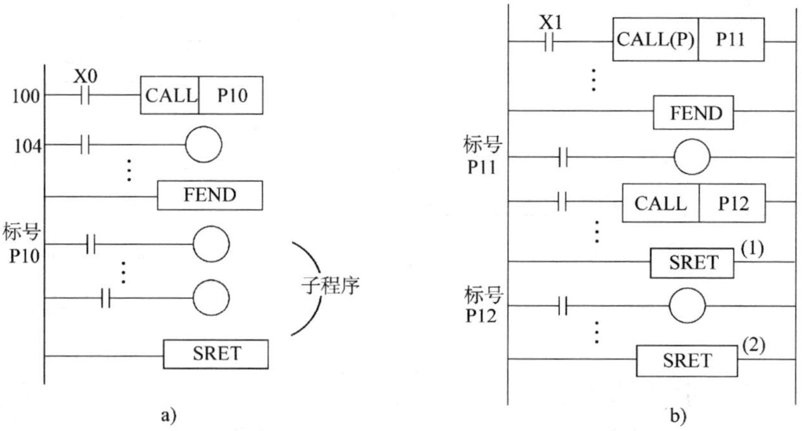

图 4-50 CALL 与 SRET 指令的应用

SRET 称为子程序返回指令，子程序执行完毕，使用该指令回到原跳转点下一条指令继续执行主程序。SRET 指令应用如图 4-50 所示。

3. 中断指令 FNC03 IRET

FNC04 EI 无操作数 1 步

FNC05 DI

FX_{2N}系列 PLC 设置有 9 个中断点（由 X0～X5 输入的 6 个脉冲宽度大于 200μs 的外部中断请求信号和 3 个内部定时器定时请求信号）并有 3 条中断指令；EI（Interrupt Enable）是允许中断指令，DI（Interrupt Disable）是禁止中断指令；IRET（Interrupt Return）是中断服务子程序返回指令。这 3 条指令既没有驱动条件又无操作数，在梯形图中直接与左右母线相连。EI 指令到 DI 指令之间为允许中断区间，CPU 在扫描其梯形图时，若有中断请求信号产生则 CPU 停止扫描当前梯形图转而去执行由中断指针 I□□□标号的中断服务子程序，直到 IRET 指令才返回到主程序继续执行。如果中断请求信号发生在 EI 与 DI 区域之外（禁止中断区间），则该中断请求信号被锁存起来，直到 CPU 扫描到 EI 指令后才转去执行该中断服务子程序。FX_{2N}系列 PLC 允许 2 级中断嵌套，并有优先权力处理功能，即在执行中断服务子程序过程中还可以响应中断请求。当有多个中断请求同时发生时，中断标号越小者优先权级别越高。图 4-51 所示为中断指令的应用。在开中断期间若需禁止响应某一中断只要将特殊辅助继电器 M8050 ~ M8059 中的某一个置 1，例如图中当 X10 为 1 使 M8050 置 1，则禁止响应 I00 × 中断请求信号。

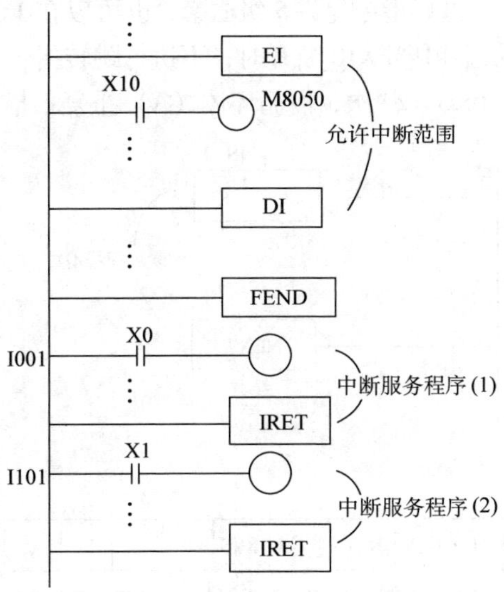

图 4-51　中断指令的应用

4. 主程序结束指令　FNC06　FEND　无操作数　1 步

FEND 表示主程序结束，子程序开始。在一般情况下，FEND 指令与 END 有相同的处理，如警戒定时器刷新，各定时器与计数器当前值刷新、输出处理、自诊断、输入处理等操作后返回零步。它是一条既不需要控制条件又没有操作数的指令。要注意 FEND 与 END 指令的区别，FEND 是主程序结束指令而 END 是用户程序结束指令，在 END 指令后不允许使用 FEND 指令。图 4-52 表示 FEND 指令的应用，如图所示可使用多个 FEND 指令分离不同的主程序。

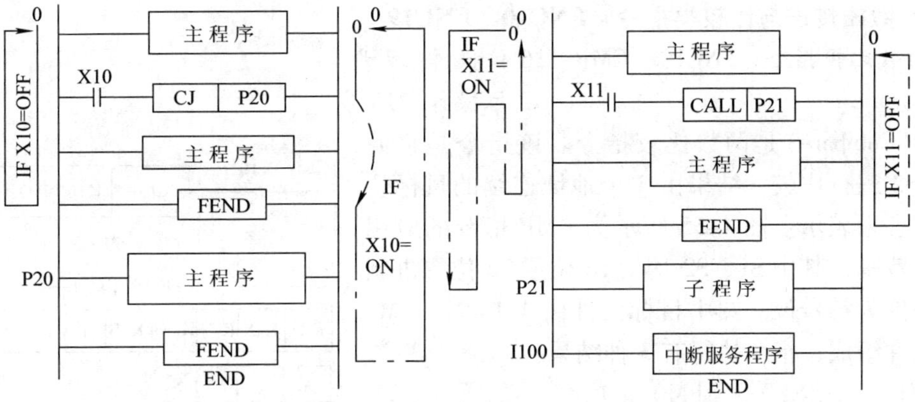

图 4-52　FEND 指令的应用

5. 警戒定时器刷新指令　FNC07　WDT　无操作数　1 步

WDT（Watchdog Timer）与 WDT（P）是刷新警戒定时器指令。警戒定时器是一个专用的监视定时器，其设定值存放在专用数据寄存器 D8000 中，默认值为 100ms，其计时单位为 ms。在不执行 WDT 指令时每次扫描到 END 或 FEND 指令刷新警戒定时器当前值。当程序扫描周期超过 100ms 或专门设定值（用 MOV 指令送 D8000）时其逻辑线圈被接通，CPU 立即停止扫描用户程序，切断所有输出并发出报警显示信号。在图 4-49a 表示出了 WDT 的应用。

6. 循环指令　FNC08　FOR　16 位操作　3 步

FNC09　NEXT　无操作数　1 步

FOR（Start of Repeat Range）和 NEXT（End of Repeat Range）是一组循环指令，必须成对使用。前者为循环开始指令，其操作数［S·］适用所有字元件，表示循环扫描从 FOR 到 NEXT 之间程序的次数，循环次数取值范围是 1 ~ 32767，后者是循环结束指令。这两条指令无须控制条件，直接与左母线相连。图 4-53 所示为循环指令的应用。

循环指令允许 5 级嵌套，也可以在 FOR 指令前面加 CJ 指令，如图 4-54 所示的 3 级嵌套循环。图中当 X10 断开时，不执行跳转指令，此时循环体（C）执行 4 次，循环体（B）执行次数为 $4\times5=20$ 次，而循环体（A）重复扫描 $4\times5\times6=120$ 次。若 X10 接通则循环体（A）不执行。

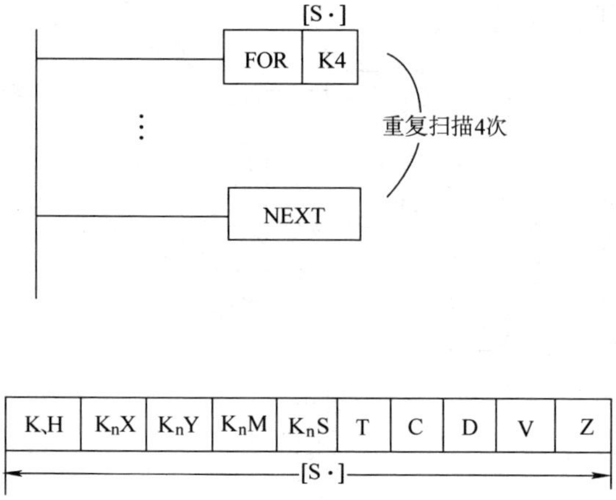

图 4-53　循环指令的应用

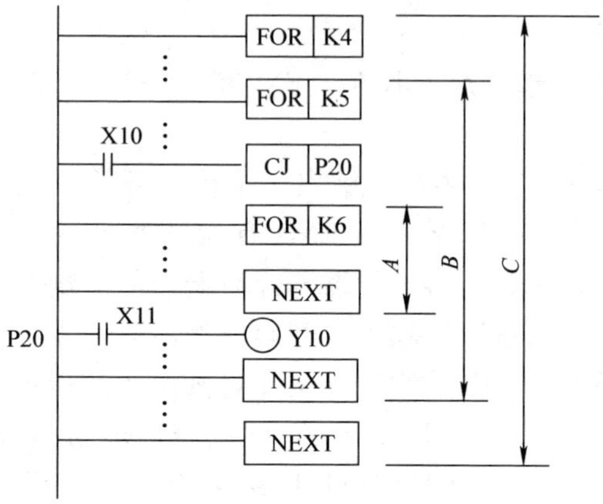

图 4-54　3 级嵌套的循环指令应用

（二）数据传送与比较类指令　FNC10 ~ FNC19

1. 两数比较指令　FNC10　CMP　16 位操作　7 步
32 位操作　13 步

CMP(Compare)是两数比较指令。该指令是将源数 S1 与 S2 进行比较，结果由 3 个地址连续的目标位元件的状态来表示。图 4-55 所示为 CMP 指令的应用和操作数范围，其中 S1、S2 均为 16 位或 32 位二进制数，最高位为符号位。图中目标元件由 M0、M1、M2 三个位元件组成，指令执行有 3 种结果：

若[S1·]>[S2·]则 M0 置 1

若[S1·]=[S2·]则 M1 置 1

若[S1·]<[S2·]则 M2 置 1

不执行指令操作时（X10 断开），目标位元件状态保持不变，除非用 RST 指令将其复位。

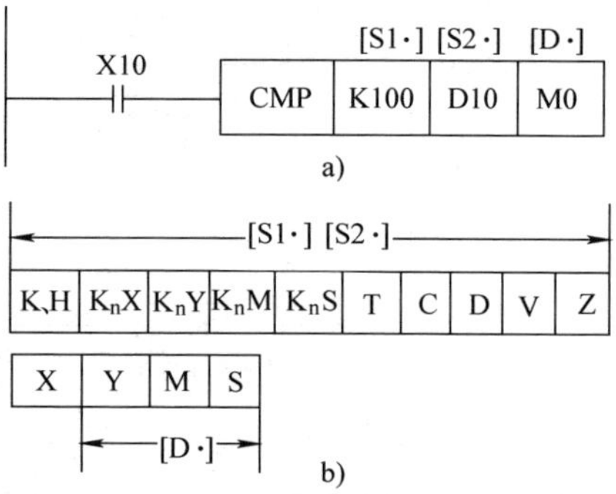

图 4-55　CMP 指令的应用
a）梯形图　b）操作数范围

2. 数据区间比较指令　FNC11　ZCP　16 位操作　9 步
32 位操作　17 步

ZCP（Zone Compaer）是数据区间比较指令。指令功能与 CMP 相同，将源数 S3 与 S1 和 S2 构成的数据区间（S1<S2）进行比较，结果由 3 个连续的目标元件来表示。即 S3<S1 目标位元件 D 置位，S1<S3<S2 目标位元件 D+1 置位，S3>S2 目标位元件 D+2 置位。指令不执行时目标位元件状态不变。图 4-56 所示为 ZCP 指令的应用。

3. 数据传送指令　FNC12　MOV　16 位操作　5 步
32 位操作　9 步

MOV（Move）是数据传送指令。指令功能将源数 S 传送到目标元件 D 中，如果源操作数据是十进制常数，则 CPU 自动将其转换成二进制数后再传送到目标元件中。图 4-57a 所示为 MOV 指令的应用。当 X10 闭合时就将常数 100 传送到 D20 中。源操作数 S 与目标操作数 D 的适用范围如图 4-57b 所示。

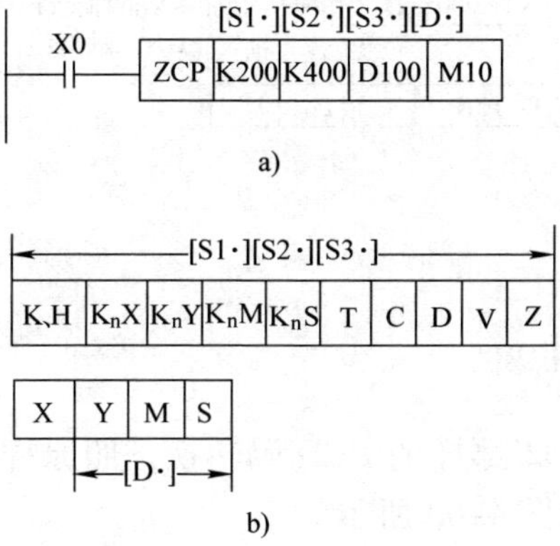

图 4-56　ZCP 指令的应用
a）梯形图　b）操作数范围

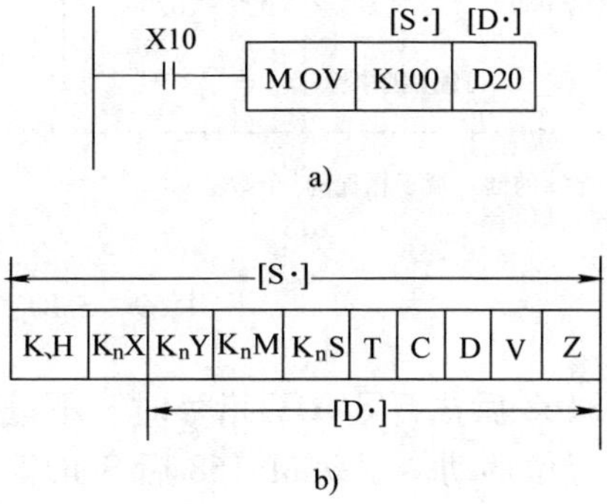

图 4-57　MOV 指令的应用
a）梯形图　b）操作数范围

4. 位传送指令 FNC13　SMOV　16 位操作　11 步

SMOV（Bit Move）是位传送指令。指令功能首先将 S 中的二进制 16 位数转换为 4 位 BCD 码，然后将 BCD 码从第 4 位（m1 =4）起连续的低（m2 =2）2 位向目的地址 D 的第 3 位（n =3）开始连续传送 2 位（m2 =2）BCD 码，最终再转换为二进制（BIN 码）。转换过程中［S·］的 BCD 码值应在 0 ~9999 数据之间，否则出错。图 4-58 所示为 SMOV 指令的应用。

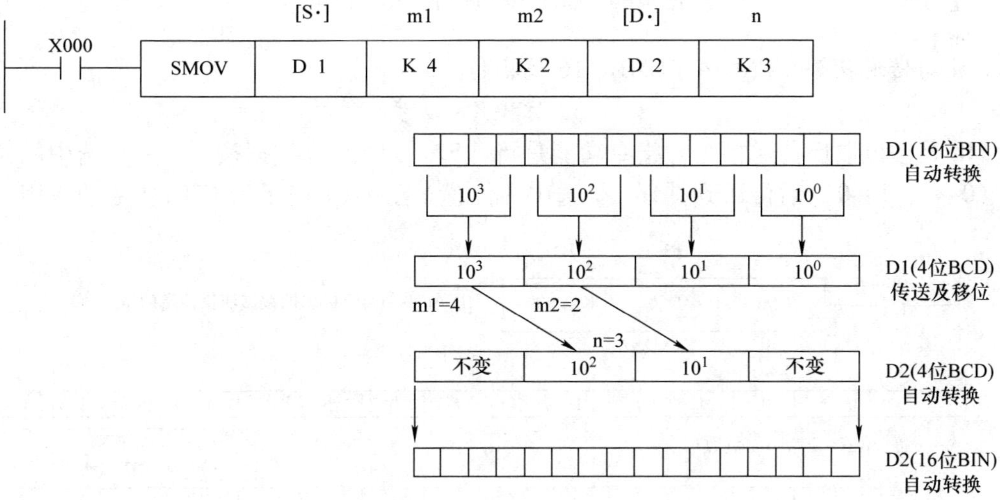

图 4-58　SMOV 指令的应用

将 D1 的 1 位（BCD）传送到 D2 的第 3 位（BCD）并自动转换成 BIN 码。

在以上的顺控中，3 位的数字开关的数据被合成后，以二进制开始存入 D2。应用实例如图 4-59 所示。

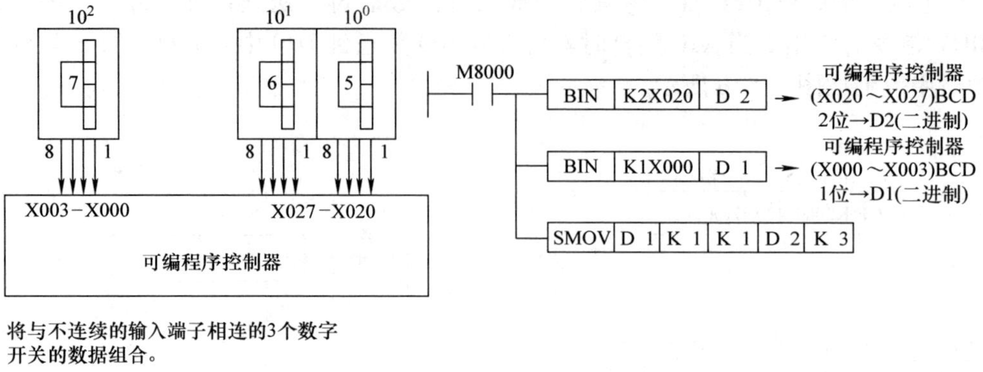

图 4-59 SMOV 指令实际应用实例

驱动 M8168 后执行 SMOV 指令时，不进行如 D1、D2 那样的 BCD 码转换，照原样以 4 位为单位进行位移动。驱动 M8168 后 SMOV 应用程序如图 4-60 所示。

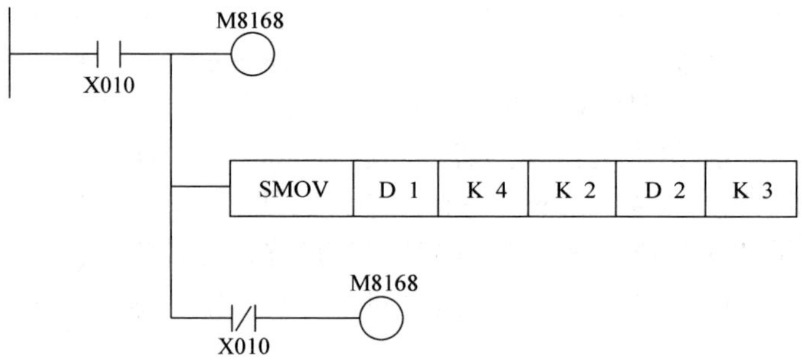

图 4-60 驱动 M8168 后 SMOV 程序

5. 反向传送指令 FNC14 CML 16 位操作 5 步

32 位操作 9 步

CML 是按位取反传送指令。指令功能是将［S·］中的位数据按［D·］选中的位置值取反（0→1，1→0）后传送到［D·］选中的位置。图 4-61 所示为 CML 指令的应用。

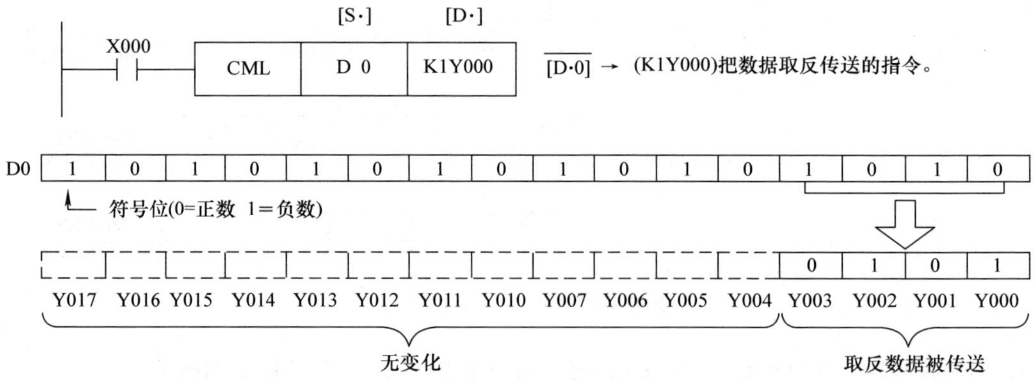

图 4-61 CML 指令的应用

CML 应用实例如图 4-62 所示。图中的两个顺控程序可用 CML 指令表示。

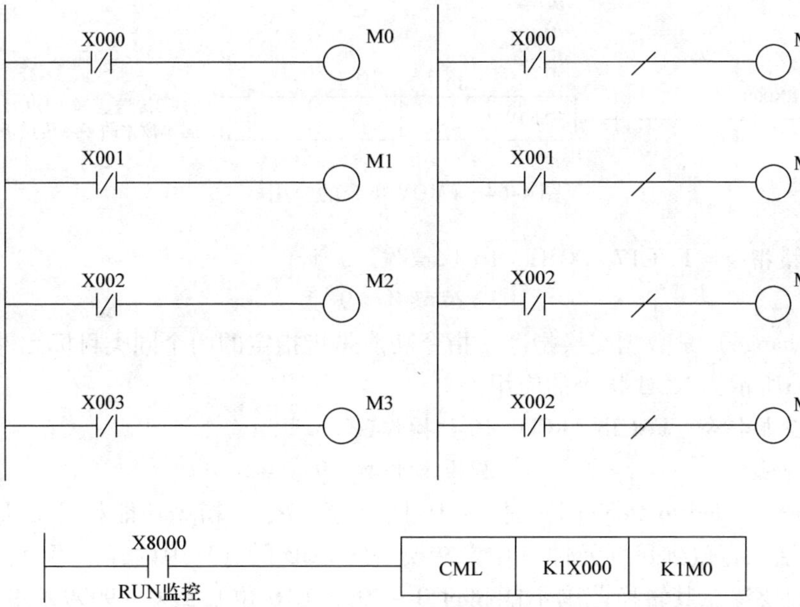

图 4-62　CML 指令应用实例

6. 数据块传送指令　FNC15　BMOV　16 位操作　7 步

BMOV（Block Move）是数据块传送指令，其功能是将源数为首址的 n 个连续单元内数据传送到目标元件 D 为首址的 n 个连续单元中。图 4-63 所示为 BMOV 指令的应用。当 X10 闭合时指令执行将 D0 ~ D5 内的数据分别传送到 D10 ~ D15 中。在源操作数 S 中只有 BMOV 指令才能将文件寄存器（File Register）内的数据读出并传送到目标元件中。

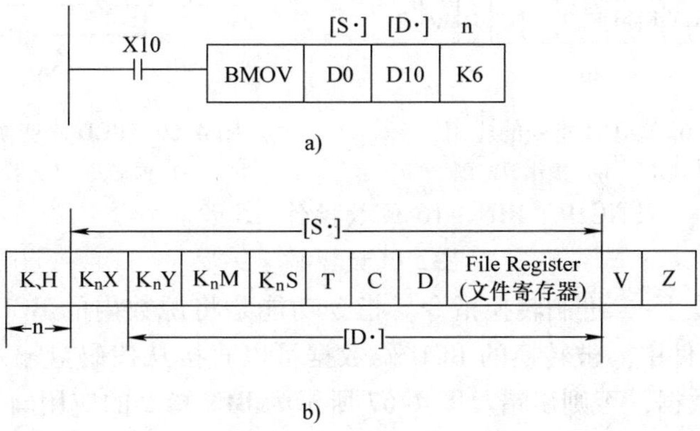

图 4-63　BMOV 指令的应用

a）梯形图　b）操作数范围

7. 多点传送指令　FNC16　FMOV　16 位操作　7 步

32 位操作　13 步

FMOV 是多点传送指令，其功能是将［S·］中的数据传送到以［D·］开头的 n 个目标元件中。指令的应用如图4-64所示。

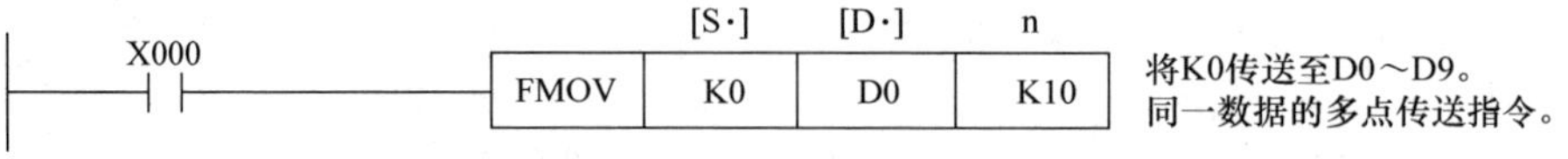

图4-64 FMOV指令的应用

8. 数据交换指令 FNC17 XCH 16位操作 5步
32位操作 9步

XCH（Exchange）是数据交换指令。指令功能是将指定的两个同类目标元件内的数据相互交换，图4-65所示为XCH指令的应用。

9. BCD码变换指令 FNC18 BCD 16位操作数 5步
32位操作数 9步

BCD（Binary Coded to Decimal）是二-十进制转换指令。指令功能是将二进制源数S转换成BCD码，结果存放到目标元件D中。转换后的BCD码（D中内容）可直接输出到七段数码管显示，但要注意其转换范围不能超过0～9999（16位）或0～99999999（32位）否则要出错。图4-66所示为BCD码变换指令的应用。

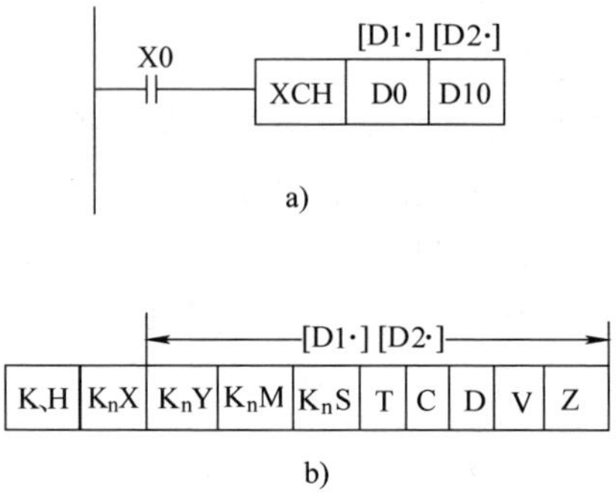

图4-65 XCH指令的应用
a）梯形图 b）操作数范围

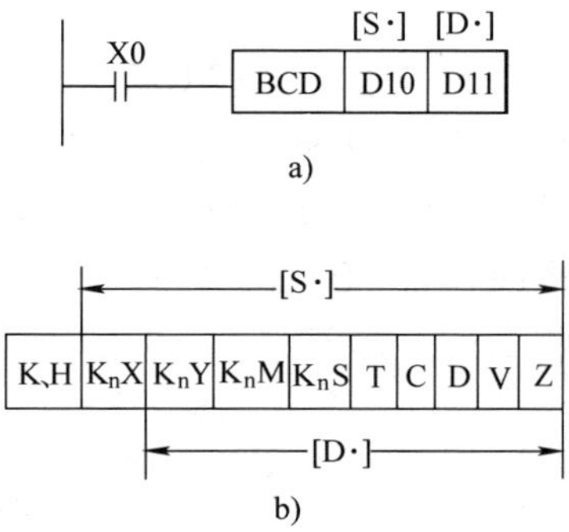

图4-66 BCD码变换指令的应用
a）梯形图 b）操作数范围

10. BIN变换指令 FNC19 BIN 16位数操作 5步
32位数操作 9步

BIN（Binary）是十-二进制转换指令。指令功能是将源数内的BCD码数据转换成二进制数据并存到目标元件中。被转换的BCD码数据可以直接从拨码盘输入。必须注意源操作数内必须是BCD码数据，否则出错。图4-67所示为BIN指令的应用。

（三）算术运算与逻辑运算类指令 FNC20～FNC29

1. 加法指令 FNC20 ADD 16位操作数 7步
32位操作数 13步

ADD（Addition）是加法指令。指令功能是将两个源数相加（二进制代数运算）结果存到目标元件中。若计算结果为0，则零标志M8020置1，若结果超过32767（16位）或2147483647（32位）则进位标志M8022置1，若和小于－32768（16位）或－2147483648（32

位）则借位标志 M8021 置 1。图 4-68 所示为 ADD 指令的应用。

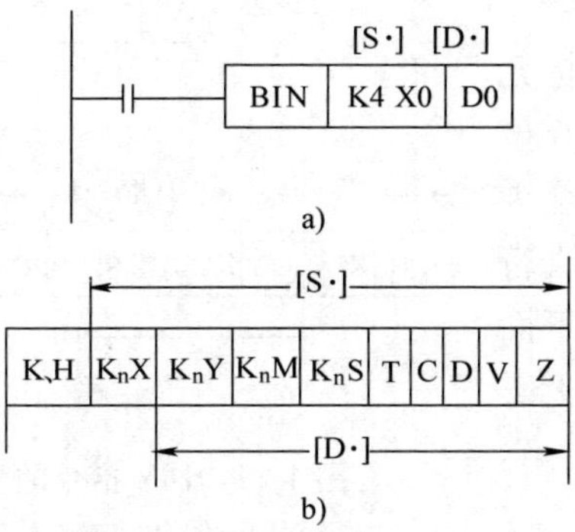

图 4-67　BIN 指令的应用
a）梯形图　b）操作数范围

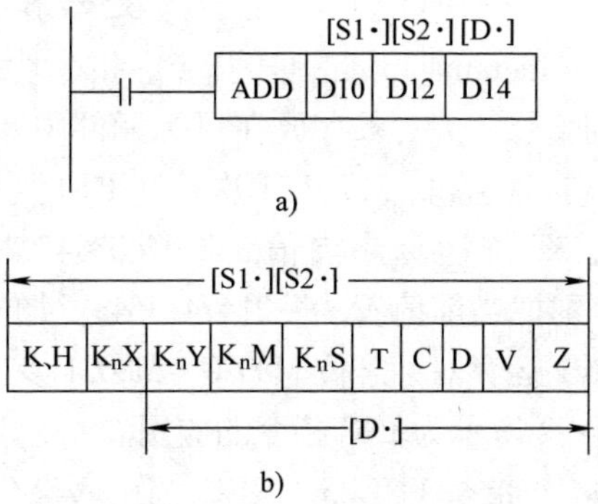

图 4-68　ADD 指令的应用
a）梯形图　b）操作数范围

2. 减法指令　FNC21　SUB　16 位操作　7 步
32 位操作　13 步

SUB（Sabtraction）是减法指令。指令功能是把源数 S1 减去 S2 结果存到目标元件 D 中。运算中标志位的动作与数值的正负之间的关系以及指令使用中注意的内容与 ADD 指令相同。图 4-69 所示为 SUB 指令的应用。

3. 乘法指令　FNC22　MUL　16 位操作　7 步
32 位操作　13 步

MUL（Multiplication）是乘法指令。指令功能是将两个源数 S1、S2 相乘结果存放到目标元件 D 中。运算规则与代数运算相同，执行 16 位乘法运算结果是 32 位，32 位运算结果是 64 位，目标元件 D 是低 16 位的地址，高位存下一个连续的地址单元，最高位仍是符号位。图 4-70 所示为 MUL 指令的应用。

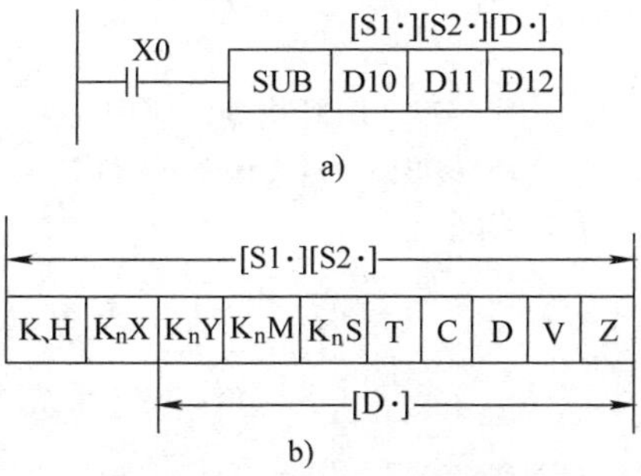

图 4-69　SUB 指令的应用
a）梯形图　b）操作数范围

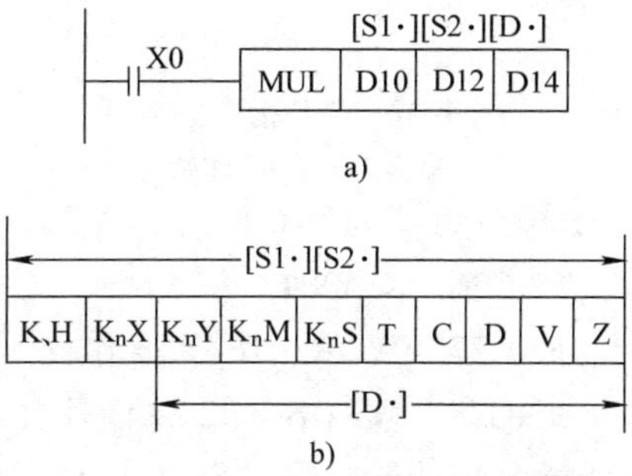

图 4-70　MUL 指令的应用
a）梯形图　b）操作数范围

4. 除法指令　FNC23　DIV　16 位操作　7 步
32 位操作　13 步

DIV（Division）是除法指令。指令功能是将源数 S1 除以 S2 所得的商存放在目标元件 D 中，余数存 D+1 单元。执行 16 位除法运算商和余数都为 16 位，32 位运算商和余数都是 32 位。若目标元件由位元件组成，运算结果忽略余数。图 4-71 所示为 DIV 指令的应用。

5. 加1指令 FNC24 INC 16位操作 3步

32位操作 5步

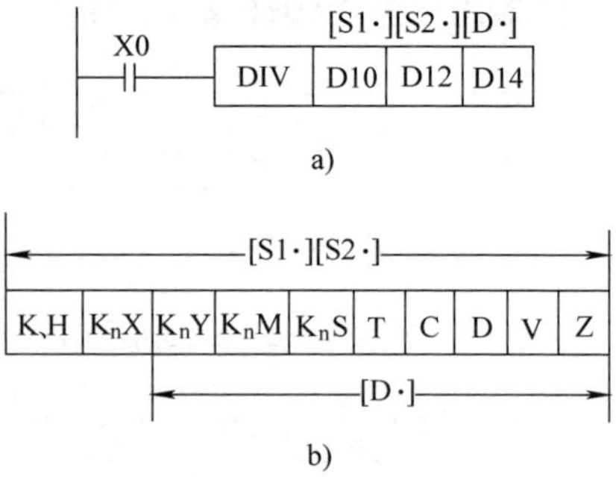

图4-71 DIV指令的应用

a）梯形图 b）操作数范围

INC（Increment）是加1指令。指令功能是将目标元件的当前值加1，结果存放在目标元件中。当执行16位运算时当前值达到+32767,下次执行INC则把当前值变为-32768，32位运算当前值+2147483647时，下次执行INC指令则把当前值置为-2147483648。加1运算及下面介绍的减1运算对标志位M8020、M8021及M8022均无影响。图4-72所示为INC指令的应用。

6. 减1指令FNC25 DEC 16位操作 3步

32位操作 5步

DEC（Decremeat）是减1指令。指令功能是将目标元件当前值减1，结果仍存放在目标元件中。在执行16位减1运算时，当前值为-32768再执行DEC指令当前值就变为+32767，32位运算当前值达到-2147483648时，再执行DEC指令，当前值就变为+2147483647。图4-73所示为DEC指令的应用。

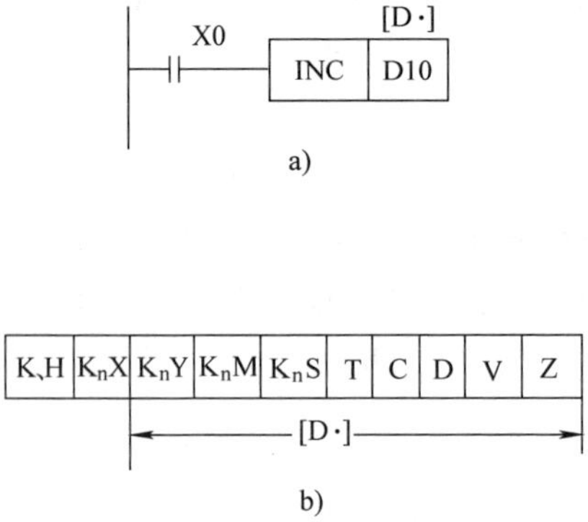

图4-72 INC指令的应用

a）梯形图 b）操作数范围

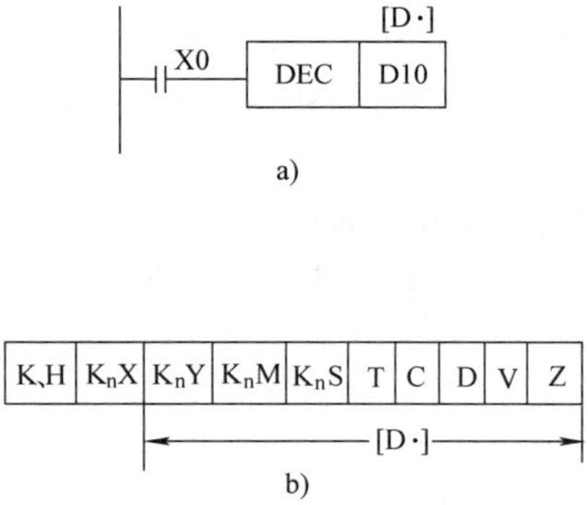

图4-73 DEC指令的应用

a）梯形图 b）操作数范围

7. 逻辑字的“与”（∧）、“或”（∨）、“异或”（∀）指令

FNC26 WAND

FNC27 WOR 16位操作数 7步

FNC28 WXOR 32位操作数 13步

3个指令的功能是将［S1·］与［S2·］中元件的位数相（∧、∨、∀）逻辑运算后，结果传送到［D·］指定元件中。图4-74所示为WAND、WOR、WXOR指令的应用。

8. 求补码指令FNC29 NEG 16位操作 3步

NEG是对负数求补码指令。指令功能是将［D·］中元件的内容中各位先取反（0→1，1→0），然后再加1，结果再存到［D·］中。图4-75所示为NEG指令的应用。

（四）循环与移位类指令 FNC30～FNC39

1. 右循环指令 FNC30 ROR 16位操作 5步

32位操作 9步

ROR（Rotation Right）是循环右移指令。指令功能是在指令执行条件的位状态由0变1

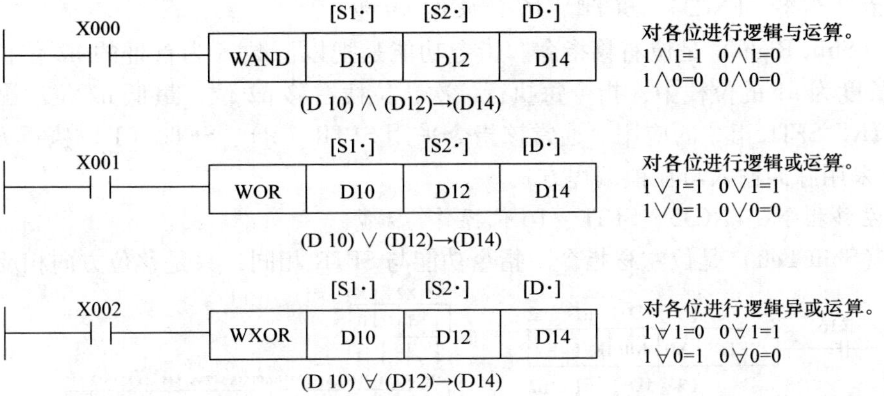

图 4-74　WAND、WOR、WXOR 指令的应用

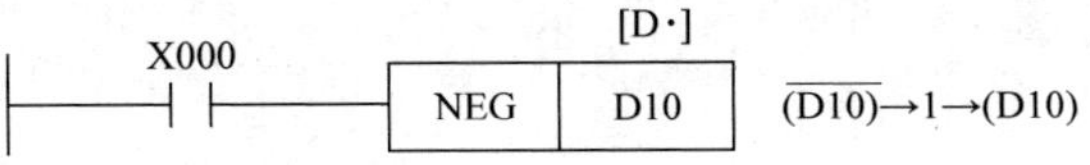

图 4-75　NEG 指令的应用

时，将目标元件 D 中的位循环右移 n 位，最后被移出位同时存放到进位标志 M8022 中。图 4-76 所示为 ROR 指令的应用。

2. *左循环指令*　FNC 31　ROL　16 位操作　5 步
32 位操作　9 步

ROL（Rotation Left）是左循环指令。指令功能与 ROR 相同只是循环方向相反，当指令执行条件的位状态由 0 变 1 时，目标元件 D 中的位向左循环位移 n 位。

3. *带进位右、左循环指令*　FNC 32　RCR　16 位操作　5 步
FNC 33　RCL　32 位操作　9 步

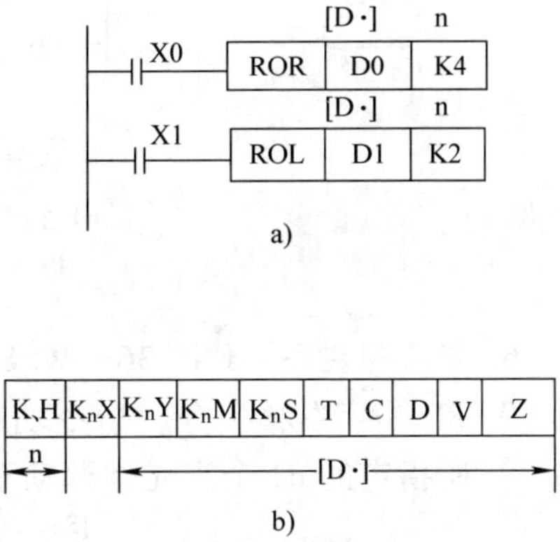

图 4-76　ROR 指令的应用
a）梯形图　b）操作数范围

RCR、RCL 是带进位（M8022）右、左循环指令。该指令的应用如图 4-77 所示。

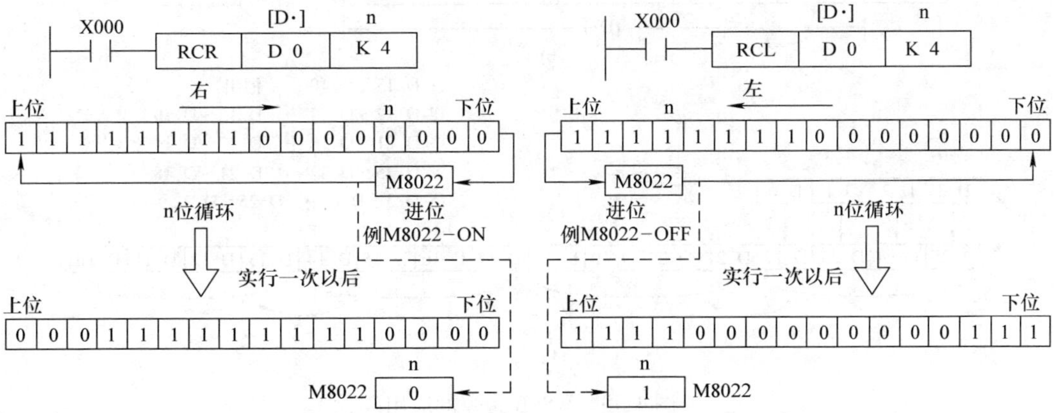

图 4-77　RCR、RCL 指令的应用

4. 位右移指令　FNC34　SFTR　16 位操作　9 步

SFTR（Shift Right）是位右移指令。指令功能是把以源数 S 为首址的 n2 位位元件的状态存放到长度为 n1 的位栈中，指令每执行一次，位栈右移 n2 位，最低 n2 位溢出。图 4-78 所示为 SFTR、SFTL 指令的应用。通常该指令采用 SFTR（P）、SFTL（P）执行方式，或者 X16、X20 采用脉冲输入与互锁编程方式。

5. 位左移指令　FNC35　SFTL　16 位操作　9 步

SFTL（Shift Left）是位左移指令。指令功能与 SFTR 相同，只是移位方向相反。

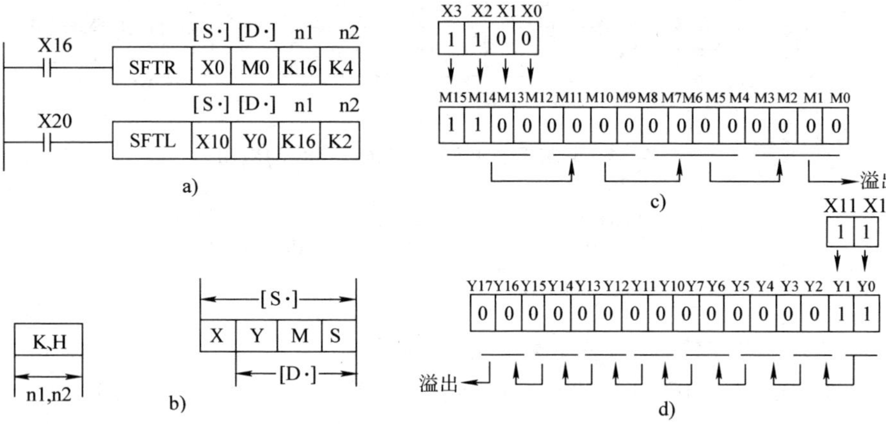

图 4-78　SFTR、SFTL 指令的应用

a）梯形图　b）操作数范围　c）执行 SFTR 指令的移位　d）执行 SFTL 指令的移位

6. 字右移指令　FNC 36　WSFR　16 位操作　9 步

WSFR 是字右移指令。指令功能是把以［D・］所指定的 n1 个字元件右移 n2 个字以［S・］所指定的 n2 个字元件移动至［D・］的高位字元件中。图 4-79 所示为 WSFR 指令的

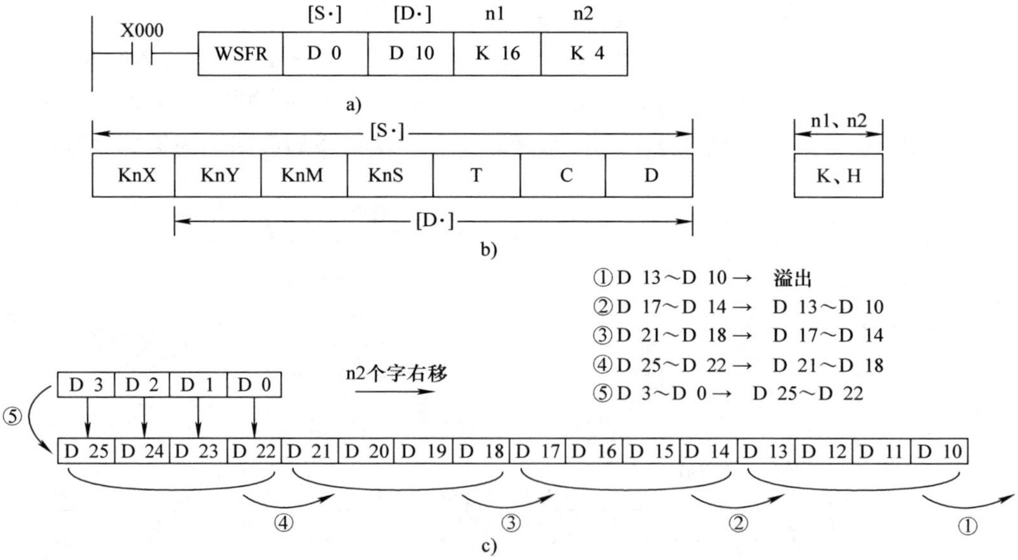

图 4-79　WSFR 指令的应用

a）梯形图　b）操作数范围　c）执行移位

应用。应用中 $n2 \leqslant n1 \leqslant 512$。

7. 字左移指令　FNC37　WSFL　16 位操作数　9 步

WSFL 是字左移指令。指令功能同 WSFR 方向相反。图 4-80 所示为 WSFL 指令的应用。操作数选择范围同 WSFR。

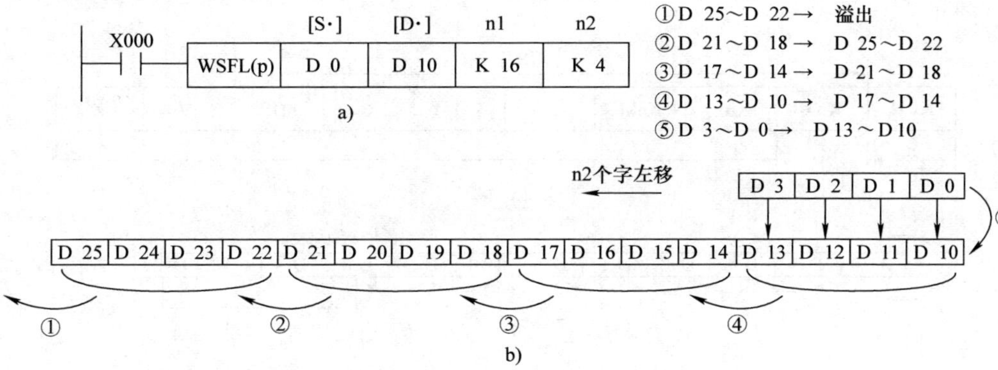

图 4-80　WSFL 指令的应用

a）梯形图　b）执行移位

8. 字先进先出写入指令　FNC 38　SFWR　16 位操作　7 步

SFWR 是字先进先出（FIFO）写入指令。指令功能是把［S·］中的内容每执行一次就依次写入到［D·］+1 开始连续元件中。当执行次数超过 n－1 次后，则进位标志 M8022 置 1，操作已满不再执行。执行指令前先将［D·］中内容加 1。

图 4-81 所示为 SFWR 指令的应用。

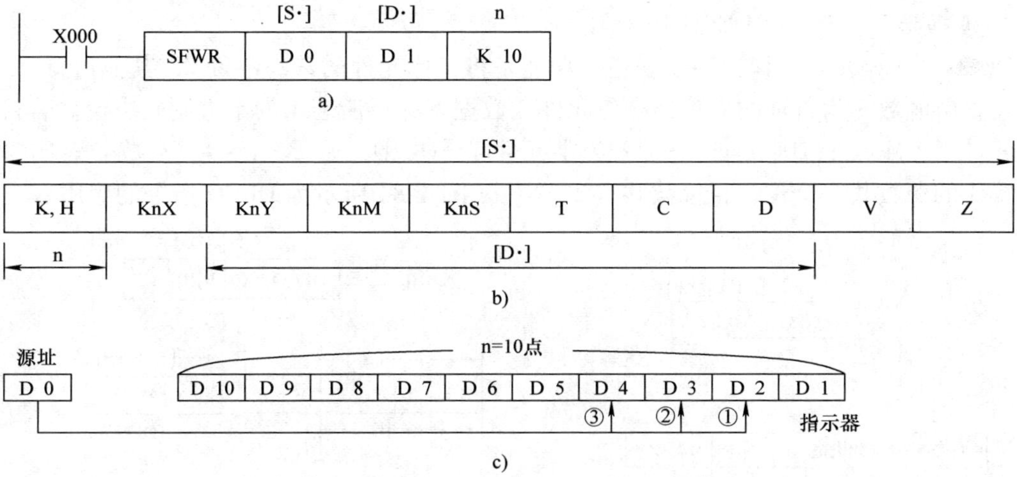

图 4-81　SFWR 指令的应用

a）梯形图　b）操作数范围　c）执行过程

9. 字先进先出读出指令　FNC 39　SFRD　16 位操作　7 步

SFRD 是字先进先出（FIFO）读出指令。指令与 SFWR 相似，一般情况都与 SFWR 成对应用。指令功能是以［S·］+1 为首地址的 n 个元件中的内容分别依次读出至［D·］中。每读出一次，［S·］中（D1）的数据减 1，同时左侧元件的数据逐字向右移动。当指示器

[S·] 中（D1）的内容为0时，则处理结束，同时零标志M8020置1。图4-82所示为SFRD指令的应用。

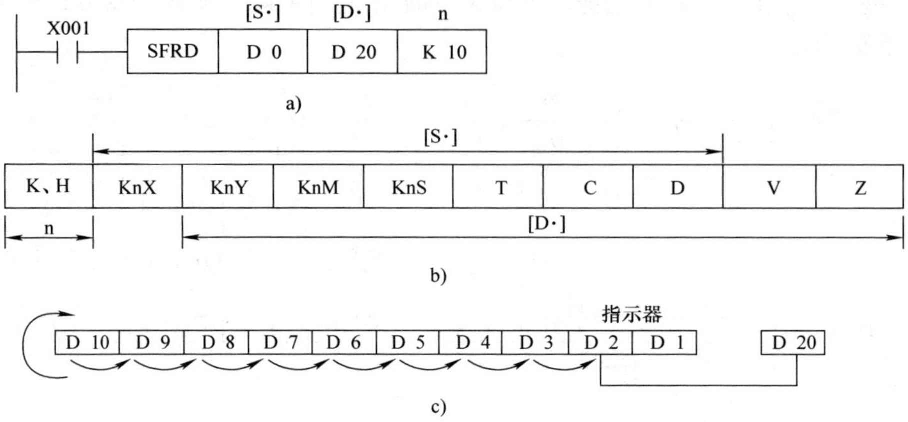

图4-82　SFRD指令的应用

a）梯形图　b）操作数范围　c）执行过程

（五）数据处理类指令　FNC40～FNC49

1. 区间复位指令　FNC40 ZRST 16位操作　5步

ZRST（Zone Reset）是区间复位指令。指令功能是把指定同类目标元件范围内的元件复位。对于数据元件，当前值变为0，位元件状态为OFF。指定元件必须属同一类且D1≤D2，当指定目标元件为通用计数器时，不能含高速计数器。图4-83所示为ZRST指令的应用。

图中当X10触点闭合时，每扫描一次该梯形图，就将Y0～Y17，16点输出置0。

2. 译码指令　FNC41 DECO 16位操作　7步

DECO（Decode）是译码指令。指令功能是将目标元件的某一位置1，其他位置0，置1位的位置由源数S为首址的n位连续位元件或数据寄存器所表示的十进制码决定。若目标数为位元件Y、M或S，则n=1～8，若为字元件T、C、D，则n=1～4。常数n表明参与该指令操作的源数共n个位，目标数共有2^n个位。图4-84所示为DECO指令的应用。

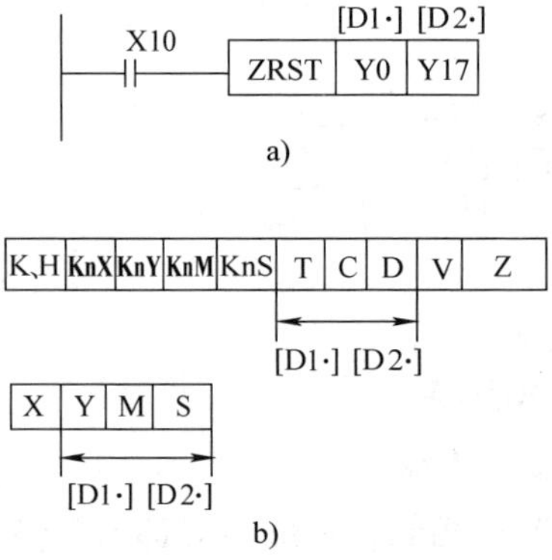

图4-83　ZRST指令的应用

a）梯形图　b）操作数范围

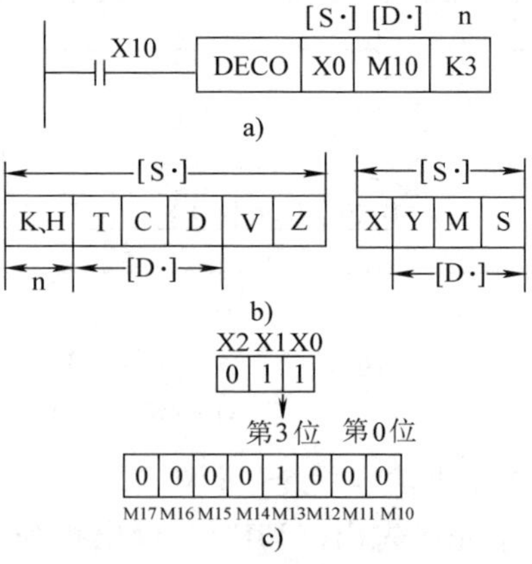

图4-84　DECO指令的应用

a）梯形图　b）操作数范围　c）译码操作过程

图中对源数 X0 为首址的连续 3 个开关量输入 X0、X1、X2 进行译码，结果使 M10 ~ M17（$2^3=8$ 位）中的某一位置 1。如果输入量为 011（即 X0，X1 为 1，X2 为 0），即十进制数 3 则译码结果使 M13（第 3 位）置 1。若 X0 ~ X2 均为 1（即十进制数 7）则译码结果使 M17 置 1。指令执行完毕，即使 X10 触点断开，其译码结果保持不变，除非用 RST 指令使置 1 位复位。

3. 编码指令 FNC42 ENCO 16 位操作 7 步

ENCO（Encode）是编码指令。指令功能是将源数为 1 的最高位的位置存放到目标寄存器中。若源数为位元件如 X、Y、M 或 S，则 n = 1 ~ 8，若为字元件如 T、C、D 或 V、Z，则 n = 1 ~ 4。常数 n 表明参与该指令操作的源数共有 2^n 位，目标数共有 n 位。图 4-85 所示为 ENCO 指令的应用。

图中对源数 M10 为首址的连续 8 个（$2^3=8$ 位）位元件 M10 ~ M17 进行编码，其结果存入 D0 中。若 M13 为 1，M10 ~ M12、M14 ~ M17 均为 0，则将 3 存入 D0 中。若 M14 为 1，M10 ~ M13、M15 ~ M17 均为 0，则将 4 存入 D0 中。如果 M10 ~ M17 中有两个或两个以上位为 1，则只有最高值的 1 有效。

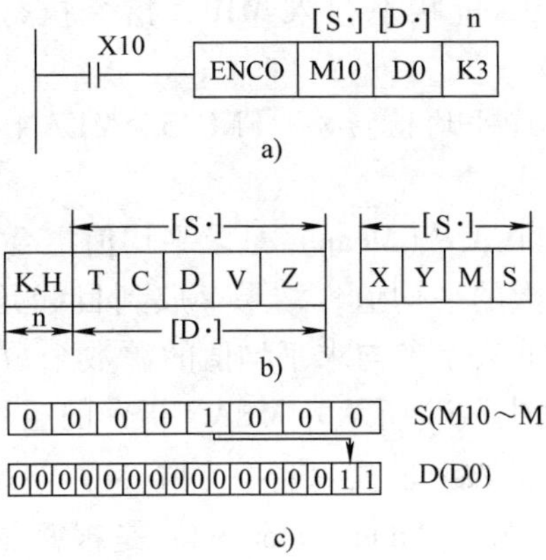

图 4-85 ENCO 指令的应用

a）梯形图 b）操作数范围 c）指令执行情况

4. 求 1 位总和指令 FNC43 SUM 16 位操作 5 步

32 位操作 9 步

SUM 是求元件中 1 的个数指令。指令功能是求［S·］中 1 的个数总和，结果以二进制码方式存入到［D·］中。当［S·］中 1 的个数为 0 时，则零位标志 M8020 置 1。图 4-86 所示为 SUM 指令的应用。

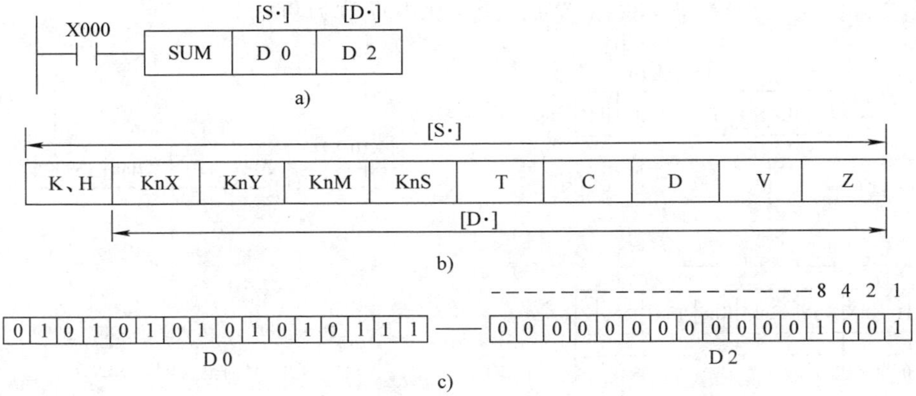

图 4-86 SUM 指令的应用

a）梯形图 b）操作数范围 c）执行过程

5. 位判别指令 FNC44 BON 16 位操作 7 步

32 位操作 13 步

BON（Bit on Check）是位判别指令。指令功能是判断源数第 n 位的状态并将结果（0

或1）存放到目标元件中。常数n表示对源数首位（0位）的偏移量。如n=0是判断第1位的状态，n=15则是判断第16位的状态。因此对于16位源数n的取值范围是0~15，对于32位数是0~31。图4-87所示为BON指令的应用。当X10闭合时，每扫描一次该梯形图就将D10的第15位状态存入M10，指令执行后M10状态保持不变。

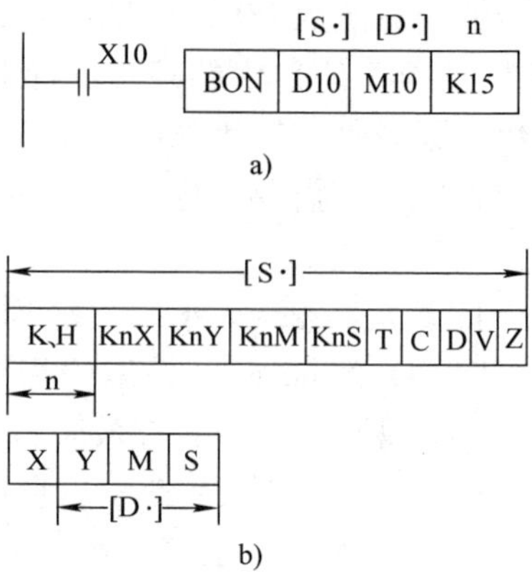

图4-87 BON指令的应用
a）梯形图 b）操作数范围

6. 平均值指令 FNC45 MEAN 16位操作 7步
32位操作 13步

MEAN（Mean）是求平均值指令。指令功能是计算n个源数的平均值，结果存放到目标元件中，并略去余数。常数n表示参与求平均值的源数个数，其取值范围为1~64。图4-88所示为MEAN指令的应用。

7. 报警器置位指令 FNC46 ANS 16位操作 7步

ANS（Annunciator Set）是报警器置位指令。指令功能是启动定时器，计时时间为（n×100ms）。当计时时间到，指定目标位元件置位。指令中源数只能选用T0~T199，目标数只能选S900~S999，常数n范围为1~32767，即ANS指令的计时范围为0.1~3276.7s。指令涉及两个标志位M8048与M8049，当M8049为1，不论故障指示S900~S999中哪个或哪几个为1，M8048立即被置1，同时专用数据寄存器D8049内存数为最低的故障标志状态的地址。当M8049为0时，即使出现故障，M8048的状态和D8049内存数也不会发生变化。

图4-89所示为ANS指令的应用。在正常情况下输入X10闭合，在10s内X11也闭合。如果超过10s，X11还没有闭合说明发生故障。采用ANS指令进行故障报警，在执行该指令时，计时器T0进行计时，若10s不到X11闭合就没有故障报警。若超过10s X11仍未闭合，则S900置1，此时M8049与M8048置1，D8049内存数为900。

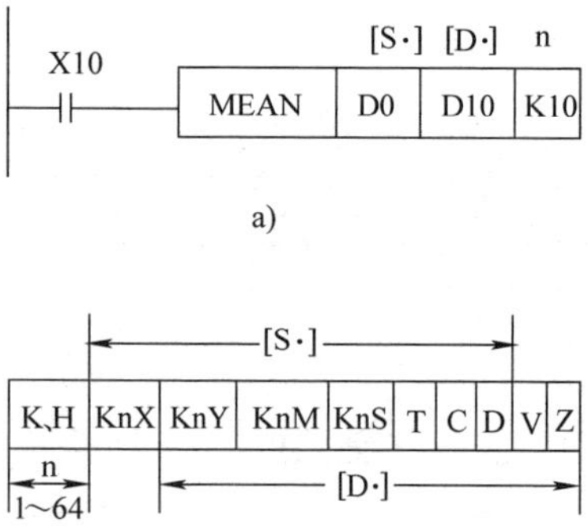

图4-88 MEAN指令的应用
a）梯形图 b）操作数范围

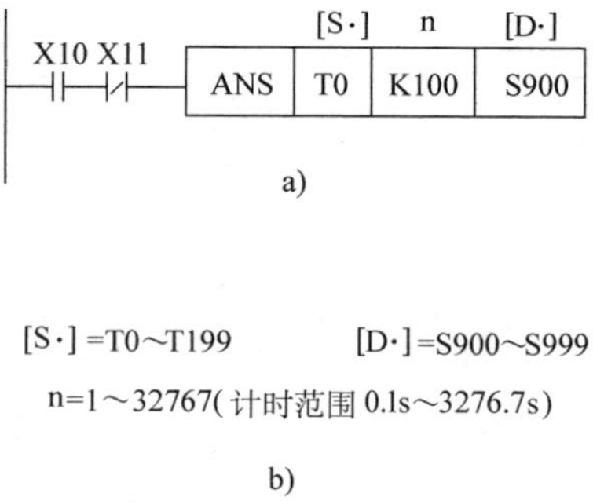

图4-89 ANS指令的应用
a）梯形图 b）操作数范围

8. 报警器复位指令 FNC47 ANR 无操作数 1步

ANR（Annunciator Reset）是报警器复位指令，无操作数。指令功能是将S900~S999中被置ON位的报警器依次复位。使用该指令将故障指示状态复位时必须先将PLC状态从

RUN 转为 STOP，待故障排除再使 PLC 投入运行，此时再执行 ANR 指令操作，才能达到故障指示状态复位目的，否则即使指令执行条件满足，也不执行该指令操作。图 4-90 所示为 ANR 指令的应用，若有多个故障，且 M8049、M8048 为 1，D8049 内存放故障的最低位状态的地址，待故障排除后，每按一次复位按钮 X20 闭合一次，就将最低故障指示状态器复位。当故障指示状态全部被复位，M8048 状态为 0，D8049 内容也为 0。

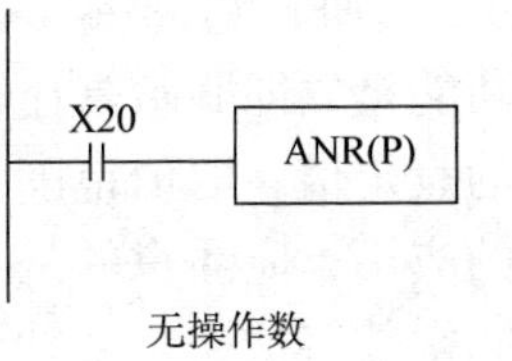

图 4-90　ANR 指令的应用

9. 求二进制二次方根指令　FNC48　SOR　16 位操作　5 步
32 位操作　9 步

SOR 是求二进制数二次方根指令。仅在［S·］中是正数时有效，若是负数则运算错误标志 M8067 动作（置“1”），指令不会执行。运算结果舍去小数取整数，当舍去小数时，借位标志 M8021 置“1”。当运算结果是 0 时，零标志位 M8020 置“1”。图 4-91 所示为 SOR 指令的应用。

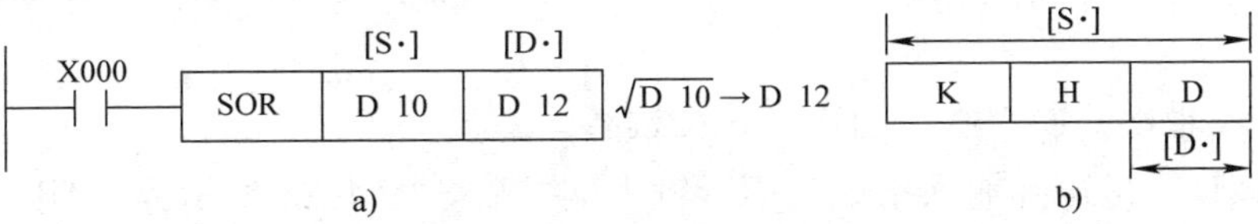

图 4-91　SOR 指令的应用
a）梯形图　b）操作数范围

10. 二进制整数与二进制浮点数转换指令　FNC49　FLT　16 位操作　5 步
32 位操作　9 步

FLT 是二进制整数与二进制浮点数转换指令。常数 K、H 在各浮点运算中被自动转换。该指令的逆变换指令是 FNC129（INT）。图 4-92 所示为 FLT 指令的应用。

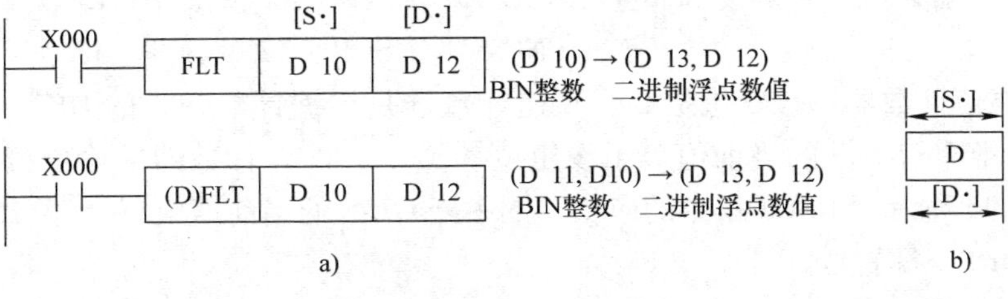

图 4-92　FLT 指令的应用
a）梯形图　b）操作数范围

（六）高速处理类指令　FNC50 ~ FNC59

1. 立即刷新指令　FNC50　REF　16 位操作　5 步

REF（Refresh）是 I/O 立即刷新指令。指令功能是将目标元件为首址的连续 n 个元件状态刷新，目标元件只能是 X、Y 且首址为 10 的倍数（如 00、10、20…），n 为 8 的倍数。图 4-93 所示为 REF 指令的应用。

2. 修改滤波时间常数指令　FNC51　REFF　16 位操作　3 步

REFF（Refresh and Filter Adjust）是修改滤波时间常数和立即刷新高速输入指令。指令功能是立即刷新高速输入 X0～X7，并修改其滤波时间常数。常数 n 表示数字滤波时间常数的设定值，取值范围为（0～60ms），n＝0 时实际设定值为50μs。图4-94 所示为 REFF 指令的应用，应注意的是 REFF 指令必须在程序运行时间一直被驱动，否则 X0～X7 输入滤波时间常数将被恢复至默认值 10ms。

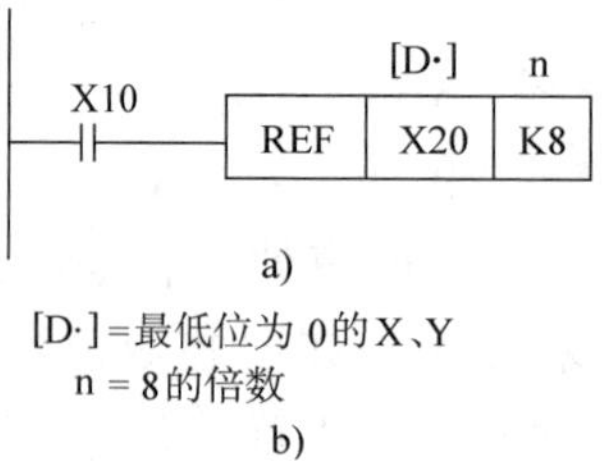

图4-93 REF 指令的应用
a）梯形图 b）操作数范围

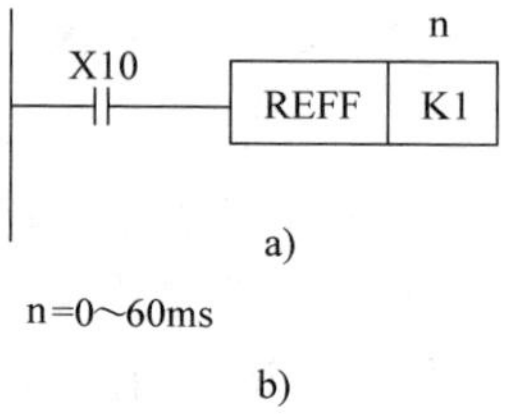

图4-94 REFF 指令的应用
a）梯形图 b）操作数范围

3. 矩阵输入指令 FNC52 MTR 16 位操作 9 步

MTR（Matrix）是矩阵输入指令，用于输入端扩展。图4-95 所示为 MTR 指令的应用。其中，源数［S・］、目标数［D1・］必须是低位为0 的 X 和 Y。目标数［D2・］是低位为0 的 Y、M 或 S。常数 n（行数）取值为 2～8。指令功能是将输入 X20～X27（8 列）与 Y20～Y22（3 行）构成的矩阵 8×3 个状态分别存放在 M30～M37，M40～M47 和 M50～M57 中。该指令只能用于晶体管输出方式的 PLC 并且是采用中断方式将开关量信号读入目标元件［D2・］中，每个输入选通信号（Y20、Y21、Y22）依次发出宽度为 20ms 的脉冲，整个矩阵的状态（8×3 共 24 个）读入后 M8029 置 1，M30～M37、M40～M47、M50～M57 状态保持不变。

4. 高速计数器比较置位和复位指令 FNC 53 HSCS 32 位操作 13 步
FNC 54 HSCR 32 位操作 13 步

HSCS 是高速计数器比较置位指令。高速计数器是根据计数输入的 OFF→ON 以中断方式计数。计数器［S2・］的当前值等于设定值［S1・］时。计数器的输出接点［D・］立即工作。图4-96 所示为 HSCS 指令的应用。图中当 C255 的当前值由 99 变为 100 或由 101 变为 100 时。Y010 立即置位。

HSCR 是高速计数器比较复位指令、输入方式、工作方式、操作数范围等同 HSCS 指令。图4-97 所示为 HSCR 指令的应用。指令中的［S2・］当前值变为 400，［D・］中内容立即复位，当前值为 0，不受扫描周期的影响。

5. 高速计数器区间比较指令 FNC 53 HSZ 32 位操作 13 步

HSZ 是高速计数器区间比较指令。指令以［S1・］与［S2・］区间的数据与［S・］中数据比较。比较结果送到［D・］指令的连续 3 个元件中。应使［S1・］≤［S2・］，比较结果与外部输出一起中断处理。不受扫描周期的影响。图4-98 所示为 HSZ 指令的应用。

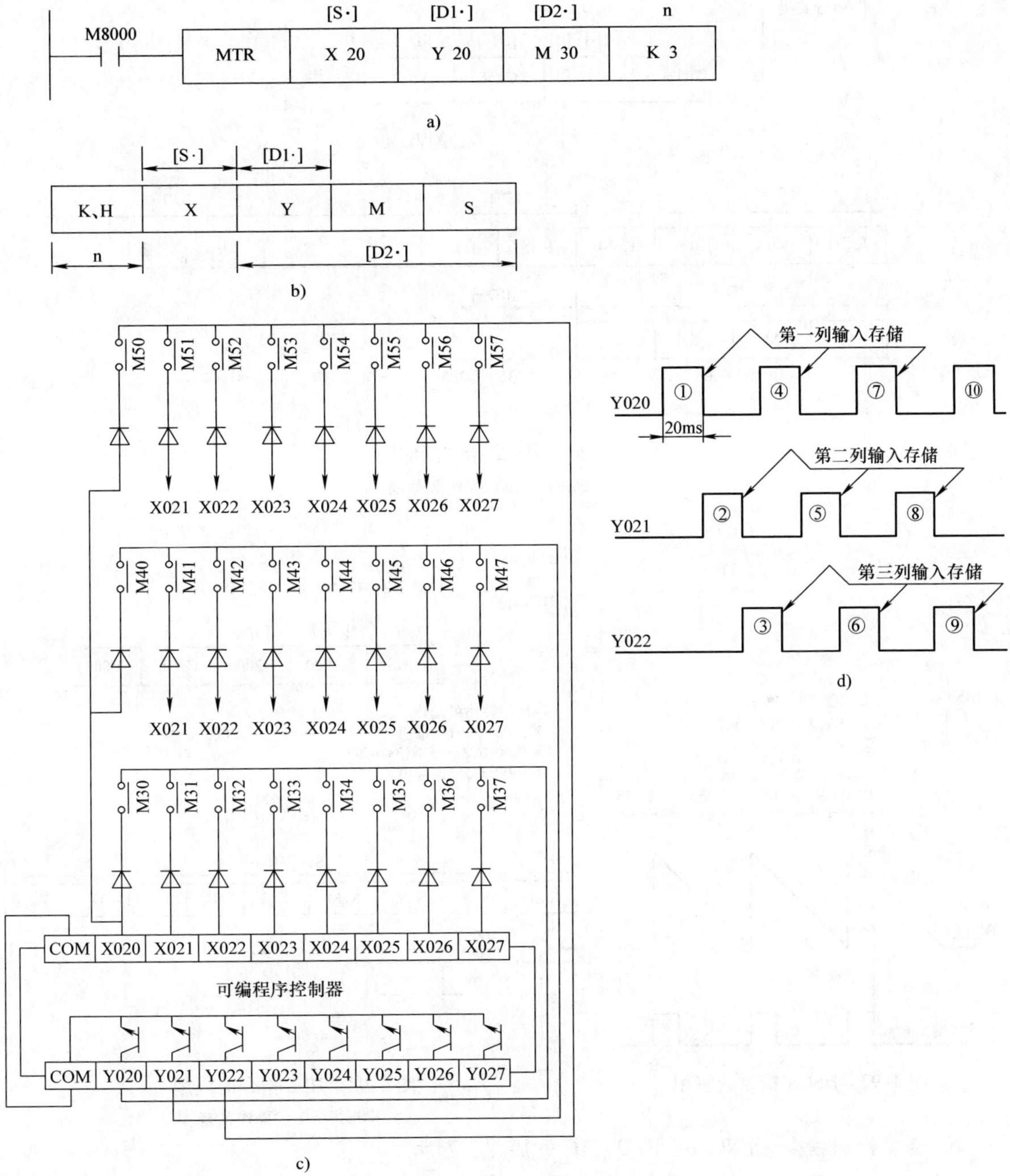

图 4-95　MTR 指令的应用

a）梯形图　b）操作数范围　c）矩阵电路　d）矩阵输入存储顺序

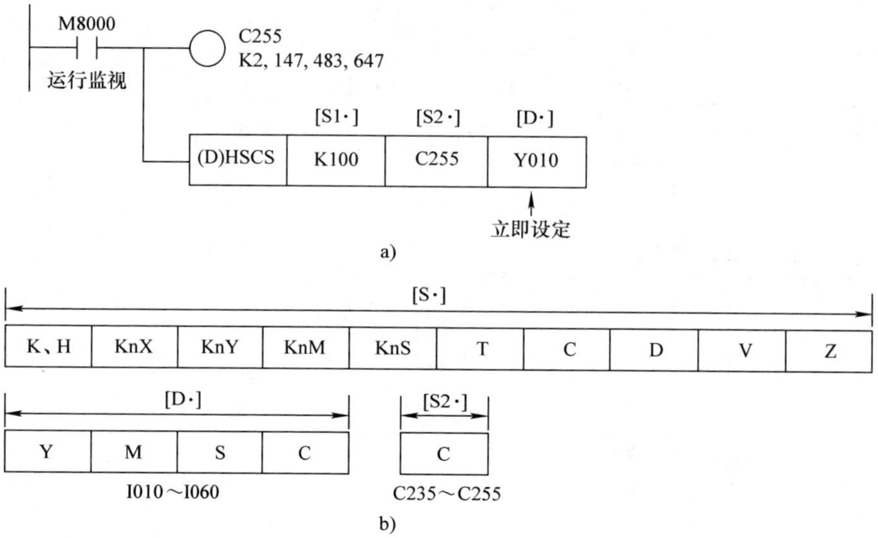

图 4-96 HSCS 指令的应用

a）梯形图 b）操作数范围

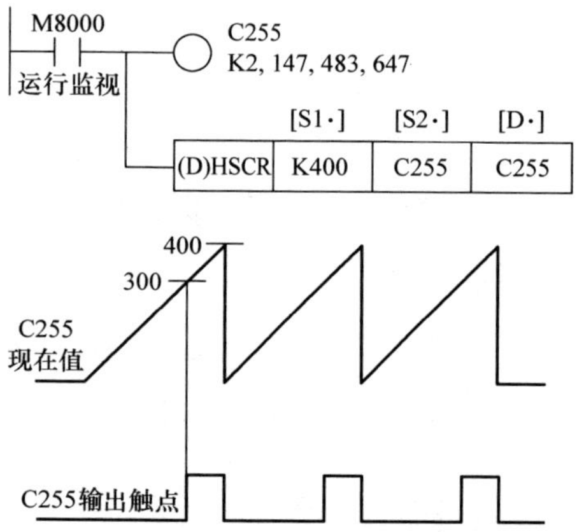

图 4-97 HSCR 指令的应用

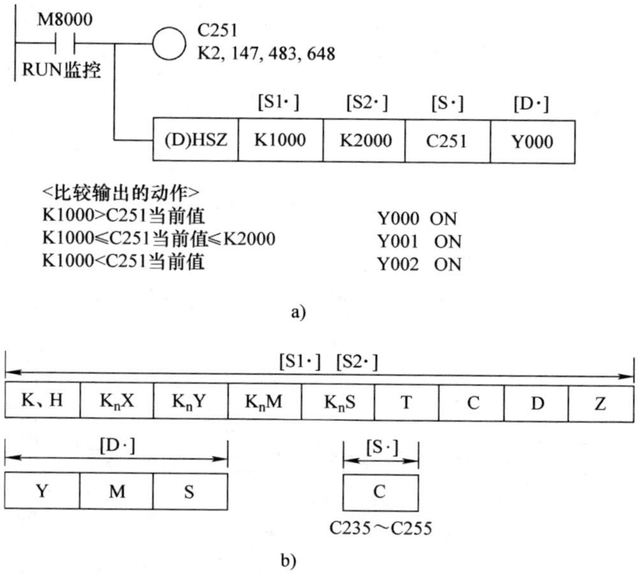

图 4-98 HSZ 指令的应用

a）梯形图 b）操作数范围

6. 速度检测指令 FNC56 SPD 16 位操作 7 步

SPD（Speed Detect）是速度检测指令。指令功能是在源数 S2 设定的时间(ms)内，对源数 S1 输入脉冲进行计数，计数当前值存目标元件 D+1，终值存目标元件 D，当前计数剩余时间(ms)存目标元件 D+2。指令采用高速计数和中断处理方式，计数脉冲从高速输入端 X0～X5 输入，当执行该指令时，目标元件 D+1 存计数当前值，计数时间结束，当前值立即写入目标元件 D 中，D+1 的当前值复位并开始下一次对 S1 输入脉冲进行计数。

图4-99所示为SPD指令的应用。

7. 脉冲输出指令　FNC57　PLSY　16位操作　7步
32位操作　13步

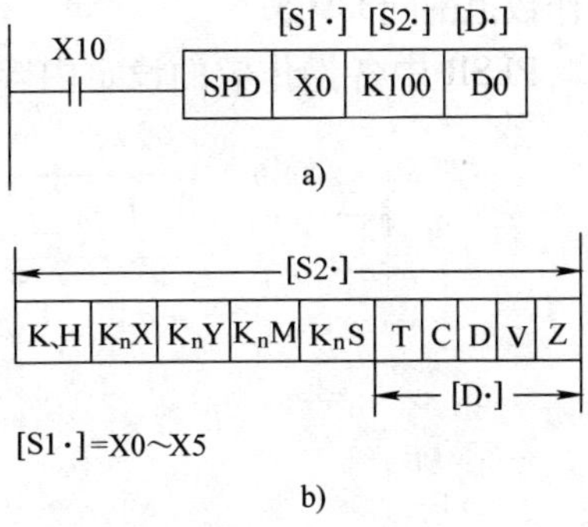

图4-99　SPD指令的应用
a）梯形图　b）操作数范围

PLSY是脉冲输出指令。指令用于指定频率、产生定量脉冲输出的场合。[S1·]位指定频率，16位操作时为2~20kHz，32位操作时为1~100kHz。在指令执行中更改[S1·]中指定的字软元件的内容，输出频率也随之发生变化。[S2·]为指定产生脉冲数量，16位操作时为1~32767，而32位操作时为1~2147483647个脉冲。[D·]位指定输出脉冲的Y的地址编号，且仅限为Y0或Y1有效（只限晶体管输出）。脉冲占空比50%。输出不受扫描周期影响，采用中断处理。设定脉冲发送完成，执行结束标志M8029置1。图4-100所示为PLSY指令的应用。

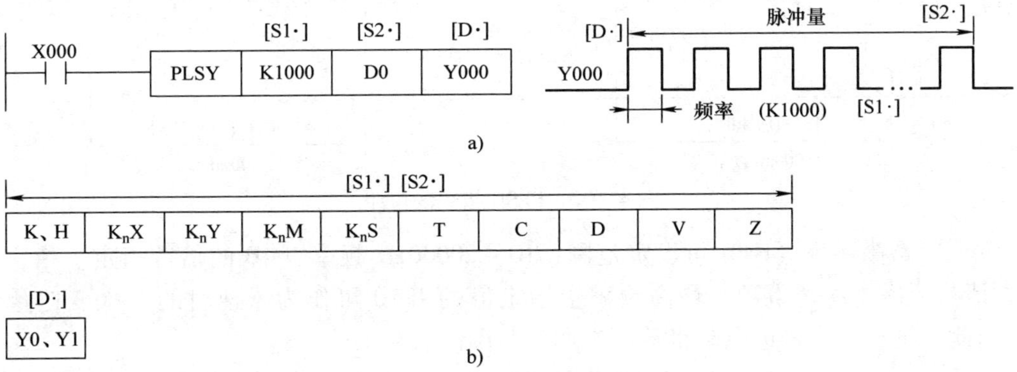

图4-100　PLSY指令的应用
a）梯形图　b）操作数范围

8. 脉宽调制输出指令　FNC58　PWM　16位操作　7步

PWM是脉宽调制输出指令。指令功能是控制输出[D·]的脉冲宽度[S1·]和周期[S2·]。[S1·]取值为t=0~32767ms，[S2·]取值为T=1~32767ms，应使[S1·]≤[S2·]，否则出错。输出采用中断处理。图4-101所示为PWM指令的应用。操作数范围同FNC57。

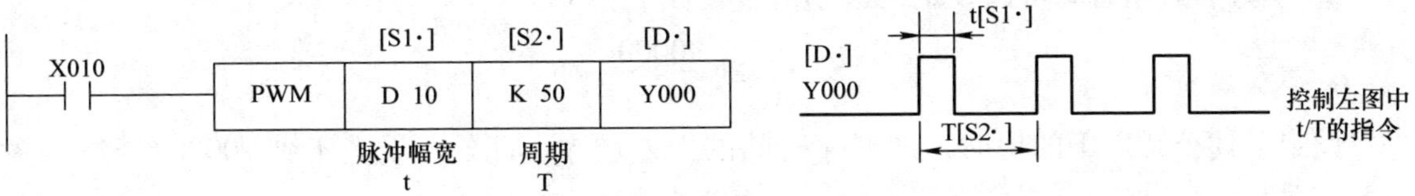

图4-101　PWM指令的应用

9. 加减速脉冲输出指令　FNC59　PLSR　16位操作　9步
32位操作　17步

PLSR是加减速脉冲输出指令，指令功能是对指定的最高频率进行加速，达到所指定的脉冲数后，进行指定的减速输出。图 4-102 所示 PLSR 指令的应用。[S1 ·] [S2 ·] [S3 ·] [D ·] 操作数范围同 FNC57。

PLSR 中各操作数的设定内容如下：

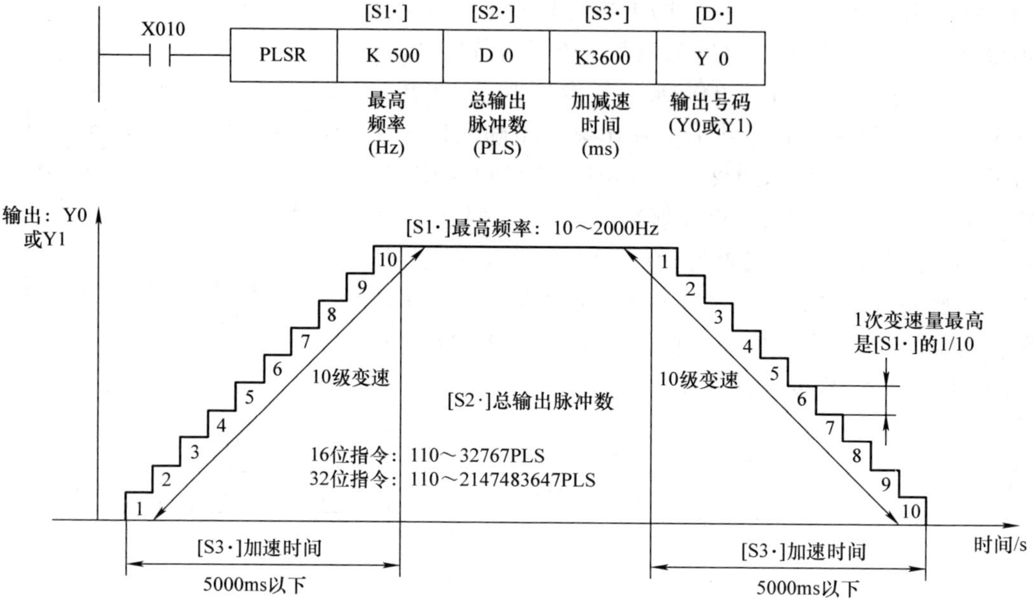

图 4-102　PLSR 指令的应用

[S1 ·] 最高频率（Hz）可设定范围：10 ~ 20000Hz 频率以 10 的倍数指定。指定 1 的位时，请参照后述注意事项。最高频率中指定值的 1/10 可作为减速时的一次变速量（频率）。因此，请设定在步进电动机等不失调的范围内。

[S2 ·] 总输出脉冲数（PLS）可设定范围：16 位运算，110 ~ 32767（PLS）32 位运算时，110 ~ 2147483647（PLS）设定不满 110 值时，脉冲不能正常输出。使用 DPLSR 指令时，为此例中（D1、D0）作为 32 位设定值处理。

[S3 ·] 加减速度时间（ms）可设定范围：5000ms 以下。但应遵照以下① ~ ③的条件。加速时间和减速时间以相同值动作。

① 加减速时间请设在可编程序控制器的扫描时间最大值（D8012 值以上）的 10 倍以上。指定不到 10 倍时，加减速时序不一定。

② 作为加减速时间可以设定的最小值公式如下：

$$[S3 \cdot] \geqslant \frac{90000}{[S1 \cdot]} \times 5$$

设定上述公式以下的值时，加减速时间的误差增大，此外，设定不到 90000/[S1 ·]的值时，对 90000/[S1 ·]四舍五入运行。

③ 作为加减速时间可以设定的最大值的公式如下：

$$[S3 \cdot] \leqslant \frac{[S2 \cdot]}{[S1 \cdot]} \times 818$$

④ 加减速时的变速次数（段数）按前页固定在 10 次。在不能按这些条件设定时，请降低最高频率 [S1 ·]。

[D·] 脉冲输出号码：只能指定 Y000 或 Y001。输出一定为晶体管输出。

（七）方便控制类指令　FNC60～FNC69

1. 设置初始状态指令　FNC60　IST　16 位操作　7 步

IST（Initial State）是设置初始状态指令。指令功能是自动设置 STL 指令的多种运行模式，如手动、步进、单周期和自动等。IST 指令的应用如图 4-103 所示。

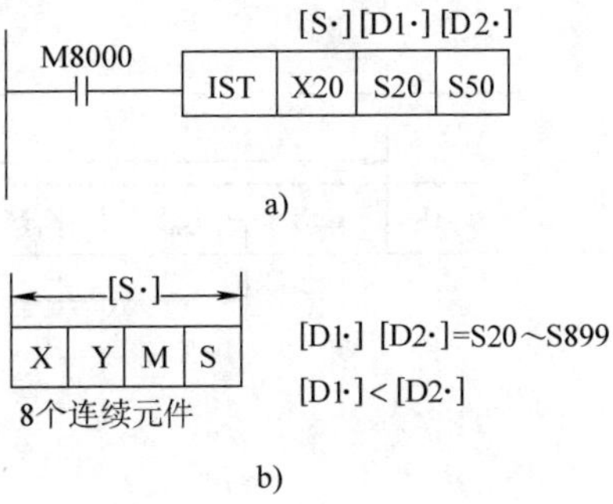

图 4-103　IST 指令的应用
a）梯形图　b）操作数范围

图中源数、目标数均为首址。源操作数与选择范围如图 4-103 所示。它只能选用连续 8 个位元件，并做如下规定：S（首址即图中 X20）为手动工作方式输入控制信号；S+1（X21）为返回原点工作方式输入信号；S+2（X22）为单步工作方式输入信号；S+3（X23）为单周期工作方式输入信号；X+4（X24）为自动工作方式输入信号；S+5（X25）为返回原点工作方式信号；S+6（X26）为自动方式的启动信号；S+7（X27）为停止运行信号。开关量输入 X20～X24 中，不允许有两个或两个以上同时为 1，因此必须选用主令开关一类器件。目的操作数 D1、D2 只能选用状态器 S20～S899，其中 D1 表示在自动工作方式时的最低位的状态器，D2 表示自动工作方式时的最高位状态器。与该指令操作有关的标志是 M8040～M8047，其中 M8040 为 1 时禁止状态转移，M8040 为 0 时允许转移。M8041 为 1 时初始状态有效，并在自动工作方式下从最低状态器开始进行状态转移，M8041 为 0 则禁止从最低开始转移。当自动工作启动（X26）信号为 1 时，M8042 就产生一个脉宽为一个扫描周期的脉冲。M8043 为 1 时，表示返回原点工作方式结束，允许进入自动工作方式，M8043 为 0 时则表示返回原点工作还没有结束。M8044 为检测机器的原点条件，条件满足驱动 M8044 使全模式变为有效信号。M8045 为全部输出禁止，M8045 为 1 只能进行状态复位。当 M8047 为 1 时，只要 S0～S999 中任何一个状态为 1，M8046 就为 1，同时特殊数据寄存器 D8040 内的数表示状态器为 1 的最低位的地址，D8041～D8047 内的数依次代表其他状态器为 1 的地址，当 M8047 为 0 则不论 S0～S999 中有多少个为 1，M8046 始终为 0，D8040～D8047 内的数不变。

2. 数据查找指令　FNC61　SER　16 位操作数　9 步
32 位操作数　17 步

SER 是数据查找指令。指令功能是对相同类型的数据，进行最大、最小值检索。被检索的起始号 [S1·]，被检索的元件个数 n，指定元件中要查找的内容 [S2·]，检索结果存入到 [D·] 开始的连续 5 个元件中。图 4-104 所示为 SER 指令的应用。

检索表的构成和数据例见表 4-7。检索结果存放表如表 4-8 所示。

3. 绝对值式凸轮控制指令　FNC62　ABSD　16 位操作　9 步
32 位操作　17 步

ABSD 是绝对值式凸轮控制指令。指令功能是以凸轮平台旋转产生的脉冲，由 [S2·] 指定计数器当前值与 [S1·] 指定的元件中数据进行比较，[D·] 中指定的元件为起始号的 n 个连续软元件，输出比较中 n 个波形。图 4-105 所示为 ABSD 指令应用。需要快速响应时，使用 HSZ 指令。

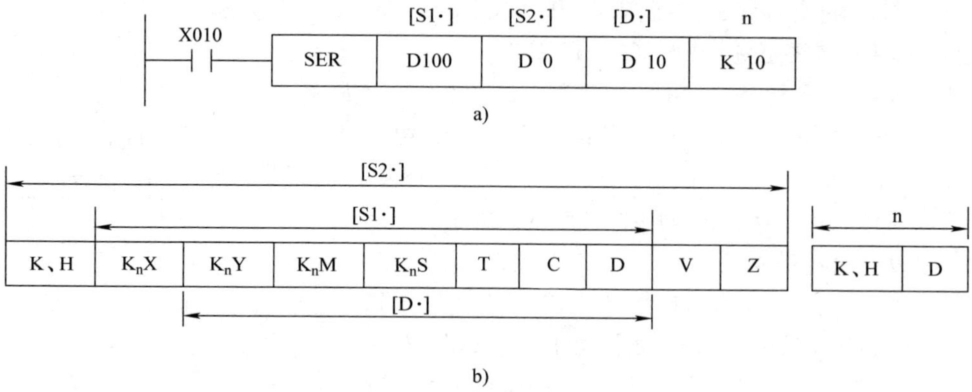

图 4-104　SER 指令的应用
a）梯形图　b）操作数范围

表 4-7　检索表的构成和数据例

被检索元件	被检索数据例	比较数据	数据的位置	最大值	相同数据	最小值
D100	(D100) = K100	D0 = K100	0		相同	
D101	(D101) = K111		1			
D102	(D102) = K100		2		相同	
D103	(D103) = K98		3			
D104	(D104) = K123		4			
D105	(D105) = K66		5			最小
D106	(D106) = K100		6		相同	
D107	(D107) = K95		7			
D108	(D108) = K210		8	最大		
D109	(D109) = K88		9			

[S1·]　指定起始元件序号
n指定被检索数据个数
[S2·]　指定元件内容
[S1·]　指定的元件顺序

表 4-8　检索结果存放表

元件号	内容	备注
D10	3	相同数据个数
D11	0	相同数据位置（初始）
D12	6	相同数据位置（最终）
D13	5	最小值最终位置
D14	8	最大值最终位置

D：指定初始元件序号
占用连续5点

进行代数上的大小比较。($-10<2$)最小值、最大值有多个时，显示后面的位置。[D.] 指令中 D. 使用双字节。

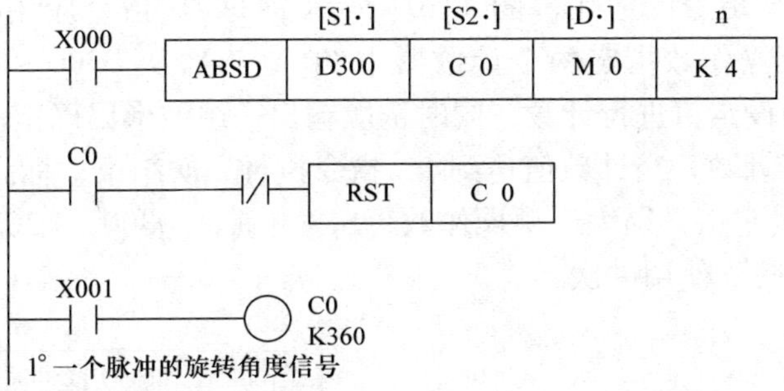

a)

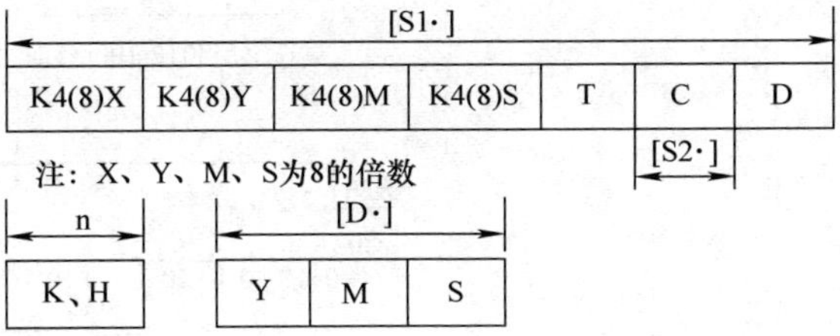

b)

上升点	下降点	对象输出
D300=40	D301=140	M 0
D302=100	D303=200	M 1
D304=160	D305=60	M 2
D306=240	D307=280	M 3

c)

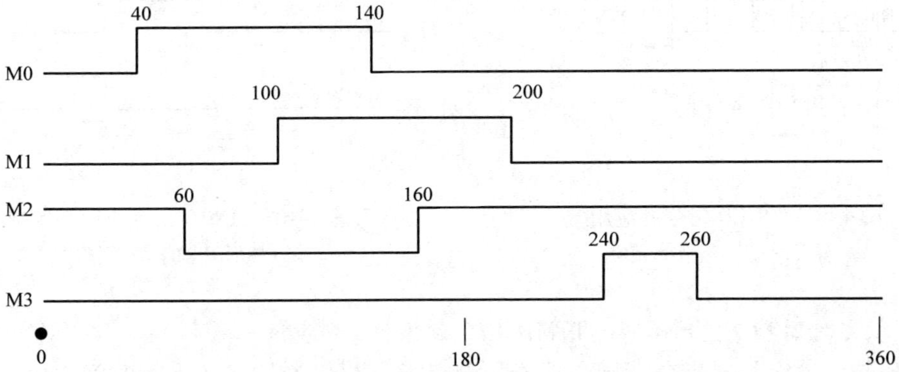

d)

图 4-105　ABSD 指令的应用

a）梯形图　b）操作数范围　c）［S1·］中存放的数据　d）产生的波形

4. 增量式凸轮顺序控制指令　FNC63　INCD　16 位操作　9 步

INCD（Incremental Drum）是增量式凸轮顺序控制指令。指令功能是使源数 S2 指定的两个计数器依次按照源操作数 S1 存放的 n 个数作为其设定值进行计数。并顺序输出 n 个脉冲波形以确定目标元件 D 为首址的连续 n 个位元件的状态，其中常数 n 的取值范围为 n≤64。

图 4-106 所示为 INCD 指令的应用。图 4-107 所示为 INCD 指令应用举例。在图 4-107 中，当 X20 闭合时，目标操作数指定两个计数器中 C0 是依次从 D300～D303 内存数（分别为 20、30、10、40）为设定值进行计数，同时依次输出一组波形以确定 Y0～Y3 的状态。计数器 C1 则对 n =4 进行计数，当计数值达到 4，指令执行一次结束，标志 M8029 产生一个扫描周期的脉冲。C0 的设定值必须大于源操作数［S1·］（即 D300～D303）内存放的数（本例至少 41）INCD 指令只能使用一次。

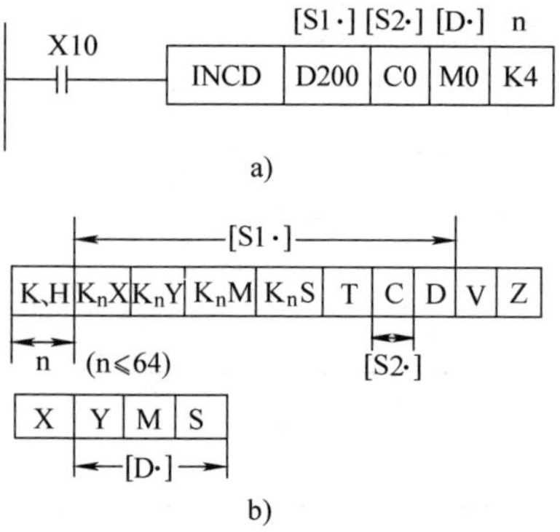

图 4-106　INCD 指令的应用
a）梯形图　b）操作数范围

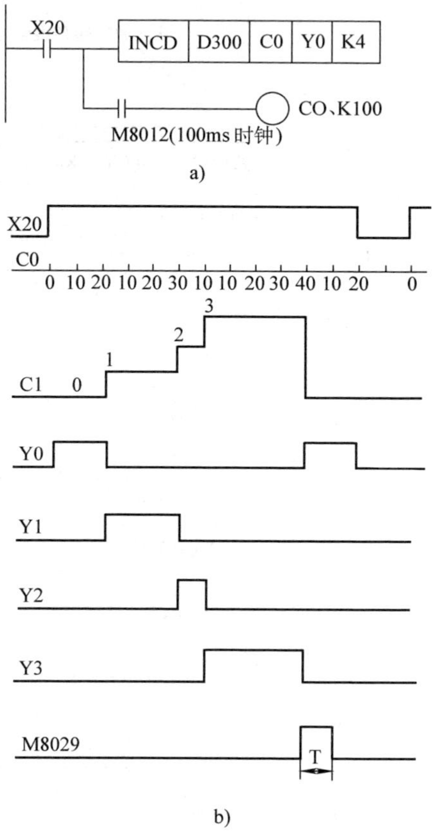

图 4-107　INCD 指令应用举例
a）梯形图　b）波形图

5. 示教定时器指令　FNC64　TTMR　16 位操作　5 步

TTMR 是示教定时器指令。指令功能是测定指令左端 X 按钮按下的时间，再乘以 n 指定的倍数存入到［D·］中。［D·］+1 中存放测定按钮闭合的时间。图 4-108 所示为 TTMR 指令的应用。图 4-109 所示为 10 个数据寄存器写入示教时间的示例。

6. 特殊定时器指令　FNC65　STMR　16 位操作　7 步

STMR 是特殊定时器指令。指令功能是根据输入使信号［D·］指定的 4 个连续的元件构成延时断开定时器、单触发定时器、闪烁定时器。图 4-110 所示为 STMR 指令的应用。图 4-111 所示为 STMR 指令的闪烁应用。

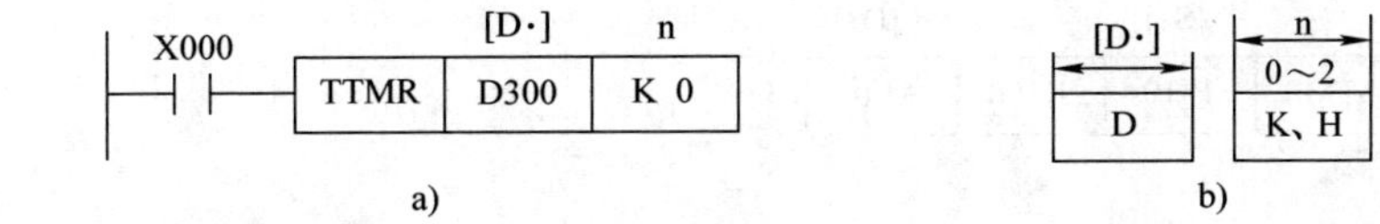

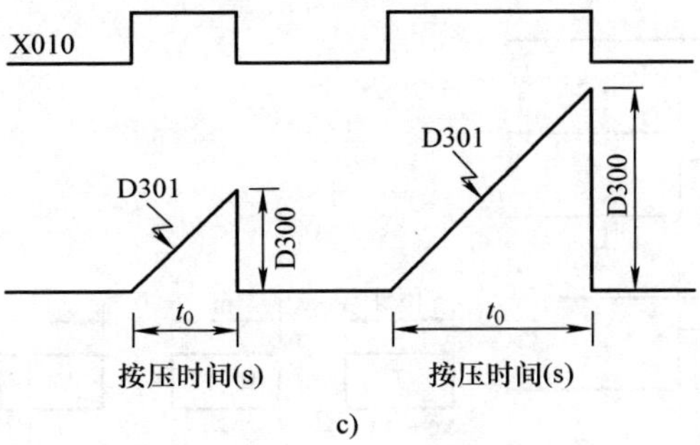

实际的D300的值

n	D300
K 0	t_0
K 1	10 t_0
K 2	100 t_0

注：X010为OFF时，D301复位，D300不变。

d)

图 4-108　TTMR 指令的应用

a）梯形图　b）操作数范围　c）X 闭合波形　d）［D·］中实际值

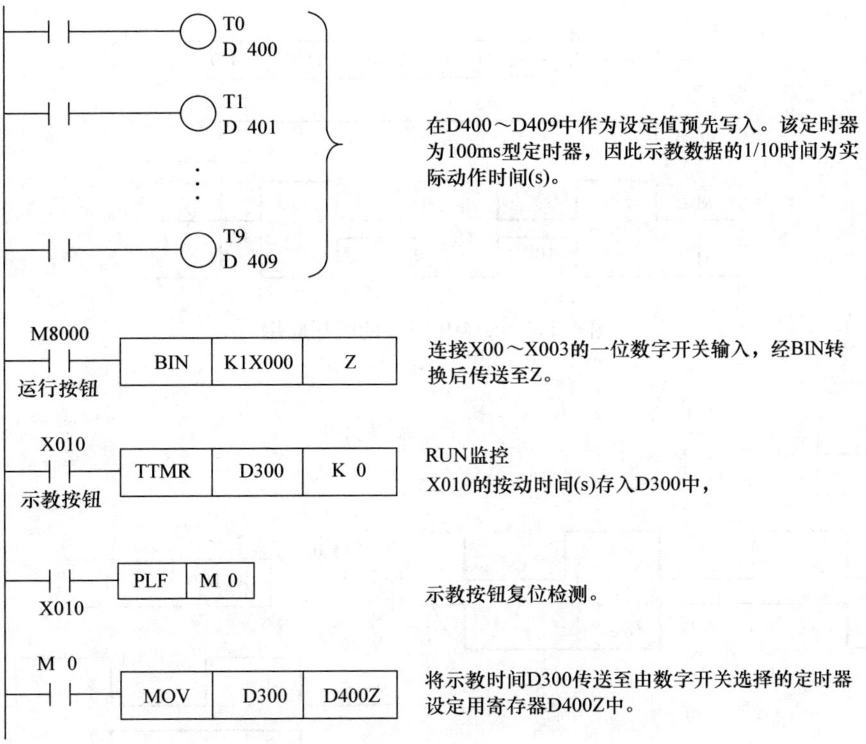

图 4-109　10 个数据寄存器写入示教时间

7. 交替输出指令　FNC66　ALT　16 位操作　3 步

ALT 是交替输出指令。指令功能是驱动输入每变化一次 OFF→ON，则［D·］反向。图 4-112 是 ALT 指令的应用。图 4-113 所示为单钮起动/停止的应用。图 4-114 所示为闪烁动作的应用。

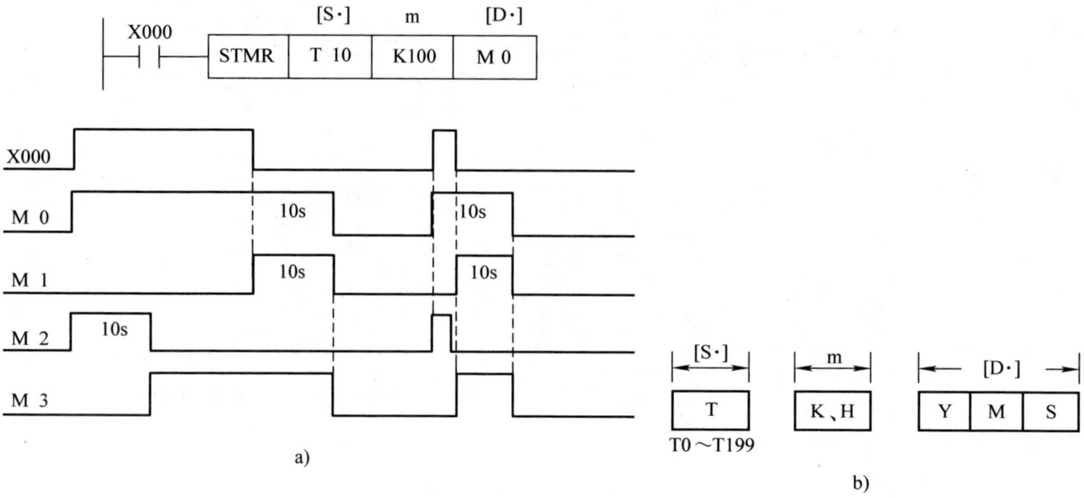

图 4-110 STMR 指令的应用

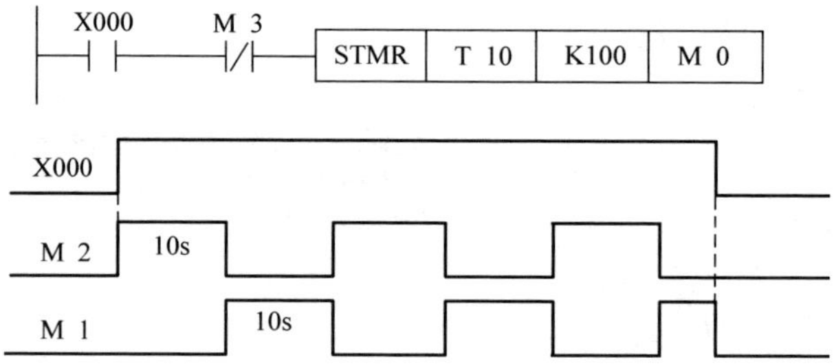

图 4-111 STMR 指令的闪烁应用

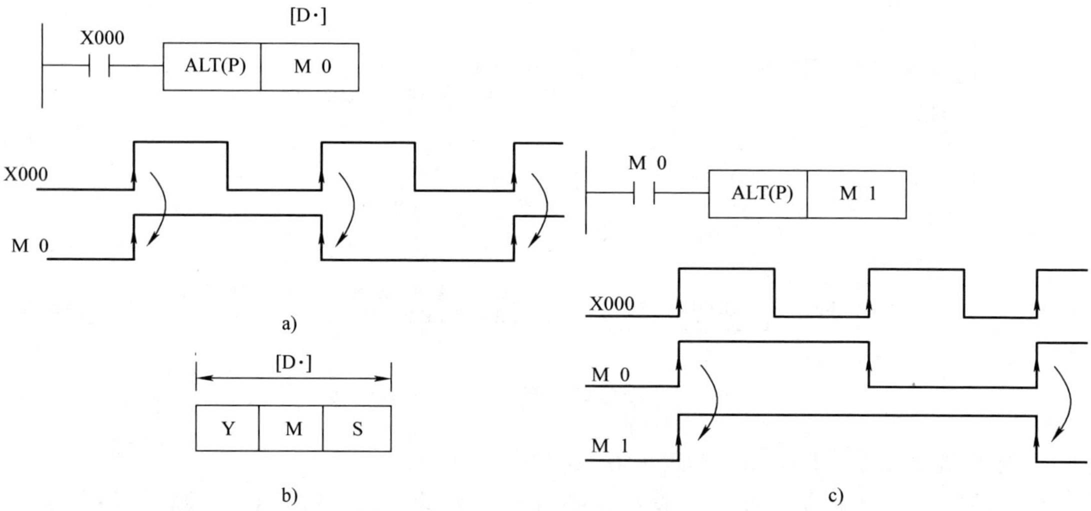

图 4-112 ALT 指令的应用

a）梯形图 b）操作数范围 c）二分频输出

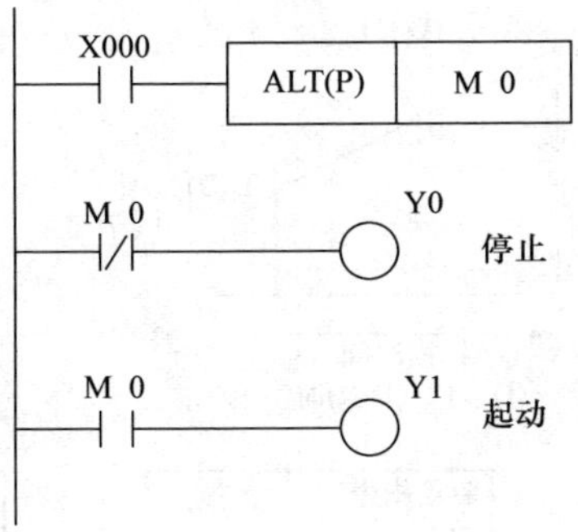

图4-113　单按钮起动/停止的应用

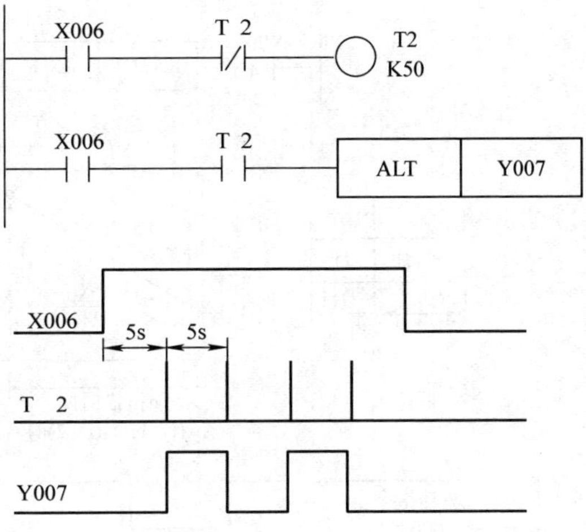

图4-114　闪烁动作的应用

8. 斜坡信号指令　FNC67　RAMP　16位操作　9步

RAMP是斜坡信号指令。指令功能是产生不同斜率的斜坡信号，若与模拟输出结合，可以输出缓冲起动/停止信号。[S1·] 放置斜坡的初始值，[S2·] 为终止值。[D·] 为指定起始号的两个连续数据寄存器，[D·] 中存放从 [S1·] 的值 [S2·] 的值变化数据，其值的变化快慢取决于n的扫描周期时间，[D·] +1是存放扫描次数n值。若 [D·]、[D·] +1设为停电保持型的，应在指令执行前清“0”。应将每次扫描周期时间预先写入D8039中，并使M8039置“1”，则为恒定扫描运行模式。M8026为驱动模式标志，M8029为指令执行结束标志。图4-115所示为RAMP指令的应用。指令中D8039置“0”时则n次扫描时间为n×1ms，当D8039置“20”时（按大于PLC扫描周期），则n次扫描时间为n×20ms。

9. 旋转工作点控制指令　FNC68　ROTC　16位操作　9步

ROTC是旋转工作台控制指令。指令功能是对旋转工作台上工件取放进行控制。[S·] 为工作台位置检测信号数据寄存器，用于计算几号工件是否转到0号窗口计数器，[S·] +1为存放“工件取出位置号”寄存器，[S·] +2为“工件取出工件号”寄存器。M1为设定工作台每转的脉冲数，M2为工作台低速运动行程，M1≥M2。[D·] 为起始号的8个辅助继电器接收和输出控制信号。其中 [D·]、[D·] +1用于接收工作台正/反转的两相开关信号，[D·] +2接收0号工件转到0号窗口时，动态开关发出的0点检测信号，[D·]+3～[D·] +7分别是高速正转、低速正转、停车、低速反转、高速反转和输出控制继电器，它们在指令执行中自动输出结果。图4-116所示为ROTC指令的应用。图4-117所示为旋转工作台工作原理图。

10. 列表数据排序指令FNC69　SORT　16位操作　17步

SORT是列表数据排序指令。指令的功能是对 [S·] 指定的寄存器内原排序表，按n指定的列号，将该列数据从小到大排序，新的排序表存入 [D·] 指定的寄存器中，m1为 [S·] 指定首地址的行数，m2为 [S·] 指定首地址的列数。图4-118所示为SORT指令的应用，图4-119所示为当D0=K2和D0=K3时SORT指令运行情况。

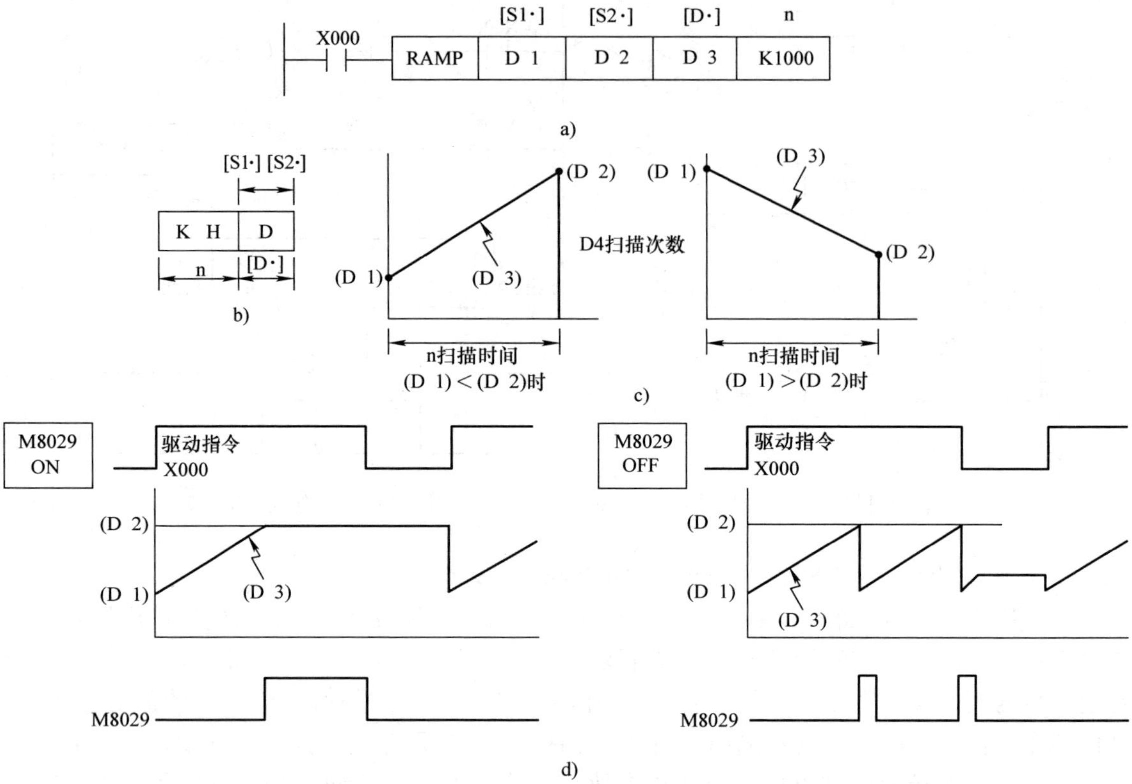

图 4-115　RAMP 指令的应用

a）梯形图　b）操作数范围　c）信号变化过程　d）驱动模式标志的影响

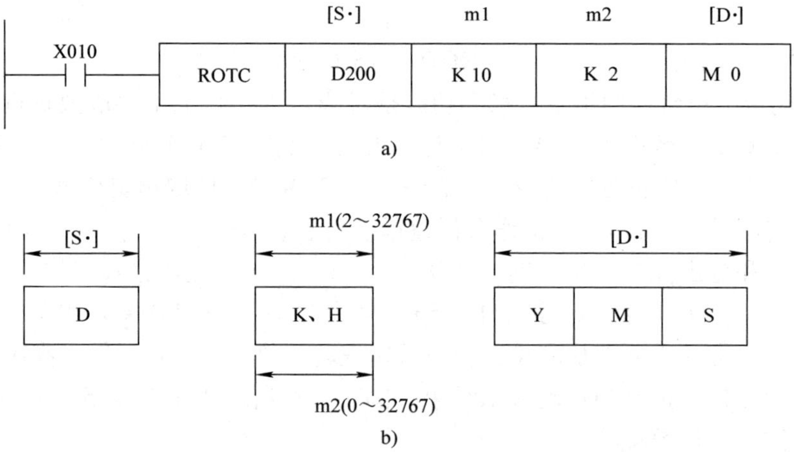

图 4-116　ROTC 指令的应用

a）梯形图　b）操作数范围

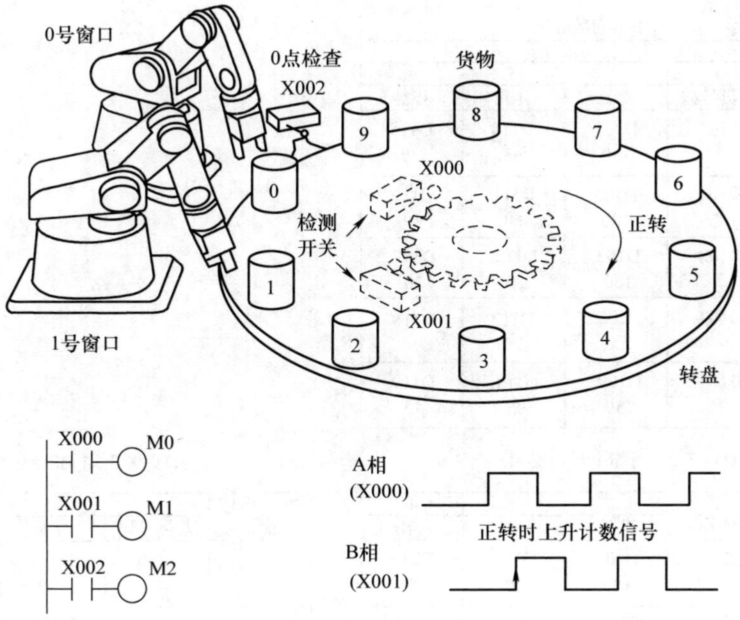

图 4-117　旋转工作台工作原理图

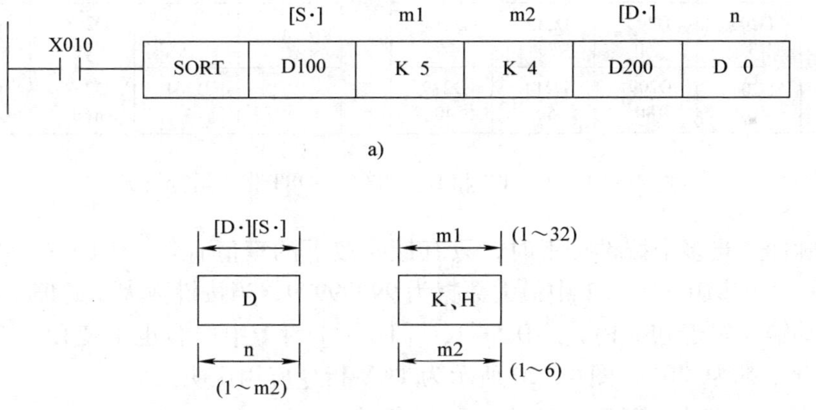

图 4-118　SORT 指令的应用

a）梯形图　b）操作数范围

（八）外部 I/O 设备通信类指令 FNC70 ~ FNC79

1. 十键输入指令 FNC70　TKY　16 位操作　7 步

32 位操作　13 步

TKY 是十键输入指令，指令功能是［S·］指定输入元件为起始号的 10 个连续号元件（用于接收 10 个按键输入）；［D1·］存放接收的前 4 个连续号元件组成的十进制数据，［D1·］+1 存放接收的 5 ~ 8 个连续号元件组成的十进制数据。［D1·］及［D1·］+1 中的数据自动转换为二进制数；［D2·］为读出的与［S·］对应的连续元件值，［D2·］+10

D100为起始的排序表

列数m2个

数据个数m1个

行号＼列号	1	2	3	4
	人员号码	身长	体重	年龄
1	D100 1	D105 150	D110 45	D115 20
2	D101 2	D106 180	D111 50	D116 40
3	D102 3	D107 160	D112 70	D117 30
4	D103 4	D108 100	D113 20	D118 8
5	D104 5	D109 150	D114 50	D119 45

D 0=K 2执行指令运行结果

行号＼列号	1	2	3	4
	人员号码	身长	体重	年龄
1	D200 4	D205 100	D210 20	D215 8
2	D201 1	D206 150	D211 45	D216 20
3	D202 5	D207 150	D212 50	D217 45
4	D203 3	D208 160	D213 70	D218 30
5	D204 2	D209 180	D214 50	D219 40

D 0=K 3执行指令运行结果

行号＼列号	1	2	3	4
	人员号码	身长	体重	年龄
1	D200 4	D205 100	D210 20	D115 8
2	D201 1	D206 150	D211 45	D216 20
3	D202 5	D207 180	D212 50	D217 40
4	D203 5	D208 150	D213 50	D218 45
5	D204 3	D209 160	D214 70	D219 30

图 4-119　D0 = K2 和 D0 = K3 时 SORT 指令运行情况

为按键记录脉冲，当多个按键按下时，只有最先按下的键值有效。[D1·] 中最大数据为 9999，[D1·] + [D1·] +1 中最大数据为 99999999，当按键数大于此值，则高位溢出并丢失。当驱动输入置于 OFF 时，[D1·]，[D1·] +1 中内容也不变化，但 [D2·] ~ [D2·] +10 中都为“0”。图 4-120 所示为 TKY 指令应用说明。

2. 十六键输入指令 FNC71　HKY　16 位操作数　9 步

32 位操作数　17 步

HKY 是十六键输入指令。指令功能是 [S·] 指定输入元件为起始号的 4 个连续元件状态，送到 [D1·] 指定 4 个连续输出元件，[D2·] 为指定存储键输入信号元件，[D3·] 为指定 A 到 F 的 8 个连续键读出元件。图 4-121 所示为 HKY 指令的应用。图 4-121 所示的执行工作过程为：16 个键盘按图 d 链接，当按下数字键 0 ~ 9 时，则产生对应的 BCD 码，BCD 码直接转换为 BIN 码存入 [D2·] 中（过程如图 c 所示），[D2·] 中最大数值为 9999，超出此值则溢出。[D2·] 与 [D2·] +1 中数值最大为 99999999，按多个键时，只有先按下的键有效。M8029 位 [D1·] 元件循环一次动作后的标志，置位“1”。A ~ F 按键对应输出如图 e 所示。M6 为 A ~ F 键按下有效指示此时量“1”，M7 为 0 ~ 9 键按下有效指示此时置“1”。

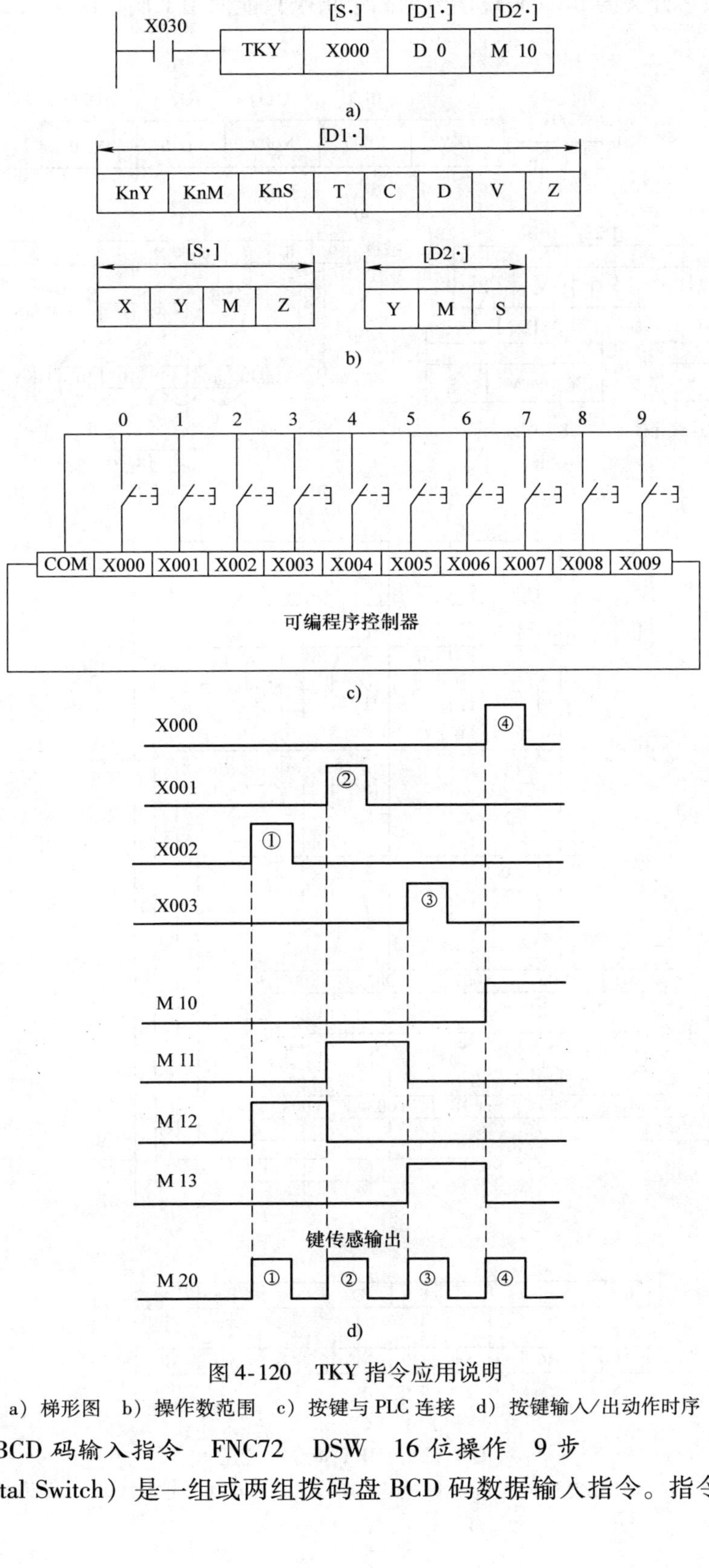

图4-120　TKY 指令应用说明

a）梯形图　b）操作数范围　c）按键与PLC连接　d）按键输入/出动作时序

3. 拨码盘BCD码输入指令　FNC72　DSW　16位操作　9步

DSW（Digital Switch）是一组或两组拨码盘BCD码数据输入指令。指令功能是用来读入一个或两个数字开关的 BCD 码设定数据。该指令只能使用 1 次，图 4-122 所示为 DSW 指令的应用。

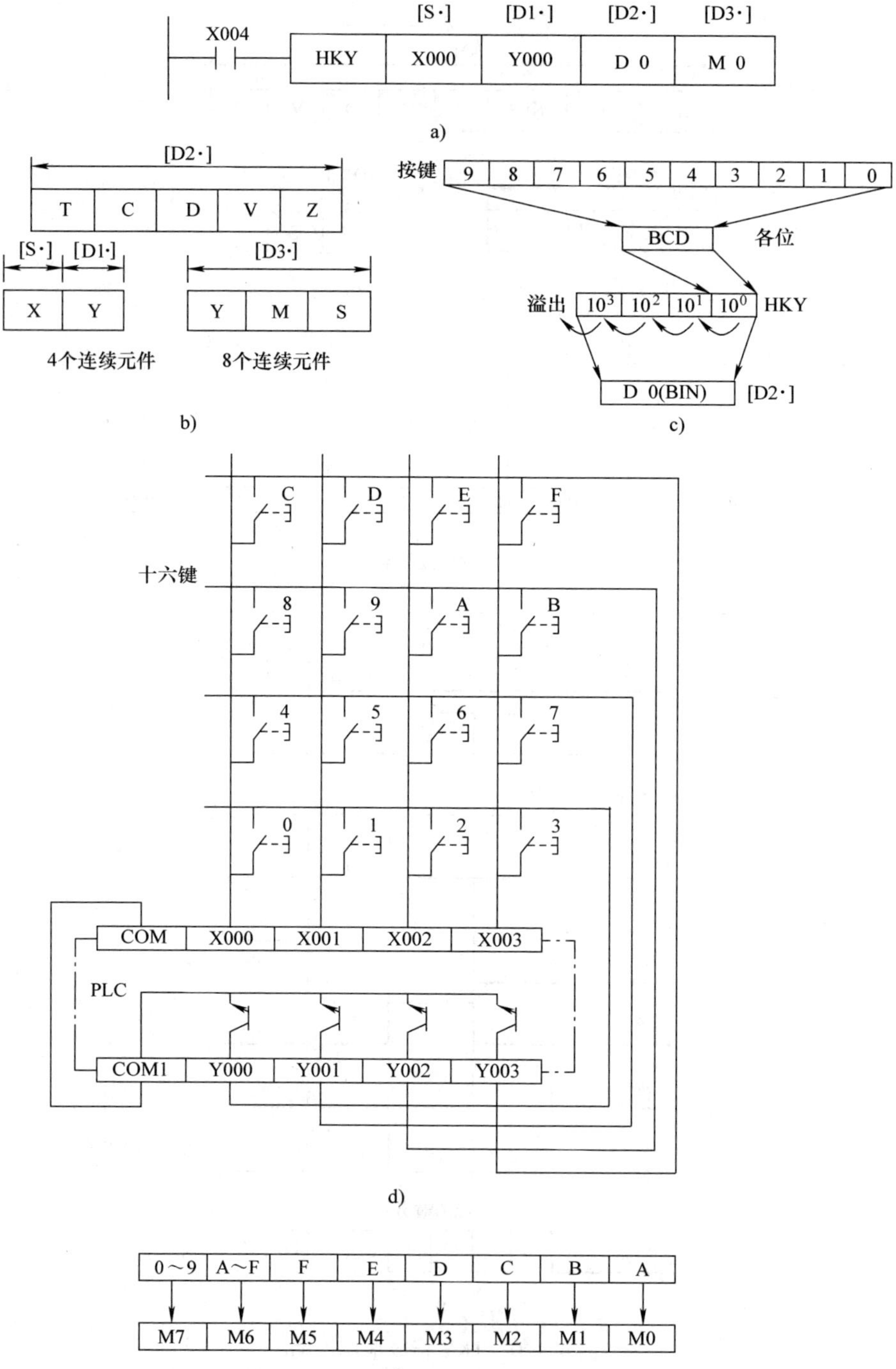

图 4-121　HKY 指令的应用

a）梯形图　b）操作数范围　c）0～9 键对应存储　d）PLC 与 16 个键盘链接　e）按键对应输出

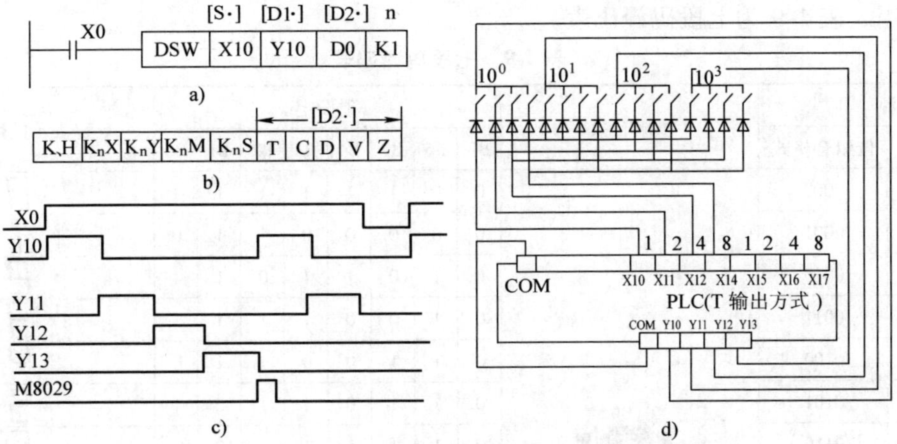

图 4-122　DSW 指令的应用

a）梯形图　b）操作数范围　c）波形图　d）I/O 端口接线图

梯形图中，源操作数 S 只能选用开关量输入 X。目的操作数 D1 只能选用 Y，D2 的选用范围如图 4-122b 所示。若 n = 1 表示一组数据输入，则 D2 只有一个 16 位数据寄存器，如图中的 D0。若 n = 2 表示两组数据输入，则 D2 有两个地址连续的 16 位数据寄存器，此时源数 S 共 8 个地址连续开关量输入，但无论 n = 1 或 n = 2，起数据选通作用的目标操作数 D1 总是由 4 个地址连续的输出 Y 组成。图 4-122 中当 X0 闭合时，开关量 Y10 ~ Y13 依次产生 100ms 选通脉冲，将 X10 ~ X13 输入数据读入 D0 中，指令执行完毕 M8029 产生一个脉冲。

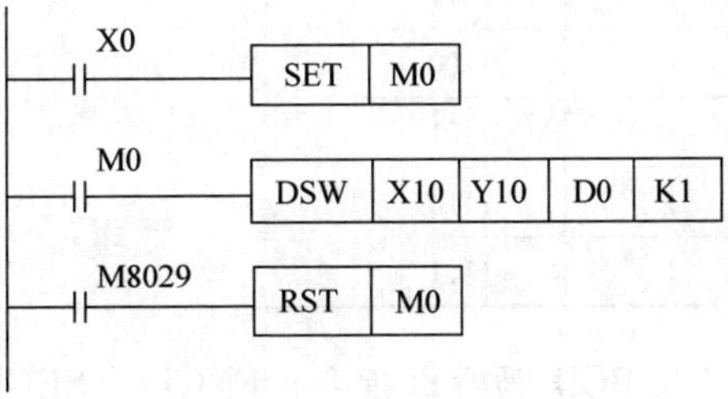

图 4-123　延长寿命采用的梯形图

应用该指令时，推荐使用晶体管输出模式，如果主机采用继电器输出方式的 PLC，为了延长继电器寿命，可以采用如图 4-123 所示的梯形图。

4. 七段码译码指令 FNC 73　SEGD　16 位操作　5 步

SEGD 是七段码译码指令。指令功能是将［S·］中低 4 位指定的十六进制数（0 ~ F）译码的七段码存入［D·］中的低 8 位，［D·］中的高 8 位不变。图 4-124 所示为 SEGD

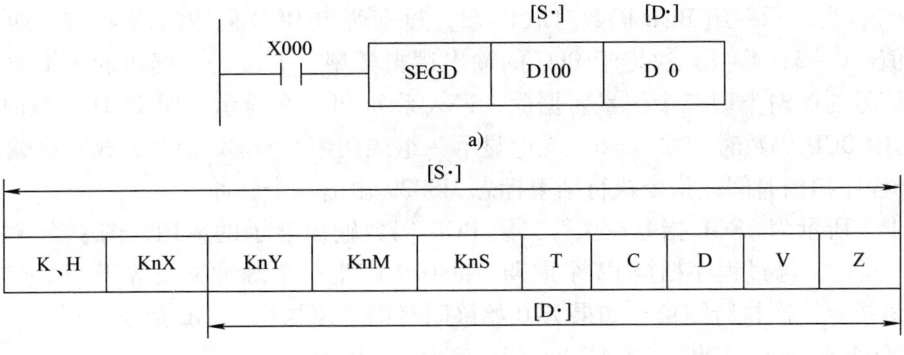

图 4-124　SEGD 指令的应用

a）梯形图　b）操作数范围

指令的应用。表 4-9 为七段码译码表。

表 4-9　七段码译码表

源		7 段组合数字	预设定								表示的数字
十六进制数	位组合格式		B7	B6	B5	B4	B3	B2	B1	B0	
0	0000	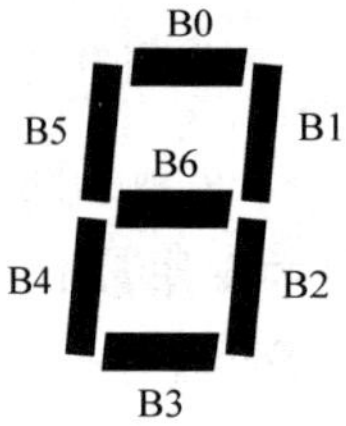	0	0	1	1	1	1	1	1	0
1	0001		0	0	0	0	0	1	1	0	1
2	0010		0	1	0	1	1	0	1	1	2
3	0011		0	1	0	0	1	1	1	1	3
4	0100		0	1	1	0	0	1	1	0	4
5	0101		0	1	1	0	1	1	0	1	5
6	0110		0	1	1	1	1	1	0	1	6
7	0111		0	0	1	0	0	1	1	1	7
8	1000		0	1	1	1	1	1	1	1	8
9	1001		0	1	1	0	1	1	1	1	9
A	1010		0	1	1	1	0	1	1	1	A
B	1011		0	1	1	1	1	1	0	0	b
C	1100		0	0	1	1	1	0	0	1	C
D	1101		0	1	0	1	1	1	1	0	d
E	1110		0	1	1	1	1	0	0	1	E
F	1111		0	1	1	1	0	0	0	1	F

5. BCD 码输出指令　FNC74　SEGL　16 位操作　7 步

SEGL（Seven Segment With Latch）是带锁存七段 BCD 码显示指令。该指令仅适用于晶体管输出方式的 PLC，并且只能使用一次。SEGL 指令的功能是将一个（或两个）十进制（数据范围 0 ~ 9999）源数［S·］写到一组（或两组）4 路扫描的目标输出软元件（一组为［D·］+0 ~［D·］+7 共 8 个输出，二组［D·］+0 ~［D·］+7，［D·］+10 ~［D·］+13 共 12 个输出，其中［D·］+4 ~［D·］+7 为数据选通输出）直接驱动一组（或两组，另一组由［S·］+1 提供显示数据）七段数码管显示。指令中常数 n 的取值范围为 0 ~ 7，当显示一组 BCD 码数时取 0 ~ 3，显示两组 BCD 码数时取 4 ~ 7。两种显示方式的 n 取值（0 ~ 3，4 ~ 7）决定于 PLC 的输出逻辑类型，七段码数据线的逻辑类型以及七段码选通信号的逻辑类型三个因素。据此，FX_{2N} 系列 PLC 在显示一组 BCD 码数时，取 n = 2，显示两组 BCD 码数时，取 n = 6。无论显示一组或两组，SEGL 指令完成一次输出周期需占用 12 个程序扫描时间，指令执行结束标志 M8029 输出一个脉冲。

图 4-125 所示为 SEGL 指令在执行二组 BCD 码数输出显示的应用，图中当 X10 闭合时执行 SEGL 指令，经过程序扫描 12 个周期，M8029 产生一个脉冲宽度等于一个扫描周期的脉冲表示该指令一次执行结束。如果 X10 始终闭合则重复执行 SEGL 指令。

6. 方向开关指令　FNC　75 ARWS　16 位操作　9 步

ARWS 指令将［S·］接收到的开关输入信号存入到［D1·］中，并转换为十进制数，根据［D2·］+4 ~［D2·］+7 的位（个位 ~ 千位）显示［D2·］~［D2·］+3 中输

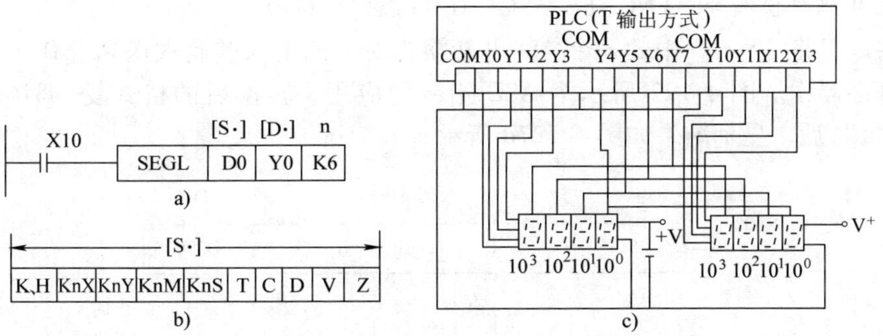

图 4-125　SEGL 指令的应用

a）梯形图　b）操作数范围　c）I/O 端口接线图

出的 BCD 码。输入［S·］为减少键，每按一次则［D1·］中的内容按 0→9→8···→1→0 循环变化，按［S·］+1 为增加键与［S·］相反。［S·］+2 为退位键，每按一次则［D2·］输出为个→十→百→千→个循环变化。［S·］+3 为进位键与［S·］+2 相反。图 4-126 所示为 ARWS 指令的应用。

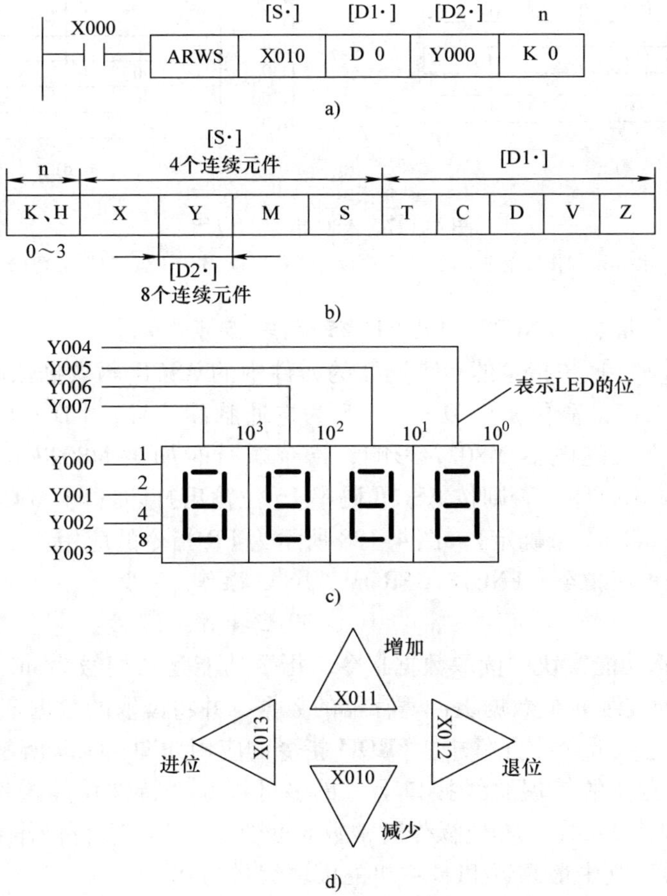

图 4-126　ARWS 指令的应用

a）梯形图　b）操作数范围　c）7 段数码驱动接线　d）4 个方向开关

7. ASCⅡ码转换指令 FNC 76 ASC 16 位操作 11 步

ASC 指令是将［S·］中的 8 个 ASCⅡ转换为对应的十六进制数送到［D·］所指定的连续 4 个寄存器中。图 4-127 所示为 ASC 指令的应用。转换后的格式受 M8161 影响，当 M8161 置“1”后，显示结果如图 4-127d 所示。

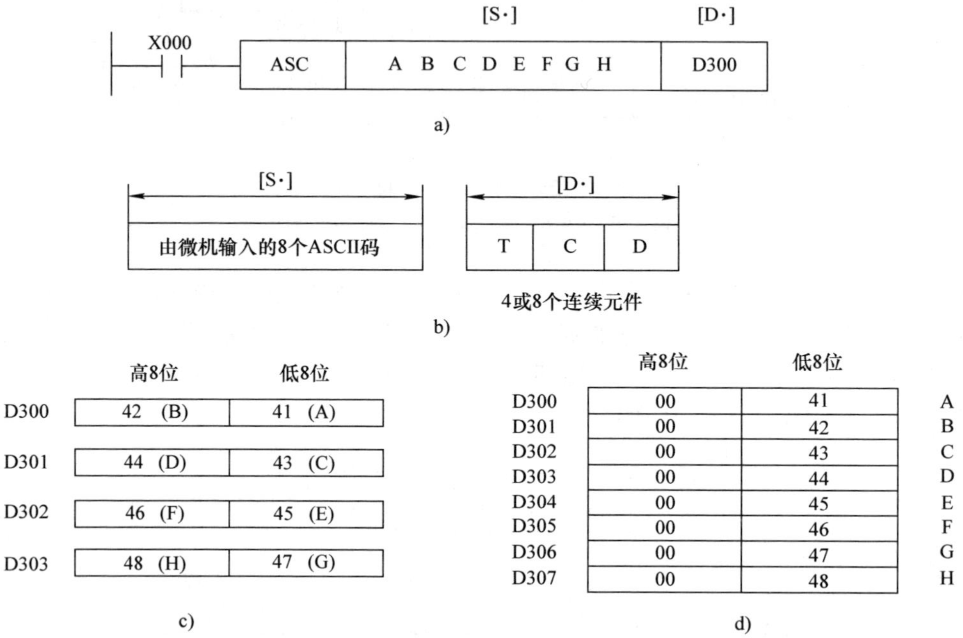

图 4-127 ASC 指令的应用

a）梯形图 b）操作数范围 c）指令执行后结果 d）M8161 置“1”后数据有效格式

8. ASCⅡ码打印指令 FNC77 PR 16 位操作 5 步

PR 指令是将［S·］中指定的 4 个连续的元件中的 ASCII 码数据依顺序发送至［D·］（低位）至［D·］+7（高位），［D·］+8 为选通脉冲信号，［D·］+9 为正在执行标志。该指令受打印方式继电器 M8027 影响，指令执行时如果 M8027 = 0FF 打印是按每个 ASCⅡ码串按 8 位输出打印，否则按 ASCⅡ码串 16 位输出打印（与 ASC 指令配合，是否按 8 位或 16 位打印由 M8161 来确定）。图 4-128 所示为 PR 指令的应用。

9. 读特殊功能模块指令 FNC78 FROM 16 位操作 9 步

32 位操作 17 步

FROM 是从特殊功能模块中读取数据指令。指令功能是从编号为 m1 的特殊功能模块中读取以 m2 为首址的连续 n 个数据缓冲寄存器的数据，并将读取的数据依次存入 PLC 内以目标元件 D 为首址的连续 n 个字元件中。FROM 指令的应用如图 4-129 所示。所有特殊功能模块依次插接在 PLC 右侧的扩展总线接口上，最多可接 8 个特殊功能模块，m1 取值范围为 0 ~ 7，m2 取值范围为 0 ~ 31，16 位操作时常数 n 取值 1 ~ 31，32 位操作 n 取值为 1 ~ 16。每个模块依 0 ~ 7 编号，其中最靠近 PLC 主机的模块编号为 0。

图中 X10 闭合时，每扫描一次梯形图就从编号为 0 的特殊功能模块中地址号为 5 ~ 8 的 4 个数据寄存器读取数据，并将数据依次存入 PLC 的 4 个数据寄存器 D0 ~ D3 中。

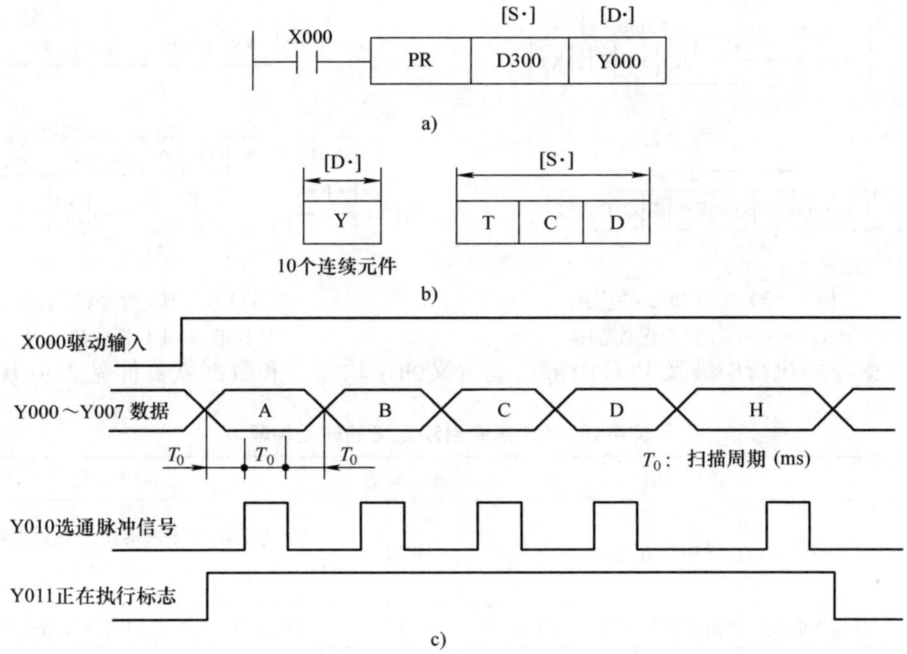

图 4-128　PR 指令的应用

a）梯形图　b）操作数范围　c）PR 对于图 4-127 指令结果的输出时序

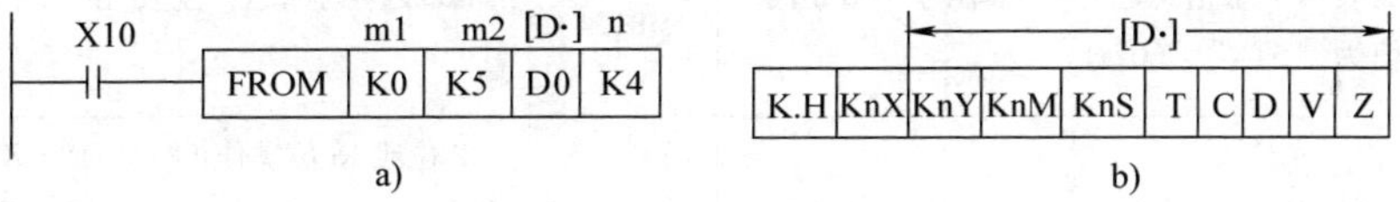

图 4-129　FROM 指令的应用

a）梯形图　b）操作数范围

10. 写特殊功能模块指令　FNC79　TO　16 位操作　9 步

32 位操作　17 步

TO 是写特殊功能模块指令。指令功能是将 PLC 内由源数 S（首址）指定的 n 个数据写入编号为 m1 的特殊功能模块中地址号为 m2（首址）的 n 个连续缓冲数据寄存器中。常数 m1，m2 和 n 的意义和取值范围与 FROM 指令相同。图 4-130 是 TO 指令的应用。图中当 X10 闭合时，每扫描一次梯形图就将 D10～D13 中的数据写入编号为 2 的特殊功能模块中地址号为 5～8 的数据缓冲寄存器中。

（九）外围 SER 设备指令 FNC80～FNC88

1. 串行通信指令　FNC80　RS　16 位操作　9 步

RS 指令是用于控制 PLC 的串行通信，直接控制通信适配器 FX_{2N}-232ADP 的数据发送和接收。指令功能包含两个部分：一个是数据的发送，内容以源数 S 为首址的 m 个连续缓冲数据寄存器的地址单元；另一个是数据的接收内容存放在以目标数 D 为首址的 n 个连续缓冲数据寄存器或堆栈的地址单元。图 4-131 所示为 RS 指令的应用。

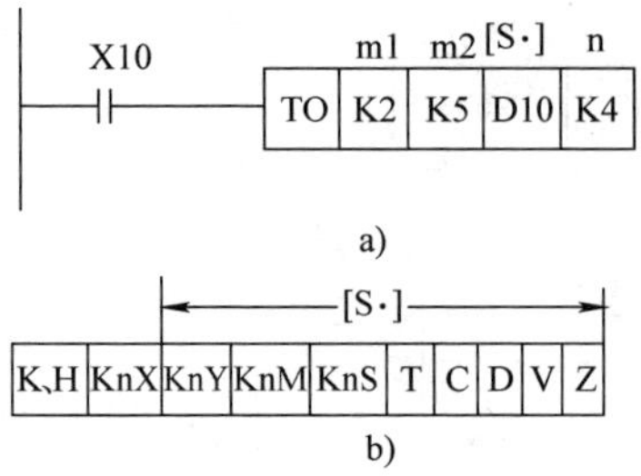

图 4-130　TO 指令的应用
a）梯形图　b）操作数范围

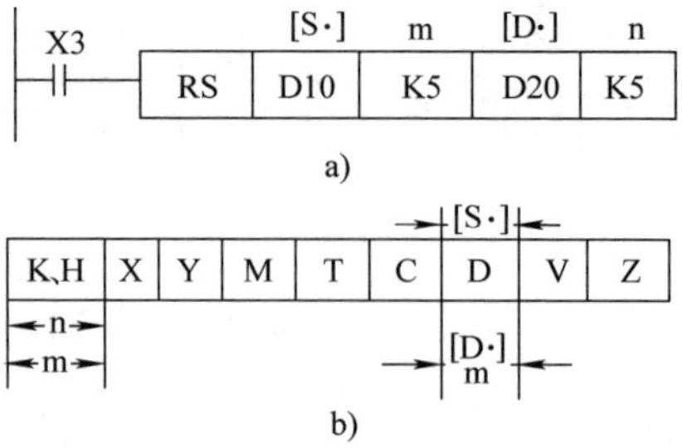

图 4-131　RS 指令的应用
a）梯形图　b）操作数范围

在 RS 指令的执行中涉及 PLC 内部自动定义的位软器件和数据软器件见表 4-10。

表 4-10　RS 指令自动定义的软元件表

数据元件	说　明	操作标志	说　明
D8120	存放通信参数。详细介绍见通信参数设置	M8121	为 ON 表示传送被延迟，直到目前的接收操作完成
D8122	存放当前发送的信息中尚未发出的字节	M8122	该标志置 ON 时，用来触发数据的传送
D8123	存放接收信息中已收到的字节数	M8123	该标志为 ON 时，表示 1 条信息已被完整接收
D8124	存放表示 1 条信息起始字符串的 ASCⅡ码，默认值为“STX”，(02H)	M8124	载波检测标志，主要用于调制解调器的通信中
D8125	存放表示一条信息结束字符串的 ASCⅡ码，默认值为“ETX”，(03H)	M8161	8 位或 16 位操作模式。ON = 8 位操作模式，在各个源或目标元件中只有低 8 位有效；OFF = 16 位操作模式。在各个源或目标元件中全部 16 位有效

发送和接收的缓冲区的大小决定了每传送一次信息所允许的最大数量。其中发送缓冲区的大小可以在 M8122 置 1 前（即发送前）加以修改。接收缓冲区的大小可以在信息接收完之后，且 M8123 复位之前加以修改。在信息接收过程中，不能发送数据，发送将被延迟。如果程序中有多条 RS 指令，在任何时刻只能有一条被执行。

2. 八进制位并行传输指令 FNC81　PRUN　16 位操作　5 步
　　　　　　　　　　　　　　　　　　　32 位操作　9 步

PRUN 指令是用于 2EPLC 数据交换，指令把［S·］中的指定位元件中数据与［D·］中指定位元件中数据以八进制为单位进行传送。图 4-132 所示为 PRUN 指令的应用。

3. HEX 转换为 ASCⅡ指令　FNC82　ASCI　16 位操作　7 步

ASCI 指令是将［S·］中指定元件的 n 个 HEX 数据分别转换成 n 个 8 位 ASCⅡ数据，送到［D·］指定元件的低 8 位中，转换的位数由 M8161 状态决定，当 M8161 = OFF 时为 16 位转换，当 M8161 = ON 时为 8 位转换，当使用打印输出 BCD 码数据时，执行本指令并须进行 BIN 转换为 BCD 码。图 4-133 所示为 16 位模式 ASCⅠ指令的应用，图 4-134 所示为 8 位模式 ASCⅠ指令的应用。

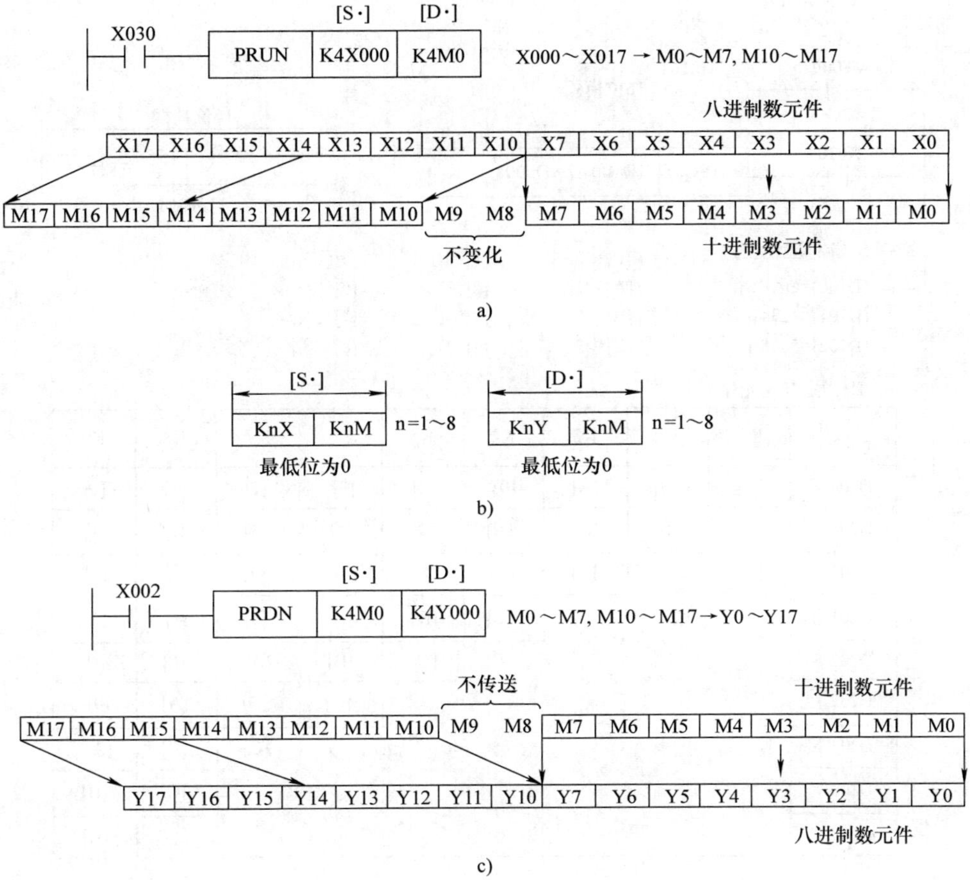

图4-132　PRUN指令的应用

a)、c）梯形图　b）操作数范围

4. ASCⅡ转换为HEX指令　FNC83　HEX　16位操作　7步

HEX指令是指将［S·］指定元件n个高低各8位ASCⅡ（在M8161＝0FF时）分别于转换成n个4位HEX数传送至［D·］指定元件中。当输入的数据为BCD码时，执行指令前需要将BCD码转换为BIN码。当M8161＝ON时，将［S·］指定元件n个低8位ASCII分别转换成n个4位HEX数，传送至［D·］指定元件的低8位中。图4-135所示为HEX指令的应用。

5. 校验指令　FNC 84　CCD　6位操作　7步

CCD指令是用于通信数据的检验，指令以［S·］指定元件为起点的n个数据的高低8位数据总和，校验后的检查码分别以BIN码存于［D·］与［D·］＋1指定元件。当M8161＝OFF时，则［S·］为16位数据，否则为［S·］中低8位数据。图4-136所示为M8161＝OFF时CCD指令的应用。图4-137所示为M8161＝ON时CCD指令的应用。

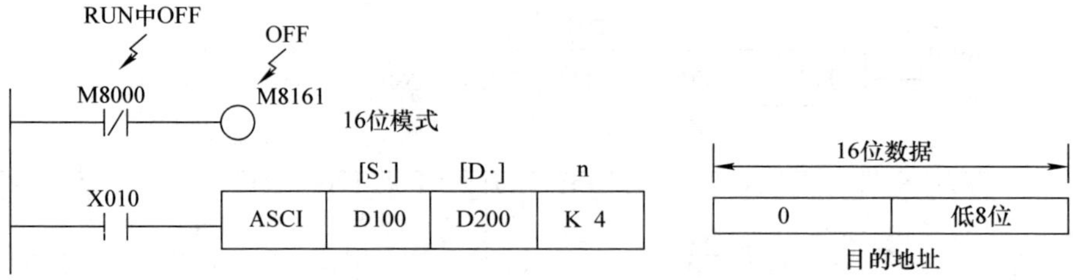

S·指定起始元件

(D100)=0ABC$_H$ (D101)=1234$_H$ (D102)=5678$_H$

[0]=30$_H$	[1]=31$_H$	[5]=35$_H$
[A]=41$_H$	[2]=32$_H$	[6]=36$_H$
[B]=42$_H$	[3]=33$_H$	[7]=37$_H$
[C]=43$_H$	[4]=34$_H$	[8]=38$_H$

D·指定起始元件

[D·] \ n	K1	K2	K3	K4	K5	K6	K7	K8	K9
D200下	[C]	[B]	[A]	[0]	[4]	[3]	[2]	[1]	[8]
D200上		[C]	[B]	[A]	[0]	[4]	[3]	[2]	[1]
D201下			[C]	[B]	[A]	[0]	[4]	[3]	[2]
D201上				[C]	[B]	[A]	[0]	[4]	[3]
D202下					[C]	[B]	[A]	[0]	[4]
D202上			不变化			[C]	[B]	[A]	[0]
D203下							[C]	[B]	[A]
D203上								[C]	[B]
D204下									[C]

n=K4时位的构成

D100=0ABC$_H$

0	0	0	0	1	0	1	0	1	0	1	1	1	1	0	0
0				A				B				C			

D200

0	1	0	0	0	0	0	1	0	0	1	1	0	0	0	0
[A]→41$_H$								[0]→30$_H$							

D201

0	1	0	0	0	0	1	1	0	1	0	0	0	0	1	0
[C]→43$_H$								[B]→42$_H$							

a)

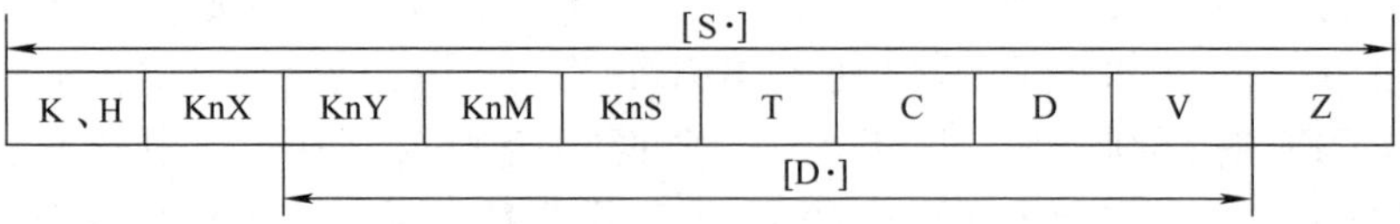

b)

图 4-133 16 位模式 ASC I 指令的应用

a）梯形图 b）操作数范围

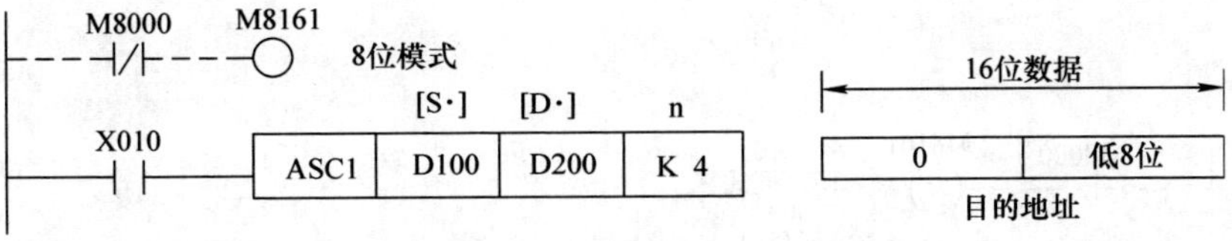

S· 指定起始元件

(D100)=OABC$_H$　　[0]=30$_H$　　[1]=31$_H$　　[5]=35$_H$

(D101)=1234$_H$　　[A]=41$_H$　　[2]=32$_H$　　[6]=36$_H$

(D102)=5678$_H$　　[B]=42$_H$　　[3]=33$_H$　　[7]=37$_H$

　　　　　　　　　[C]=43$_H$　　[4]=34$_H$　　[8]=38$_H$

D· 指定起始元件

[D·] \ n	K1	K2	K3	K4	K5	K6	K7	K8	K9
D 200	[C]	[B]	[A]	[0]	[4]	[3]	[2]	[1]	[8]
D 201		[C]	[B]	[A]	[0]	[4]	[3]	[2]	[1]
D 202			[C]	[B]	[A]	[0]	[4]	[3]	[2]
D 203				[C]	[B]	[A]	[0]	[4]	[3]
D 204					[C]	[B]	[A]	[0]	[4]
D 205			不变化			[C]	[B]	[A]	[0]
D 206							[C]	[B]	[A]
D 207								[C]	[B]
D 208									[C]

n=K2时位的构成

D100=OABCH

0	0	0	0	1	0	1	0	1	0	1	1	1	1	0	0

| 0 | A | B | C |

D200=B的ASCⅡ码=42H

0	0	0	0	1	0	1	0	1	0	1	1	1	1	0	0

| 0 | A | B | C |

D201=C的ASCⅡ码=43H

0	0	0	0	1	0	1	0	1	0	1	1	1	1	0	0

| 0 | A | B | C |

图 4-134　8 位模式 ASCⅠ指令的应用

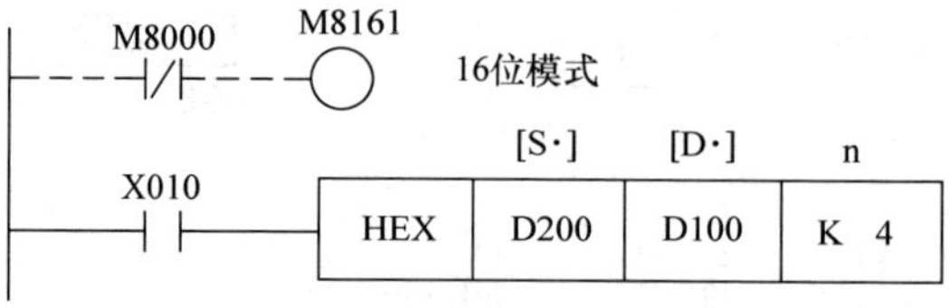

[S·]	ASCⅡ码	HEX转换
D 200下	30H	0
D 200上	41H	A
D 201下	42H	B
D 201上	43H	C
D 202下	31H	1
D 202上	32H	2
D 203下	33H	3
D 203上	34H	4
D 204下	35H	5

n \ [D·]	D 102	D 101	D 100
1	不变化·为0		··· 0H
2			·· 0AH
3			·0ABH
4			0ABCH
5		··· 0H	ABC1H
6		·· 0AH	BC12H
7		·0ABH	C123H
8		0ABCH	1234H
9	··· 0H	ABC1H	2345H

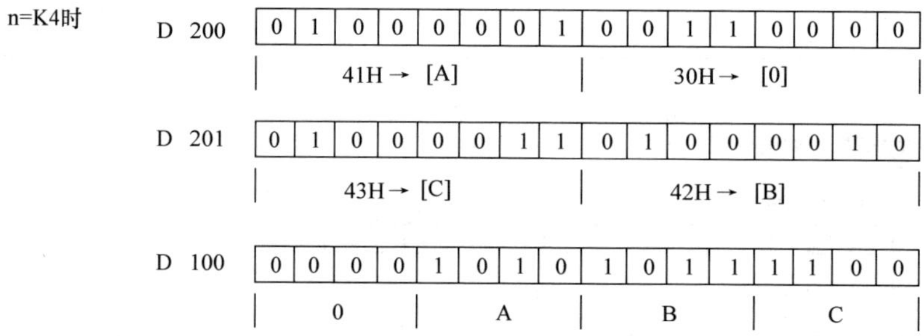

a)

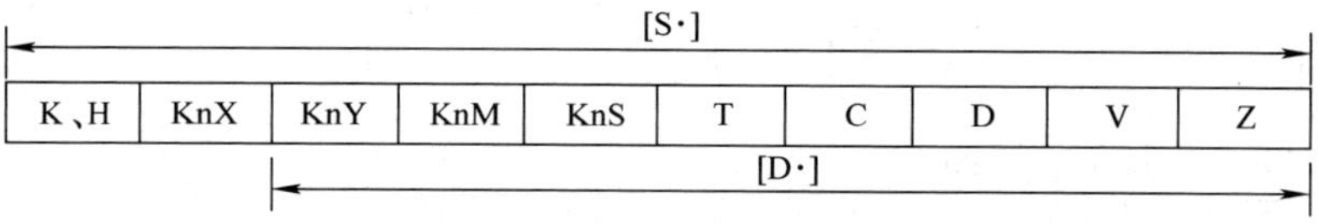

b)

图 4-135 HEX 指令的应用

a）梯形图 b）操作数范围

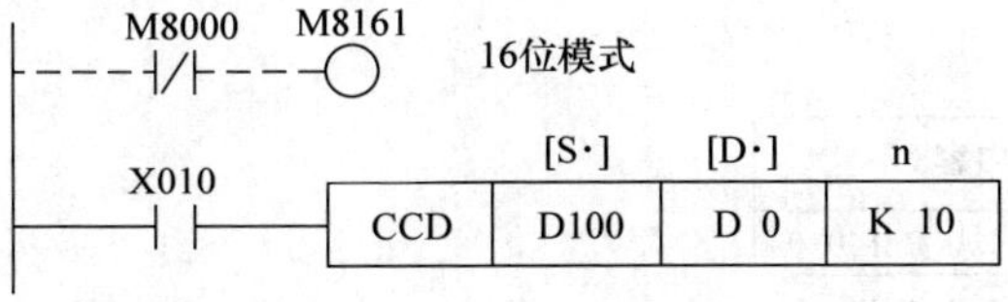

a)

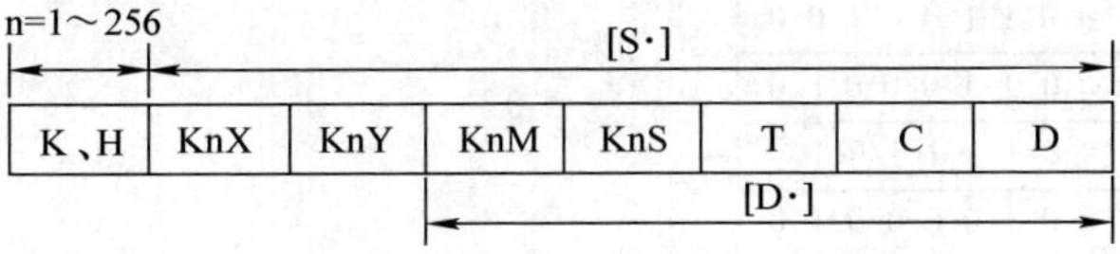

b)

[S·]	数据内容
D 100下	K100 = 0 1 1 0 0 1 0 0
D 100上	K111 = 0 1 1 0 1 1 1 ① ←
D 101下	K100 = 0 1 1 0 0 1 0 0
D 101上	K 98 = 0 1 1 0 0 0 1 0
D 102下	K 123 = 0 1 1 1 1 0 1 ① ←
D 102上	K 66 = 0 1 0 0 0 0 1 0
D 103下	K100 = 0 1 1 0 0 1 0 0
D 103上	K 95 = 0 1 0 1 1 1 1 ① ←
D 104下	K210 = 1 1 0 1 0 0 1 0
D 104上	K 88 = 0 1 0 1 1 0 0 0
D0 合计	K 1091
D1水平校验	1 0 0 0 0 1 0 ① ←

1的个数如果是奇数，校验为1
1的个数如果是偶数，校验为0

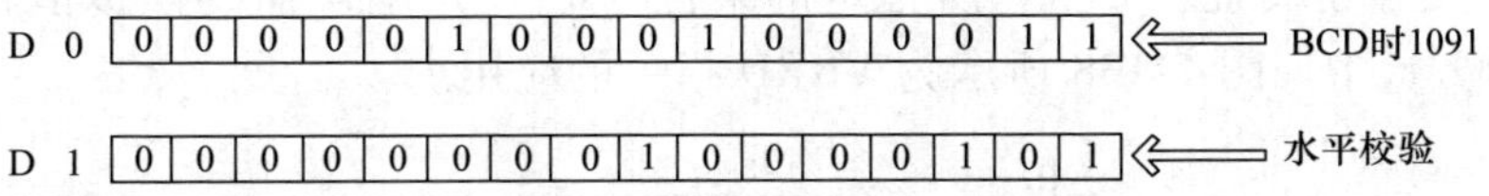

c)

图4-136　M8161 = OFF时CCD指令的应用

a）梯形图　b）操作数范围　c）指令执行结果

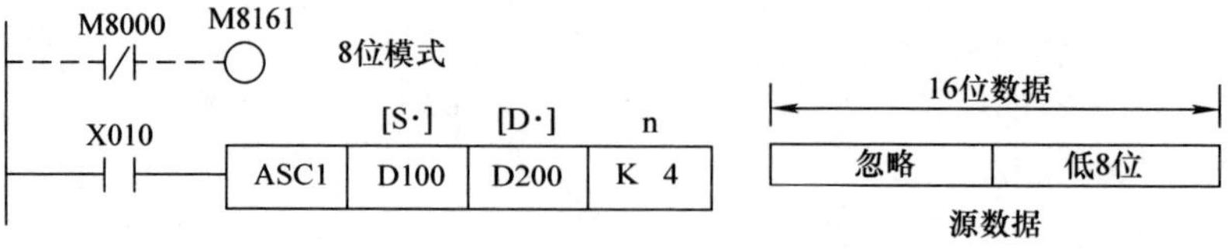

a)

[S·]	数据内容	
D 100	K100 = 0 1 1 0 0 1 0 0	
D 101	K111 = 0 1 1 0 1 1 1 ①	←
D 102	K100 = 0 1 1 0 0 1 0 0	
D 103	K 98 = 0 1 1 0 0 0 1 0	
D 104	K123 = 0 1 1 1 1 0 1	←
D 105	K 66 = 0 1 0 0 0 0 1 0	
D 106	K100 = 0 1 1 0 0 1 0 0	
D 107	K 95 = 0 1 0 1 1 1 1 ①	←
D 108	K210 = 1 1 0 1 0 0 1 0	
D 109	K 88 = 0 1 0 1 1 0 0 0	
合计	K1091	
水平校验	1 0 0 0 0 1 0 ①	← 1的个数如果是奇数，校验为1 1的个数如果是偶数，校验为0

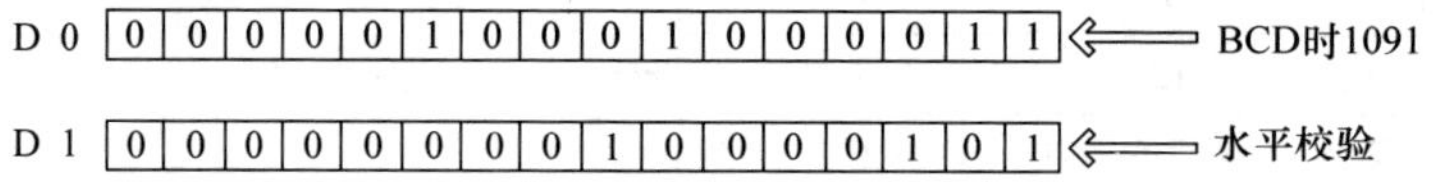

b)

图 4-137 M8161 = ON 时 CCD 指令的应用

a）梯形图 b）指令执行结果

6. 电位器模拟量读出指令 FNC85 VRRD 16 位操作 5 步

VRRD 指令是对内置于 PLC 中专用于有 8 位 VR0 ~ VR7 模拟电位器上某路模拟值进行 A－D转换并传送。指令把［S·］所指定的某位（0 ~7）电位器的模拟值转换为 8 位 BIN 数据送到［D·］中。图 4-138 所示为 VRRD 指令的应用。

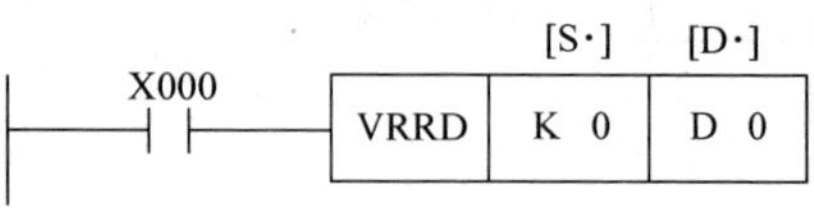

a)

[S·]	[D·]							
K、H	KnY	KnM	KnS	T	C	D	V	Z

0～7

b)

图 4-138 VRRD 指令的应用

a）梯形图 b）操作数范围

7. 电位器模拟量开关设定位置读出 FNC86 VRSC 16 位操作数 5 步

VRSC 指令将［S·］中指定电位器（VR0 ~ VR7）的当前开关设定值 0 ~ 10 以 BIN 值形式存入到［D·］中。图 4-139 所示为 VRSC 指令的应用，操作数［S·］和［D·］取值范围同 VRRD。图 4-140 所示为 VRSC 指令的应用实例。

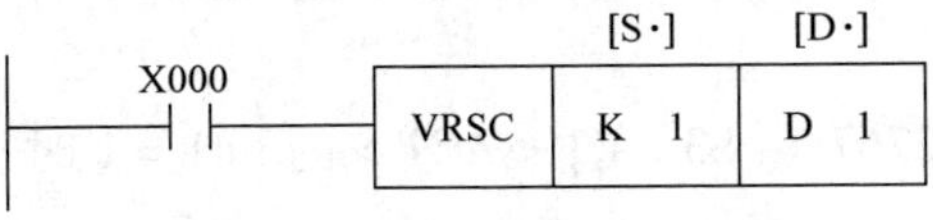

图 4-139　VRSC 指令的应用

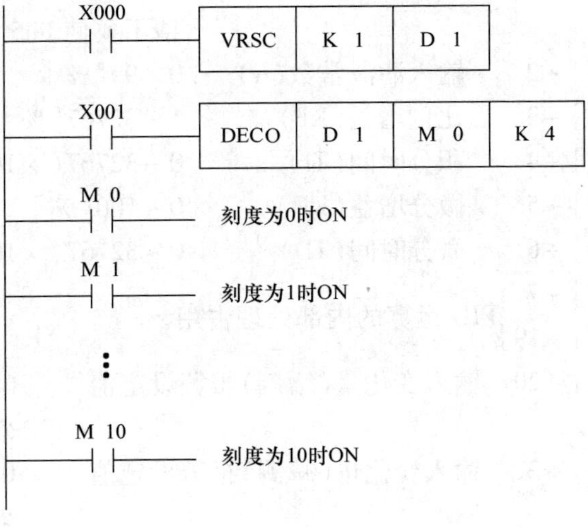

图 4-140　VRSC 指令的应用实例

8. PID 控制回路运算指令　FNC88　PID　16 位操作数　9 步

PID 指令是用于系统需要进行 PID 控制的 PID 运算。指令在达到采样时间后的扫描时进行 PID 运算。图 4-141 所示为 PID 指令的应用。

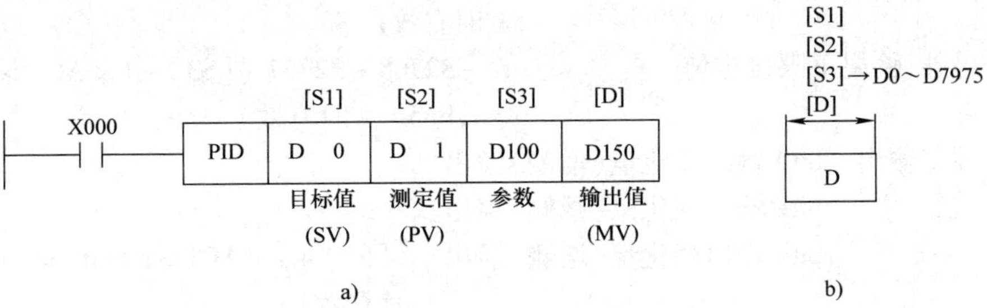

图 4-141　PID 指令的应用

a）梯形图　b）操作数范围

指令中［S1］为设定目标值 SV；［S2］为设定测定现在值 PV；［S3］～［S3］+6 设定控制参数。［S3］需要占用连续的 25 个数据寄存器。控制用参数的设定值在 PID 运算前必须用 MOV 等指令写入。当指定停电保持区域的数据寄存器时，编程控制器的电源 OFF 之后设定值们仍保持。因此不需再写入。

［S3］	采样时间（Ts）	1～32767（ms）（但比运算周期短的时间数值无法执行）	
［S3］+1	动作方向（ACT）	bit0 0：正动作	1：逆动作
		bit1 0：输入变化量报警无	1：输入变化量报警有效
		bit2 0：输出变化量报警无	1：输出变化量报警有效
		bit3 不可使用	
		bit4 自动调谐不动作	1：执行自动调谐

bit5 输出值上下限设定无　1：输出值上下限设定有效
bit6 ~ bit15 不可使用
请不要使 bit5 和 bit2 同时处于 ON。

[S3] +2	输入滤波常数(α)	0 ~ 99[%]	0 时没有输入滤波
[S3] +3	比例增益(KP)	1 ~ 32767[%]	
[S3] +4	积分时间(TI)	0 ~ 32767(×100ms)	0 时作为∞处理(无积分)
[S3] +5	微分增益(KD)	0 ~ 100[%]	0 时无积分增益
[S3] +6	微分时间(TD)	0 ~ 32767(×10ms)	0 时无微分处理

[S3] +7 ~ [S3] +19 } PID 运算的内部处理占用

[S3] +20　输入变化量(增侧)报警设定值　0 ~ 32767 ([S3] +1 < ACT >的 bit1 = 1 时有效)

[S3] +21　输入变化量(减侧)报警设定值　0 ~ 32767 ([S3] +1 < ACT >的 bit1 = 1 时有效)

[S3] +22　输出变化量(增侧)报警设定值　0 ~ 32767 ([S3] +1 < ACT >的 bit2 = 1, bit5 = 0 时有效)

另外,输出上限设定值　-32768 ~ 32767 ([S3] +1 < ACT >的 bit2 = 0, bit5 = 1 时有效)

[S3] +23　输出变化量(减侧)报警设定值　0 ~ 32767 ([S3] +1 < ACT >的 bit2 = 1, bit5 = 0 时有效)

另外,输出下限设定值　-32768 ~ 32767 ([S3] +1 < ACT >的 bit2 = 0, bit5 = 1 时有效)

[S3] +24　报警输出　bit0 输入变化量(增侧)溢出
bit1 输入变化量(减侧)溢出
bit2 输出变化量(增侧)溢出　([S3] +1 < ACT >的 bit1 = 1 或 bit2 = 1 时有效)
bit3 输出变化量(减侧)溢出

但[S3] +20 ~ [S3] +24 在[S3] +1 < ACT >的 bit1 = 1, bit2 = 1 或 bit5 = 1 时被占用。

输入滤波常数有使测定值变化平滑的效果。微分增益有缓和输出值急烈变化的效果。

动作方向([S3] +1〈ACT〉)

1）动作方向 [bit0]：用正动作、逆动作指定系统的动作方向。

2）输出值上下限设定 [bit5]：输出值上下限设定有效（[S3] +1〈ACT〉的 bit5 = 1）的情况时，输出值为下述所示。如果使用这种设定，也有抑制 PID 控制的积分项增大的效果。另外，使用这个功能时，请必须使 [S3] +1〈ACT〉的 bit2 设为 OFF。输出值上限、下限示意图如图 4-142 所示。

3）报警设定（输入变化量、输出变化量）[bit1, bit2]：使 [S3] +1〈ACT〉的 bit1, bit2 ON 后，用户可任意进行输入变化量、输出变化量的检查。检查根据 [S3] +20 ~ [S3] +23 的值进行。超过被设定的输入输出变化量时，报警标志 [S3] +24 的各位在那个 PID 指令执行后立刻 ON。(参照下图)

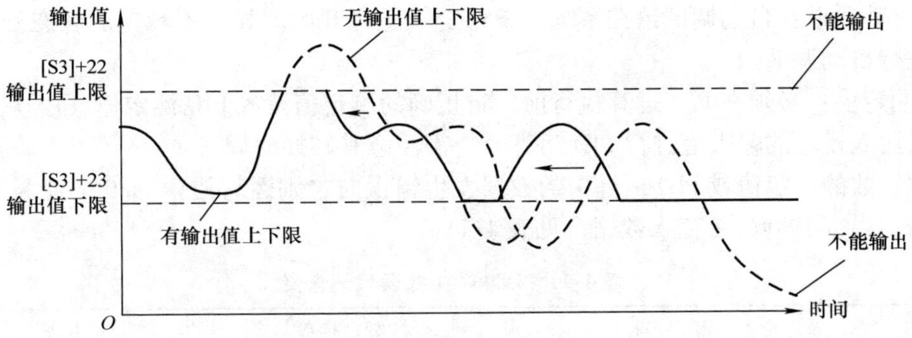

图4-142　输出值上限、下限示意图

但是，[S3] +21、[S3] +23 作为报警值使用时，被设定值作为负值处理。

另外，使用输出变化量的报警功能时，[S3] +1（ACT）的bit5请必须被设置为OFF。

a）变化量是：（前次的值）-（这次的值）=变化量

b）报警标志的动作（[S3] +24）

i）输入变化量（bit1 =1）如图4-143a所示；

ii）输出变化量（bit2 =1）如图4-143b所示。

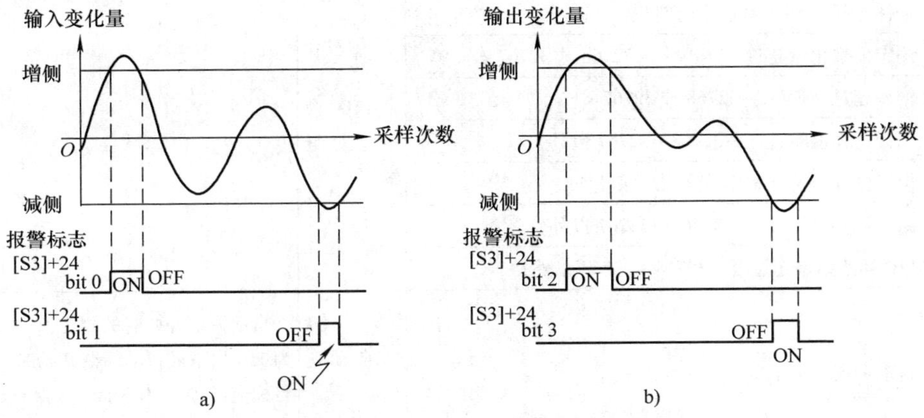

图4-143　输入/输出变化量示意图

a）输入变化量示意图　b）输出变化量示意图

为了执行PID控制得到良好的控制结果，必须求得适合于控制对象的各常数（参数）的最佳值。这里必须求得PID的3个常数（比例增益（KP），积分时间（TI），微分时间（TD））的最佳值。

PID指令使用注意事项：

1）目标值的设定：自动调谐开始时的测定值和目标值的差如不是150以上则不能正确自动调谐。因此，若不是150以上情况时，先设定自动调谐用目标值，待自动调谐完成后，再次设定目标值。

2）采样时间：自动调谐时的采样时间必须在1s（1000ms）以上。

另外，本采样时间推荐使用大大长于输出变化周期的时间值。

3）自动调谐：自动调谐请在系统处于稳定状态时开始。如在不稳定的状态开始，则不能正确进行自动调谐。

4）测定值：必须在 PID 运算执行前，将正确的测定值读入 PID 测定值（PV）中。特别对模拟量输入模块的输入值进行 PID 运算时，需注意其转换时间。

控制参数的设定值或 PID 运算中的数据发生错误时，则运算错误 M8067 变为 ON 状态，根据其错误内容 D8067 中存入数据，见表 4-11。

表 4-11 D8067 中错误代码含义

代码	错误内容	处理状态	处理方法
K6705	应用指令的操作数在对象软元件范围外	PID 命令运算停止	请确认控制数据的内容
K6706	应用指令的操作数在对象软元件范围外		
K6730	采样时间（TS）在对象软元件范围外（TS<0）		
K6732	输入滤波常数在对象（α）范围外（α<0 或 100≤α）		
K6733	比例增益（KP）在对象范围外（KP<0）		
K6734	积分时间（TI）在对象范围外（TI<0）		
K6735	微分增益（KD）在对象范围外（KD<0 或 201≤KD）		
K6736	微分时间（TD）在对象范围外（KD<0）		
K6740	采样时间（TS）≤运算周期	PID 命令运算继续	
K6742	测定值变化量超过（（PV<-32768 或 32767<（PV）		
K6743	偏差超过（EV<-32768 或 32767<EV）		
K6744	积分计算值超过（-32768~32767 以外）		
K6745	由于微分增益（KP）超过微分值超过		
K6746	微分计算值超过（-32768~32767 以外）		
K6747	PID 运算结果超过（-32768~32767 以外）		
K6750	自动调谐结果不良	自动调谐结束	自动调谐开始时的测定值和目标值的差为 150 以下或自动调谐开始时的测定值和目标值的差的 1/3 以上则结束确认测定值、目标值后，请再次进行自动调谐
K6751	自动调谐动作方向不一致	自动调谐继续	从自动调谐开始时的测定值预测的动作方向和自动调谐用输出时实际动作方向不一致。请使目标值、自动调谐用输出值、测定值的关系正确后，再次进行自动调谐
K6752	自动调谐动作不良	自动调谐结束	自动调谐中测定值因上下变化不能正确动作。请使采样时间远远大于输出的变化周期，增大输入滤波常数。设定变更后，请再次进行自动调谐

图 4-144 所示为温度闭环控制系统图，表 4-12 中列出了 PID 控制参数设定，PID 控制电加热器动作如图 4-145 所示。

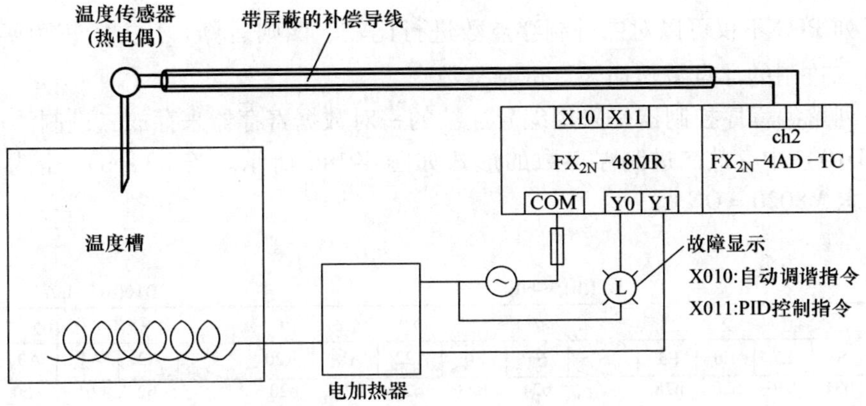

图4-144 温度闭环控制系统图

表4-12 PID控制参数设定

				自动调谐中	PID控制中
目标值			[S1]	500（+50℃）	500（+50℃）
参数	采样时间（Ts）		[S3]	3000ms	500ms
	输入滤波（α）		[S3]+2	70%	70%
	微分增益（KD）		[S3]+5	0%	0%
	输出值上限		[S3]+22	2000（2s）	2000
	输出值下限		[S3]+23	0	0
	动作方向（ACT）	输入变化量报警	[S3]+1 bit1	无	无
		输出变化量报警	[S3]+1 bit2	无	无
		输出值上下限设定	[S3]+1 bit5	有	有
输出值			[D]	1800	根据运算

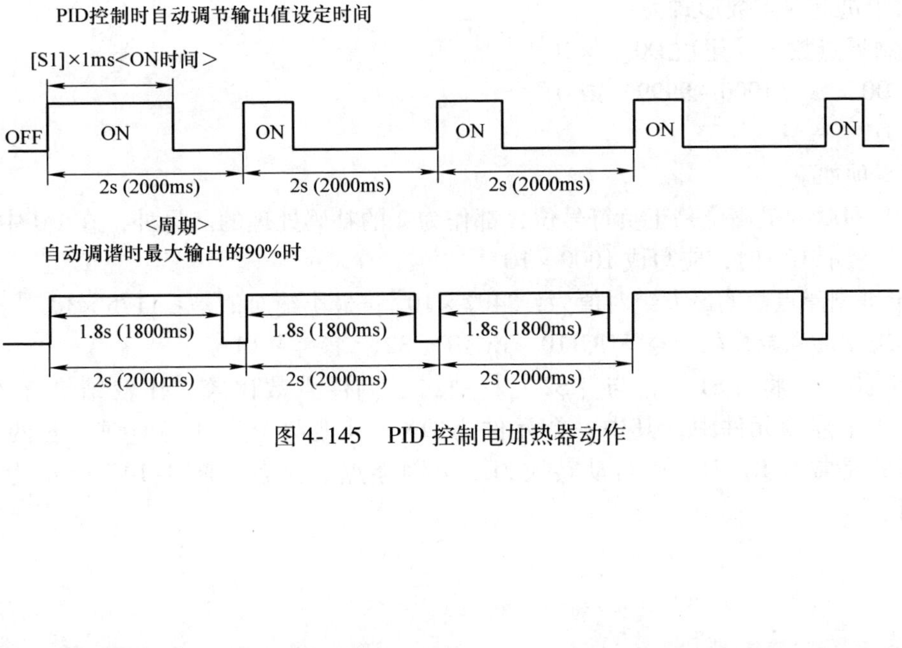

图4-145 PID控制电加热器动作

（十）浮点数运算指令 FNC110 ~ FNC132

FX_{2N}系列 PLC 不仅可以对二进制浮点数进行比较、四则运算、开方、三角函数等运算，而且可以将二进制的浮点数转换为二进制整数。

FX_{2N}系列可编程序控制器是采用编号连续的一对数据寄存器来存放二进制浮点数的。例如（D11、D10）中存放二进制浮点数的形式如图 4-146 所示。若 b0 ~ b31 全为 0，浮点数为 0（零标志 M8020 = ON）。

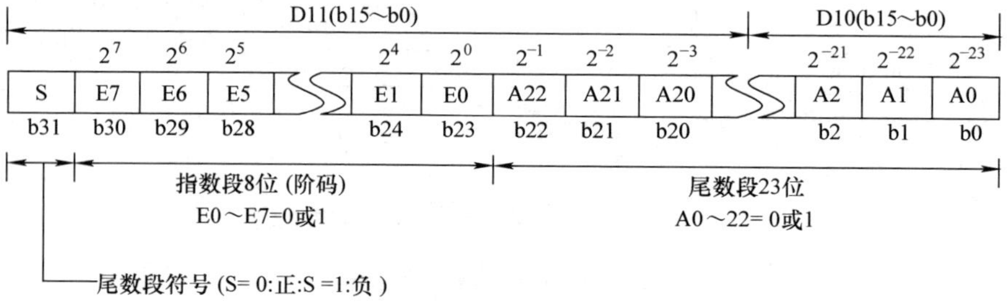

图 4-146 数据寄存器存放二进制浮点数的形式

二进制浮点值 = $\pm(2^{\circ} + A22 \times 2^{-1} + A21 \times 2^{-2} + \cdots + A0 \times 2^{-23}) \times 2^{E7 \times 2^7 + E6 \times 2^6 + \cdots + (E0 \times 2^0)} / 2^{127}$

例如：A22 = 1，A21 = 0，A19 ~ A0 = 0；E7 = 1，E6 ~ E1 = 0，E0 = 1，则按上式可求出

二进制浮点值 = $\pm\ (2^0 + 1 \times 2^{-1} + 0 \times 2^{-2} + 1 \times 2^{-3} + \cdots + 0 \times 2^{-23})\ \times 2^{(1 \times 2^7 + 0 \times 2^6 + \cdots + 1 \times 2^0)} / 2^{127}$

$= \pm 1.625 \times 2^{129} / 2^{127} = \pm 1.625 \times 2^2$

注意：正负数是由 b31 的符号决定的，不是补码处理。

有时候用户难以判断二进制浮点数的数值，因此在 FX_{2N} PLC 中可使用 FNC118（DEBCD）指令将二进制浮点数转换为十进制浮点数值。但是 PLC 内部运算仍采用的是二进制浮点数。

PLC 转换的十进制浮点数也是采用编号连续的一对数据寄存器来存放的，编号小的数据寄存器为尾数段，编号大的数据寄存器为指数段。例如，用 MOV 指令向数据寄存器（D1，D0）写入十进制浮点数形式为：

十进制浮点数 = ［尾数 D0］ $\times 10^{[\text{指数D1}]}$

尾数 D0 = ±（1000 ~ 9999）或 0

指数 D1 = −41 ~ +35

注意事项如下：

1）D1、D0 的最高位是正负符号位，都作为 2 的补码处理的。另外，在 D0 中的尾数不存在 100 要表示 100 时，应写成 1000×10^{-1}。

2）十进制浮点数的最大绝对值为：3402×10^{35}；最小绝对值是：1175×10^{-41}。

1. 二进制浮点数比较指令 FNC110 ECMP 32 位操作 13 步

ECMP 指令是将［S1·］与［S2·］中二进制浮点数比较，比较结果存入［D·］所指定的 3 个连续元件中，其中一个元件为 ON，其他两个元件为 OFF。若两个源操作数中指定的是常数 K、H，则自动转换为二进制浮点数比较。图 4-147 所示为 ECMP 指令的应用。

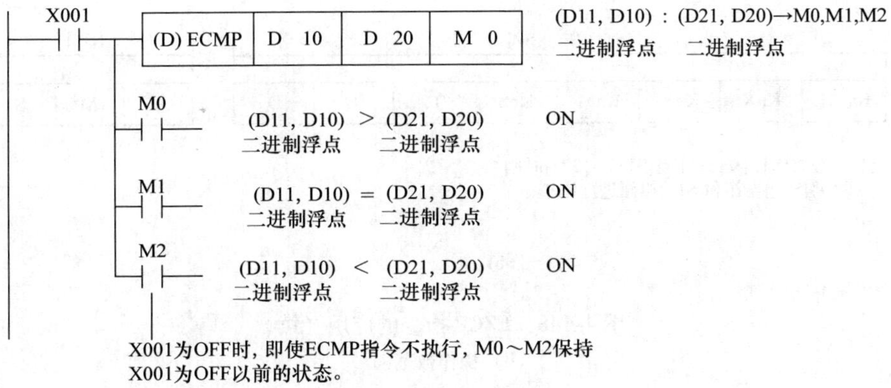

a)

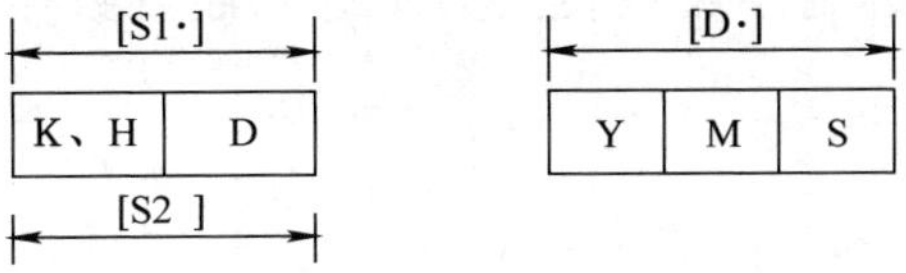

b)

图 4-147　ECMP 指令的应用

a）梯形图　b）操作数范围

2. 二进制浮点数区间比较指令　FNC111　EZCP　32 位操作数　17 步

EZCP 指令是将［S·］指定元件中的二进制浮点数与［S2·］和［S1·］指定元件上、下两个二进制浮点数设定范围进行比较，比较结果送到［D·］指定的 3 个连续元件中。其中一个元件为 ON。若 3 个源数据［S1·］［S2·］［S·］是常数 K、H，则自动转换成二进制浮点数进行比较。图 4-148 所示为 EZCP 指令的应用。

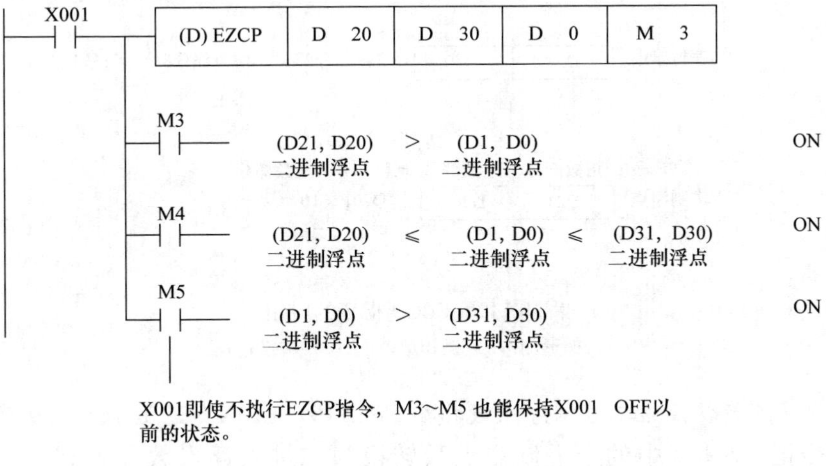

a)

图 4-148　EZCP 指令的应用

a）梯形图

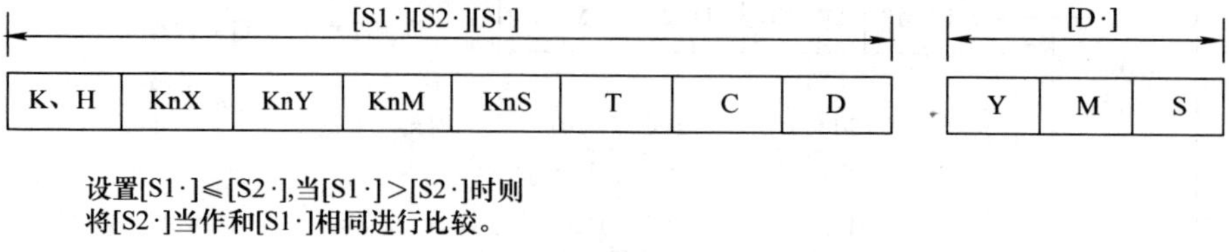

b)

图 4-148　EZCP 指令的应用（续）

b）操作数范围

3. 二进制浮点数转换为十进制浮点数指令　FNC118　EBCD　32 位操作　9 步

EBCD 指令把［S·］中的二进制浮点数转换为十进制浮点数存入到［D·］中。图 4-149所示为 EBCD 指令的应用。

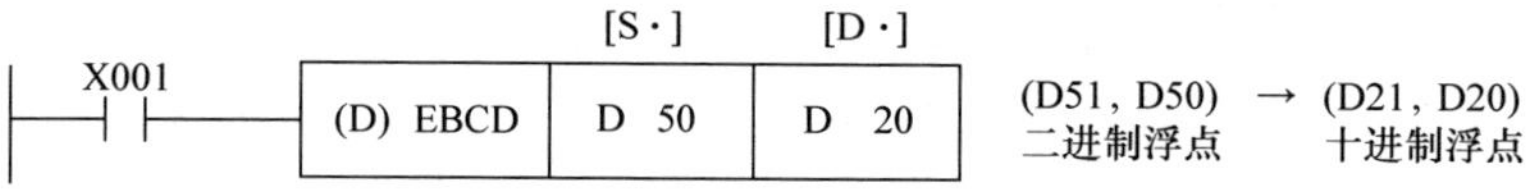

a)

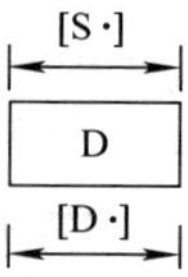

b)

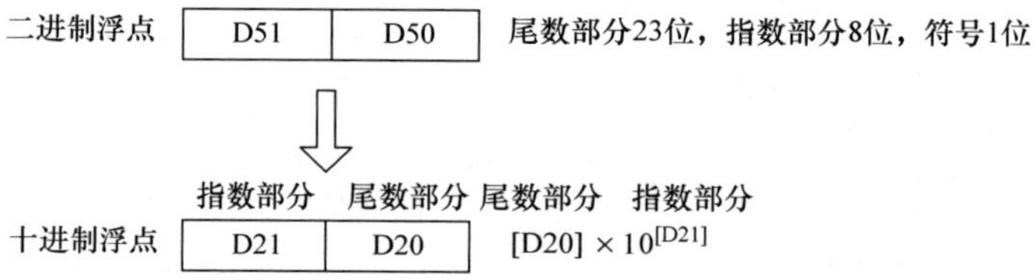

c)

图 4-149　EBCD 指令的应用

a）梯形图　b）操作数范围　c）转换过程

4. 十进制浮点数转换为二进制浮点数指令 FNC119　EBIN　32 位操作　9 步

EBIN 指令把［S·］中的十进制浮点数转换为二进制浮点数存入到［D·］中。图 4-150所示为 EBIN 指令的应用。

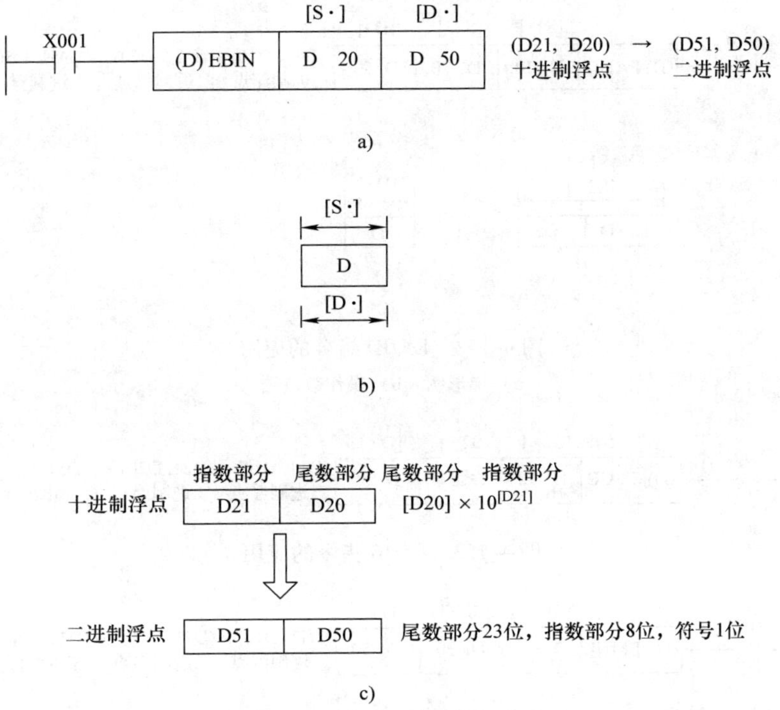

图 4-150　EBIN 指令的应用

a）梯形图　b）操作数范围　c）转换过程

将 3.14（$=314\times10^{-2}$）的十进制浮点数转换为二进制浮点数程序，如图 4-151 所示 EBIN 应用程序。

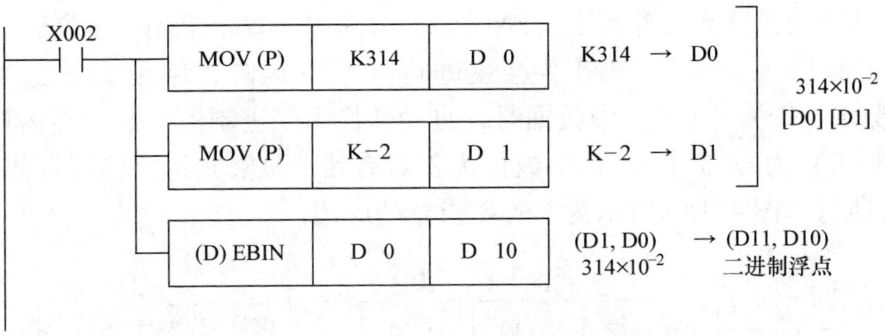

图 4-151　EBIN 应用程序

5. 二进制浮点数四则运算指令FNC 120　EADD

FNC 121　ESUB

FNC 122　EMUL

FNC 123　EDIN　32 位操作　13 步

EADD（ESUB、EMUL、EDIN）指令将［S1·］和［S2·］中二进制浮点数相加（减、乘、除）后，结果为二进制浮点数存入到［D·］中。［S1·］和［S2·］中是常数 K、H 时，自动转换成二进制浮点数进行处理，图 4-152 ~ 图 4-155 所示分别为 EADD、ESUB、EMUL、EDIN 指令的应用。

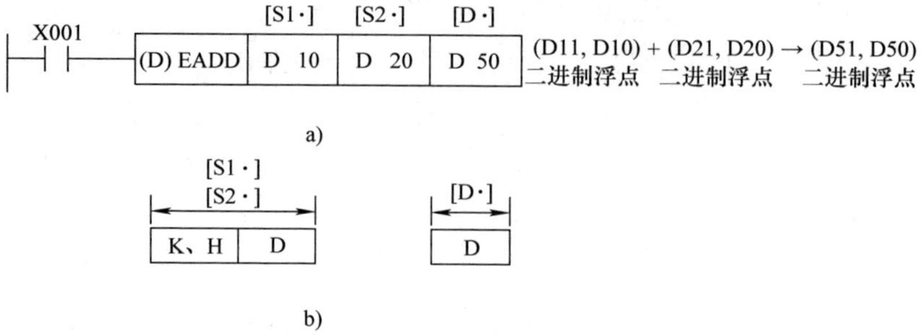

图 4-152 EADD 指令的应用

a）梯形图 b）操作数范围

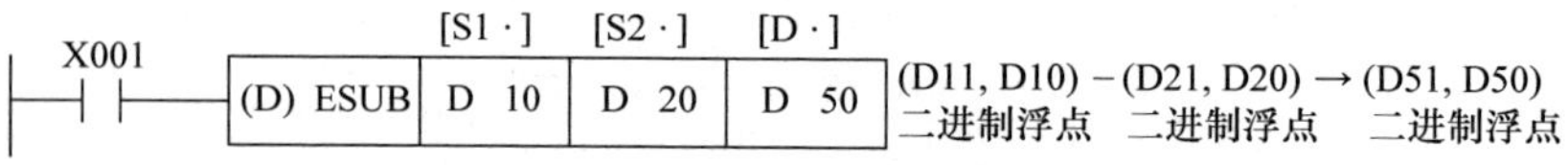

图 4-153 ESUB 指令的应用

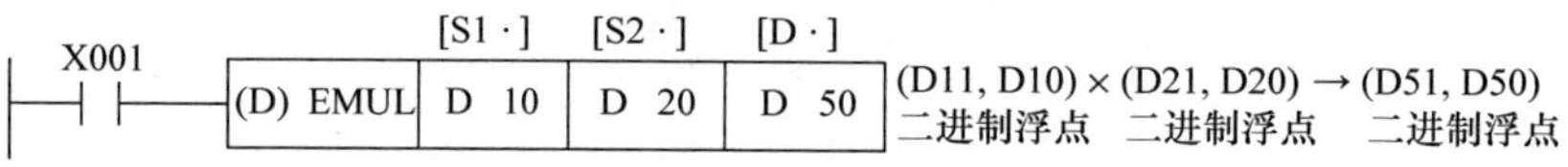

图 4-154 EMUL 指令的应用

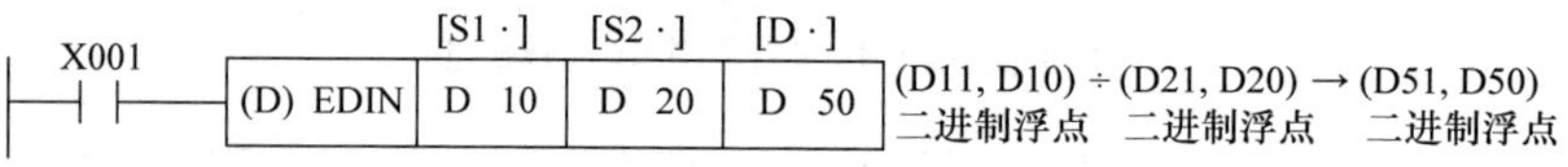

图 4-155 EDIN 指令的应用

6. 二进制浮点数开平方运算指令 FNC 127 ESQR 32 位操作 9 步

ESQR 指令将［S·］中二进制浮点数进行开平方运算，结果为二进制浮点数存入［D·］中。常数 K、H 为［S·］中数据时，自动转换为二进制浮点数。当运算结果为零时，零标志量（M8020）为 ON。［S·］中数据为正数有效，负数则运算错误标志（M8067）为 ON，指令不能执行。图 4-156 所示为 ESQR 指令的应用。

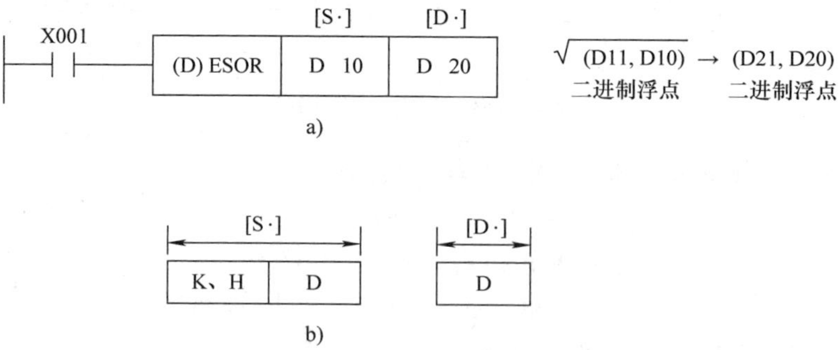

图 4-156 ESQR 指令的应用

a）梯形图 b）操作数范围

7. 二进制浮点数转换为BIN整数指令FNC 129 INT

12位操作 5步

32位操作 9步

INT指令将［S·］中二进制浮点数转换为BIN整数存入到［D·］中，其中小数舍去。运算结果为零时，零标志（M8020）为ON；转换时不满1而舍去时，借位标志（M8021）为ON；运算结果超出范围（16位：－32768～32767；32位：－2147483648～2147483647）。而发生溢出，则进位标志（M8022）为ON。图4-157所示为INT指令的应用。

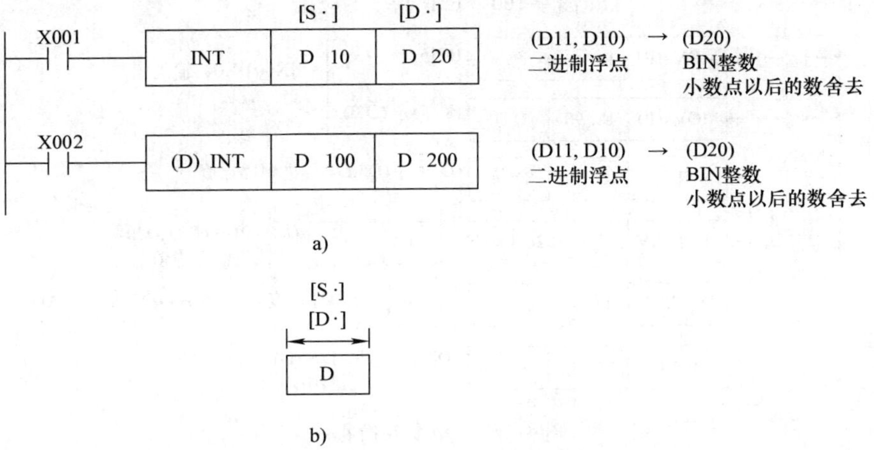

图4-157 INT指令的应用

a）梯形图 b）操作数范围

8. 二进制浮点数三角函数运算指令FNC 130 SIN

FNC 131 COS

FNC 132 TAN 32位操作 9步

SIN（COS、TAN）指令将［S·］中二进制浮点数弧度值的BIN二进制浮点数存入［D·］中，图4-158～图4-160所示分别为SIN、COS、TAN指令的应用。图4-161所示为角度变换程序。

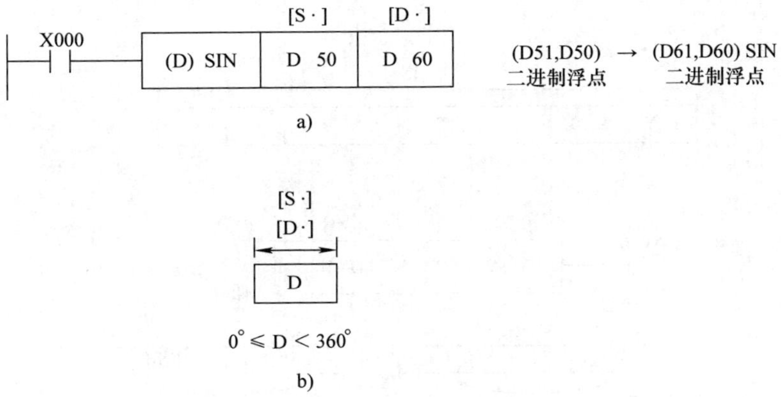

图4-158 SIN指令的应用

a）梯形图 b）操作数范围

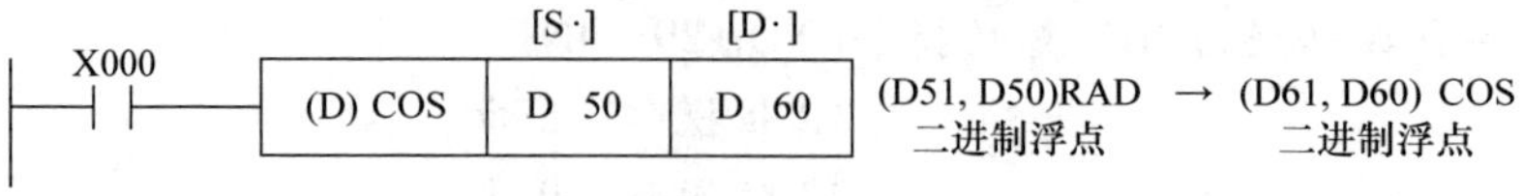

图 4-159 COS 指令的应用

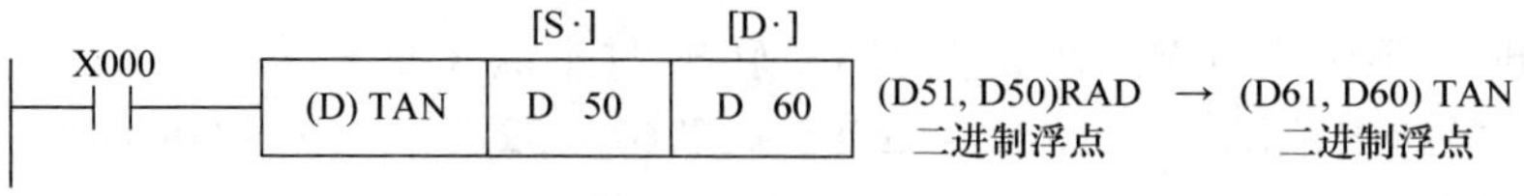

图 4-160 TAN 指令的应用

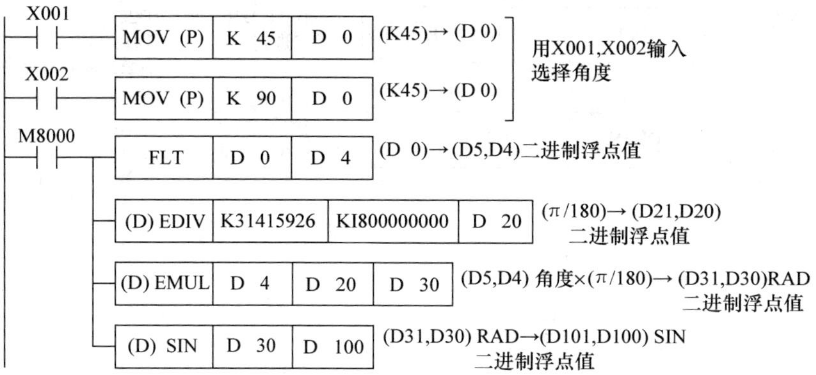

图 4-161 角度变换程序

（十一）二进制数高、低位交换指令 FNC 147 SWAP 16 位操作 5 步 32 位操作 9 步

SWAP 指令对［S·］中二进制数进行高、低位数交换。该指令功能与 FNC17（XCH）指令的扩展功能相同。图 4-162 所示为 SWAP 指令的应用。

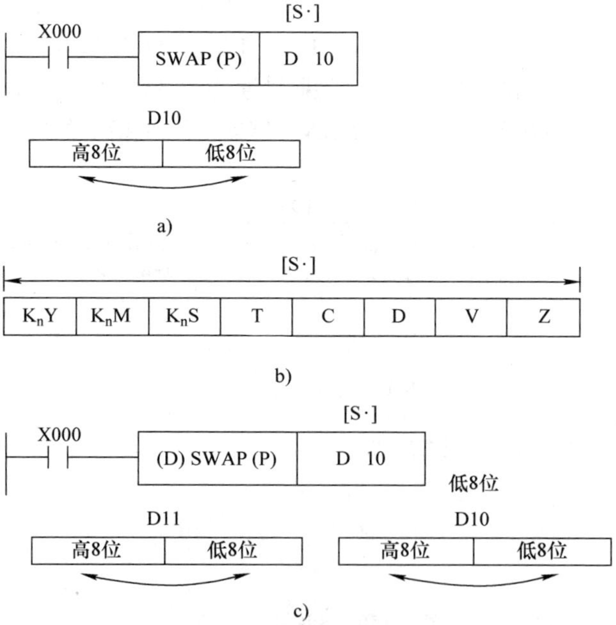

图 4-162 SWAP 指令的应用

a）梯形图 b）操作数范围 c）32 位操作数

（十二）时钟运算指令

1. 时钟数据比较指令 FNC160 TCMP 32 位操作 11 步

TCMP 指令将［S1·］［S2·］［S3·］中的时间与［S·］起始的 3 点时间数据比较，比较结果存入［D·］起始的 3 点 ON/OFF 状态。操作数定义为：

［S1·］：指定比较基准时间的“时”。“时”的设定范围为（0～23）。

［S2·］：指定比较基准时间的“分”。“分”的设定范围为（0～59）。

［S3·］：指定比较基准时间的“秒”。“秒”的设定范围为（0～59）。

［S·］：指定时钟数据的“时”。

［S·］+1：指定时钟数据的“分”。

［S·］+2：指定时钟数据的“秒”。

［D·］，［D·］+1，［D·］+2：根据比较结果位软元件 3 点 ON/OFF 输出。

图 4-163 所示为 TCMP 指令的应用。

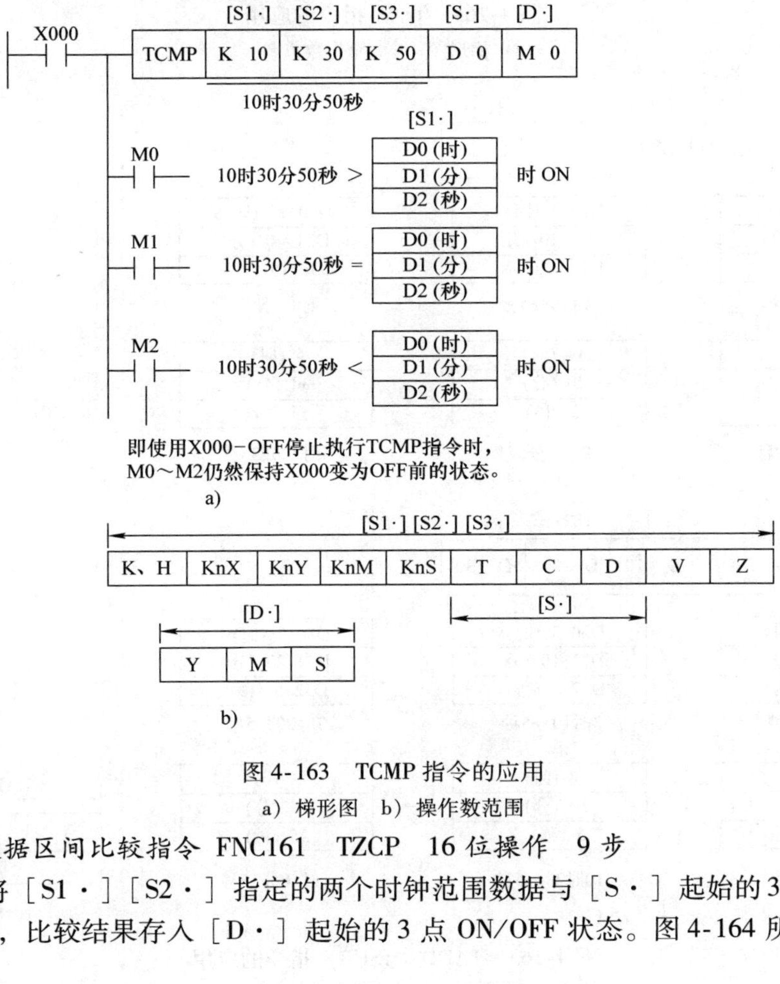

图 4-163 TCMP 指令的应用

a）梯形图 b）操作数范围

2. 时钟数据区间比较指令 FNC161 TZCP 16 位操作 9 步

TZCP 是将［S1·］［S2·］指定的两个时钟范围数据与［S·］起始的 3 个连续元件的数据进行比较，比较结果存入［D·］起始的 3 点 ON/OFF 状态。图 4-164 所示为 TZCP 指令的应用。

3. 时钟数据加减法运算指令FNC162 TADD 16 位操作 7 步

FNC163 TSUB 16 位操作 7 步

TADD（TSUB）将［S1·］起始的 3 个元件中数据与［S2·］起始的 3 个元件中数据相加（减），结果存入［D·］起始的 3 个元件中。图 4-165 所示为 TADD（TSUB）指令的应用。

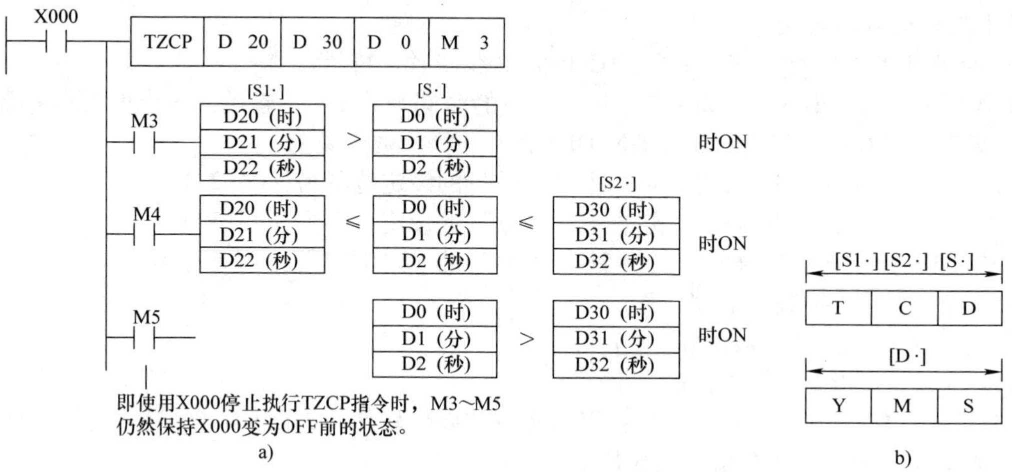

图4-164　TZCP指令的应用

a）梯形图　b）操作数范围

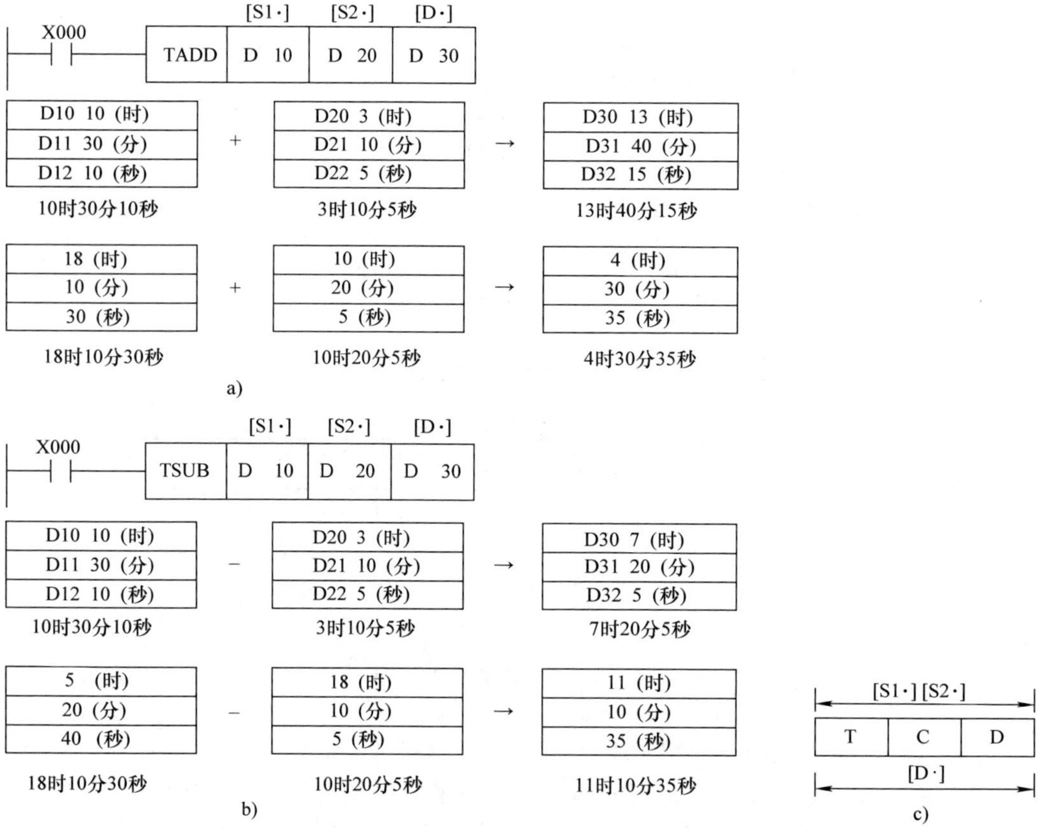

图4-165　TADD（TSUB）指令的应用

a）TADD梯形图　b）TSUB梯形图　c）操作数范围

注：1）当TADD运算结果超过24小时时，进位标志M8022为ON；

2）当TSUB运算结果超过0小时时，借位标志M8021为ON。

4. 时钟数据读出与写入指令FNC 166 TRD 16位操作 5步

FNC 167 TWD 16位操作 5步

TRD指令将PLC实时时钟数据读入到［D·］起始的7个数据寄存器中。PLC实时时钟数据在（D8013～D8019）中。图4-166所示为TRD指令的应用。

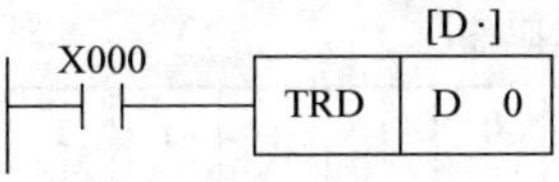

	元件	项目	时钟数据		元件	项目
特殊数据寄存器 实时时钟用	D8018	年(公历)	0～99(公历后两位)	→	D0	年(公历)
	D8017	月	1～12	→	D1	月
	D8016	日	1～31	→	D2	日
	D8015	时	0～23	→	D3	时
	D8014	分	0～59	→	D4	分
	D8013	秒	0～59	→	D5	秒
	D8019	星期	0(H)～6(六)	→	D6	星期

a)

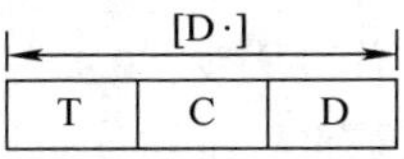

b)

图4-166 TRD指令的应用

a）梯形图及数据传送 b）操作数范围

TWR指令将［S·］中时钟数据写入到PLC指定寄存器中（D8013～D8019）。图4-167所示为TWR指令的应用。

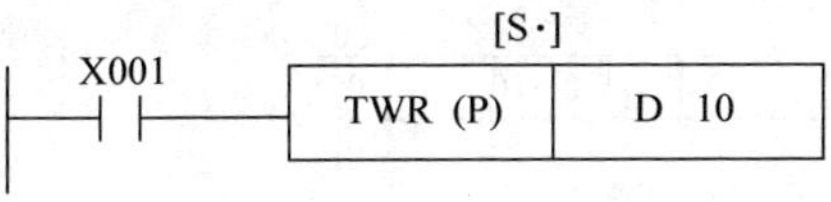

	元件	项目	时钟数据		元件	项目	
时钟设定用数据	D10	年(公历)	0～99(公历后两位)	→	D8018	年(公历)	特殊数据寄存器 实时时钟用
	D11	月	1～12	→	D8017	月	
	D12	日	1～31	→	D8016	日	
	D13	时	0～23	→	D8015	时	
	D14	分	0～59	→	D8014	分	
	D15	秒	0～59	→	D8013	秒	
	D16	星期	0(日)～6(六)	→	D8019	星期	

a)

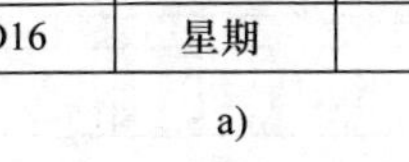

b)

图4-167 TWR指令的应用

a）梯形图及数据传送 b）操作数范围

（十三）格雷码变换指令

格雷码是一种常见的无权码，格雷码编码见表 4-13。这种码的特点是：相邻的两组码之间仅改变一位，它与其他码同时改变 2 位或多位的情况相比更为可靠，出错的可能性大大减少。因而常用于外设模拟模块的模拟量转换、绝对型旋转编码器的绝对位置检测等情况。

表 4-13 格雷码编码表

二进制码	b3	0	0	0	0	0	0	0	0	1	1	1	1	1	1	1	1
	b2	0	0	0	0	1	1	1	1	0	0	0	0	1	1	1	1
	b1	0	0	1	1	0	0	1	1	0	0	1	1	0	0	1	1
	b0	0	1	0	1	0	1	0	1	0	1	0	1	0	1	0	1
格雷码（Cray）	G3	0	0	0	0	0	0	0	0	1	1	1	1	1	1	1	1
	G2	0	0	0	0	1	1	1	1	1	1	1	1	0	0	0	0
	G1	0	0	1	1	1	1	0	0	0	0	1	1	1	1	0	0
	G0	0	1	1	0	0	1	1	0	0	1	1	0	0	1	1	1

1. 格雷码变换指令 FNC 170 GRY 16 位操作 5 步

32 位操作 9 步

GRY 指令将［S·］的 BIN 数据转换为格雷码存入到［D·］中。当［S·］为 16 位数据时，取值范围 0 ~ 32767；为 32 位数据时，取值范围 0 ~ 2147483647。图 4-168 所示为 GRY 指令的应用。

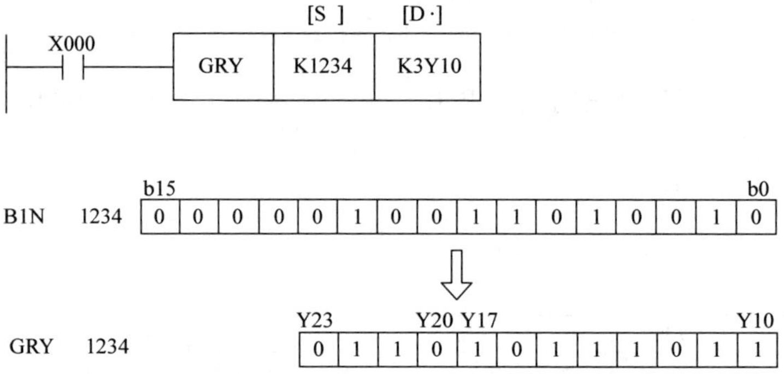

a)

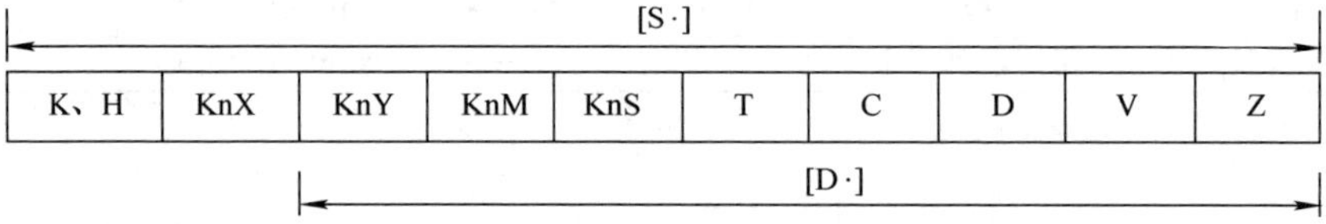

b)

图 4-168 GRY 指令的应用

a）梯形图 b）操作数范围

2. 格雷码的逆变换指令 FNC 171 GBIN 16 位操作 5 步

32 位操作 9 步

GBIN 指令将［S·］的格雷码转换为 BIN 码存入到［D·］中。当［S·］为 16 位数据时，取值范围0～32767；为32位数据时，取值范围0～21474836478。

图4-169所示为GBIN指令的应用。［S·］与［D·］的操作数范围同GRY相同。

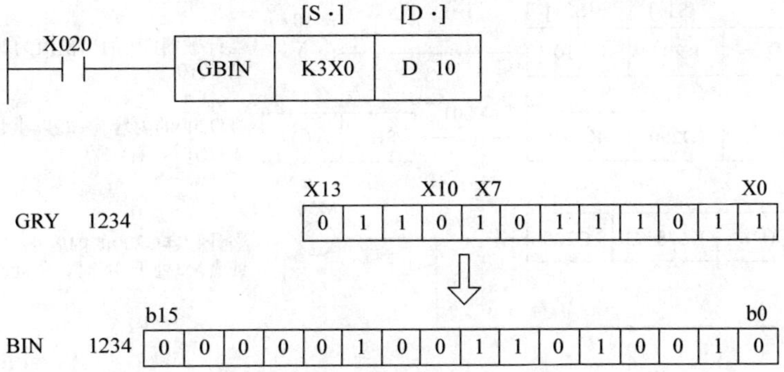

图4-169　GBIN指令的应用

（十四）触点比较指令

触点比较指令FNC 224～FNC 246　16位操作　5步

32位操作　9步

指令操作数范围如图4-170所示。

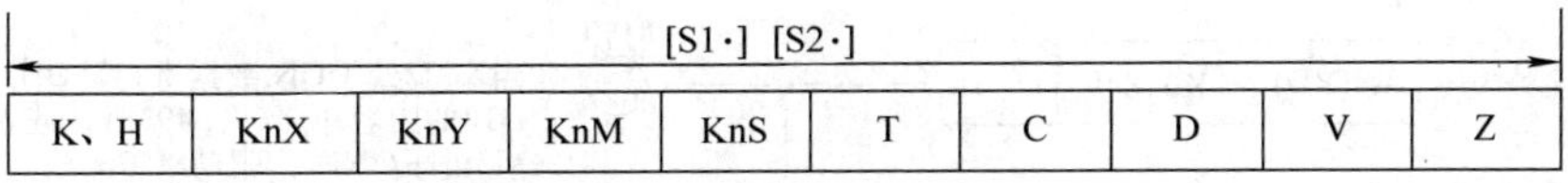

图4-170　触点比较指令操作数范围

指令编号、指令助记符、指令名称和导通条件见表4-14。

表4-14　指令编号、指令助记符、指令名称和导通条件表

指令编号	指令助记符	指令名称	导通条件
224	LD =	触点比较指令运算开始	［S1·］＝［S2·］
225	LD >	触点比较指令运算开始	［S1·］＞［S2·］
226	LD <	触点比较指令运算开始	［S1·］＜［S2·］
228	LD < >	触点比较指令运算开始	［S1·］≠［S2·］
229	LD≤	触点比较指令运算开始	［S1·］≤［S2·］
230	LD≥	触点比较指令运算开始	［S1·］≥［S2·］
232	AND =	触点比较指令串联连接	［S1·］＝［S2·］
233	AND >	触点比较指令串联连接	［S1·］＞［S2·］
234	AND <	触点比较指令串联连接	［S1·］＜［S2·］
236	AND < >	触点比较指令串联连接	［S1·］≠［S2·］
237	AND≤	触点比较指令串联连接	［S1·］≤［S2·］
238	AND≥	触点比较指令串联连接	［S1·］≥［S2·］
240	OR =	触点比较指令并联连接	［S1·］＝［S2·］
241	OR >	触点比较指令并联连接	［S1·］＞［S2·］
242	OR <	触点比较指令并联连接	［S1·］＜［S2·］
244	OR < >	触点比较指令并联连接	［S1·］≠［S2·］
245	OR≤	触点比较指令并联连接	［S1·］≤［S2·］
246	OR≥	触点比较指令并联连接	［S1·］≥［S2·］

图4-171所示为LD连接母线触点比较指令的应用；图4-172所示为AND与其他触点串联比较指令的应用；图4-173所示为OR与其他触点并联比较指令的应用。

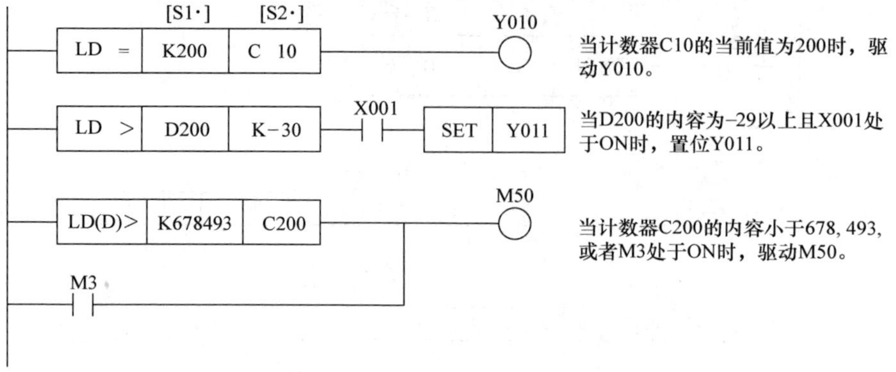

图4-171 LD连接母线触点比较指令的应用

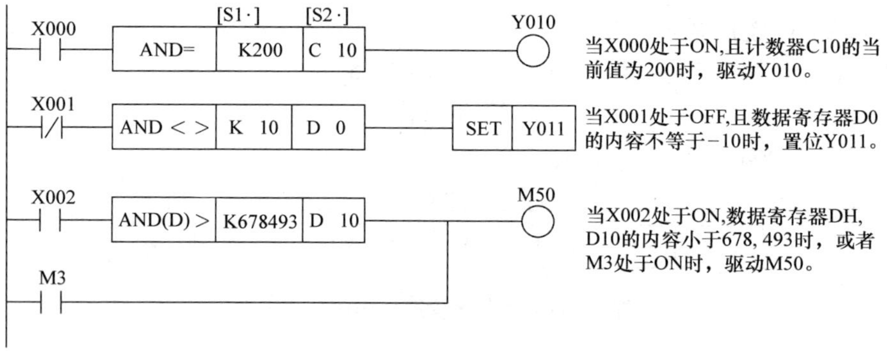

图4-172 AND与其他触点串联比较指令的应用

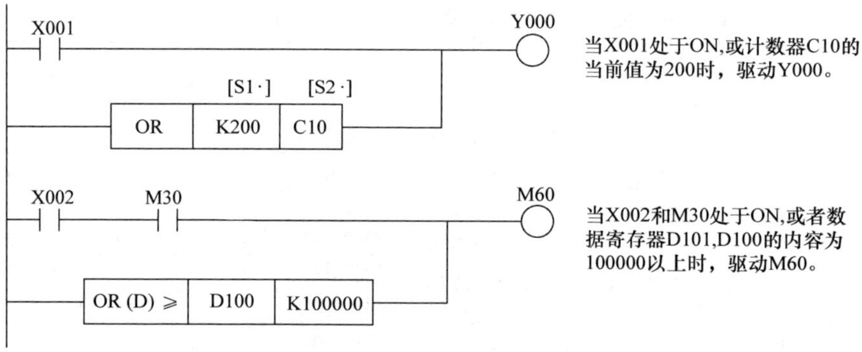

图4-173 OR与其他触点并联比较指令的应用

触点比较指令注意事项：

1）当源数据的最高位（16位指令：b15，32位指令：b31）为1时，将该数值作为负数进行比较。

2）32位计数器（C200～）的比较，必须以32位指令来进行。若指定了16位指令时，会导致程序出错或运算错误。

五、功能指令编程应用举例

PLC的功能指令主要是用于数据处理、数值运算、数字通信以及模拟量信号的处理与控制、进一步扩大 PLC 的应用范围、简化复杂程序的设计与编制。举例说明如下：

例 4-11 编制一段用户程序，要求用二组数码管分别显示例题 4-5 中南北向和东西向绿灯亮还剩余的时间（以 s 为单位），其他情况下数码显示为零。

解 绿灯亮剩余时间显示用户程序如图 4-174 所示。

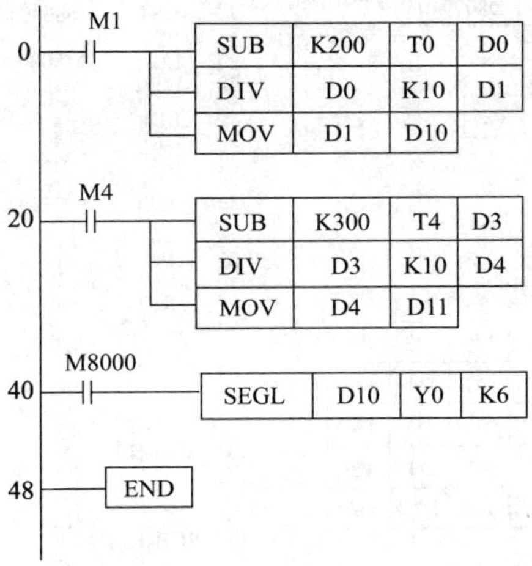

a)

```
0    LD      M1
1    (SUB)   K200
             T0
             D0
8    (DIV)   D0
             K10
             D1
15   (MOV)   D1
             D10
20   LD      M4
21   (SUB)   K300
             T4
             D3
28   DIV     D3
             K10
             D4
35   MOV     D4
             D11
40   LD      M8000
41   (SEGL)  D10
             Y0
48   END     K6
```

b)

图 4-174 绿灯亮剩余时间显示用户程序

a）梯形图 b）语句表

例 4-12 FX_{2N} 型 PLC 的输入端 X7 与引导脉冲相接，其脉冲宽度为 500μs，输入端 X0 和 X1、X2 和 X3 分别与两个主脉冲相接，被测脉冲波形图如图 4-175 所示。试编制一个用户程序，要求每按一次起动按钮（与 X20 相接），测量一次两个主脉冲之间的中心距（测量精度为 ±0.1ms）并将测量结果存入数据寄存器 D20 中（以 ms 为单位）

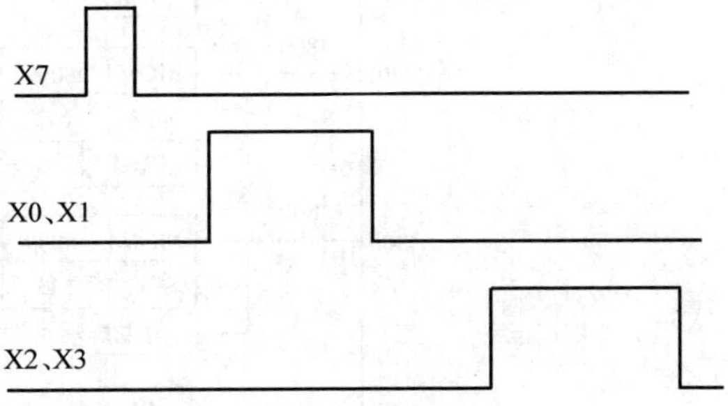

图 4-175 被测脉冲波形图

解 测量的主脉冲中心距用户程序如图 4-176 所示。其中 M8099 为 0.1ms 脉冲循环计数器启动信号，D8099 为 0.1ms 脉冲循环计数当前值(1～32767)，M0、M1、M2、M3 为中断标志。

例 4-13 编制一个给定温度曲线的用户程序。其要求如下：按下起动按钮（X20）后温度给定值从 15℃开始每 2min 增加 1℃，增加到 160℃后保温 60min，然后每分钟增加 1℃，增加到 380℃后再保温 55min 停止运行。温度给定值存放在数据寄存器 D10 内，当停止运行时温度给定值变为零。

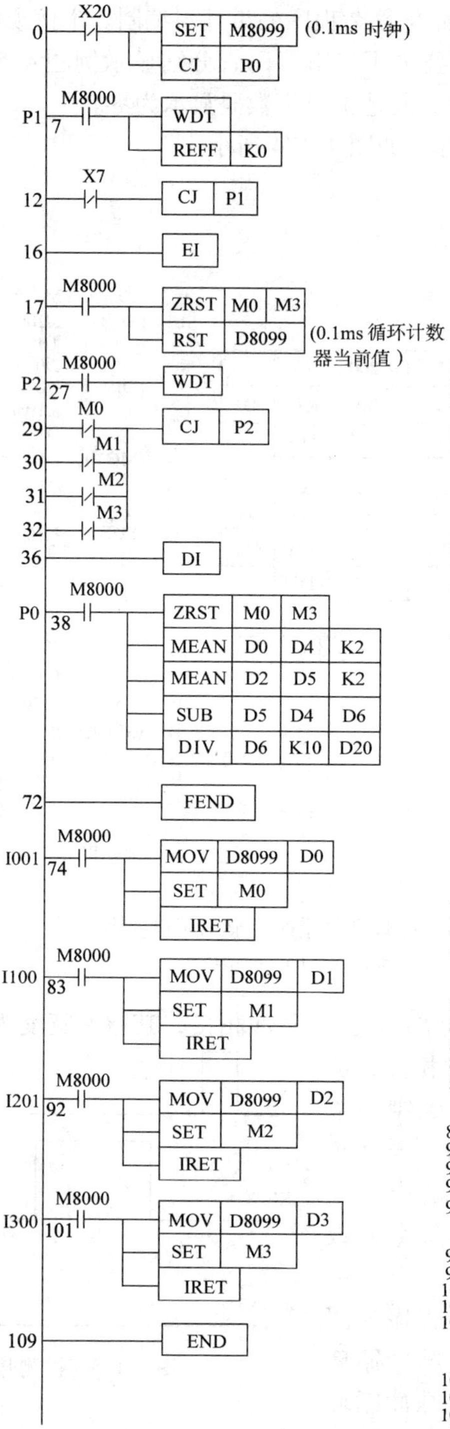


```
0    LDI    X20
1    SET    M8099
3    CJ     00
6    P1
7    LD     M8000
8    WDT    07
9    REFF   51
            K0
12   LDI    X7
13   CJ     00
            P1
16   EI
17   LD     M8000
18   ZRST   40
            M0
            M3
23   RST    D8099
26   P2
27   LD     M8000
28   WDT    07
29   LDI
30   ORI    M0
31   ORI    M1
32   ORI    M2
33   CJ     M3
            00
36   DI     P2
37   P0
38   LD     M8000
39   ZRST   40
            M0
            M3
44   MEAN   45
            D0
            D4
            K2
51   MEAN   45
            D2
            D5
            K2
58   SUB    21
            D5
            D4
            D6
65   DIV    23
            D6
            K10
            D20
72   FEND
73   I001
74   LD     M8000
75   MOV    12
            D8099
            D0
80   SET    M0
81   IRET
82   I100
83   LD     M8000
84   MOV    12
            D8099
            D1
89   SET    M1
90   IRET
91   I201
92   LD     M8000
93   MOV    21
            D8099
            D2
98   SET    M2
99   IRET
100  I300
101  LD     M8000
102  MOVe   12
            D8099
            D3
107  SET    M3
108  IRET
109  END
```

图 4-176 测量的主脉冲中心距用户程序

解 1）设起动按钮 SB1 接 X20，为便于设定参数修改，设温度给定值存放在 D10 内（初始值 D10 = 15℃），两段温度增加值分别存放在 D11、D13 中（D11 = 145℃，D13 = 220℃）保温时间分别存放在 D12、D14 中（D12 = 60min，D14 = 55min）

2）温度给定曲线梯形图如图 4-177 所示。

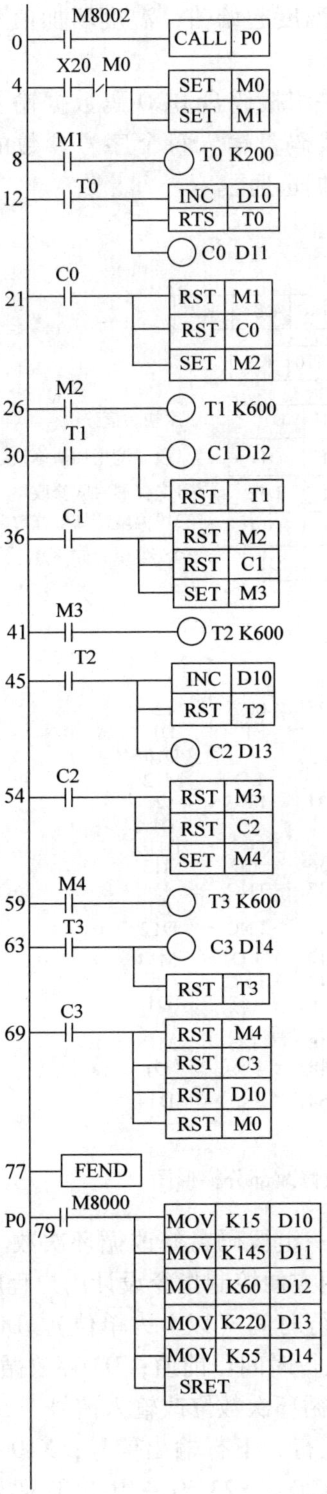

0	LD	M8000
1	CALL	01
		P0
4	LD	X20
5	ANI	M0
6	SET	M0
7	SET	M1
8	LD	M1
9	OUT	T0
	K	1200
12	LD	T0
13	INC	24
		D10
16	RST	T0
18	OUT	C0
	K	D11
21	LD	C0
22	RST	M1
23	RST	C0
25	SET	M2
26	LD	M2
27	OUT	T1
	K	600
30	LD	T1
31	OUT	C1
	K	D12
34	RST	T1
36	LD	C1
37	RST	M2
38	RST	C1
40	SET	M3
41	LD	M3
42	OUT	T2
	K	600
45	LD	T2
46	INC	24
		D10
49	RST	T2
51	OUT	C2
	K	D13
54	LD	C2
55	RST	M3
56	RST	C2
58	SET	M4
59	LD	M4
60	OUT	T3
	K	600
63	LD	T3
64	OUT	C3
	K	D14
67	RST	T3
69	LD	C3
70	RST	M4
71	RST	C3
73	RST	D10
76	RST	M0
77	FEND	06
78	P0	
79	LD	M8000
80	MOV	12
		K15
		D10
85	FNC	12
		K145
		D11
90	FNC	12
		K60
		D12
95	FNC	12
		K220
		D13
100	FNC	12
		K55
		D14
105	SRET	02

图 4-177　温度给定曲线梯形图

例 4-14　在上例基础上，如果要求给定温度起始值，温度增加值及保温时间能通过拨码盘输入进行修改。试设计该部分用户程序。

解　1）设定参数修改按钮 SB2 接 X1。一组拨码盘 BCD 码数据输入参数修改序号（共 5 个修改参数）由 X10 ~ X13 输入，另一组拨码盘输入每个序号参数的修改内容由 X14 ~ X17 输入。Y10 ~ Y13 接两组拨码盘输入的数据选通。

2）参数修改部分梯形图如图 4-178 所示。

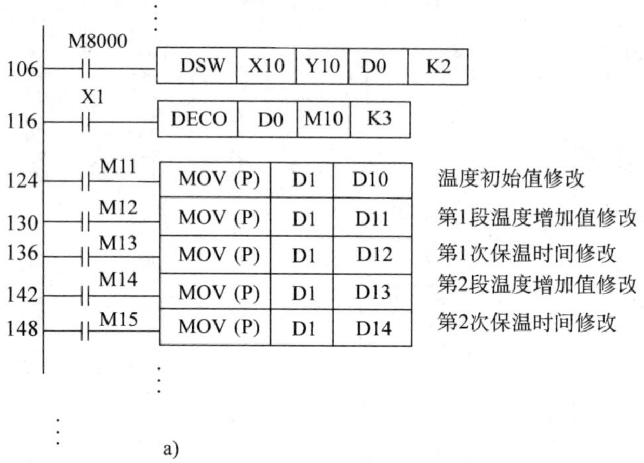

a)

```
106  LD    M8000        125  MOV   12
107  DSW   72                P     D1
           X10                     D10
           Y10          130  LD    M12
           D0           131  FNC   12
           K2                      D1
116  LD    X1                      D11
117  DECO  D0           136  LD    M13
           M10          137  TNC   12
           K3                      D1
124  LD    M11          141  FNC   D12
                        142  LD    M14
                        143  FNC   12
                                   D1
                                   D13
                        148  LD    M15
                        149  FNC   D1
                        154   ⋮    D14
```

b)

图 4-178　参数修改部分梯形图

例 4-15　根据例 4-6 加工要求，可使用一组拨码盘修改循环次数。各段运行时间和循环次数的当前值分别由数码管显示出来。试用方便控制指令设计用户程序。

解　1）设 D10 ~ D17 依次存放设备段运行时间（以 s 为单位）。D0 存放循环次数设定值；D1 存放循环次数修改值；D2 存放各段运行时间当前值；D3 存放循环次数当前值。

2）设 X0、X2、X3 分别为起动、停止和循环次数修改输入信号。

Y0、Y1、Y2、Y3 分别为右行、左行、上行、下行输出信号；X10 ~ X13 为一组拨码盘 BCD 码输入；Y10 ~ Y13 为输入数据选通；Y20 ~ Y23 为一组 BCD 码输出显示数据输出；Y24 ~ Y27 为数据输出选通；Y30 ~ Y33 为另一组 BCD 输出显示数据输出。

3）组合机床加工梯形图程序如图 4-179 所示。其中 M20 为起动标志，M0 为中途停止标志，X3 为参数修改输入信号，M8013 为 1s 时钟脉冲信号。M8029 为 INCD 指令执行完毕脉冲（计数器CI当前值等于设定值8时）。

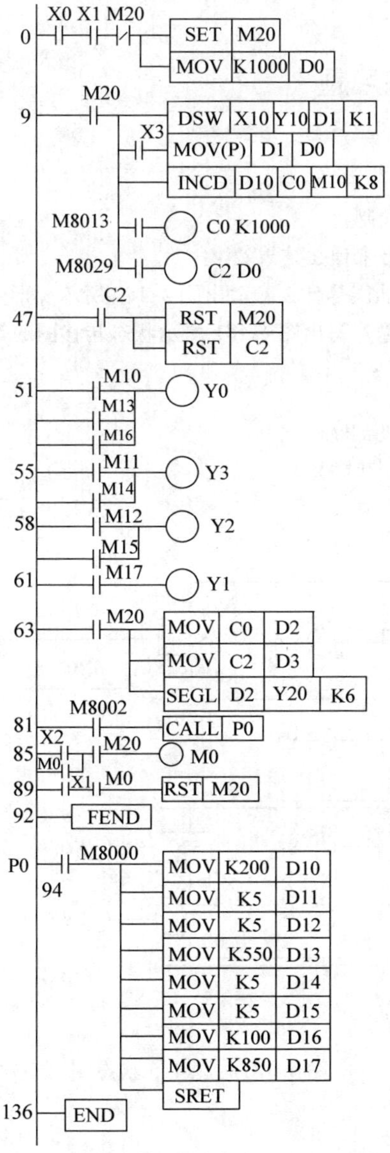

a)

0	LD	X0
1	AND	X1
2	ANI	M20
3	SET	M20
4	MOV	12 K1000 D0
9	LD	M20
10	MPS	
11	DSW	72 X10 Y10 D1 K1
20	MRD	
21	AND	X3
22	FNC P	12 D1 D0
27	MRD	
28	INCD	63 D10 C0 M10 K8
37	MRD	
38	AND	M8013
39	OUT K	C0 1000
42	MPP	
43	AND	M8029
44	OUT K	C2 D0
47	LD	C2
48	RST	M20
49	RST	C2
51	LD	M10
52	OR	M13
53	OR	M16
54	OUT	Y0
55	LD	M11
56	OR	M14
57	OUT	Y3
58	LD	M12
59	OR	M15
60	OUT	Y2
61	LD	M17
62	OUT	Y1
63	LD	M20
64	MOV	12 C0 D2
69	MOV	12 C2 D3
74	SEGL	74 D2 Y20 K6
81	LD	M8002
82	CALL	01 P0
85	LD	X2
86	OR	M0
87	AND	M20
88	OUT	M0
89	LD	X1
90	AND	M0
91	RST	M20
92	FEND	06
93	P0	
94	LD	M8000
95	MOV	12 K200 D10
100	MOV	12 K5 D11
105	MOV	12 K5 D12
110	MOV	12 K550 D13
115	MOV	12 K5 D14
120	MOV	12 K5 D15
125	MOV	12 K100 D16
130	MOV	12 K850 D17
135	SRET	02
136	END	

b)

图4-179 组合机床加工梯形图程序

小 结

根据被控对象的构成和控制要求编制用户程序是PLC应用开发中的主要任务，本章介绍了PLC常用的编程语言，并且以三菱FX_{2N}系列小型PLC为例，介绍了PLC的基本指令、顺控步进指令和功能指令的格式、功能和使用方法，举例说明如何应用这些指令去设计用户程序。对于同样的PLC控制系统可以用不同的编程语言，不同的编程方法，不同类型指令去完成用户程序编制，达到同样的控制目的。

梯形图、状态转移图以及指令语句是最重要、最常用的编程语言，它们之间可以等效转换。要求熟练掌握。

思考题与练习题

4-1 何谓编程语言？PLC常用的编程语言主要有哪几种？

4-2 梯形图与继电器控制电路图有哪些异同点？

4-3 为什么在梯形图中软器件触点的使用次数不受限制？

4-4 在梯形图中地址相同的输出继电器重复使用会带来什么结果？

4-5 FX_{2N}系列PLC的基本指令有几条？各条指令的功能是什么？写出图4-180所示梯形图的语句表。

4-6 FX_{2N}系列PLC的步进指令有几条？各有什么用途？写出图4-181所示状态转移图的等效梯形图和语句表。

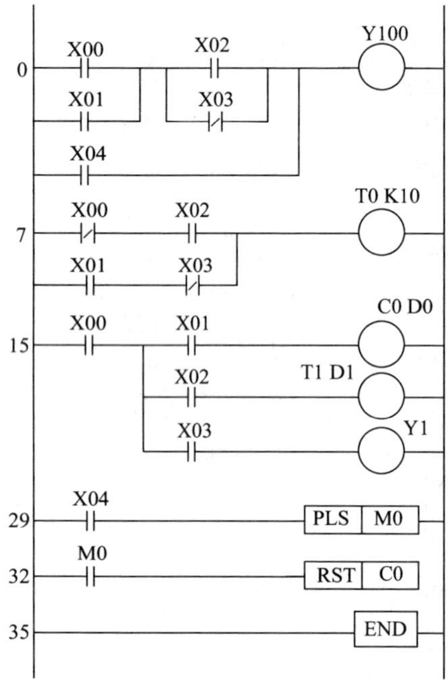

图4-180 题4-5梯形图

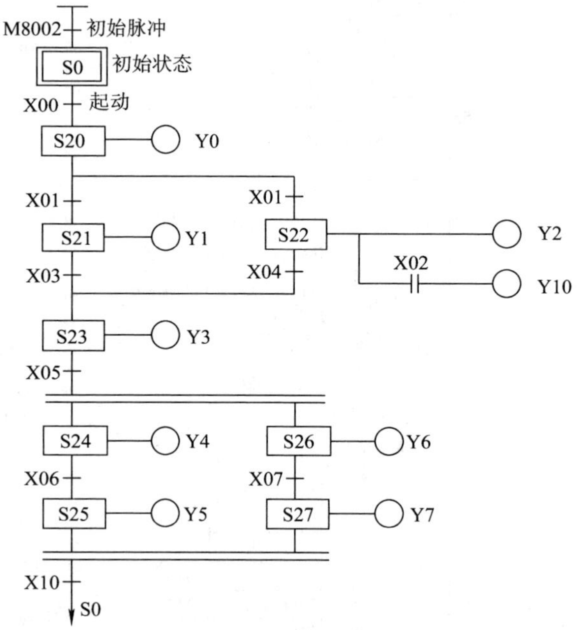

图4-181 题4-6状态图

4-7 FX_{2N}系列PLC的功能指令有多少条？其用途是什么？如何计算功能指令块的程序步？写出图4-182所示梯形图的语句表。

4-8 设计一个用户程序，当输入条件满足时，依次将C0～C9的当前值转换成BCD码送到输出元件K4Y0中，画出梯形图。（提示：用一个变址寄存器Z，首先0→（Z）每次（C0Z）→（Z），（Z）+1→（Z），当（Z）=9时，Z复位从头开始）

4-9 设计一个控制交流电动机正转、反转和停止的用户程序，要求从正转运行到反转运行之间的切转必须有2s延时。

4-10 FX_{2N}系列PLC提供有多少个中断源？中断标号

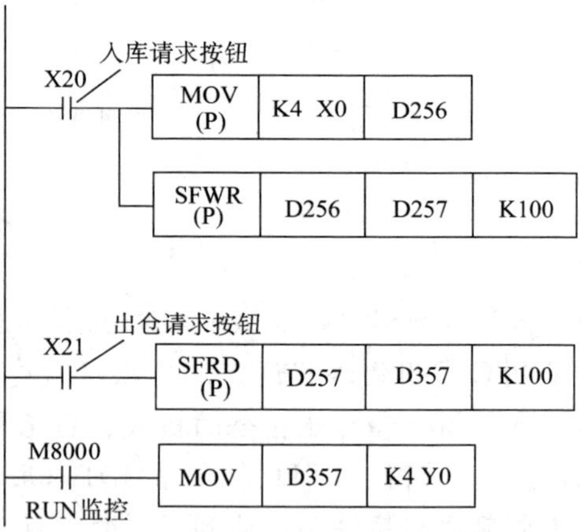

图4-182 题4-7梯形图

I866表示什么意思？

4-11　扫描图4-183所示梯形图，在什么情况下M60状态由0变为1？

4-12　图4-184是一条转速测量指令，试问脉冲发生器产生的脉冲由何处输入？其测周期T等于多少？在扫描该梯形图时D10～D12中存放什么内容？

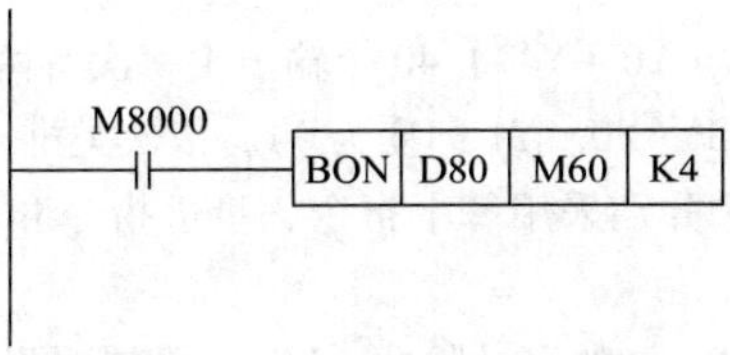

图4-183　题4-11梯形图

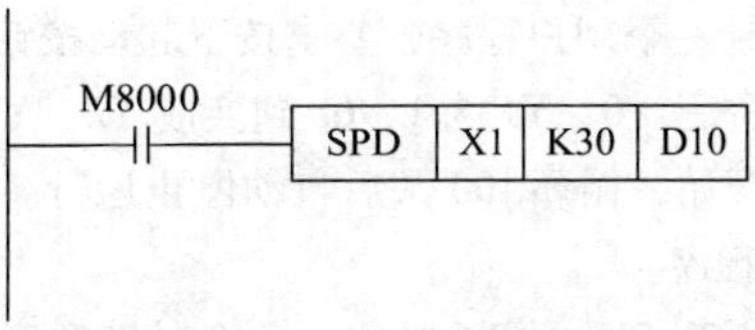

图4-184　题4-12梯形图

4-13　图4-185是一条拨码盘数据输入指令，X10是源数首址，占用多少个开关量输入？其用途是什么？Y20、D0是目的操作数首址，各占用几个位元件和字元件？其用途是什么？常数K2表示什么？

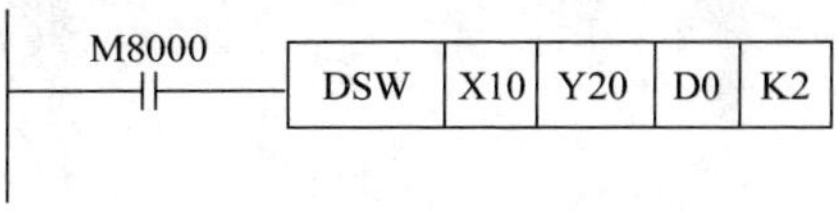

图4-185　题4-13梯形图

4-14　图4-186是一条BCD码数据输出显示指令，D0是源数首址，占用几个字元件？其作用是什么？Y0是目的操作数首址，占用多少个开关量输出？它们的作用是什么？常数K6表示什么？其取值范围是多少？

4-15　图4-187所示梯形图中，WDT指令的作用是什么？在什么情况下必须使用该指令？在扫描该梯形图时，为什么会造成死循环？

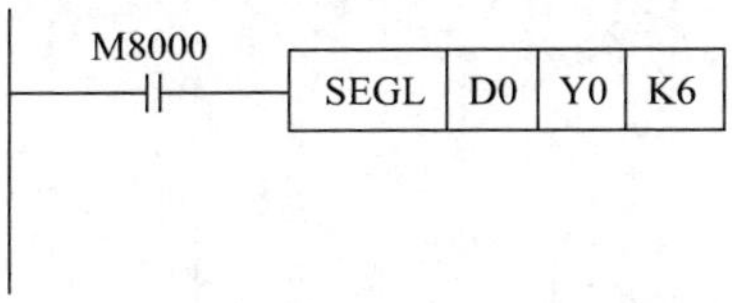

图4-186　题4-14梯形图

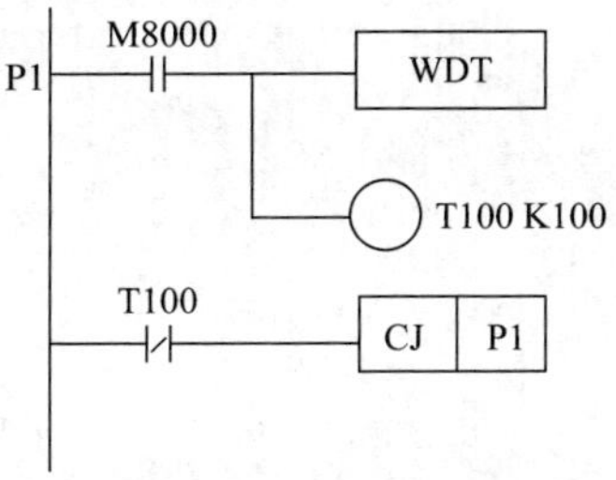

图4-187　题4-15梯形图

4-16　试设计一个控制拣球机械手动作的用户程序。其控制要求是：当吸盘在初始原位时（左上方左限SQ1上限SQ3受压），按下起动按钮SB1，机械手按如下顺序将大球或小球分别自动放入各自的箱件内：

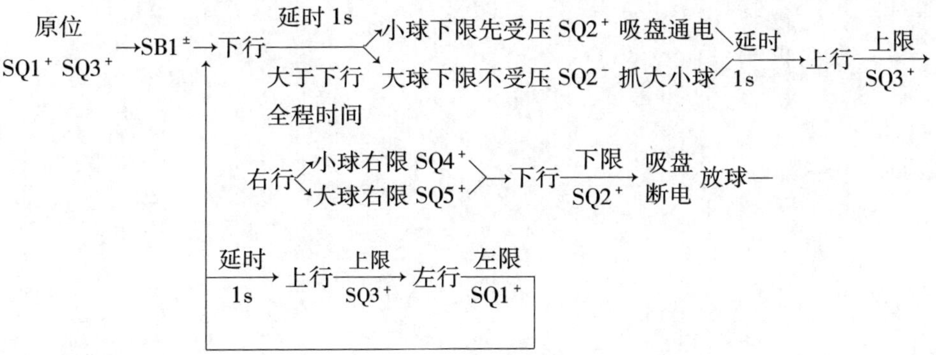

如此循环，若按下停止按钮SB2，待一个循环结束，机械手在原位停止运行。

4-17　有一条PLC控制的产品检验传输线，当产品传送到A点，光电开关ST1发出信号并由ST2检查产品合格与否。若 ST1 =1，ST2 =1 为合格产品，传送带继续将产品送到前面成品箱内。若 ST1 =1，ST2 = 0 则为次品，传送带运行 3s 到 B 点就停止运行，由机械手将次品送到次品箱内。机械手的动作顺序是：伸出$\xrightarrow{1s}$夹紧$\xrightarrow{1s}$旋转$\xrightarrow{1s}$放松$\xrightarrow{1s}$缩回$\xrightarrow{1s}$旋转→返回原位等待。机械手一旦复位经 1s 延时，传送带自动起动运行。机械手的动作由液压电磁阀（均为单向阀）控制（线圈得电动作，失电复位）。起动停止运行由面板上的按钮控制。试设计其用户程序。

4-18　试设计一个用户程序，要求按下起动按钮后，（Y0 ~ Y47）40 个输出中每次有两个为 1，每隔 6s 钟变化 1 次，即先是 Y0、Y1 为 1，6s 到换成 Y2、Y3 为 1（Y0、Y1 即变为 0），依次类推，直至 Y46、Y47 为 1，6s 后从头开始，循环 100 次后自动停止运行。要求分别采用基本指令、步进指令和功能指令等不同方法设计该用户程序。

4-19　FX_{2N}系列 PLC 的 X6 端输入一个脉冲宽度为 400μs 的引导脉冲，X2、X3 与被测主脉冲相接。试设计一个测量主脉冲脉冲宽度的用户程序，同时要求将测得主脉冲宽度存入 D0 中（测量精度为 ±0.1ms）。

第五章　PLC 的特殊功能 I/O 模块

为扩大 PLC 的应用范围，各制造公司均致力开发各种类型与本公司 PLC 系列主机相匹配的特殊功能 I/O 模块，以满足各种工业控制的不同需求。特殊功能 I/O 模块的类型也越来越多，有模拟量输入模块、模拟量输出处理模块、高速处理模块、定位控制模块、PID 模块、数字控制模块、联网通信模块、多参数输入模块、温度传感器输入模块、语言输出模块等等。本章将以 FX_{2N}系列 PLC 为例，介绍一些常用的特殊功能 I/O 模块的用途、构成及其使用方法。

FX_{2N}系列 PLC 配有多种特殊功能模块供用户选用，以适合不同控制场合的需要。FX_{2N}功能模块的名称与型号见表 5-1。

表 5-1　FX_{2N}的特殊功能模块名称与型号

名　称	型　号	名　称	型　号
变量设置单元	FX_{2N}-8AV	数据存取单元	FX_{2N}-10DU/20DU/25DU/30DU/40DU
并联适配器	FX_{2N}-40AP（光纤）	串行通信接口单元	FX_{2N}-232-BD
	FX_{2N}-40AW（双绞线）		FX_{2N}-422-BD
M-NET/MINI 接口	FX_{2N}-16LNK-M		FX_{2N}-485-BD
	FX_{2N}-16NP（光纤）	实时时钟卡	FX_{2N}-RTC
	FX_{2N}-16NT（双绞线）	存储卡	FX_{2N}-RAM-8C
模拟量输入模块	FX_{2N}-4AD	存储卡	FX_{2N}-EEPROM-4C
模拟量输出模块	FX_{2N}-4DA	接口模块	FX2-24EI
温度输入模块	FX_{2N}-2DA-PT	凸轮控制单元	FX_{2N}-1RM-SET
高速计数模块	FX_{2N}-1HC	CCLink 接口模块	FX_{2N}-16CCL-M
定位控制单元	FX_{2N}-10GM/20GM		FX_{2N}-32CCL
脉冲输出模块	FX_{2N}-1PG/10PG		FX_{2N}-64CL-M
USB 通信接口模块	FX_{2N}-USB-BD	Profibus 接口模块	FX_{2N}-32DP-IF
		接口交换模块	FX-485PC-IF-SE（RS485/232C 交换）

第一节　模拟量输入/输出处理模块

一、模拟量 A-D 转换输入模块 FX_{2N}-4AD

FX_{2N}-4AD 是一种 4 通道、12 位高精度的 A-D 转换输入模块。其主要功能是将一定范围变化的电流或电压输入信号转换成相应的数字量供 PLC 主机读取，因此只要选择合适的传感器和前置放大器就能实现对各种模拟量的监控处理。

1. FX_{2N}-4AD 的主要技术指标　FX_{2N}-4AD 的每一个输入通道可以方便地设置成电流输入或电压输入方式，FX_{2N}-4AD 技术指标见表 5-2。

表 5-2　FX_{2N}-4AD 技术指标

项　　目	电　压　输　入	电　流　输　入
	根据是电流输入还是电压输入，使用端子有不同	
模拟量输入范围	DC -10 ~ +10V（输入电阻 200kΩ） 绝对最大输入 ±15V	DC -20 ~ +20mA（输入电阻 250Ω） 绝对最大输入 ±32mA
数字量输出范围	带符号位的 16 位二进制（有效数值 11 位）+2047 以上固定为 +2047，-2048 以下固定为 -2048	
分辨力	5mV（10V×1/2000）	20μA（20mA×1/1000）
综合准确度	±1%（相对于最大值）	
转换速度	15ms×（1~4）通道（高速转换方式时在版本 V2.00 以下时为 6ms×1~4 通道）	
隔离方式	光隔离及采用 DC/DC 转换器使输入和 PLC 电源间隔离（各输入端子间不隔离）	
模拟量用电源	DC（24V±2.4V），50mA	
输入/输出占有点数	程序上为 8 点（计输入或输出点均可），由 PLC 供电的消耗功率为 5V30mA	

2. *模块的编号与外部连线*　特殊功能模块通过软电缆接在 FX_{2N} 主机右侧的 I/O 扩展总线上，为适应模块与主机之间数据通信需要，从靠近主机的那个特殊功能模块开始顺序编号为0 ~ 7 号，特殊功能 I/O 模块编号如图 5-1 所示。

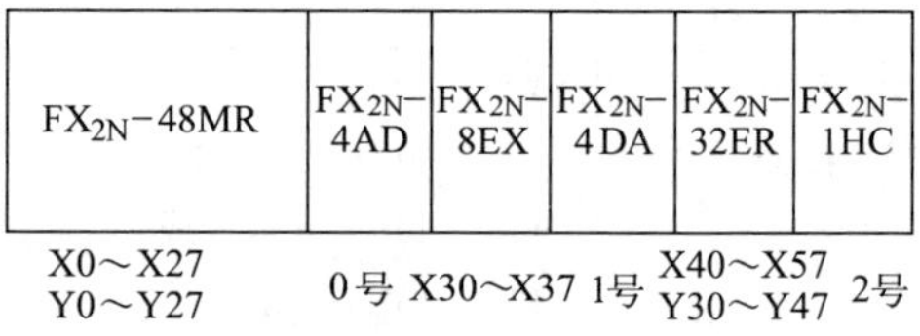

图 5-1　特殊功能 I/O 模块编号

同一个模拟量输入模块既可连接电压信号也可连接电流信号，输入电压信号和电流信号时模块的外部接线如图 5-2 所示。

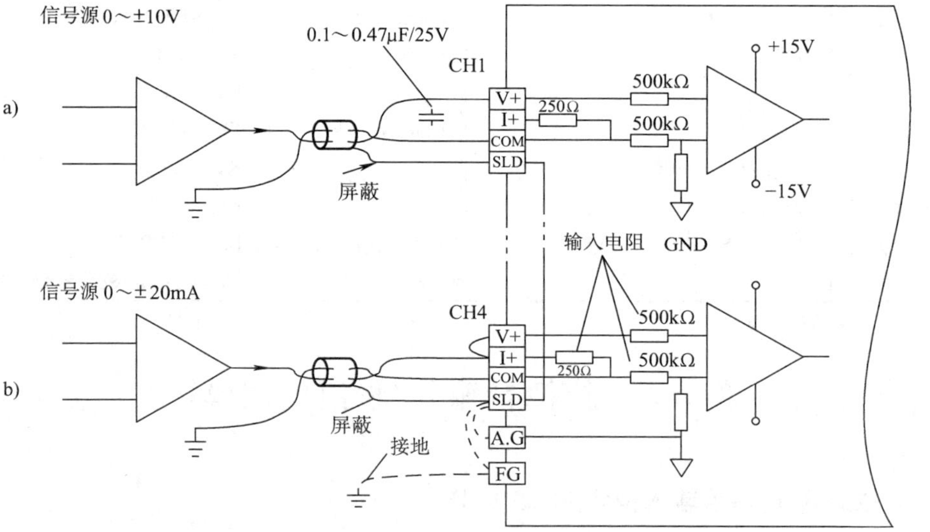

图 5-2　输入电压信号和电流信号时模块的外部接线

在电压信号输入时，将电压信号分别接在模块的 V_+ 与 COM 端；当电流信号输入时，将电流信号分别接在 I_+ 和 COM 端并且将该通道的 V_+ 与 I_+ 用导线短接。

为充分发挥 FX_{2N}-4AD 功能，保证系统的可靠性，外部布线时要注意以下几点：

1）信号源与模块输入端之间要采用带屏蔽的双绞线连接，屏蔽线接到该通道的 SLD 端。

2）当电压输入信号存在噪声和纹波干扰时，可在该通道的 V_+ 和 COM 端并接 0.1 ~ 0.47μF/25V 电容。

3）当电磁干扰严重则可将各通道的 SLD 端与模块上的 GND、FG 端相连接，然后再与 PLC 的机架接地端相连。

4）切勿将主电路及高压电线靠近模块的控制线和信号线，更不可将它们包扎在一起。

5）当模块外部接线变更时，其补偿值和增益值应重新设定。

3. *缓冲数据寄存器（BFM）的编号与分配*　由于 FX_{2N} 系列 PLC 主机内未设置专门的模拟量 I/O 映像区，输入的模拟量经 ADC 转换后得到的数字量先存放在模块内部的缓冲数据寄存器中。该模块占用 8 点开关量 I/O 是用于存放一些与 PLC 主机通信所必需的控制信息而不用于存放转换后的数字量。

FX_{2N}-4AD 内的缓冲数据寄存区间是由 32 个 16 位的数据寄存器组成，其编号为 BFM#0 ~ BFM#31，各缓冲数据寄存器的用途及存放内容见表 5-3。

表 5-3　各缓冲数据寄存器的用途及存放内容

<table>
<tr><th>BFM</th><th colspan="9">内　容</th></tr>
<tr><td>* #0</td><td colspan="9">通道初始化设定：默认设定值 = H0000，BFM#0 中写入 4 位十六进制数分别设定 4 个通道工作方式</td></tr>
<tr><td>* #1</td><td>通道 1</td><td colspan="8" rowspan="4">平均采用次数设定 1 ~ 4096，默认设定值 = 8。设定值超出范围按默认值 8 处理</td></tr>
<tr><td>* #2</td><td>通道 2</td></tr>
<tr><td>* #3</td><td>通道 3</td></tr>
<tr><td>* #4</td><td>通道 4</td></tr>
<tr><td>#5</td><td>通道 1</td><td colspan="8" rowspan="4">存放各通道经 A-D 转换的数字量平均值，数据由 FROM 指令读取</td></tr>
<tr><td>#6</td><td>通道 2</td></tr>
<tr><td>#7</td><td>通道 3</td></tr>
<tr><td>#8</td><td>通道 4</td></tr>
<tr><td>#9</td><td>通道 1</td><td colspan="8" rowspan="4">存放各通道当前 A-D 转换的数字量，数据由 FROM 指令读取</td></tr>
<tr><td>#10</td><td>通道 2</td></tr>
<tr><td>#11</td><td>通道 3</td></tr>
<tr><td>#12</td><td>通道 4</td></tr>
<tr><td>#13 ~ #19</td><td colspan="9">不能使用</td></tr>
<tr><td>* #20</td><td colspan="9">恢复模块为默认设定值，默认设定值 = H0000 若 BFM#20 = 1，设定值均恢复到默认设定值</td></tr>
<tr><td>* #21</td><td colspan="9">控制零点 0 和增益 G 调整允许与否，默认设定值 b1，b0 = 0，1（允许）；b1，b0 = 1，0（禁止）</td></tr>
<tr><td rowspan="2">* #22</td><td rowspan="2">零点增益调整</td><td>b7</td><td>b6</td><td>b5</td><td>b4</td><td>b3</td><td>b2</td><td>b1</td><td>b0</td></tr>
<tr><td>G4</td><td>04</td><td>G3</td><td>03</td><td>G2</td><td>02</td><td>G1</td><td>01</td></tr>
<tr><td>* #23</td><td colspan="9">零点值：默认设定值 = 0，调整值以 5mV/20μA 为步距。零点：数字量输出为 0 时的输入值</td></tr>
<tr><td>* #24</td><td colspan="9">增益值：默认设定值 = 5000，调整值以 5mV/20μA 为步距。增益：数字量输出为 +1000 时的输入值</td></tr>
<tr><td>#25 ~ #28</td><td colspan="9">空置</td></tr>
<tr><td>#29</td><td colspan="9">出错信息</td></tr>
<tr><td>#30</td><td colspan="9">4A-D 模块识别码：K2010</td></tr>
<tr><td>#31</td><td colspan="9">不能使用</td></tr>
</table>

由表可见除 BFM#13～#19，BFM#25～#28 和 BFM#31 共 12 个 BFM 空置或不能使用外余下 20 个 BFM 可分两类：一类是带＊号共 10 个 BFM 用于初始化设置，即根据不同的使用场合和使用要求，PLC 主机通过 TO 指令改写这些 BFM 的存放内容以调整模块的输入方式、平均采样次数、零点和增益值等，如果不进行初始化处理则模块将按默认值运行；另一类不带＊号的共 22 个，其中 10 个 BFM 用于存放数据供 PLC 读取，另外 12 个空置不用。

各 BFM 的用途及使用方法分别说明如下：

1）BFM#0 用于输入方式设定，其中写入十六进制 4 位数 H××××表示各通道的初始化内容，从最低开始依次控制通道 CH1～CH4，每一位的有效数范围是 0～3，不同数值的含义分别是：

0——设定输入为电压信号，信号范围为－10～＋10V；

1——设定输入为电流信号，信号范围为＋4～＋20mA；

2——设定输入为电流信号，信号范围为－20～＋20mA；

3——设定通道关闭，不接受任何信号。

例如：在图 5-1 中如果程序运行中执行 | TO（P）| K0 | K0 | H3210 | K1 | 指令后则在 FX_{2N}-4AD 模块 BFM#0 中写入 H3210 表示 CH1～CH4 的工作方式分别是：

CH1 为电压信号输入方式，信号范围是－10～＋10V；

CH2 为电流信号输入方式，信号范围是＋4～＋20mA；

CH3 为电流信号输入方式，信号范围是－20～＋20mA；

CH4 关闭；

BFM#0 的默认值为 H0000 即 CH1～CH4 都以电压信号输入方式工作。

2）BFM#1～#4 用于各通道的平均值采样次数设定。采样次数设定范围为 1～4096。超过此范围按默认值 8 处理。

3）BFM#5～#8 用于存放输入的平均值数字量。

4）BFM#9～#12 用于存放输入的当前值数字量。

5）BFM#20 用于快速重置默认位。当 BFM#20 置 1 时各设定值恢复到默认值；当 BFM#20置 0 时允许重新设置，默认值定为 H0000。

6）BFM#21 用于零点和增益调整控制。当其 b1、b0 值为 1、0 时禁止零点、增益设定值改动；b1、b0 为 0、1 时允许零点与增益设定值改动；b1、b0 的默认设定为 0、1，即允许调整。

7）BFM#22 用于需要调整的输入通道的零点与增益值允许改动与否。由 G1、01（即 b1、b0 状态）、G2、02（b3、b2 状态）、G3、03（b5、b4 状态）、G4、04（b7、b6 状态）分别来控制通道 CH1～CH4 的增益、零点允许改动与否。例如若 BFM#22 的 G1、01 位（增益、零点位）均置 1，则存放在 BFM#23 和 BFM#24 中的零点和增益设定值就可送入 CH1 中的零点和增益值寄存器中。各输入通道的增益与零点既可统一调整也可单独调整。

8）BFM#23 用于存放设定零点值（以 5mV/20μA 为步距），默认值为 0。

9）BFM#24 用于存放设定增益值（以 5mV/20μA 为步距），默认值为 5000。

10）BFM#29 用于存放出错信息，由各位状态决定。如 b2 为 0 表示 DC24V 电源正常，b2 为 1 表示电源有故障。在用户程序中可用 FROM 指令将其读入以便进行相应的故障处理，BFM#29 其他各位出错信息见表 5-4。

表 5-4　BFM#29 其他各位出错信息

位	功　能	接　通	断　开
b0	A-D 模块出错	模块硬件或软件出错，各 A-D 通道停止转换	无错误
b1	G、O 出错	EPROM 中的增益/偏置数据误用或出错	G、O 数据正常
b2	电源异常	DC24V 电源断电或故障	电源正常
b3	硬件损坏	A-D 转换模块或相应硬件损坏	A-D 硬件正常
b8	READY 位置判断	FX_{2N}-4AD 方式开关位置在 READY 以外位置	在 READY 位置
b10	转换值异常	A－D 转换值小于－2048 或大于＋2047	转换值在范围内
b11	平均数出错	平均次数大于 4097 或小于 0，模块自动取值 8	平均数在范围内
b12	调整禁止/允许	BFM#21 的 b1、b0 为 10B，处于禁止状态	b1、b0 为 01B

注：b4～b7，b9，b13～b15 未定义。

11）BFM#30 用于存放模块识别码 K2010。

4. *模块与 PLC 主机的数据通信*　FX_{2N}系列 PLC 主机与特殊功能 I/O 模块之间的数据通信是由 FROM/TO 指令来执行的，在系统运行前首先由 PLC 主机通过 TO 指令对模块进行写操作以完成必要的初始化设置，设置内容主要包括以下几项：

1）各输入通道的输入方式代码写入 BFM#0。

2）设定各输入通道的平均采样次数。

3）各通道零点与增益值的调整

零点值（偏置值）是指数字量输出为 0 时的输入值，而增益值是指数字量输出为＋1000 时的输入值。由图 5-3 所示各通道的输入模拟量与输出数字量的关系中可见各通道存在不同的偏移值和模拟量的变化范围。为保证一定的控制精度和准确性，需要对输入通道的零点值和增益值进行必要的调整。增益值和零点值的调整如图 5-3 所示。

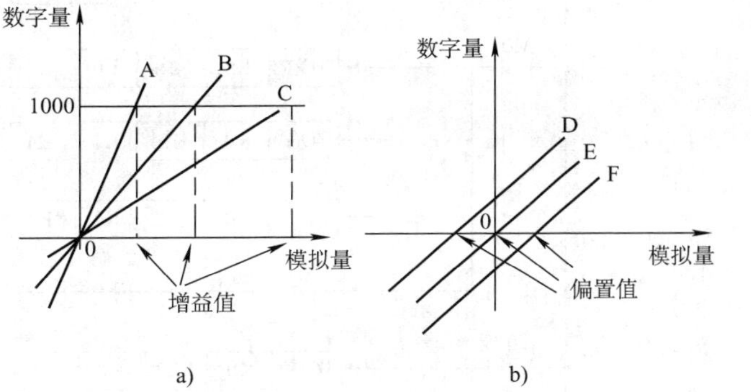

图 5-3　增益值和零点值的调整
a）增益值调整　b）零点值调整

在图 5-3a 中 A 为小增益值，其数字量步距大；B 为默认增益值为＋5V 或＋20mA（步距为＋5mV 或 20μA）；C 为大增益值，其数字量步距小。FX_{2N}-4AD 模块的增益理论值在 1～15V 和 4～32mA 范围内。图 5-3b 中，D 为负偏置，数字量为零时模拟量输入为负值；E 为默认偏置（零偏置），数字量为 0 时模拟量输入为 0V 或－4mA；F 为正偏置，数字量为零时模拟量输入为正值。FX_{2N}-4AD 模块的偏置理论值在－5～＋5V 或－20～＋20mA 范围内（步距与增益相同）。

模块的零点与增益值调整也可以用模块上的增益和偏置调节按钮与选择开关来完成。无论采用何种方法设置前都必须先将 H0001 写入 BFM#21。

采用硬件设置的步骤是：

1）模块与 PLC 主机连接，并接上电源（主机处于 RUN 或 STOP 均可）。

2）将 FX_{2N}-4AD 方式开关旋至 CH1（通道 1）。

3）将输入偏置模拟量信号与 CH1 相连，调节输入量（用电压表或电流表测定）到需要数值。

4）按下偏置按钮（OFF SET）一次，对应的偏置值的数字量就存入相应缓冲数据寄存器。

5）调节输入模拟量直至达到相应增益值。

6）按增益（GAIN）按钮一次，增益数字量就存入相应缓冲数据寄存器。

其他通道的增益偏置值设置可依上述步骤同样进行，各通道设置完毕将方式开关旋至 READY 位置。

模块初始化设置完成后，在程序运行过程中视需要，可用 FROM 指令从相应缓冲数据寄存器读入数据。为确保可靠无误，在进行初始化处理和读取相应数据前都必须先读取 BFM#30 模块识别码以便对模块进行确认。

5. 程序设计举例　硬件配置见图 5-1。

例 5-1　要求 FX_{2N}-4AD 的 CH1 ~ CH4 均设置成电压输入方式，CH1 通道设置成零偏置，增益值为 2.5V 试设计其初始化设置程序。

解　初始化程序设计如图 5-4 所示。CH2 ~ CH4 的零点与增益值调整按 CH1 方法同样进行。

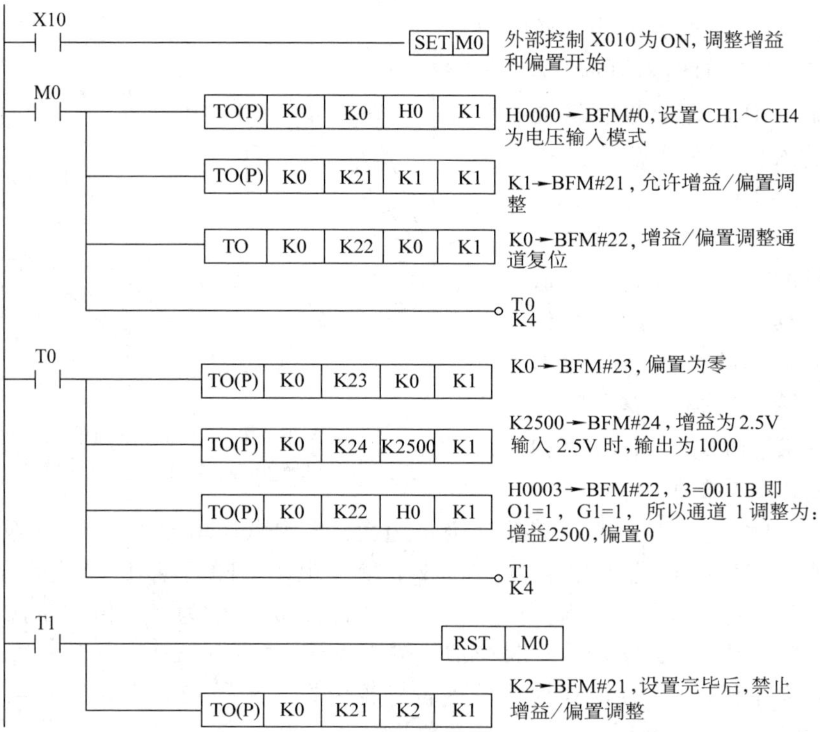

图 5-4　初始化程序设计

例 5-2　要求将 CH1、CH2 设置为电压输入方式，CH3、CH4 关闭，平均值采用次数为 4，并由 PLC 内 D0、D1 接受平均值输入数字量。试设计应用程序。

解　FX_{2N}-4AD 程序设计如图 5-5 所示。

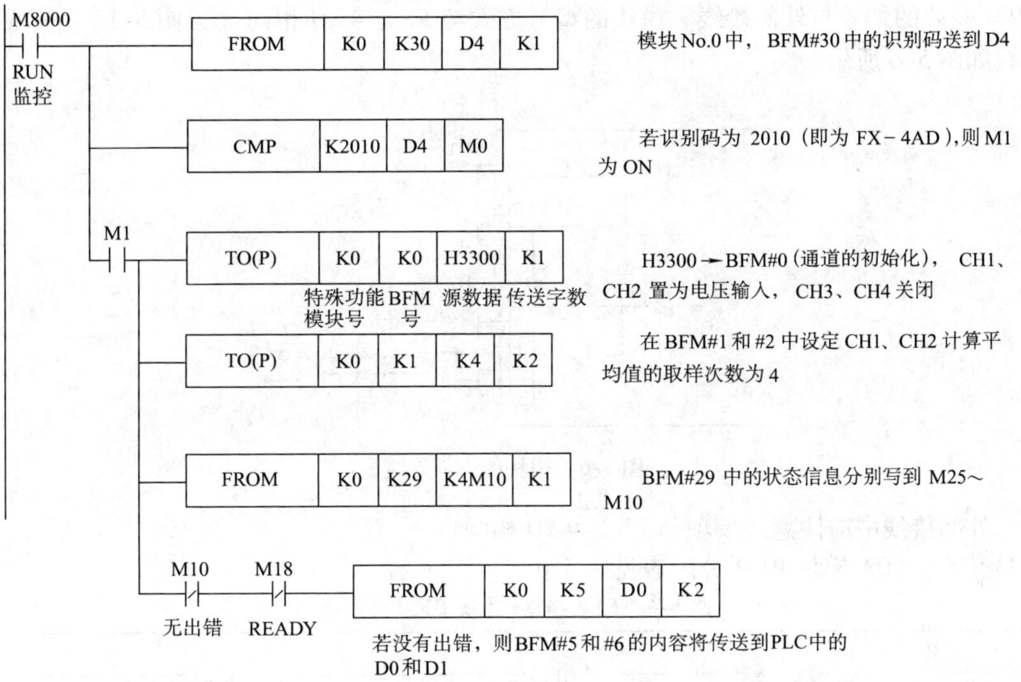

图 5-5　FX_{2N}-4AD 程序设计

二、模拟量 D-A 转换输出模块 FX_{2N}-4DA

FX_{2N}-4DA 是一种 4 通道 12 位高精度 D-A 转换输出模块，其主要功能是将 PLC 程序执行中需要输出的数字量通过 DAC 转换成一定范围变化的电压信号（－10～＋10V）或电流信号（－20～＋20mA）输出，实现工业现场的模拟量输出的监控。例如直流调速系统、交流变频调速系统、温度控制、流量控制等装置的给定信号就需要一个在一定范围内变化的模拟电压或模拟电流信号。模块中每个通道可以独立设置电压输出或电流输出方式并且可以通过简易的调节或通过程序方便地改变模拟量的输出范围。

1）FX_{2N}-4DA 的技术指标见表 5-5。

表 5-5　FX_{2N}-4DA 的技术指标

项　目	摄　氏	华　氏
	根据读出指定数据地址号（缓冲存储器地址号）确定为摄氏或华氏	
输入信号	铂热电阻 3 线制 2 点（CH1、CH2）。Pt-100 3850 ×10^{-6}℃$^{-1}$（DIN43760，JISC1604—1989）或 3916 ×10^{-6}℃$^{-1}$（JIS C1604—1981）	
驱动电流	1mA（恒流方式）	
额定温度范围	－100～＋600℃	－148～＋11112℉
数字输出	－1000～＋6000	－1480～＋1120
	带符号位 16 位，二进制	
分辨力	0.2～0.3℃	0.36～0.54℉
综合准确度	±1%（相对最大值）	
转换速度	15ms ×2 通道	
隔离方式	光电隔离及用 DC/DC 转换器使输入和 PLC 电源间隔离（各输入间不隔离）	
模拟量用电源	DC（24V ±2.4V），50mA	
输入输出占有点数	程序上为 8 点（计输入或输出点均可）由 PLC 供电的消耗功率为 5V，30mA	

2）模块的编号与外部接线　模块的编号方式与 FX_{2N}-4AD 相同（见图 5-1）。模块的外部连线如图 5-6 所示。

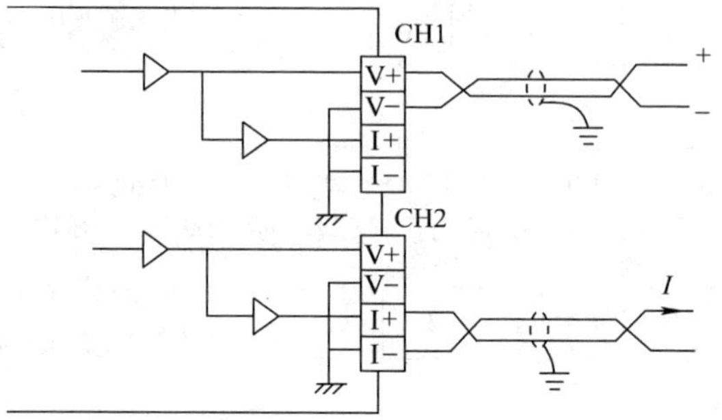

图 5-6　模块的外部连线

在外部接线中应注意的事项与 FX_{2N}-4AD 相同。

3）FX_{2N}-4DA 模块 BFM 分配表见表 5-6。

表 5-6　FX_{2N}-4DA 模块 BFM 分配表

<table>
<tr><th>BFM</th><th colspan="5">内　容</th></tr>
<tr><td>＊#0</td><td colspan="5">模拟量输出方式（电流/电压）默认值 = H00</td></tr>
<tr><td>＊#1</td><td colspan="5">通道 1 输出数据</td></tr>
<tr><td>＊#2</td><td colspan="5">通道 2 输出数据</td></tr>
<tr><td>#3 ~4</td><td colspan="5">空置</td></tr>
<tr><td>#5</td><td colspan="5">输出保持或回零　默认值 = H00</td></tr>
<tr><td>#6 ~9</td><td colspan="5">空置</td></tr>
<tr><td>＊#20</td><td colspan="5">重置为默认设定值　默认设定值 = H0000</td></tr>
<tr><td>＊#21</td><td colspan="5">禁止零点和增益调整　默认设定值 =0. 1（允许）</td></tr>
<tr><td rowspan="2">＊#22</td><td rowspan="2">零点、增益调整</td><td>b3</td><td>b2</td><td>b1</td><td>b0</td></tr>
<tr><td>G2</td><td>O2</td><td>G1</td><td>O1</td></tr>
<tr><td>＊#23</td><td colspan="5">零点值（单位 mV/μA）默认设定值 =0</td></tr>
<tr><td>＊#24</td><td colspan="5">增益值（单位 mV/μA）默认设定值 = H50000</td></tr>
<tr><td>#25 ~28</td><td colspan="5">空置</td></tr>
<tr><td>#29</td><td colspan="5">出错信息</td></tr>
<tr><td>#30</td><td colspan="5">识别码 3010D</td></tr>
<tr><td>#31</td><td colspan="5">空置</td></tr>
</table>

三、温度传感器 A-D 转换输入模块 FX_{2N}-2AD－PT

FX_{2N}-2DA-PT 是 2 通道温度输入 12 位 A-D 转换模块。模块内附有温度传感器的前置放大器，因此它可以直接与三线的铂电阻 PT-100 相连接。带有补偿的两路输入可以校正传感器的非线性。同样模块的瞬时值与设定值等数据也可以用 FROM/TO 指令读出或写入。FX_{2N}-2DA-PT 技术指标见表 5-7。

表 5-7　FX_{2N}-2DA-PT 技术指标

项目	摄氏
输入信号	铂热电阻 3 线制 2 点（CH1、CH2）。PT100 385°×10^{-6}℃$^{-1}$ （DIN43760，JISC1604—1989）或 3916PPM/℃（JIS c1604—1981）
驱动电流	1mA（恒流方式）
额定温度范围	-100～+600℃
数字输出	-1000～+6000
	带符号位 16 位，二进制
分辨力	0.2～0.3℃
综合准确度	±%（相对最大值）
转换速度	15ms×2 通道
隔离方式	光电隔离及用 DC/DC 转换器使输入和 PLC 电源间隔离（各输入间不隔离）
模拟量用电源	DC（24V±2.4V），50mA
输入/输出占有点数	程序上为 8 点（计输入或输出点均可）由 PLC 供电的消耗功率为 5V30mA

第二节　高速处理模块

如前所述，早期 PLC 以降低信息处理速度手段求得高可靠性和抗干扰能力强的优点，然而在工业控制的许多场合要求有更高的信息处理速度和更快的 I/O 响应效果。例如要解决高速测量、快速定位、跟踪以及准确停车等问题，因此 FX_{2N}系列 PLC 还提供一系列的快速处理模块。举例说明如下。

一、高速计数模块 FX_{2N}-1HC

FX_{2N}-1HC 的计数频率高达 50kHz，只要将其左侧的插头插入位于其右侧的 PLC 主机或其他扩展模块的插座内就能完成 FX_{2N}-1HC 与 PLC 的 CPU 之间的连接。该计数器的当前值与设定值的比较以及比较结果的输出都由该模块直接进行，不占用 PLC 主机扫描周期，从而大大提高了 PLC 的计数器处理速度及计数、计时准确度和分辨力。

1. 模块的技术指标　FX_{2N}-1HC 高速计数模块的技术指标见表 5-8。

表 5-8　FX_{2N}-1HC 高速计数模块的技术指标

项　目		规　格
输入	信号电平	根据接线端子可从 5V、12V、24V 中选取
	频率	1 相 1 输入：50kHz 以下 1 相 2 输入：各 50kHz 以下 2 相输入：50kHz 以下/1 倍增　25kHz 以下/2 倍增　12.5kHz 以下/4 倍增
计数范围		带二进制符号 32 位（-2147483648～+2147483647）或无二进制符号 16 位（0～65535）
计数方式		自动加/减（1 相 2 输入或 2 相输入时）或选择加/减（1 相 1 输入时）

（续）

项目	规格
一致输出	YH：用硬件比较器实现设计值与计数值一致时产生输出 YS：用软件比较器实现，一致输出（最大延迟300μs）
输出形式	NPN集电极开路输出2点或PNP型晶体管集电极开路输出2点各DC12~24V，0.5A
附加功能	由PLC采用参数设定方式设定瞬时值比较数据，比较结果及出错状态可用于监视
输入输出占用点数	程序占用8点（输入或输出中任8点均可），由PLC提供消耗功率为5V，70mA

2. 模块的输入、输出端及输入、输出类型

（1）输入端　模块有两个脉冲信号输入端和两个信号控制端。

（2）输出端　模块有4个输出端分为YHP、YHN和YSP、YSN两组分别用硬件比较器输出和软件比较器输出。输出端电源为DC12~24V，最大负载电流为0.5A。

（3）模块的输出方式　有两种类型，一种是由模块内硬件比较器的比较结果输出，另一种是由模块内软件进行数据处理。

3. 模块缓冲数据寄存器的分配　见表5-9。

表5-9　计数器计数方式

计数器方式 \ BFM#0内的数据 \ 计数器类型		计数器	
		32位	16位
A-B相输入	1边沿计数	K0	K1
	2边沿计数	K2	K3
	4边沿计数	K4	K5
单相双输入	由脉冲控制递加/递减	K6	K7
单相单输入	由硬件控制递加/递减	K8	K9
	由软件控制递加/递减	K10	K11

二、快速定位控制模块FX_{2N}-1GM

为提高生产效率同时又能保证足够的加工精度，就需要采用高精度的快速定位控制系统。FX_{2N}-1GM定位控制模块正是适应该系统控制需要的一种脉冲输出方式的特殊功能模块。采用专用的定位控制编程语言，其最高脉冲输出频率达100bit/s，可保证足够的控制精度。

第三节　联网与通信模块

随着计算机网络技术的迅速发展和工厂自动化程度要求越来越高，PLC控制系统规模也越来越庞大，各PLC生产厂家均致力于研发各种专用联网、通信的特殊功能I/O模块以适应PLC与上位计算机和PLC与PLC之间的联网与通信需要。下面仍以三菱公司的FX_{2N}系列PLC为例介绍几种常用的联网与通信模块。

一、PLC 与计算机之间的联网与通信模块

PLC 与上位计算机联网是 PLC 构成网络控制的基本形式之一，是实现集中管理，分散控制的有效手段，可以使 PLC 与计算机在功能上实现互补。一方面是因为工业控制规模和范围、控制要求和处理速度等要求更高，单台 PLC 已很难完成，必须求助上位计算机来执行更复杂的数值运算、数据处理、参数修改、图像显示、打印报表、文字处理、系统管理、工作状态监视、PLC 程序设计、调试和控制决策。另一方面作为工业控制的支柱产品 PLC 在工业现场具有很强的生存能力和很高的可靠性与抗干扰能力可直接面向现场、面向控制对象进行实时控制。在 PLC 和计算机联网控制系统中通过串行数据通信使 PLC 接受各种应用程序、数据和控制信息，运行中 PLC 又随时能将内部各软器件的数据和状态送入计算机以供执行各种数据处理和监控任务。

1. RS-232C 用适配器 FX_{2N}-232ADP　RS-232C 用通信适配器 FX_{2N}-232ADP 是一种以无规约方式与各种具有 RS-232C 接口装置，如计算机、条形码读出器、图像检测器等进行数据通信。每一台 FX_{2N} 系列 PLC 左侧的串行通信口可接一台 FX_{2N}-232ADP。FX_{2N}-232ADP 将 FX_{2N} 系列 PLC 与计算机连接进行串行通信的连接如图 5-7 所示。

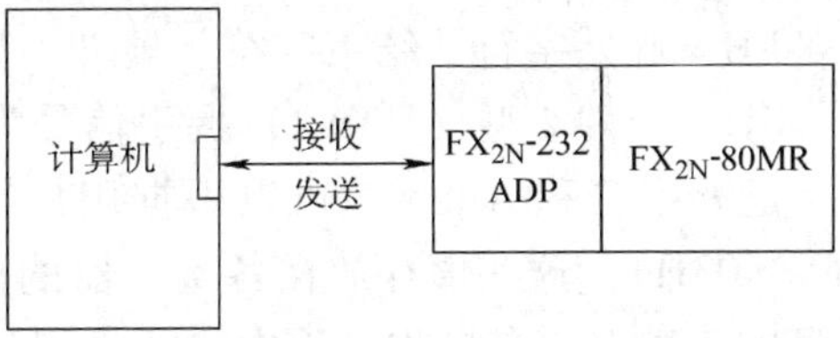

图 5-7　FX_{2N}-232ADP 将 FX_{2N} 系列 PLC 与计算机连接进行串行通信的连接

（1）数据的串行通信方式　PLC 与计算机的数据通信是由串行通信指令 RS 直接控制，数据传送格式由特殊数据寄存器 D8120 来设定，包括波特率、停止位、奇偶校验等，通过位组合方式来选择并预先存放在 D8120 中，通信模式设置见表 5-10。

表 5-10　通信模式设置

D8120 的位	说　明	位状态	
		0（OFF）	1（ON）
b0	数据长度	7 位	8 位
b1 b2	校验（b2、b1）	（00）：无校验 （01）：奇校验 （11）：偶校验	
b3	停止位	1 位	2 位
b4 b5 b6 b7	波特率（b7、b6、b5、b4）	（0011）：300bit/s （0100）：600bit/s （0101）：1200bit/s （0110）：2400bit/s （0111）：4800bit/s （1000）：9600bit/s （1001）：19200bit/s	

（续）

D8120 的位	说　明	位状态	
		0（OFF）	1（ON）
b8	起始字符	无	D8124
b9	结束字符	无	D8125
b10	握手信号类型 1	无	H/W1
b11	模式（控制线）	常规	单控
b12	握手信号类型 2	无	H/W2
b13 ~ b15	可取代 b8 ~ b12 用于 FX_{2N}-458 网络		

例如设置 D8120 = 0F9EH 其选择说明：

EH = 7 位数据位、偶校验、2 位停止位

9H = 波特率为 19200bit/s

FH = 起始字符、结束字符、硬件 1 型（H/W1）握手信号、单线模式控制

0H = 硬件 2 型（H/W2）握手信号为 OFF

起始字符和结束字符可以根据用户需要自行修改。存放在 D8124 中的默认起始字符是 ETX（03H）。这些值存放在各寄存器的低字节中。起始与结束字符在发送时自动加到发送信息的信息上。在接收过程中除非收到起始字符，否则数据将被忽略。数据被连续读入直到接到结束字符或数据缓冲区占满为止。因此，设定的最长数据信息长度必须与接收缓冲区的长度相一致。

在串行数据通信指令 RS 的执行中涉及 PLC 内部一些自动定义的位软器件和数据软器件。

（2）应用程序举例

例 5-3　将数据寄存器 D100 ~ D105 中的数据按 16 位通信模式传送出去并将接收来的数据转存到 D300 ~ D309 中。试编制其应用程序。

解　串行数据通信程序举例如图 5-8 所示。

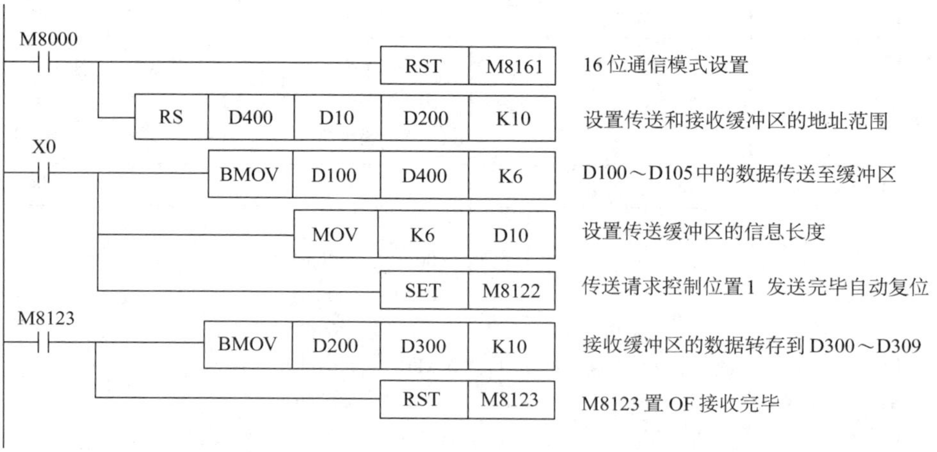

图 5-8　串行数据通信程序举例

2. RS-232 接口通信模块 FX_{2N}-232-ADP　FX_{2N}-232-ADP 是一种实现 PLC 与计算机之间

串行数据通信的接口模块，信号传输速度固定为 9600bit/s。由于 FX_{2N} 系列 PLC 的编程接口是采用 RS-422 标准，而计算机的串行口是采用 RS-232 标准，二者在进行程序的写入、读出、监视及数据通信时就必须将 RS-422 标准转换成 RS-232 标准并采用光隔离技术。

（1）模块端口及外部接线　图 5-9 所示为该模块与 PLC 主机及计算机之间的外部接线。

（2）FX_{2N} 系列 PLC 与计算机的通信协议　两者通信采用 RS-232 标准，7 位数据位采用 ASCII 码（部分），数据采用偶校验。数据与字符书写格式如图 5-10 所示。通信中字符及其对应的 ASCII 码见表 5-11。

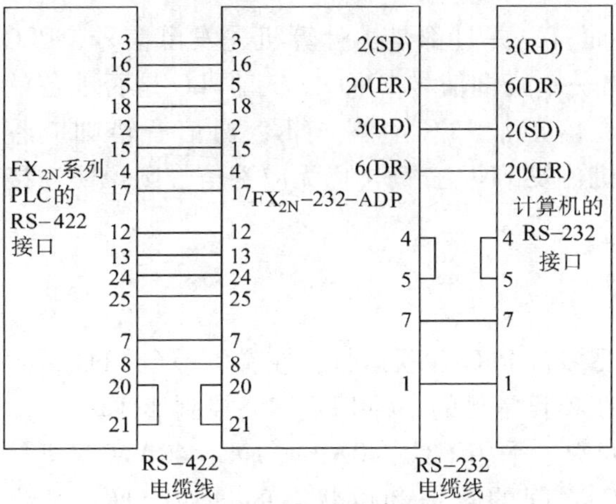

图 5-9　FX_{2N}-232-ADP 与 PLC 主机及计算机之间的外部接线

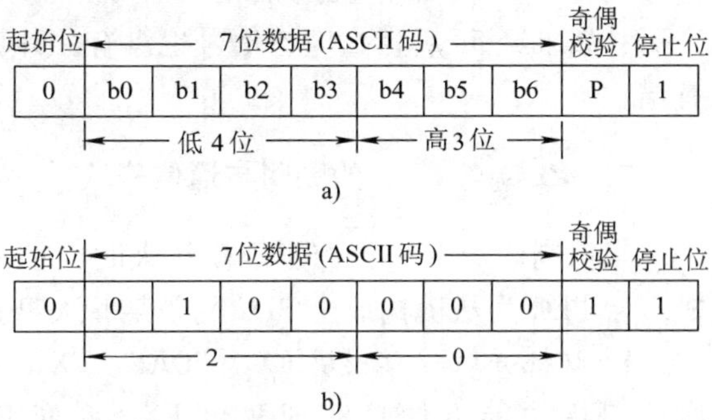

图 5-10　数据与字符书写格式

a）数据格式的规定　b）字符 STX（02H）的格式

表 5-11　通信中字符及其对应的 ASCII 码

字符	ASCII 码	注　释
ENQ	05H	来自计算机的查询信号
ACK	06H	无校验错误时，PLC 对 ENQ 的应答信号
NAK	15H	检测到错误时，PLC 对 ENQ 的应答信号
STX	02H	数据块的起始标志
ETX	03H	数据块的结束标志

字符	ASCII 码	字符	ASCII 码	字符	ASCII 码	字符	ASCII 码
0	30H	4	34H	8	38H	C	43H
1	31H	5	35H	9	39H	D	44H
2	32H	6	36H	A	41H	E	45H
3	33H	7	37H	B	42H	F	46H

PLC 与计算机之间的数据通信是以帧为单位进行发送和接收的，一个多字符帧由开始标志字符 STX、命令码、数据、结束标志字符 ETX 以及和校验 5 部分组成，多字符帧的组成如图 5-11 所示。

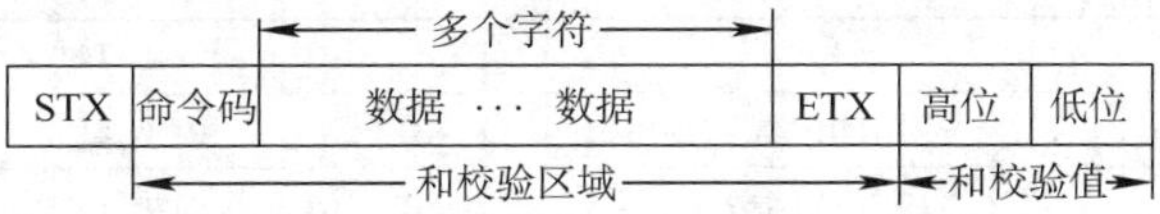

图 5-11　多字符帧的组成

其中和校验是从命令码到结束标志之间的所有字符的 ASCII 码（十六进制）相加之和的最低两位。命令码有 4 个，通信所用的命令码见表 5-12。

表 5-12　通信所用的命令码

命令码	操 作 数	功　能
0	X、Y、M、S、T、C、D	读位软设备的状态或字软设备内的数据
1	X、Y、M、S、T、C、D	对位软设备置 0 或 1 和对字软设备写数
7	X、Y、M、S、T、C	对位软设备强制置 1
8	X、Y、M、S、T、C	对位软设备强制置 0

通信中无论是数据的读还是写都是对 PLC 而言，并且都是由计算机先发出信号，PLC 始终处于被动响应状态。通信开始计算机先发出一个查询信号 ENQ 去查询 PLC 是否准备就绪并检查 PLC 与计算机连接是否正确。如果通信正常 PLC 应答 ACK，通信有错则应答 NAK；如果经 5s 后什么应答信号也没有，计算机再发 ENQ 查询，仍无应答信号则说明连接有错。

二、PLC 与 PLC 的联网与通信模块

当控制内容较多，控制规模较大时往往需要多台 PLC 并联运行，或者以一台 PLC 为主机多台 PLC 为从机构成全 PLC 网是某些大型控制项目常见的一种 PLC 网络控制形式。

1. 双机并联接口模块 FX_{2N}-40AP、FX_{2N}-40AW　采用 FX_{2N}-40AP 或 FX_{2N}-40AW 双机并联接口模块能方便地实现两台 FX_{2N} 系列 PLC 之间的数据和位状态的自动交换，其中 FX_{2N}-40AW接口模块之间采用带屏蔽的双绞线连接，而 FX_{2N}-40AP 模块之间是采用光缆连接。FX_{2N}-40AP 与 FX_{2N}-40AW 的技术指标见表 5-13。

表 5-13　FX_{2N}-40AP/AW 的技术指标

项目	FX_{2N}-40AP	FX_{2N}-40AW
传送/接收点	100/100（ON-OFF） 10/10（16 位数据）	100/100（ON-OFF） 10/10（16 位数据）
传递距离/m	<50	<10

图 5-12 是两台 FX_{2N}系列 PLC 并联运行的硬件连接图。

2. MELSEC NET/MINI 网接口模块 FX_{2N}-16NP、FX_{2N}-16NT　FX_{2N}-16NP 和 FX_{2N}-16NT 是构成 M-NET/MINI 网的一种从机接口模块，其中 FX_{2N}-16NP 采用光纤电缆连接，站间最大距离可达到 50m，而 FX_{2N}-16NT 采用带屏蔽的双绞线连接，站间最大距离可达到 100m。

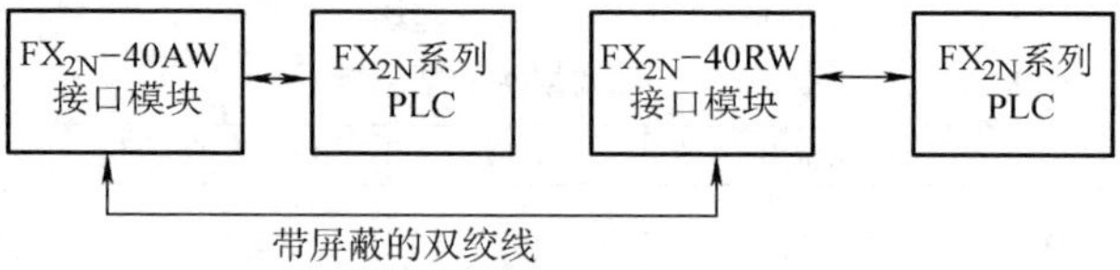

图 5-12　两台 FX_{2N}系列 PLC 并联运行的硬件连接图

FX_{2N}-16NP/NT 的主要性能见表 5-14。

表 5-14　FX_{2N}-16NP/NT 的主要性能

型号	FX_{2N}-16NP	FX_{2N}-16NT
适用的电缆	光缆	双绞线
占用的从站数	两个从站（一个为 8 点输入，另一个为 8 点输出）	
输入点数	8 点输入（实际占用 FX_{2N} PLC 的 16 点输入）	
输出点数	8 点输出（实际占用 FX_{2N}PLC 的 8 点输出）	

PLC 分布式控制系统的结构如图 5-13 所示，M-NET/MINI 网的连接如图 5-14 所示。

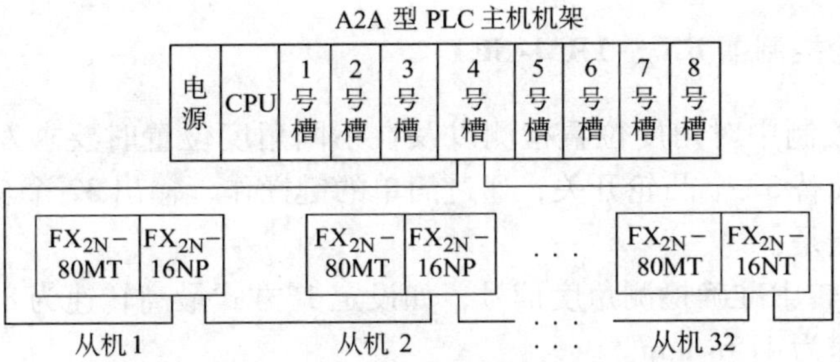

图 5-13　PLC 分布式控制系统结构

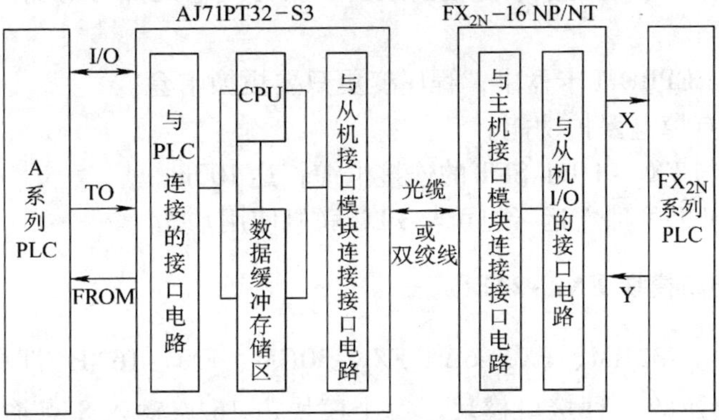

图 5-14　M-NET/MINI 网的连接

第四节　其他特殊功能模块

一、人机界面特殊功能模块

人机界面特殊功能模块又称为数据存取单元，是实现人机对话的重要工具之一。小型 PLC 的控制功能日趋复杂，常常要求加强人机之间的信息沟通，例如开机前必要的初始设定、文件寄存器参数输入、定时器计数器的监视、设定值变更等。

二、变量设置单元 FX_{2N}-8AV

它是一种简单的模拟量设置单元，模块上有 8 个带刻度的小型电位器，可用小的螺钉旋具（俗称螺丝刀）设置变量，变量值范围为 0～255。FX_{2N} 系列 PLC 专为该单元设置两条应用指令，一条是变量输入指令 VRRD（FNC85）从 FX_{2N}-8AV 的某一通道（由指令中源数 S 指定）输入一个 8 位二进制数（范围为 0～255）并存放到目标元件中。另一条是位置区间输入指令 VRSC（FNC86），此时 FX-8AV 作为旋转开关由该指令输入其设定位置（范围 0～10 取整数）并存放到目标元件中。

图 5-15　FX_{2N}-8AV 应用程序

图 5-15 所示为 FX_{2N}-8AV 作为模拟式定时器使用时的应用程序，由模块的 VR0 通道对定时器 T9 进行设定。当定时器设定值超过 255 时，可采用间接设定法，即用 MUL（FNC22）

指令把存储值乘以某一常数作为设定值。

三、可编程凸轮控制器 FX_{2N}-1RM-SET

用于机械传动控制中对角度位置检测以及在不同角度位置时要求发出不同ON/OFF信号的控制场合，可代替32个凸轮开关，通过简单的键操作，输出32个功能实现角度位置控制。该模块主要特点是：

1）可在高速旋转中准确检测角度信号，如设定1°方式最高转速为830r/min，设定0.5°方式时允许最高转速为415r/min。

2）角度信号由模块板上的数字键输出或由示教方式输入并可对输出状态及当前角度进行监视。

3）程序储存在EEPROM卡盒中，程序变更只要更换卡盒。

4）角位信号具有掉电保护功能。

5）角位传感器与 FX_{2N}-1RM-SET的连接电缆长达100m。

6）FX_{2N}-1RM-SET可独立运行也可与PLC联机使用。

四、数据通信接口模块 FX_{2N}-24EI

FX_{2N}-24EI是 FX_{2N}-32RM、FX_{2N}-6A、FX_{2N}-30GM、FX_{2N}-16NP/NT等模块与 FX_{2N} 系列PLC之间进行信号交换的一种接口模块。每个模块占16点输入8点输出，每个 FX_{2N} 系列PLC最多可接3个 FX_{2N}-24EI模块，要根据模块的连接位置来确定其I/O地址号。图5-16是 FX_{2N}-48MR接一个8点输入扩展单元和3个 FX_{2N}-24EI模块的连接示意图，各单元的I/O地址如图所示。主机及外部I/O模块共占128点I/O。图5-17是以图5-16为例与 FX_{2N}-16NP/NT模块进行信号交换连接对应的I/O首元件地址号的关系。

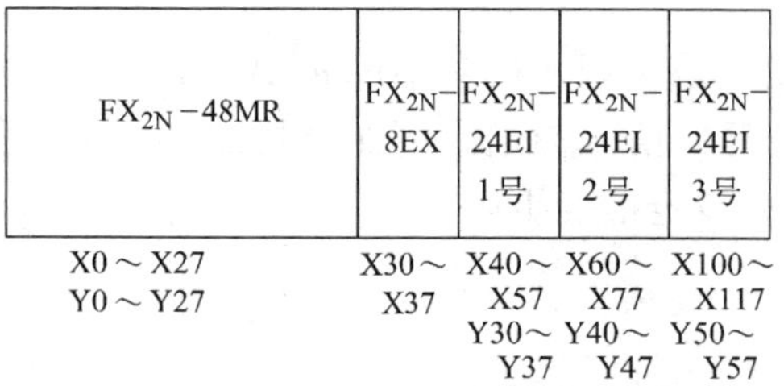

图5-16 FX_{2N}-48MR主机与 FX_{2N}-24EI连接

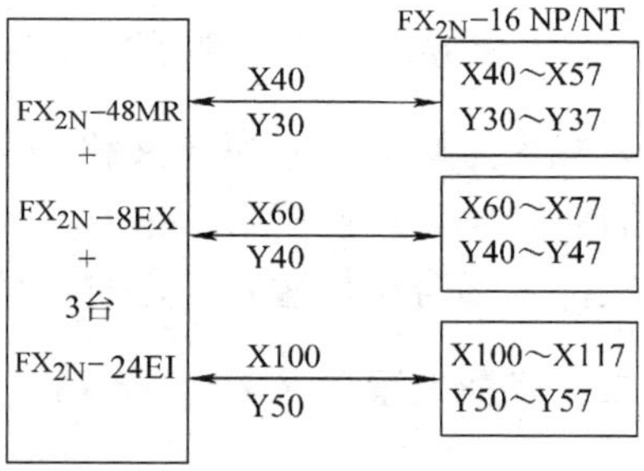

图5-17 FX_{2N}-16NP/NT接口I/O首地址号

小 结

本章介绍了PLC的各种用途的特殊功能I/O模块，并以 FX_{2N} 系列PLC为例，介绍了模拟量处理、高速处理、联网通信等控制场合使用特殊功能I/O模块的用途、主要技术指标、构成和使用方法，为PLC控制系统设计和模块选用打下基础。使用好各种特殊功能I/O模块不仅简化了PLC系统的硬件和软件设计，也是PLC应用水平提高的一个重要标志。

随着PLC应用范围的不断扩大，技术水平不断提高，各类PLC所能提供的特殊功能I/

O模块也越来越丰富，并成为PLC选型时需要考虑的一个重要因素。在各种用途特殊功能I/O模块的选用、使用，特别是应用程序设计过程中必须仔细参阅该模块的用户手册，仔细了解其技术指标、端口的地址和功能、连接方法，内部软器件的组成、用途、编程指令、调试方法以及使用注意事项等方面的问题。

思考题与练习题

5-1 FX_{2N}系列PLC的模拟量输入/输出模块的技术指标中主要包含哪些内容？各项指标的含义是什么？信号的输入/输出有几种方式？如何设置？

5-2 模拟量输入/输出模块的分辨率、零点值，增益值是如何定义的？根据控制要求如何正确计算和调定各通道的分辨率、零点和增益值？

5-3 FX_{2N}-1HC模块的用途是什么？其最高计数频率是多少？该计数器的输出控制有几种方式？

5-4 试说明采用FX_{2N}-1GM模块的定位控制系统的硬件构成原理，该系统共有几种构成方式？其中FX_{2N}-1GM模块的用途是什么？它采用什么输出方式？

5-5 FX_{2N}-232ADP是什么模块？与外部通信设备如何连接？如何设置其通信模式？

5-6 FX_{2N}-232AW与FX_{2N}-232ADP模块在功能与使用方法上有什么区别？

5-7 利用串行通信指令将数据寄存器D20～D29中的数据按16位通信模式传送出去并将接收来的数据转存在D100～D109中，然后将D100中的数据与100比较，当数值相等时Y0置1。试编制该部分程序。

5-8 FX_{2N}-40AP/AN，FX_{2N}-16NP/NT模块的用途是什么？如何连接？

第六章　西门子电气（SIEMENS）S7 系列 PLC

德国西门子公司是世界上较早研制和生产 PLC 产品的厂家，其产品在国际和国内具有较高的市场占有率。西门子公司的 PLC 产品有 SIMATICS7、M7 和 C7 等几大系列。

S7 系列是传统意义的 PLC 产品，其中 S7-200 是针对低性能要求的紧凑的微型 PLC，其编程软件为 STEP7-Micro/WIN。S7-300 是针对中等性能要求的模块式中小型 PLC，最多可扩展 32 个模块。S7-400 是用于高性能要求的模块式大型 PLC，可扩展 300 多个模块。

本章系统地介绍 S7-200/300/400 系列 PLC 的硬件组成的相关知识。

第一节　S7-200 型 PLC 的硬件组成

S7-200 是属于整体式结构，其将 CPU 模块、I/O 模块和电源装在一个箱型机壳内，其外形结构如图 6-1 所示。图中的前盖下面有模式选择开关、模拟量电位器和扩展模块连接器。

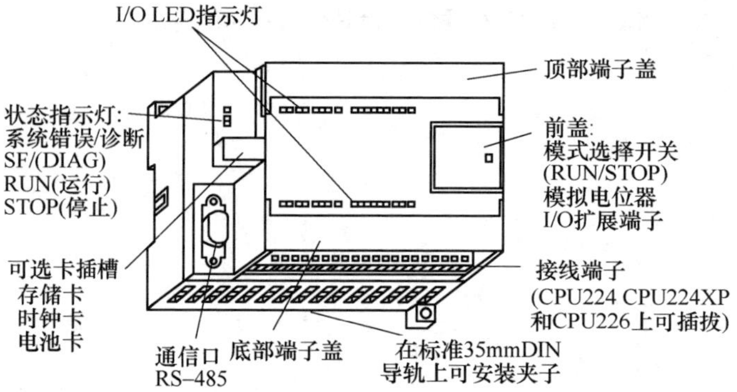

图 6-1　S7-200 型 PLC 外形结构

S7-200 还可配备许多专用的特殊功能模块，例如模拟量输入/输出模块、热电偶和热电阻模块、通信模块等，从而扩展 PLC 的功能。

S7-200 型 PLC 系统组成如图 6-2 所示。

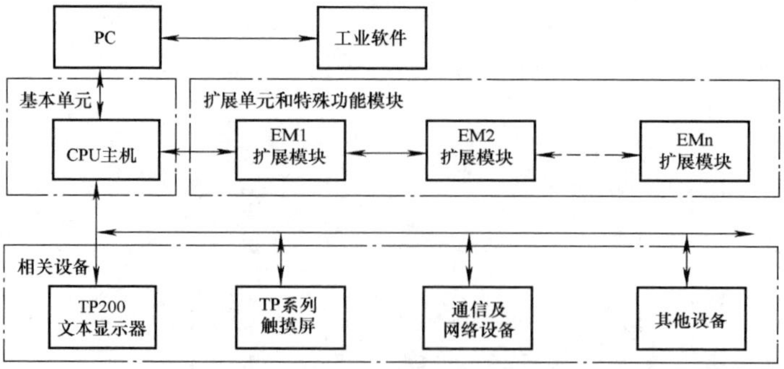

图 6-2　S7-200 型 PLC 系统组成

系统构成可分为：基本单元、扩展模块和相关设备等。

一、基本单元的构成

基本单元（称 CPU 模块，又称主机或本机）。主要是由中央处理单元、单元内部逻辑处理电路、程序存储器、掉电保护存储器、数据存储器 RAM、输入输出接口 I/O、计数器/定时器电路、中断电路、高速脉冲输入/输出电路、继电器或晶体管输出电路、通信接口电路、LED 指示电路、扩展接口电路、模拟电位器和电源输出模块等组成。它本身是一个完整的控制系统。S7-200 提供多种具有不同 I/O 点数的 CPU 模块和数字量、模拟量 I/O 扩展模块供用户选用。CPU 模块特性功能见表 6-1。

表 6-1 CPU 模块特性功能

功能 型号	数字 I/O	模拟 I/O	可扩展模块数	PID 控制器	RS-485 通信/编程	PPI/MPI 协议	独立的高速计数器 独立高速脉冲输出
CPU221	6/4	无	无	无	1 个	有	无
CPU222	8/6	无	2 个模块 78 路数字 I/O 10 路模拟 I/O	有	1 个	有	4～30kHz 高速计数 2～20kHz 高速脉冲输出
CPU224	14/10	无	7 个模块 168 路数字 I/O 35 路模拟 I/O	有	1 个	有	6～30kHz 高速计数 2～20kHz 高速脉冲输出
CPU224XP	14/10	2 输入 1 输出	7 个模块 168 路数字 I/O 38 路模拟 I/O	自整定 PID 功能	2 个	有	6～100kHz 高速计数 2～100kHz 高速脉冲输出
CPU226 （CPU226XM）	24/16	无	7 个模块 248 路数字 I/O 35 路模拟 I/O	有	2 个	有	6～30kHz 高速计数 2～20kHz 高速脉冲输出

1. *CPU 模块内部输入/输出接口* CPU 内部输入输出电路是使 MPU 与 CPU 模块内部电路及各种控制电路进行连接和控制所必备的电路。如 MPU 内部数据总线、MPU 与 EEPROM、RAM 及外部三总线连接等。

2. *电源输出模块* CPU 模块具有 DC 24V 可接负载的电源，可直接连接到传感器和变送器（执行器）。为系统扩展需要，CPU 模块还为扩展模块提供 DC 5V 电源，以提供的最大电流为限。CPU 模块可提供的最大电流见表 6-2。

表 6-2 CPU 模块可提供的最大电流

CPU 型号	CPU 221	CPU 222	CPU 224	CPU 224XP	CPU 226	CPU 226XM
DC 24V 供电电流/mA	180		280		400	
DC 5V 供电电流/mA	0	340	660		1000	

3. *存储器* 基本单元内部有 EEPROM 存储器，RAM 存储器，用户程序存储器，用户数据存储器。有掉电保持型的和暂存型的。

各个 CPU 单元内部的存储器容量见表 6-3。

表 6-3 各个 CPU 单元内部的存储器容量

主机 CPU 类型	CPU 221	CPU 222	CPU 224	CPU 224XP	CPU 226	CPU 226XM
用户程序区存储容量/B	4096	4096	8192	12288	16384	32768
非在线程序存储空间/B	4096	4096	12288	16384	24576	49152
用户数据区存储容量/B	2048	2048	8192	10240	10240	20480
用户存储器类型	EEPROM					

4. *计数器/定时器电路* CPU 模块内部含有计数器/定时器电路，其作用是完成程序的计数/定时及软件看门狗定时。

5. *中断电路* 中断输入，它允许以极快的速度对信号的上升沿做出响应。在完成现有指令后（此时中断是处于允许状态），自动转入中断程序。

6. *高速脉冲输入/输出电路* 脉冲捕捉输入信号功能，可以用普通输入端子捕捉比 CPU 扫描周期更快的脉冲信号，并可以以最高 30kHz 的速度计数，可以连接相应数量的相位差为 90°的 A/B 相编码器输入。

高频脉冲输出，两路最大可达 20kHz 的输出，可以驱动步进电动机和伺服电动机以实现准确定位。

7. *输入/输出信号类型* 4 种 CPU 模块都有晶体管输出和继电器输出类型，具有不同的电源电压和控制电压。各种 CPU 模块的输出类型见表 6-4。输入输出口采用接线端子与外部相连。

表 6-4 各种 CPU 模块的输出类型

<table>
<tr><th>特性
CPU</th><th>输入输出类型</th><th>电源电压</th><th>输入电压</th><th>输出电压</th><th>输出电流器件</th></tr>
<tr><td rowspan="2">CPU 221</td><td>DC 输出
DC 输入</td><td>DC 24V</td><td rowspan="4">DC 24V</td><td>DC 24V</td><td>0.75A-晶体管</td></tr>
<tr><td>继电器输出
DC 输入</td><td>AC 85~264V</td><td>DC 24V
AC 24~230V</td><td>2A-继电器</td></tr>
<tr><td rowspan="2">CPU 222
CPU 224
CPU 224XP
CPU 226
CPU 226XM</td><td>DC 输出</td><td>DC 24V</td><td>DC 24V</td><td>0.75A-晶体管</td></tr>
<tr><td>继电器输出</td><td>AC 85~264V</td><td>DC 24V
AC 24~230V</td><td>2A-继电器</td></tr>
</table>

8. *通信接口电路* S7-200 CPU 上的通信端口是符合欧洲标准 EN 50170 中 PROFIBUS 标准的 RS-485 兼容 9 针 D 型连接器。

9. *LED 指示电路* 输入接线端子（Ix. x），在输入有效时对应的输入指示 LED 亮。输出接线端子（Qx. x），在输入有效时对应的输出指示 LED 亮。LED 串联在输入和输出电路中，其电路形式与 FX_{2N}系列相类似。

另外，在图 6-1 所示 S7-200 型 PLC 外形结构中可以看到状态指示灯位置：即系统错误/

诊断 SF/（DIAG）、运行 RUN 和停止 STO 指示灯指示相应的状态。

10. *扩展接口电路*　在图 6-1 中可以看到前盖标示有 I/O 扩展端子、模拟电位器接口。扩展电路是为扩展系统 I/O 口和其他模块而设计的接口端子。

二、扩展模块

扩展单元（模块）主要有数字量扩展模块、模拟量扩展模块、特殊功能模块和通信模块等。

1. *数字量扩展模块*　数字量输入模块将现场传来的外部数字信号的电平转换为 PLC 内部的信号电平，用于连接外部的机械触点和电子数字式传感器；数字量输出模块将 PLC 内部的信号电平转化为控制过程所需的外部信号电平，并有隔离放大作用。

通常数字量（开关量）模块分为 3 种类型：

1）输入扩展模块 EM 221，包括 3 种类型。

2）输出扩展模块 EM 222，包括 5 种类型。

3）输入/输出扩展模块 EM 223，包括 6 种类型。

在数字量扩展模块应用中要注意：输入类型和接线方式，输出类型和负载电流范围，输入输出端点的预留空间数（推荐 20%），每一种模块所需供电电压及电流值大小，相连的 CPU 模块可提供电压及电流值范围等。

扩展模块的输入/输出点数、输出类型和数字量 I/O 模块基本性能指标见表 6-5。

表 6-5　输入/输出点数、输出类型和数字量 I/O 模块基本性能指标

<table>
<tr><th>名称</th><th>输入</th><th colspan="2">输入类型</th><th>输出</th><th>输出类型</th><th>输出工作电流</th><th>输出电流容量</th><th>电源要求 DC 5V</th></tr>
<tr><td rowspan="3">EM 221</td><td rowspan="2">8</td><td colspan="2">漏型/源型 DC 24V</td><td colspan="3" rowspan="3"></td><td>4mA</td><td rowspan="2">30mA</td></tr>
<tr><td colspan="2">ICE Type1 AC 120/230V</td><td>2. 5mA</td></tr>
<tr><td>16</td><td colspan="2">漏型/源型 DC 24V</td><td>4mA</td><td>70mA</td></tr>
<tr><td rowspan="5">EM 222</td><td colspan="3" rowspan="5"></td><td rowspan="3">8</td><td>晶体管 DC 24V</td><td></td><td>0. 75A</td><td>40mA</td></tr>
<tr><td>继电器 DC 24V　AC 24～230V</td><td>24V、9mA</td><td>2A</td><td>50mA</td></tr>
<tr><td>晶闸管过零触发 AC 120～230V</td><td></td><td>0. 5A</td><td>30mA</td></tr>
<tr><td rowspan="2">4</td><td>固态 MOSFET DC 24V</td><td></td><td>5A</td><td>40mA</td></tr>
<tr><td>干簧管触点 DC 24V　AC 250V</td><td></td><td>2～10A</td><td>110mA</td></tr>
<tr><td rowspan="6">EM 223</td><td rowspan="2">4</td><td rowspan="6">漏型/源型 DC 24V</td><td rowspan="6">输入电流值 2. 5mA</td><td rowspan="2">4</td><td>固态 MOSFET DC 24V</td><td></td><td>0. 75A</td><td rowspan="2">40mA</td></tr>
<tr><td>继电器 DC 5～30V　AC 5～250V</td><td>24V、9mA</td><td>2A</td></tr>
<tr><td rowspan="2">8</td><td rowspan="2">8</td><td>晶体管 DC 24V</td><td></td><td>0. 75A</td><td rowspan="2">80mA</td></tr>
<tr><td>继电器 DC 24V　AC 24～230V</td><td>24V、9mA</td><td>2A</td></tr>
<tr><td rowspan="2">16</td><td rowspan="2">16</td><td>固态 MOSFET DC 24V</td><td></td><td>0. 75A</td><td>160mA</td></tr>
<tr><td>继电器 DC 5～30V　AC 5～250V</td><td>24V、9mA</td><td>2A</td><td>150mA</td></tr>
</table>

2. *模拟量扩展模块*　S7-200 有 3 种模拟量扩展模块，即模拟量 I/O 模块 EM231、EM 232 和 EM 235，主要完成模数（A-D）转换和数模（D-A）转换。模拟量输入时将温度、

压力等传感器经变送器输出的标准量程信号转换成 CPU 内部处理用的数字信号；模拟量输出时将 PLC 输出的数字量变换成模拟量信号，以满足控制设备的要求。

热电偶和热电阻模块扩展模块　热电偶模块有两种型号，分别为 4 路热电偶模块和 8 路热电偶模块（EM 231），可以连接 J、K、E、N、S、T 和 R 共 7 种类型的热电偶。热电阻（RTD）模块也有两种型号，分别为 2 路 RTD 模块和 4 路 RTD 模块。

3. 特殊功能模块　S7-200 系统还提供了一些特殊功能模块，用于完成特定的任务。例如：定位模块 EM253，它能产生 200kHz 脉冲串，通过驱动装置带动步进电动机或伺服电动机进行速度和位置的开环控制，或控制单坐标部件的位置、速度和方向。集成位置开关输入能够脱离 CPU 独立完成位控功能。输出采用 5V 直流脉冲或 RS-422 接口。

4. 通信模块　为了适应不同的通信方式，S7-200 系统还提供了一些通信模块：

EM 277：Profibus-DP 从站通信模块，同时支持 MPI 从站通信；

EM 241：EM241 调制解调器（Modem）通信模块；

CP 243-1：工业以太网通信模块；

CP 231-1 IT：工业以太网通信模块，同时提供 Web/E-mail 等 IT 应用；

CP 243-2：AS-i 主站模块，可连接最多 62 个 AS-i 从站。

三、CPU 模块与扩展 I/O 模块地址编排方法

S7-200 按照 I/O 的类型排列地址，共有 4 类：

I（DI）：数字量输入。

Q（DO）：数字量输出。

AI：模拟量输入。

AQ：模拟量输出。

每一类 I/O 分别排列地址。从 CPU 模块开始算起，I/O 点地址从左到右按由大到小的规律排列。扩展模块的类型和位置一旦确定，则它的 I/O 点地址也随之确定。

例 6-1　某一扩展系统采用 CPU 224 模块，系统所需的输入输出点数各为：数字量输入 24 点，数字量输出 20 点，模拟量输入 6 点，模拟量输出 2 点。

系统组合可以有多种方式，组合模块编址见表 6-6。

表 6-6　组合模块编址

CPU 224　主机 I/O	模块 1　I/O	模块 2　I/O	模块 3　I/O	模块 4　I/O	模块 5　I/O
I0.0　Q0.0	I2.0	Q2.0	AIW0　AQW0	I3.0　Q3.0	AIW8　AQW2
I0.1　Q0.1	I2.1	Q2.1	AIW2	I3.1　Q3.1	AIW10
I0.2　Q0.2	I2.2	Q2.2	AIW4	I3.2　Q3.2	AIW12
I0.3　Q0.3	I2.3	Q2.3	AIW5	I3.3　Q3.3	AIW14
I0.4　Q0.4	I2.4	Q2.4			
I0.5　Q0.5	I2.5	Q2.5			
I0.6　Q0.6	I2.6	Q2.6			
I0.7　Q0.7	I2.7	Q2.7			
I1.0　Q1.0					
I1.1　Q1.1					
I1.2					

S7-200 系统扩展时，其输入/输出的地址组态规则为：

1）同类型输入或输出点的模块进行顺序编址。

2）对于数字量，输入输出映像寄存器单位长度为 8 位（一个字节），本模块高位实际位数未满 8 位的，未用位不能分配给 I/O 链的后续模块。

3）对于模拟量，输入输出以 16 位（2 字节，一个字）递增方式来分配空间。

第二节　西门子 PLC 基本编程指令

西门子 PLC 支持梯形图（LAD）、指令表（STL）、顺序功能图（SFC）和功能块图（FBD）4 种编程语言。在 S7-200 中，顺序功能图是通过步控指令实现的，在形式上是梯形图形式。在 S7-300/400 中，顺序功能图是以图形化的方式，通过 S7-GRAPH 软件包开发 GRAPH 程序实现的。

一、指令系统预备知识

1. *数据类型及取值范围*　PLC 数据类型可以是布尔型、整数型和实型（浮点数）。其数据格式和取值范围见表 6-7。

表 6-7　数据格式和取值范围

寻址格式	数据长度（位）	数据类型	取值范围
BOOL（位）	1（位）	布尔数	真（1）；假（0）
BYTE（字节）	8（字节）	无符号整数	0～255；0～FF（H）
INT （整数）	16（字）	有符号整数	-32768～32767； 8000～7FFF（H）
WORD （字）		无符号整数	0～65535； 0～FFFF（H）
DINT （双整数）	32（双字）	有符号整数	-2147483648～2147483647； 80000000～7FFFFFFF（H）
DWORD （双字）		无符号整数	0～4294967295； 0～FFFFFFFF（H）
REAL （实数）		IEEE32 位 单精度浮点数	-3.402823E+38～-1.175495E-38（负数） +1.175495E-38～+3.402823E+38（正数） 不能绝对精确地表示零
ASCⅡ	8（字节）/个	字符列表	ASCⅡ字符、 汉字内码（每个汉字 2 字节）
STRING （字符串）		字符串	1～254 个 ASCⅡ字符、 汉字内码（每个汉字 2 字节）

2. *常数*　常数数据长度可为字节、字和双字，书写形式可以是二进制、十进制、十六进制、浮点数（实数）或 ASCⅡ码等。常数表示形式见表 6-8。

表6-8 常数表示形式

进　制	书写形式	举　例
十进制	进制数值	1234
十六进制	16#十六进制值	16#12AB6
二进制	2#二进制值	2#1001_ 0011_ 0101_ 1100
ASCⅡ码	‘ASCⅡ码文本’	‘Show S-7 200’
浮点数（实数）	ANSI/IEEE 754—1985 标准	+1.234561E-36（正数）
		-1.234561E-36（负数）

从表6-8中可以看到，#号为常数的进制形式说明符。如常数无任何形式说明，则系统默认为十进制数。

二、系统存储器

CPU 将信息从编程的角度出发，我们也将系统存储器称为 PLC 的编程变量。

S7-200 将编程变量统一归为存储器单元，存储单元按字节进行编址，编程时无论所寻址的是何种数据类型，都应指出它所在的存储区和在存储区域内的字节地址。每个单元都有唯一的地址，地址由名称和编号两部分组成。S7-200 CPU 存储器名称（区域地址符号）见表6-9。

表6-9 S7-200 CPU存储器名称（区域地址符号）

元件符号（名称）	所在数据区域	区域功能
I（输入映像继电器）	数字量输入过程映像存储区	在每次执行扫描循环程序之前，CPU将输入模块的输入数值存入本区中
Q（输出映像继电器）	数字量输出过程映像存储区	在循环扫描期间，程序运算得到的输出值存入本区中域。循环扫描的末尾，操作系统从中读出值并将其送至输出模块
M（通用辅助继电器）	位存储器	用于存储用户程序的中间运算结果和标志位
SM（特殊标志继电器）	特殊存储器标志位区	用于存储系统的状态变量和有关控制信息
S（顺序控制继电器）	顺序控制继电器存储器标志位区	用于组织设备的顺序操作
V（变量存储器）	变量存储器标志位区	存放在程序执行过程中的中间结果或有关的其他数据
L（局部变量存储器）	局部存储器标志位区	可作为暂时存储器，或给子程序传递参数
T（定时器）	定时器存储器区	定时器指令访问本区域可得到定时剩余时间
C（计数器）	计数器存储器区	计数器指令访问本区域可得到当前计数值
AI（模拟量输入映像寄存器）	模拟量输入存储器标志位区	用于存放 A-D 转换后的数字量
AQ（模拟量输出映像寄存器）	模拟量输出存储器标志位区	用于存放 D-A 转换后的数字量
AC 累加器区	累加器区	用于执行、传送、移位、算术运算等操作
HC（高速计数器）	高速计数器区	累计比 CPU 的扫描速率更快的事件

三、西门子 PLC 的寻址方式

在 PLC 系统中，数据可以从一个地址传送到另一个地址；进行逻辑运算和数学运算；在编程软件上设置、查看；被其他设备访问，如在 HMI（人机界面）上显示；作为通信消息从一个设备传送到另一个设备等。

要进行上述数据处理，需要在使用数据处理的指令时，指定数据地址。指令的“操作数”基本都是以数据地址的形式给出。总之，所有数据，在 PLC 中都是通过地址访问，访问数据的过程本身就是“寻址”。

位寻址的格式如图 6-3 和字节寻址的格式如图 6-4 所示。

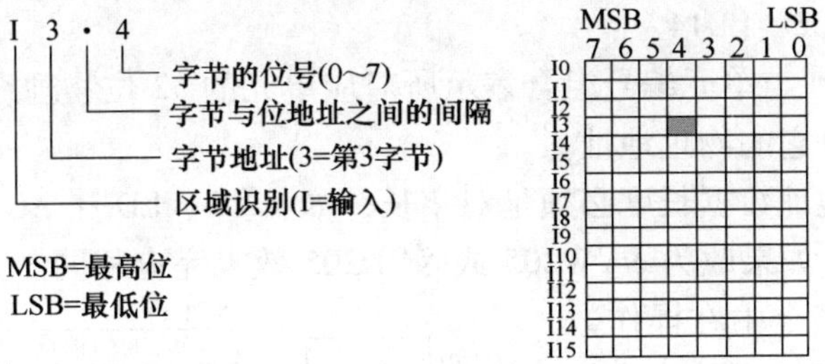

图 6-3　位寻址的格式

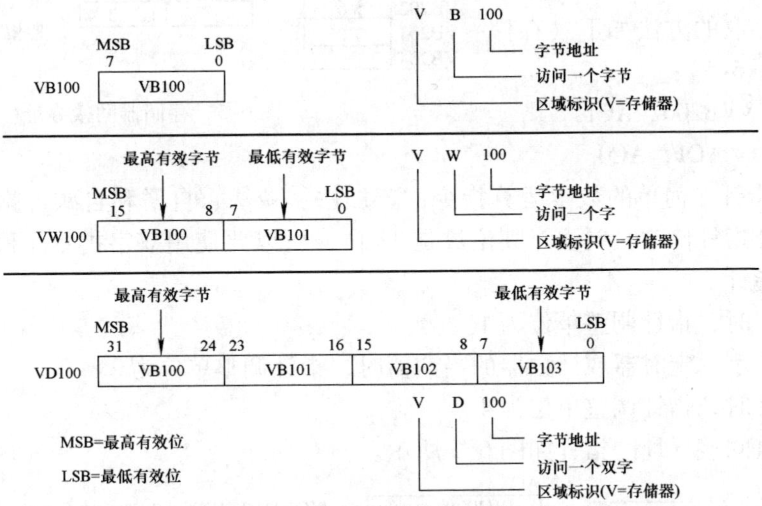

图 6-4　字节寻址的格式

S7-200 系统提供两种寻址方式：直接寻址和间接寻址。直接寻址即存储单元中的内容就是操作数；而间接寻址是在单元中放置一个地址指针，按照这一地址找到的存储单元中的数据才是所要取的操作数，即间接地取得数据。

1. 直接寻址方式　直接可寻址指定了存储器的区域、长度和位置，例如 VW100 是 V 存储区中地址为 100 的字。可以用字节（B）、字（W）和双字（DW）方式存取 V、I、Q、M、S 和 SM 存储器区中的数据。

2. 间接寻址方式　S7-200 允许使用指针对 I、Q、V、M、S、AI、AQ、T（仅当前值）和 C（仅当前值）存储区进行间接寻址。间接寻址不能用于位（bit）地址、HC 或 L 存储区。

用间接寻址方式存取数据步骤：建立指针、间接存取和修改指针。

（1）建立指针　对存储器的某一地址进行间接寻址时，必须首先为该地址建立指针。指针为双字长，所要访问的存储单元的 32 位的物理地址。可用来作为指针的存储区有：V、L 和 AC。

建立指针必须用双字传送指令（MOVD），将存储器所要访问的单元的地址装入用来作为指针的存储区单元或寄存器，装入的是地址而不是数据本身，格式表达如下：

例如：MOVD　&VB205，VD303

MOVD　&MB10，AC2

MOVD　&C2，LD14

“&”为地址符号，与单元编号组合表示所对应单元的 32 位物理地址，VB205 只是一个直接地址编号，并不是它的物理地址。

指令中的第二个地址数据长度必须是双字长，如：VD、LD 和 AC。

指令中的 &VB205 如果改为 &VW205 或 &VD205 效果完全相同。

（2）间接存取　指令中在操作数前面加“＊”号表示该操作数为一个指针。

建立间接存取的方法如下（存储器间接寻址见图 6-5）：

MOVD　&VB200，AC1

MOVW　＊AC1，AC0

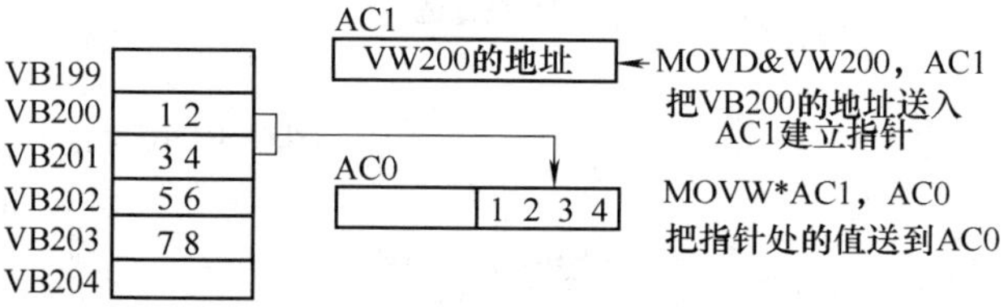

图 6-5　存储器间接寻址

（3）修改指针　简单的数学运算指令，若加法、减法、自增和自减等指令可以用来修改指针。在地址指针修改时要注意其位数是 32 位，所以要使用双字指令。根据所存取数据长度正确调整指针：

当存取字节时，指针调整单位为 1。

当存取一个字、定时器或计数器的当前值时，指针调整单位为 2。

当存取双字时，指针调整单位为 4。

建立、修改间接寻址的指针如图 6-6 所示。

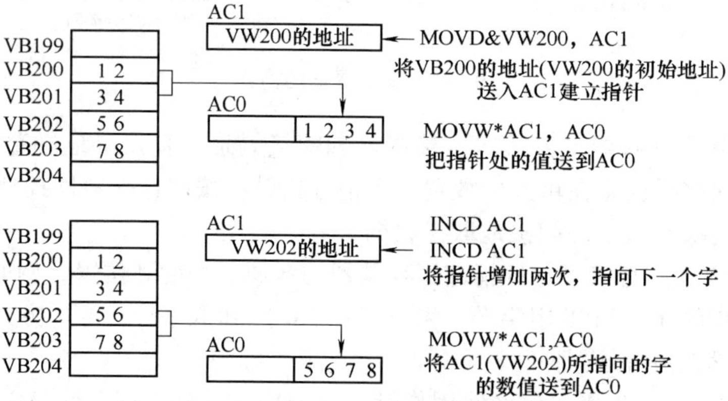

图 6-6　建立、修改间接寻址的指针

四、PLC 的基本指令

1. 位操作类指令　位操作类指令包括：输入/输出指令、位逻辑运算指令、位正/负跳变指令及置位/复位指令等。

（1）输入/输出（I/O）指令　输入/输出指令见表 6-10。

表 6-10　输入/输出指令

STL 指令	LAD 指令	功能	操作数	数据类型	存储区	举例
LD bit	bit —| |—	输入（常开触点）	位地址	BOOL	I、Q、M、S、SM、T、C、V、L	LD I1.2
LDN bit	bit —|/|—	输入（常闭触点）				LDN I1.7
= bit	bit —( )	输出				= Q1.6

（2）位逻辑运算指令　位逻辑运算指令见表 6-11。

程序应用举例：

本程序段以介绍标准触点指令在梯形图、语句表和功能块图等 3 种语言编程中的应用，可比较不同编程工具的区别与联系。梯形图和语句表程序结构图如图 6-7 所示。

表 6-11　位逻辑运算指令

STL 指令	LAD 指令	功能	操作数	数据类型	存储区	举例
A　bit	bit —| |—	逻辑“与”（常开触点）	位地址	BOOL	I、Q、M、S、SM、T、C、V、L	A　M1.2
AN　bit	bit —|/|—	逻辑“与”（常闭触点）				AN　S1.7
O　bit	bit —| |— （并联）	逻辑“或”（常开触点）				O　SM1.2
ON　bit	bit —|/|— （并联）	逻辑“或”（常闭触点）				ON　T1.7
NOT	—|NOT|—	取“非”	无	无		NOT

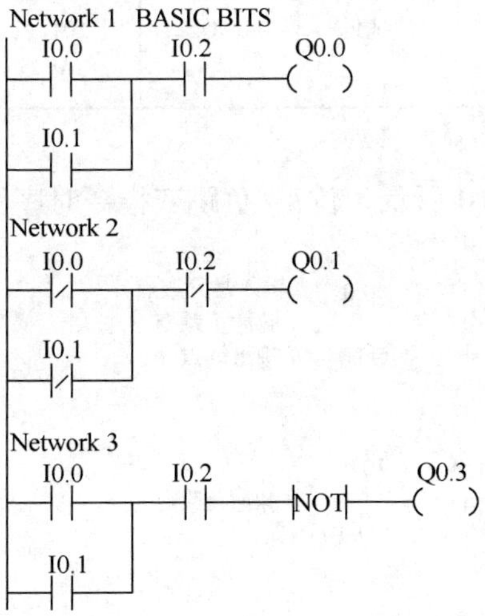


```
LD    I0.0   //装入常开触点
O     I0.1   //或常开触点
A     I0.2   //与常开触点
=     Q0.0   //输出触点
             //如果本梯级中将I0.1的触点改
             //为Q0.0的常开触点，则成为电动
             //机起动停止控制环节的梯形图

LDN I0.0  //装入常闭触点
ON    I0.1 //或常闭触点
AN    I0.2 //与常闭触点
=     Q0.1

LD    I0.0
O     I0.1
A     I0.2
NOT   //取非，即输出反相
=     Q0.3
```

图 6-7　梯形图和语句表程序结构图

其标准触点功能（FBD）框图如图6-8所示。在功能框图中，常闭触点的装入和串并联用指令盒的对应输入信号端加圆圈来表示。

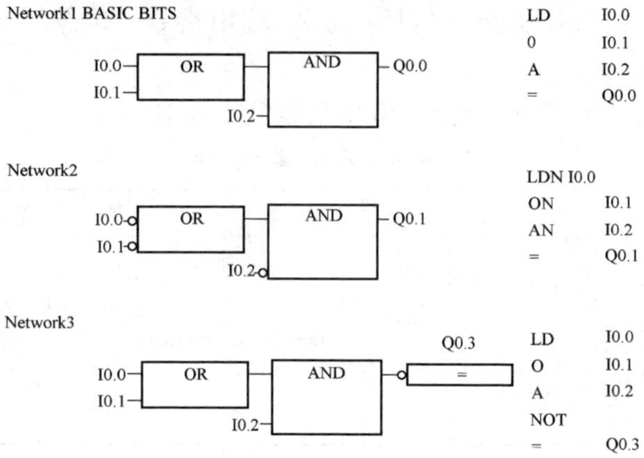

图6-8 标准触点功能（FBD）框图

执行的时序图如图6-9所示。

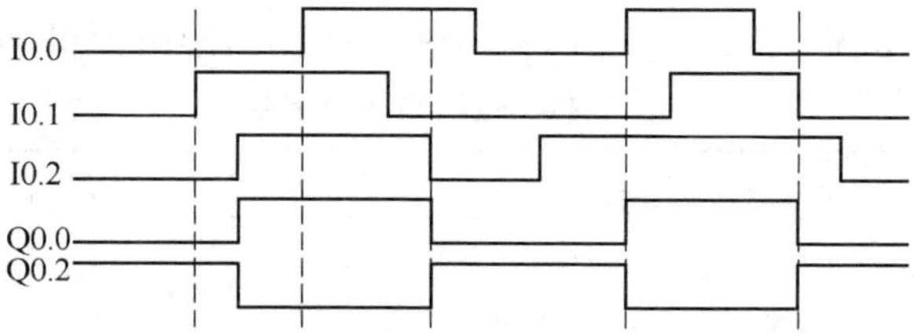

图6-9 执行的时序图

（3）位正/负跳变指令 位正/负跳变指令见表6-12。

表6-12 位正/负跳变指令

STL 指令	LAD 指令	功 能	操作数	数据类型	存储区	举例
EU	─┤P├─	当检测到一次正跳变时（上升沿）/负跳变（下降沿），产生一个扫描周期的微分脉冲	位地址	BOOL	I、Q、M、S、SM、T、C、V、L	EU
EN	─┤N├─					EN

程序应用举例：

位正/负跳变指令应用的LAD和STL如图6-10所示，位正/负跳变指令时序图如图6-11所示。

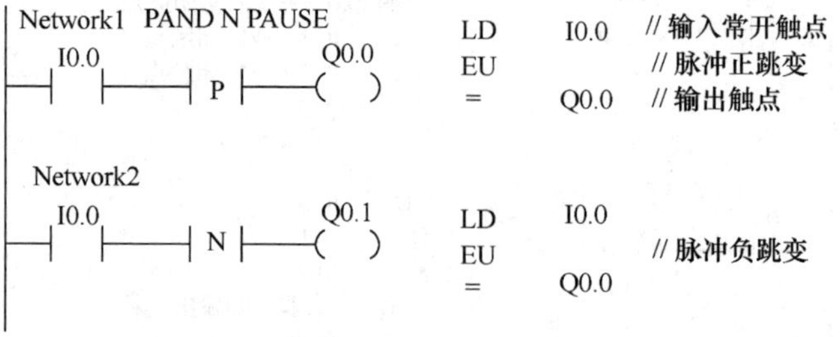

图6-10 位正/负跳变指令应用的LAD和STL

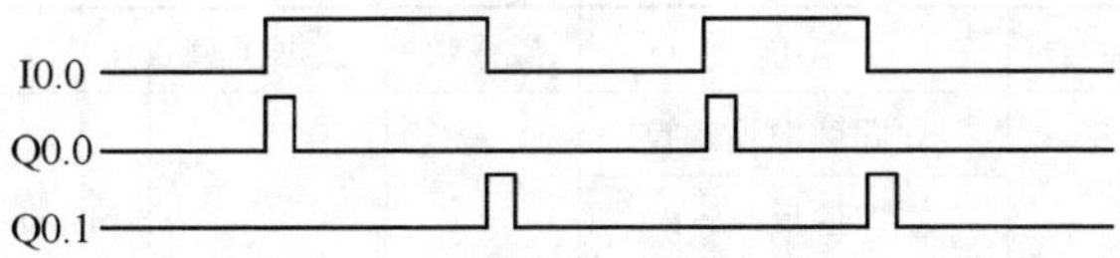

图 6-11　位正/负跳变指令时序图

（4）置位/复位指令　置位/复位指令见表 6-13。

表 6-13　置位/复位指令

STL 指令	LAD 指令	功能	操作数	数据类型	存储区	举例
S　bit，N	bit —(S) N	置位输出 N：1～255	位地址	BOOL	bit：I、Q、M、S、SM、T、C、V、L N：VB、IB、QB、MB、SMB、SB、LB、AC、常数、*AC、*VD、*LD	S　Q0.1，1
R　bit，N	bit —(R) N	复位输出 N：1～255				R　Q0.2，2

指令说明：

1）当执行置位/复位输出时，从 bit 开始的 N 个同类点被置位/复位。

2）若复位的定时器 T 或计数器 C，那么定时器/计数器当前值被清零。

程序应用举例：

置位/复位指令应用的 LAD 和 STL 如图 6-12 所示，置位/复位时序图如图 6-13 所示。

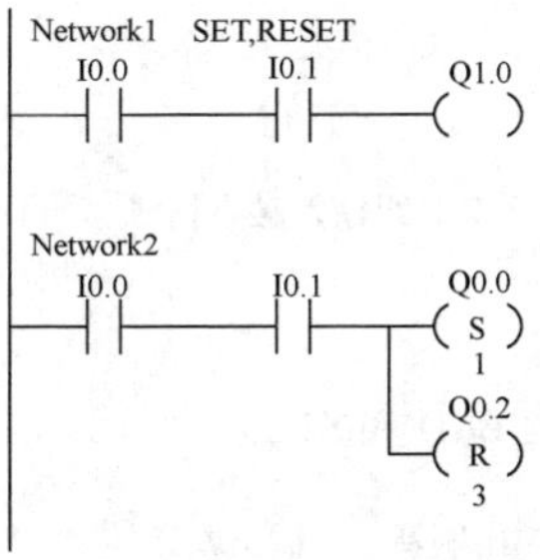


```
LD    I0.0       // 装入常开触点
A     I0.1       // 与常开触点
=     Q1.0       // 输出触点

LD    I0.0
A     I0.1
S     Q0.0,1     // 将 Q0.0 开始的1 个触点置1
R     Q0.2,3     // 将 Q0.2 开始的3 个触点置0
```

图 6-12　置位/复位应用的 LAD 和 STL

2. 立即刷新指令　S7-200 系统有两种立即指令，即对输入继电器（点）和输出继电器（点）进行快速的直接存取。当用立即数指令读取输入点的状态时，程序只是把输入端的状态读入到程序中，而输入映像寄存器中的值并未发生更新；用立即指令访问输出点时，访问的同时，则输出寄存器的内容被刷新，同时输出点更新。立即指令见表 6-14。

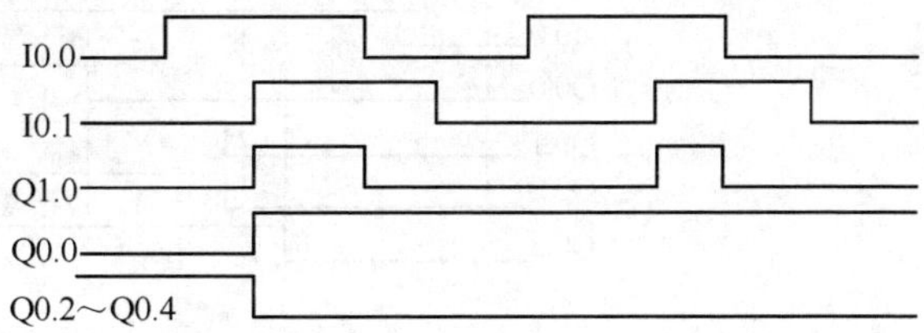

图 6-13　置位/复位时序图

表 6-14 立即指令

STL 指令	LAD 指令	功能	操作数	数据类型	存取区	举例
LDI bit	bit —| I |—	立即读取输入点	位地址	BOOL	bit：I	LDI I0.1
LDNI bit		立即取反				
OI		立即或				
ONI		立即或反				
AI		立即与				
ANI		立即与反				
=I bit	bit —(I)	立即输出			Q	=I Q0.2
SI bit, N	bit —(SI) N	立即置位			bit：Q N：VB、IB、QB、MB、SMB、SB、LB、AC、常数、*AC、*VD、*LD	SI Q0.1
RI bit, N	bit —(RI) N	立即复位				RI Q0.2

应用举例：

图 6-14 与图 6-15 所示为立即指令应用程序的 LAD 和 STL 及其时序图。

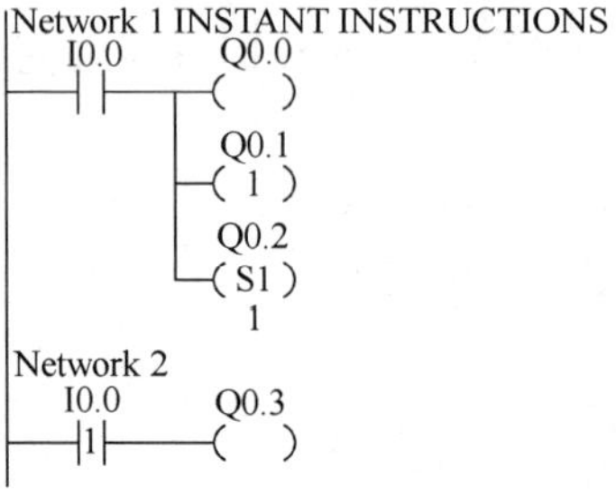


```
LD   I0.0    //装入常开触点
=    Q0.0    //输出触点，非立即
=I   Q0.1    //立即输出触点
SI   Q0.2,1  //从Q0.2开始的1个触点被立即置1

LDI  I0.0    //立即输入触点指令
=    Q0.3
```

图 6-14 立即指令程序的 LAD 和 STL

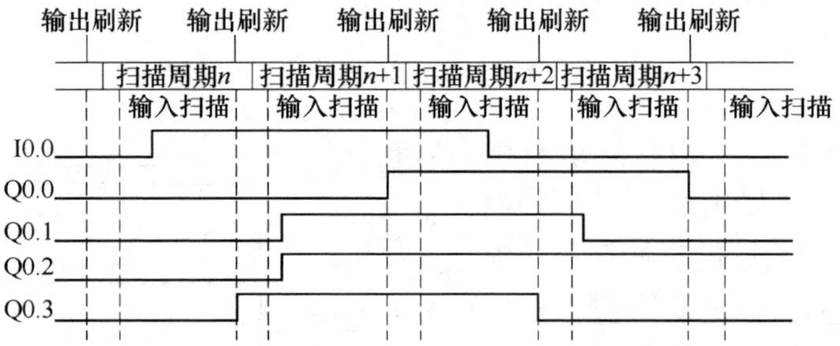

图 6-15 立即指令程序的时序图

3. 复杂类逻辑指令 复杂类逻辑指令主要是对复杂的梯形图中块与、块或和栈操作的指令。这类指令包括：ALD、OLD、LPS、LPP、LRD，指令中除 LDS 外，其余指令均无操作

数。复杂类逻辑指令见表 6-15。

表 6-15　复杂类逻辑指令

STL 指令	LAD 指令	功　能	举　例
ALD	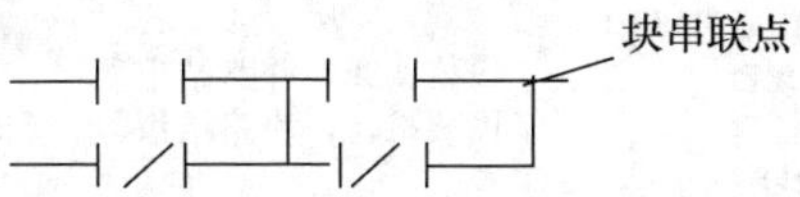	两个及以上并联电路的串联连接	… ALD
OLD	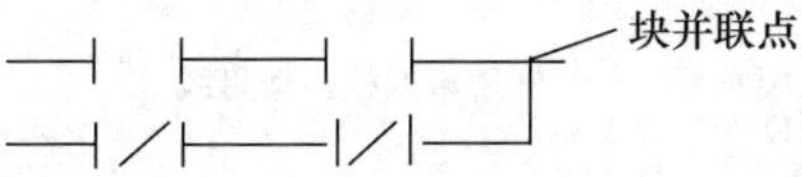	两个及以上串联电路的并联连接	… OLD
LPS	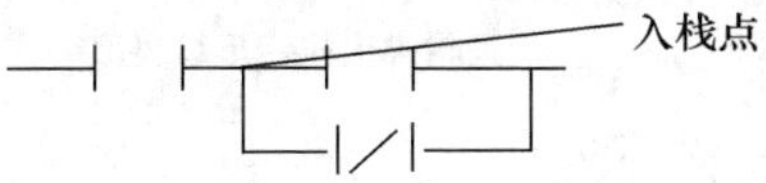	入栈（分支或主控指令） 把栈顶值复制后压入堆栈	… LPS
LPP	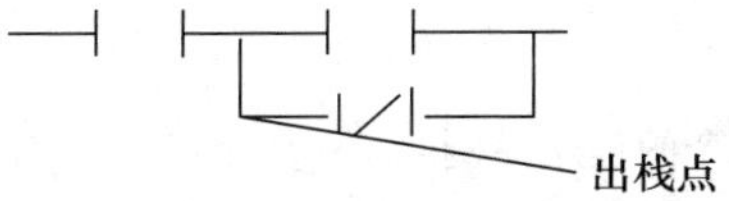	出栈（分支结束或主控复位指令） 把堆栈弹出一级，堆栈内容依次上移	… LPP
LRD	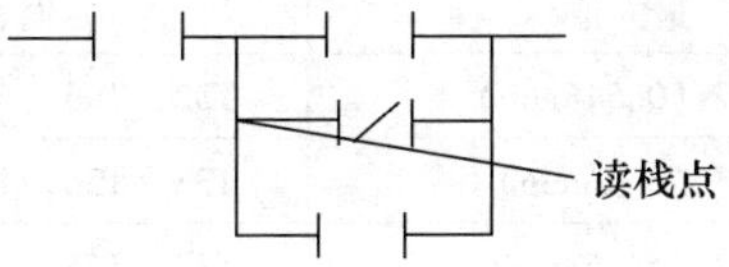	读栈（左侧主控复逻辑块，开始后面的从逻辑块） 读取最近压入堆栈的内容，堆栈本身不进行压入和弹出工作	LRD

注：1. ALD 块与，含义与 FX_{2N} 系列中的梯形图相同。表示对含有两个及以上并联电路的串联连接。
2. OLD 块或，含义与 FX_{2N} 系列中的梯形图相同。表示对含有两个及以上串联电路的并联连接。
3. LPS 入栈（分支或主控指令）。在梯形图中的分支结构中，用于生成一条新的母线，如果在已经含有主控逻辑块（左侧已用了 LPS）时，第一个完整的从逻辑行从此开始。
4. LPP 出栈（分支结束或主控复位指令）。在梯形图中的分支结构中，用于降 LPS 指令生成一条新的母线进行恢复。如果原来是从站，则恢复的母线是左侧的原从分支母线或原主母线。
注意：使用 LPP 指令时，必须出现在 LPS 的后面，且与 LPS 成对出现。受堆栈空间限制，连续使用应少于 9 次。
5. LRD 读栈，在梯形图中的分支结构中，当左侧为主控逻辑块时，开始第二个和后面更多地从逻辑块。
6. LDS 装入栈指令（本指令编程时较少使用），此指令的作用是把栈中 n 位的值复制，并把原 n 位的值复制放入栈顶，其他位依次下移一位。

指令格式：LDS　n　（n 为 0 ~ 8 的整数）

复杂逻辑指令的程序举例如图 6-16 所示。

4. 定时器指令　定时器在使用前要先预置时间初始值，当定时器满足条件运行时，从开始 0 按精度等级单位（1ms、10ms、100ms）增计数，当定时器当前值达到预置值时，定时器动作，定时器的常开触点闭合，常闭触点断开。定时器类型、精度与编号见表 6-16。

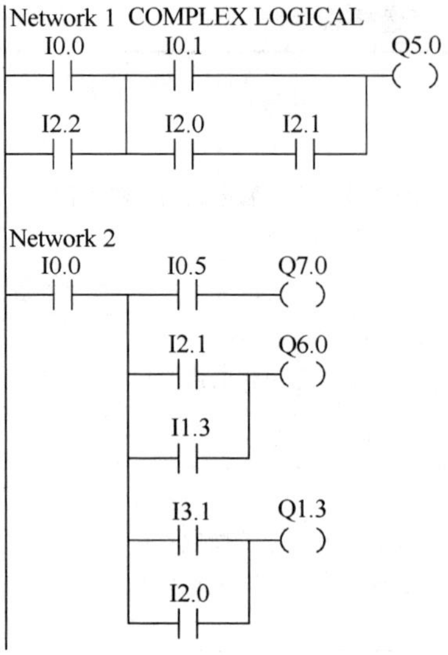


```
LD    I0.0   //装入常开触点
O     I2.2   //或常开触点
LD    I0.1   //被串的块开始
LD    I2.0   //被并路开始
A     I2.1
OLD          //栈装载或，并路结束
ALD          //栈装载与，串路结束
LD    I0.0
LPS          //逻辑推入栈，主控
A     I0.5
=     Q7.0
LRD          //逻辑读栈，新母线
LD    I2.1
O     I1.3
ALD          //栈装载与
=     Q6.0
LPP          //逻辑弹出栈，母线复原
LD    I3.1
O     I2.0
ALD
=     Q1.3
```

图 6-16 复杂逻辑指令的程序举例

表 6-16 定时器类型、精度与编号

定时器类型	精度等级/ms	最大值/s	定时器编号
TON（接通延时）	1	32.767（0.546min）	T32，T96
	10	327.67（5.46min）	T33～T36，T97～T100
TOF（断开延时）	100	3276.7（54.6min）	T37～T63，T101～T225
	1	32.767（0.546min）	T0，T64
TONR（有记忆接通延时）	10	327.67（5.46min）	T1～T4，T65～T68
	100	3276.7（54.6min）	T5～T31，T69～T95

定时器操作时要设置 3 个数据：编号、预设值和使能输入。

1）编号：表示方式为 T×××（0～255），如：T26。

T26 包含两方面的信息：定时器的位和定时器的当前值。

定时器的位：定时器的编号也是定时器的位，当当前值达到预设值 PT 时，该编号定时器被置为“1”。

定时器的当前值：当前所累计的时间，用 16 位符号整数表示，故最大计数值为 32767。

2）预设值（PT）：所要计时的最大时间单位值，采用 INT 数据类型。

定时器定时时间 T 的计算：T = PT * S。T 为实际定时时间，PT 为设定值，S 为分辨率。

3）使能输入（IN）：有效则定时器 +1 计数。

定时器的复位：复位指令使定时器的位变为 OFF；当前值变为 0。

定时器指令见表 6-17。

表 6-17　定时器指令

STL 指令	LAD 指令	功能	操　作　数	数据类型	举　　例
TON　T×××，PT	T××× IN　TON PT	接通延时定时器	T×××：常数（0～255） PT：VW、IW、QW、MW、SW、SMW、LW、AIW、T、C、AC、＊AC、＊VD、＊LD 和常数	IN：（BOOL） I、Q、M、S、SM、T、C、V、S、L 和使能	TON　T36，＋12
TOF　T×××，PT	T××× IN　TOF PT	断开延时定时器			TOF　T60，＋88
TONR　T×××，PT	T××× IN　TONR PT	有记忆接通延时定时器			TONR　T2，＋11

4）接通延时定时器（TON）：用于单一间隔的定时。使能接通时，定时器从当前值开始计数，当前值达到预置值时，定时器接通（ON），当前值连续计数到 32767。当使能输入断开时定时器复位，即定时器位断开（OFF），当前值为 0。

5）断开延时定时器（TOF）：用于断开后单一间隔的定时。使能接通时，定时器接通（ON），当前值为 0。当使能输入断开时，定时器从 0 值开始计数，当前值达到预置值时，定时器断开（OFF），当前值等于预置值时，停止计数。

6）有记忆接通延时定时器（TONR）：用于对许多间隔的累计定时。使能接通时，定时器从 0 开始计数。当使能输入断开时，定时器位和当前值保持最后状态。使能输入再次接通时，当前值从上次保持值继续计数，当累计当前值达到预置值时，定时器接通（ON），当前值连续计数到 32767。TONR 定时器只能用复位指令进行复位操作。

定时器应用程序举例如图 6-17 所示，其时序图如图 6-18 所示。

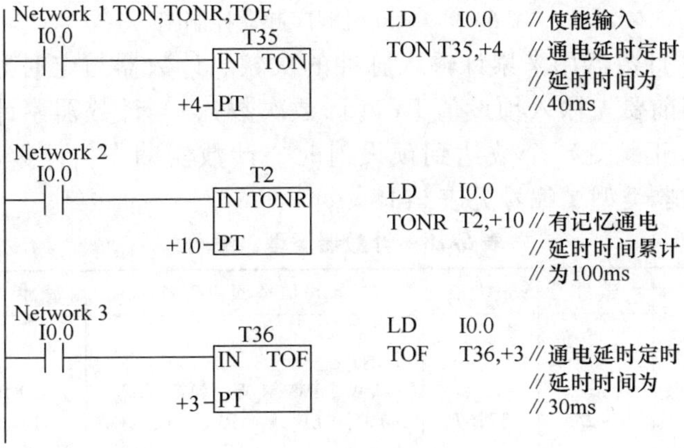

图 6-17　定时器程序的应用举例

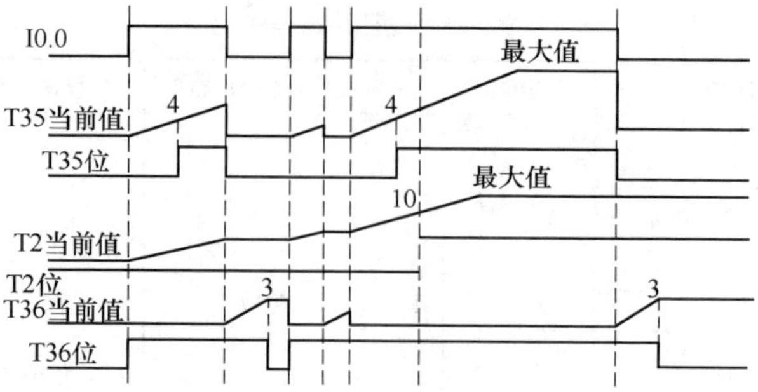

图 6-18 定时器应用的程序时序图

例 6-2 用定时器控制 3 台电动机的顺序起动。

控制要求：3 台电动机按顺序起动。电动机 M1 起动 20s 后，M2 起动再经过 30s 后，M3 起动。电动机顺序起动控制图如图 6-19 所示。其中 M1、M2、M3 分别由 Q0.1、Q0.2 和 Q0.3 控制。

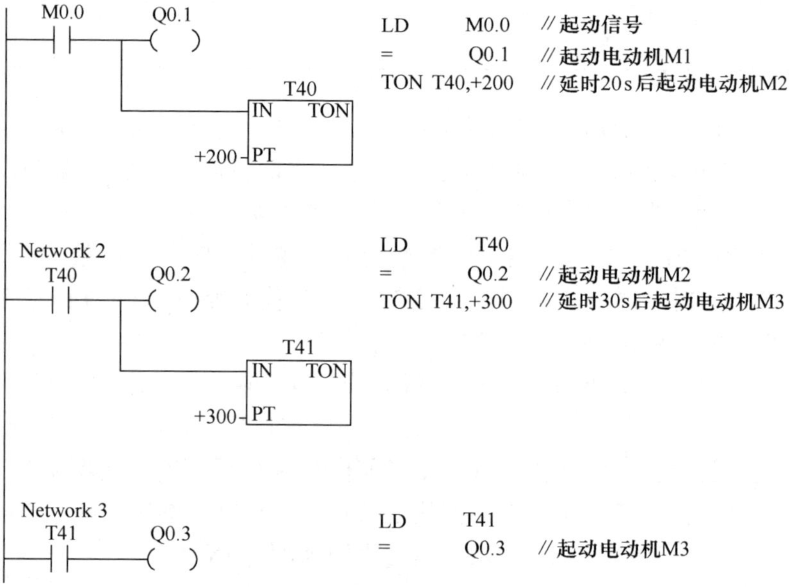

图 6-19 电动机顺序起动控制图

5. 计数器指令 计数器用来累计输入脉冲的次数。计数器与定时器的结构和使用基本相同，计数器在使用前要先输入预设值 PV（计数次数），当计数器累计它的脉冲输入（使能）端电位上升沿（正跳变）个数达到预设值时，计数器动作，计数器的常开触点闭合，常闭触点断开。计数器类型、编号见表 6-18。

表 6-18 计数器类型、编号

定时器类型	编号	最大值	预设值类型、范围	脉冲（复位）输入类型、范围
CTU（增量型计数器）	0～255	32767	INT VW、IW、QW、MW、SW、SMW、LW、AIW、T、C、AC、*AC、*VD、*LD 和常数	BOOL I、Q、M、S、SM、T、C、V、S、L 和使能
CTUD（增减型计数器）				
CTD（减量型计数器）				

计数器指令操作有 4 个数据量：编号、预设值、脉冲输入和复位输入。

（1）编号　计数器的名称和它的常数编号，表示方式为 C×××（0~255），如：C8。

C8 包含两方面的信息：计数器的位和计数器的当前值。

计数器的位：计数器的编号也是计数器的位，表示计数器是否发生动作的状态，当当前值达到预设值 PV 时，该编号计数器的位被置为“1”。

定时器的当前值：当前所累计的脉冲个数，用 16 位符号整数表示，故最大计数值为 32767。

（2）预设值（PT）　所要累计计数的最大值，采用 INT 数据类型。

（3）脉冲输入（CU）　记录上升沿（正跳变）产生的个数，BOOL 型。

（4）复位输入（R）　使计数器复位至初始状态，计数器位为 OFF；计数器当前值为 0（CTD 除外）。

计数器指令见表 6-19。

表 6-19　计数器指令

STL 指令	LAD 指令	功能	操作数	数据类型	举例
CTU　C×××，PV	C××× CU　CTU R PV	增量型计数器			CTU　C20，+3
CTUD　C×××，PV	C××× CU　CTUD CD R PV	增减型计数器	C×××：常数（0~255） PV：VW、IW、QW、MW、SW、SMW、LW、AIW、T、C、AC、*AC、*VD、*LD 和常数	C×××：WORD PV：（INT）	CTUD　C30，+5
CTUD　C×××，PV	C××× CU　CTUD R PV	减量型计数器			CTUD　C40，+4

（5）增计数器（CTU）　用于增量数据计数。脉冲输入 CU 上升沿，计数器计数，当前值加 1，当当前值达到预设值时，计数器接通（ON），当前值继续计数到 32767 停止计数。复位输入有效或执行复位指令，计数器位关闭 OFF，当前值为 0。增计数器程序及时序如图 6-20 所示。

（6）增减计数器（CTUD）　有两个脉冲输入端：CU 输入用于递增计数，CD 输入用于递减计数。CU 输入的每个上升沿，计数器当前值增加 1，CD 输入的每个上升沿，计数器当

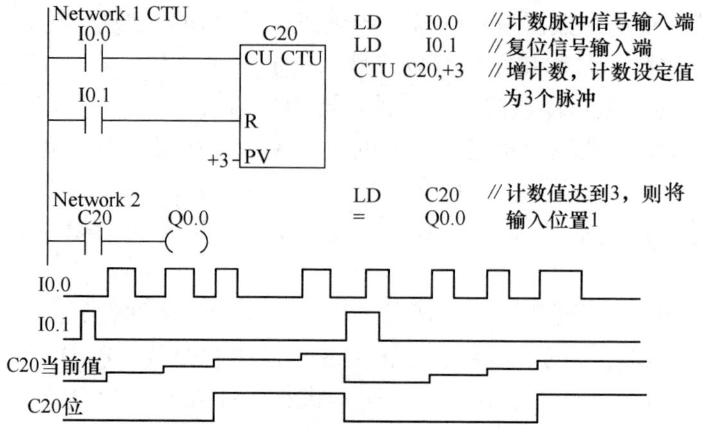

图 6-20 增计数器程序及时序

前值减小 1，当前值达到预设值时，计数器位接通（ON）。增减计数器计数到 32767（最大值）后，下一个 CU 输入的上升沿将使当前值跳变为 -32767（最小值）；反之，当前值达到 -32767（最小值）时，下一个 CD 输入的上升沿将使当前值跳变为 32767（最大值）。复位输入有效或执行复位指令，计数器自动复位，计数器位关闭 OFF，当前值为 0。增减计数器程序及时序如图 6-21 所示。

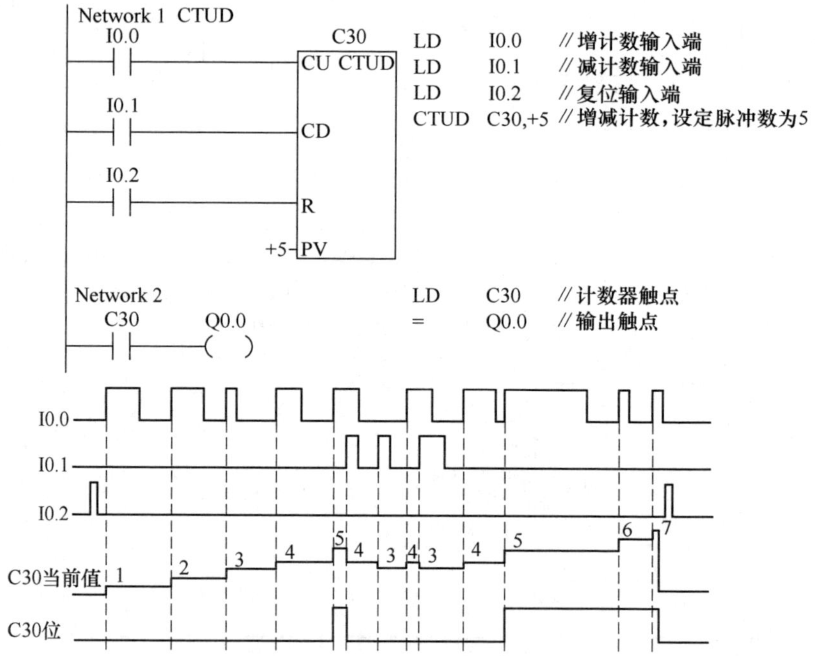

图 6-21 增减计数器程序及时序

（7）减计数器（CTD） 用于减量数据计数。脉冲输入 CD 上升沿，计数器计数，当前值减 1，当当前值减到 0 值时，计数器接通（ON）。复位输入有效或执行复位指令，计数器位关闭 OFF，当前值为预设值。减计数器程序及时序如图 6-22 所示。

定时器和计数器组合应用解决长时间延时，如图 6-23 所示。

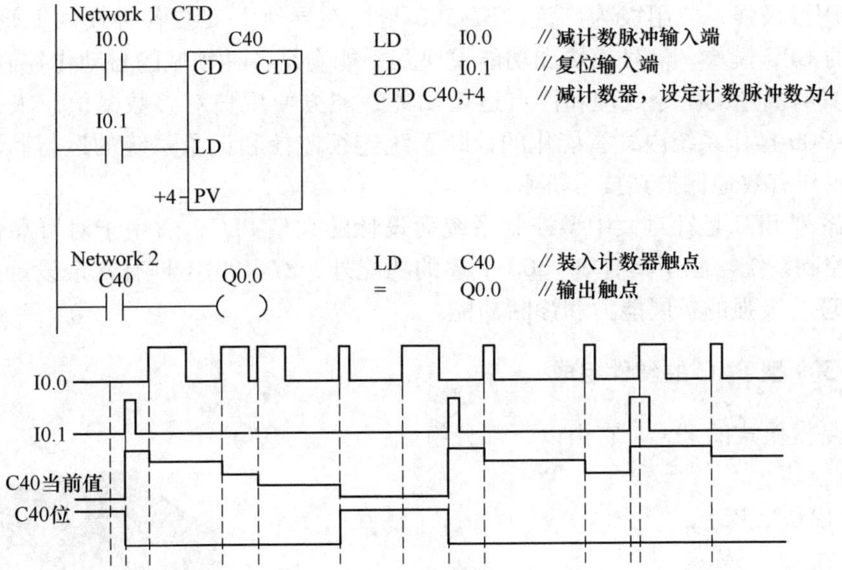

图 6-22　减计数器程序及时序

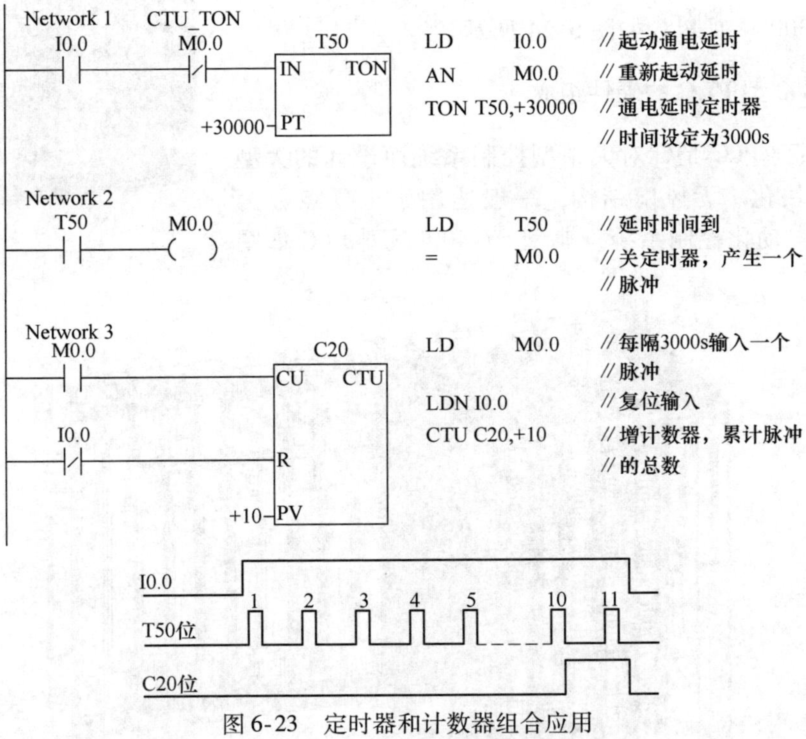

图 6-23　定时器和计数器组合应用

第三节　S7-300/400 型 PLC 的硬件组成

一、S7-300、S7-400 型 PLC 的概述

S7-300 系列 PLC 是针对中小型控制系统而设计的中型 PLC，既可以用于项目，也可用

于 OEM，通用性极强，应用极为广泛。S7-300 是以在导轨上安装各种模块而形成的系统，其种类繁多的 CPU 模块、信号模块和功能模块几乎能满足各种领域的自动化控制任务。

S7-300 具有高速的指令处理和浮点运算功能；能方便用户对参数赋值；人机界面服务已集成在 S7-300 操作系统内；智能化的诊断系统连续监控和记录系统的运行状况；多级口令保护壳使用户有效地保护其技术机密。

S7-400 系列 PLC 是针对大中型控制系统而设计的大型 PLC，适用于对可靠性要求极高的大型复杂控制系统。除了具有 S7-300 上述的功能外，S7-400 还具有冗余设计的容错系统和多 CPU 处理，极强的扩展能力和诊断功能。

二、S7-300 型 PLC 的硬件组成

S7-300 是模块式的 PLC，它由以下部分组成：

1）CPU 模块。

2）电源模块（PS）。

3）信号模块（SM）。

4）功能模块（FM）。

典型 S7-300 系列 PLC 如图 6-24 所示。

图 6-24　典型 S7-300 系列 PLC

三、S7-400 型 PLC 的硬件组成

S7-400 系列 PLC 是针对大中型控制系统而设计的大型 PLC。采用模块化、无风扇结构，一般适用于 I/O 点数为 10000 左右的自动化控制系统。典型 S7-400 系列 PLC 如图 6-25 所示。

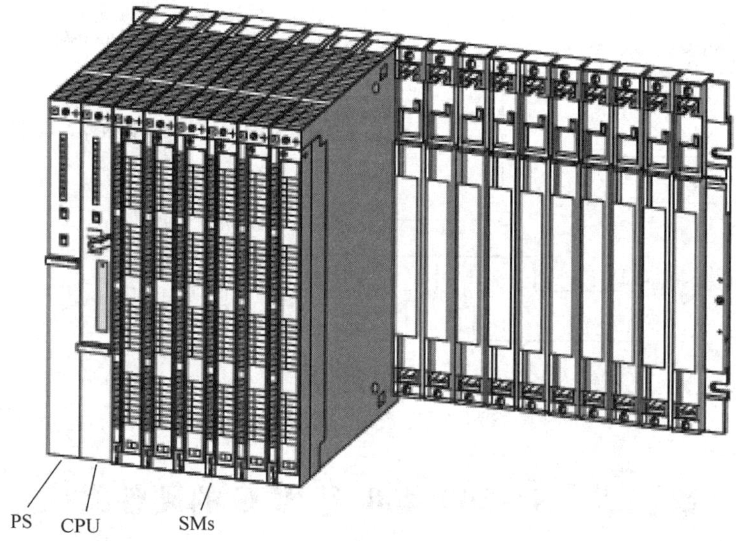

图 6-25　典型 S7-400 系列 PLC

S7-400 和 S7-300 有许多功能模块的技术规范基本上相同，模块编号的最低两位也相

同，见表 6-20。

表 6-20　S7-400 与 S7-300 性能接近的功能模块

功 能 模 块	S7-300 系列	S7-400 系列
计数器模块	FM351-1	FM451-1
定位模块	FM351，双通道	FM451，3 通道
定位模块	FM353，双通道	FM453，3 通道
电子凸轮控制器	FM352，13 个数字量输出	FM452，16 个数字量输出
闭环控制模块	FM355，4 通道	FM455，16 通道

小　　结

西门子 S7 系列 PLC 体积小、速度快、标准化，具有网络通信能力，功能更强，可靠性更高。S7 系列 PLC 产品可分为微型 PLC（如 S7-200），小规模性能要求的 PLC（如 S7-300）和中、高性能要求的 PLC（如 S7-400）。

本章介绍了 SIEMENS S7-200 PLC 可编程序控制器的概述、硬件系统组成、基本指令集、编程软件及应用实例。并在此基础上对 S7-300/400 的硬件和指令系统做了简单的介绍。

通过本章的学习使读者掌握系统的硬件组成方式及设计方法、基本指令功能及使用方法，熟练掌握使用梯形图编程及编程软件的使用；系统硬件特点及扩展功能的特点；各元件的地址分配及操作数范围；位操作及位运算指令的使用方法。

思考题与练习题

6-1　简述 S7-200 系列 PLC 的系统基本组成及特点。

6-2　采用 S7-200 PLC 设计一个控制系统，系统需要 32 点数字量输入，16 点数字量输出，5 点模拟量输入和 1 点模拟量输出。要求：

1）选择哪种型号主机？

2）扩展模块如何选择？

3）模块与主机连接的方式并画出接线图。

4）根据画出的接线图，主机和模块的地址如何分配？

6-3　设计一个三相异步电动机的正—停—反转控制系统，要求画出 PLC 接线图并编写梯形图程序。认真体会它与继电接触控制系统的联系与区别。

6-4　设计两个三相异步电动机起动和停止的梯形图。要求：

1）开机时先起动第一台电动机，8s 后自动起动第二台电动机。

2）停止时，先关闭第二台电动机，经 16s 自动关闭第一台电动机。

6-5　用定时器串接法实现 8h 的延时，画出梯形图。若用定时器与计数器配合达到这一延时目的，如何实现？画出梯形图。

6-6　编写一段梯形图程序，实现将 VB10 开始的 90 个字形数据移到 VB400 开始的存储区，这 90 个数据的相对位置在移动前后应保持一致。

6-7　简述 S7-200 系列和 S7-300/400 系列 PLC 的区别。

第七章　编程器、编程软件及其使用

PLC 的编程器有两种类型：一类是便携式编程器，如三菱公司小型 PLC 编程使用的手持式简易编程器（简称 HPP）FX-20P-E；另一类是带 CRT 或大屏幕液晶显示的编程器，如 GP-80FX-E 的图形编程器以及个人计算机与编程软件 MELSEC-MEDOC、FXMING、SWOPC/WIN-C 和 GX Developer 等组成的编程器。

PLC 的编程方式也有两种：一种是编程器与 PLC 联机的在线（ONLINE）编程，另一种是编程器与 PLC 脱机的离线（OFFLINE）方式编程。

西门子公司的编程软件主要有 STEP7-Micro/WIN、STEP7 等。组态编程有 WinCC、组态王等组态软件。

本章主要介绍简易编程器、编程软件和组态软件及其应用。

第一节　手持式简易编程器

FX-10P 与 FX-20P 手持式简易编程器是 FX 系列 PLC 的一种通用编程器。适用于 FX_0、FX_2、FX_{2C}、FX_{2N}、FX_{3U}系列型号的 PLC，使用专用的变换器还可以用于 F1、F2 系列 PLC。其主要特点是体积小、重量轻、操作方便、价格低，广泛用于小型 PLC 的用户程序编程和现场监控。

一、FX-20P-E 的组成

FX-20P-E 简易编程器的组成如图7-1所示。

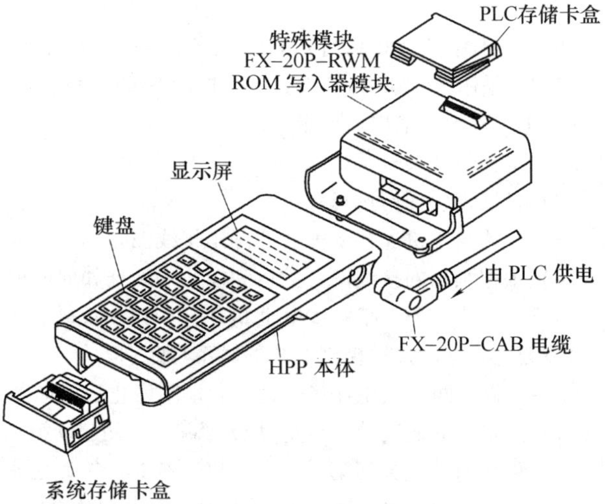

图 7-1　FX-20P-E 简易编程器组成

二、FX-20P-E 的在线（ONLINE）编程应用

无论是联机方式还是脱机方式，HPP 各种应用的操作过程都是类似的。

在线方式中，所编程序是存放在 PLC 内部的 RAM 区中，同时也完整地保存在编程器内部的 RAM 区中。

三、FX-20P-E 的监视/测试应用

监视功能是通过显示屏监视和确认在联机方式下 PLC 的动作和控制状态，包括元件的监视、导通检查和动作状态的监视等内容。

四、FX-20P-E 的离线（OFFLINE）编程应用

在脱机方式（离线）下，程序保存在编程器内部的 RAM 区。

在需要时可利用编程器方式菜单的传送功能，通过适当的键操作，成批将编号的程序和参数传送到 PLC 内部的 RAM 区或装在 PLC 上的存储器卡盒，也可以传送至 ROM 写入器。

由于计算机（包括便携式计算机）的普及，现在已很少使用手持式简易编程器。其应用的具体操作可参照使用手册。

第二节　三菱公司的各种编程软件

日本三菱公司在提供手持式简易编程器和便携式图形编程器的同时还提供一个专用的编程软件 MEDOC。但由于 MEDOC 是在 DOS 操作系统下工作的软件，已被淘汰，因此本书不予叙述。

近年三菱公司又开发出了新的编程软件，如：GX Developer 和 GX Simulator。

GX Developer 是一个综合编程软件，实现了 MELSEC-Q/QnA/A/FX 系列操作的统一性、顺序控制的运行状态监控、程序的 RUN 写入以及强制 ON/OFF，并具有 Windows 的操作特性，大幅提升了设计、调试、维护的操作效率。可以采用梯形图、指令表以及状态图（Sequential Function Chart，SFC）的方式编写顺序控制程序。

GX Simulator 是在计算机上启动一个虚拟的 PLC，然后对编写的顺序控制程序进行调试。无须等待 PLC 的输入/输出接线结束，而在编程后马上可以在计算机上开始调试。

一、SWOPC-FXGP/WIN-C 编程软件

三菱 SWOPC-FXGP/WIN-C（Version3.0 版）编程软件是该公司 1996 年开发的应用于 FX 系列 PLC 的中文编程软件，可在 Windows 9X、Windows 2000 或 Windows XP 及以上操作系统运行。该软件包（可用于 FX_{0}、FX_{0S}、FX_{0N}、FX_{1}、FX_{2}、FX_{2C}、FX_{1S}、FX_{1N}、FX_{2N}、FX_{2NC}机型）可以用梯形图、指令表或 SFC 接线编程，并可以与原有包括基于 DOS 操作系统的程序在内的编程软件相兼容。

1. 编程软件中的主要功能

1）可通过线路梯形图、列表指令语句及 SFC 符号来编制顺控指令程序，建立注释数据及设置寄存器数据。

2）将所编程序存储为文件，输出打印。

3）该程序可在串行通信系统中与 PLC 进行通信、文件传递、实现操作监控以及各种测试功能。

2. 编程软件的应用

（1）系统的启动与退出　系统启动时用鼠标双击桌面上的图标 FXGP_WIN-C，即打开 SWOPC-FXGP/WIN-C 系统窗口（见图 7-2），以鼠标选取“文件”菜单上的“退出”命令即可退出该系统。

（2）文件的管理　参考程序的在线帮助文件。

（3）梯形图编程　参考软件工作界面。

二、GX Developer 编程软件

三菱公司的 GX Developer 编程软件是该公司 2005 年开发应用于几乎三菱全系列 PLC 的

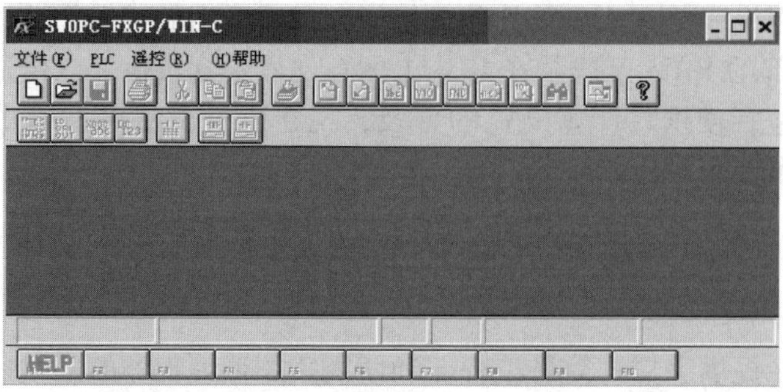

图7-2　SWOPC-FXGP/WIN-C编程软件系统窗口

中文编程软件，可在Windows 9X、Windows 2000、Windows NT或Windows XP及以上操作系统运行。该软件包（适用于FX_0、FX_{0X}、FX_{1S}、FX_{0N}、FX_{1N}、FX_{2N}、FX_{1NC}、FX_{2NC}、FX_{3U}、FX_{3UC}、A、QnA、Q及其他型号的PLC）可以用梯形图、指令表或SFC接线编程，并可以与原有基于DOS版、Windows版操作系统程序在内的编程软件相兼容。

1. 编程软件的应用

（1）软件的安装　软件可以到三菱官方网站“www. meas. cn”免费申请。该软件的文件夹名称为“SW8D5C-GPPW-C”。打开该文件夹的子文件夹“EnvMEL”，首先安装在该文件夹中的“SETUP. EXE”，然后再返回到“SW8D5C-GPPW-C”文件夹，并安装在该文件夹下的“SETUP. EXE”。　软件安装时注意　“监视专用GX Developer”的权限。监视专用GX Developer选择图面如图7-3所示。

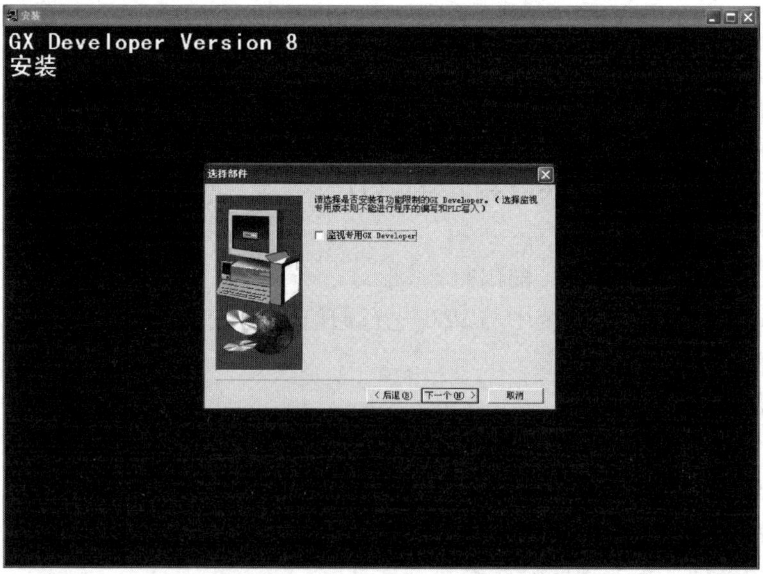

图7-3　监视专用GX Developer选择图面

（2）系统的启动与退出　系统启动时用鼠标双击桌面上的GX Developer图标，即打开GX Developer编程软件系统窗口（见图7-4）。

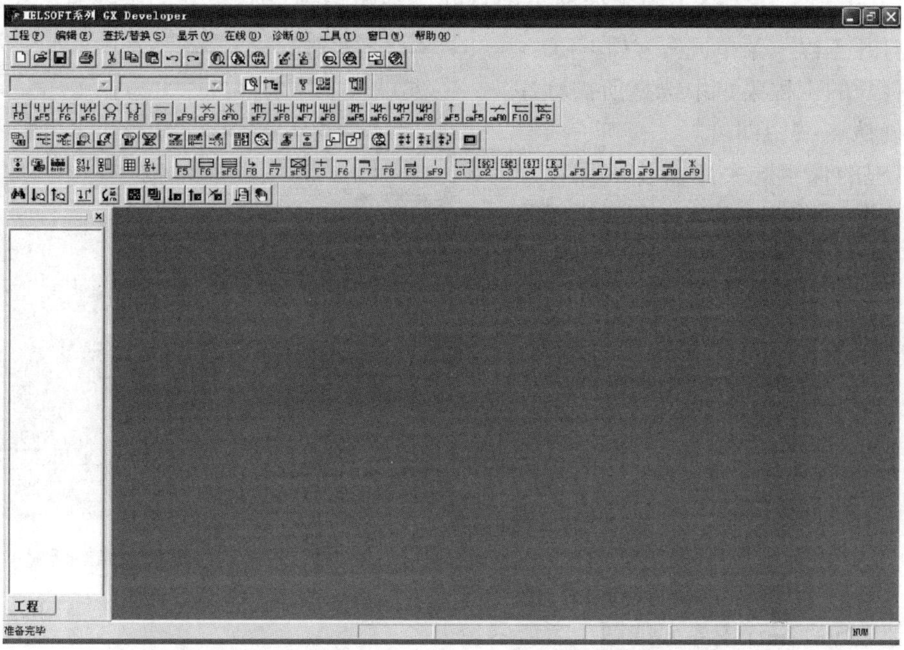

图 7-4　GX Developer 编程软件系统窗口

（3）文件的管理

1）创建新工程：创建一个新的顺控程序的方法是通过选择“工程”→“创建新工程”菜单项或按 <Ctrl + N> 键操作，然后在 PLC 类型选择对话框（如图 7-5a、b 所示）中，选择 PLC 类型后再选择程序类型中“梯形图逻辑”或“SFC”。PLC 程序类型选择对话框如图 7-6所示，选择后单击“确认”按钮或按 <O> 键即可。

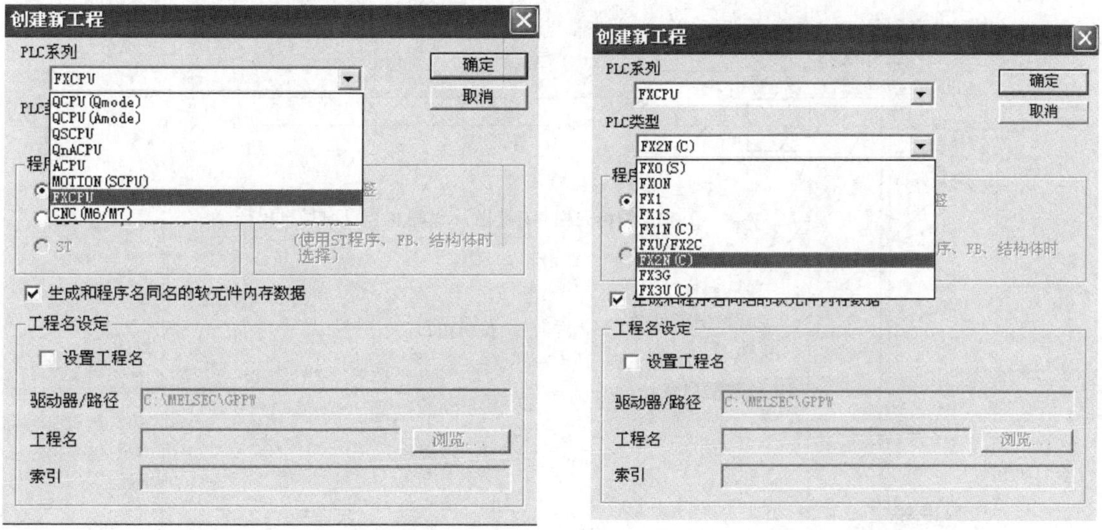

a)　　b)

图 7-5　PLC 类型选择对话框

a）PLC 类型选择　b）PLC 型号选择

2）打开工程：从一个工程文件列表中打开一个顺控程序及数据的方法是：先选择“工程”→“打开工程”菜单或按 <Ctrl + O> 键，再在打开的工程菜单中选择所需程序并单击“确认”按钮即可。

3）工程的保存与关闭：首次保存当前程序及数据，可通过工程保存对话框将当前程序赋名并保存下来，采用选择“工程”→“保存工程”或按 <Ctrl + S> 键即可。将已处于打开状态的程序关闭，再打开一个已有程序的方法是选择“工程”→“关闭”“打开”即可。

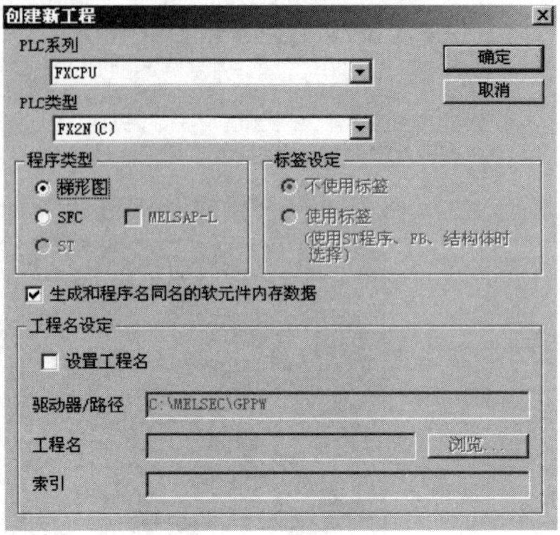

图 7-6 PLC 程序类型选择对话框

2. 梯形图及 SFC 编程

1）梯形图编程：PLC 梯形图编程主界面如图 7-7 所示。梯形图的编辑操作与“SWOPC-FXGP/WIN-C”基本相同，在此不再赘述。SFC 编程主界面如图 7-8 所示。

梯形图的标记功能键如图 7-9 所示，SFC 的标记功能键如图 7-10 所示。在编辑梯形图、SFC 时，当取用标记时，只要用鼠标指向对应标记功能键，则立即在鼠标下方显示出对应标记名称。梯形图标记符号对话框如图 7-11 所示。SFC 标记符号对话框如图 7-12 所示。

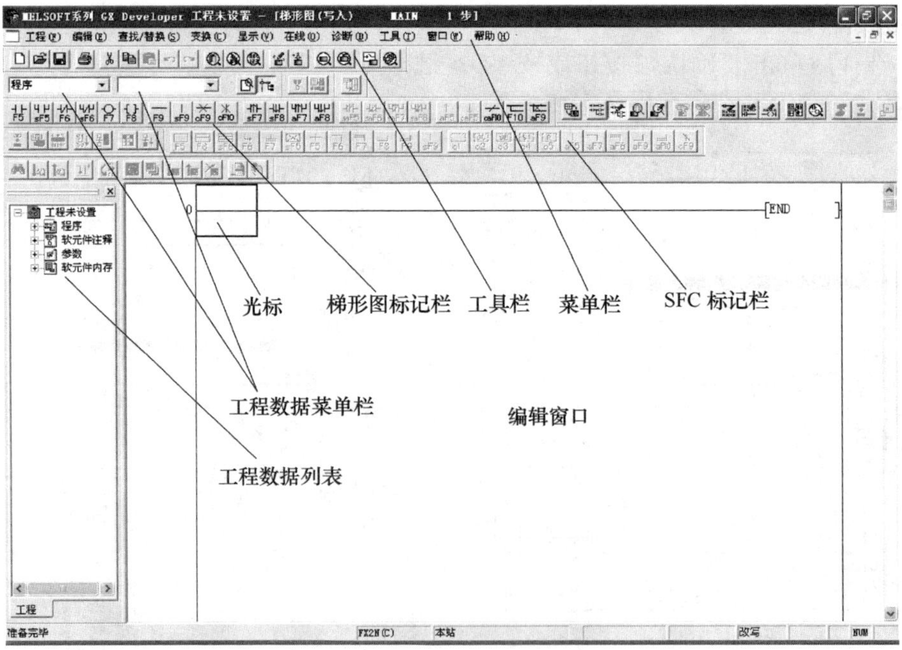

图 7-7 PLC 梯形图编程主界面

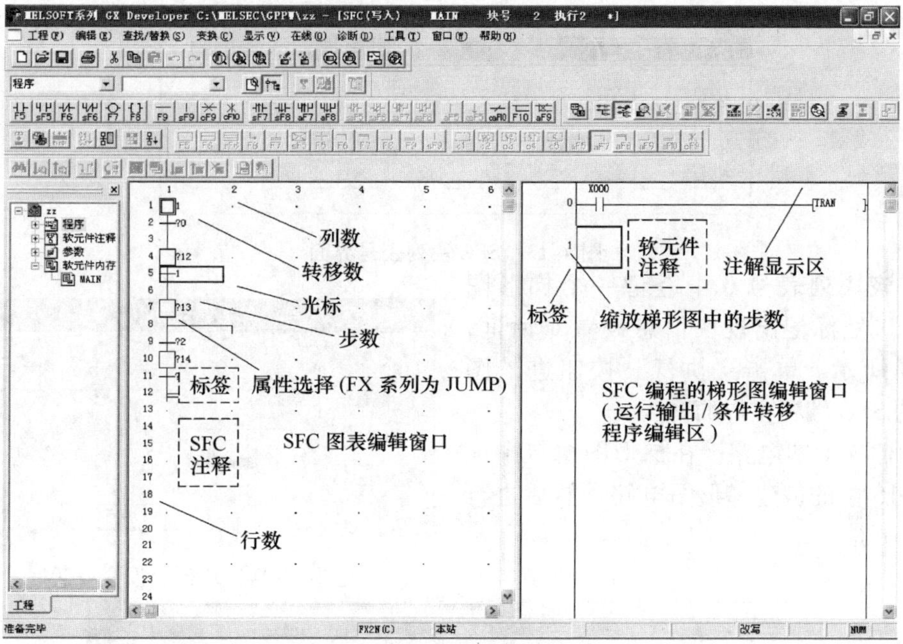

图 7-8　SFC 编程主界面

图 7-9　梯形图标记功能键

图 7-10　SFC 的标记功能键

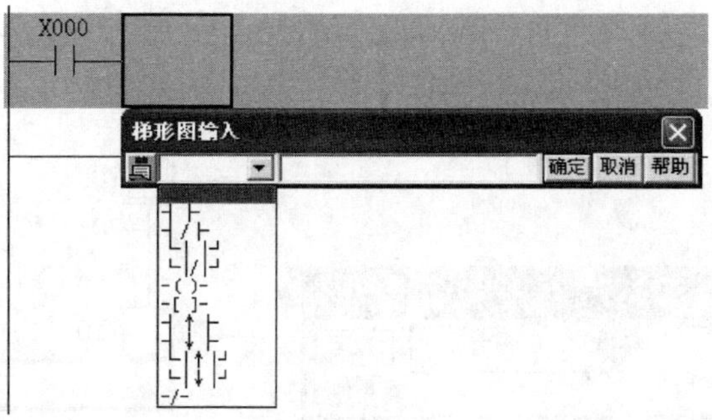

图 7-11　梯形图标记符号对话框

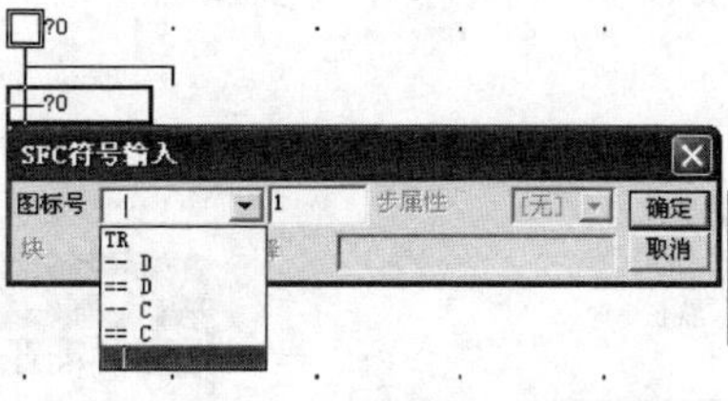

图 7-12　SFC 标记符号对话框

2）SFC 编程：当在图 7-6 程序类型选择对话框中选择了 SFC 单选按钮后，单击“确认”按钮则进入 SFC 编程窗口中的块列表号界面，SFC 块列表号界面如图 7-13 所示。编写操作方式如下：

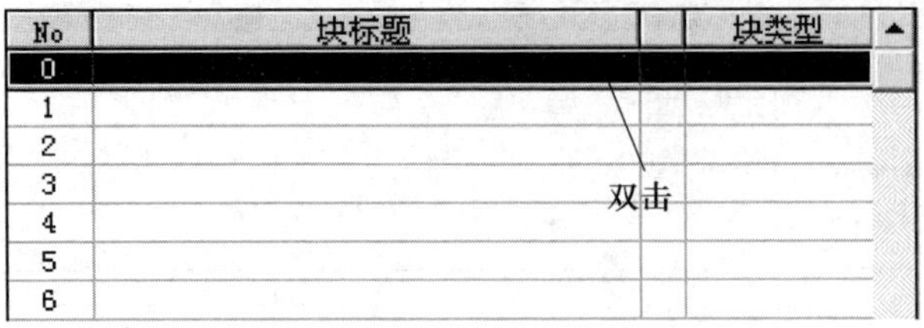

图 7-13　SFC 块列表号界面

① 在该块列表号 0 中登记一个梯形图块：双击 0 号标记出现块信息设置对话框，如图 7-14 所示。单击“执行”按钮进入图 7-8所示的 SFC 编程主界面。

② 创建梯形图电路：在梯形图窗口中编写如图 7-15 中的创建梯形图电路，然后进行“变换”。

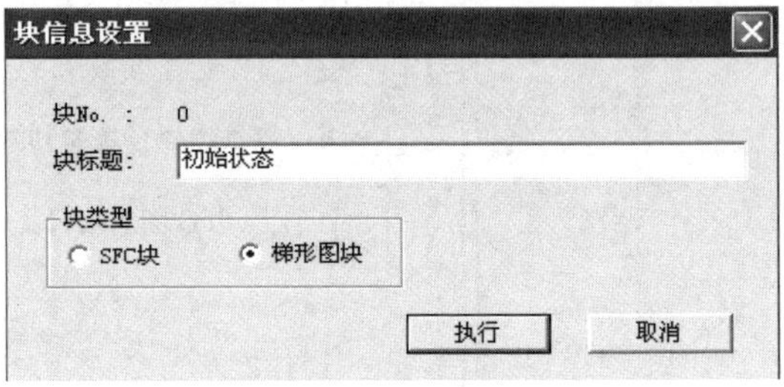

图 7-14　块信息设置对话框

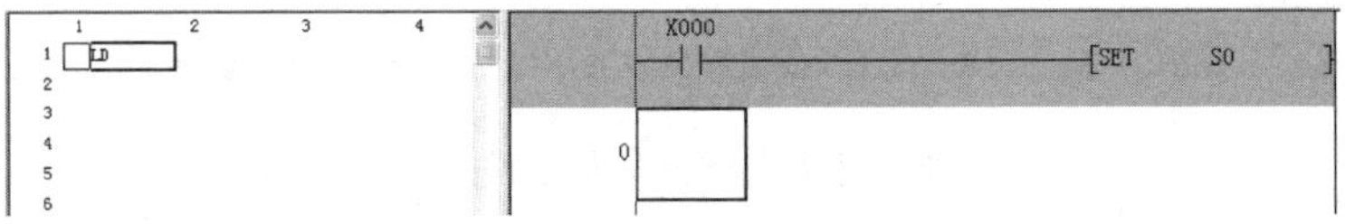

图 7-15　创建梯形图电路

③ 在列表号 1 ~ n 中登记 SFC 块：在工程数据列表窗口中单击选择工程名下的程序中的 + 号，之后在程序字下面出现 MAIN 字样。双击 MAIN 显示图 7-13 的 SFC 块列表号界面，之后顺序在块列表号中登记 SFC 块。双击 no. 1 ~ n 号标记，则显示如图 7-14 所示块信息设置对话框。在图中的块标题栏填写对应“标题”，并在“块类型”项选择“SFC 块”单选按钮，单击“执行”按钮再次显示图 7-8 所示的 SFC 编程主界面。

④ 设置步：步就是一个号码，号码在 S10 ~ S999 范围内由系统按升序自动分配。步设置图示例如图 7-16 所示。图中？号为未输入具体程序，当输入程序后则？号消失。在步设置中要设置“图标号（步属性）”、“步号”（自动生成）、“创建注释”等。

图 7-16　步设置图示例

⑤ 级联转移、选择分支、并联分支、选择汇合、并联汇合：由于篇幅有限，该部分内容请参考“三菱 FX_SFC 使用手册”。

三、GX Simulator 编程软件

在安装有 GX Developer 的计算机内追加安装 GX Simulator，就能够实现不在线时的调试。不在线调试功能内容包括软元件的监视、测试、特殊功能模块、I/O 模块及外部机器的模拟操作等。可以在一台计算机上进行顺序程序的开发和调试。

1. GX Simulator 软件的特点

1）能够作为程序单体调试工具。

2）能够模拟外部机器运行（I/O 系统设定功能）。

3）能够确认外部机器送信帧的传输格式（串行通信功能）。

4）能够监视软元件存储器（监视测试功能）。

5）能够进行软元件/缓冲存储器的保存和读取（时序图功能）。

2. GX Simulator 软件的启动过程

1）启动 GX Developer 并在 GX Developer 画面新建或者打开一个工程。

2）单击 GX Developer 画面中的图标，显示“工程数据列表”。

3）单击 GX Developer 画面中的图标，设置监视模式。

4）单击 GX Developer 画面中的菜单栏“工具”、“选项…”，监视选项内容画面如图 7-17所示，按需求选择画面中的内容。

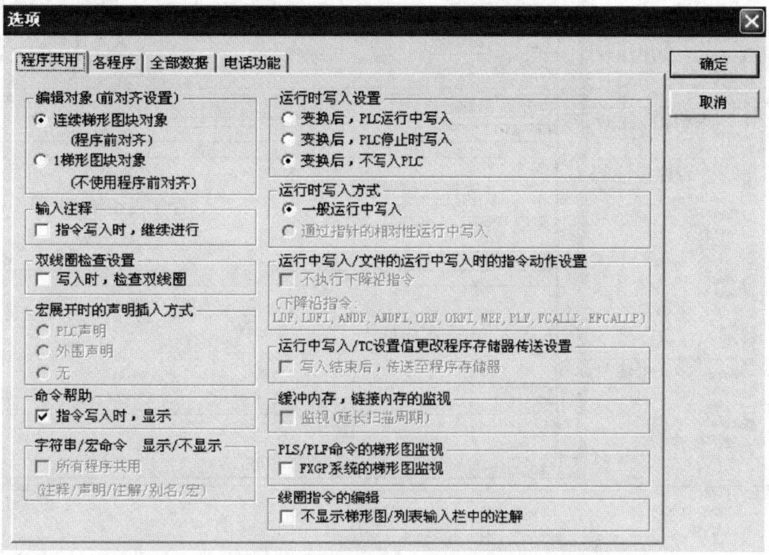

图 7-17　监视选项内容画面

5）单击 GX Developer 画面中的菜单栏的“工具”、“梯形图逻辑测试起动”，启动监视功能。

GX Simulator 软件其他操作、功能及注意事项请参见 GX Simulator 使用手册。

第三节　STEP 7-Micro/WIN、STEP7 编程软件

S7-200 的编程专用软件是 STEP 7-Micro/WIN。该软件支持三种编程模式：梯形图（LAD）、功能块图（FBD）和语句表（STL）；提供程序在线编辑、调试、监控以及 CPU 内部数据的监视、修改等功能。

一、STEP 7-Micro/WIN 软件介绍

（一）软件启动

STEP 7-Micro/WIN 安装方法与其他软件相似。双击桌面图标即可打开程序编辑窗口，STEP 7-Micro/WI 窗口如图 7-18 所示。

图 7-18　STEP 7-Micro/WI 窗口

（二）窗口中的项目内容

1. 浏览条　包含两个选项：View 和 Tools 显示指令。

2. 指令树　提供所有项目对象和当前程序编辑器所有指令的树形视图。

3. 交叉引用　查看程序的交叉引用和元件使用信息。

4. 数据块　显示和编辑数据块内容。

5. 状态表　允许将程序输入、输出或变量置入图中，监视其状态。

6. 符号表/全局变量表　允许分配和编辑全局符号。

7. 输出窗口　在编译程序或指令库时提供消息。

8. 状态栏　提供 STEP 7-Micro/WIN 中操作时的操作状态信息。

9. 程序编辑器　包含用于该项目的编辑器（LAD、FBD 及 STL）的局部变量表和程序视图。

10. 局部变量表　包含对局部变量所做的定义赋值。

（三）英文窗口改变为中文窗口的方法

1）在图 7-19 中选择“Tools”下的“Options…”。

2）在“Options…”项中选择“General”项，再选“Language”列表中的“Chinas”，如图 7-20 所示。

3）在图 7-20 中，单击“OK”按钮并按提示连续操作。

4）当再次启动 STEP 7-Micro/WIN 软件时，则显示中文操作窗口，如图 7-21 所示。

图 7-19　选 Tools 下的 Options…

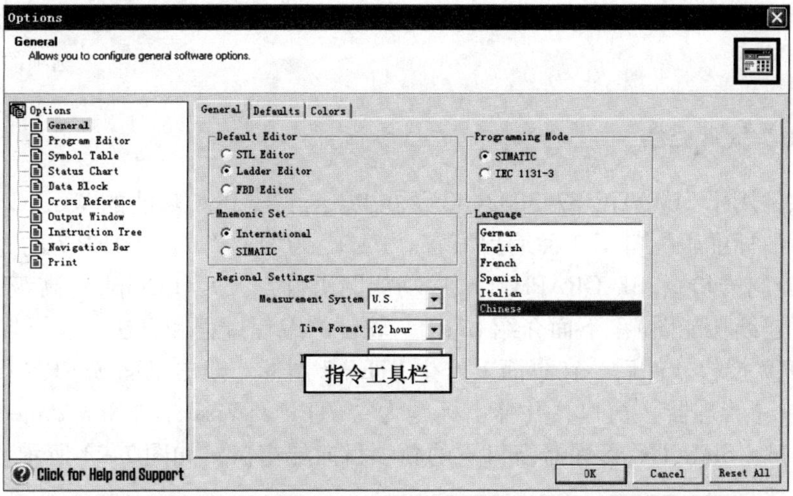

图 7-20　选择 General 再选 Language 中的 Chinese

5）图 7-22 所示为浏览条中工具选项中的所有内容。

（四）编程方法

该软件可以有 STL、LAD 及 FBD 三种方式编程。在菜单栏中的“查看”下拉菜单有该三个界面显示的切换。以 LAD 图为例，当光标显示在某处时单击“指令”，则在光标处即可添加该指令的功能图形。依次一步一步操作（与 GX Developer 编程相似）即可完成编程过程。由于篇幅有限在此不再重述。有关具体操作细节可以参考帮助文件，帮助文件中有中文及外文的详细说明与例图。

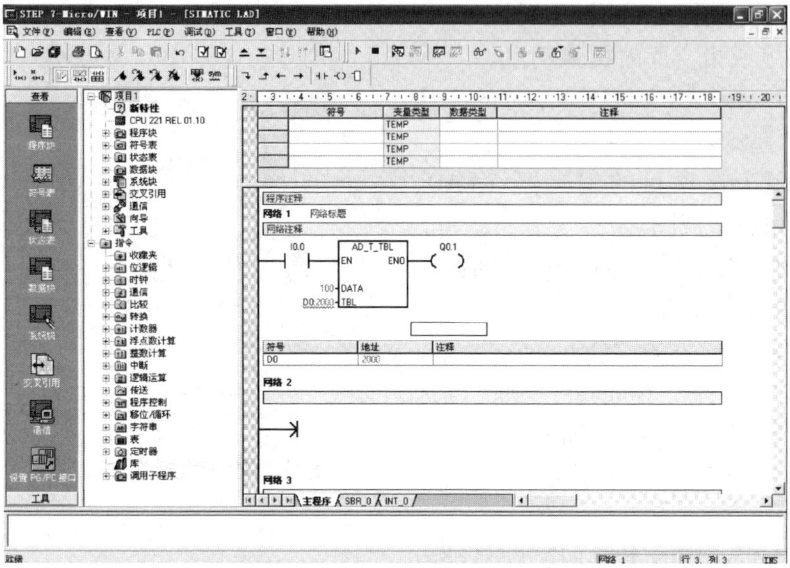

图 7-21　STEP 7-Micro/WIN 的中文窗口

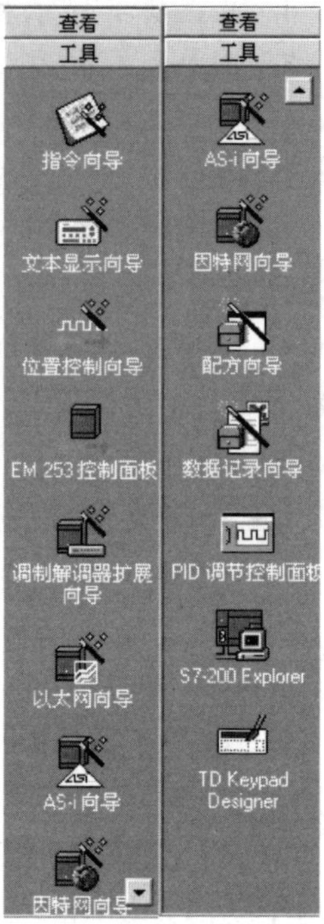

图 7-22　浏览条中工具选项的所有内容

二、STEP 7 软件介绍

STEP 7 软件用于 SIMATIC S7-300/400 及在 PC 上实现 PLC 功能的 WinAC 硬件控制器的编程。STEP 7 的标准版配备了 3 种编程语言（LAD、FBD、STL）。STEP 7 的专业版包括 S7-SCL（结构化控制语句）、S7-GRAPH（顺序功能图语言）、S7-HiGraph（高级顺序功能图语言）和 CFC（连续功能图）。下面介绍 STEP 7 软件的编程过程和方法。

安装 STEP 7 授权软件后，在桌面上产生 STEP 7 图标。双击桌面 STEP 7 图标，进入 SIMATIC Manager（管理器）窗口，并弹出标题为"STEP 7 Wizart：'New Project'"（新项目向导）的小窗口。SIMATIC 管理器窗口下的新项目向导窗口，如图 7-23 所示。

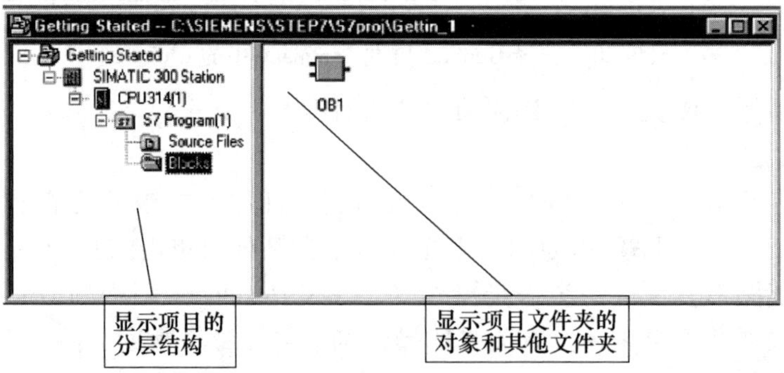

图 7-23　SIMATIC 管理器窗口下的新项目向导窗口

STEP 7 软件编程时，首先应创建一个项目。在新项目中要选择 CPU 型号（如 CPU416－2）、生成的逻辑块（或者主程序的组织块 OB1）及项目名称。

第四节　组态王、WinCC 组态软件

组态（Configuration）软件在我国是一个约定俗成的概念，并没有明确的定义，它可以理解为“组态式监控软件”。“组态”的含义是“配置”、“设定”、“设置”等意思，是指用户通过类似“搭积木”的简单方式来完成自己所需要的软件功能，而不需要编写计算机程序，这就是所谓的“组态”。它有时候也称为“二次开发”，组态软件就称为“二次开发平台”。“监控（Supervisory Control）”，即“监视和控制”。组态技术就是用应用软件中提供的工具、方法，完成工程中某一具体任务，并通过计算机信号对自动化设备或过程进行监视、控制和管理的过程，故组态软件又称组态监控系统软件。SCADA 是英文 Supervisory Control and Data Acquisition（数据采集与监视控制）的首字母缩写。它是指一些数据采集与过程控制的专用软件。

组态的概念最早出现在工业计算机控制中。例如 DCS（集散控制系统）组态，PLC（可编程序控制器）梯形图组态。人机界面生成软件就叫工控组态软件。在其他行业也有组态的概念，如 AutoCAD，PhotoShop 等。不同之处在于，工业控制中形成的组态结果是用在实时监控的。从表面上看，组态工具的运行程序就是执行自己特定的任务。工控组态软件也提供了编程手段，一般都是内置编译系统，提供类 BASIC 语言，有的支持 VB，现在有的组态软件甚至支持 C＋＋高级语言。组态软件大都支持各种主流工控设备和标准通信协议，并且通常应提供分布式数据管理和网络功能。组态软件使用户能快速建立自己的 HMI（人机接口软件）的软件工具或开发环境。利用组态软件的功能，构建一套最适合自己的应用系统。随着它的快速发展，实时数据库、实时控制、SCADA、通信及联网、开放数据接口、对 I/O 设备的广泛支持已经成为它的主要内容，监控组态软件将会不断被赋予新的内容。

由于工控组态软件在实现工业控制的过程中免去了大量烦琐的编程工作，解决了长期以来控制工程人员缺乏计算机专业知识与计算机专业人员缺乏控制工程现场操作技术和经验的矛盾，极大地提高了自动化工程的工作效率。工控组态软件在中小型工业过程控制工程、工业自动化工程、配电自动化、智能楼宇、农业自动化、能源监测等领域也逐步展示了其独特的优势，在自动化系统中占据主力军的位置，逐渐成为工业自动化系统的灵魂。

一、目前国内市场应用比较广泛的国外组态软件

1. InTouch　美国 Wonderware 公司的 InTouch 软件，是最早进入我国的组态软件。

2. Fix　Intellution 公司的 Fix 组态软件。

3. Citech　Citech 是澳大利亚 Cit 公司较早进入中国市场的产品。

4. WinCC　WinCC 是德国西门子公司的一套完备组态开发环境。

5. RSView32™　RSView32™是美国 Rockwell 公司罗克韦尔自动化发布的、基于 Windows98/NT 操作系统的人机界面软件。

6. NI Lookout　NI Lookout 是 National Instruments 公司推出的最为易用的工控组态软件。

二、国产组态软件

1. 组态王　组态王由北京亚控公司开发，它是国内第一家较有影响的组态软件开发公司。

2. MCGS　北京昆仑通态公司的MCGS是组态软件，它是一套基于Windows平台的、用于快速构造和生成上位机监控系统的组态软件系统。

3. Controx（开物）　哈尔滨华富计算机公司的Controx2000是全32位的组态开发平台。

4. ForceControl（力控）　大庆三维公司的ForceControl是国内较早出现的组态软件。

5. Wizcon　上海黑马安全系统有限公司的Wizcon是一个先进的SCADA（Supervisory Control And Data Acquisition，数据采集与监视控制）应用开发工具。

三、组态王软件介绍

组态王软件具有适应性强、开放性好、易于扩展、经济、开发周期短等优点。通常可以把这样的系统划分为控制层、监控层、管理层三个层次结构。其中监控层对下连接控制层，对上连接管理层，它不但实现对现场的实时监测与控制，且在自动控制系统中完成上传下达、组态开发的重要作用。尤其考虑三方面问题：画面、数据、动画。通过对监控系统要求及实现功能的分析，采用组态王对监控系统进行设计。组态软件也为试验者提供了可视化监控画面，有利于试验者进行实时现场监控。而且，它能充分利用Windows的图形编辑功能，方便地构成监控画面，并以动画方式显示控制设备的状态，具有报警窗口、实时趋势曲线等，可便利地生成各种报表。它还具有丰富的设备驱动程序和灵活的组态方式、数据链接功能。

1. 组态王的特点　组态王软件作为一个开放型的通用工业监控软件，支持与国内外常见的PLC、智能模块、智能仪表、变频器、数据采集板卡等（如：西门子PLC、莫迪康PLC、欧姆龙PLC、三菱PLC、研华模块等）通过常规通信接口（如串口方式、USB接口方式、以太网、总线、GPRS等）进行数据通信。

组态王软件与I/O设备进行通信一般是通过调用 *.dll 动态库来实现的，其主要功能特性如下：

1）可视化操作界面，真彩显示图形、支持渐进色、丰富的图库、动画连接。

2）具有动力和灵活性，拥有脚本与图形动画功能。

3）可以对画面中的一部分进行保存，以便以后进行分析或打印。

4）变量导入导出功能，变量可以导出到Excel表格中，方便地对变量名称等属性进行修改，然后再导入至新工程中，实现了变量的二次利用，节省了开发时间。

5）强大的分布式报警、事件处理，支持实时、历史数据的分布式保存。

6）强大的脚本语言处理，有助于实现复杂的逻辑操作与决策处理。

7）全新的WebServer架构，全面支持画面发布、实时数据发布、历史数据发布以及数据库数据的发布。

8）方便的配方处理功能。

9）丰富的设备支持库，支持常见的PLC设备、智能仪表、智能模块。

2. 组态王的功能

(1) 工程管理　一个系统开发可能保存有很多个组态王工程。

(2) 画面制作系统

1) 支持无限色和过渡色：组态王调色板支持无限色，支持24种过渡色效果，组态王的任一种绘图工具都可以使用无限色，大部分图形都支持过渡色效果，巧妙地利用无限色和过渡色效果，可以轻松地构造无限逼真、美观的画面。

2) 图库：具有属性定义向导的图库精灵，用户只需稍做调整即能制作具有个性化的图形；降低了设计界面的难度，缩短开发周期；用图库开发的软件将具有统一的外观，方便学习和掌握；利用图库的开放性，可以生成自己的图库元素，“一次构造，随处使用”，节省了人员和投资。

3) 按钮和图形：组态王支持按钮的多种形状和多种效果，并且支持位图按钮，用户可以构造无限漂亮的按钮。另外，组态王支持多种图形格式，如Gif、Jpg、Bmp等，用户可以充分利用已有的资源，轻松构造自己功能强大且美观的应用系统。

4) 可视化动画连接向导：通过可视化图形操作，直接完成移动、旋转的动画连接定义。

(3) 报警和事件系统　组态王报警系统，具有方便、灵活、可靠、易于扩展的特点。组态王分布式报警管理提供多种报警管理功能，包括：基于事件的报警、报警分组管理、报警优先级、报警过滤、新增死区和延时概念等功能，以及通过网络的远程报警管理。组态王还可以记录应用程序事件和操作员操作信息。报警和事件具有多种输出方式：文件、数据库、打印机和报警窗。

(4) 报表系统　组态王提供一套全新的、集成的内嵌式报表系统，内部提供丰富的报表函数，用户可创建多样的报表。提供报表工具条，操作简单明了，比如：日报表的组态只需用户选择需要的变量和每个变量的收集间隔时间；提供报表模板，方便用户调入其他的表格。报表能够进行组态，例如有日报表、月报表、年报表及实时报表的组态。

(5) 控件　组态王支持Windows标准的Active X控件（主要为可视控件），包括Microsoft提供的标准Active X控件和用户自制的Active X控件。Active X控件的引入在很大程度上方便了用户，用户可以灵活地编制一个符合自身需要的控件，或调用一个已有的标准控件，来完成一项复杂的任务，而无须在组态王中做大量的复杂的工作。一般的Active X控件都具有属性、方法、事件，用户通过控件的这些属性、事件、方法来完成工作。

(6) OPC　全面支持OPC标准（组态王既可以作为OPC服务器，也可以作为OPC客户端），开发人员可以从任何一个OPC服务器直接获取动态数据，并集成到组态王中；同时组态王作为OPC服务器，可向其他符合OPC规范的厂商的控制系统提供数据。OPC节省了不同厂商的控制系统相连的工作量和费用。

(7) 通信系统

1) 支持远程拨号：组态王支持与远程设备间通过拨号方式进行通信。组态王的远程拨号与组态王原有驱动程序无缝连接，硬件设备端无须更改程序。利用远程拨号能实时显示现场设备运行状况、随时打印、报警和历史数据自动上传等功能。

2) 开发中进行硬件测试：开发系统中有硬件测试界面，在不启动运行系统的情况下，能测试对硬件设备的读写操作，并且I/O变量支持时间戳和质量戳，能随时判断数据采集的时间和检查通信质量的好坏。

（8）安全系统　组态王采用分级和分区保护的双重保护策略。新增用户组和安全区管理，999 个不同级别的权限和 64 个安全区形成双重保护。另外，组态王还能记录程序运行中操作员的所有操作。

（9）网络功能　组态王完全基于网络的概念，是一种真正的客户－服务器模式，支持分布式历史数据库和分布式报警系统，组态王的网络结构是一种柔性结构，可以将整个应用程序分配给多个服务器，如指定报警服务器和历史数据记录服务器，这样可以提高项目的整体容量结构并改善系统的性能。

（10）冗余系统　组态王提供全面的冗余功能，能够有效地减少数据丢失的可能，增加了系统的可靠性，方便了系统维护。组态王提供三重意义上的冗余功能，即双设备冗余、双机冗余和双网络冗余。对于这三种冗余方式，设计者可综合运用，可以同时采取或采取其中的任意一种或两种。采用冗余后，系统运行时将更加稳定、可靠，对各种情况都能应对自如。

3. 组态工程的设计步骤

1）设计项目的组态图形界面。

2）定义项目的 I/O 设备。

3）构造数据库（定义变量）。

4）建立动画连线。

5）运行和调试组态画面。

上述 5 个步骤并不是完全独立的，事实上，前 4 部分常常是交错进行的。在用组态王画面开发系统编制工程时，要依照此过程考虑三个方面：

图形——用户希望怎样的图形画面？也就是怎样用抽象的图形画面来模拟实际的工业现场和相应的工控设备。

数据——怎样用数据来描述工控对象的各种属性？也就是创建一个具体的数据库，此数据库中的变量反映了工控对象的各种属性，比如温度、压力等。

连接——数据和图形画面中的图素的连接关系是什么？也就是画面上的图素以怎样的动画来模拟现场设备的运行，以及怎样让操作者输入控制设备的指令。

四、WinCC 组态软件介绍

WinCC 是一种可扩展的过程可视化系统，并按价格和性能进行细分，能高效控制自动化过程。WinCC 可实现完美的过程可视化，能为各种工业领域提供完备的操作和监视功能，涵盖从简单的单用户系统直到采用冗余服务器和远程 Web 客户端解决方案的分布式多用户系统。

WinCC 的特点之一是其整体开放性。它可方便地与标准程序和用户程序组合在一起使用，建立人机界面，精确地满足实际需要。工厂企业可基于 WinCC 进行系统扩展，通过开放式接口，开发自已的应用系统。WinCC 是一个现代化的系统，设计有独特而颇富吸引力的用户界面，可用于办公环境和制造业，可提供成熟而可靠的运行环境以及有效的组态。无论是简单或复杂的任务，WinCC 都可以对其进行扩展。结合集成过程数据库，使用 WinCC，还可实现跨公司信息交换和垂直集成，通过采用工厂智能，可实现更大的生产透明性。

WinCC 是基于工控机，WinCC flexible 是基于触摸屏组态软件。

WinCC 创建一个项目的操作过程：

1）启动 WinCC。

2）创建一个项目。

3）选择并安装 PLC 或驱动器。

4）定义变量。

5）创建并编辑过程画面。

6）设置 WinCC 运行系统属性。

7）在 WinCC 运行系统中激活您的画面。

8）使用模拟器测试过程画面。

用组态王画面开发系统编制工程时，要依照此过程，并需要考虑 4 个方面：

图形——设计工厂现场

归档——将带时间标识的数据/事件存储到 SQL 数据库

报表编辑器——为要求的数据产生报表

数据管理器——定义并采集现场数据

有关 WinCC 软件详细的内容请参见 WinCC 使用手册。

小　　结

编程器及编程软件是 PLC 不可缺少的人机对话工具。主要用途有两个方面：一个是用户程序的编制；另一个是用于 PLC 正常运行中的监视、检测与故障分析。用户程序编制有手工编程和计算机编程两种方法。由于各种编程软件都提供完善的功能，且使用十分方便，因此计算机编程已成为主要的编程手段。

用户程序编制方式有联机编程和脱机编制两种，但程序编制的最终完成还必须通过联机方式来实现。两种编程方式的基本操作是相同的。

在联机方式下，要熟练掌握编程器的监视与检测操作方法，它是程序调试、故障检查与分析的重要手段。

组态软件是目前在工业控制中广泛使用的监控软件。学习和掌握该软件对于建立自己的 HMI 是非常方便的。组态软件大都支持各种主流工控设备和标准通信协议，并且通常应提供分布式数据管理和网络功能。利用组态软件的功能，构建一套最适合自己的应用系统。对于实时数据库、实时控制、SCADA、通信及联网、开放数据接口、对 I/O 设备的广泛支持已经成为组态软件的主要内容。

在掌握各种类型 PLC 使用方法的同时，还要掌握为该型 PLC 服务的各种编程软件及组态软件的功能及使用方法，它们是 PLC 控制系统开发与应用的不可缺少的重要手段。

思考题与练习题

7-1　编程器的用途是什么？FX_{2N}系列 PLC 提供哪些不同类型的编程设备？

7-2　用户程序编制方式有几种？各适用于何种场合？

7-3　编程器的基本操作有哪些？各类操作的具体步骤是什么？

7-4　功能指令的写入的操作步骤是什么？

7-5　联机方式下的监视与检测操作内容有哪些？各种操作的具体步骤是什么？

7-6　FX_{2N}系列 PLC 提供哪些类型的编程软件？其主要功能有哪些？如何实现的？与 PLC 之间的程序与数据传送功能包含哪些内容？如何实现的？

7-7　组态软件是什么类型的软件？有什么用途？可以兼容什么类型的 PLC？

第八章　PLC 的联网与通信技术

计算机网络是计算机技术与通信技术发展的结晶。从 1946 年第一台计算机问世以来，计算机系统经历了单机—远程访问系统—网络的发展过程。单机是指单个用户独占一台计算机系统资源，其中分时系统是指分时多用户系统，多个用户利用多台终端共享单台计算机资源。

第一节　网络的基本概念与特点

一、局域网络的基本概念

局域网（本地网、区域网络）（Local Area Network，LAN）是指覆盖范围仅限于有限区域的计算机网。

局域网是目前应用最为广泛的一种通信子网。局域网的结构体系包括以下 4 个方面：

（1）传输媒体　连接网络设备的线缆（有线和无线）类型，常用的有线线缆有双绞线、同轴电缆和光纤（光缆）。无线的有微波、红外线和激光等。

（2）传输技术　使用传输媒体进行通信的技术，常用的有基带传输和宽带传输。

（3）网络拓扑　原指组网时的线缆铺设形式，常用的有总线型、环形和星形；但随着技术的发展，新型网络设备的使用，物理缆线的铺设形式逐渐趋于一致，因此，局域网的网络拓扑描述对应网络中数据收发的方式。

（4）访问扩展方法　网络设备访问传输媒体的控制方法，常用的有竞争、令牌传递和令牌环等。

二、PLC 的网络系统

（一）PLC 网络控制系统概述

随着自动化技术、微电子技术、计算机技术、网络技术和传感技术的飞速发展，电力电子器件、智能控制芯片和智能传感器的不断出现。计算机网络控制系统已成为工业控制领域的先进性与可发展性的热门技术。

在工程实践中广泛使用模拟仪表系统中的传感器、变送器和执行机构，其信号传送一般采用 4 ~ 20mA 的电流信号形式。一个变送器或执行机构需要一对传输线来单向传送一个模拟信号。这种传输方法使用的导线多，现场安装及调试的工作量大，投资高，传输准确度和抗干扰能力较低，不便维护。

工业现场自动控制的发展可分为以下 5 个阶段：

1. *模拟仪表控制系统*　模拟仪表控制系统于 20 世纪六七十年代占主导地位。其显著缺点是：模拟信号准确度低，易受干扰。对于工艺流程的改变，整个系统硬件必须重新设计、重新组合，其工作量非常之大。

2. 直接数字控制系统 直接数字控制系统（Direct Digital Controi，DDC）于 20 世纪七八十年代占主导地位。它采用单片机、可编程序逻辑控制器（PLC）、顺序逻辑控制器（Sequence Logical Controller，SLC）或微型计算机作为控制器，在控制器内部传输的是数字信号，因此克服了模拟仪表控制系统中模拟信号准确度低的缺陷，提高了系统的抗干扰能力。直接数字控制系统的优点是易于根据全局情况进行控制计算和判断，在控制方式、控制时间的选择上可以统一调度和安排。不足的是，对控制器本身要求很高，必须具有足够的处理能力和极高的可靠性，当系统任务增加时，控制器的效率和可靠性将急剧下降。

3. 集散控制系统 集散控制系统（Distributed Control System，DCS）在 20 世纪八九十年代占主导地位。其核心思想是集中管理、分散控制，即管理与控制相分离，上位机用于集中监视管理功能，若干台下位机下放分散到现场实现分布式控制，上下位机之间用控制网络互联以实现相互之间的信息传递。

4. 现场总线控制系统 现场总线控制系统（Fieldbus Control System，FCS）是顺应潮流而诞生，它是现代工业自动化热点之一。IEC（国际电工委员会）对 FCS 的定义是“安装在制造和过程区域的现场装置与控制室内的自动控制装置之间的数字式、串行、多点通信的数据总线”。它用现场总线这一开放的、具有互操作性的网络将现场各控制器及仪表设备互连，构成现场总线控制系统，同时控制功能彻底下放到现场，降低了安装成本和维护费用。因此，FCS 实质是一种开放的、具有互操作性的、彻底分散的分布式控制系统，有望成为 21 世纪控制系统的主流产品。

现场总线（Fieldbus）是应用在生产现场的，在测量控制设备之间实现双向、串行、多点通信的数字通信系统。基于现场总线的控制系统被称为现场总线控制系统（FCS）。

现场总线把通用或专用的微处理器置入传统的测量控制仪表，使之具有数字计算和数字通信能力，采用一定的传输媒体（例如双绞线、同轴电缆、光纤、无线、红外等）作为通信总线，按照公开、规范的通信协议，在位于现场的多个设备之间以及现场设备与远程监控计算机之间，实现数据传输和信息交换，形成各种网络相互适应的，满足各种实际需要的自动化控制系统。典型的 FCS 的结构如图 8-1 所示，其体系结构如图 8-2 所示，各类现场总线的应用范围如图 8-3 所示，其测控能力比较如图 8-4 所示。

5. 工业以太网控制系统 工业以太网是指技术上与商用以太网（即 IEEE802.3 标准）兼容，但其实时性、互操作性、可靠性、抗干扰性和本质安全等方面可满足工业现场需要。

工业以太网的形成是由于现存的现场总线标准互不兼容，导致了不同公司的产品之间难以实现高速的实时数据传输问题，由此，开始转向开发能结合 IT 技术的工业网络构架，即工业以太网。工业以太网是由 NTI（New Technology of Information）渗透至工业自动化领域。现在经过市场考验而得到应用的 20 种现场总线的国际标准 IEC（即：IEC 61158）如表 8-1 所示。

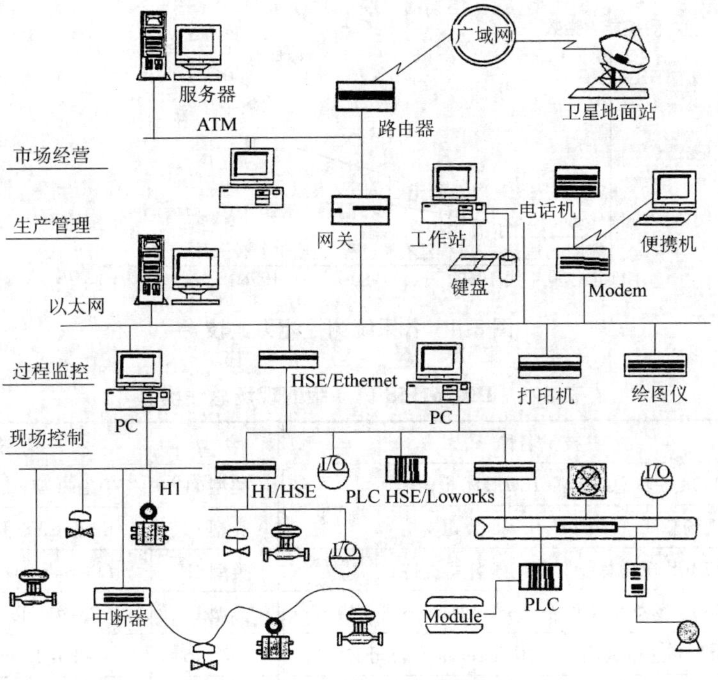

图 8-1 典型的 FCS 结构

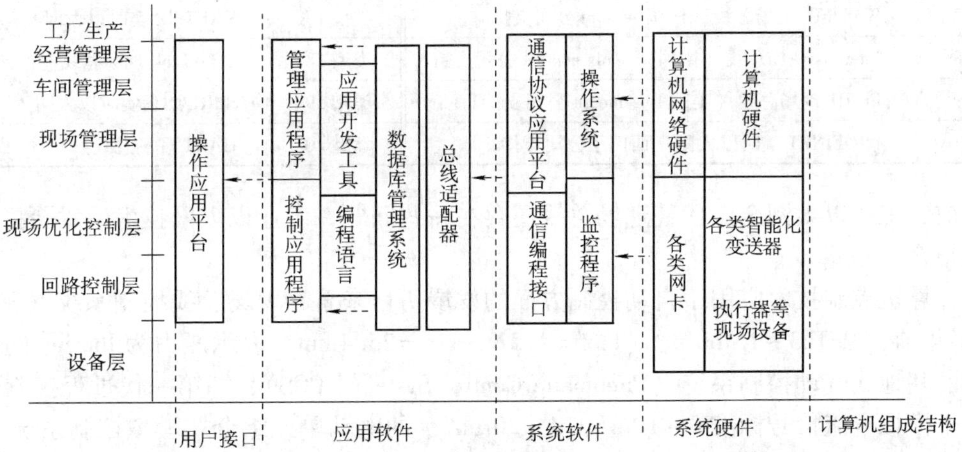

图 8-2 FCS 二维体系结构

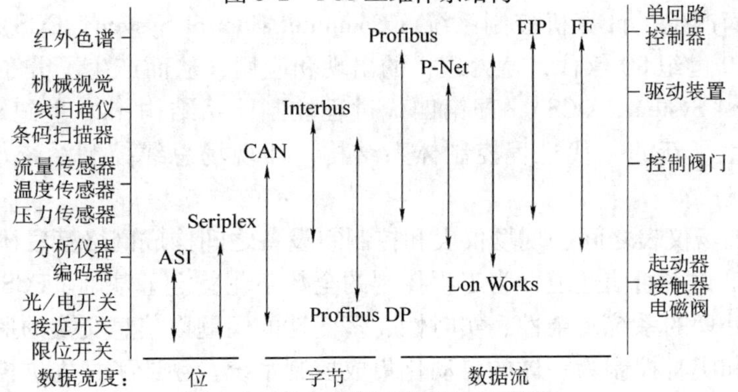

图 8-3 各类现场总线的应用范围

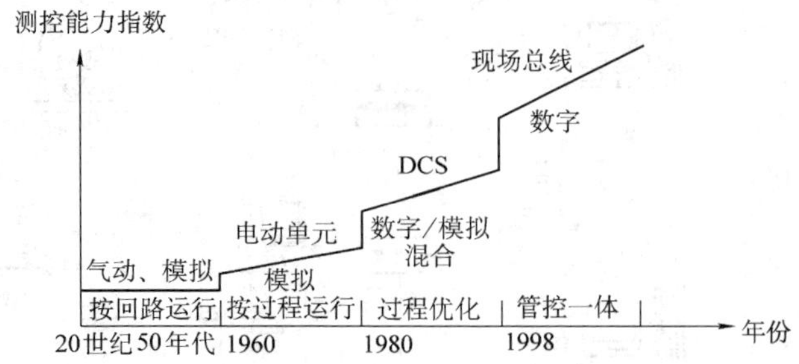

图 8-4 各系统测控能力比较

表 8-1 IEC 61158 第 4 版的现场总线类型

类型	技术名称	类型	技术名称
类型 1	TS 61158 现场总线，原 IEC 技术报告	类型 11	TC net 实时以太网
类型 2	CIP 现场总线（美国 Rockwell 公司支持）	类型 12	Ether CAT 实时以太网
类型 3	PROFIBUS 现场总线（西门子公司支持）	类型 13	Etherner Powerlink 实时以太网
类型 4	P－Net 现场总线（丹麦 Process Data 公司支持）	类型 14	EPA 实时以太网
类型 5	FF HSE 高速以太网（美国 Rosemount 公司支持）	类型 15	Modbus RTPS 实时以太网
类型 6	SwiftNet（波音公司支持，已被撤销）	类型 16	SERCOS Ⅰ、Ⅱ现场总线
类型 7	WorldFIP 现场总线（法国 Alstom 公司支持）	类型 17	VNET/IP 实时以太网
类型 8	Interbus 现场总线（德国 Phoenix contact 公司支持）	类型 18	CC－Link 现场总线
类型 9	FF H1 现场总线（美国 Rosemount 公司支持）	类型 19	SERCOS Ⅲ实时以太网
类型 10	PROFINET 实时以太网（西门子公司支持）	类型 20	HART 现场总线

目前，工业以太网全面代替现场总线还存在一些问题，工业以太网技术的发展将与现场总线相结合。

从计算机控制技术应用于自动控制方面的发展历程来看，现场总线控制系统（FCS）是继 60 多年前，基于 3～15lbf/in^2（1lbf＝4.5N，1in＝25.4mm，表示压力为 lbf/in^2 的气动信号标准的基地式气动控制系统（Pneumatic Control System，PCS），即第一代过程控制体系结构；基于模拟电流信号标准 0～10mA（4～20 mA）的电动单元组合式模拟控制系统（Analogous Control System，ACS），即为第二代过程控制体系结构；20 世纪 70 年代，由于使用了数字计算机，从而产生了计算机控制系统（Computer Control System，CCS），即第三代过程控制体系结构；20 世纪 80 年代，微处理机的出现和应用，从而产生了分布式集散控制系统（Distributed Control System，DCS），即第四代过程控制体系结构；20 世纪 90 年代，现场总线技术的出现产生了新的一代过程控制体系结构，即现场总线控制系统（Fieldbus Control System，FCS）。

FCS 技术使现场仪表之间、现场仪表和控制室设备之间构成网络互联体系，实现全数字化、双向、多变量数字通信通道，为工程控制的全数字化奠定了基础。FCS 技术把实现先进控制算法中难以处理的系统复杂性、实时性、多变性的问题以信息交换的形式形成集成优化设计、准确控制和实时控制为一体的自动化集成控制系统。创造了把先进控制理论应用于工程实际中的一个大的进步。但是，工业以太网技术直接应用于工业现场设备间的通信已形成发展趋势。Ethernet 和 TCP/IP 将成为器件总线和现场总线的基础协议，由于以太网有“一网到底”的美誉，即它可以一直延伸到企业现场设备控制层，所以工业以太网已成为现场总线中的主流技术。

（二）现场总线与 PLC 网络的功能特点

可以在计算机上编写、调试和修改应用程序，并可以自动查错和自动监控等功能。

1）可用图形、图像和图表的形式在计算机上对整个生产过程进行运动状态的监视。

2）可对 PLC 进行全面的系统管理，包括数据处理、生成报表、参数修改和数据查询等。

3）可对 PLC 实施直接控制。PLC 直接接受现场控制信号，经分析和处理转化为 PLC 内部软元件的状态信息，由计算机不断采集这些数据，进行分析与监测，随时调整 PLC 的初始值和设定值，实现对 PLC 的直接控制。

4）可以打印用户程序和各种管理信息资料。

5）可以实现对生产过程的模拟仿真。

6）可以利用各种可视化编程语言在计算机上编制多种组态软件。

7）可以通过 LAN（WAN）和 Internet 网与 PLC 生产厂家和其他用户相互间资源共享。

（三）传输媒体的选择和特点

1. 传输媒体的选择　组建网络时，选择网络的传输媒体主要考虑以下几方面的因素：①费用；②容量；③可靠性；④环境、距离、电磁场影响和地势等。

2. 双绞线　双绞线是一种价格低廉、易于连接的传输媒体，由两根绝缘导线以螺旋形绞合形成。

3. 同轴电缆　同轴电缆曾经是局域网中应用很多的传输媒体。同轴电缆具有辐射小和抗干扰能力强的特点，常用于电视工业。

4. 光导纤维　光纤是近年来发展起来的新型传输媒体。光纤常采用非常细的、透明度极高的石英玻璃纤维（直径为 50 ~ 100μm）作为纤芯，外涂一层低折射率的包层和保护层。光纤通信主要利用了光纤可以传递光脉冲信号的原理。一根或者多根光导纤维可以组合在一起，形成光缆。

5. 无线传输　无线传输常用于电（光）缆铺设不便的特殊地理环境，或者作为地面通信系统的备份和补充。无线传输是指通过无线电波在自由空间的传播进行通信，采用自由空间作为传输媒体。随着卫星技术的广泛应用，无线传输越来越得到普及应用。

第二节　串行通信基础

PLC 的通信是指 PLC 与计算机、PLC 与 PLC 、PLC 与现场设备、PLC 与远程 I/O 站点之间的数据交换。计算机内进行的任何操作和系统间数据交换，它所执行的都是二进制码即“0”和“1”。在不同系统或计算机之间的信息交换都是采用并行和串行两种通信方式。其传输方式如下所述：

一、并行通信传输方式

并行通信传输方式是指数据各位同时传送。可以用字并行传送，也可以用字节并行传

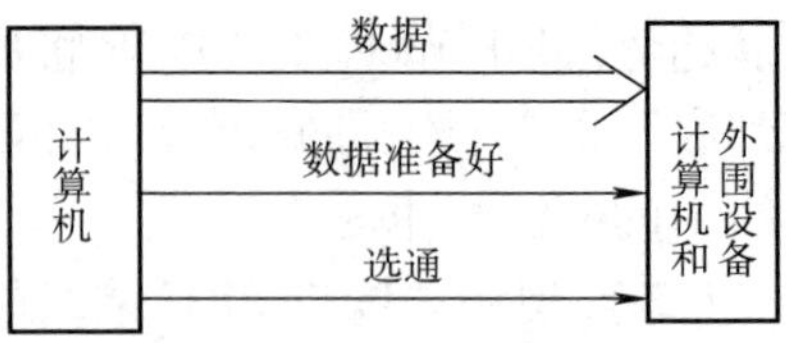

图8-5　并行数据传输

送。显然，并行传送的速度高。例如，卫星动力学实时仿真系统因要求高速实时响应，故系统内部各分系统的计算机之间采用按字并行传送。典型的并行传送标准如IEEE 488和Centronics打印标准接口都采用字节并行传送。并行数据传送中，其信号除并行的数据线外，通常还有一组握手信号线，如图8-5所示。数据线的根数为字或字节位数；此外，还要有数据准备好信号线和选通信号线。并行传送的优点是高速度，缺点是使用的线数多、传输的距离短，通常小于10m。

二、串行通信传输方式

串行数据通信传输方式是一条信号线传送一种数据源。因此，不同系统或计算机之间只用几条信号线即可完成数据交换。串行数据传输的距离可达数千千米。远距离、低速度的通信常常选串行通信。串行通信线路的工作为如下三种方式：

（1）单工（单向）通信　该方式只允许数据向一个方向传送，即一个方向传送数据，而另一个方向接收数据。

（2）半双工通信　此方式允许数据向两个方向的任一方向传送，但每次只能有一个站点发送，另一个站点接收。或相反方向，但不能两端同时发送。

（3）全双工通信　允许同时双向传送数据，要求两端的通信设备都具有完善和独立的发送和接收能力，其传输方式如图8-6所示。

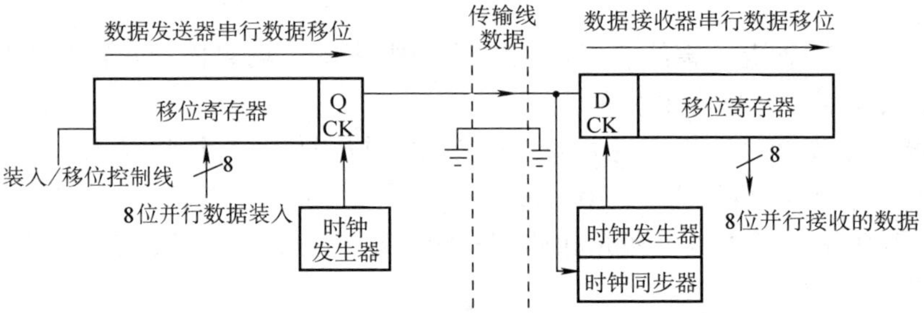

图8-6　串行通信传输方式

三、通信基础

（一）传送编码

计算机中的数和字符都是用一定的编码表示的。常用的编码主要有：

1）扩展的BCD交换码，它是一种8位编码，较常用于同步通信中。

2）美国标准信息交换码ASCII码。

（二）串行通信中的两种基本的通信方式

1. 异步通信ASYNC方式　它用一个起始位表示字符的开始，用停止位表示字符的结束，构成一帧，如图8-7所示。

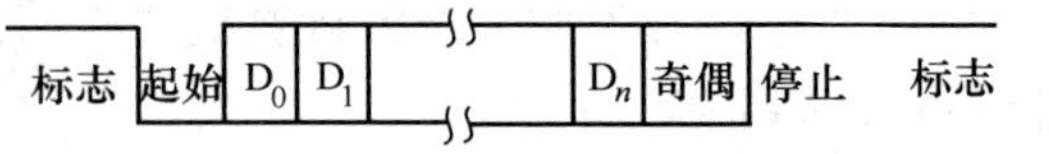

图8-7　异步通信格式

异步通信数据传输中，微型计算机与其他设备之间必须有两项规定。

（1）字符格式　它是对字符的编码形式、奇偶校验形式及起始位和停止位的规定。

（2）比特率　它是对数据传输速率的规定。波特率是以每秒传送的二进制数的位的个数来定义的。例如，数据传输的速率为 120 字符位/s，而每一个字符规定为 10 个数据位，则传输的比特率为：

$$120 \times 10\text{bit/s} = 1200\text{bit/s}$$

每一位的传送时间（为比特率的倒数）为：

$$T_{\mathrm{d}} = \frac{1\text{s}}{1200\text{bit}} = 0.833\text{ms/bit}$$

异步通信的传输速率在 50 ~ 9600bit/s 之间。

2. *同步通信方式同步通信需要与数据一起传送时钟信息*　数据流中每一个连续不断的数据位均要由一个基本数据时钟控制，并定时在某个特定的时间间隔上。例如，曼彻斯特编码方法，如图 8-8 所示。

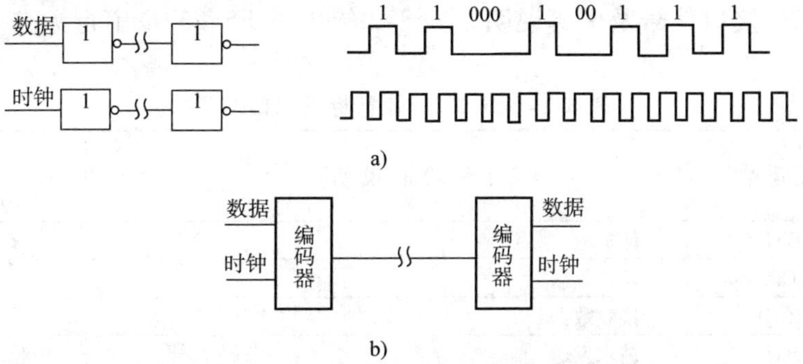

图 8-8　同步通信的实现方法

a）数据和时钟通过各自的信号传送　b）通过将数据和时钟编码来实现

单同步格式如图 8-9a 所示，每一帧的开始需要一个同步字符，所发送的时钟保证每一位的中间采样该位数据。由给定的数据所形成的帧来管理控制所需的信息传送。与异步传送的奇偶校验相类似，这里采用循环冗余码（CRC）来检测传输中的错误。

双同步格式如图 8-9b 所示，在每一帧的数据前面需要用两个同步字符。

如图 8-9c 所示为 IBM 双同步格式。

同步传送的速度高于异步。但它要求有时钟来实现发送端与接收端之间的同步，故硬件复杂，同步传送常用于：

1）计算机到计算机之间的通信。

2）计算机到 LCD 外设之间的通信。

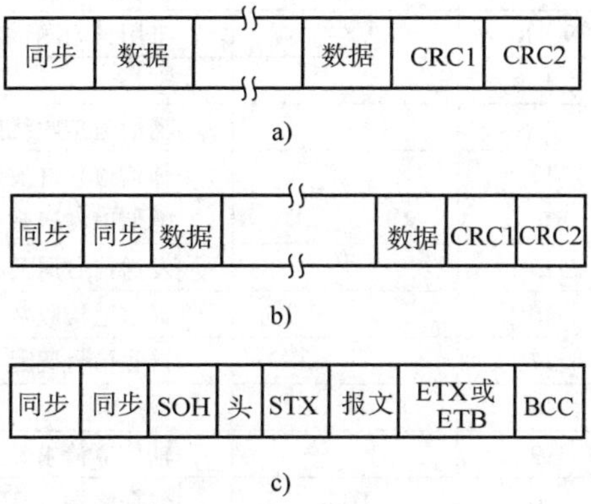

图 8-9　同步格式

a）单同步格式　b）双同步格式

c）IBM 双同步格式

（三）串行数据通信的标准

它是由美国电子工业协会（EIA）正式公布的，在异步串行通信中应用最广泛的标准总线。它包括了按位串行传输的电气和机械两方面的规定，适用于短距离或带调制解调器的通信场合。为了提高数据传输速率和通信距离，EIA 又公布了 RS-422，RS-485 串行总线接口标准。

1. RS-232C 串行总线标准　EIA RS-232C 是目前最常用的串行接口标准，通信距离可达到 15m。

RS-232C 接口的具体规定如下：

（1）适用范围　RS-232C 标准适用于 DCE 和 DTE 间的串行二进制通信，最高的数据传输速率为 19.2kbit/s。

（2）RS-232C 的信号特性　由于 RS-232C 是在 TTL 集成电路之前研制的，所以它的电平不是 +5V 和地，而是采用负逻辑，规定 +3 ~ +15V 之间的任意电压表示逻辑 0 电平，−3 ~ −15V 之间的任意电压表示逻辑 1 电平。

（3）RS-232C 接口信号及引脚说明　表 8-2 给出了 RS-232C 串行标准接口信号的定义以及信号分类。

表 8-2　RS-232C 串行标准接口信号

引脚	信号名	功能说明	信号方向	
			对 DTE	对 DCE
1	GND	保护地	×	
2	TXD	发送数据	出	入
3	RXD	接收数据	入	出
4	RTS	请求发送	出	入
5	CTS	允许发送	入	出
6	DSR	数据设备（DCE）准备就绪	入	出
7	SGND	信号地（公共回路）	×	×
8	DCD	接收线路信号检测	入	出
9，10		未用，为测试保留		
11		空		
12		辅信道接收线路信号检测		
13		辅信道允许发送		
14		辅信道发送数据		
15		发送信号码元定时（DCE 为源）		
16		辅信道接收数据		
17		接收信号码元定时		
18		空		
19		辅信道请求发送		
20	DTR	数据终端（DTE）准备就绪	出	入
21		信号质量检测		
22		振铃指示		
23		数据信号速率选择		
24		发送信号码元定时（DTE 为源）		
25		空		

RS-232C 定义了 20 根信号线。RS-232C 标准接口（DB25 和 DB9）连接器的机械性能与信号线的排列如图 8-10a、b 所示。

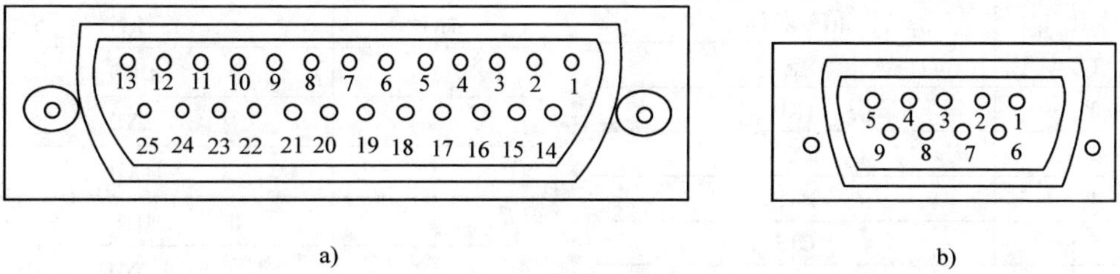

图 8-10　标准 D 型连接器
a）25 针连接器　b）9 针连接器

（4）电气特性　RS-232C 数据通信的比特率允许范围为 0 ~ 20kbit/s。在使用 19 200bit/s进行通信时，最大传送距离在 20m 之内。降低比特率可以增加传输距离。

（5）电平转换　在实际应用时，必须把微处理器的信号电平（TTL 电平）转换为 RS-232C 电平。

（6）RS-232C 的应用　使用 RS-232C 标准接口应注意的问题：

1）RS-232C 可用于 DTE 和 DCE 之间的连接，也可用于两个 DTE 之间的连接。至于通信双方 RS-232C 的信号线的对应关系，没有规定的模式，可以根据每条信号线的意义，按实际需要具体连接；并且要注意使控制程序与具体的连接方式相一致。

2）RS-232C 虽然定义了 20 根信号线，但在实际应用中，使用其中多少信号并无约束。表 8-3 给出了使用 RS-232C 接口，在异步通信方式下的几种标准配置。

表 8-3　RS-232C 接口连线的标准配置

引脚	RD-232C 信号线	只发送	具有 RTS 的发送	只接收	半双工	全双工	具有 RTS 的全双工	特殊应用
1	GND	-	-	-	-	-	-	0
7	SGND	✓	✓	✓	✓	✓	✓	✓
2	TXD	✓	✓		✓	✓	✓	0
3	RXD			✓	✓	✓	✓	0
4	RTS		✓		✓		✓	0
5	CTS	✓	✓		✓	✓	✓	0
6	DSR	✓	✓	✓	✓	✓	✓	0
20	DTR	×	×	×	×	×	×	0
22	振铃指示	×	×	×	×	×	×	0
8	DCD				✓	✓	✓	0

注：✓表示必须配备；×表示使用公共电话网时配备；0 表示由设计者决定；-表示根据需要决定。

（7）RS-232C 的连接方式　表 8-4 和表 8-5 给出了使用 RS-232C 接口及两种标准连接器插针分配。

表 8-4 RS-232D 型 25 针连接器插针标准分配

插 针	信号名称
1	空
2	TXD
3	RXD
4	RTS
5	CTS
6	DSR
7	GND
8	DCD
20	DTR
21	RI

表 8-5 RS-232CD 型 9 针的标准配置

插 针	信号名称
1	DCD
2	RXD
3	TXD
4	DTS
5	GND
6	DSR
7	RTS
8	CTS
9	RI

1）两个 DTE 之间使用 RS-232C 串行接口的连接如图 8-11 所示。

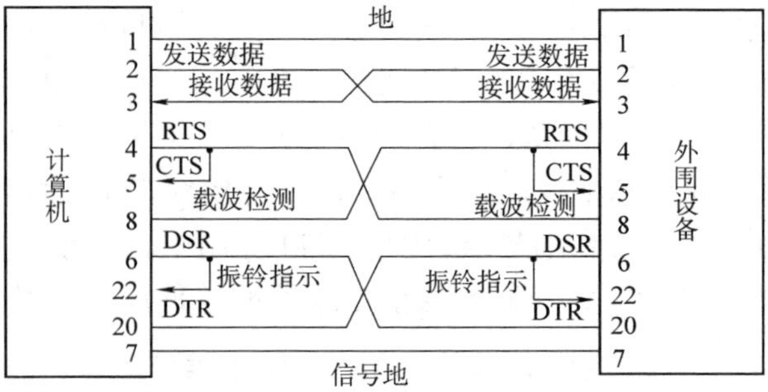

图 8-11 两个 DTE 之间使用 RS-232C 串行接口的连接

2）如果双方都是始终在就绪状态下准备接收的 DTE，连线可减至 3 根，这就变成 RS-232C 的简化方式，两个 DTE 之间的简化 RS-232C 连接如图 8-12 所示。

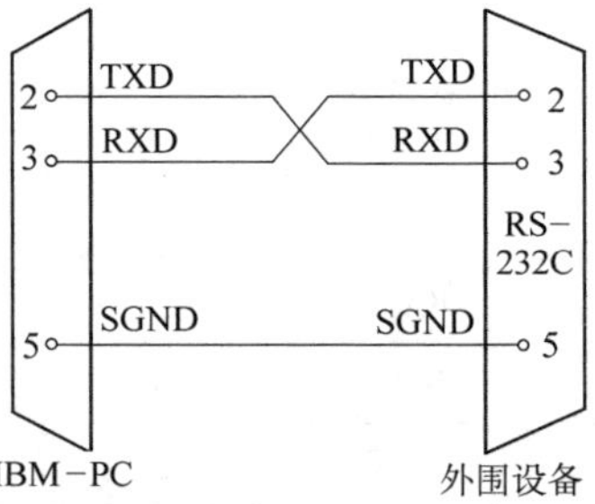

图 8-12 两个 DTE 之间的简化 RS-232C 连接

2. RS-422A 串行总线标准 RS-422A 标准是美国电气工业协会（EIA）公布的“平衡电压数字接口电路的电气特性”标准，是为改善 RS-232C 标准电气特性，又考虑与 RS-232C 兼容而制定的。

RS-422A 比 RS-232C 传输信号距离长、速度快，传输速率最大为 10Mbit/s，在此速率下，电缆允许长度为 120m；如采用较低传输速率，如在 90 000bit/s 时，最大距离可达 1 200m。RS-422A 每个通道要用两根信号线，如果其中一根是逻辑 1 状态，另一根就为逻辑 0。RS-422A 电路由发送器、双端口连接电缆、电缆终端负载、接收器几部分组成。规定电路中只允许有一个发送器，可有多个接收器。因此，通常采用点对点通信方式。该标准允许驱动器输出为 ±（2 ~6V），接收器可以检测到的输入信号电平可低到 200mV。

所谓双端口电气标准又称平衡传输电气标准，它与 RS-232C 不同的地方在于传输数据的是两条平衡导线，所谓“平衡”是指输出端为双端平衡驱动器，输入端为双端差分放大器。这一改变带来三点好处：

1）如果传输过程中混入干扰与噪声，由于双端输入差分放大作用，使共模干扰噪声互相抵消，从而增强了总线的抗干扰能力。

2）这种接法由两条信号线形成信号回路，与信号地无关，双方的信号地也不必连在一起，这样就避免了“电平偏移”，同时也解决了潜在接地的问题。

3）RS-422 输出端采用双端平衡驱动，对电压信号的放大倍数大大提高。

一个实际的 PLC 机 RS-232C/RS-422 接口转接板电路如图 8-13 所示。

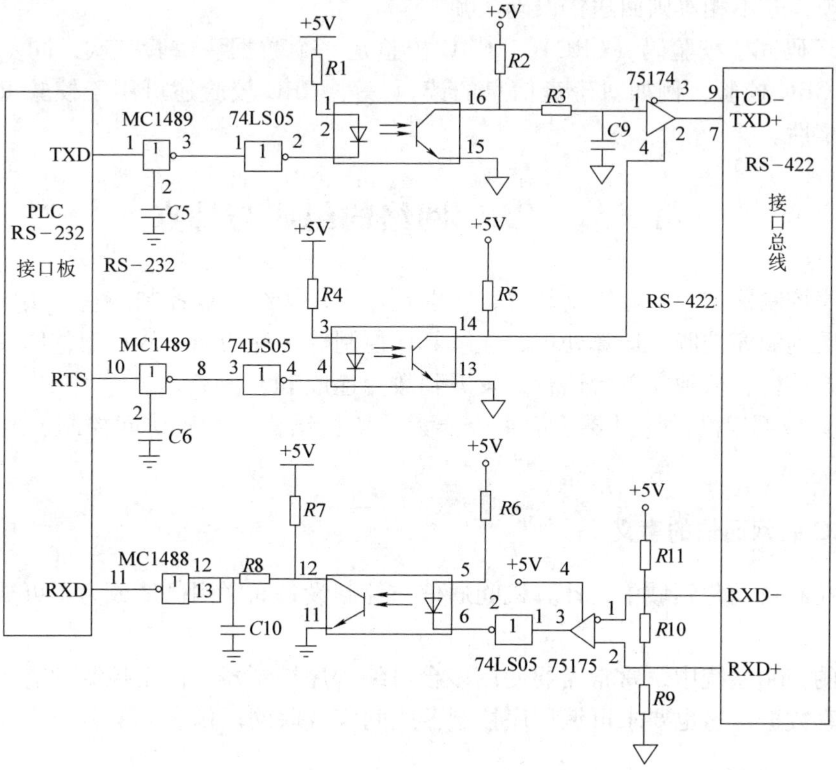

图 8-13　PLC 机 RS-232C/RS-422 转接板电路

3. RS-485 串行总线标准　RS-485 是与 RS-422 兼容的接口标准，其传输速度最高为 10Mbit/s，最大电缆长度为 1220m。

表 8-6 给出了使用 RS-422/RS-485D 型 9 针标准连接器插针分配。

表 8-6　RS-422/RS-485 D 型 9 针标准连接器插针分配

插　针	信号名称	插　针	信号名称
1	TXD −	6	RTS −
2	TXD +	7	RTS +
3	RXD +	8	CTS +
4	RXD −	9	CTS −
5	GND		

注：信号名称内容里的 +、- 是使用 +、- 电源时的接线。

4. 差错控制编码技术

(1) 奇偶校验 奇偶校验码是一种最简单的检验码。其编码规则是先将所要传送的数分组，并且在每一组的数据后面附加一位校验位（冗余位），使得该组连冗余位在内的码中“1”的个数为偶数（偶校验）或奇数（奇校验）。在接收端，则按照同样的规律检查。发现不符，就说明有错误发生；只要“1”的个数符合原定的规律，就认为传输正确（其实也有可能发生了错误）。

(2) 校验和 即在传送数据时，发送方和接收方均对数码进行累加。发送方在发完数后，再发一累加和，接收方在接收数据后将其累加和与收到的数据累加和相比较，若相等回送正确确认帧；若不相等则回送错误确认帧。

(3) 循环码冗余校验码（CRC） CRC 校验是一个数据块校验一次，同步串行通信中几乎都使用 CRC 校验，例如对磁盘信息的读/写等。CRC 校验还可用于校验 ROM 或 RAM 存储区的完整性。

第三节 PLC 网络的组成与特点

可编程序控制器作为工业控制装置，特别是作为现场级工业控制。它已从单一的开关量控制功能发展到顺序控制、运算处理、连续 PID 控制等多种功能，从小型整体式结构发展到大中型模块式结构，从独立单台运行，发展到数台连成 PLC 网络。

在 PLC 局域网组网设计时要注意 4 个要素：拓扑结构、介质访问控制、通道利用方式和传送介质。

一、PLC 联网通信的意义

在工业控制自动化领域中，计算机间通信与控制设备间联网已经成为不可缺少的组成部分。

在复杂的控制系统中，常常需要使用多台可编程序控制器。由于控制的需要，要求各个 PLC 之间共享数据，这也要求可编程序控制器之间实现联网通信。

二、PLC 通信的特点

1）PLC 采用梯形图及语句表编程。

2）生产 PLC 的厂家用硬件开关或向指定单元写入控制字的方法进行选择。

3）在大型集散系统的通信网络中已很少使用集中式（主从式）存取控制方法，而在 PLC 网络中主从式存取控制方法却占主流。

4）PLC 网络中的过程数据是触点的开通与关断，数据更短，而且若受干扰出错就整个错了，因此对差错控制要求较高。在可编程序控制器中可使用“异或码”进行校验。

三、PLC 联网的主要形式

1）以个人计算机为主站，多台同型号的可编程序控制器为从站。

2）以一台可编程序控制器作为主站，其他多台同型号 PLC 作为从站。

3）一些公司为自己生产的可编程序控制器设计的专用的 PLC 网络。

4）把 PLC 网络通过特定的网络接口连入大型集散系统中去，成为它的子网。

5）把 PLC 通过网络与计算机之间的连接组成为 FCS 系统形式。PLC 常用 FCS 的形式有 CC-Link、Profibus-DP、ASi 及 DeviceNet 等。

第四节 PLC 的通信模块

一、通信模块介绍

大中型可编程序控制器中都配置数据通信模块。许多小型可编程序控制器也配置了通信接口。PLC 的数据通信模块就相当于局域网络的网络接口（又称节点）。

下面介绍几种三菱公司生产的 PLC 通信模块。

1. FX_{2N}-232ADP　RS-232C 适配器

FX_{2N}-232ADP 是一种以无规约方式与各种 RS-232 装置进行数据交换的通信模块。与 PLC 连接使用，安置在 PLC 左侧的串行入口处。这种特殊适配器，每一台 PLC 可接一台，其系统组成如图 8-14所示。

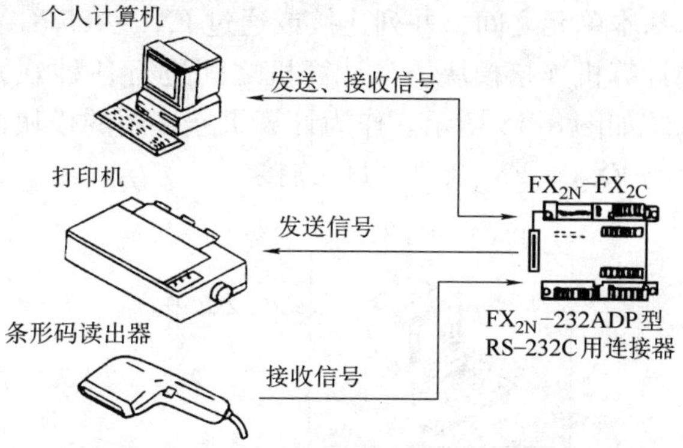

图 8-14　FX_{2N}-232ADP 系统组成

通信协议根据特殊数据寄存器 D8120 的内容指定。交换数据的点数、地址用来自 PLC 的 RS 指令设定之，并使用 PLC 的数据寄存器和文件寄存器作为数据交换，其通信技术参数见表 8-7。

表 8-7　FX_{2N}-232ADP 通信技术参数

传送规格		RS-232C 标准　使用 D-SUB25 插头
传送距离/m		15 以下
D-SUB 型插头接线		2：SD（TXD）发送数据（输出）　3：RD（RXD）接收数据（输入） 20：ER（DTR）发送要求（输出）　6：DR（DSR）可发送（输入） 7：信号接地　4、5：内部短路　8：CD（DCD）
通信方式	数据长度	b0＝0：7 位　b0＝1：8 位
	奇偶校验	（b2 b1）＝（0 0）：无；　（0 1）：奇校验；　（1 1）：偶校验
	停止位	b3＝0：1 位　b3＝1：2 位
	比特率/(bit/s)	根据（b7 b6 b5 b4）＝（0 0 1 1）～（1 0 0 1）； 300、600、1200、2400、4800、9600、19200
	数据起始	b8＝0：无　b8＝1：D8124（约定 STX）
	数据终止	b9＝0：无　b9＝1：D8125（约定 ETX）
	控制位	b10＝0：无　b10＝1：DTR/DSR（H/W） b11＝0：通常方式　b11＝1：调制方式
有关标记数据寄存器		M8122：发送标记　D8122：发送数据余数 M8123：接收结束标记　D8122：接收数据数

2. FX_{2N}-40AP/AW 并联适配器 FX_{2N}-40AP 光缆并联适配器接在 FX_{2N}系列 PLC 基本单元的左侧接口以便进行 PLC 间的通信。传输距离为 50m，每次发送接收所需时间约为 70ms 加上站、从站的扫描时间。传送信号：

主→从 100 点（M800 ~ M899）

10 点（D490 ~ D499）

从→主 100 点（M900 ~ M999）

10 点（D500 ~ D509）

FX_{2N}-40AW 为双绞线并联适配器接在 FX_{2N}系列 PLC：基本单元左侧的接口处以便 PLC 间进行通信。传输距离为 10m 以下，通信时间及传送信号同 FX_{2N}-40AP。

3. FX_{2N}-485ADP FX_{2N}-485ADP 通信适配器通过 RS-485 通信，能够进行两台 FX_{2N}或 FX_{2C}基本单元之间，并列连接或通过 FX_{2N}-485PC-IP 型 RS-232C/RS-485 变换接口和 PLC 之间的计算机连接模块，与计算机之间进行各种软元件的读写以及 PLC 的 RUN/STOP，其模块系统如图 8-15 所示。作为计算机连接用的模块能够进行 1 对 1 或 1 对 n 连接，支持专门协议与 FX_{2N}、FX_{2C}系列 PLC 连接。

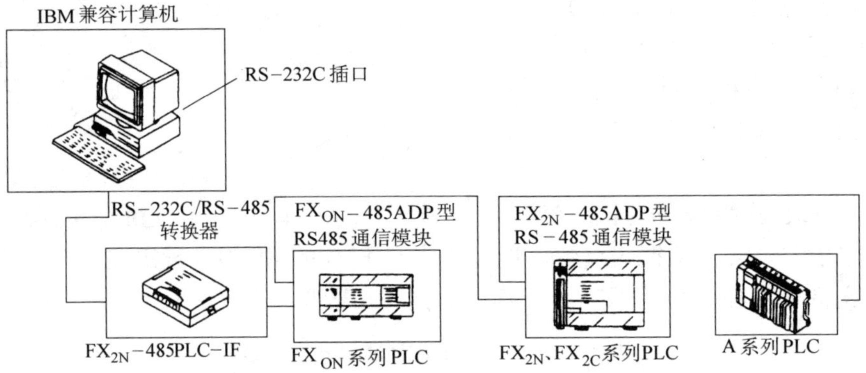

图 8-15 FX_{2N}-485ADP 模块系统

通信协议设置在特殊数据寄存器 D8120、D8121 和 D8129 中，数据通信的功能由上位机中的通信程序完成，其通信技术参数见表 8-8。

表 8-8 FX_{2N}-485ADP 通信技术参数

<table>
<tr><td colspan="2">传送接口</td><td colspan="2">遵循 RS-422/485 标准</td></tr>
<tr><td colspan="2">通信方式</td><td colspan="2">专用协议，半双工通信方式</td></tr>
<tr><td colspan="2">同步方式</td><td colspan="2">起始-停止同步方法</td></tr>
<tr><td colspan="2">传输速率/(bit/s)</td><td>300、600、1200、2400、4800、9600、19200 可选</td><td rowspan="5">PLC 的通信格式设置在 D8120 中</td></tr>
<tr><td rowspan="4">数据格式</td><td>起始位</td><td>1</td></tr>
<tr><td>数据位</td><td>7 或 8</td></tr>
<tr><td>校验位</td><td>1 或无</td></tr>
<tr><td>停止位</td><td>1 或 2</td></tr>
<tr><td rowspan="2">错误校验</td><td>奇偶校验</td><td colspan="2">奇校验/偶校验/无校验</td></tr>
<tr><td>和校验</td><td colspan="2">有/无</td></tr>
</table>

（续）

系统结构（计算机：PLC）		1:1 或 1:n（n=0～15）
访问周期		每个通信请求都在 PLC 程序处理结束时进行处理，故访问周期为 1 个扫描周期
传输距离/m	RS-422A RS-485	最大距离 500
	RS-232C	最大距离 15

二、通信监控软件介绍

（一）FX MING 三菱集成网络图形系统

MING 是三菱集成网络图形系统的简称。

（二）FIX for MELSEC 软件

FIX for MELSEC 是著名的 hntellution 公司开发的三菱 MELSECPC 专用版 FIX 软件，可在 Microsoft Windows98、Windows NT 及 Windows XP 平台上使用。

（三）用户自行开发通信软件

对于以上位机为主站的 PLC 网络，用户也可自行设计通信程序，实现从 PLC 采集数据。在这种系统中，编制通信程序时要注意下列几点：

1）首先用硬件方法或软件方法选择可编程序控制器的物理层协议、数据格式及比特率。

2）通过初始化编程对上位机的异步通信适配器进行初始化，使它的物理层协议、数据格式及比特率均与 PLC 相同。

3）可以使用高级语言如 VB 或 C/C ++/VC ++，也可以使用汇编语言编写通信程序，但要求上位机的通信程序必须遵守 PLC 的通信协议。

第五节　主从式全 PLC 网络

全部选用同一厂家的可编程序控制器，构成主从式全 PLC 网络是一种比较常见的 PLC 网络应用形式。以三菱公司的 A 系列全 PLC 网络和 FX 系列全 PLC 网络为例，说明主从式全 PLC 网络的工作原理。

一、PLC 的连接

A 系列全 PLC 网络通过通信模块 AJ71C24 连接在一起，三菱公司的通信模块 AJ71C24 提供 RS-232C、RS-422 两种电气接口（该通信模块的用法详见第四节），A 系列全 PLC 网络链接系统如图 8-16 所示。

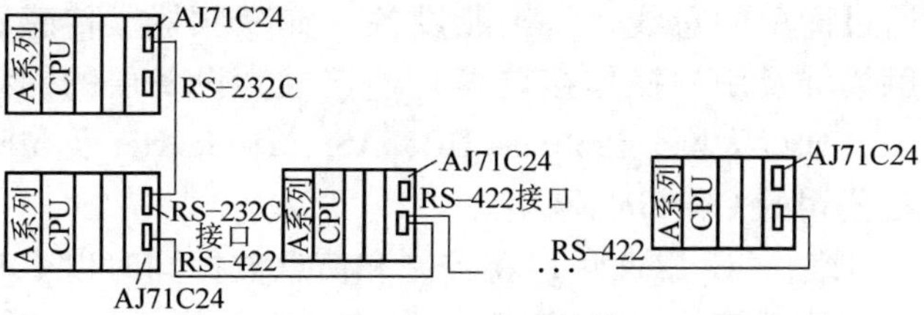

图 8-16　A 系列全 PLC 网络链接系统

用标准的 RS-232C 通信电缆把主站和从站连接在一起，从站和从站之间用 RS-422A 通信电缆连接，最多可以连接 32 个从站，主站和从站间最远距离为 1 200m。

FX_{2N}系列的全 PLC 网络通过通信模块 FX_{2N}-485ADP 连接在一起，FX_{2N}-485ADP 通信模块在第四节已详细介绍。主站和从站之间用 RS-232C 通信电缆连接在一起，从站和从站之间用 RS-422A 通信电缆连接，最多可以连接 8 个从站，主站和从站间最远距离为 500m。FX_{2N}系列全 PLC 网络链接系统如图 8-17所示。

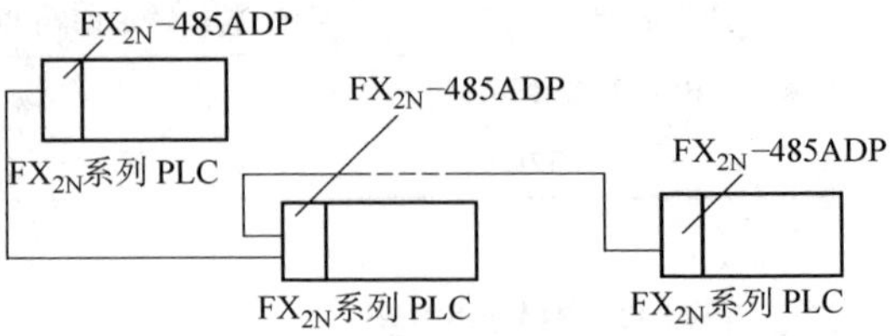

图 8-17　FX_{2N}系列全 PLC 网络链接系统

二、通信模块的设定

为保证联网的 PLC 之间能相互通信，应使所有模块的下列参数符合规定：

1）数据传输速率必须相同。

2）通信协议（电气接口标准及异步数据格式）应当适配。

3）采用一致的校验方法。

三、通信程序的编制

对于主从式全 PLC 网络，用户编制通信程序时，不必知道其通信协议，只要按用户说明书规定的格式书写即可。

四、MELSEC-I/O 通信系统

MELSEC-I/O 通信系统是一种高速小范围分布系统，MELSECI/O 通信系统结构如图8-18所示。

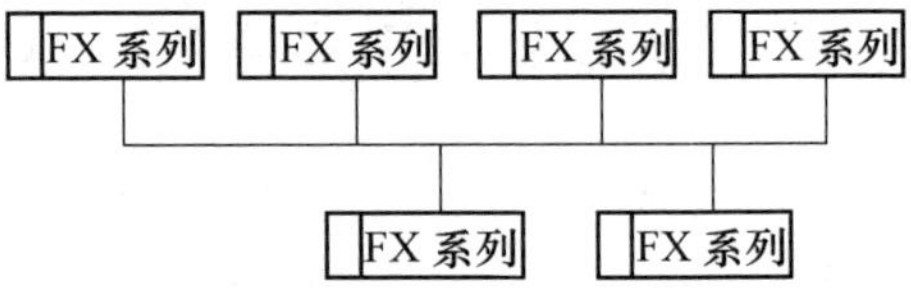

图 8-18　MELSECI/O 通信系统结构图

第六节　专用 PLC 网络

三菱同一厂家的联网形式有：用于 A 系列 PLC 的 MELSEC NET/10、MELSEC NET/Ⅱ和 MELSEC NET/B 网；用于 Q 系列 PLC 的 MELSEC NET/H 网；用于 FX 系列 PLC 的 MELSEC NET/MINI-S3 等网络形式。

可以连接不同厂家的联网形式为 CC-Link（Control&Communication Link，控制与通信链路系统）网络。CC-Link 是一个以设备层为主的网络，同时也可覆盖较高层次的控制层和较低层次的传感层。它通过简单的总线，将工业设备（如变频器、传感器、电磁阀、条码阅读器、智能调速器、触摸屏及用户操作接口等）连接成为设备层的网络。同时它还可以方便地连接到其他网络中，如以太网、Profibus-DP、ASi、DeviceNet 及 MELSEC NET/H 网等。

下面主要介绍三菱公司的 CC-Link 网络。

CC-Link 现场总线网络，CC-Link 可以将控制和信息数据同时以 10Mbit/s 高速传送至现场网络，具有性能卓越、使用简单、应用广泛、节省成本等优点。其不仅解决了工业现场配

线复杂的问题，同时具有优异的抗噪性能和兼容性。CC-Link 是一个以设备层为主的网络，同时也可覆盖较高层次的控制层和较低层次的传感层。

三菱公司的 CC-Link 网络结构作为设备层，MELSEC NET/H 作为控制层，以太网作为工厂局域网层。

CC-Link 的特点：

1）高速、大容量数据传输：通信速度 156kbit/s ~ 10Mbit/s（通信距离 100 ~ 1200m），站点数 64 个。

2）网络拓扑结构形式：多点接入、T 形分支、星形结构，多种电缆及连接器。

3）可实现分散控制：可以作为网络的底层、中层。

4）实时性、自动刷新功能及预约站功能。

5）完善的 RAS 功能：具备自动在线恢复功能、待机主控功能、切断主站功能、确认连接状态、测试及诊断功能。

6）众多厂商的开放性使用环境和即插即用功能：提供给合作厂商描述每种类型产品的数据配置文档。

7）广播轮询和瞬时传送功能。

8）优异的抗噪性能和兼容性：CC-Link 兼容产品具有高水平的抗噪性能。

CC-Link 由 A、QnA、Q 及 FX_{2N}系列 PLC 做主站组网形式如图 8-19 所示。

CC-Link/LT（省配线）由 FX_{2N}系列 PLC 做主站组网形式如图 8-20 所示。

CC-Link 的通信规范见表 8-9。

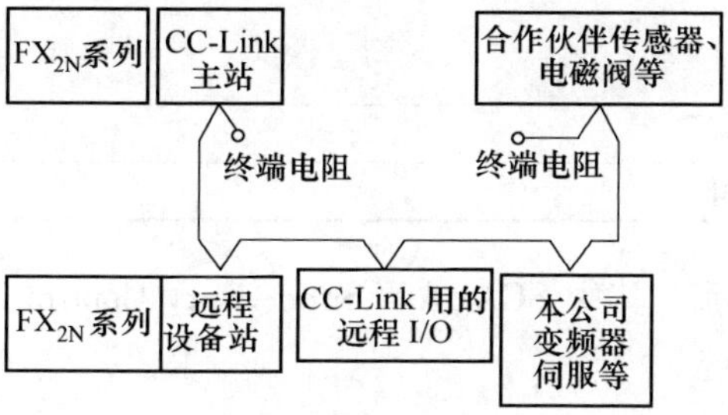

图 8-19　CC-Link 由 A、QnA、Q 及 FX_{2N}系列 PLC 做主站组网形式

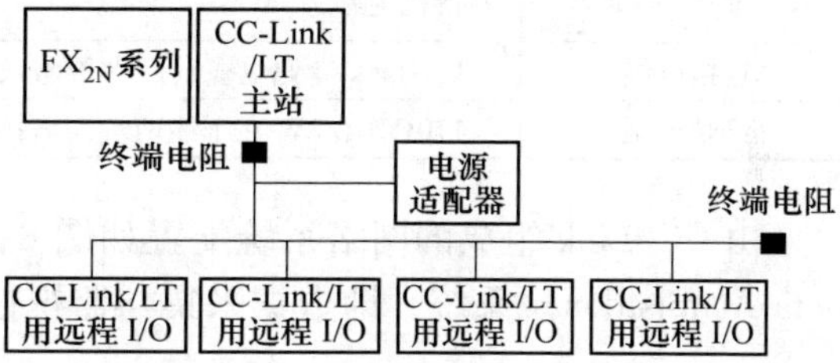

图 8-20　CC-Link/LT（省配线）由 FX_{2N}系列 PLC 做主站组网形式

表 8-9　CC-Link 的通信规范

项　目	内　容
通信速度	可以设定 10Mbit/s、5Mbit/s、2.5Mbit/s、625kbit/s、156kbit/s
通信方式	以广播轮询方式为主，另有瞬时传送方式
同步方式	帧同步方式
编码方式	NRZI（倒转不归零）
传输路径	总线型（基于 EIA485）
传输格式	基于 HDLC（高级数据链路控制协议）
差错控制方式	CRC（$x^{16}+x^{12}+x^5+1$）

（续）

项　目	内　容
最大链接容量	RX，RY：2048 位 RWw：256 字（主站到从站） RWr：256 字（从站到主站）
每站链接容量	RX，RY：32 位（本地站 30 位） RWw：4 字（主站到从站） RWr：4 字（从站到主站）
最大占用内存站数	4 站
瞬时传送	最大 960B/站 150B（主站到智能设备站/本地站）34B（智能设备站/本地站到主站）
连接模块数	$(1\times a)+(2\times b)+(3\times c)+(4\times d)\leqslant 64$ 站 a：占用 1 个内存站的模块数　b：占用 2 个内存站的模块数 c：占用 3 个内存站的模块数　d：占用 4 个内存站的模块数 $16\times A+54\times B+88\times C\leqslant 2304$ A：远程 I/O 站模块数（最大 64）　B：智能设备站模块数（最大 42） C：本地站、智能设备站模块数（最大 26）
从站站号	1～64
RAS 功能	最大恢复功能 从站切断 数据链路状态诊断 离线测试（硬件测试、总线测试） 待机主站
连接电缆	CC-Link 专业电缆（三芯屏蔽绞线）
终端电阻	110Ω，1/2W 在干线两端均需接终端电阻

由 CC-Link 组成的网络系统配置如图 8-21 所示。其中 SCADA（Supervisory Control And Data Acquisition）系统，即数据采集与监视控制系统。

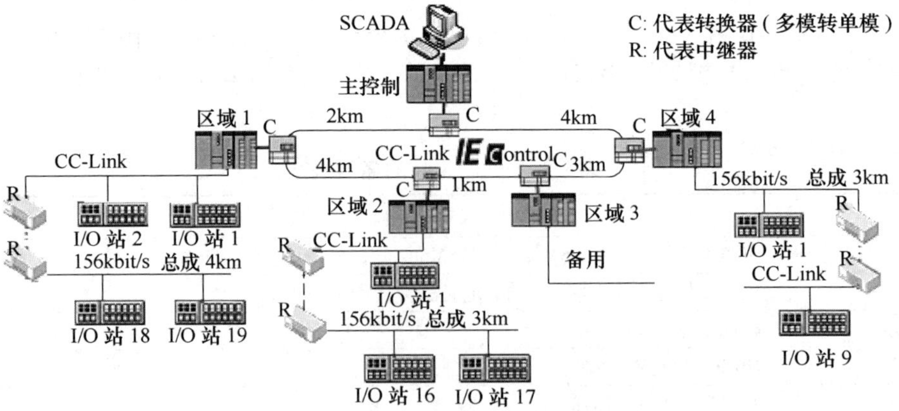

图 8-21　CC-Link 组成的网络系统配置图

9）开放性网络实现 FA 网络层的无缝连接。

由 CC-Link 组成的 FA 各个层次一体化连接如图 8-22 所示。

在 CC-Link 组成的 FA 连接中各个层次的含义为：

① 工厂部门间信息网络（Ethemet）的作用是使用以太网、收集和管理生产信息。

② 工厂内控制器网络（CC-Link IE Control）的作用是控制数据、设备维修、保养及设定信息。性能为：1Gbit/s 高速通信；功能是链接继电器 32768 位、链接寄存器 131072 字、链接 I/O 各 8192 位、每个网络的最大连接台数 120 台。

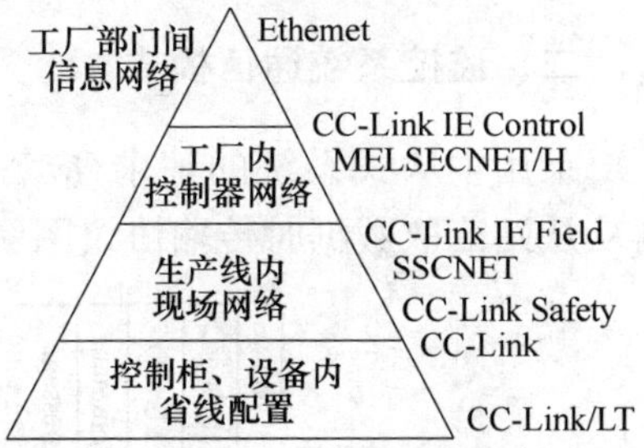

图 8-22　由 CC-Link 组成的 FA 各个层次一体化连接

③ 工厂内控制器网络（MELSECNET/H）的作用是控制数据、设备维修、保养及设定信息。性能为：1Gbit/s 高速通信；功能是链接继电器 32768 位、链接寄存器 131072 字、链接 I/O 各 8192 位、每个网络的最大连接台数 120 台。

④ 生产线内现场网络（CC-Link IE Field）的作用是链接控制设备运行及动作有直接关系的数据；实现在控制设备之间进行实时通信。

⑤ 生产线内安全网络（CC-Link Safety）的作用是防止生产现场危险发生；性能为：最大 10Mbit/s 高速通信、丰富的 RAS（Reliability——可靠性、Availability——有效性、Serviceability——可维护性）功能；特点是：高可靠性及大幅降低配线量。

⑥ 生产线内现场网络（CC-Link）的作用是能同时控制和及处理信息。性能为：10Mbit/s 高速通信；功能是每个网络的最大链接数远程 I/O 各 8192 位、远程寄存器 2×2048 字、对应多厂商产品。

⑦ 控制柜、设备内省线配置（CC-Link/LT）的作用是避免复杂的配线及误接线。性能为：10Mbit/s 高速通信；功能是有点数模式的 4、8、16 设置，在 16 点模式下最大链接点数 1024 点；其最大特点为：开放性、高速度、强抗干扰性、设置及施工简单。

第七节　以个人计算机作为操作站的 PLC 网络

一、通信系统结构

在本系统中，上位机的作用是监控及操作。采用主从式通信结构作为系统通信主体，通信线路的工作方式采用全双工通信，上位机中的 RS-232C 异步通信接口经 FX_{2N}-485PC-IF 转换为 RS-485 接口后与 PLC 的通信模块 FX_{2N}-485ADP 相连，形成系统通信的物理通道，通信系统结构如图 8-23 所示。

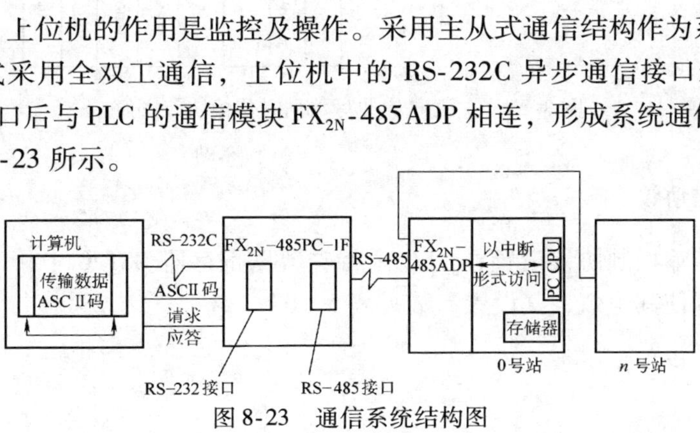

图 8-23　通信系统结构图

本系统中，通过 FX_{2N}-485PC-IF 将串行口输出的 RS-232C 信号转换为 RS-485 信号，支持全双工通信。计算机与 PLC 连接如图 8-24 所示。

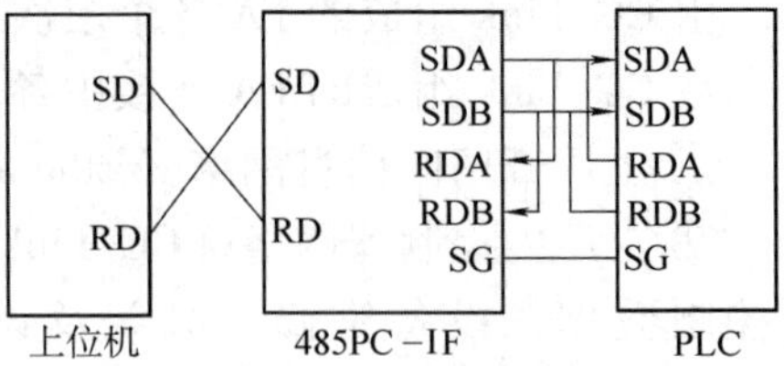

图 8-24　计算机与 PLC 连接示意图

二、监控系统通信模式

采用主从式系统的请求/应答存取控制方法。主站从从站读取数据时传输协议图解见图 8-25。

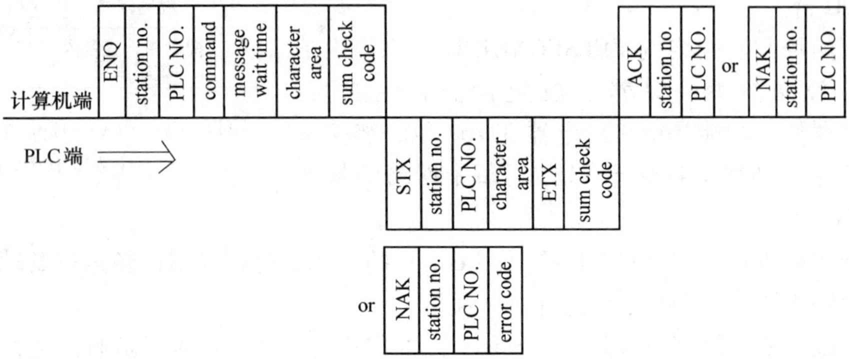

图 8-25　主站从从站读取数据时传输协议图解

如果主机有数据要写入某一从站，主机向从站发出询问信号（ENQ），看它是否做好接收数据的准备。从站可以根据自己的情况（忙或闲）予以肯定（ACK）或否定应答（NAK）。主机收到肯定应答信号后就开始发送数据，在数据发送过程中，主机可能要在某一时刻停下来等待从站的响应，看它是否正确地接收到已发出的数据，从站则对已正确接收的数据予以肯定应 Q（ACK），对于校验出错的数据给予否定应答（NAK）。主机向从站写数据时传输协议图解见图 8-26。

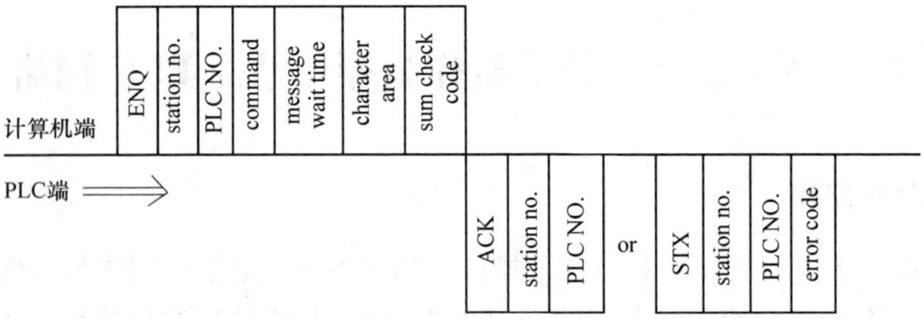

图 8-26　主机向从站写数据时传输协议图解

三、系统通信协议

传输参数和传输控制协议设置在 PLC 内特殊数据寄存器 D8120 中，改变参数设置，必须开、关一次电源使其生效，其设置参数见表 5-10。

四、帧结构

系统采用面向字符的通信协议，并规定数据传输以帧为单位，上位机和 PLC 之间每次传送一帧信息。一台上位机可以与 16 台 FX 系列 PLC 链接，上位机为主站，PLC 皆为从站。主站用命令帧发起通信，只有被访问的从站才能响应含有自己从站号的命令。每当一个从站发出一个响应帧，该从站就用响应帧通知主站与哪台从站通信。各信息帧格式如下：

命令帧

STX	站号	PLCNO	字符区	ETX	校验和

响应帧

ENQ	站号	PLCNO	命令	延时	字符区	校验和

确认帧当传输数据正确时

ACK	站号	PLCNO

当传输数据错误时

NAK	站号	PLCNO

或

NAK	站号	PLCNO	Error Code

五、常用通信指令

1）批读位指令 BR（Batch read-Bit unit）以位的形式从一组位元件（X，Y，M，S，T，C）中读数据，所读的结果以一个位元件为单位。ACSⅡ代码为 42H、52H。

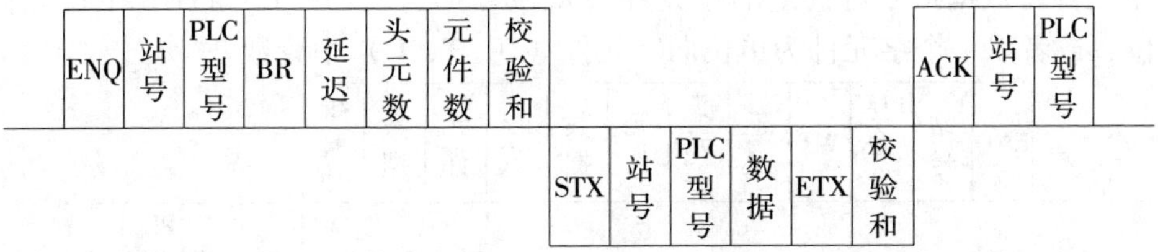

2）批读字指令 WR（Batch read-Word unit）以字的形式从一组位元件（X，Y，M，S）或字元件（D，T，C）读数据，所读的结果以 16 个位元件或一个字元件为单位。ASCⅡ代码为 57H、52H。

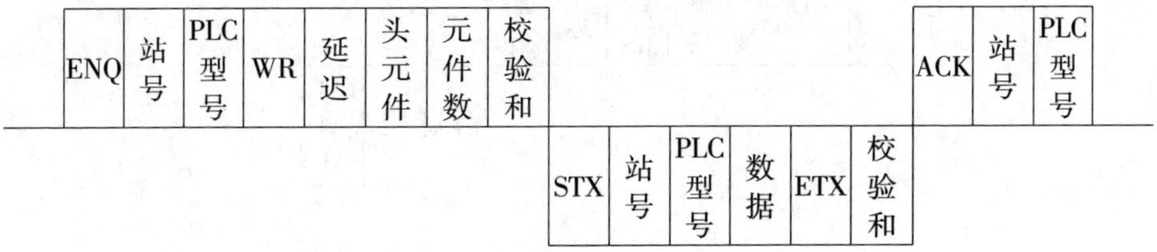

3）批写位指令以位的形式向一组位元件（X，Y，M，S，T，C）中写数据，所写的数据以一个位元件为单位。ASCⅡ代码为42H、57H。

ENQ	站号	PLC型号	BW	延迟	头元件	元件数	数据	校验和

STX	站号	PLC型号

4）批写字指令以字的形式向一组位元件（X，Y，M，S）或字元件（D，T，C）写数据，所写的数据以16个位元件或一个字元件为单位。ASCⅡ代码为57H、57H。

ENQ	站号	PLC型号	WW	延迟	头元件	元件数	数据	校验和

STX	站号	PLC型号

5）位元件置位/复位指令对选定的位元件（X，Y，M，S，T，C）以一个位元件为单位置位/复位。

ENQ	站号	PLC型号	BT	延迟	头元件	元件	1或0	~	元件	1或0	校验和

STX	站号	PLC型号

6）字元件写数据指令对选定的位元件（X，Y，M，S，T，C）以16个位元件为单位置位/复位，或者以一个字元件为单位向字元件（D，T，C）中置数。

ENQ	站号	PLC型号	WT	延迟	头元数	元件	数据	~	元件	数据	校验和

STX	站号	PLC型号

7）远程控制PLC起动/停止指令远程控制可编程序控制器的起动，ASCⅡ代码分别为52H、52H和52H、53H。

ENQ	站号	PLC型号	RR或RS	延迟	校验和

STX	站号	PLC型号

8）读 PLC 类代码指令 PLC（PLC type read）读可编程序控制器类型的代码，ASCⅡ代码为 50H、43H。

ENQ	站号	PLC型号	PC	延迟	校验和

STX	站号	PLC型号	数据	ETX	校验和

ACK	站号	PLC型号

9）Global 信号 ON/OFF 指令 GW（Global）置位、复位 Global 信号标志（FX 系列 PLC 的 Global 标志为 M8126）。

ENQ	站号	PLC型号	GW	延迟	控制flag	校验和

10）回送测试指令将从计算机接收的字符回送给计算机，用于检测通信回路的连接情况。ASCⅡ代码为 54H、54H。

ENQ	站号	PLC型号	TT	延迟	字符数	字符	校验和

ACK	站号	PLC型号	字符数	字符	ETX	校验和

第八节 系统设计实例

本节将以编者开发的“海底电缆铺设监控系统”为例，说明以个人计算机作为操作站的 PLC 网络的设计过程。

一、分析系统的控制要求，决定系统结构

根据用户的要求，分析控制系统需要完成各种功能，如完成的动作、数据采集量等。确定控制系统中与上位机通信的 PLC 的数量，控制系统对实时性的要求，确定系统的通信结构以及接线方法。

二、设定通信参数

设定通信数据的长度、奇偶校验、停止位、传输速率、校验和，根据 b0 ~ b15 信息设置 D8120。根据不同的 PLC 站号设置 D8121，根据每次通信暂停检查时间设置 D8129。每次改变参数设置，必须开、关一次电源使其生效。例如在“海底电缆铺设监控系统”中，通信方式采用半双工方式，同步方法采用起始-停止位方式同步，传输速率为 9600bit/s，起始位为 1 位，数据长度 7 位，奇偶校验位为偶校验，停止位为 1 位，使用校验和，采用三菱公司的专用协议。D8120 设置为 H6082。

D8121 的设置根据站号的不同，不同的 PLC 设置不同的值，如站号为 0，则 D8121 设置为 H0。D8129 的设置根据暂停检验时间的不同设置不同的值。

三、编制通信程序

根据三菱公司提供的通信协议，可以自行编制上位机通信程序。下面举例说明通信程序的编制方法。子程序用 C 语言编写，实现从 PLC 的位元件或字元件中读取数据，并对数据进行处理。通信程序流程图见图 8-27，一次通信过程由以下几个步骤组成：

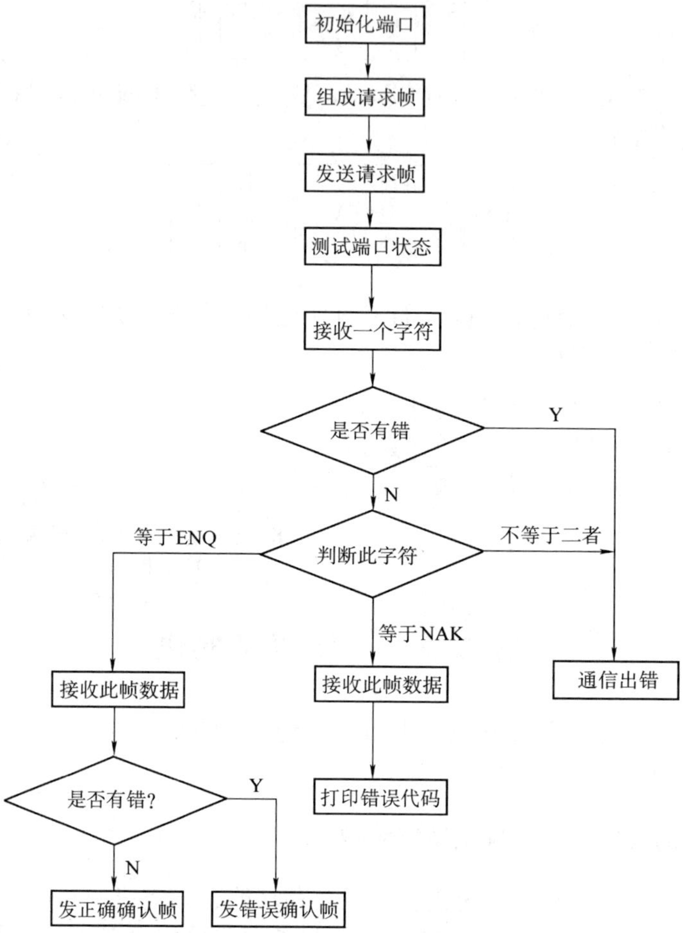

图 8-27 通信程序流程图

①组成请求帧；②初始化通信端口；③发送请求帧；④测试端口状态；⑤接受响应帧，数据处理；⑥发送正确确认帧或错误确认帧。

四、通信回路接线

通信回路的接线要严格按照规定的要求进行，一般应选用三菱专用的通信电缆，485PC-IF 和 485ADP 端子的接线要选用屏蔽线，尽可能减少干扰信号。

连接端接电阻要注意根据通信线路的不同接法，选用不同的端接电阻。如果通信线路采用 RS-422 接法，应使用 330Ω、0.25W 的电阻；如果通信线路采用 RS-485 接法，应使用 110Ω、0.5W 的电阻。

小　　结

本章介绍了 PLC 联网通信的基本知识，包括 PLC 通信的特点及联网的形式：PLC 与个人计算机组成的简易集散控制系统网络、现场总线网络、主从式全 PLC 网络、专用的 PLC 网络、作为大型集散系统的子网；一些常用的通信模块及通信监控软件，并讨论了自行编制通信软件的过程及注意事项。目的在于让读者对 PLC 联网通信技术有一个全面的认识，为今后进行系统开发打下基础。

主从式全 PLC 网络由于其结构简单、使用方便，可以应用于一定的场合。专用的 PLC 网络受各个生产厂商的支持，用户无须进行复杂的技术开发，即可获得强大的功能，因此也是一种较好的选择。

以个人计算机为主站，多台同型号的可编程序控制器为从站，组成的简易集散控制系统网络，结合了 PLC 在控制上的优点和计算机在数据处理与监控方面的长处，并且价格便宜，特别适用于中小控制系统，具有广阔的应用前景。本章详细介绍了这种控制系统网络通信结构、通信模式、通信协议、通信软件的设计，并结合实例介绍了系统开发设计的过程。

思考题与练习题

8-1　试述 RS-232C、RS-422A 与 RS-485 三种接口原理和性能上的异同点。

8-2　PLC 联网具有哪些形式？

8-3　个人计算机与多台 PLC 组成的现场总线控制系统的设计过程包括哪些步骤？

第九章　PLC控制系统设计

PLC控制系统设计是针对现场（工业）进行控制的自动控制系统。其系统由继电器逻辑电路和PLC设备及其他电器元件等组成。因此在进行PLC控制系统设计过程中一定要结合第一、二章的继电器逻辑电路设计过程与方法。

第一节　PLC控制系统的设计方法、主机及其模块的选用

设计是人们根据客观条件以最佳方式实现具体目标的思维过程及其书面表达。它是一种创造性的工作。一个项目设计的优劣显然与设计者的知识面，对相关理论的掌握，以及综合运用知识的能力密切相关，是一个设计者、一个设计团队的创造性思维和工作水平的具体体现。

PLC控制系统的应用设计属于工程类设计，其目的是将技术原理转化为技术实现；或者，将科研成果转换为生产力。

工程类设计可划分为：产品设计、部件设计、布线设计、网络规划设计、试验优化设计、控制系统设计、管理系统设计、监测系统与综合系统设计等。

PLC控制系统设计是电气控制工程设计的一种。其设计思想、原则、方法和步骤与传统继电器控制系统设计略有异同。与计算机控制系统设计基本相同。承接项目和项目设计过程主要由以下工作程序完成：

思想和技术准备→承接和讨论项目→深入研究和讨论操作流程及使用工艺→制定技术指标→整体和分块剖析→拟订实施方案→划分分块目标内容→确定分块接口技术要求→深入实际调研，查阅文献和网络资料→方案比较及抉择→理论分析→技术经济分析→试验研究或试验优化设计→硬件电路及软件程序设计→工程或工艺设计→软件模拟试验→系统软硬件调试，修改，调试→现场调试→交接项目。

一、PLC控制系统设计思想及原则

在承接PLC控制系统设计项目前要做好思想和技术准备。要了解项目是属于哪一类型（开关、顺序、模拟或混合控制），了解目前同类系统的尖端应用情况，大、中、小规模应用情况，了解最新技术实际应用水平（主要是网络的应用），了解现场应用环境、使用条件、操作对象。针对项目要求，一定要保证系统经济、合理、工作安全、可靠、稳定、耐用，操作、维护及维修方便。

在设计过程中要充分查阅文献及网络资料，查找最新的技术及应用资料。充分利用现有资源和技术，避免低水平的重复开发和设计工作，避免走弯路，避免无效或侵权性行为。充分利用工具软件、集成软件、系统仿真、软件仿真及硬件仿真技术。最大程度发挥硬件资源的作用，同时必须考虑系统小范围的更改和扩展需求。

二、PLC 控制系统的基本设计方法与步骤

PLC 广泛应用于工业自动控制系统领域。对 PLC 控制系统的设计首先必须符合电气控制设计的规范，其次还应充分考虑 PLC 的特殊性。在软、硬件的结合方面，应充分发挥 PLC 的软、硬件功能，使系统的技术、经济指标更加优越。

一般电气控制装置（系统）设计分成三个阶段：初步设计、技术设计和产品（系统）设计。

1. *初步设计*　初步设计是研究系统和电气控制装置的组成、技术指标、工作环境、操作流程、工艺过程与使用要求。

2. *技术设计*　技术设计是根据经审批的初步设计中提出的内容和方案，最终完成电气控制设计工作。其设计步骤流程如图 9-1 所示。

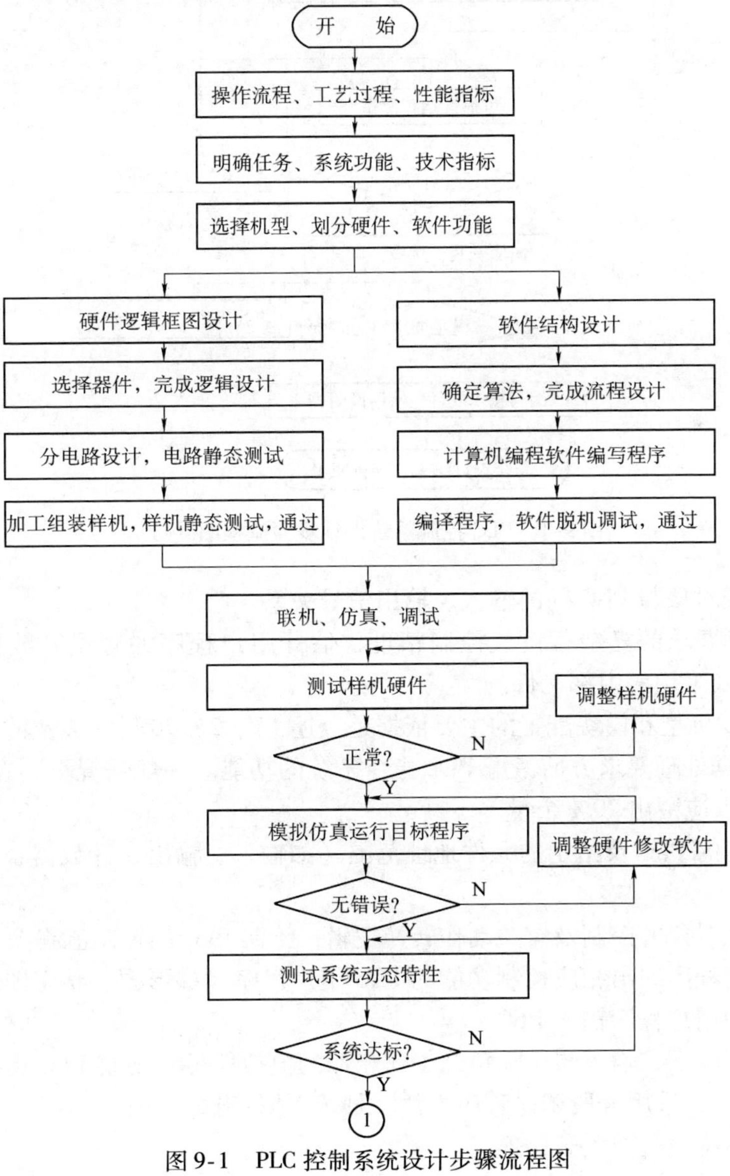

图 9-1　PLC 控制系统设计步骤流程图

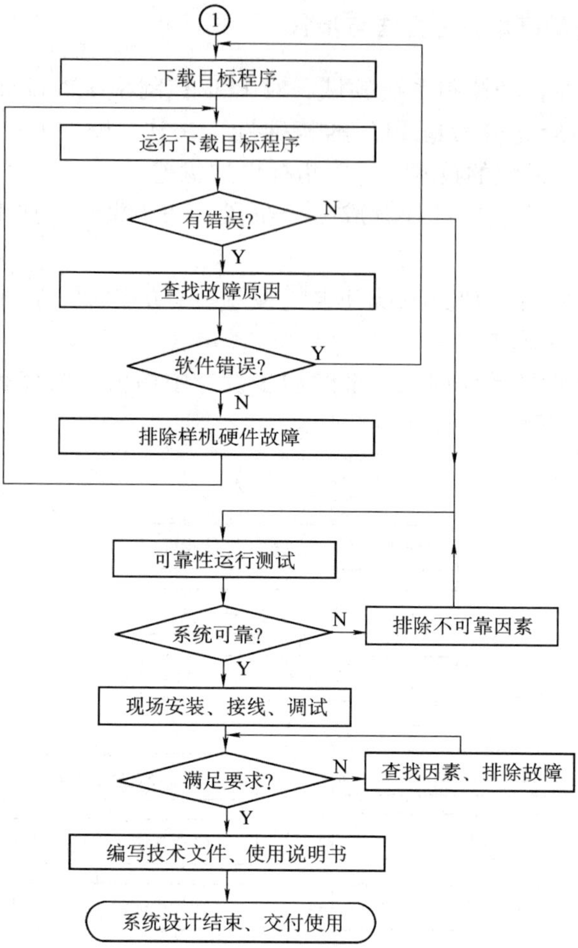

图 9-1 PLC 控制系统设计步骤流程图（续）

1）确定受控对象与 PLC 间的输入、输出信号关系。

2）根据控制要求的复杂程度、控制精度，估计用户程序的容量、数据区容量、定时器、计数器数量及采用的内部元件。

3）选择 PLC 机型和模块配置的主要依据是上述 1）、2）步骤中涉及的硬件要求，同时从控制功能和数据处理要求方面考虑 PLC 指令系统的功能。一般情况下，在初步设计阶段，PLC 输入、输出点应留出 20% 余量。

4）根据选用的 PLC 及给定的元件地址范围（如输入、输出、计数器、定时器、数据区等）。

5）根据受控对象的控制及有关动作转换逻辑，绘制 PLC 的控制流程图。

6）由控制流程图编出相应控制功能的 PLC 用户程序（梯形图、状态图或助记符）。

7）将编写的用户程序输入 PLC。

8）在空载情况下，输入与实际负载工作相似的模拟信号，观察 PLC 运行时输出指示及模拟负载响应情况，采用分段调试程序方法（插入 END 指令）。

9）将控制系统与受控负载相连。

3. 产品（系统）设计　产品（系统）设计是根据技术设计中的系统电路图，柜、台、箱的布局图和元器件明细表转化设计成供生产用的总装配图，部件、组件、单元装配图、接线图、布线图及有关结构设计图样等。

三、PLC 使用注意事项

（一）电源

PLC 电源通常采用交流 110V、220V 和直流 24V，使用时务必注意电源类型和幅值，若使用不当，会直接损坏 PLC 的电源模块。其电源控制电路可参考图 9-2。

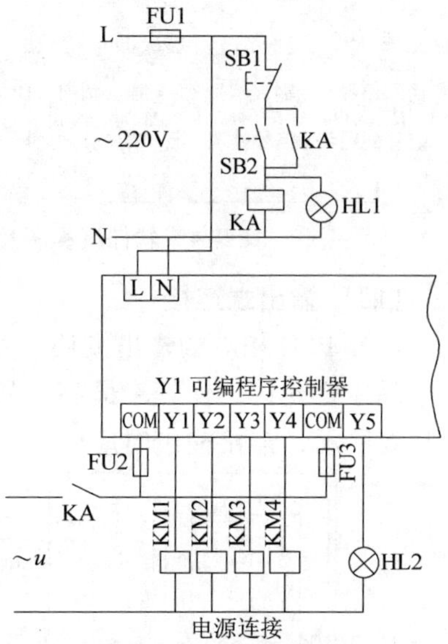

图 9-2　电源控制电路

（二）输入端连接

常用 PLC 输入电路有无电压汇流输入（见图 9-3a）、交/直流汇流输入（见图 9-3b）以及交流汇流输入（见图 9-3c），PLC 输入端连接必须根据它的输入电路形式而定。连接时应注意以下几个问题：

1）输入回路是否需要外接电源？

2）要接什么类型电源（交流/直流）？

3）电源的幅值、频率及极性要求如何？

（三）输入点数统计

系统中有两个分属不同程序块的输入信号，其基本实施的构思如图 9-4 所示。

输入电路选通原理如图 9-5 所示。

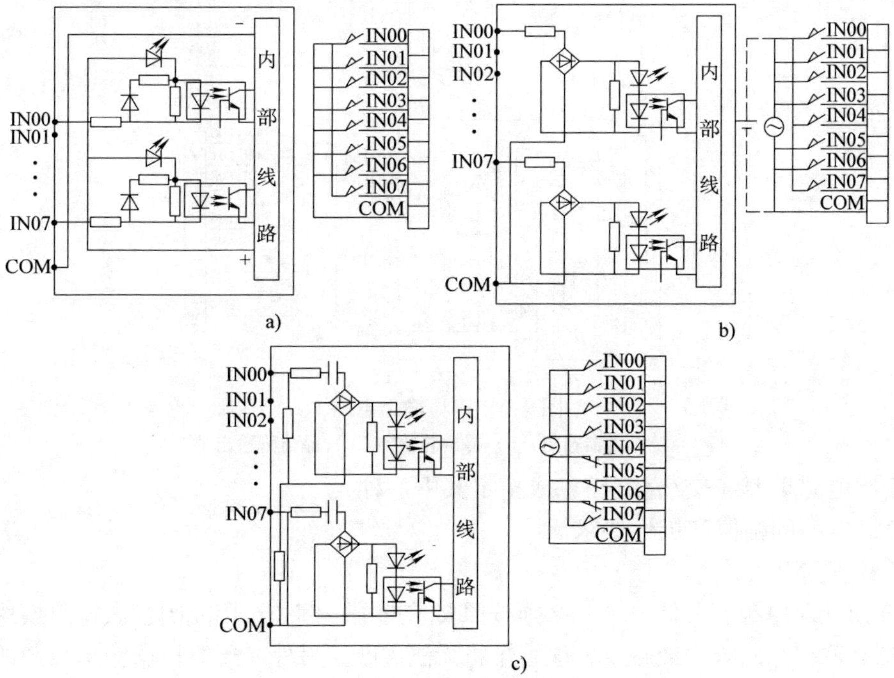

图 9-3　PLC 输入回路

a）无电压汇流　b）交/直流汇流　c）交流汇流

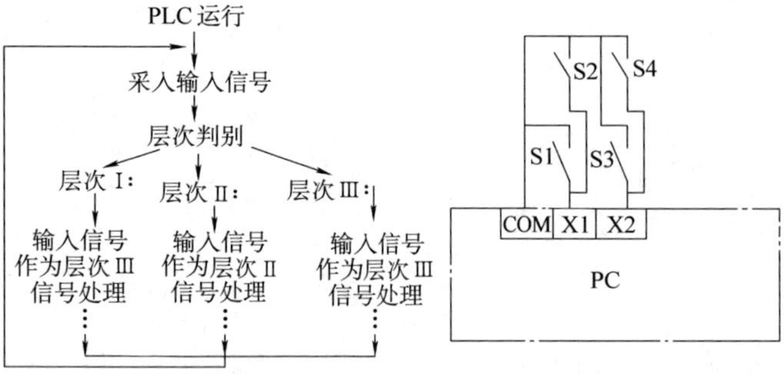

图 9-4　软件流程图及硬件图

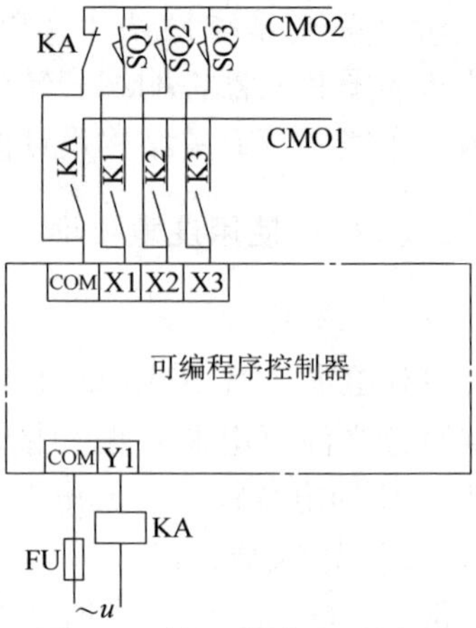

图 9-5　输入电路选通原理

（四）输出端连接

选择 PLC 相应的输出模块。一般可供选择的模块有三种，即继电器、晶体管、晶闸管。其中晶体管允许工作频率最高，晶闸管次之，继电器允许动作的频率最低。PLC 输出电路如图 9-6 所示，连接输出时应引起注意的是：

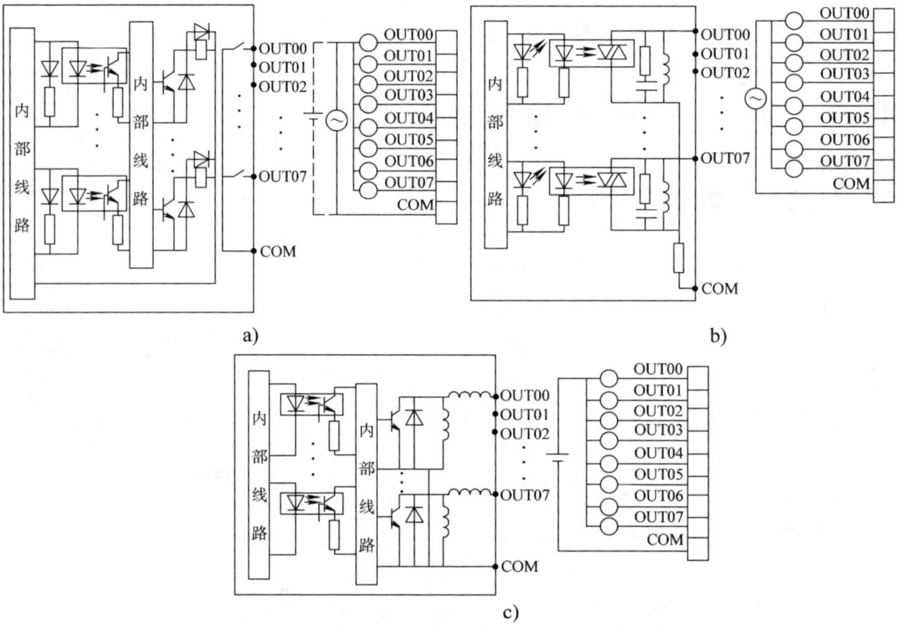

图 9-6　PLC 输出电路

a）继电器输出　b）晶闸管输出　c）晶体管输出

1）负载电源类型（交/直流任意或指定其中一种）。

2）负载电源的幅值和极性要求。

3）负载容量和性质。

PLC 输出端对电源有具体要求，必须按照要求选用。例如选用晶闸管做输出模块，电源误用直流，那么输出晶闸管一经触发，该管子将无法关断。另外，还要根据输出负载的性质，考虑采取相应保护电路。如图 9-7 所示，因为当感性负载中的电流突然中止时（输出由 ON 到

OFF)，就会产生一个很高的尖峰电压，若不抑制该尖峰电压，就可能损坏输出模块。

（五）输出点统计

PLC 的输出点具有一定的带载能力。在输出元件负载容量允许的情况下，可直接驱动负载。若考虑系统今后功能扩展，可增加一定余量（20%）的输出点做备用。

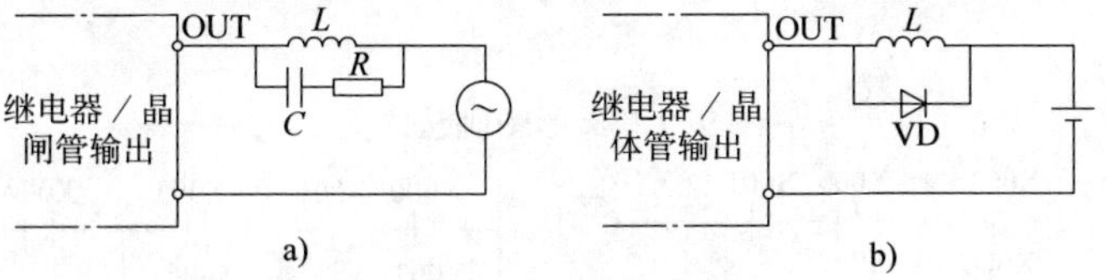

图 9-7　输出保护电路

四、PLC 的编程方法及程序设计注意事项

PLC 是专为工业控制而开发的一种控制器，它的程序编制、安装、调试及维护工作主要由生产一线的电气技术人员和高级电工承担，因此 PLC 从硬件结构到操作系统的设计都以尽可能地使用户能够很快地掌握它的应用为原则。

（一）命令语句表达式编程

1. 基本格式　不同型号的 PLC 指令不同，但其表达式却大致相同。

PLC 指令：操作码 + 操作数；

操作码——指定执行什么功能；

操作数——指定执行某一功能操作所需要数据的所在地址（字地址或位地址）及运算处理结果的存放地址。

2. 编程规则

1）程序以指令列按序编制。

2）操作数必须是机器所允许范围内的数值。

3）命令语句表达式指令编程与梯形图编程相互对应。

（二）梯形图编程

梯形图是在继电接触器原理图基础上演变而来的，两者在术语上有所不同，但含义相似。术语关系见表 9-1。

表 9-1　术语关系

继电术语	相应 PLC 中名称	常开触点	通常断开条件
触点	输入或条件	常闭触点	通常闭合条件
线圈	输出或工作位	时间继电器	计时器

1. 梯形图基本结构　一个梯级的梯形图如图 9-8 所示。

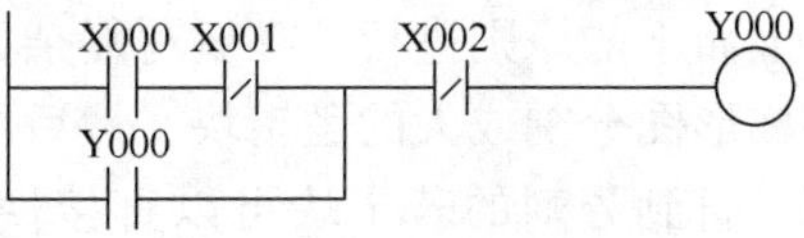

图 9-8　一个梯级的梯形图

2. 梯形图编程规则及注意事项　编制梯形图程序时应充分考虑以下问题：

1）几个串联支路相并联，应将触点多的支路安排在梯级的上面（梯形图画法之一如图 9-9 所示）；几个并联回路的串联，应将触点多的并联回路安排在左面（梯形图画法之二如图 9-10 所示）。按这样规则编制的梯形图可减少用户程序步数，缩短程序扫描时间。

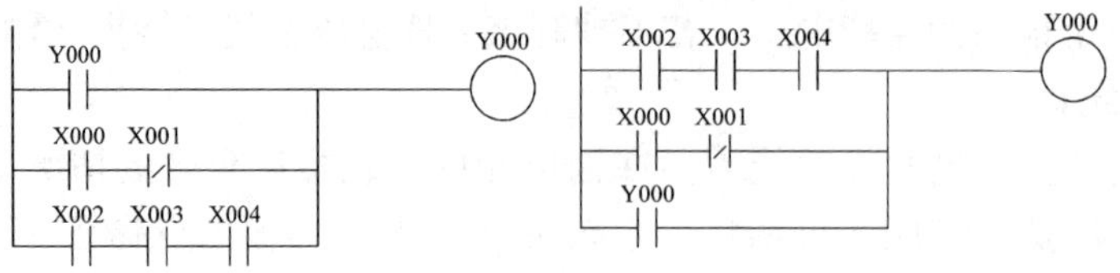

a)　　　　b)

图9-9　梯形图画法之一

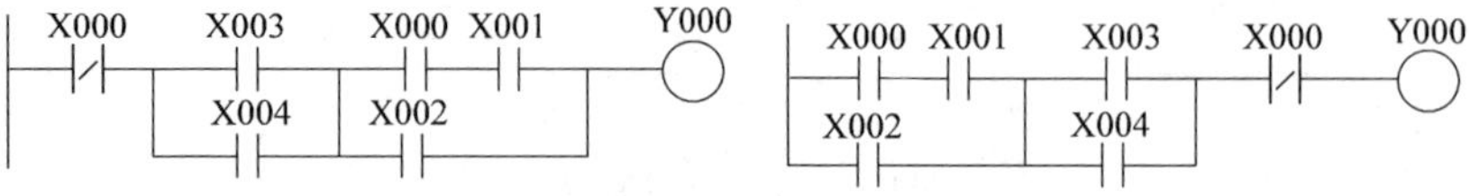

a)　　　　b)

图9-10　梯形图画法之二

由此可见，图9-9a和图9-9b梯形图控制功能完全一样，但图9-9a梯形图程序比图9-9b多一条ORB指令。

2）梯形图编程可采用相应可编程序控制器的梯形图编程软件。绘制梯形图时应注意：触点应画在水平线上，不要画在铅垂线上；不包含触点的分支应画在铅垂线上，不要画在水平线上，以便识别触点逻辑组合和对输出和指令执行的路径。梯形图画法之三如图9-11所示，左图无法采用逻辑指令编程，经修改后的右图成为逻辑相同的可编程序梯形图。梯形图画法之四如图9-12所示，将左图的梯形图按梯形图规则重画后，成为便于编程和控制路径清晰的右图。

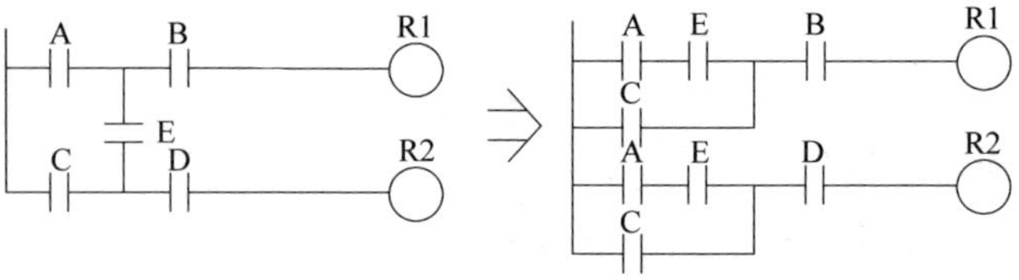

图9-11　梯形图画法之三

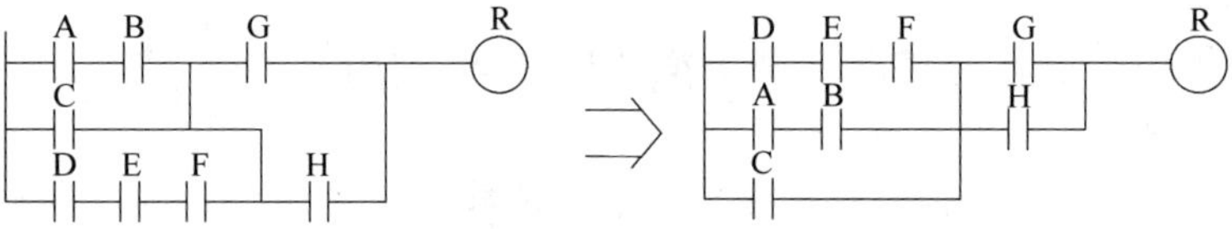

图9-12　梯形图画法之四

3）梯形图和命令语句表达式编程具有一一对应关系。由梯形图转换成命令语句必须按照从左到右、自上而下的原则进行。在编写复杂梯形图时，常需要将梯形图分割成大的逻辑块，然后再对大的逻辑块分割，直到分割的若干块可以直接使用“与”、“或”指令。对逻辑块程序仍按上述原则，先将小的逻辑块连接，再连接大一些的逻辑块，连接时采用相应“逻辑块与”或“逻辑块或”命令。以图9-13所示梯形图为例，其编程顺序如图9-14所示。

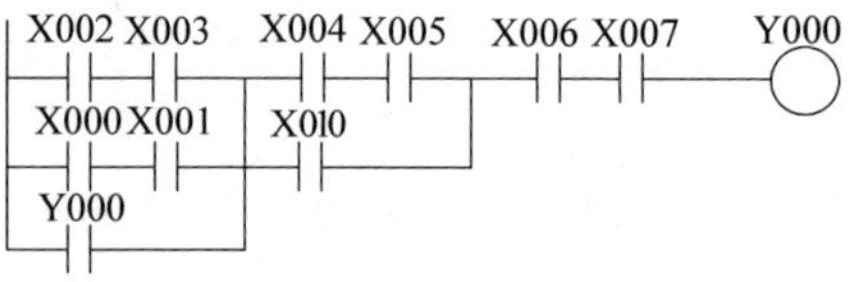

图9-13　梯形图示例

4）指令安排顺序和位置对程序执行结果会有影响。图9-15a程序段A的设计意图是每隔一小时使 C10 接通一次，程序中利用定时器 T00 每 1min 接通一次的脉冲信号作为计数器 C10 的输入，C10 计满 100 次后发出一脉冲信号。如果从一般电气原理图角度看程序，程序段 A 是能正常工作的。因为电气线路上，触点不论安排在线路上方还是在线路下面，任一元件动作都能同时进行电路切换。但按照 PLC 梯形图工作原理，当程序正好执行到 c 或 d 瞬间，T00 定时时间到，T00 常开闭合，C10 的信号有效，C10 做减一计数；而当程序执行到 b、e、f、g 及 b 点之前或 g 点之后的任一瞬间，T00 定时时间到，C10 均不能得到 T00 接通的脉冲信号。例如程序扫描到 C10 指令时，T00 定时尚未到，T00 信号为零，接着 T00 计时到，其常开触点闭合，常闭触点断开，在下一个扫描周期中的 b 点，LDI T00 将 T00 的“1”取非得“0”，执行 OUT T00 指令时将 T00 复位，T00 常开触点打开，常闭触点闭合，计数器输入端仍无“1”信号输入，这样 C10 将漏计 T00 一次脉冲信号而产生定时错误。如果将程序略做修改，加入一个集中过渡信号，程序就能正常运行了（见图 9-15b）。

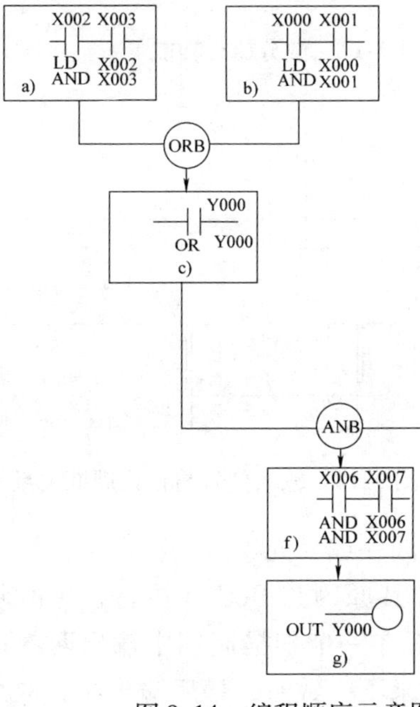

图 9-14　编程顺序示意图

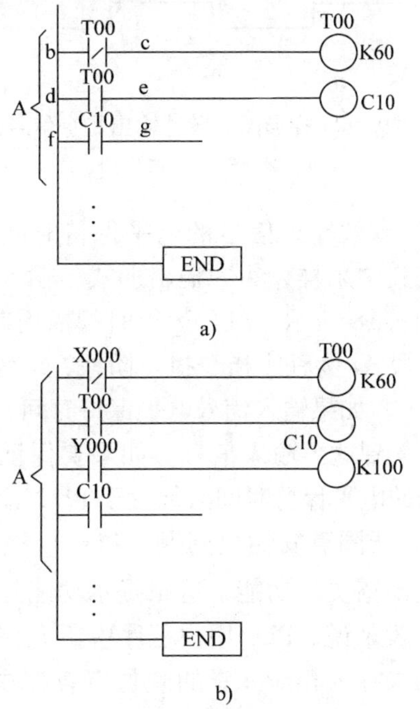

图 9-15　编程分析

a）计数器错开编程　b）计数器改进编程

5）信号电平有效和跳变有效问题。在 PLC 指令中有些指令条件是以信号跳变为执行条件的，它与电平触发有本质区别。例如 PLC 指令系统中的 PLS 指令仅在输入信号 X0 有效的上升沿使 M0 输出有效，置位指令使 Y0 置位“1”。PLF 指令在输入信号 X1 有效的下升沿使 M1 输出有效，复位指令使 Y0 复位“0”。其梯形图和脉冲波形图如图 9-16 所示。同样在 PLC 的功能指令中，一般指令都为电平有效，若需要指令在执行条件满足后仅执行一次，就必须用微分执行功能如图 9-17 所示，该指令就成为只执行一次的微分功能指令。分析图 9-17a 和图 9-17b 中程序我们可了解微分执行功能的用途。设输入信号 X3 接通，且接通时间为 n 个扫描周期（一般无法精确控制接通时间），则图 9-17a 程序 D0 中内容为（D0）+ n（D1），而图 9-17b 程序中 D0 内容为（D0）+（D1）。上例中的程序看似一样，但结果大不相同，编程时应加以注意。

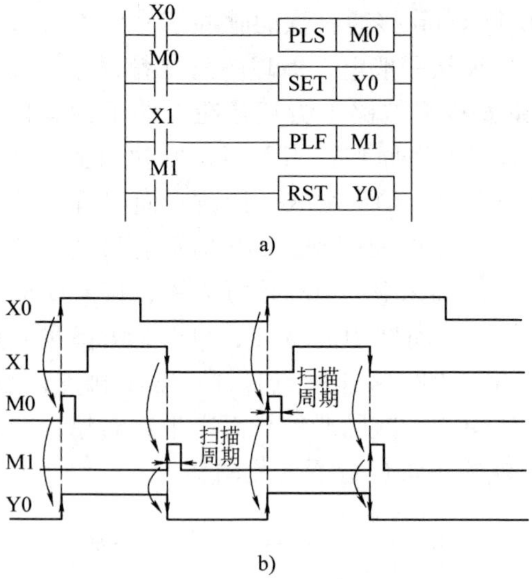

图 9-16　梯形图和脉冲输出指令信号

a）梯形图　b）波形图

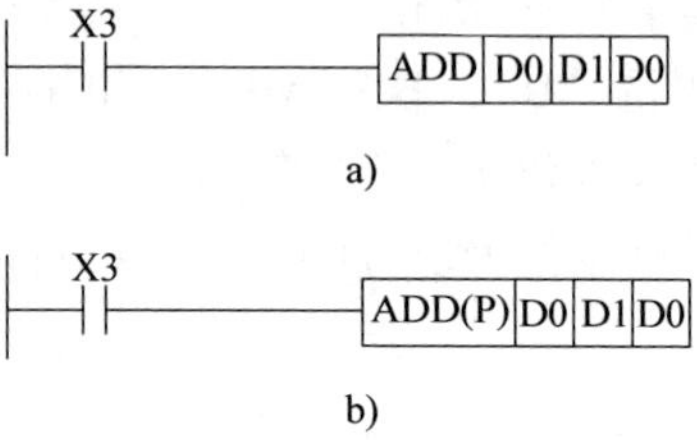

图 9-17　微分执行功能

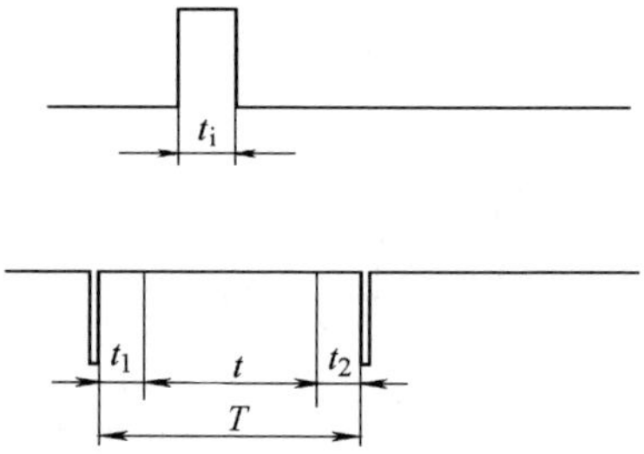

图 9-18　输入信号与扫描周期关系

6）有效输入信号的电平保持时间。PLC 的工作方式是采用集中采样，集中输出形式，输入信号与扫描周期关系如图 9-18 所示。PLC 运行时扫描周期 T，其中 t_1 为输入采样阶段，t 为程序指令执行阶段，t_2 为输出阶段，即 $T = t_1 + t + t_2$。如果输入信号电平保持时间 $t_i < T$，那么 PC 就不能保证采到这个输入信号。如果要保证输入信号有效，输入信号的电平保持时间必须大于 PLC 工作扫描周期。

7）线圈重复输出问题。PLC 自检功能中具有线圈重复输出出错提示功能，这条提示功能是指用户程序中出现了同一编号元素有两次以上输出情况。一般来说，PLC 用户程序中不允许出现重复输出编程，其原因是 PLC 在执行程序时将运行结果存入相应元素的映像寄存器中，如果同一编号元素在一个扫描周期中输出两次以上，也就是说对该元素进行了两次以上运算输出，当运算结果不一致时，最后输出状态取决于后一次写入映像寄存器的运行结果。然而有两种情况下的“重复输出”是允许的：第一种情况对输出继电器而言，如果能保证在一次扫描运行中只执行一次输出，则这种“重复输出”是允许的。输入继电器“重复输出”例子如图 9-19 所示，虽然程序段 A 和程序段 B 中都有 OUT Y501 指令，但程序执行过程中不可能在一个扫描周期中同时执行程序段 A 和程序段 B，这就保证 PLC 在一次扫描运行中只刷新 Y501 输出继电器一次（跳步指令执行条件互为非的关系），所以，这种编程方式是允许的。第二种情况是信号过渡，如内部辅助继电器用作中间继电器信号过渡功能时是允许重复输出的，重复使用 M0、M2 如图 9-20 所示。

8）用户应用程序加密。每个 Pass Word 开始由字母 A/B/C 开始，表明保护级别，后 7 位由十六进制数构成，用户可根据各自需要选用。

（三）状态转移图编程

PLC 除了梯形图编程外，还有用于顺序控制的标准化语言——SFC（Sequential Function

Chart）编程。

1. 状态转移图（又称状态流程图）　它是描述控制系统的控制过程、功能和特性的一种图形。

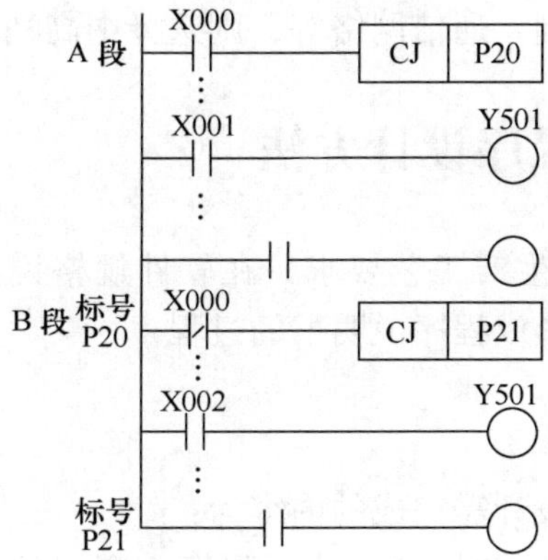

图 9-19　输入继电器“重复输出”例子

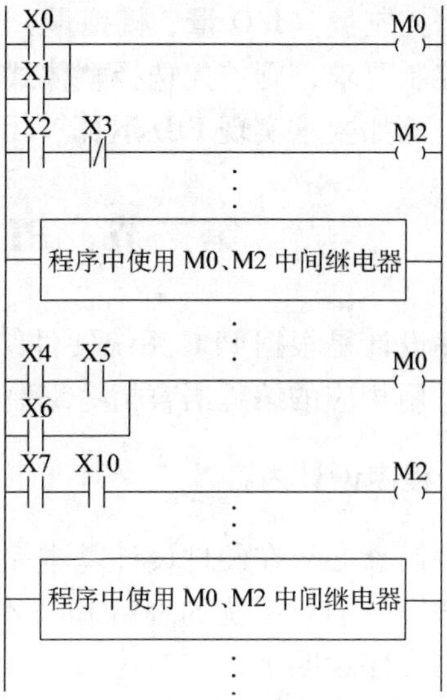

图 9-20　重复使用 M0、M2

2. 步进顺序控制系统程序设计

图 9-21 所示是一个液压驱动滑台自动工作状况状态转移图示例。

图 9-22 所示是一个液压驱动的滑台双向进给的控制设计举例。

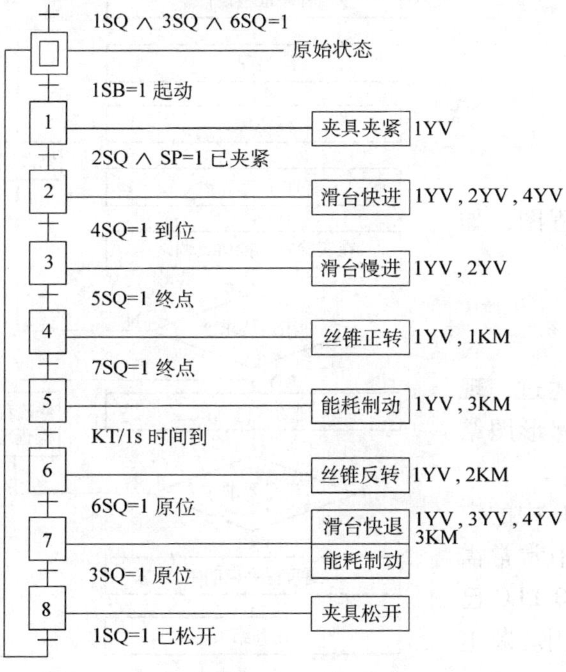

图 9-21　液压滑台自动工作状况状态转移图

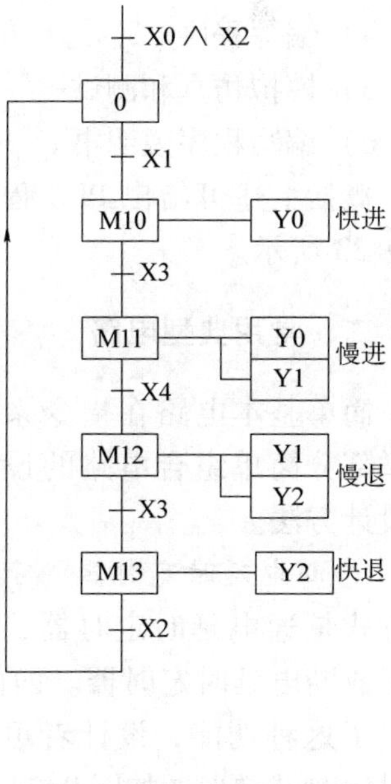

图 9-22　液压滑台双向进给控制状态流程图

五、PLC 主机及其模块的选用

选择的基本原则：

根据控制量（I/O 量、模拟量）的数量选择：对于简单的逻辑控制，其主机的 I/O 口数量满足控制要求，则首先选择整体式结构的低档 PLC。对于复杂的控制系统，且控制要求高的项目，例如要求实现 PID 运算、闭环控制、远程控制、通信网络等，则选择中高档机。

第二节 PLC 典型应用程序设计方法

程序设计是根据 PLC 系统硬件结构、操作方式和生产工艺要求，在软件规格说明书的基础上，用相应的编程语言指令编制实际应用程序并形成程序说明书的过程。

一、程序设计内容

程序设计必须在硬件设计基本完成后进行。程序设计需完成的内容为：

程序设计前对系统的理解和技术准备工作；程序框图设计；编写程序；模拟仿真和测试；编写程序说明书。

1）程序设计前对系统的理解和技术准备工作：程序设计前准备工作可分为 3 个方面：

① 了解系统概况，对系统有整体概念。

② 熟悉被控制对象，熟悉生产工艺。

③ 硬件电路的详细分析，化整为零。

2）软件工具的应用。充分利用仿真及组态软件等。

3）程序框图设计。

4）编写程序。

5）模拟仿真和测试。

6）编写程序说明书。

概括上述可给出 PLC 程序设计流程图，如图 9-23 所示。

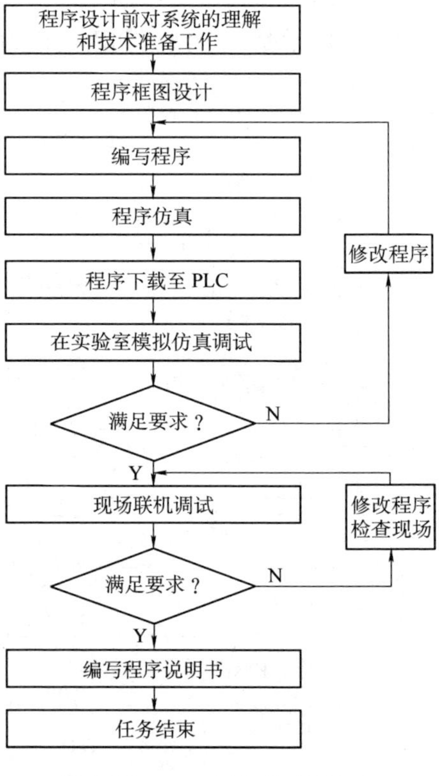

图 9-23 PLC 程序设计流程图

二、常用典型电路

简单基本电路在指令系统中已论述过，现列举部分简单组合电路的设计方法及梯形图结构设计方法。

1. 断电延时定时器 定时器在 PLC 中的定时方式是通电延时定时器，实际应用中常常需要组成断电延时定时器。西门子 S7-200 PLC 已提供了这种功能，设计者可以直接引用。断电延时定时器梯形图如图 9-24 所示。

断电延时定时器的时序图如图 9-25 所示。

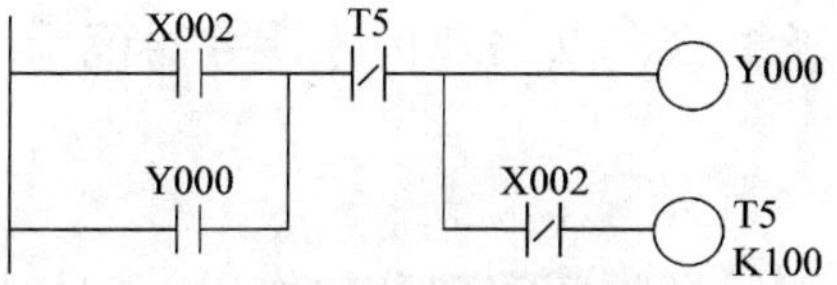

图 9-24　断电延时定时器梯形图

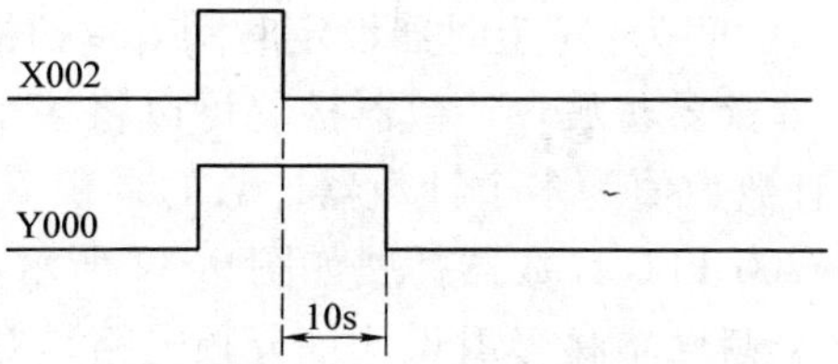

图 9-25　断电延时定时器的时序图

2. 双延时定时器　双延时定时器是指通电和断电均延时的定时器，其电路的梯形图组成如图 9-26 所示。时序图如图 9-27 所示。

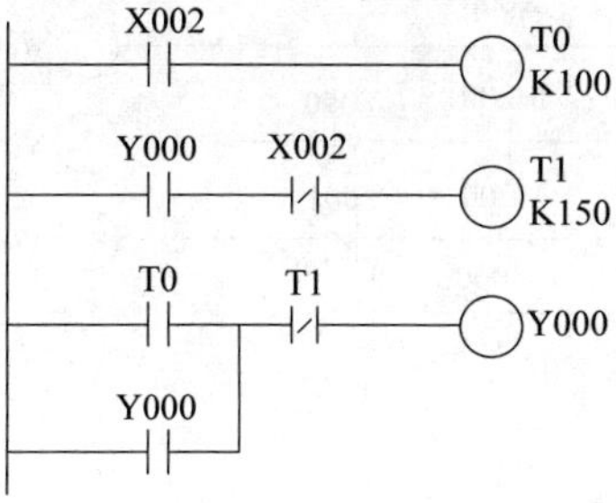

图 9-26　双延时定时器梯形图

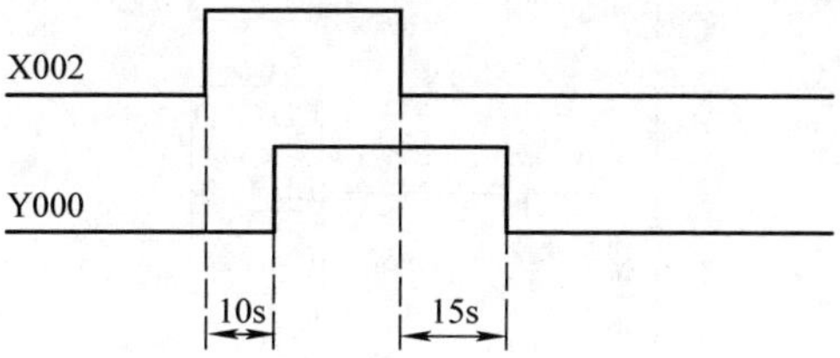

图 9-27　双延时定时器时序图

3. 长延时定时器　FX_{2N}和 S7-200 系列 PLC 定时器的最大定时时间为 3276.7s。如果需要计时的时间超过了定时器的最大计时时间，可以考虑将多个定时器、计数器联合使用，以扩大其延时时间。

长延时定时器方法之一的梯形图如图 9-28 所示，其时序图如图 9-29 所示。

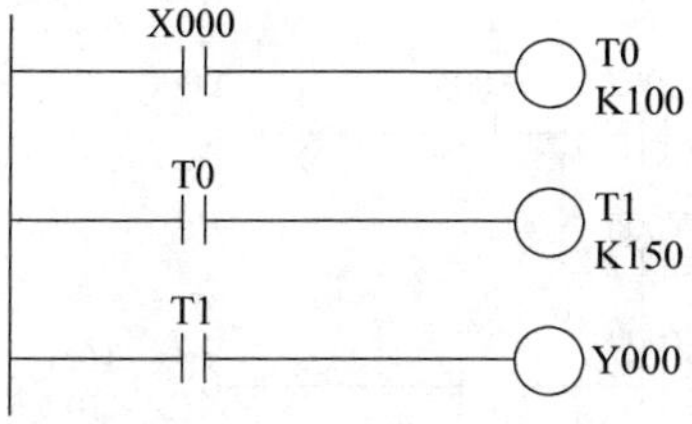

图 9-28　长定时器方法一梯形图

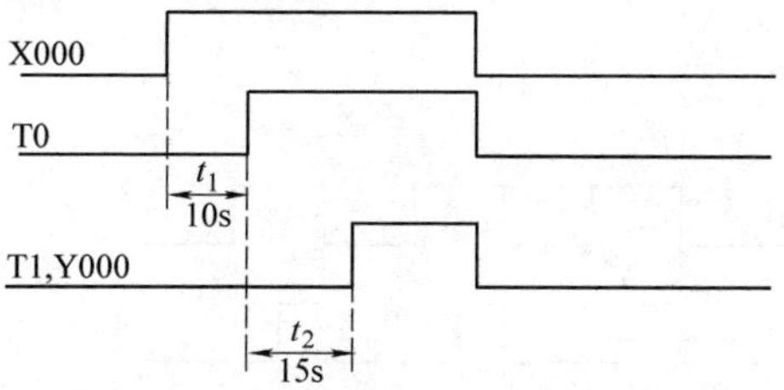

图 9-29　长定时器方法一时序图

长延时定时器方法之二的梯形图如图 9-30 所示，其时序图如图 9-31 所示。

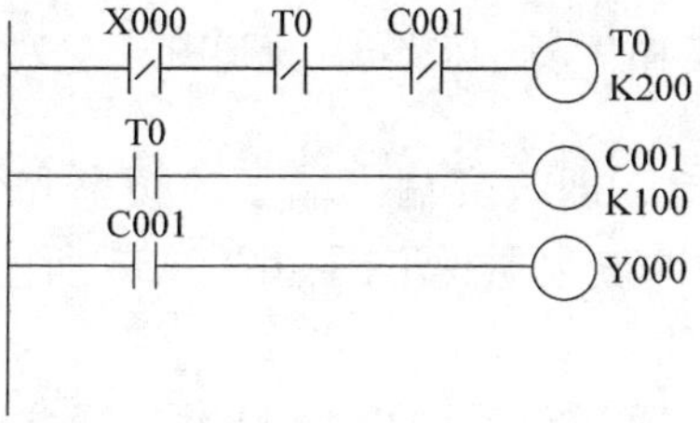

图 9-30　长定时器方法二梯形图

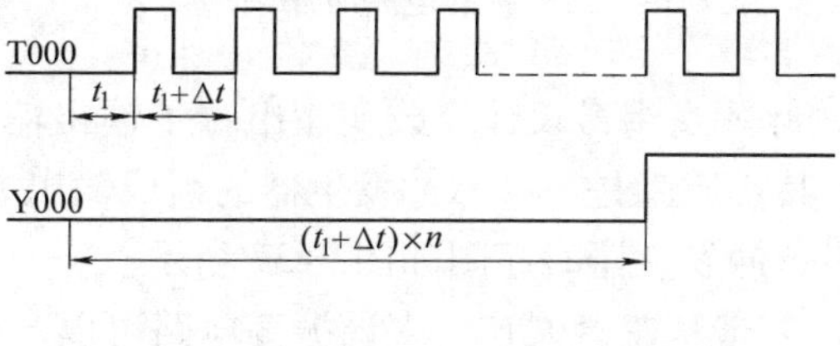

图 9-31　长定时器方法二时序图

延时时间为：（定时器设定时间 t_1 + 扫描周期 Δt） ×计数器次数 n。

4. 计数器扩展 计数器扩展可以将多个计数器串级组合，以达到扩大计数器范围的目的。其计数数值为多个计数器计数的乘积值。

S7-200 PLC 计数器扩展如图 9-32 所示。

5. 分频电路梯形图设计 分频电路是对 PLC 的输入信号频率实现分频作用，例如采用二分频电路实现对输入信号频率的二分频电路如图 9-33 所示。

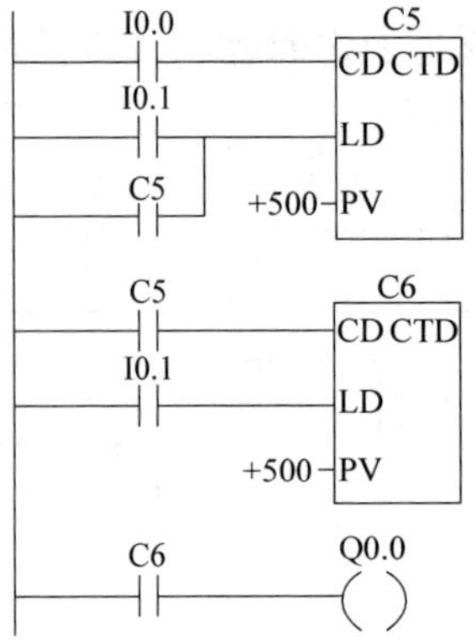

图 9-32 S7-200 PLC 计数器的扩展

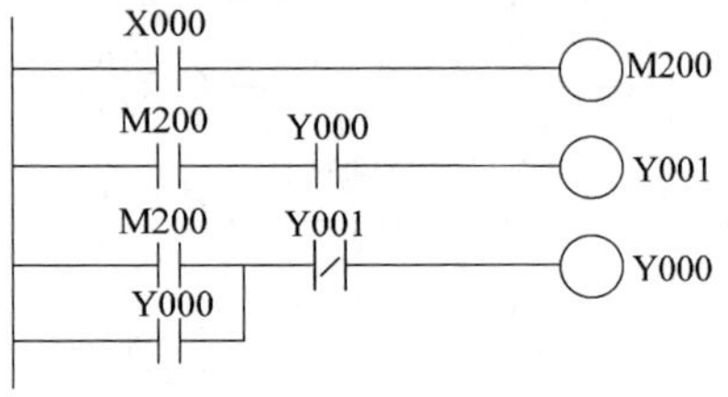

图 9-33 二分频电路

二分频的电路时序图如图 9-34 所示。

6. 闪光电路梯形图设计 闪光电路主要是控制输出接点的通断占空比率，从而达到闪烁的结果。常用闪光电路的设计方法是用两个定时器或两个计数器来实现。闪光电路梯形图如图 9-35 所示。

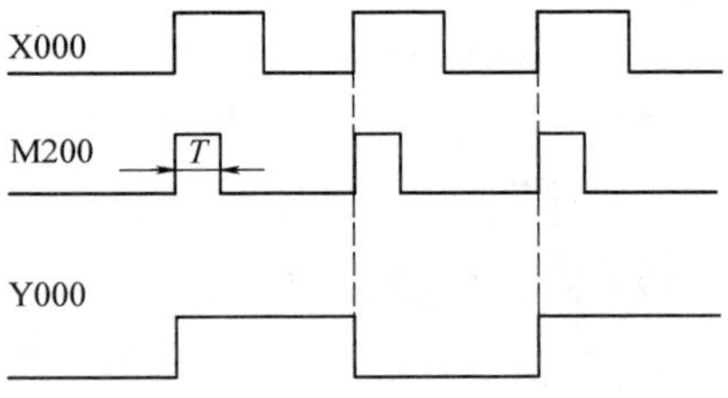

图 9-34 二分频的电路时序图

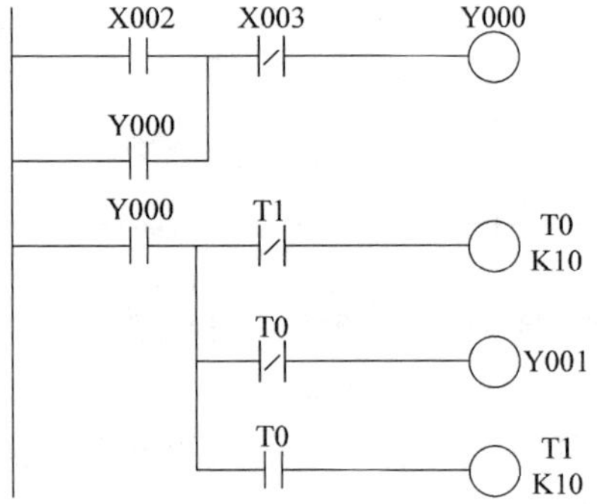

图 9-35 闪光电路梯形图

7. 脉冲发生器设计 改变输出端子输出信号的占空比，即改变输出端子的频率和脉冲宽度，其实质就是一种脉冲发生器的组成输出方式。多脉冲发生器梯形图如图 9-36 所示。

多脉冲发生器时序图如图 9-37 所示。

8. 多谐振荡器设计 多谐振荡电路可以产生按特定的通/断间隔的时序脉冲，通常用它作为脉冲信号源，也可以代替传统的闪光报警继电器，作为闪光报警。图 9-38、图 9-39 为 FX_{2N} 及 S7-200 系列 PLC 实现多谐振荡的电路梯形图，图 9-40 为 FX_{2N} 多谐振荡电路的时序图脉冲信号的占空比由两个定时器设定。

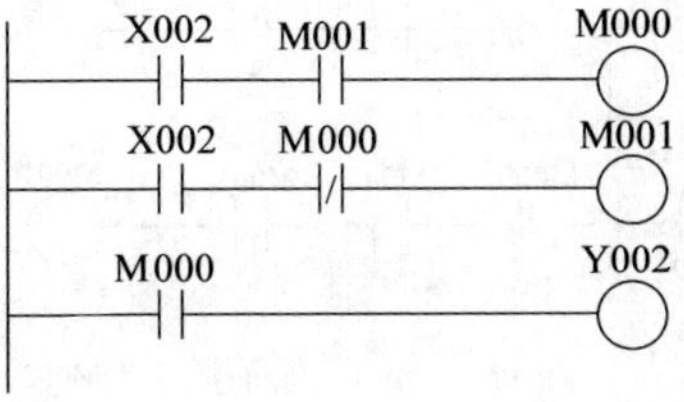

图 9-36　多脉冲发生器梯形图

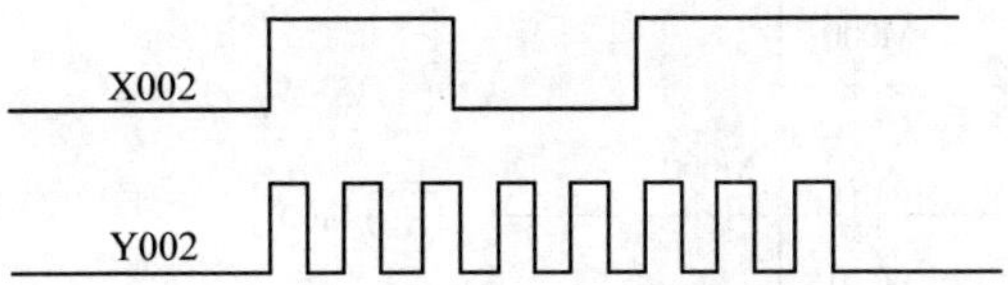

图 9-37　多脉冲发生器时序图

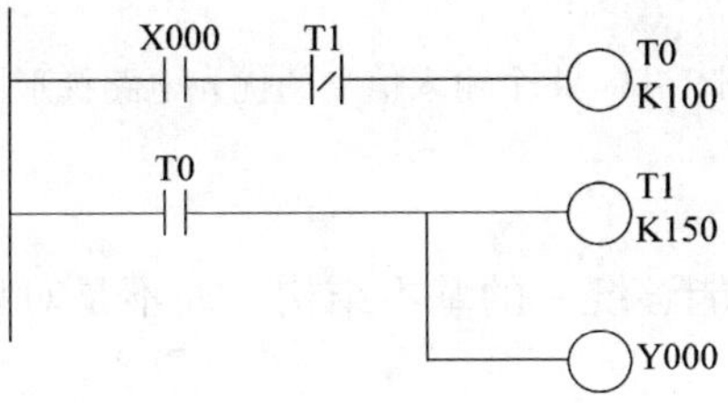

图 9-38　FX_{2N} 多谐振荡电路的梯形图

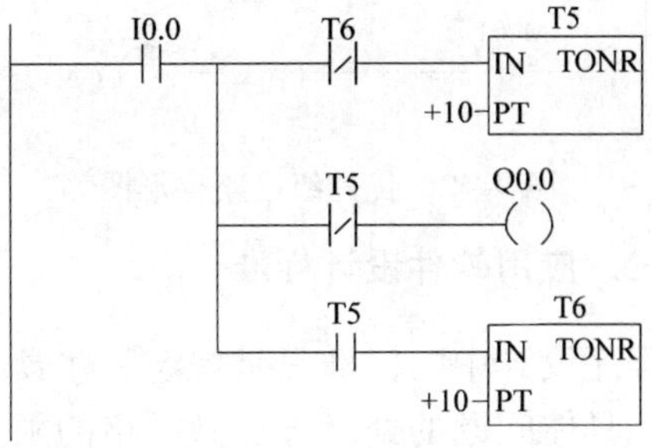

图 9-39　S7-200 多谐振荡电路的梯形图

9. 比较电路梯形图设计　比较电路是按预先设好输出的要求，然后对输入的信号 A、B 进行比较，选择接通某一输出。电路的梯形图如图 9-41 所示。

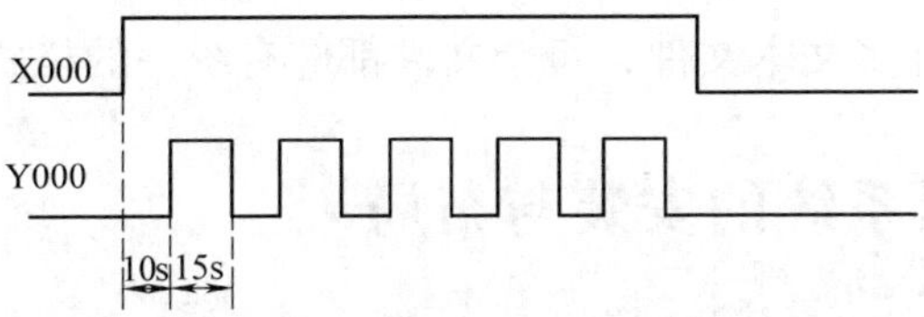

图 9-40　FX_{2N} 多谐振荡电路的时序图

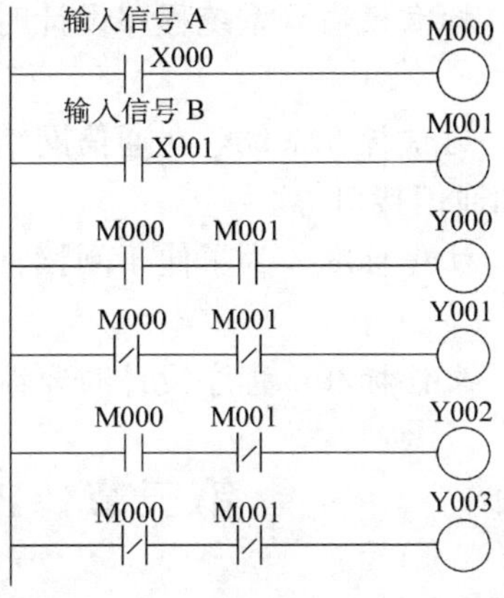

图 9-41　比较电路梯形图

10. 优先级设计

（1）两个输入信号优先级电路　两个输入信号优先级电路的梯形图如图 9-42 所示。输入信号 X000 和 X001 先到者取得优先权，后到者无效。

（2）多个输入信号优先级电路　在故障检测系统中，故障种类有多种，当发生一个故障时，可能引起多个故障，如何准确判断是哪一个故障是最先出现的，则对于分析和处理故障是极为有利的。4 个输入信号的先输入优先控制电路梯形图如图 9-43 所示。

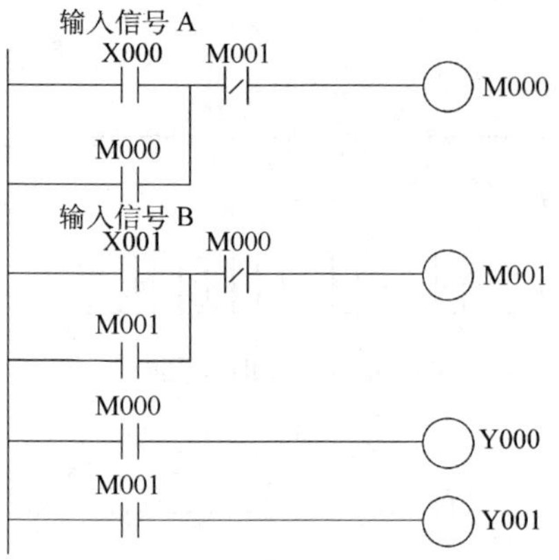

图 9-42　优先级电路梯形图

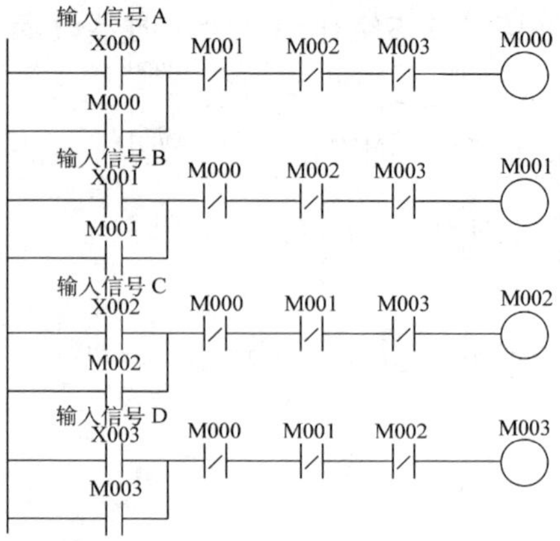

图 9-43　4 个输入信号的优先电路梯形图

三、应用软件设计标准

程序设计中的标准只是规定一些具有公共性的和能够统一的基本结构，而不是对程序的细节和具体问题的处理方法做严格的限制。

1. 程序结构标准　主程序基本结构，处理程序的先后顺序，程序结构框图等。

2. 内存分配标准　多台 PLC 控制系统中的内存要统一分配使用。

3. 顺序控制标准　如果各个 PLC 控制是以顺序方式工作的，就应规定一个完整的顺序器结构，各步的内容及其间的关系。

4. 公共逻辑标准　对于各台 PLC 所共有的控制逻辑，也要制定一套统一的控制方法。

5. 标准模块　系统程序设计时，要对共有的控制功能进行统一程序设计，并制成标准模块。

6. 通信标准系统　在通信网络设计时，一定要统一规定好通信的数据格式、通信标准协议和通信接口等。

7. 注释标准　为了便于阅读、记忆、修改和维护方便，要编写大量的助记符和注释文件。

8. 文件标准　程序设计时要编制和产生许多文本文件，每个文件都应有统一的格式。

第三节　PLC 控制系统的安装与布局

一、PLC 控制系统电气设备总体布局设计

可编程序控制器是专门用于工业环境中的控制器，几乎可安装于任何工业环境中。在控制系统布局设计时，还应顾及电子控制装置的特点，使系统的可靠性和寿命进一步提高。

二、低压电器电控设备布局基本原则

电控系统由电器元件组成，每一器件根据各自的作用都有一定的装配位置；有些器件安装在控制柜中（如继电器、接触器、控制器、调节器等各种控制电器等）；有些器件安装在机械设备的相应部位上（如传感器、行程开关、接近开关等）；还有些器件则要安装在面板

或操作台上（如各种控制按钮、指示灯、显示器等）。由于各种电器的安装位置不同，在构成一个完整的电气控制装置时必须划分为部件、组件等，同时还要考虑部件、组件间的电气连接问题。总体布局设计是否合理将直接影响电气控制装置的制造、装配、运输、调试、操作、维护及工作运行。

1. *组件划分* 系统中组件划分是根据电控设备的生产、维护、调试和运行可靠性等因素综合考虑的。组件划分原则为：①功能类似的元器件组合在一起；②尽可能减少组件间的连线数量，接线关系密切的元器件置于同一组件中；③强弱电分开，尽量减少系统内部干扰影响；④力求美观、整齐、外形尺寸尽量采用标准化；⑤便于检查与调试，经常调节和维护的器件应组合在一起。

2. *组件连接方式* 电器板、控制板、设备电器等部件进出线必须通过接线端子，端子规格按电流大小、电压等级和端子上进出线选用。通常，一个端子接一根导线，最多不超过两根。若将2~3根导线压入同一接线端内时，可看作一根导线，但这种情况应考虑其载流量。电气柜（箱）与被控设备或电气柜（箱）间应采用多孔接插件连接，以便拆装和搬运。

3. *元器件布局原则* 电气柜、电器板的元件布局按下述原则设计：①体积大的和较重的元件宜安装在控制柜的下部，以降低柜体重心；②发热元器件安装在控制柜上部，以避免对其他器件的热影响；热敏元器件应尽量远离发热元件，减少热因素对热敏元器件影响；③需经常维护、调节的元器件宜安装在便于操作的位置；④外形尺寸与结构类似的元器件宜放在一起，以便安装、配线，使外观整齐；⑤电器元件布置不宜过密，必须根据低压电器安装标准，留有一定间隙。若采用板前走线槽配线方式，应适当加大各排电器元件的间距，以利于安装、配线和维护；⑥将散热器和发热元器件置于风道中，以得到良好的散热条件；而熔断器、热继电器则应置于风道外，避免改变它们的保护特性。

4. *可编程序控制器使用环境条件* 可编程序控制器可直接用于工业环境下，它对使用环境要求不高，但这并非意味PLC对使用环境没要求，若PLC在下列任一环境中使用，都会影响PLC寿命，甚至会影响其操作性能。

1）环境温度低于0℃或高于55℃的场所。

2）温度变化急剧和凝露场所。

3）环境湿度低于10%或高于90%的场所。

4）具有高腐蚀气体或易燃气体的场所。

5）有过多尘埃（特别是导电尘埃）或氯化物的场合。

6）PLC会接触到水、油或化学试剂的场合。

7）直接暴露在阳光下的场合。

第四节 PLC控制系统应用举例

PLC应用具有一定代表性的例子介绍如下：

一、开关量逻辑控制

（一）PLC在机械手搬物控制中的应用（顺序控制类型）

1. *装置简介* 参照图9-44机械手动作示意图，机械手按下述顺序周而复始地搬物。

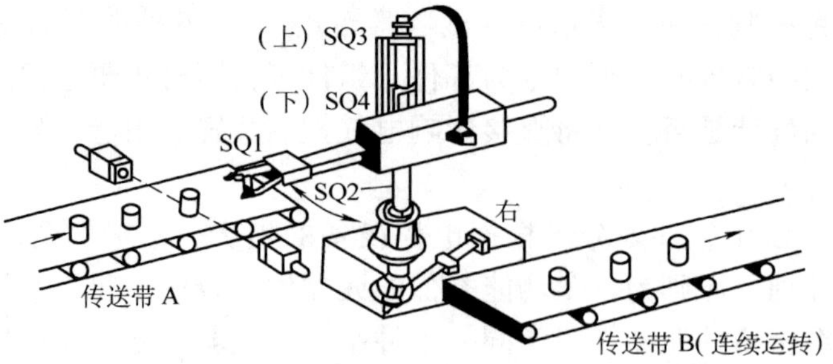

图 9-44 机械手搬物动作示意图

传送带 A 为步进式传送物件，每当机械手从传送带 A 上取走一个物件时，该传送带向前步进一个步距，将使机械手在下一个工作循环取走物件。图 9-44 中传送带 A、B 分别由电动机 M1、M2 驱动，机械手的回转运动由气动阀 Y1、Y2 控制，机械手的上、下运动由气动阀 Y3、Y4 控制，机械手的夹紧与放松由气动阀 Y5 控制。

位置信号分别为：右旋到位行程开关（状态开关）为 SQ1，左旋到位行程开关为 SQ2，手臂上升到位行程开关为 SQ3，下降到位行程开关为 SQ4，其控制流程如图 9-45 所示。

工作过程如下：

1）原位状态下（机械手在右限、下限位置 SQ1 动作），按起动按钮，机械手松开，传送带 B 开始运行，机械手从右下限开始上升。

2）上升到上限行程开关 SQ3 动作，上升结束，机械手开始左旋。

3）左旋到左限行程开关 SQ2 动作，左旋动作结束，机械手开始下降。

4）下降到下限行程开关 SQ4 动作，下降动作结束，传送带 A 起动。

5）传送带 A 向机械手方向前进一个物件的距离后停止，机械手开始抓物。

6）机械手抓工件，抓物延时 1s 时间，抓物动作结束，上升运动开始。

7）上升到上限行程开关 SQ3 受压动作，上升运行结束，机械手开始右旋。

8）右旋到右限行程开关 SQ1 受压动作，右旋运动结束，机械手开始下降。

9）下降到下限行程开关 SQ4 受压动作，下降运动结束，放松物件。

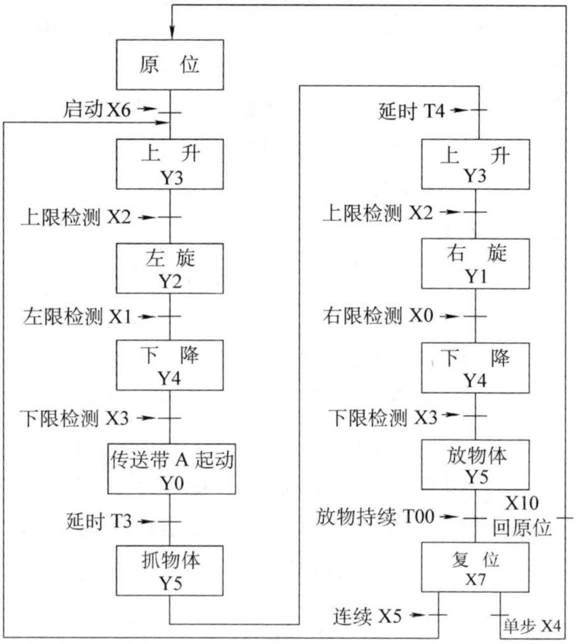

图 9-45 机械手控制功能流程图

10）经 Δt 延时，放物动作结束，一个工作循环完毕。系统中传送带 B 随机械手起动而开始连续运行，随工作结束而停止。

2. 输入/输出分析 分析系统信号输入/输出要求，系统 I/O 信号全部为开关量，其中：

1）输入信号为 9 个开关量信号，它们分别为：起动、停止、连续/单循环选择、左限、右限、上限、下限、抓物测量和物体测量。

2）输出信号为 8 个开关量控制信号，它们分别为：传送带 A、传送带 B、左旋、右旋、上升、下降、抓物和放物。

3. 用户程序容量估计　分析系统控制要求，一个工作循环分成 10 个工步，每一工步完成一些简单动作。因此，控制用的程序估计较短，约在两百步之内。

4. PLC 选型　综合分析系统要求，考虑系统的经济性和技术指标，选用三菱公司微型 PLC，任何机型都可以。

5. 安排 I/O 端口及所用内部元件地址　机械手控制系统 I/O 地址表见表 9-2。

表 9-2　机械手控制系统 I/O 地址表

输入			输出		
器件代号	地址号	功能说明	器件代号	地址号	功能说明
SQ1	X0	回转缸右限/左限开关	YV1	Y1	气缸右旋
SQ2	X1		YV2	Y2	气缸左旋
SQ3	X2	手臂上升/下降气缸开关	YV3	Y3	手臂上升
SQ4	X3		YV4	Y4	手臂下降
开关 0	X4	单步执行	YV5	Y5	夹紧与放松
开关 1	X5	循环执行	M1（KA1）	Y0	传送带 A 运行
开关 2	X6	手动起动	M2（KA2）	Y6	传送带 B 运行
开关 3	X7	手动复位			
开关 4	X10	手动到原点			
开关 5	X11	紧急停止			

6. PLC 的 I/O 电气接线图　机械手的 PLC I/O 电气接线图如图 9-46 所示。SQ1 ~ SQ2 四个开关、开关 0 ~ 5 分别接 PLC 的 X0 ~ X7、X10、X11 10 个输入，输出 Y1 ~ Y5 分别接电磁阀的 YV1 ~ YV5。

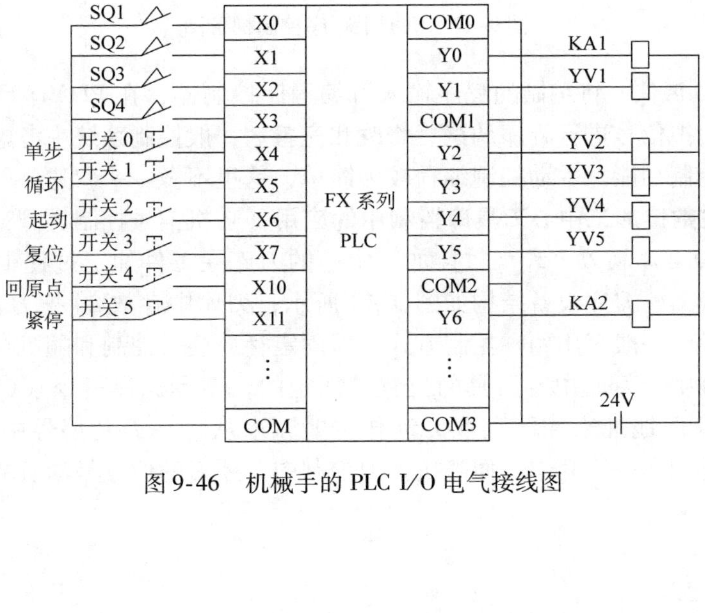

图 9-46　机械手的 PLC I/O 电气接线图

7. *PLC 顺序控制梯形图*　根据工步及工步转换条件编制 LPC 顺序控制梯形图（见图 9-47），由于系统控制规律是顺序控制，后一工步工作条件是以前一工步完成为前提，这种控制规律最适宜采用移位寄存器移位控制方式。

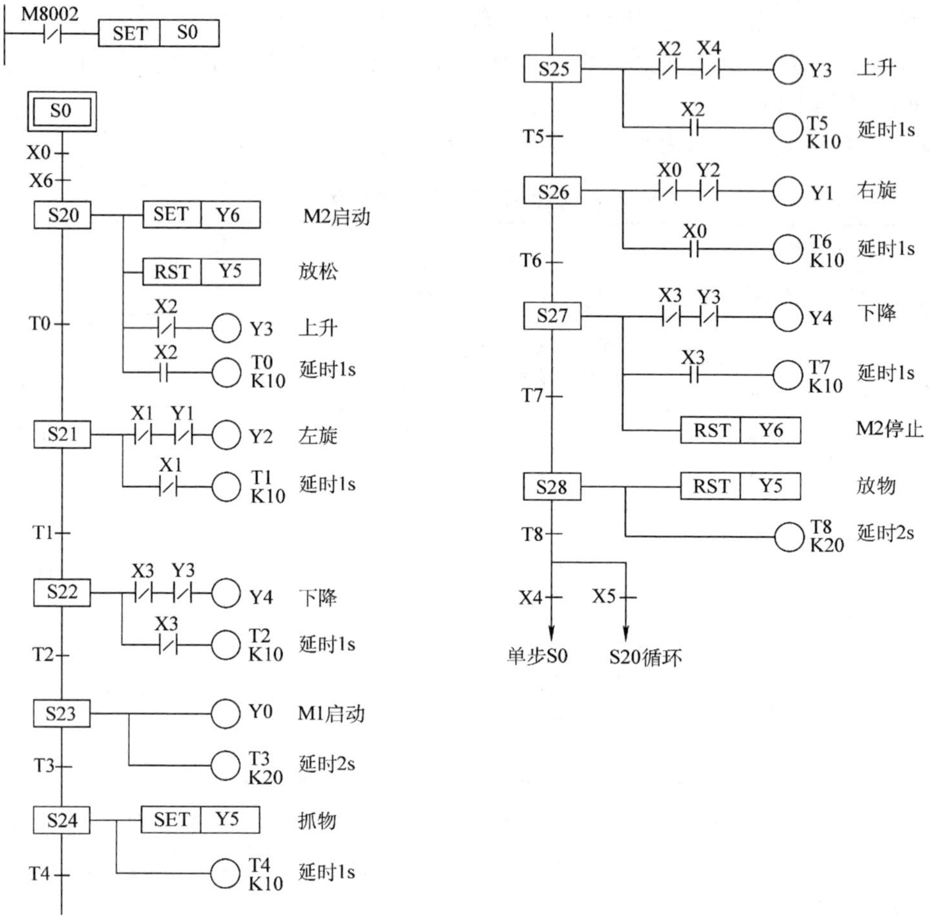

图 9-47　机械手顺序控制梯形图

8. *程序输入与调试*　将编制的程序输入可编程序控制器，在 PLC 运行状态下输入相应控制信号和现场模拟信号进行程序调试、修改和完善。一般控制系统中考虑系统调试、维护工作，应有手动控制功能。手动控制编程较为简单，这里不做一一叙述。

（二）PLC 在数控加工中心刀具库控制中的应用（随机信号控制类型）

1. *加工中心刀具库换刀方式*　数控加工中心的刀库在工件加工过程中，需根据加工工艺要求进行自动换刀，刀库设备结构如图 9-48 所示，刀库中存放 20 把刀具供加工时选用。数控加工中心的换刀一般采用两种控制方式，即固定存放换刀控制和随机存取换刀控制。在固定存取换刀控制中，刀库中各刀具的位置是固定的，刀具选择指令（CNC 来的 T 代码）是以刀套编号为存取地址来控制存取刀动作，即原来从哪一刀套编号中取出的刀具，在使用完毕后仍归还到那一刀套中。而随机换刀控制中，还刀的位置是随机的，刀具选择指令

(CNC来的T代码)与刀套编号无关,指令仅以刀具自身的直接编号为目标。这种换刀方式在新刀具取出后,刀库不需转动,立即随机存入原先使用的刀具,即换刀、存刀一次完成,缩短了换刀时间。

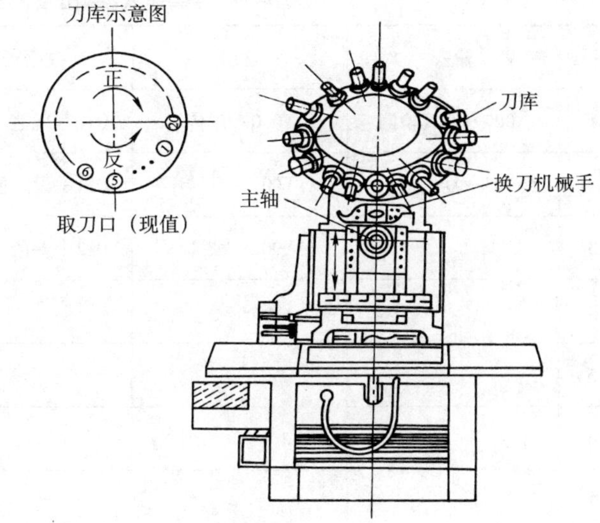

图9-48　机械手自动换刀加工中心

图9-49是以刀套号编码的T代码功能处理示意图。

数控加工中心在加工过程中,根据加工工艺要求,在需要换刀时送出T代码指令给PLC(见图9-49),PLC接受代码并经译码后在数据表中搜寻,找到T代码指定的新刀号所在的数据表地址,将获取的刀号与现行使用刀号比较,如果不符,则将控制信号送刀库回转控制系统,控制系统驱动刀库旋转,直到新刀号位置定位在取刀口,刀库停止回转后由机械手换刀。

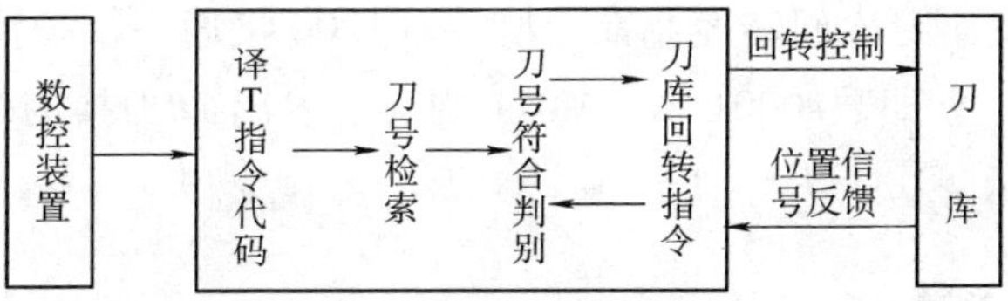

图9-49　T功能处理示意图

2. 加工中心刀库定位控制应用

(1) 控制要求

1) 根据加工要求,自动将指定刀具转至换刀位置(取刀口)。

2) 刀库盘上共有20把刀具供选择。

3) 为提高换刀效率,要求换刀时按最小旋转角(≤180°)转动。

4) 为提高定位精度,当指令刀具号转到距取刀口两个位置时减速。

例如,设定取刀号为15,现值刀号为3,则$15-3=12>10$,置正转标志(刀库将正转144°);若设定取刀为6,现值为3,则$6-3=3<10$,置反转标志(刀库将反转54°);如果设定取刀号为1,现值为3,则$1-3=-2<0$,取补修正,$2+20=22>10$,置正转标志(正转36°)。由于$18>10$,经小于半数处理,$20-18=2$设置减速标志。

(2) 输入/输出及所用内部元件地址分配见表9-3。

(3) 自动换刀程序流程图　由系统控制要求,设计控制程序流程图(见图9-50)。

(4) 根据软件流程图设计梯形图

表9-3 刀库输入/输出及内部继电器地址分配

序号	输入	输出	数据寄存器	内部继电器
1	X000—刀具检测	Y000—正传	D10—现值	M200—软件换刀命令
2	X003—复位按钮	Y001—反转	D11—设定值	M201—起动微分信号
3		Y002—减速	D12—差值	M202—复位微分信号
4		Y003—停车		M203—正传标志
5				M204—反传标志
6				M205—减速标志
7				M206—刀具测量信号
8				M207—停止信号

1）设PLC接受CNC的T指令，并将经译码后的刀套设定值送DM011（程序中未编制这部分功能），T指令发出刀库回转控制命令脉冲（1200接通一个扫描周期）。

2）复位按钮按下，立即数#0001送DM011内存，发出1#刀换刀命令。自动换刀定位控制梯形图如图9-51所示。

二、带模拟量控制系统

PC在沥青混凝土拌和生产线上的应用（带模拟量及通信类型）

装置及控制要求简介：

沥青混凝土拌和生产线是目前道路建设领域中的重要设备之一，随着筑路路面要求提高，它对沥青混凝土拌和质量提出更高的要求：系统要求能连续16h工作；要求沥青混凝土拌和的油石比精确；要求生产过程中的每一拌料具有数据备查功能等。装置组成如图9-52所示。

这个应用例子主要说明3个问题：系统设计、A－D转换和数据通信。为此，将系统控制做了较大修正与简化，仅将点画线中部分作为控制对象，其中4种不同直径颗粒的石料改成两种，两种粉料改为一种。系统根据工程上沥青混凝土具体配比要求，由料仓将料放入称料斗称料，称料完毕后按一定顺序（见图9-53）放入拌缸搅拌，拌缸搅拌的同时，料斗又开始下一循环称料，拌缸中的料经一定时间（30～45s）搅拌后放入小车并存放到贮料罐。简化后的控制要求如图9-53所示。

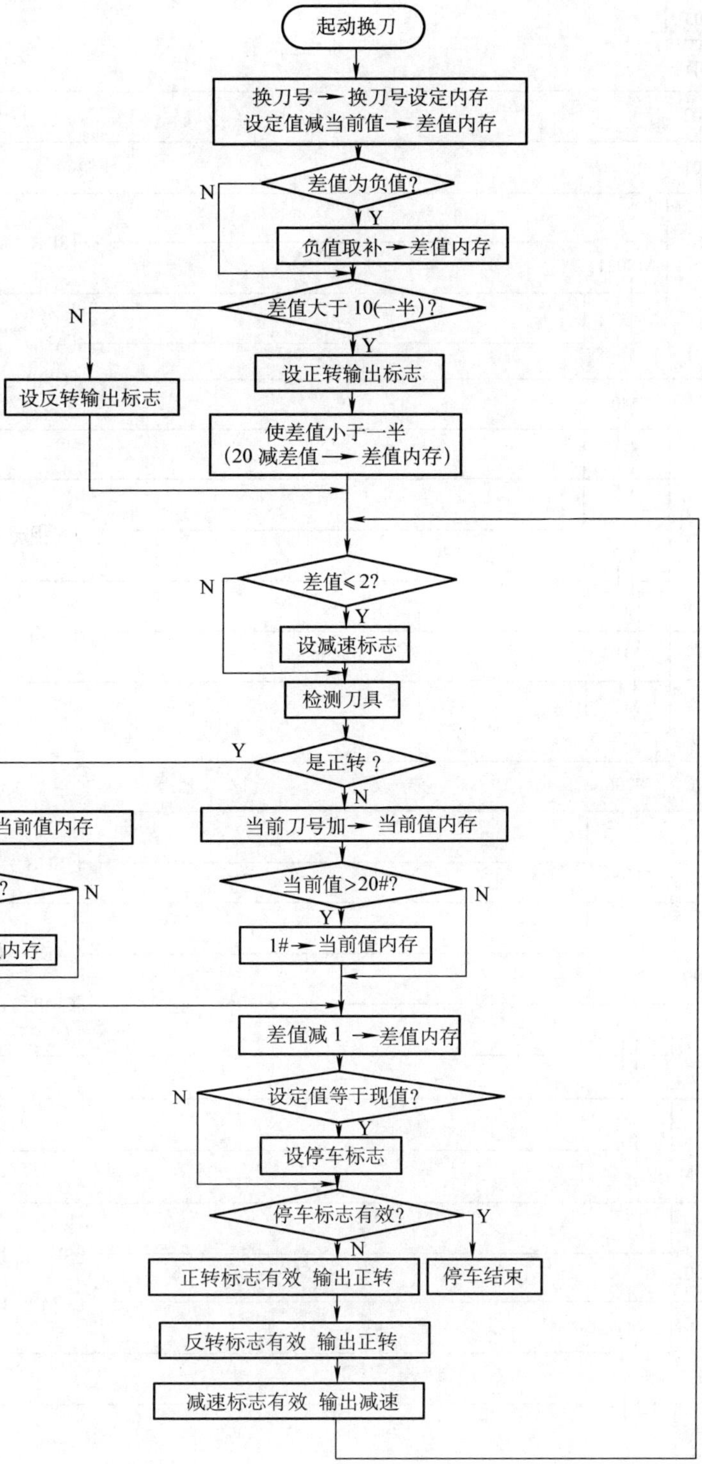

图 9-50　自动换刀程序流程图

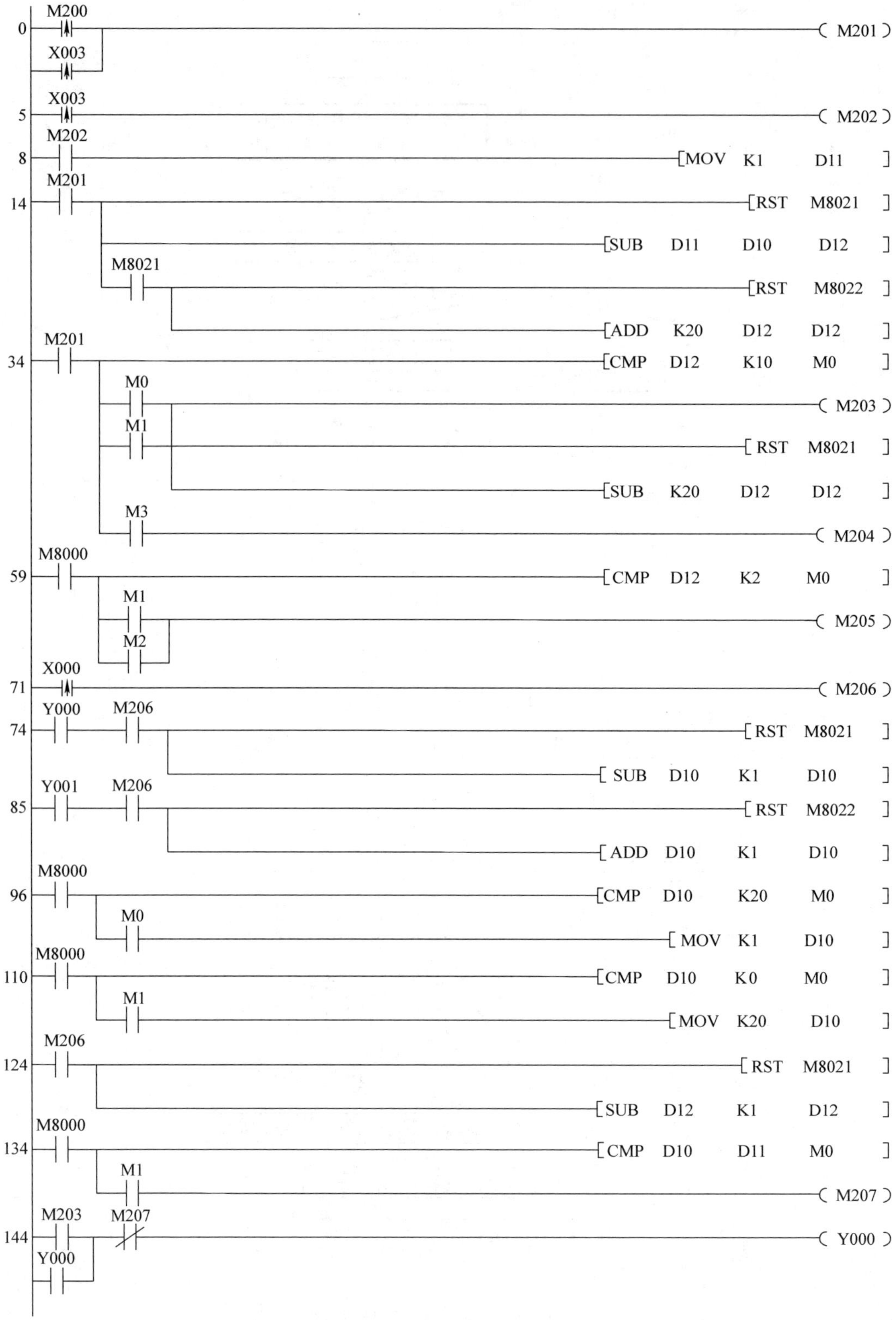

图 9-51　自动换刀程序梯形图

图 9-51　自动换刀程序梯形图（续）

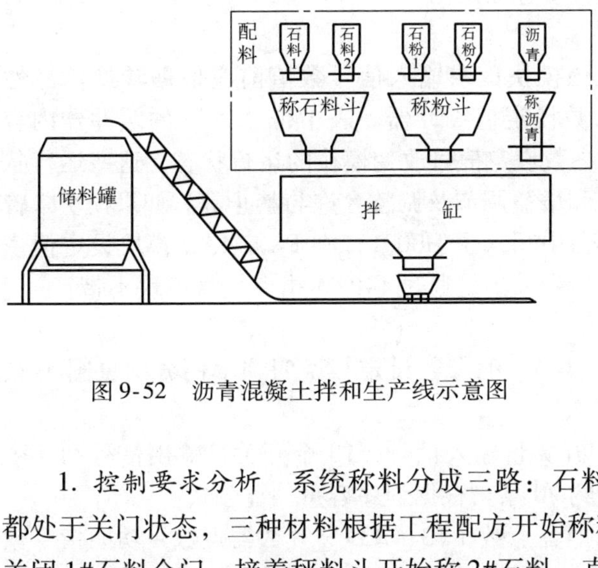

图 9-52　沥青混凝土拌和生产线示意图

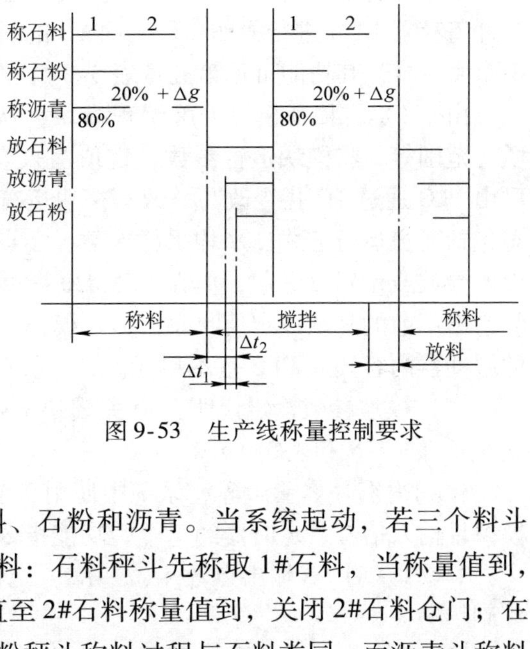

图 9-53　生产线称量控制要求

1. 控制要求分析　系统称料分成三路：石料、石粉和沥青。当系统起动，若三个料斗都处于关门状态，三种材料根据工程配方开始称料：石料秤斗先称取 1#石料，当称量值到，关闭 1#石料仓门，接着秤料斗开始称 2#石料，直至 2#石料称量值到，关闭 2#石料仓门；在称石料的同时，粉秤斗与沥青秤斗也开始称料。粉秤斗称料过程与石料类同，而沥青斗称料作了技术处理：沥青称量分两步进行，第一步与石料、石粉同步称量，称沥青所需量的 80%，余下 20% 等石料称料结束，根据石料称量偏差对沥青称量作修正，经第二次称量，实际加入沥青量的百分比为：

$$0.8X + 0.2X + \frac{\text{石料实际称量值} - \text{石料理论称量值}}{\text{石料理论称量值}}X$$

式中，X 为沥青量在拌料中的百分比。

这种称料方法对提高产品油石比精度是十分有效的。当三种原料称料完毕，将石料放入拌缸，延时 Δt_1 放入沥青，再延时 Δt_2 放入石粉。三个称料斗放完料后再次下一循环称料。而拌缸中的料经搅拌一段时间后放入小车，系统按上述工作节拍周而复始地工作。

2. *系统信号关系分析*　简化后的系统输入开关量信号是 9 个，输出开关量信号 10 个，模拟量信号 3 个。要把模拟量信号采入可编程序控制器，必须经过模拟量/数字量转换，各种 PC 的转换模块各有差异，但基本原理是一致的。为掌握模拟信号采集应用，下面详细介绍 FX_{2N}-4AD 特殊功能模块的使用方法。

（1）FX_{2N}-4AD 的技术指标　见第五章表 5-2。

（2）模块编号　FX_{2N}-4AD 属于 FX_{2N}系列可编程控器中特殊功能模块之一，4AD 需接在 FX_{2N}基本单元右边扩展总线上，从最近基本单元的那一个模块开始，顺次地址编号为 0 ~ 7 号，如下图所示（非特殊功能模块不计入编号顺序），该编号 0 将用作 4AD 模块数据读写地址号。

FX_{2N}-80MR	FX_{2N}-16EX	FX_{2N}-8EY	FX_{2N}-4AD 模块地址 0#

（3）缓冲寄存器（BFM）分配与说明　FX_{2N}-4AD 是一可编程模块，它与基本单元间的数据通信是由 FROM/TO 指令来完成的。FROM 是基本单元从 FX_{2N}-4AD 读取数据指令，TO 是基本单元将数据写到 FX_{2N}-4AD 模块的指令。实际上，这些读写操作都是对 FX_{2N}-4AD 的缓冲寄存器 BFM 进行操作，FX_{2N}-4AD 的缓冲寄存器区由 32 个 16bit 的寄存器组成，编号为 BFM#0 ~ 31，其功能可见第五章表 5-3。

由于 FX_{2N}-4AD 模块为可编程模块，从该模块读取输入信号数值前应根据转换信号性质、范围等，将模块运行参数设定值写入参数设定值缓冲器。表中带“ * ”的缓冲器内容可由 PLC 通过 TO 指令改写。改写模块运行参数设定值可改变模块的运行状态，这些运行状态包括通道运行方式、平均采样次数、零点和增益调节及调整允许与禁止等。如果模块未曾设置参数或设置过参数，但在 BFM#20 缓冲器中写入了 H0001，则 FX_{2N}-4AD 模块设定值恢复为出厂前的默认设定值状态。PLC 模拟量信号采集是通过 FROM 指令，将模块不带“ * ”的缓冲器内容读入 PLC 基本单元。

（4）模块参数设定说明　有关模块 FX_{2N}-4AD 的参数设定、说明和举例分别见图 5-3、图 5-4、图 5-5 和表 5-4。

3. *用户程序容量估算*　系统中使用 9 个开关量输入信号，10 个开关量输出信号和 3 个模拟量输入信号，定时器约 7 个，功能指令约 20 条。根据程序容量估算公式：

$A=(1+K1)\times$输出点数$+(2+K2)\times$计时器点数$+(3+K3)\times$计数器点数$+$功能指令数$\times K4$

根据 K 值取值范围，考虑程序中数据处理和逻辑较复杂，取 $K1=10$，$K2=4$，$K3=0$，$K4=10$，代入上式得：

$$A=(1+10)\times10+(2+4)\times7+10\times20=352(\text{步})$$

考虑留有一定余量，取 $A'=(1+0.25)\times A=440(\text{步})$

4. *PLC 选型*　整个系统除有开关量输入/输出信号外，还有 3 路模拟量输入信号，控制系统要求具有记录生产过程中各材料称料数据和生产过程图形显示功能。为此，所选用的 PLC 必须可配置 A-D 模块和通信模块，功能模块和数据运算需要 PLC 提供较丰富的特殊功能指令和数据处理指令。综上所述，选用日本三菱公司 FX_{2N}中档可编程序控制器，并配置

FX_{2N}-4AD（四通道 12 位 A-D 转换模块）和 SC-03 通信模块。SC-03 通信模块提供可编程序控制器与计算机通信接口，而 12 位的 A-D 转换器可使石料称量分辨率达 0.5kg，以满足系统技术指标。

5. 输入/输出端口及内部元件安排　按照安全和布线原则考虑输入/输出端口安排，沥青混凝土称量系统输入/输出和内部元件地址见表 9-4。

表 9-4　沥青混凝土称量系统输入/输出和内部元件地址表

输入	功能	输出	功能	S 状态	功能	数据寄存器	功能	计时器
X1	石料秤斗开限位	Y1	石料 1 仓开/关	S0	初始化设置	DM1	存石料 1 数据	T1
X2	石料秤斗关限位	Y2	石料 2 仓开/关	S11	称石料 1	DM2	存石料 1 +2 数据	T2
X3	沥青秤斗开限位	Y3	沥青仓开/关	S12	称石料 2	DM3	存沥青数据	T3
X4	沥青秤斗关限位	Y4	粉仓开/关	S13	计算沥青修正	DM4	存石粉数据	T4
X5	石粉秤斗开限位	Y5	石料秤斗开	S14	开石料秤斗	DM10	存 CH1 石料值	T5
X6	石粉秤斗关限位	Y6	石料秤斗关	S15	关石料秤斗	DM11	存 CH2 沥青值	T6
X7	I/O 连续/单调	Y7	沥青秤斗开	S16	称 80% 沥青	DM12	存 CH3 石粉值	T7
X10	起动	Y10	沥青秤斗关	S17	补称沥青	DM13	中间值	
X11	拌缸关门	Y11	石料秤斗开	S18	开沥青料斗	DM14	存 A-D 识别码	
		Y12	石料秤斗关	S19	关沥青料斗	DM20	存石料 1 给定值	
				S20	称粉	DM21	存石料 1 +2 给定	
				S21	开粉料斗	DM22	存 80% 沥青给定	
				S22	关粉料斗	DM23	存 100% 沥青给定	
						DM24	存石粉给定值	

注：表中计时器 T1 ~ T7 用于动作延时。

6. PLC 控制功能流程图　根据称量控制要求，设计沥青混凝土称量系统控制程序流程图（按图 9-53 生产线称量控制要求），当系统开始称料，石料 1、石粉和沥青三种料同时称取。其中沥青称量分两步完成：第一步称取总量的 80%；第二步称量必须在石料称量完成后，根据石料实际称量的偏差，对沥青第二次称量理论称取值做修正后进行，整个过程按条件分步完成。由前面的指令系统基础知识可知，采用步进指令能方便地实现顺序、分支和并行控制。因而，步进指令十分适合本控制要求。图 9-54 是以步进指令 S 状态寄存器为工步标志的称量系统控制程序流程图，程序由初始化和并行称量分支控制组成。初始化程序主要完成开机时对一些特殊模块工作方式设置及某些初始状态设置，一旦初始化设置完成，程序运行不再反复对特殊功能模块写控制字。用户编程必须注意，特殊功能模块的控制参数寄存器往往是 EEPROM 存储器，EEPROM 存储器的可写次数是有限的，反复写入会很快损坏存储器。而并行称量分支控制程序是完成三种材料的同步称料工作。

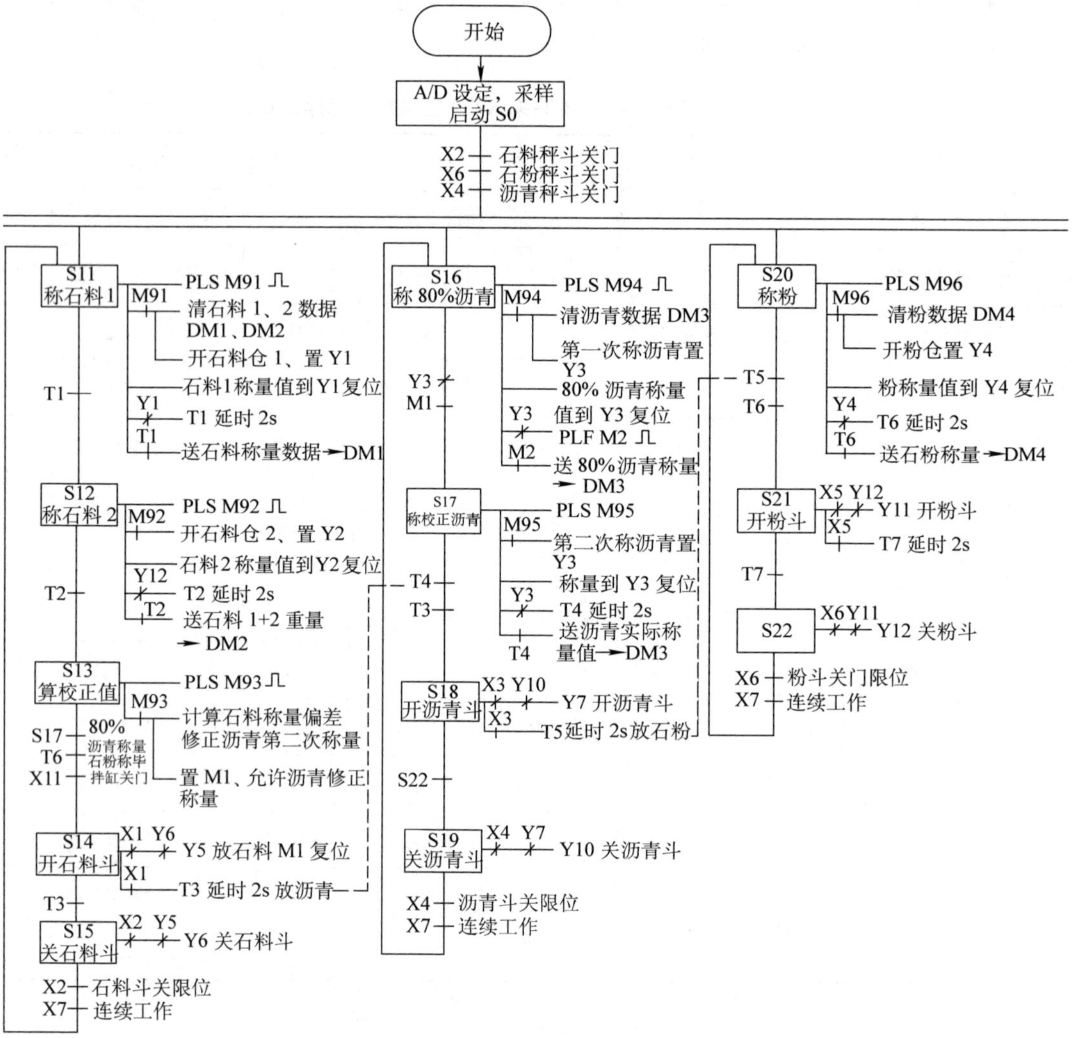

图 9-54 称量系统控制程序流程图

7. 程序分析说明 程量系统控制程序梯形图如图 9-55 所示。

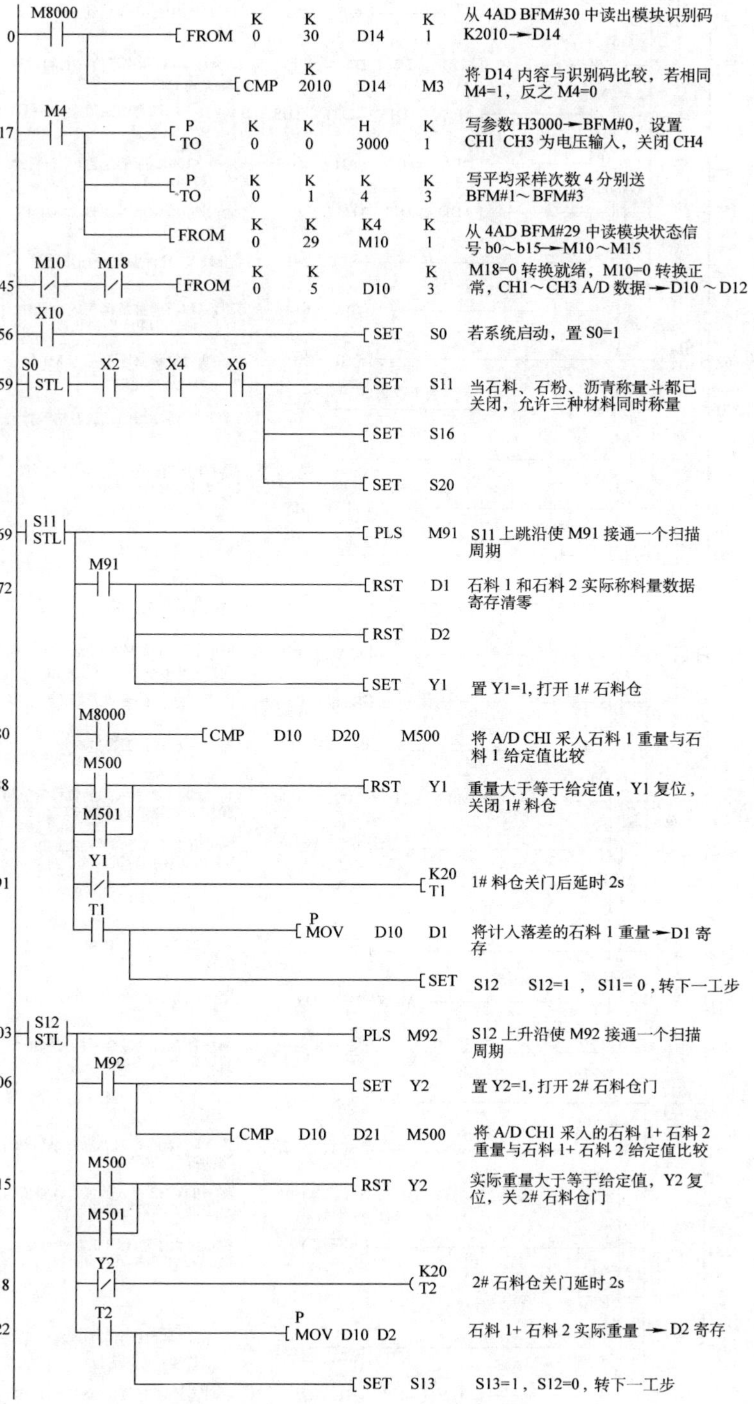

a)

图 9-55　称量系统控制程序梯形图

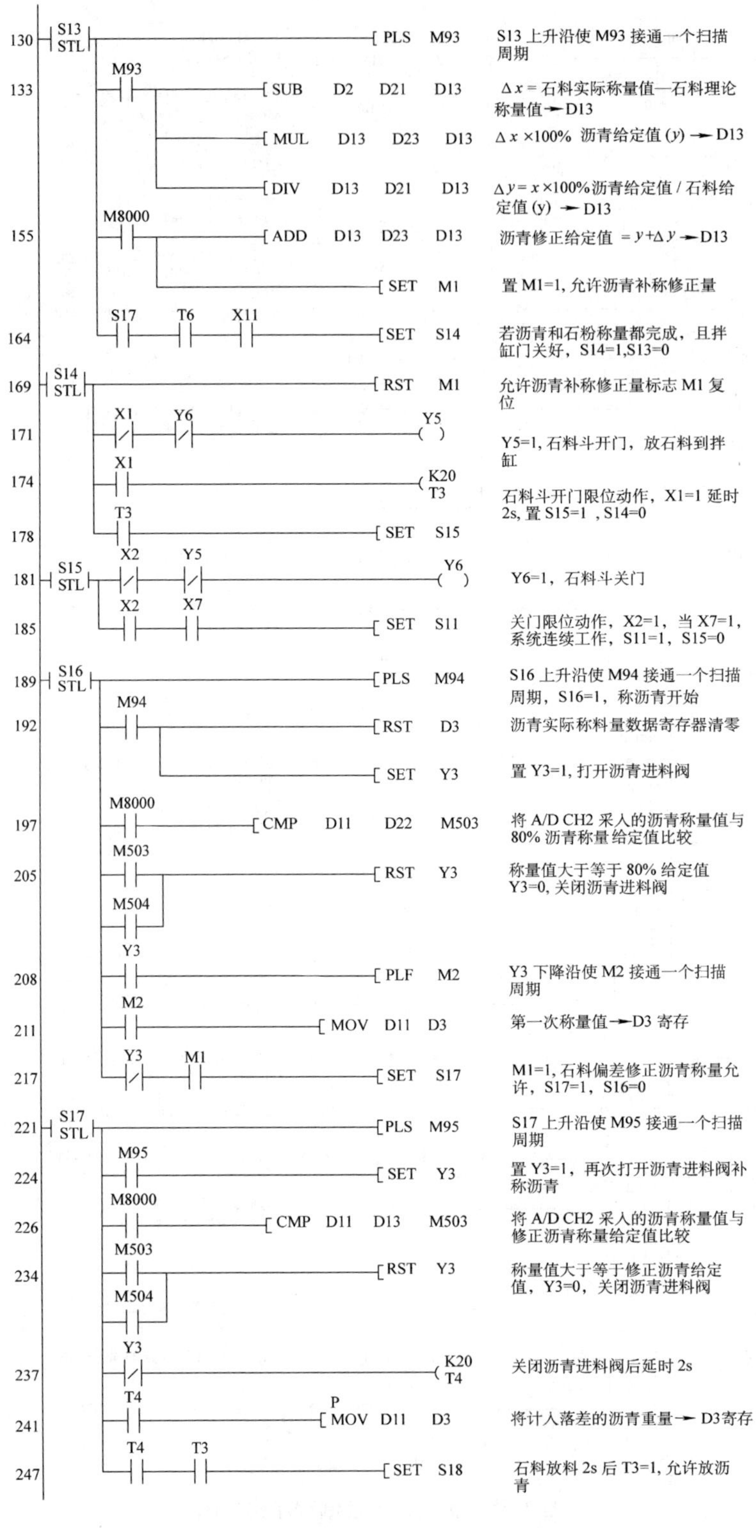

b)

图 9-55 称量系统控制程序梯形图（续一）

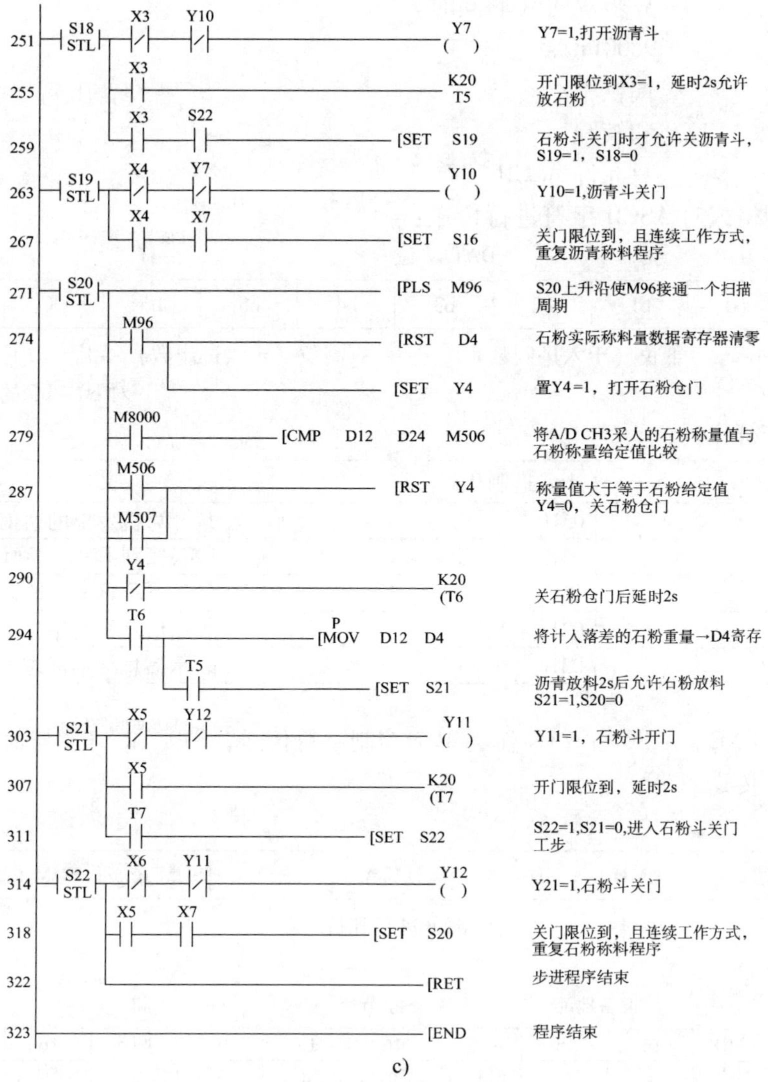

图 9-55　称量系统控制程序梯形图（续二）

8. 计算机与 PLC 的通信

（1）FX_{2N}的通信格式　通过计算机可以对以下的 FX_{2N}单元进行监视和内容重写。

命令格式如下：

命　令	命令字 CMD	目标设备	功能
读设备	‘0’	X/Y/M/S/T/C/D	读位或字设备的状态
写设备	‘1’	X/Y/M/S/T/C/D	写数据到位或字设备
置‘ON’	‘7’	X/Y/M/S/T/C	对位设备置‘ON’
置‘OFF’	‘8’	X/Y/M/S/T/C	对位设备置‘OFF’

传输格式：　RS-232C 标准

协议：　由本节所描述

传输格式：　　　　异步双向（非同时）

比特率：　　　　　9600bit/s

校验：　　　　　　偶校验

准确性：　　　　　和校验

字符：　　　　　　只允许 ASCII 字符

系统按下列格式对 ASCII 字符进行传送：

|←　　　　DATA7 位　　　　→|

02H	b0	b1	b2	b3	b4	b5	b6	X	'1'

起始位 |←　低位（十六进制数）　→|←高位（十六进制数）→|↑　停止位

对 b0 ~ b6 的校验（和）

一些特殊字符代码：

字　符	十六进制代码	含　义
ENQ	05H	从计算机发出的通信要求
ACK	06H	FX_{2N}接到 ENQ 的确认回答
NAK	15H	FX_{2N}不理解命令的回答
STX	02H	表示信息的起始位标志的起始标志
ETX	03H	表示信息结束标志的结束标志

表达格式：ENQ、ACK 和 NAK 作为单个控制字符传送，STX 和 ETX 与命令字反相关数据作为一个格式传送。

格式如下：

STX	CMD	DATA	DATA	ETX	SUM upper	SUM lower

|←　　对此部分进行和校验　　→|

例如：

|←　设备地址　→|←　字节数　→|　|←　和　→|

STX	CMD	16	16	16	16	16	16	ETX	16	16
02H	'0'	'1'	'0'	'F'	'6'	'0'	'4'		'7'	'4'
	30H	31H	30H	46H	36H	30H	34H	03H	37H	34H

和校验计算（字节相加）：30H + 31H + 30H + 46H + 36H + 30H + 34H + 03H = 74H

通信模式：

1）首先按通信要求对 RS-232C 进行设置。

2）向 FX_{2N}-PLC 发 ENQ 信号，若收到 ACK 信号，则表示通信正常，可进行通信；若收到 NAK 信号，则表示通信不正常，可能是通信连接不正确或设置不正确等情况。

（2）按要求进行通信　注意：在 PLC 处于 STOP 状态时，可随时响应计算机的通信要求；若 PLC 处于 RUN 状态，则 PLC 在当前一个运行周期后才响应计算机命令。

以下是对设备进行读操作：

从计算机向 PLC 所发命令格式如下：

STX	CMP	16	16	16	16	16	16	ETX	16	16
02H	‘0’ 30M							30H		

|←①→|←　　　　②　　　　→|←　　　　③　　　　→|　|←　和　→|

注：1. ①为命令字‘0’，表示从②中地址开始读③中所需求的字节数。

2. FX_{2N}-PC 中的元件地址（设备地址）。

3. 所需读的字节个数范围为 01H～40H（1～64 B）。

例如：计算机从此的 D123 开始读 4 个字节的数据：D123 地址编码为 10F6（由 FX_{2N}通信手册查得），从地址编码为 10F6 的内存开始，连续读取 4 个（D23、D124）字节的数据。

STX	CMD	16	16	16	16	16	16	ETX	16	16
02H	‘0’ 30H	‘1’ 31H	‘0’ 30H	‘F’ 46H	‘6’ 36H	‘0’ 30H	‘4’ 34H	03H	′7′ 37H	′4′ 34H

从 PLC 传送到计算机的响应数据为

STX	第一个数据		第二个数据		第三个数据		第四个数据		ETX	16	16
02H	upper	lower	upper	lower	upper	lower	upper	lower	03H	校验	校验

|←　　　　接受的数据（最多 128 个字符共 64 位）　　　　→|

注：1. 从 PLC 读出的数据首先被分成高 4 位和低 4 位，然后转为 ASCⅡ码进行传送。

2. 收到从计算机发来的命令后，PLC 在下一个运行周期结束后马上响应。

3. 如果不理解从计算机发来的命令，则响应一个 NAK 信号。

例如：D123 地址中数据为：123H；D124 地址中数据为：ABCDH，则收到的信号为

STX	第一个数据		第二个数据		第三个数据		第四个数据		ETX	16	16
02H	‘0’ 33H	‘34’ 34H	‘1’ 31H	‘2’ 32H	‘C’ 43H	‘D’ 44H	‘A’ 41H	‘B’ 42H	03H	‘D’ 44H	‘7’ 37H

（3）计算机 RS-232 口的状态及设置　通常，计算机配有两个串行口，地址分别为 3F8H 和 2F8H，根据需要任选其一作为通信端口。首先对其进行初始化，使其与 FX_{2N}-PLC 相匹配。在进行通信之前，先检查通信口是否能正常地向 FX_{2N}-PLC 发 ENQ 信号，当计算机获得 ACK 信号，表示通信正常。接下来根据所需读取信号，对数据流进行整理，转换成 FX_{2N}-PLC 可接受的信号向 FX_{2N}-PLC 发送，然后计算机扫描通信门，有信号过来则进行接受，将数据存入数据缓冲区，通信完毕后，对数据进行检查。如果信号有错，则重发一遍，当连续三遍都有错，计算机设置通信错误代码标志，以便进行处理，无错则对所接受数据进行整理转换，处理成原数据形式后，将数据存入事先定义的数据缓冲区，并设置正常代码标志。计算机通信程序流程如图 9-56 所示。

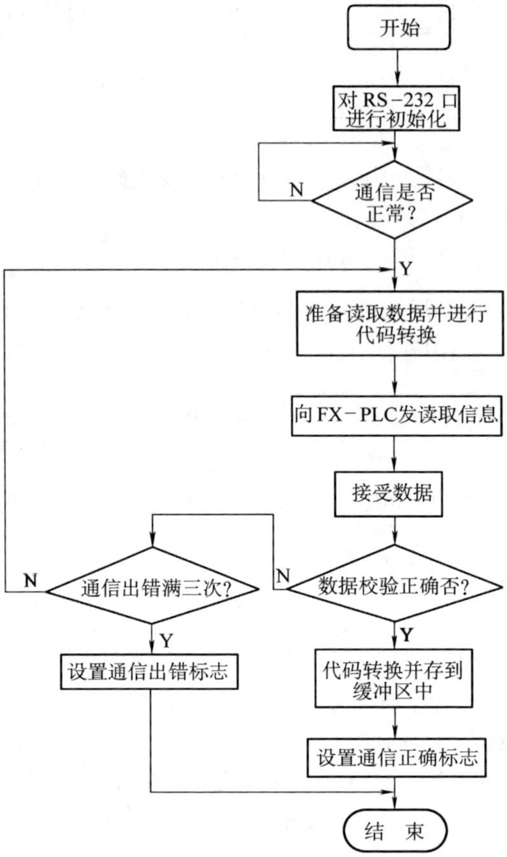

图 9-56 计算机通信程序流程图

小 结

各种电气控制装置设计的基本要求、内容、设计方法及设计程序是类似的。电气控制设计的主要原则是在最大限度满足生产机械和工艺要求的基础上，力求可靠、安全、简单、经济。

对于 PLC 控制系统要掌握的内容如下：

1）PLC 编程语言最常用的有助记符、梯形图和状态图等。助记符、梯形图的编程方法相似，对初学者来说使用梯形图更直观，对有经验者来说助记符编程速度更快。而状态图对顺序控制的工艺过程是非常适用和易理解的。因此应根据不同控制对象，选择相对应的编程方法。

2）一般 PLC 控制系统设计步骤是：从受控对象控制要求到 PLC 选型、PLC 的输入/输出口安排、控制软件和硬件设计及系统调试问题。

3）PLC 应用注意事项是 PLC 正确使用的关键，无论是软件还是硬件设计的优劣都会影响系统的运行，学习过程中应结合 PLC 的原理正确理解。

4）应用举例主要通过顺序控制、随机信号控制和带模拟量及通信控制系统介绍，了解并掌握 PLC 控制系统的设计过程和模拟量模块的设置及应用、PLC 与计算机通信的应用方法。

总之，生产机械电气设计是一个实践性较强的教学内容，仅仅掌握设计理论基础是不够的，必须在实践中不断摸索、充实与提高。首先，要认真做好课程设计，深入现场，了解各种电气控制设备的作用、结构、控制方式、电气箱的造型以及使用、维护等实际知识。经过实际工作的磨炼，才能成为一个有经验的电气设计人员。

思考题与练习题

9-1　PLC 控制系统设计一般分为几步？

9-2　试根据 PLC 集中采样、集中输出的工作原理，分析 PLC 对计数脉冲的信号频率有何要求。提示：从集中采样、集中输出的工作原理出发，考虑 PLC 对输入信号电平保持时间的要求。

9-3　试根据系统要求，设置 FX_{2N}-4AD 参数：

设：系统中 FX_{2N}-4AD 模块地址编号为 1，系统有三路模拟量输入信号，这三路信号分别通过 CH1、CH2、CH3 进入 PLC，输入信号范围都是 +1 ~ +10V。要求三路信号的偏置 1V，增益 5V，平均采样次数 4 次，试用软件设置 FX_{2N}-4AD 参数。

9-4　自动装箱生产线示意图如图 9-57 所示，系统控制要求如下：

1）按 SB1（SB1 =1）起动系统，传输线 2 起动运行，当箱子进入定位位置，SQ2 动作（SQ2 =1），传输线 2 停止。

2）SQ2 动作后延时 1s，起动传输线 1；物品随传输线 1 运动逐一落入箱内，并由 SQ1 检测，当落入一个物品，SQ1 发出一个脉冲信号。

3）当落入箱内物品达 10 个，传输线 1 停止，同时起动传输线 2。

4）按下停止按钮，传输线 1 和传输线 2 均停止。

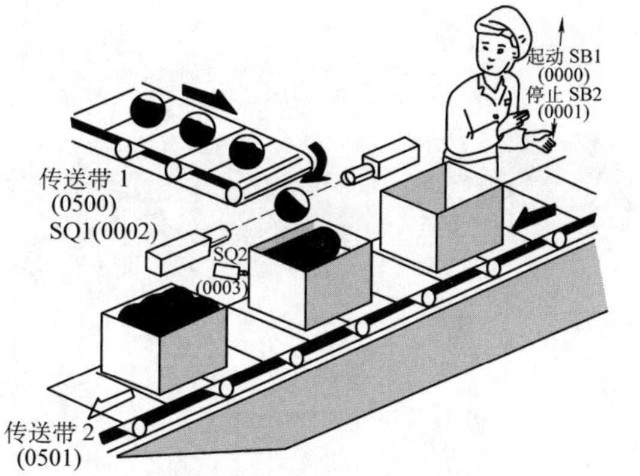

图 9-57　自动装箱生产线示意图

设计要求：

1）确定控制对象与 PLC 间的信号与控制关系，画出信号通断时序图。

2）确定 I/O 点数，画出 I/O 和所用元件分配表。

3）绘制控制流程图。

4）设计控制程序梯形图，并在梯形图右侧上注释。

参 考 文 献

[1] 张振国，方承远. 工厂电气与 PLC 控制技术［M］. 4 版 . 北京：机械工业出版社，2011.
[2] 许志红 . 电器理论基础［M］. 北京：机械工业出版社，2014.
[3] 西门子（中国）有限公司自动化与驱动集团 . 深入浅出西门子 S7 – 200 PLC［M］. 北京：北京航空航天大学出版社，2005.
[4] 廖常初 . FX_{2N}系列 PLC 编程及应用［M］. 北京：机械工业出版社，2012.